中文翻译版

成功药物研发 I

Successful Drug Discovery

原　著　〔匈〕亚诺斯·费舍尔
　　　　〔瑞士〕克里斯汀·克莱恩
　　　　〔美〕韦恩·E.柴尔德斯
主　译　白仁仁
主　审　谢　恬

科　学　出　版　社
北　京

图字：01-2020-7468 号

内 容 简 介

　　本书首先概述了多肽药物、抗体偶联药物、CD20 单抗、激酶抑制剂类药物和 D_2 部分激动剂类药物的研究进展，以及最近获批口服药物的理化参数，然后具体介绍了依特卡肽、乐伐替尼、奥西替尼、鲁卡帕尼、维奈托克和奥贝胆酸的成功研发历程。原著邀请了直接参与相关药物研发的团队核心人员，根据药物的实际研发流程，向读者讲述这些重磅药物是如何走出实验室，最终成功成为上市药物的研发历程。

　　本书内容新颖、案例丰富、图文并茂，可供医药研发领域从业者或投资者、高等院校和科研院所的师生，以及对新药研发感兴趣者阅读，有助于读者学习成功药物研发的经验和策略。

图书在版编目 (CIP) 数据

　　成功药物研发. I /（匈）亚诺斯·费舍尔（János Fischer）等著；白仁仁主译 . —北京：科学出版社，2021.1
　　书名原文：Successful Drug Discovery
　　ISBN 978-7-03-067960-4

　　I . ①成…　II . ①亚…②白…　III . ①药物－研制　IV . ① TQ46

　　中国版本图书馆 CIP 数据核字（2021）第 015147 号

责任编辑：盛　立 / 责任校对：张小霞
责任印制：肖　兴 / 封面设计：龙　岩

科 学 出 版 社 出版
北京东黄城根北街 16 号
邮政编码：100717
http://www.sciencep.com

北京九天鸿程印刷有限责任公司 印刷
科学出版社发行　各地新华书店经销
*

2021 年 1 月第 一 版　开本：720×1000　1/16
2023 年 4 月第四次印刷　印张：23 3/4
字数：469 000
定价：198.00 元
（如有印装质量问题，我社负责调换）

《成功药物研发 I》
翻译人员

主　译　白仁仁

主　审　谢　恬

译　者

白仁仁　杭州师范大学

吴　睿　国科大杭州高等研究院

尹贻贞　山东大学

徐盛涛　中国药科大学

叶向阳　杭州师范大学

徐　凯　浙江工业大学

徐进宜　中国药科大学

谢媛媛　浙江工业大学

张智敏　杭州中美华东制药有限公司

很高兴得知 *Successful Drug Discovery* 第 4 卷已被翻译为中文并由科学出版社出版。

Successful Drug Discovery 是近年来出版的药物研发领域的系列专著,在全球学术界和制药行业广受欢迎。参与本丛书的编写令我倍感荣幸。首先,感谢国际纯粹与应用化学联合会(International Union of Pure and Applied Chemistry,IUPAC)——一个汇集了不同化学研究领域科学家的全球性组织。非常荣幸能在该联合会的药物发现与开发委员会任职 20 余年,这也为我创造了能与药物化学领域的优秀专家进行广泛交流和互动的机会。在 IUPAC 的支持下,我与其他专家共同编著了 *Analogue-based Drug Discovery*,全书共 3 卷,分别于 2006 年、2010 年和 2013 年出版。在出版过程中,我与威利出版集团(Wiley-VCH)开展了非常成功的合作。该丛书的出版大获成功,广受好评。因此,我们决定深耕新药研究领域,继续编著了 *Successful Drug Discovery* 系列专著。本丛书聚焦于最前沿的药物发现,涵盖了最新上市的小分子药物和生物药。我担任本系列丛书的通讯作者,同时邀请了其他同仁共同参与丛书的编纂。第 1 卷由蒙特克莱尔大学大卫·罗特拉(David Rotella,Montclair University)博士和我本人共同编著;从第 2 卷起,天普大学韦恩·E. 奇尔德斯(Wayne E. Childers,Temple University)博士加入编写团队;随后,苏黎世罗氏制药克里斯汀·克莱因(Christian Klein,

Roche）博士加入编委会，参与了第3、4卷的编纂。

Successful Drug Discovery《成功药物研发》第4卷受到业界和学术界的一致好评。国际期刊 Chem Med Chem（2020，15，173）曾对第4卷做出如下推介："强烈建议热切寻求药物研究领域启发性专著的学生，以及从日常工作中寻找灵感的新药研发科学家们阅读此书。"

Successful Drug Discovery 的出版得益于世界范围内科学家的大力支持。例如，中国微芯生物（Chipscreen Biosciences）的鲁先平博士及其同事参与了第2卷第5章的案例编写，介绍了HDAC抑制剂抗癌药物西达本胺的研发历程。

我要特别感谢白仁仁博士和科学出版社对本书第3、4卷的翻译和出版所做的工作。我很高兴看到中国的研究人员和科学家也有机会阅读本书。

衷心希望本书能够对中国的药物化学家和新药研究人员有所帮助，希望本书能够成为一本对读者有用、有趣且实用的专著。

亚诺斯·费舍尔

（János Fischer）

吉瑞制药，布达佩斯

2020年6月

Preface

It is a great pleasure to know the textbook *Successful Drug Discovery, Volume 4* has been translated into Chinese language and published under China Science Publishing & Media Ltd.

Successful Drug Discovery is a textbook series in the field of drug discovery published in recent years and is very popular within the academic institutes and pharmaceutical industries worldwide. I am honored to be able to participate in this book series. I would like to first acknowledge IUPAC (International Union of Pure and Applied Chemistry) for my two-decade-long working relationship and experience. IUPAC is the world organization of the scientists engaged in chemistry. I belonged to the Subcommittee of Drug Discovery and Development in which I have the privilege of interacting with a group of excellent experts in the medicinal chemistry field. It was under IUPAC support, I started co-editing three volumes of *Analogue-based Drug Discovery* (2006, 2010 and 2013). That was a fantastic experience and excellent collaboration interacting with the Publisher, Wiley-VCH. The publish of three volumes of *Analogue-based Drug Discovery* was very successful and has received well appraise. Therefore, we decided to broaden the scope further and formulate a new series of books under the title of *Successful Drug Discovery* to discuss the recent drug discoveries, including both small molecule drugs and biologics.

I am the corresponding co-editor of this book series. The first volume was edited by David Rotella (Montclair University) and myself. Wayne E. Childers (Temple University) helped to edit the books from Volume 2, and Christian Klein (Roche, Zurich) joined the editorial board from Volume 3.

Successful Drug Discovery, Volume 4 was well-received both from industry and academia. The international journal ChemMedChem (2020, 15, 173) has the following opinion on Volume 4: "It is highly recommended for students seeking an inspiring book into the field and expert scientists involved in drug research to receive additional inspiration for their daily work".

Contributions to *Successful Drug Discovery* come from all parts of the world. As an example, a case study in Chapter 5 in Volume 2 was contributed by Chinese researchers. Xian-Ping Lu and coworkers from Chipscreen Biosciences (China) wrote a chapter on the discovery of the HDAC inhibitor chidamide, an anticancer drug.

I would like to thank Dr. Renren Bai and the China Science Publishing & Media Ltd. for the translation *Successful Drug Discovery, Volume 4*. I am honored that this book can now be available and accessible to researchers and scientists in China.

Last but not least, I sincerely hope that medicinal chemists and drug researchers in China will find the book useful, interesting and relevant to their research work.

János Fischer

Richter Plc, Budapest

June, 2020

陈 凯 先 序

新药研发关乎国计民生，其不仅是保障人民健康的重要基石，而且是助推经济发展的巨大动力，生物医药产业已成为国家重点发展的高新技术产业。自2008年我国启动"重大新药创制"科技重大专项以来，在广大医药研发人员的共同努力下，我国正努力由仿制药大国向创新药强国转型。越来越多的创新药物正在涌现，其中一些已走向国际，服务于人类健康事业。这些成就展现出我国新药研发水平快速提升的发展态势，也为未来我国新药研发事业进一步发展奠定了基础，增强了信心。

但是应该清醒地看到，我国新药研发水平与世界发达国家相比仍然存在很大差距。新型冠状病毒肺炎疫情肆虐全球，使我们倍感创新药物研发对于国家和民族的重要意义。学习国际知名药企的成功研发经验对于我国生物医药领域的快速发展尤为重要。

由谢恬教授担任主审，白仁仁教授联合全国多所大学与企业新药研发一线的青年才俊共同翻译的《成功药物研发Ⅰ》一书，是一本助力新药创制的重要药学专著。《成功药物研发Ⅰ》英文版由直接负责和参与各个新药研发的科研人员编著，详细、准确而生动地介绍了国际上近几年来成功获批新药的研发历程。全书内容丰富，系统且详细地归纳了新药研发领域最前沿的研究方法、技术与进展，并提供了丰富的研发经验。

《成功药物研发Ⅰ》经过多次校对和修改，翻译者认真细致，卓有成效。该书讲述了药物研发的精彩故事。首先分别介绍了多肽药物的研发趋势，抗体-药物偶联物、抗CD20抗体、激酶抑制剂和多巴胺D_2受体部分激动剂类药物的研究进展，以及近期获批口服药物的理化参数；在此基础上又逐一介绍了达雷木单抗、依特卡肽、乐伐替尼、奥西替尼、鲁卡帕尼、维奈托克和奥贝胆酸等一批药物的研发历程。

对从事药物研究与开发的科研工作者和医药院校师生而言，该书是一本不可多得的参考书。我相信该书的出版对中国的新药研发将起到积极的促进作用。

陈凯先

中国科学院院士

2020年9月

蒋华良序

科技的快速发展增强了我们对生命科学的理解,但似乎并没有加快新药研发的速度。新药研发的周期依旧漫长,研发费用仍旧不断高涨。即便候选药物顺利进入临床研究,最后成功上市的概率仍然低于12%。获批新药数量的下降却伴随着研发成本的逐年增长,这逐渐引起人们的担忧,药物研发公司的总体策略、研发效率和商业模式的可持续性也受到越来越多的质疑。目前,一个新药从立项到成功上市需要花费至少10年的时间。如果纳入药物研发失败造成的资源消耗,一个新药的平均研发费用将超过26亿美元。因此,每个成功的药物都弥足珍贵,每个成功药物的研发过程都饱含了研究人员的艰辛努力,都值得我们学习和借鉴。

从我国具有自主知识产权的抗癌植物药榄香烯脂质体注射液和口服液获得美国及欧盟发明专利,到泽布替尼获得FDA的"突破性疗法"认定及通过"优先审评"获批上市,中国的新药研发正逐渐迎来一片新天地。想要取得更多的成功,除了需要出台更多的有利政策,投入更多的资源,付出更多的努力,还需要认真学习国外成功药物研发的经验。这样才能少走弯路,达到事半功倍的效果。

由白仁仁教授担任主译、谢恬教授主审的《成功药物研发 I 》契合了当今新药研发的需要。该书站在新药研发领域的时代前沿,聚焦制药行业的研究热点，介绍了国际新药的研发现状和趋势，以及多个近几年在国外成功上市新药的研发历程。该书内容新颖，层次清晰，书中的新药研发经验值得从事新药研发的科研人员学习和借鉴。

译者们出色地完成了《成功药物研发 I 》的翻译。相信该书的出版一定会为从事新药研发的科研人员和企业管理人员，以及相关专业的教师和学生提供重要的参考，对我国的创新药物研发有所帮助。

中国科学院院士

2020年9月

　　新药研发是一项多因素的复杂工程。从另一种角度而言，新药研发也是一项"脆弱"的工程，需要精心"呵护"才可能获得成功。一个药物得以成功研发的原因有很多，但任何一个环节的缺陷都可能导致整个研发项目的夭折。溶解度小、渗透性差、药效弱、毒性大、生物利用度低、半衰期短等任何一个短板都可能宣告药物研发的失败。而成功的药物研发一定是平衡了各个方面的性质和因素。所以说，新药研发的成功是方方面面的成功。相比于从失败的研发案例中汲取教训，从成功的实例中总结经验更为重要。站在前人的肩膀上，才可能实现更大的成功。

　　为了使我国药物研发人员了解全球最新的药物研发成功案例，我们精心组织翻译了《成功药物研发》系列。比起根据有限的文献去推测药物的研发过程，《成功药物研发Ⅰ》（*Successful Drug Discovery Volume4*）邀请了直接参与相关药物研发的团队核心人员，根据药物的实际研发流程，向读者讲述新近知名药物是如何走出实验室，最终成功上市的。如此一来，读者可以很好地了解药物研发的每个细节，体会研究人员一步步解决问题和困难的策略，学习药物研发成功的经验。特别值得肯定的是，书中各章所介绍的药物都是最近几年刚刚获批的新药，其中涉及的部分药物名称甚至还未被译成中文。因此，本书很好地反映了近年来药物研发的热点领域、热门靶点和研究趋势。

　　原著名为"*Successful Drug Discovery*"，直译应为"成功药物发现"。但是，书中各章不仅介绍了相关药物的发现过程（从靶点确证到获得候选药物的过程），而且详细介绍了相关药物的开发历程（从候选药物到上市药物的过程），部分章节甚至着重阐述了药物的开发过程，因此内容实际涉及药物研发的整个环节，所以译者将中文书名译为"成功药物研发"，更符合书中内容。

参与本书翻译的有山东大学尹贻贞老师、国科大杭州高等研究院吴睿老师、浙江工业大学徐凯老师和谢媛媛老师、中国药科大学徐盛涛老师和徐进宜老师、杭州中美华东制药有限公司张智敏博士及杭州师范大学叶向阳老师。他们都是新药研发领域的青年才俊，虽然平时科研和教学任务繁重，但大家依旧克服了各方面的困难，投入宝贵的精力，圆满完成了翻译工作。在此，感谢大家为本书成功出版所付出的汗水和努力。

由衷感谢本书主审杭州师范大学谢恬教授，他亲自把关、指导，为本书翻译工作提出了许多宝贵的建议和帮助。

衷心感谢中国药科大学吴晓明教授和徐进宜教授、江苏弘惠医药集团胡传良董事长，以及杭州师范大学谢恬教授长久以来的关心、支持和帮助。感谢来自不同高校和企业的各位老师、师兄（姐）弟和朋友，大家对我的药学专著翻译工作给予了强烈的、真挚的、不求回报的支持和帮助，使我能够始终保持坚定的决心和毅力，努力将更多的经典外文药学专著引进国内，为祖国的新药研发事业贡献微薄之力。

特别感谢杭州中美华东制药有限公司及国科大杭州高等研究院吴睿老师对本书出版的资助，以及对本书翻译工作的支持。

感谢科学出版社编辑团队一直以来的帮助和支持，以及对本书出版的辛勤付出。

感谢我的研究生钟智超、揭小康、葛佳敏、白自强等在译书校对工作中的付出。

尽管本人和各位译者尽了最大的努力，书中仍难免有疏漏之处，敬请各位读者包容、指正。

白仁仁

renrenbai@126.com

2020 年 5 月于杭州

原 著 序

　　《成功药物研发》（*Successful Drug Discovery*）第4卷继续沿用前几卷的框架结构，内容涉及药物研发总论、分类药物研究和具体研发案例等方面。本书重点关注小分子药物和生物药物的研发，主要介绍最近几年成功上市药物的研发历程。

　　感谢顾问委员会成员：美国天普大学马吉德·阿布·加比亚（Magid Abou-Gharbia，Temple University）、美国Cellerant治疗公司贾加斯·R.朱尼图拉（Jagath R. Junutula，Cellerant Therapeutics）、日本大冢制药近藤和美（Kazumi Kondo，Otsuka）、美国JL3公司约翰·A.劳（John A. Lowe，JL3Pharma LLC）和德国勃林格殷格翰公司格德·施诺伦贝格（Gerd Schnorrenberg，Boehringer Ingelheim）。感谢以下为作者和编辑提供大力帮助的审稿人：乔纳森·贝尔（Jonathan Baell）、加布里埃·科斯坦蒂诺（Gabriele Costantino）、吉尔吉·多曼（György Domány）、约翰·M.比尔斯（John M. Beals）、斯蒂芬·豪瑟（Stephen Hauser）、贾加斯·R.朱努图拉（Jagath R. Junutula）、贝拉·基斯（Béla Kiss）、保罗·李森（Paul Leeson）、加博尔·梅泽（Gábor Mező）、托米·索耶（Tomi Sawyer）、马尔科姆·史蒂文斯（Malcolm Stevens）、迈克尔·瓦格纳（Michael Wagner）和吴鹏（Peng Wu）。特别感谢于尔根·斯托纳（Juergen Stohner）基于IUPAC术语、命名和符号国际委员会相关原则对本书进行的审阅。

　　约翰·P.梅尔（John P. Mayer）及其同事对多肽疗法的最新进展

进行了全面的综述，系统总结了不同治疗领域口服多肽类药物的研发成就。

尼古拉斯·乔伯特（Nicolas Joubert）及其同事对癌症靶向化疗中的抗体-药物偶联物进行了详细综述。在过去的十年间，通过选择更好的药物、连接臂和单抗靶点，抗体-药物偶联的疗效得到了多方面的改善。

安德鲁·C.陈（Andrew C. Chan）及其同事概述了抗CD20单抗在自身免疫性疾病中的应用，以及用于治疗多发性硬化症的奥瑞珠单抗的临床开发。

安德烈·亚斯（Andreas Ritzén）及其同事研究了最近获批口服药物的理化参数，发现相当一部分非中枢神经系统（CNS）药物违反了两个或多个Lipinski类药5原则参数。

吴鹏（Peng Wu）及其同事概述了激酶抑制剂类药物的研发概况，介绍了38个已获批的激酶抑制剂，这也是最成功的药物发现领域之一。

韦恩·E.柴尔德斯（Wayne E. Childers）及其同事介绍了近三十年来多巴胺D_2部分激动剂类药物在治疗精神分裂症的阴性和认知症状方面所取得的进展。

马丁·L.扬马特（Maarten L. Janmaat）及其同事介绍了用于治疗多发性骨髓瘤的新型单克隆抗体达雷木单抗的研发历程。

德里克·麦克林（Derek Maclean）及其同事介绍了依特卡肽的研发故事，该药物可为继发性甲状旁腺功能亢进的血液透析患者提供有效的治疗。

鹤冈明彦（Akihiko Tsuruoka）及其同事介绍了分化型甲状腺癌治疗药物乐伐替尼的研发历程。

迈克尔·J.沃林（Michael J. Waring）介绍了用于治疗晚期非小细胞肺癌的第三代EGFR抑制剂奥西替尼的研发案例。

伯纳德·T.戈尔丁（Bernard T. Golding）生动地介绍了鲁卡帕尼的发现和开发历程。鲁卡帕尼是一种用于治疗卵巢癌的新型PARP-1抑制剂类抗癌药物，其成功研发是学术界和工业界在新药研发领域良好合作的一个典范。

韦恩·J.费尔布罗德（Wayne J. Fairbrother）及其同事介绍了用于治疗白血病的Bcl-2选择性拮抗剂维奈托克的研发历程。

罗伯托·佩利奇亚里（Roberto Pellicciari）及其同事介绍了奥贝胆酸的研发历程。奥贝胆酸是一种法尼醇X受体激动剂，可用于治疗原发性胆源性胆管炎。这也是学术界和工业界成功合作的一个经典实例。

本书各位编辑和作者衷心感谢威利出版公司（Wiley-VCH）及弗兰克·温赖希（Frank Weinreich）博士的出色协作。

亚诺斯·费舍尔（János Fischer，布达佩斯）
韦恩·E.柴尔德斯（Wayne E. Childers，费城）
克里斯汀·克莱恩（Christian Klein，苏黎世）
2018年11月8日

目　录

中文版序

陈凯先序

蒋华良序

译者序

原著序

第1章　多肽药物的研发趋势 ……………………………………………… 1

1.1　引言 …………………………………………………………………… 1

1.2　抗代谢性疾病多肽药物 ……………………………………………… 1

1.3　多肽类抗生素 ………………………………………………………… 7

1.4　抗癌多肽药物 ………………………………………………………… 10

1.5　抗骨骼疾病多肽药物 ………………………………………………… 15

1.6　抗胃肠疾病多肽药物 ………………………………………………… 18

1.7　多肽药物的研发新趋势 ……………………………………………… 21

1.8　总结 …………………………………………………………………… 22

第2章　抗体-药物偶联物类抗癌药物的研发 ……………………………… 33

2.1　引言 …………………………………………………………………… 33

2.2　第一代抗体-药物偶联物 ……………………………………………… 34

2.3　第二代抗体-药物偶联物 ……………………………………………… 38

2.4　第三代抗体-药物偶联物 ……………………………………………… 43

2.5　总结 …………………………………………………………………… 51

第3章　靶向B细胞的抗CD20抗体在自身免疫性疾病中的应用 …………… 56

3.1　引言：B细胞在免疫中的重要作用 ………………………………… 56

3.2　B细胞在自身免疫中的作用 ………………………………………… 58

3.3 靶向CD20的治疗性抗体 ·· 59

3.4 利妥昔单抗：首个用于治疗自身免疫系统疾病的抗CD20单抗 ···· 63

3.5 利妥昔单抗对抗体和自身抗体的影响 ···························· 65

3.6 利妥昔单抗在血管炎和其他自身免疫性疾病治疗中的作用 ···· 65

3.7 奥瑞珠单抗研发的开启 ·· 66

3.8 多发性硬化症 ··· 67

3.9 多发性硬化症的发病机制 ··· 68

3.10 利妥昔单抗：首个治疗多发性硬化症的抗CD20单抗 ········· 69

3.11 奥瑞珠单抗对多发性硬化症的治疗 ····························· 71

3.12 多发性硬化症中的B细胞难题 ····································· 73

3.13 总结 ·· 74

第4章 近期获批口服药物的理化参数 ······························ 84

4.1 引言 ··· 84

4.2 2007～2017年获得FDA批准的药物 ······························ 85

4.3 bRo5药物的极性表面积 ·· 92

第5章 激酶抑制剂类药物的研发 ·································· 103

5.1 引言 ·· 103

5.2 历史概况 ··· 106

5.3 已获批上市的激酶抑制剂 ·· 108

5.4 新的研发方向 ··· 123

5.5 总结 ·· 124

第6章 多巴胺D$_2$受体部分激动剂的发现、进展和治疗潜力 ······ 134

6.1 引言 ·· 134

6.2 多巴胺和多巴胺受体 ··· 134

6.3 精神分裂症和早期抗精神病药物 ··································· 137

6.4 多巴胺部分激动作用 ··· 138

6.5 D$_2$部分激动剂 ·· 139

6.6 已上市的D$_2$部分激动剂类抗精神病药物 ························· 158

6.7 总结 ·· 169

第7章 CD38抗体达雷木单抗的研发 ······························ 184

7.1 引言 ·· 184

7.2 CD38 ··· 185

7.3 达雷木单抗的发现 ·· 186

7.4 达雷木单抗的多种作用机制 ·· 188

7.5 达雷木单抗在多发性骨髓瘤中的抗肿瘤活性 ·································· 191

7.6 达雷木单抗联合治疗多发性骨髓瘤 ·· 197

7.7 达雷木单抗在多发性骨髓瘤以外的治疗潜力 ·································· 201

7.8 总结和展望 ··· 203

7.9 总结和展望 ··· 205

第8章 依特卡肽——一种慢性肾病继发性甲状旁腺功能亢进治疗
药物的研发 ·· 222

8.1 引言 ·· 222

8.2 化合物设计和构效关系研究 ··· 223

8.3 临床前研究 ··· 230

8.4 依特卡肽的作用机制研究 ·· 232

8.5 临床研究 ··· 234

8.6 总结 ·· 237

第9章 乐伐替尼——一种靶向VEGF和FGF受体的血管生成抑制剂
的研发 ·· 241

9.1 引言 ·· 241

9.2 分子靶向抗癌药物研发的最新进展 ·· 241

9.3 肿瘤血管生成 ··· 242

9.4 抗VEGF靶向药物的开发 ·· 242

9.5 靶向VEGFR和FGFR的乐伐替尼的发现 ······································ 243

9.6 乐伐替尼对激酶的抑制活性及新型激酶结合模式的发现 ············ 245

9.7 乐伐替尼在人甲状腺癌细胞系中的抗肿瘤作用 ··························· 247

9.8 乐伐替尼在人肾癌细胞系中的抗肿瘤作用及其作用机制 ············ 248

9.9 总结和展望 ··· 248

第10章 奥西替尼——一种治疗T790M耐药型非小细胞肺癌的不可逆
表皮生长因子受体酪氨酸激酶抑制剂的研发 ·································· 254

10.1 引言 ·· 254

10.2 讨论 ·· 258

10.3 总结 ·· 266

第11章 鲁卡帕尼——一种全球首创PARP-1抑制剂的研发 ······················ 270

11.1 引言 ·· 270

11.2 苯并噁唑/苯并咪唑甲酰胺和喹唑啉酮衍生物 ····························· 274

11.3 鲁卡帕尼的发现之路 ………………………………………… 281

11.4 单一药物疗法的出现 ………………………………………… 285

11.5 临床试验 ……………………………………………………… 285

11.6 总结 …………………………………………………………… 286

第12章 维奈托克——一种BCL-2选择性拮抗剂的研发 ……………293

12.1 引言 …………………………………………………………… 293

12.2 维奈托克的发现——基于结构的药物设计 ………………… 295

12.3 临床前研究 …………………………………………………… 300

12.4 临床研究 ……………………………………………………… 303

第13章 首创药物FXR激动剂奥贝胆酸的研发 ……………………312

13.1 引言 …………………………………………………………… 312

13.2 胆汁酸 ………………………………………………………… 313

13.3 佩鲁贾大学进行的胆汁酸早期药物化学研究 ……………… 319

13.4 突破性进展（1999年）：胆汁酸是法尼酯X受体的内源性配体 …… 324

13.5 奥贝胆酸的发现 ……………………………………………… 328

13.6 奥贝胆酸的性质及临床前研究 ……………………………… 338

13.7 奥贝胆酸治疗原发性胆道胆管炎的 Ⅰ～Ⅲ 期临床研究 ………… 343

13.8 总结和展望 …………………………………………………… 345

第1章

多肽药物的研发趋势

1.1 引言

    在过去的几十年间，多肽药物的重要性日益显现。引起这一趋势的因素之一是人们逐渐认识到，无论是天然的还是经过修饰的多肽类配体都可以用于调节多种生理功能并发挥相应的治疗作用。此外，多肽固有的一些特性，如较高的选择性和活性、较低的毒性等，也使得多肽受到越来越多的关注。近年来，借助于靶向筛选及合理药物设计，基于多肽药物受体进行的口服小分子药物研发的尝试，除了少数成功实例外，大都无功而返。模拟多肽类激动剂的生物活性，特别是在以Ⅱ类G蛋白偶联受体（G-protein-coupled receptor，GPCR）作为靶点的情况下，是极具挑战性的。成功的案例则大多是一些受体拮抗剂的发现过程，如神经激肽（neurokinin）、血管紧张素（angiotensin）、内皮素（endothelin）和食欲肽（orexin）。这些经验教训逐渐引起科学家们对药物发现的思考，即多肽本身就是一类合理的药物候选物，而不仅仅是小分子药物的先导物或只是概念验证。但是药物化学家还必须面对和克服多肽的一些缺点，如快速代谢和清除、生产成本高，以及局限的替代递送方式。本章将重点介绍多肽的成功治疗领域（如代谢性疾病治疗领域），以及多肽治疗范围正在触及的一些全新领域。本章还着重列举了一些通过时间延长策略和替代递送途径帮助建立和加强多肽药物在市场竞争中地位的例子；最后还探讨了多肽药物开发的两个新趋势，即大环肽和细胞穿膜肽，它们或许会为多肽药物研发带来新的机遇。

1.2 抗代谢性疾病多肽药物

    2型糖尿病（type 2 diabetes，T2DM）和肥胖症（obesity）正呈全球流行的态势，已经严重影响了人们的生活质量、预期寿命和生活水平。目前，卫生健康机构已经对代谢性疾病治疗投入了巨大的资源，并已取得了显著的效果[1]。相比其他治疗领域，多肽或许在1型糖尿病（type 1 diabetes，T1DM）、2型糖尿病及肥胖的治疗中扮演着更加得天独厚且无法替代的角色。本节将概述已成功获批的胰岛素（insulin）、胰高血糖素样肽-1（glucagon-like peptide-1，

GLP-1)、胰高血糖素(glucagon)等多肽药物，以及正处于临床研发后期的药物。

1.2.1　胰岛素

胰岛素是于1921年由班廷(Banting)和贝斯特(Best)发现的，仅一年后就被投入了商业市场(图1.1)[2]。尽管其具有神奇的效果，但早期胰岛素制剂的作用时间短(4 ~ 6 h)，需要每天多次注射，这也促使研究人员开始寻找更长效的配方。第一个尝试是20世纪40年代开发的中性鱼精蛋白锌胰岛素哈格多恩(Hagedorn，NPH)——一种与鱼精蛋白(一种从鱼精子中分离出来的阳离子蛋白)复合组成的胰岛素混悬液。NPH复合物的缓慢解离延迟了胰岛素在注射部位的吸收，可将胰岛素的作用时间延长至12 ~ 18 h[3]。于20世纪50年代开发的胰岛素兰特(Lente)使用了一种中性pH的胰岛素悬浮液，其中含有过量的锌，该配方可将作用时间延长到24 h以上[3]。20世纪20年代至80年代早期，胰岛素的生产依赖于从牛和猪的胰腺中提取。在20世纪80年代早期，随着生物技术的发展与进步，可以借助重组DNA技术大量生产人胰岛素，以满足糖尿病患者的需求，并逐渐取代了动物来源的胰岛素[4]。重组DNA技术也促进了用于控制餐前餐后血糖差异的短效胰岛素类似物及模拟胰岛素作用的长效类似物的研发[5, 6]。

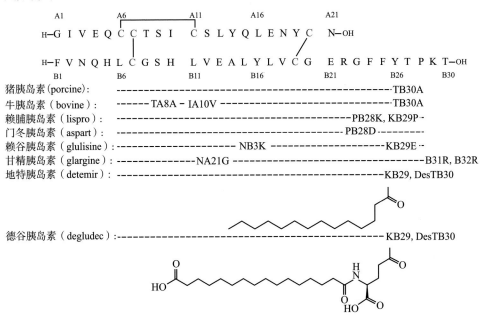

图1.1　人、猪、牛和重要商业胰岛素类似物的序列

在天然状态下，胰岛素六聚体复合物是由3个非共价连接的胰岛素二聚体组成的，而这3个胰岛素二聚体又是借助于两个锌离子螯合的B10 His残基来稳定结构的。一经注射，锌离子的扩散会导致六聚体首先分解为胰岛素二聚体，再进一步分解为单体，而后者是限速步骤。胰岛素的生理性吸收主要以单体形式进行，因此很多研究尝试通过削弱胰岛素二聚体的策略来制备速效胰岛素。X射线晶体结构解析表明，两个胰岛素分子中的B链C端区域为胰岛素二聚体的作用界面。减弱这种相互作用可加速二聚体的解聚，进而实现胰岛素活性的更快起效。1996～2006年共批准了三种速效胰岛素类似物：LysB28，ProB29，赖脯胰岛素［insulin lispro，Humalog®，礼来（Eli Lilly）］[7]；AspB28，门冬胰岛素［insulin aspart，Novolog®，诺和诺德（Novo Nordisk）］[8]；LysB3，GluB29，赖谷胰岛素［insulin glulisine，Apidra®，赛诺菲（Sanofi）］[9]。这些类似物可在5～15 min内迅速起效，并在30～90 min内达到峰值，持续起效时间为4～6 h[5]。一种超快起效的门冬胰岛素和烟酰胺复合制剂（Fiasp®，诺和诺德）也于2017年底获得批准。

长效或"基础"胰岛素的获取则通过两种独立的策略：改变等电点和脂化。甘精胰岛素（insulin glargine，Lantus®，赛诺菲）是一种AsnA21Gly突变的人胰岛素类似物，并在B链C端额外增加了ArgB31和ArgB32两个残基。这两个精氨酸残基的存在使人胰岛素的等电点从5.6变为6.7，降低了其在生理pH下的溶解度。甘精胰岛素需要通过GlyA21突变来减缓AsnA21的酸性降解，以实现在pH为4.0时的水溶性。注射后，甘精胰岛素先是形成一个不溶性的具有存储作用的微晶体沉淀，随后再逐渐溶解，并在20～24 h内缓慢释放药物[10]。皮下注射后的甘精胰岛素会逐渐发生代谢，其代谢产物释放进入体循环。最早进入临床应用且利用脂化（lipidation）策略的药物是地特胰岛素（insulin detemir，Levemir®，诺和诺德），它是一种以肉豆蔻酸将人desB30胰岛素的LysB29侧链共价修饰的产物。这种修饰可诱导六聚体和二聚六聚体的形成，同时促进其与血清白蛋白的结合（98%在血浆中结合）。前者延迟了注射部位对胰岛素的吸收，而后者则减慢了血浆清除率，使作用时间延长至12～24 h，并使得药代动力学/药效学（PK/PD）特征不易发生波动[11]。德谷胰岛素（insulin degludec，Tresiba®，诺和诺德）是第二代利用脂化策略进行胰岛素修饰的代表。LysB29可通过一个γ-谷氨酸与十六烷基二酸酰化后的连接物进行共价修饰，该方式可导致皮下注射部位处六聚体的大量形成，同时也对白蛋白具有更高的亲和力，因而可以有效延长作用时间。德谷胰岛素作用时间长至42 h，因此可以通过每日1次的给药方案进行治疗，并且可以在白天给药[12]。

胰岛素的另一种递送方式借鉴了之前批准的两种肺部给药产品。吸入型胰岛素Exubera®［辉瑞公司（Pfizer）］是一种可吸入性干燥性粉末状喷雾胰岛素，于2006年获批并借助可重复利用的吸入器给药。但是由于给药设备过大导致销量不佳，在短期内即被撤出市场。另一种吸入型胰岛素是Afrezza®［曼恩凯德生物（MannKind）］，于2014年获批，借助拇指大小的设备给药。Afrezza®可在给药后12～15 min内达到血浆胰岛素峰值。目前，该药的商业前景尚无法确定[13]。

一项胰岛素临床应用的调查表明，人们对各种超快速效药丸、超长时效类似物，以及口服胰岛素更感兴趣。启动这类研究的公司包括Adocia公司（超速效型赖脯胰岛素的生物伴侣制剂，临床Ⅱ期；预混合型，临床Ⅰ/Ⅱ期）、AntriaBio公司（每周1次，临床Ⅰ期）、拜康公司（Biocon）（Tregopil胰岛素，口服型，临床Ⅱ/Ⅲ期）、Diasome公司（肝脏靶向，临床Ⅱ期）、礼来（每周1次，临床Ⅰ期；超速效型，临床Ⅲ期）、默克（Merck）（葡萄糖敏感型，临床Ⅰ期）、诺和诺德（每周1次，临床Ⅱ期）、Oramed公司（ORMD-0801，口服型，临床Ⅱ期）及赛诺菲（超速效型，临床Ⅲ期）。

1.2.2　胰高血糖素样肽-1

胰高血糖素样肽-1（GLP-1）是由肠L-细胞分泌的一种多肽类激素，在葡萄糖稳态中发挥重要作用（图1.2）。血糖升高时，GLP-1可以通过激活胰岛B细胞上的GLP-1受体来刺激葡萄糖依赖性胰岛素（glucose-dependent insulin）的分泌，同时抑制胰高血糖素的水平。除了帮助维持葡萄糖稳态外，GLP-1还能增进饱腹感、延缓胃排空，从而减少食物的摄入，降低体重。这种独特的生物学和药理学特性已经促进了一些抗糖尿病药物和抗肥胖药物的成功研发[14]。内源性GLP-1在GLP-1（7-36）-NH$_2$和GLP-1（7-37）两种等效的生物活性亚型之间保持循环。由于二肽基肽酶-4（dipeptidyl peptidase-4，DDP-4）可对GLP-1 N端的His^7-Ala^{8}二肽进行降解，导致两种生物活性亚型GLP-1的半衰期均仅

GLP-1（人）：　　　　　　　H-HAEGT FTSDV SSYLE GQAAK EFIAW LVKGR G-OH
艾塞那肽（exenatide）：　　　H-HGEGT FTSDL SKQME EEAVR LFIEW LKNGG PSSGA PPPS-NH$_2$
利西那肽（lixisenatide）：　　H-HGEGT FTSDL SKQME EEAVR LFIEW LKNGG PSSGA PPSKK KKKK-NH$_2$
阿必鲁肽（albiglutide）：　　H-［HGEGT FTSDV SSYLE GQAAK EFIAW LVKGR］$_2$-Albumin
度拉糖肽（dulaglutide）：　　H-［HGEGT FTSDV SSYLE EQAAK EFIAW LVKGG G(GGGGS)$_3$］$_2$-IgG4-Fc
利拉鲁肽（liraglutide）：　　H-HAEGT FTSDV SSYLE GQAAK EFIAW LVRGR G-OH

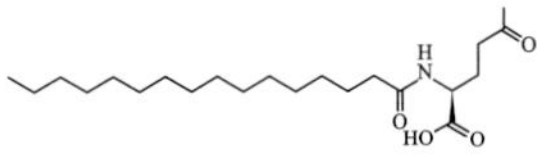

索马鲁肽（semaglutide）：　H-HXEGT FTSDV SSYLE GQAAK EFIAW LVRGR G-OH　　（X：Aib）

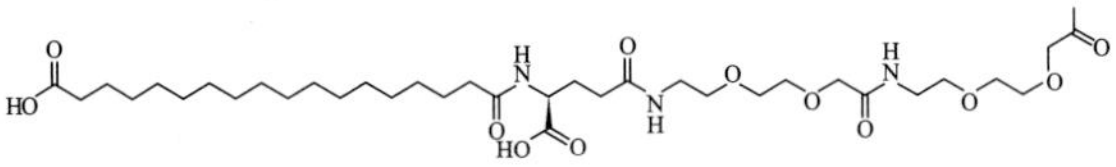

图1.2　GLP-1和已上市的GLP-1类似物的结构

有2 min左右。GLP-1较短的半衰期降低了其药效，因而也促进了对DPP-4稳定的长效GLP-1类似物的研究[15]。第一个被批准的GLP-1类似物为艾塞那肽［exenatide，Byetta®，礼来和艾米林（Amylin）公司］，是从一种从吉拉巨蜥唾液中分离的多肽。Byetta®中的活性药物成分艾塞那肽具有与天然GLP-1相似的体外药效，但是其可以抵抗DPP-4的降解，因此半衰期可达2～4 h。Byetta®获批的皮下注射剂量为5～10 μg，每日2次[16]。利西那肽（lixisenatide）是艾塞那肽的羧基端以6个赖氨酸残基修饰后的衍生物，在美国的商品名为Adlyxin®，在欧盟的商品名为Lyxumia®，由赛诺菲销售[17]。最初应用GLP-1激动剂的经验表明，最佳的患者依从性和治疗效果可能需要每天1次、每周1次，甚至更低频率的给药。通过将Byetta®与聚（D，L-乳酸-co-乙醇酸，PLGA）聚合物制成联合制剂，可有效延长给药间隔，使得药物在人体中的半衰期成功地延长至5～6天[15]。这种新制剂［Bydureon®，阿斯利康（AstraZeneca）］于2012年获批，每周给药1次。

通过将多肽连接到大分子载体上，可以有效减轻蛋白酶的降解、降低肾脏清除速度，并可利用Fc受体转运到外周组织，从而有效延长多肽的作用时间。人血清白蛋白（human serum albumin，HSA）和免疫球蛋白G（immunoglobulin G，IgG）的Fc片段均可以用作GLP-1分子的融合载体，从而可以延长GLP-1的作用时间，达到每周1次的给药频率。阿必鲁肽［albiglutide，Tanzeum®，葛兰素史克（GlaxoSmithKline）］是一种由两个GLP-1类似物串联拼接后，与重组人血清白蛋白N端拼合生成的药物。通过甘氨酸取代第二位的丙氨酸，可抑制DPP-4对GLP-1的降解。阿必鲁肽在人体内的半衰期长达6～8天，可每周1次注射给药，剂量为30～50 mg[18]。度拉糖肽（dulaglutide，Trulicity®，礼来）是一种以Gly4Ser柔性连接臂将两个GLP-1串联拼接后，再与人IgG4-Fc片段的N端拼合生成的药物。与阿必鲁肽一样，由于第二个位点被甘氨酸取代，使得DPP-4降解受到抑制。度拉糖肽在人体内的半衰期约为4天，可每周1次注射给药，剂量为0.75～1.5 mg[19]。

脂化策略已成功地改善了胰岛素的药代动力学性质，这一策略同样也适用于对GLP-1的改造。该策略已经使得诺和诺德公司的两个GLP-1类似物新药获得批准。利拉鲁肽（liraglutide，Victoza®）是将棕榈酸与GLP-1的Lys20侧链上连接的γ-谷氨酸进行酰化反应所得的产物。其28位的天然赖氨酸被精氨酸取代后，可促使20位赖氨酸的特异性酰化反应。利拉鲁肽对白蛋白的高度结合特性不仅有效延缓了肾清除，而且可以保护天然N端免受DPP-4的降解。利拉鲁肽在人体内的半衰期约为13 h，可每日给药1次，剂量为1.2～1.8 mg[20]。更高剂量的利拉鲁肽已被批准用于肥胖症的治疗，商品名为Saxenda®。索马鲁肽（semaglutide，Ozempic®）在结构上类似于利拉鲁肽，只是以十八烷二酸取代了棕榈酸，并额外通过两个短PEG单元进行连接。通过以2-氨基异丁酸（2-aminoisobutyric acid，Aib）取代第二个位点，实现了对DPP-4更强的抗性，可达到每周1次给药的要求。对白蛋白的较高亲和力及对DPP-4更高的稳定性使得索马鲁肽在人体内的有效半衰期延长至6～7天，可以每周注射给药1次，剂量为0.5～1.0 mg[21]。

GLP-1类似物的成功开发也促进了其他候选药物的研发和投资。其中包括每周1次给药且可用于递送激动肽-4（exendin-4）的艾本那肽（efpeglenatide，赛诺菲，临床Ⅲ期），以及索马鲁肽口服片制剂（诺和诺德，临床Ⅲ期）。

1.2.3 胰高血糖素

胰高血糖素是胰岛素的主要抗调节激素，是在低血糖状态下分泌的[22, 23]。它的主要治疗应用是紧急逆转胰岛素诱导的低血糖休克，这是1型糖尿病患者治疗中比较常见的副作用。胰高血糖素较差的生物物理和化学稳定性使其液体制剂难以制备，因此需要使用前文提到的酸性稀释液将冻干的胰高血糖素粉末溶解。这不仅使得胰高血糖素在突发事件时的应用操作烦琐，而且使其难以应用于其他需要稳定且可溶解胰高血糖素治疗的适应证[22]。最近有部分关于胰高血糖素剂型改进的报道，如Adocia公司（人胰高血糖素BioChaperone制剂，临床Ⅰ期）、礼来（鼻腔胰高血糖素，临床Ⅲ期；新型可溶性类似物，临床Ⅰ期）、诺和诺德（新型可溶性类似物，临床Ⅰ期）、Xeris制药（Xerisol，临床Ⅲ期，人胰高血糖素溶解于二甲基亚砜）、新西兰制药（Zealand）（Dasiglucagon，临床Ⅲ期，新型可溶性类似物）等制药公司的新型制剂。

1.2.4 联合治疗

联合治疗是指将两种靶向独立通路的药物联合使用，可产生累积或协同作用，以及更耐受副作用的疗效[24]。在胰岛素治疗早期，无论是单一药物治疗或作为基础/静脉注射方案的一部分，都会导致体重的增加，而且会增加低血糖副作用的发生率。相反，GLP-1激动剂不仅能改善血糖控制，还能适度减轻体重。正如预期，基础胰岛素和GLP-1激动剂的联合使用可持续降低大部分患者的糖化血红蛋白（HbA1c）水平并减轻体重，同时有效降低低血糖发生的概率[25]。两种药物联合应用的复方制剂陆续获得了FDA的批准，包括甘精胰岛素和利西那肽的复方制剂Soliqua®（赛诺菲），以及德谷胰岛素与利拉鲁肽的复方制剂Xultophy®（诺和诺德）。

胰高血糖素和葡萄糖依赖性促胰岛素多肽（glucose-dependent insulinotropic polypeptide，GIP）是两种与GLP-1密切相关的重要代谢性激素。胰高血糖素已被证明可以促进脂肪的分解，增加能量消耗，进一步增强GLP-1减轻体重的作用[22]。

GIP是一种肠促胰岛素，可在高血糖状态下作为一种"葡萄糖稳剂"，进而刺激胰岛素的分泌，并在低血糖状态下刺激胰高血糖素的分泌[26]。因此，单分子共激动剂形式的各种GLP-1、GIP和胰高血糖素的药物组合先后被开发出来[27]。许多研发项目已进入临床阶段，包括阿斯利康（MEDI0382，临床Ⅱ期）、礼来（临床Ⅰ期）、强生（Johnson & Johnson）（JNJ-64565111，临床Ⅱ期）、诺和诺德（临床Ⅰ期）、OPKO健康（POK88003，先前的TT401，临床Ⅱ期）、赛诺菲（SAR425899，临床Ⅱ期）和新西兰制药/勃林格殷格翰（Boehringer Ingelheim Gmbh）（BI456906，临床Ⅰ期）等公司开发的GLP-1/胰高血糖素双重激动剂；礼来（LY3298176，临床Ⅲ期）和赛诺菲（SAR438335，临床Ⅰ期）开发的GLP-1/GIP双重激动剂；以及诺和诺德（NN9423，临床Ⅰ期）开发的GLP-1/胰高血糖素/GIP三重激动剂。

1.3　多肽类抗生素

虽然环肽（如短杆菌肽，英文名gramicidin）是最早发现的抗生素之一，但由于缺乏口服有效性、半衰期短和全身毒性，其临床应用一直受到限制，仅限于眼部和皮肤等局部用药。然而，它们固有的一些优势，如广谱抗菌活性、微生物耐药敏感性较低，以及可适用于更广泛适应证的潜力，使得多肽类抗生素日益受到重视。多肽类抗生素的结构多样，通常是经核糖体或非核糖体生物途径合成的高度复杂的天然产物。哺乳动物防御素（defensins）、昆虫来源的天蚕素（cecropin）和两栖动物抗菌肽（antimicrobial peptide，AMP）等，大多是由核糖体合成再进行翻译后修饰的多肽。通过微生物非核糖体途径合成的多肽则包含大量的非天然氨基酸，主要以杆菌肽（bacitracin）、多黏菌素（polymyxin）、短杆菌肽和万古霉素（vancomycin）为代表。

1.3.1　非核糖体合成多肽

20世纪30年代后期，R.杜博斯（R. Dubos）从短杆菌（*Bacillus brevis*）中分离得到了短杆菌素（tyrothricin），它是一种由短杆菌肽和短杆菌酪肽（tyrocidine）组成的混合物，是第一个具有治疗皮肤和咽喉感染临床应用价值的抗生素[28]。短杆菌肽S主要用于治疗革兰氏阳性菌和革兰氏阴性菌感染的眼科疾病和表层创伤[29]。20世纪40年代末发现的多黏菌素多年来一直被临床用于治疗革兰氏阴性细菌感染。由于具有系统毒性，多黏菌素在20世纪70年代被停止使用，但最近又重新成为对抗革兰氏阴性耐药细菌的最后治疗手段。最新的进展报道了一些非典型性的多黏菌素类似物也具有较高的抗菌活性，同时表现出较低的毒性[30]。杆菌肽，商品名为新斯波林（Neosporin®），于1945年首次从短芽孢杆菌（*B. brevis*）中分离，可与其他抗生素联合用于治疗皮肤和眼部感染。2003年，FDA批准了一种新型脂化环状缩酚酸肽——达托霉素（daptomycin，Cubicin®，Cubist公司），用于治疗由金黄色葡萄球菌（*S. aureus*）引起的复杂皮肤和皮肤组织感染。达托霉素也被批准用于治疗右心内膜炎引起的菌血症[31]。

　　糖肽（glycopeptides）和脂糖肽（lipoglycopeptides）是一类重要的抗生素，代表药物万古霉素（vancomycin，Vancocin®，礼来公司，图1.3a）自发现以来已有长达60年的历史。万古霉素是由E. C. 科恩费尔德（E. C. Kornfeldt）的研究团队于1953年从婆罗洲采集的土壤样本中分离得到的[32]。其研发进展很快，1958年即获得批准，主要用于治疗革兰氏阳性菌株感染。20世纪80年代，随着新型抗生素的不断开发上市，万古霉素的使用逐渐减少。然而，一些细菌，特别是金黄色葡萄球菌对新型抗生素的耐药性不断增加，使得万古霉素被重新应用于临床[33]。万古霉素复杂的化学结构直至1982年才被阐明[34]，这严重阻碍了对其构效关系的研究。但是万古霉素独特的疗效促进了研究者对其他糖肽类抗生素的广泛研究[32]，从而也发现了一些其他的天然产物类似物，如替考拉宁（teicoplanin，Targocid®，赛诺菲）。另外，还开发了一些基于万古霉素结构的第二代半合成糖肽[35]。例如，2009年开发的替拉万星（telavancin，Vibativ®，Theravance生物制药），其药代动力学性质及对金黄色葡萄球菌的治疗作用都得到了增强（图1.3 b）。

a

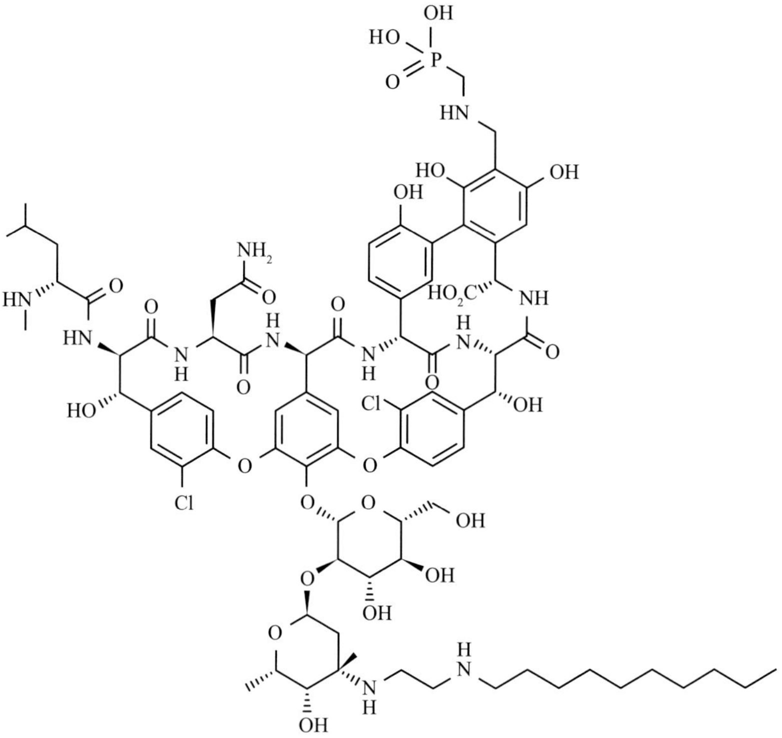

图1.3　万古霉素（a）和替拉万星（b）的结构

　　棘白霉素（echinocandins）是一种半合成的脂化环状六肽，是对抗侵袭性全身性真菌感染的代表性药物。此类药物均是以1974年发现的天然产物棘白霉素B的结构作为先导[36, 37]。棘白霉素类抗生素的作用靶点是（1→3）-β-D-葡聚糖酶，通过有效抑制其合成复合体的独特机制来发挥抗真菌活性。其主要适应证是念珠菌感染，特别是对氟康唑（fluconazole）和两性霉素B（amphotericin B）耐药的念珠菌感染，另外对一些曲霉菌类也非常有效[38]。已上市的棘白霉素类药物包括卡泊芬净（caspofungin，Cancidas®，默克公司）、阿尼芬净（anidulafungin，Eraxis®，辉瑞公司）和米卡芬净（micafungin，米开民，安斯泰来制药）。

1.3.2　核糖体合成多肽

　　羊毛硫菌素类（lantibiotics）或羊毛硫肽（lanthipeptides）类化合物是代表性的先经核糖体合成再进行翻译后修饰的一类多肽，以含有硫醚氨基酸残基羊毛硫氨酸和甲基羊毛硫氨酸为主要特征[39]。其中最典型，也是最早的一种抗菌肽是乳酸链球菌素（nisin），最初于20世纪30年代从乳酸乳球菌（*Lactococcus lactis*）中分离得到，几十年来一直用作食品防腐剂。最近发现的一些类似物也激起了研究人员的极大兴趣，主要是因为它们具有多种作用机制并对一些特殊微生物，如耐甲氧西林金黄色葡萄球菌（methicillin-resistant *S.aureus*）和耐万古霉素肺炎链球菌（vancomycin resistant *Streptococcus pneumoniae*）等，均具有较高的体外抗菌活性[40]。但是由于羊毛硫菌素类的生产效率低下、化学和生物物理性质差，其临床应用和商业开发比较困难。尽管如此，羊毛硫菌素类独特的治疗潜力依旧引起了人们的广泛关注。

随着20世纪80年代天蚕素、爪蟾抗菌肽（magainins）和防御素的发现，人们对多肽类抗生素的作用和潜在应用价值的理解也发生了改变。由博曼（Boman）小组从天蚕的血淋巴中分离出的天蚕素是一种介导昆虫无细胞免疫的多肽，包含30～37个氨基酸，其对革兰氏阳性菌和革兰氏阴性菌均具有活性[41]。在其他相关昆虫物种中也发现了类似的多肽。塞斯特德（Selsted）等从人和兔白细胞中分离出了对细菌和真菌均具有较好活性的同源抗菌肽——防御素，这些抗菌肽在哺乳动物宿主防御中发挥着关键作用[42]。随后在哺乳动物的呼吸道分泌物中也发现了防御素，它们被认为是抵御微生物入侵的第一道防线[43]。

青蛙和蟾蜍皮肤分泌物是生物活性肽的丰富来源。扎斯洛夫（Zasloff）在非洲爪蛙的皮肤中偶然发现了爪蟾抗菌肽[44]，其是被发现的第一个来自两栖动物的由核糖体合成的抗菌肽。其他抗菌肽还包括皮抑菌肽（dermaseptin）、铃蟾抗菌肽（bombinin）、沼水蛙抗菌肽（brevinin）和牛蛙防御肽（ranalexin）。实时更新的数据库可以参考http://aps.unmc.edu/AP。此类多肽已大多被证明具有广谱抗菌活性，可杀死多种革兰氏阳性菌和革兰氏阴性菌及真菌病原体。尽管它们在结构上存在差异，但大多数抗菌肽都具有一个阳离子两亲性的α-螺旋结构，因此，推测其作用机制为穿透并破坏细菌细胞膜[45, 46]。然而，阳离子特征使得这类药物具有溶血性，这一副作用限制了它们作为全身性抗生素的应用。尽管如此，临床上正尝试将抗菌肽用于促进伤口愈合[47]，以及皮肤和口腔感染[47]。许多抗菌肽已进入临床试验。例如，用于酒渣鼻和寻常性痤疮的CLS001（omniganan），用于坏死性软组织感染的AB-103（reltecimod），以及用于口腔黏膜炎的SGX942（杜斯奎肽，dusquetide）和布雷西丁（brilacidin）[48]。另有一些候选药物正处于临床前或者更早期的研发阶段。

1.4　抗癌多肽药物

直到目前，多肽在癌症治疗领域应用仍然是有限的，主要通过诱导激素水平降低来减缓肿瘤生长和疾病发展。然而，促黄体素释放激素（luteinizing hormone releasing hormone，LHRH）和生长抑素（somatostatin，SST）的类似物可用于多种癌症的治疗，为癌症的诊断和治疗提供了一个平台，有助于推进癌症的治疗。

1.4.1　促黄体素释放激素

沙利（Schally）最近回顾了LHRH家族的发展史，他的研究团队参与了LHRH的研发并将其应用拓展到生殖医学和肿瘤学领域（图1.4）[49]。持续使用LHRH可以下调促黄体激素（luteinizing hormone，LH）和促卵泡激素（follicle-stimulating hormone，FSH）的分泌（图1.4a），这也是LHRH激动剂可用于临床治疗前列腺癌、乳腺癌和子宫内膜癌的关键[50]。早期批准的该类药物主要是短效激动剂，如亮丙瑞林（leuprolide，Lupron®，雅培制药）、曲普瑞林（triptorelin，Trelstar®，爱力根公司）、布舍瑞林（buserelin，Suprecur®，赛诺菲）和戈舍瑞林（goserelin，Zoladex®，阿斯利康），随后它们都被开发为长效的"储库"制剂，可提供长达数月的持续作用（图1.4b～d）。通过对LHRH构效关系的研究，发现了LHRH的拮抗剂，如地加瑞克（degarelix，图1.4f，Firmagon®，辉凌制药），能够在缺乏内在激动剂效应时诱导对LHRH受体的竞争性拮抗。与早期激动剂相反，给药LHRH拮抗剂可立即阻断雄激素的分泌，且重要的是，其不会激起特征性的促黄体激素的释放或"耀斑"[51]。通过对拮抗剂地加瑞克与激动剂亮丙瑞林进行比较证实，两种药物具有相似的可持久抑制睾丸激素的作用。但是，地加瑞克对睾丸激素的抑制作用更快且没有"耀斑"现象[52]。

a　pGlu-His-Trp-Ser-Tyr-Gly-Leu-Arg-Pro-Gly-NH₂
b　pGlu-His-Trp-Ser-Tyr-D-Leu-Leu-Arg-Pro-NHEt
c　pGlu-His-Trp-Ser-Tyr-D-Trp-Leu-Arg-Pro-Gly-NH₂
d　pGlu-His-Trp-Ser-Tyr-D-Ser(tBu)-Leu-Arg-Pro-NHEt

e

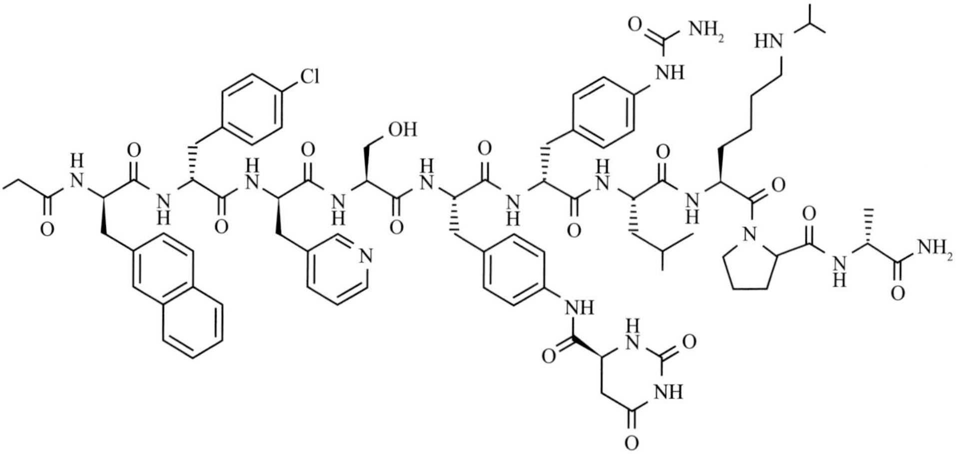

图1.4 LHRH（a）、亮丙瑞林（b）、曲普瑞林（c）、布舍瑞林（d）、戈舍瑞林（e）和地加瑞克（f）的结构

1.4.2 生长抑素

生长抑素类似物是另一种应用于癌症治疗的重要多肽。韦尔（Vale）和吉耶曼（Guillemin）研究发现，下丘脑提取物可抑制垂体生长激素（growth hormone，GH）的分泌，随即分离并鉴定了一种含有14个氨基酸的多肽SST-14[53, 54]。早期研究表明，SST不仅能抑制生长激素的分泌，还能有效抑制其他激素的分泌，如胰岛素、促甲状腺激素（thyroid stimulating hormone，TSH）和胰高血糖素[55]。SST受体在肿瘤中过表达，这也显示了SST受体的相应配体在癌症治疗中具有潜在的应用价值。这促使韦尔（Vale）及其同事，以及山德士（Sandoz）实验室的研究人员从20世纪70年代开始寻找更有效和更稳定的SST类似物[56]。后续的研究开发了强效生长抑素激动剂奥曲肽［octreotide，Sandostatin®，诺华（Novartis），图1.5a］。相比于天然SST，奥曲肽在抑制胰岛素分泌方面的活性是其3倍，而抑制生长激素方面的活性是其20倍[57]。自1983年上市以来，奥曲肽对一些疾病的治疗非常有效，如类癌综合征，以及肠、胰腺、垂体肿瘤等[58]。奥曲肽能抑制垂体生长激素的分泌，可用于治疗肢端肥大症。除奥曲肽外，2007年还批准了一种SST结构类似物兰瑞肽［lanreotide，Somatuline®，易普森公司（Ipsen），图1.5b］，用于治疗多种胃肠神经内分泌肿瘤（gastro-enteropancreatic-neuroendocrine tumor，GEP-NET）。诺华公司生产的善宁（sandostatin，醋酸奥曲肽）和易普森公司生产的索马杜林（somatuline，醋酸兰瑞肽）均为兰瑞肽的长效制剂。

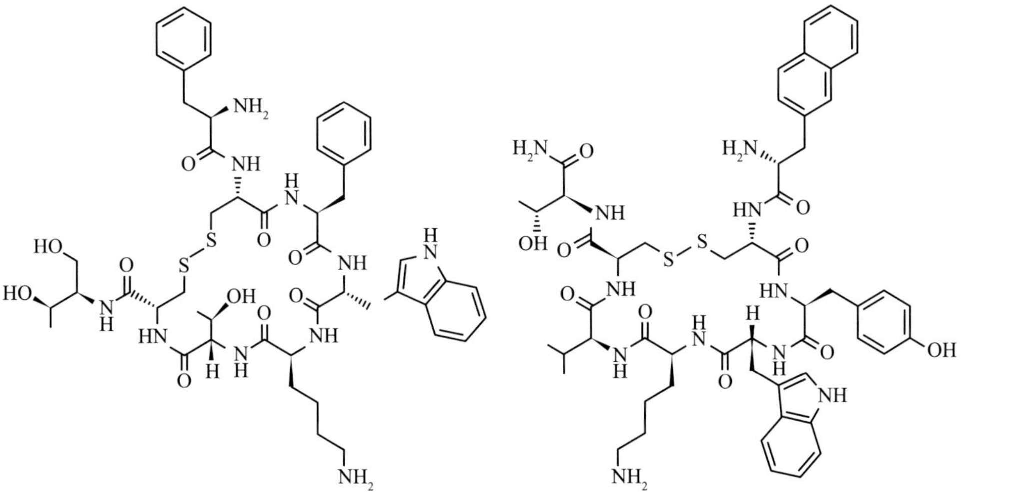

图1.5 奥曲肽（a）和兰瑞肽（b）的结构

1.4.3 多肽药物偶联物

抗体-药物偶联物（antibody-drug conjugate，ADC）的临床成功应用有效地验证了保罗·埃尔利希（Paul Ehrlich）提出的"魔弹"式靶向癌症治疗的百年构想。多肽配体的高度选择性已被成功应用于多肽-药物偶联物（peptide-drug conjugate，PDC）的设计，即利用与ADC相同的受体靶向策略，将具有细胞毒性的药物载荷直接递送至肿瘤组织，最大限度地降低系统毒性[59]。以多肽代替抗体具有几个优点，如降低免疫原性，可潜在增强对细胞和组织的穿透力；从技术角度看，PDC中多肽和药物之间的连接可能更为简单；此外，相对于ADC，多肽的低分子量能承受更多的药物载荷。

基于LHRH的几个PDC细胞毒性类似物已应用于临床，包括AEZS-152，一种连有多柔比星的（D-Lys6）-LHRH的偶联物[60]。奥曲肽在诊断和治疗领域一直都具有广泛的用途[61]，显像剂铟-111-二乙烯三胺五乙酸-D-苯丙氨酸-奥曲肽［（111）In-DTPA-奥曲肽，OctreoScan®，马林克罗制药］被广泛用于定位表达生长抑素受体的神经内分泌肿瘤（neuroendocrine tumor，NET）。而99mTc-depreotide，NeoTect®，Diatide公司）被用于小细胞肺癌的诊断。奥曲肽也可用作多肽受体放射性核素治疗的靶向配体。FDA最近批准了177镥-奥曲肽（177Lu-octreotate，Lutathera®，先进加速应用制药公司）用于治疗生长抑素受体阳性的胃肠胰腺神经内分泌肿瘤[62]。

整合素结合基序，如精氨酸-甘氨酸-天冬氨酸（Arg-Gly-Asp，RGD）和天冬酰胺-甘氨酸-精氨酸（Asn-Gly-Arg，NGR），常被用来靶向肿瘤血管系统。NGR-hTNF是一种融合蛋白，由CNGRCG肿瘤导向肽和人肿瘤坏死因子（human tumor necrosis factor，hTNF）细胞因子组成[63]。NGR-hTNF可用于治疗恶性胸膜间皮瘤，可单独使用，也可以与标准化疗方案联合应用。Mipsagargin是前列腺特异性膜抗原（prostate-specific membrane antigen，PSMA）导向肽与细胞毒性倍半萜类内酯毒胡萝卜素（sesquiterpene lactone thapsigargin）的偶联物，正处于肝细胞癌的临床试验中[64]。Angiochem公司研发的用于治疗胶质母细胞瘤的ANG1005是紫杉醇与血管肽-2（angiopep-2）的偶联物，而血管肽-2是一种低密度脂蛋白受体相关蛋白1（receptor-related protein 1，LRP-1）的靶向肽[65]。

1.4.4 癌症疫苗

癌症疫苗此前已在晚期或转移性癌症中进行过试验，但疗效并不显著[66]。然而，这种治疗方法最近取得了巨大的突破，并首次得到了大量的临床验证[67]。下面简要讨论基于自身抗原或新抗原进行分类的两种以多肽为基础的免疫治疗策略。动物模型和近期临床试验证实，针对过表达受体利用自身抗原可以成功制备疫苗。乳腺癌疫苗Neuvax™是一种基于人表皮生长因子受体-2（human epidermal growth factor receptor-2，HER-2）免疫显性表位的疫苗，以粒细胞集落刺激因子（G-CSF）为佐剂，已在多项旨在减少乳腺癌复发的临床试验中得到广泛评估[68]。综合分析显示，Neuvax™单独使用或与赫赛汀（Herceptin）联合使用可降低乳腺癌的复发风险，并延长无病期和总生存期[69]。尽管前景被看好，但自身抗原策略是基于单个表位，因而免疫反应强度可能较低[70]。HLA-A2和HLA-A3阳性患者体内主要组织相容性复合体（major histocompatibility complex，MHC）的限制性会进一步阻碍这一策略[71]。

新兴疫苗通过多种癌症特异性体细胞突变产生的特殊序列作为新抗原进行免疫，以扩增肿瘤特异性T细胞反应。与自身抗原相比，新抗原主要避免了胸腺耐受，因此更容易产生强烈的T细胞反应[72]。具体方法是对患者肿瘤进行基因组数据计算、蛋白质组学研究，以及对MHC结合数据进行预测分析，以确定新抗原的多肽序列，再进行合成并组装成个性化的癌症疫苗。该策略在小型临床试验中取得了成功，特别是在一些具有较高突变的肿瘤病例中。在6例确诊为晚期黑色素瘤并接受个体化新抗原疫苗治疗的患者中，4例在接种疫苗25个月后无复发[73]。而两例复发患者对抗程序性细胞死亡蛋白-1（anti-programmed cell death protein-1，anti-PD-1）治疗的应答良好，其效果归因于对肿瘤特异性T细胞的刺激。在另一项研究中，晚期黑色素瘤患者接受了由两种合成核糖核酸编码连接抗原构建的多表位疫苗的治疗。在该研究的13例患者中，有8例在术后12～23个月无复发。在5例复发患者中，1例对anti-PD-1抗体完全应答[74]。

1.5 抗骨骼疾病多肽药物

多肽对骨骼疾病的治疗作用易被忽视。除用于治疗骨质疏松的降钙素（calcitonin）外，大多数被批准用于骨病的药物都是口服给药的小分子药物，如雌激素（estrogen）、选择性雌激素受体调节剂、雷洛昔芬（raloxifene，Evista®，礼来）和双膦酸盐（bisphosphonates）。随着特立帕肽（teriparatide）和阿巴洛肽（abaloparatide）这些能有效促进骨质疏松骨骼修复并降低骨折率的多肽的引入，竞争格局发生了显著变化。

1.5.1 降钙素

降钙素［图1.6（a，b）］是于20世纪60年代初首次发现的一个含32个氨基酸的多肽，由甲状腺滤泡旁细胞分泌，参与维持钙稳态及调节骨代谢[75]。由于鲑降钙素（salmon calcitonin）在多数治疗应用中具有较好的药理作用，已被用来代替人类降钙素。降钙素最初于1984年获批用于治疗绝经后骨质疏松，目前也用于治疗佩吉特（Paget）病和高钙血症。其抗骨吸收活性主要通过抑制破骨细胞的形成来发挥作用，但其确切机制尚不完全明确。临床研究证实，持续鲑降钙素注射给药可预防绝经后骨质疏松并增加骨密度（bone mineral density，BMD）[76]。后续研究表明，每日注射鲑降钙素也能降低脊椎[77]和髋部骨折的风险[78]。除了其较好的体内活性外，据报道，鲑降钙素经鼻给药具有很高的生物利用度，可达10%～25%，这种给药途径改善了患者的用药依从性。但是，经鼻降钙素（nasal calcitonin，Miacalcin®，迈兰公司）的临床结果表明，用药一年后，骨质疏松女性患者的BMD仅微增1.7%[79]，其疗效不如阿仑膦酸盐（alendronate）[80]。尽管有大量的临床研究表明，经鼻降钙素预防骨折的疗效并不明显，但是对临床试验数据的进一步分析表明，降钙素药理作用通常在高骨代谢和已确定的骨质疏松患者中更为明显。降钙素潜在的临床应用并不局限于现有的骨适应证，它还可用作治疗急性椎体骨折[81]和骨关节炎的镇痛剂[82]。

a C-G-N-L-S-T-C-M-L-G-T-Y-T-Q-D-F-N-K-F-H-T-F-P-Q-T-A-I-G-V-G-A-P—NH₂
b C-S-N-L-S-T-C-V-L-G-K-L-S-Q-E-L-H-K-L-Q-T-Y-P-R-T-N-T-G-S-G-T-P—NH₂
c S-V-S-E-I-Q-L-M-H-N-L-G-K-H-L-N-S-M-E-R-V-E-W-L-R-K-K-L-Q-D-V-H-N-F—OH
d A-V-S-E-H-Q-L-L-H-D-K-G-L-S-I-Q-D-L-R-R-R-E-L-L-E-K-L-L-X-K-L-H-T-A—OH
X＝2-氨基异丁酸（Aib）

图1.6　人降钙素（a）、鲑降钙素（b）、特立帕肽（c）和阿巴洛肽（d）的结构

1.5.2　甲状旁腺激素——PTH（1-34）和 PTH（1-84）

甲状旁腺激素（parathyroid hormone，PTH）最初是由科力普（Collip）在20世纪20年代分离获得的[83]。在20世纪30年代，其因对钙水平的影响而被人熟知，但直到20世纪70年代才对其治疗潜力进行了全面的研究。一项包括21位骨质疏松患者的早期临床研究显示，每日给予100 μg的PTH（1-34），连续给药6～24个月，会明显促进新骨尤其是骨小梁的形成[84]。但是甲状旁腺功能亢进患者持续分泌过量的PTH也会导致骨质疏松，这一重要发现有助于辅助激素的治疗应用。随后，大量的临床试验证实了PTH（1-34）对治疗绝经后妇女（特别是那些曾患过脊椎骨折的妇女）严重骨质疏松的疗效。研究揭示了PTH（1-34）对许多临床终点的改善，如骨小梁和骨皮质质量、矿物质含量、密度和骨折愈合[85]。其他研究也证实了间歇性使用PTH（1-34）对获得最佳合成代谢活性的重要性，而不是连续给药以持续升高血浆中的激素水平[86]。与主要通过抑制破骨细胞介导的骨吸收以达到治疗效果的降钙素、双膦酸盐和雌激素相比，PTH（1-34）具有前所未有的治疗作用。这些临床试验结果也证明了药理学不同于生理学和病理学这一重要的观点[87]。通过仔细筛选临床剂量和间歇给药，PTH（1-34）可使骨质疏松患者从骨丢失状态逆转为骨生长。PTH（1-34）的药理作用主要是由于其具有合成代谢特性，包括骨内膜细胞活化、成骨细胞分化和增殖等[88]。PTH（1-34），即特立帕肽［Forteo®，礼来，图1.6c］，于2002年获得FDA批准用于治疗绝经后妇女和具有较高骨折风险男性的骨质疏松。FDA批准前后收集的临床数据证实特立帕肽作为第一个真正的骨再生药物，可刺激骨形成，使骨质疏松患者的骨骼恢复到接近正常的健康状态。尽管最初关于双膦酸盐的不可逆作用前景存在一些争议，但特立帕肽与其同时给药效果良好，这可能是由于口服制剂的额外的抗骨吸收作用[89]。特立帕肽的副作用包括增加血钙水平和患骨肉瘤的风险。后续啮齿动物研究发现，其临床可应用时间限制为两年。2006年，全长PTH（1-84）蛋白在欧盟上市，商品名为Preotact®，用于治疗骨质疏松，但在2014年因商业原因退出市场。目前，PTH（1-84）在欧盟［Natpar®，夏尔制药（Shire）］和美国（Natpara®）获准用于治疗慢性甲状旁腺功能减退症。

1.5.3　甲状旁腺激素相关蛋白

甲状旁腺激素相关蛋白（parathyroid related protein，PTHrP）和PTH调控共同的受体传输信号，但是它们各自与受体的相互作用模式存在着显著差异。最近的一项体外研究探讨了PTH和PTHrP多肽对甲状旁腺激素受体1（PTHr1）的R0（G蛋白非依赖）和RG（G蛋白依赖）构象的结合偏好性[90]。结果表明，虽然 PTHrP 和 PTH 多肽都与 PTHr1 的 RG 构象结合，但 PTHrP 配体与 R0 构象结合的亲和力要低得多。PTHrP 对 RG 构象的高度选择性是一种瞬态信号响应，具有与 PTH 一致的显著合成代谢效应。最近获批的 PTHrP 的 36 个氨基酸片段阿巴洛肽 [abaloparatide，Tymlos®，方圆健康（Radius Health）公司，图 1.6d] 具有与特立帕肽类似的药理作用，但在治疗方面存在几个显著差异。对人成骨细胞的研究表明，与特立帕肽相比，阿巴洛肽对骨吸收因子的表达影响较小，具有更大的净合成代谢特性[91]。一项重要的耗时 18 个月的临床 Ⅲ 期研究（ACTIVE）显示，在对 2463 名绝经后妇女分别使用阿巴洛肽、特立帕肽和安慰剂后，相应的脊椎骨折率分别为 0.6%、0.8% 和 4.2%，而非脊椎骨折率分别为 2.7%、3.3% 和 4.7%。此外，研究还发现，阿巴洛肽具有比特立帕肽更低的高钙血症发生率（3.4% vs 6.4%），这与阿巴洛肽对骨吸收影响较小的假设一致。虽然总体结果显示阿巴洛肽的疗效更佳，但研究发现该药物的不良事件发生率略高[92]。

1.5.4　肠降血糖素

许多多肽虽然尚未进入临床试验，但相关研究有助于将其用于骨重建/愈合。研究人员对 GLP-1 和 GIP 的胰腺外作用的兴趣越来越浓厚。研究还表明，肠降血糖素（incretin）活性、骨强度和骨折复位之间存在重要的联系[93]。山田（Yamada）对 GLP-1 受体敲除小鼠及其同窝对照组进行的骨密度测定研究显示，受体敲除小鼠由于破骨细胞吸收增加而造成皮质骨质减少和骨质脆性[94]。在高脂和高热量大鼠模型中，GLP-1 和唾液素 -4 也能逆转骨质缺乏[95, 96]。然而，一些临床数据和结果却非常复杂。Su 进行的综合分析发现，使用利拉鲁肽治疗的患者骨折风险明显减少，而使用艾塞那肽治疗的患者骨折风险增加[97]。

有关 GIP 对骨骼益处的临床前证据似乎更有说服力。GIP 过表达小鼠骨形成增加，骨吸收减少[98]，GIP 受体缺陷小鼠骨功能减弱，包括皮质厚度减少、骨吸收增加及骨矿化减少[99]。托雷科夫（Torekov）等研究发现功能性 GIP 受体多态性 Glu354Gln 与骨折风险之间存在关联[100]。Glu354Gln 的突变减弱了 GIP 信号，导致胰岛素分泌减少，葡萄糖浓度升高。研究发现，携带这种等位基因的女性在 10 年内的骨密度更低，骨折风险更大。

1.5.5　骨形态发生蛋白多肽衍生物

骨形态发生蛋白（bone morphogenetic protein，BMP）是转化生长因子-β（transforming growth factor-β，TGF-β）的家族成员，在骨形成和发展中扮演着重要的角色[101, 102]。许多衍生自 BMP 蛋白的肽序列在动物模型中显示出强大的成骨活性。衍生自 BMP-7 的两个多肽——骨形成肽 -1（bone-forming peptide-1）和骨形成肽 -2（bone-forming peptide-2）在体内外可刺激骨髓干细胞的分化[103, 104]。

此外，通过BMP-9鉴定了一种多肽，该多肽可促进骨矿化所需的前成骨细胞的分化和钙沉积[105, 106]。

1.6 抗胃肠疾病多肽药物

直到最近才发现多肽药物可用于治疗胃肠（gastrointestinal，GI）紊乱。低pH和蛋白水解酶的存在使得胃肠道特别不适用于多肽药物。然而，近几年已经推出了三种重要的针对胃肠疾病的新型多肽药物。

1.6.1 胰高血糖素样肽-2

胰高血糖素样肽-2（glucagon-like peptide-2，GLP-2）是由肠内分泌L-细胞分泌的含有33个氨基酸的多肽，可对胃肠道产生很多生理影响。尤其是，GLP-2可通过刺激胰岛素样生长因子-1、表皮生长因子和角化细胞生长因子的释放来增强肠道的营养吸收并促进肠道生长[107]。与GLP-1非常相似，由于DPP-4的降解，GLP-2的生物半衰期也较短，约为7 min。替度鲁肽（teduglutide，图1.7）是一个对DPP-4稳定的GLP-2类似物，其第二个位点的丙氨酸被甘氨酸取代。由NPS制药公司赞助的替度鲁肽的临床开发主要专注于短肠综合征（short bowel syndrome，SBS），该病是一种肠质量和功能显著丧失的疾病。受SBS影响的患者可能会失去充分的营养吸收功能，以至于需要依靠肠外支持（parenteral support，PS）来维持营养摄入和电解质平衡。对替度鲁肽开展的为期21天的Ⅱ期开放性临床研究显示，16例患者中有15例的肠道湿重吸收有统计学上的显著增加[108]。此外，大多数患者的组织学变化良好，特别是小肠绒毛高度、小肠隐窝深度和有丝分裂指数的增加。随后对SBS患者的Ⅲ期临床研究表明，达到主要治疗终点的肠功能衰竭患者的PS需求在统计学上显著降低，达到次要治疗终点的肠功能衰竭患者可以在数天内不需要PS治疗，甚至完全不需要PS[109]。2012年，FDA批准替度鲁肽（Gattex®，NPS制药生产）用于需要PS供给的SBS成年患者。最近，新西兰制药公司宣布在SBS患者中启动GLP-2类似物glepaglutide的Ⅲ期临床试验。

1.6.2 鸟苷酸环化酶-C激动剂

利尿钠肽（natriuretic peptide）激素鸟苷肽（guanylin）和尿鸟苷素（uroguanylin，图1.8a，b）是由肠道内分泌细胞产生的，并通过肠上皮细胞中的鸟苷酸环化酶（guanylate cyclase，GC-C）受体进行信号转导。GC-C途径的激活对于维持肠道内液体及氯离子和碳酸氢根离子的稳态至关重要，这有助于维持健康的肠道运输[110]。利那洛肽（linaclotide，图1.8c）是由Ironwood制药公司开

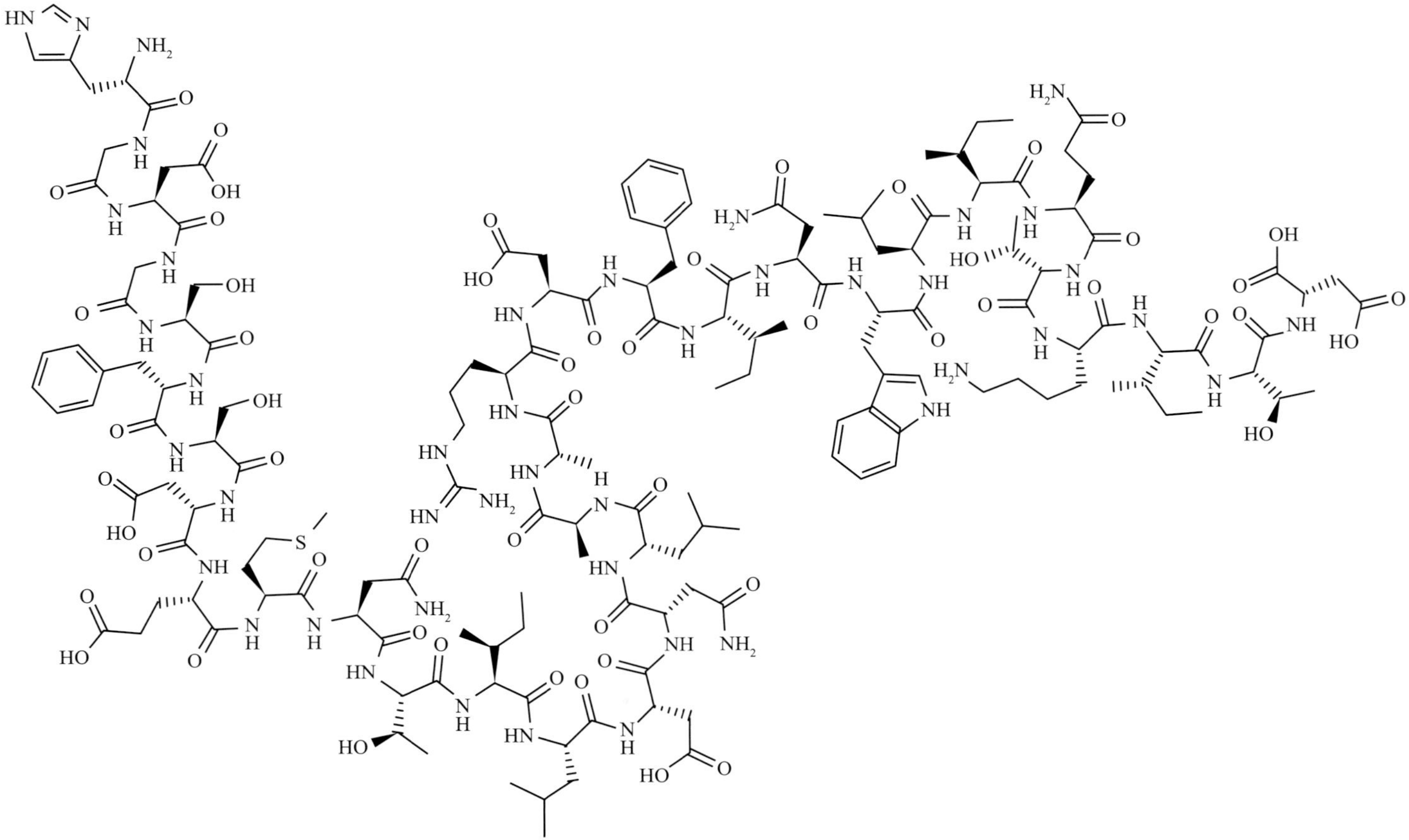

图 1.7　替度鲁肽的结构

19

发的一种与鸟苷肽和尿鸟苷素密切相关的多肽，用于治疗便秘型肠易激综合征（constipation-predominant irritable bowel syndrome，IBS-C）。口服利那洛肽在健康志愿者中被证明是安全有效的，在大便频率和体重上呈剂量依赖性增加[111]。值得注意的是，该研究未发现口服给药后全身吸收的证据，这表明利那洛肽在胃肠道局部起作用。在随后对 IBS-C 患者使用安慰剂对照的临床 II 期研究中，利那洛肽在大便频率、排便紧张程度、大便黏稠度和腹痛等方面改善了肠道功能[112]。在对 804 名患者进行的为期 26 周、双盲、安慰剂作对照的 III 期临床试验研究中，每日口服 290 μg 利那洛肽后，完全自发的肠运动频率（complete spontaneous bowel movements，CSBM）得到显著改善，并且腹痛发作明显减少[113]。基于以上研究及另一项 III 期临床研究，2012 年 FDA 批准 Allergan 和 Ironwood 制药公司开发的利那洛肽用于 IBS-C 和慢性特发性便秘（chronic idiopathic constipation，CIC）的成年患者，商品名为 Linzess®。

普卡那肽（plecanatide，图 1.8d）是一种 GC-C 激动剂，在结构上与尿鸟苷素类似，唯一不同的是 Glu3 取代了天然的 Asp3。在几种动物模型中，普卡那肽可以逆转急慢性溃疡性结肠炎的症状[114]，而尿鸟苷素和可能的鸟苷肽缺乏可能是胃肠道炎症的诱因。协同制药（Synergy Pharmaceuticals）开展了普卡那肽的临床开发工作。临床 I 期研究发现普卡那肽是安全的，与利那洛肽相似，没有系统吸收的证据[115]。针对 1346 名 CIC 患者，分别使用 3 mg 和 6 mg 剂量的普卡那肽及安慰剂，开展了为期 12 周的试验。两个剂量组均达到显著增加 CSBM 和自发肠运动（spontaneous bowel movements，SBM）的主要和次要治疗终点[116]。鉴于本试验，以及针对 CIC 和 IBS-C 患者的 III 期临床研究的良好结果，FDA 批准了普卡那肽（Trulance®，协同制药公司）的上市。

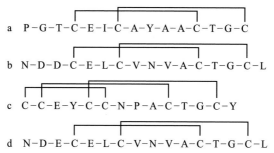

a　P-G-T-C-E-I-C-A-Y-A-A-C-T-G-C

b　N-D-D-C-E-L-C-V-N-V-A-C-T-G-C-L

c　C-C-E-Y-C-C-N-P-A-C-T-G-C-Y

d　N-D-E-C-E-L-C-V-N-V-A-C-T-G-C-L

图 1.8　鸟苷肽（a）、尿鸟苷素（b）、利那洛肽（c）和普卡那肽（d）的结构

目前有多种针对胃肠道疾病的多肽药物正在研发之中，最近发表的综述对其进行了总结[117]。其中包括拉瑞唑来（larazotide），一种基于封闭带毒素（zonula occludent toxin）的多肽，由创新制药公司（Innovate Pharmaceuticals）开发用于治疗坚持无麸质饮食仍有症状的腹腔疾病患者[118]。瑞莫瑞林（relamorelin）是一种胃促生长素（ghrelin）受体激动剂，目前正被研究用于几种胃肠道疾病，如慢性特发性便秘和胃轻瘫，而胃轻瘫目前是一种未被满足临床需求的疾病[119]。

1.7 多肽药物的研发新趋势

1.7.1 细胞穿膜肽

膜通透性差妨碍药物到达细胞内靶标，是药物研发中常见的问题。20世纪80年代，研究人员发现了一些能够穿透生物膜并能进行转运的新型多肽，被称为细胞穿膜肽（cell-penetrating peptide，CPP）。这类多肽由5～40个氨基酸组成，已成功应用于各种物质的胞内转运，包括蛋白质、量子点（quantum dot）和干扰RNA（siRNA）[120-122]。最近，在临床前和临床研究中证实了CPP可以将药物安全地递送到细胞内。CPP可作为非共价复合物或共价结合的药物偶联物使用。CPP主要分为三类，分别是阳离子型、两亲型和疏水型。阳离子型的代表，也是第一个被鉴定的CPP类化合物，是源于人类免疫缺陷病毒1（HIV-1）的反式激活转录（trans-activating transcriptional，TAT）激活因子（图1.9）[123, 124]。几年后，转运所需的最短HIV TAT衍生序列也被鉴定出来[125, 126]。另一种重要的CPP是penetratin，源于黑尾果蝇的同源异型蛋白antennapedia的16个氨基酸阳离子序列[127, 128]。两亲型CPP中同时含有亲水和疏水氨基酸，如transportan[129]和模型两亲性多肽（model amphipathic peptide，MAP）[130]。疏水性CPP，如Pep-7肽[131]，较为少见，但其非能量依赖的机制也引起研究人员的特别关注。目前发现的CPP数量不断增加，并被研发用于传染病[132]、炎症[133]和癌症[134]的治疗，已有几个候选物处于后期临床研发阶段[135]。目前临床前和临床试验中首选的CPP肽通常基于较短的TAT或penetratin序列。KAI制药（2012年被安进公司收购）研发了至少两种进入临床试验的TAT的衍生物（KAI-9803[136]，KAI-1678[137]）。萨雷普塔公司（Sarepta，一家拥有多个基于CPP的临床候选药物研发公司）研发了依特立生（eteplirsen），一种与磷酸二酰胺吗啉代寡聚物（phosphorodiamidate morpholino

HIV-TAT（48~60）	GRKKRRQRRRPPQ
Penetratin	RQIKIWFQNRRMKWKK
Transportan	GWTLNSAGYLLGKINLKALAALAKKIL
MAP	KLALKLALKALKAALKLA
Pep-7	SDLWEMMMVSLACQY

图1.9 各种细胞穿膜肽的结构

oligomer, PMO）偶联的富含精氨酸的CPP已获批用于进行性假肥大性肌营养不良（杜氏肌营养不良症）的治疗，商品名为 Exondys 51™[138]。Brimapitide是Xigen研发的一种与c-Jun氨基末端激酶（c-Jun-N-terminal kinase，JNK）抑制剂结合的富含精氨酸的序列，已获得FDA快速审批批准用于听力障碍患者的治疗[139]。

1.7.2　大环肽

天然产物衍生的大环肽，如万古霉素和环孢素（cyclosporine），已成为大环肽研究的重要先例。大环肽具有传统肽类所不具备的特性，特别是蛋白酶稳定性，如环孢素甚至可以作为口服药物[140]。多种化学反应可用于构建大环肽，包括二硫键、硫醚键、首尾环化和缩肽键[141,142]。一般而言，环越大，其结构越柔软，越易被蛋白降解。而由双环治疗（Bicycle Therapeutics）公司提出的引入第二个环不仅可以增强蛋白酶水解的稳定性，还可以增加亲和力及选择性。目前该公司正在研发一种双环肽BT1718，用于治疗晚期实体肿瘤。基于该技术的第二种临床候选药物THR-149是一种用于治疗糖尿病黄斑水肿的新型血浆激肽释放酶（kallikrein）抑制剂，目前正由Thrombogenics进行研发。PeptiDream公司整合了基因编码的重编程，将非天然氨基酸以嵌入的方式来构建含非天然氨基酸的环肽库。该公司的肽发现平台系统（Peptide Discovery Platform System，PDPS）可以利用人工核酶Flexizymes将非天然氨基酸连接到tRNA上[143]。艾勒朗制药（Aileron Therapeutics）公司应用格拉布（Grubbs）烯烃复分解反应构建具有共价稳定的α-螺旋结构的"订书肽"（stapled peptide），其具有显著的蛋白酶稳定性，以及独特的与细胞内BCL-2、MDMX和MDM2等靶标结合的能力[144]。艾勒朗（Aileron）利用该平台研发了临床候选药物ALRN-6924，一种MDMX/MDM2抑制剂，目前正处于Ⅰ期和Ⅱa期临床试验，用于治疗晚期实体瘤、外周T细胞淋巴瘤（peripheral T cell lymphoma，PTCL）、急性髓细胞性白血病和晚期骨髓增生异常综合征[145]。其他专注于研发基于环肽药物的公司还包括Ra制药（Ra Pharma）和Polyphor。

1.8　总结

近年来，多肽药物数量显著增加，如本章中所列举的已获批的药物和正处于后期临床研究的候选药物。对早期临床和临床前研究的综合调查表明，多肽可应用于多个治疗领域，而且多肽药物增长趋势还将加速。多肽药物具有恢复糖尿病、骨质疏松症等慢性疾病患者正常生理功能的功效，而这一优势使得多肽能够与低效的口服制剂相竞争。例如，一个商业成功的例子是注射型GLP-1激动剂比口服DPP-4抑制剂更受欢迎；另一个例子是注射型PTH（1-34）比口服双膦酸盐疗效更好。多肽类似物作用时间长，给药间隔从数天到数周，甚至更长，这使得口服制剂相对于注射类药物的传统优势风光不再。此外，一些最新开发的多肽类药物，如GC-C激动剂，可以实现口服给药。更多的口服多肽候选药物也已进入临床后期试验。一些创新的理念，如细胞穿膜肽、靶向肽和多肽-药物偶联物，有希望用于各种之前尚未靶向的靶点。预期上述趋势将会提升多肽药物在未来医药治疗领域中的地位。

（尹贻贞　白仁仁）

原作者简介

佛罗伦萨·M.布鲁内尔（Florence M. Brunel），博士，在诺和诺德研究中心担任高级科学家。她于蒙彼利埃国家高等学校（Ecole Nationale Superieure de Chimie de Montpellier）获得有机化学硕士学位，并于路易斯维尔大学（University of Louisville）获得博士学位，师从于Arno F. Spatola教授，专攻肽化学。之后，她还在斯克里普斯研究所（The Scripps Research Institute）的菲利普·道森（Philip Dawson）教授课题组从事多肽研究。十年中，她先后在美国艾米林、辉瑞和福泰（Vertex）制药公司担任科学家并从事药物化学方面的研究工作。她目前的研究专注于治疗糖尿病、肥胖和非酒精性肝炎（NASH）的多肽和蛋白药物的研究与开发。

刘发（Fa Liu），博士，诺和诺德研究中心化学开发总监。他于2004年在上海有机化学研究所获得博士学位，并在美国国家癌症研究所从事了五年的研究，先后担任博士后研究员（2004～2007年）和职员科学家（2007～2009年）。在加入诺和诺德之前，他曾担任Calibrium LLC公司的化学总监（2014～2015年）和礼来公司的高级科学家（2009～2014年）。他的研究专注于多肽/蛋白治疗和新型多肽/蛋白化学的研究与开发。

约翰·梅尔（John Mayer），博士，科罗拉多大学博尔德分校分子、细胞与发育生物学系科学家。他先后获得美国西北大学（1979年）生物化学学士学位和普渡大学（Purdue University）的药物化学专业博士学位（1987年）。之后以博士后身份在礼来公司理查德·迪马奇（Richard DiMarchi）博士课题组从事多肽化学研究。他还曾于安进（Amgen）、礼来、Callibium LLC和诺和诺德等公司担任多

肽科学家。他在多肽化学领域发表了多篇论文，还曾担任美国多肽会理事会成员（2009～2015年）。

参 考 文 献

1. Lam, D.W. and LeRoith, D. (2012). The worldwide diabetes epidemic. Curr. Opin. Endocrinol. Diabetes Obes. 19: 93-96.

2. Roth, J., Qureshi, S., Whitford, I. et al. (2012). Insulin's discovery: new insights on its ninetieth birthday. Diabetes Metab. Res. Rev. 28: 293-304.

3. Deckert, T. (1980). Intermediate-acting insulin preparations: NPH and lente. Diabetes Care 3: 623-626.

4. Johnson, I.S. (2003). The trials and tribulations of producing the first genetically engineered drug. Nat. Rev. Drug Discovery. 2: 747-751.

5. Esposito, K. and Giugliano, D. (2012). Current insulin analogues in the treatment of diabetes: emphasis on type 2 diabetes. Expert Opin. Biol. Ther. 12: 209-221.

6. Zaykov, A.N., Mayer, J.P., and DiMarchi, R.D. (2016). Pursuit of a perfect insulin. Nat. Rev. Drug Discovery. 15: 425-439.

7. Holleman, F. and Hoekstra, J.B. (1997). Insulin lispro. N. Engl. J. Med. 337: 176-183.

8. Owens, D. and Vora, J. (2006). Insulin aspart: a review. Expert Opin. Drug Metab. Toxicol. 2: 793-804.

9. Garnock-Jones, K.P. and Plosker, G.L. (2009). Insulin glulisine: a review of its use in the management of diabetes mellitus. Drugs. 69: 1035-1057.

10. Wang, F., Carabino, J.M., and Vergara, C.M. (2003). Insulin glargine: a systematic review of a long-acting insulin analogue. Clin. Ther. 25: 1541-1577. Discussion 1539-1540.

11. Havelund, S., Plum, A., Ribel, U. et al. (2004). The mechanism of protraction of insulin detemir, a long-acting, acylated analog of human insulin. Pharm. Res. 21: 1498-1504.

12. Haahr, H. and Heise, T. (2014). A review of the pharmacological properties of insulin degludec and their clinical relevance. Clin. Pharmacokinet. 53: 787-800.

13. Mohanty, R.R. and Das, S. (2017). Inhaled insulin-current direction of insulin research. J. Clin. Diagn. Res. 11: OE01-OE02.

14. Drucker, D.J. (2018). Mechanisms of action and therapeutic application of glucagon-like peptide-1. Cell Metab. 27: 740-756.

15. Cheang, J.Y. and Moyle, P.M. (2018). Glucagon-like peptide-1 (GLP-1)-based therapeutics: current status and future opportunities beyond type 2 diabetes. ChemMedChem. 13: 662-671.

16. Norris, S.L., Lee, N., Thakurta, S., and Chan, B.K. (2009). Exenatide efficacy and safety: a systematic review. Diabetic Med. 26: 837-846.

17. Schmidt, L.J., Habacher, W., Augustin, T. et al. (2014). A systematic review and meta-analysis of the efficacy of lixisenatide in the treatment of patients with type 2 diabetes. Diabetes Obes. Metab. 16: 769-779.

18. Blair, H.A. and Keating, G.M. (2015). Albiglutide: a review of its use in patients with type 2 diabetes mellitus. Drugs 75: 651-663.

19. Jimenez-Solem, E., Rasmussen, M.H., Christensen, M., and Knop, F.K. (2010). Dulaglutide, a long-acting GLP-1 analog fused with an Fc antibody fragment for the potential treatment of type 2 diabetes. Curr. Opin. Mol. Ther. 12: 790-797.

20. Scott, L.J. (2014). Liraglutide: a review of its use in adult patients with type 2 diabetes mellitus. Drugs 74: 2161-2174.

21. Goldenberg, R.M.S. and O. (2018). Semaglutide: review and place in therapy for adults with type 2 diabetes. Can. J. Diabetes.

22. Muller, T.D., Finan, B., Clemmensen, C. et al. (2017). The new biology and pharmacology of glucagon. Physiol. Rev. 97: 721-766.

23. Pedersen-Bjergaard, U. and Thorsteinsson, B. (2017). Reporting severe hypoglycemia in type 1 diabetes: facts and pitfalls. Curr. Diabetes Rep. 17: 131.

24. Tschop, M. and DiMarchi, R. (2017). Single-molecule combinatorial therapeutics for treating obesity and diabetes. Diabetes 66: 1766-1769.

25. Holst, J.J. and Vilsboll, T. (2013). Combining GLP-1 receptor agonists with insulin: therapeutic rationales and clinical findings. Diabetes Obes. Metab. 15: 3-14.

26. Finan, B., Muller, T.D., Clemmensen, C. et al. (2016). Reappraisal of GIP pharmacology for metabolic diseases. Trends Mol. Med. 22: 359-376.

27. Tschop, M.H., Finan, B., Clemmensen, C. et al. (2016). Unimolecular polypharmacy for treatment of diabetes and obesity. Cell Metab. 24: 51-62.

28. Van Epps, H.L. (2006). Rene Dubos: unearthing antibiotics. J. Exp. Med. 203: 259.

29. Swierstra, J., Kapoerchan, V., Knijnenburg, A. et al. (2016). Structure, toxicity and antibiotic activity of gramicidin S and derivatives. Eur. J. Clin. Microbiol. Infect. Dis. 35: 763-769.

30. Rabanal, F., Grau-Campistany, A., Vila-Farres, X. et al. (2015). A bioinspired peptide scaffold with high antibiotic activity and low in vivo toxicity. Sci. Rep. 5: 10558.

31. Totoli, E.G., Garg, S., and Salgado, H.R. (2015). Daptomycin: physicochemical, analytical, and pharmacological properties. Ther. Drug Monit. 37: 699-710.

32. Butler, M.S., Hansford, K.A., Blaskovich, M.A. et al. (2014). Glycopeptide antibiotics: back to the future. J. Antibiot. 67: 631-644.

33. Nicolaou, K.C., Boddy, C.N., Brase, S., and Winssinger, N. (1999). Chemistry, biology, and medicine of the glycopeptide antibiotics. Angew. Chem. Int. Ed. Engl. 38: 2096-2152.

34. Harris, C.M.H. and T.M. (1982). Structure of the glycopeptide antibiotic vancomycin. Evidence for an asparagine residue in the peptide. J. Am. Chem. Soc. 104: 4293-4295.

35. Blaskovich, M.A.T., Hansford, K.A., Butler, M.S. et al. (2018). Developments in glycopeptide antibiotics. ACS Infect. Dis. 4: 715-735.

36. Aguilar-Zapata, D., Petraitiene, R., and Petraitis, V. (2015). Echinocandins: the expanding antifungal armamentarium. Clin. Infect. Dis. 61 (Suppl 6): S604-S611.

37. Nyfeler, R. and Keller-Schierlein, W. (1974). Metabolites of microorganisms. 143. Echinocandin B, a novel polypeptide-antibiotic from Aspergillus nidulans var. echinulatus:

isolation and structural components. Helv. Chim. Acta 57: 2459-2477.

38. Patil, A. and Majumdar, S. (2017). Echinocandins in antifungal pharmacotherapy. J. Pharm. Pharmacol. 69: 1635-1660.

39. Willey, J.M. and van der Donk, W.A. (2007). Lantibiotics: peptides of diverse structure and function. Annu. Rev. Microbiol. 61: 477-501.

40. Field, D., Cotter, P.D., Hill, C., and Ross, R.P. (2015). Bioengineering lantibiotics for therapeutic success. Front. Microbiol. 6: 1363.

41. Steiner, H., Hultmark, D., Engstrom, A. et al. (1981). Sequence and specificity of two antibacterial proteins involved in insect immunity. Nature 292: 246-248.

42. Selsted, M.E., Harwig, S.S., Ganz, T. et al. (1985). Primary structures of three human neutrophil defensins. J. Clin. Invest. 76: 1436-1439.

43. Ganz, T. (2002). Antimicrobial polypeptides in host defense of the respiratory tract. J. Clin. Invest. 109: 693-697.

44. Zasloff, M. (1987). Magainins, a class of antimicrobial peptides from Xenopus skin: isolation, characterization of two active forms, and partial cDNA sequence of a precursor. Proc. Natl. Acad. Sci. U.S.A. 84: 5449-5453.

45. Wimley, W.C. (2010). Describing the mechanism of antimicrobial peptide action with the interfacial activity model. ACS Chem. Biol. 5: 905-917.

46. Mangoni, M.L. and Shai, Y. (2011). Short native antimicrobial peptides and engineered ultrashort lipopeptides: similarities and differences in cell specificities and modes of action. Cell. Mol. Life Sci. 68: 2267-2280.

47. Mangoni, M.L., McDermott, A.M., and Zasloff, M. (2016). Antimicrobial peptides and wound healing: biological and therapeutic considerations. Exp. Dermatol. 25: 167-173.

48. Sierra, J.M., Fuste, E., Rabanal, F. et al. (2017). An overview of antimicrobial peptides and the latest advances in their development. Expert Opin. Biol. Ther. 17: 663-676.

49. Schally, A.V., Block, N.L., and Rick, F.G. (2017). Discovery of LHRH and development of LHRH analogs for prostate cancer treatment. Prostate 77: 1036-1054.

50. Belchetz, P.E., Plant, T.M., Nakai, Y. et al. (1978). Hypophysial responses to continuous and intermittent delivery of hypopthalamic gonadotropin-releasing hormone. Science 202: 631-633.

51. Schally, A.V., Comaru-Schally, A.M., Plonowski, A. et al. (2000). Peptide analogs in the therapy of prostate cancer. Prostate 45: 158-166.

52. Klotz, L., Boccon-Gibod, L., Shore, N.D. et al. (2008). The efficacy and safety of degarelix: . a 12-month, comparative, randomized, open-label, parallel-group phase III study in patients with prostate cancer. BJU Int. 102: 1531-1538.

53. Brazeau, P., Vale, W., Burgus, R. et al. (1973). Hypothalamic polypeptide that inhibits the secretion of immunoreactive pituitary growth hormone. Science 179: 77-79.

54. Burgus, R., Ling, N., Butcher, M., and Guillemin, R. (1973). Primary structure of somatostatin, a hypothalamic peptide that inhibits the secretion of pituitary growth hormone. Proc. Natl. Acad. Sci. U.S.A. 70: 684-688.

55. Mandarino, L., Stenner, D., Blanchard, W. et al. (1981). Selective effects of

somatostatin-14, -25 and-28 on in vitro insulin and glucagon secretion. Nature 291: 76-77.

56. Brown, M., Rivier, J., and Vale, W. (1977). Somatostatin: analogs with selected biological activities. Science 196: 1467-1469.

57. Bauer, W., Briner, U., Doepfner, W. et al. (1982). SMS 201-995: a very potent and selective octapeptide analogue of somatostatin with prolonged action. Life Sci. 31: 1133-1140.

58. Modlin, I.M., Pavel, M., Kidd, M., and Gustafsson, B.I. (2010). Review article: Somatostatin analogues in the treatment of gastroenteropancreatic neuroendocrine (carcinoid) tumours. Aliment. Pharmacol. Ther. 31: 169-188.

59. Gilad, Y., Firer, M., and Gellerman, G. (2016). Recent innovations in peptide based targeted drug delivery to cancer cells. Biomedicines 4.

60. Liu, S.V., Tsao-Wei, D.D., Xiong, S. et al. (2014). Phase I, dose-escalation study of the targeted cytotoxic LHRH analog AEZS-108 in patients with castration-and taxane-resistant prostate cancer. Clin. Cancer Res. 20: 6277-6283.

61. de Jong, M., Breeman, W.A., Kwekkeboom, D.J. et al. (2009). Tumor imaging and therapy using radiolabeled somatostatin analogues. Acc. Chem. Res. 42: 873-880.

62. Kim, S.J., Pak, K., Koo, P.J. et al. (2015). The efficacy of (177) Lu-labelled peptide receptor. radionuclide therapy in patients with neuroendocrine tumours: a meta-analysis. Eur. J. Nucl. Med. Mol. Imaging 42: 1964-1970.

63. Di Matteo, P., Mangia, P., Tiziano, E. et al. (2015). Anti-metastatic activity of the tumor vascular targeting agent NGR-TNF.Clin. Exp. Metastasis 32: 289-300.

64. Mahalingam, D., Wilding, G., Denmeade, S. et al. (2016). Mipsagargin, a novel thapsigargin-based PSMA-activated prodrug: results of a first-in-man phase I clinical trial in patients with refractory, advanced or metastatic solid tumours. Br. J. Cancer 114: 986-994.

65. Drappatz, J., Brenner, A., Wong, E.T. et al. (2013). Phase I study of GRN1005 in recurrent malignant glioma. Clin. Cancer Res. 19: 1567-1576.

66. Rosenberg, S.A., Yang, J.C., and Restifo, N.P. (2004). Cancer immunotherapy: moving beyond current vaccines. Nat. Med. 10: 909-915.

67. Banchereau, J. and Palucka, K. (2018). Immunotherapy: cancer vaccines on the move. Nat. Rev. Clin. Oncol. 15: 9-10.

68. Clifton, G.T., Peoples, G.E., and Mittendorf, E.A. (2016). The development and use of the E75 (HER2 369-377) peptide vaccine. Future Oncol. 12: 1321-1329.

69. Chamani, R., Ranji, P., Hadji, M. et al. (2018). Application of E75 peptide vaccine in breast cancer patients: a systematic review and meta-analysis. Eur. J. Pharmacol. 831: 87-93.

70. Ladjemi, M.Z., Jacot, W., Chardes, T. et al. (2010). Anti-HER2 vaccines: new prospects for breast cancer therapy. Cancer Immunol. Immunother. 59: 1295-1312.

71. Shumway, N.M., Ibrahim, N., Ponniah, S. et al. (2009). Therapeutic breast cancer vaccines: a new strategy for early-stage disease. BioDrugs 23: 277-287.

72. Delamarre, L., Mellman, I., and Yadav, M. (2015). Cancer immunotherapy. Neo approaches to cancer vaccines. Science 348: 760-761.

73. Ott, P.A., Hu, Z., Keskin, D.B. et al. (2017). An immunogenic personal neoantigen

vaccine for patients with melanoma. Nature 547: 217-221.

74. Sahin, U., Derhovanessian, E., Miller, M. et al. (2017). Personalized RNA mutanome vaccines mobilize poly-specific therapeutic immunity against cancer. Nature 547: 222-226.

75. Kumar, M.A., Foster, G.V., and Macintyre, I. (1963). Further evidence for calcitonin. A rapid-acting hormone which lowers plasma-calcium. Lancet 2: 480-482.

76. Mazzuoli, G.F., Passeri, M., Gennari, C. et al. (1986). Effects of salmon calcitonin in postmenopausal osteoporosis: a controlled double-blind clinical study. Calcif. Tissue Int 38: 3-8.

77. Rico, H., Revilla, M., Hernandez, E.R. et al. (1995). Total and regional bone mineral content and fracture rate in postmenopausal osteoporosis treated with salmon calcitonin: a prospective study. Calcif. Tissue Int 56: 181-185.

78. Kanis, J.A., Johnell, O., Gullberg, B. et al. (1992). Evidence for efficacy of drugs affecting bone metabolism in preventing hip fracture. BMJ 305: 1124-1128.

79. Thamsborg, G., Jensen, J.E., Kollerup, G. et al. (1996). Effect of nasal salmon calcitonin on bone remodeling and bone mass in postmenopausal osteoporosis. Bone 18: 207-212.

80. Downs, R.W.Jr., Bell, N.H., Ettinger, M.P. et al. (2000). Comparison of alendronate and intranasal calcitonin for treatment of osteoporosis in postmenopausal women. J. Clin. Endocrinol. Metab. 85: 1783-1788.

81. Visser, E.J. (2005). A review of Calcitonin and its use in the treatment of acute pain. Acute Pain 7: 185-189.

82. Karsdal, M.A., Sondergaard, B.C., Arnold, M., and Christiansen, C. (2007). Calcitonin affects both bone and cartilage: a dual action treatment for osteoarthritis? Ann. N. Y. Acad. Sci. 1117: 181-195.

83. Collipp, J.B.C. and E.P. (1925). Further studies on the parathyroid hormone. J. Biol. Chem. 66: 133-137.

84. Reeve, J., Meunier, P.J., Parsons, J.A. et al. (1980). Anabolic effect of human parathyroid hormone fragment on trabecular bone in involutional osteoporosis: a multicentre trial. Br. Med. J. 280: 1340-1344.

85. Hodsman, A.B., Bauer, D.C., Dempster, D.W. et al. (2005). Parathyroid hormone and teriparatide for the treatment of osteoporosis: a review of the evidence and suggested guidelines for its use. Endocr. Rev. 26: 688-703.

86. Frolik, C.A., Black, E.C., Cain, R.L. et al. (2003). Anabolic and catabolic bone effects of human parathyroid hormone (1-34) are predicted by duration of hormone exposure. Bone 33: 372-379.

87. DiMarchi, R.D., Mayer, J.P., Gelfanov, V.M., and Tschop, M. (2018). Max Bergmann award lecture: macromolecular medicinal chemistry as applied to metabolic diseases. J. Pept. Sci. 24: e3056.

88. Lotinun, S., Sibonga, J.D., and Turner, R.T. (2002). Differential effects of intermittent and continuous administration of parathyroid hormone on bone histomorphometry and gene expression. Endocrine 17: 29-36.

89. Cosman, F., Eriksen, E.F., Recknor, C. et al. (2011). Effects of intravenous zoledronic

acid plus subcutaneous teriparatide [rhPTH（1-34）] in postmenopausal osteoporosis. J. Bone Miner. Res. 26: 503-511.

90. Hattersley, G., Dean, T., Corbin, B.A. et al.（2016）. Binding selectivity of abaloparatide for PTH-type-1-receptor conformations and effects on downstream signaling. Endocrinology 157: 141-149.

91. Makino, A., Takagi, H., Takahashi, Y. et al.（2018）. Abaloparatide exerts bone anabolic effects with less stimulation of bone resorption-related factors: a comparison with teriparatide. Calcif. Tissue Int 103: 289-297.

92. Miller, P.D., Hattersley, G., Riis, B.J. et al.（2016）. Effect of abaloparatide vs placebo on new vertebral fractures in postmenopausal women with osteoporosis: a randomized clinical trial. JAMA 316: 722-733.

93. Ma, R.C. and Xu, G.（2015）. Incretin action on bone: an added benefit? J. Diabetes Invest. 6: 267-268.

94. Yamada, C., Yamada, Y., Tsukiyama, K. et al.（2008）. The murine glucagon-like peptide-1 receptor is essential for control of bone resorption. Endocrinology 149: 574-579.

95. Nuche-Berenguer, B., Moreno, P., Esbrit, P. et al.（2009）. Effect of GLP-1 treatment on bone turnover in normal, type 2 diabetic, and insulin-resistant states. Calcif. Tissue Int 84: 453-461.

96. Nuche-Berenguer, B., Lozano, D., Gutierrez-Rojas, I. et al.（2011）. GLP-1 and exendin-4 can reverse hyperlipidic-related osteopenia. J. Endocrinol. 209: 203-210.

97. Su, B., Sheng, H., Zhang, M. et al.（2015）. Risk of bone fractures associated with glucagon-like peptide-1 receptor agonists' treatment: a meta-analysis of randomized controlled trials. Endocrine 48: 107-115.

98. Xie, D., Zhong, Q., Ding, K.H. et al.（2007）. Glucose-dependent insulinotropic peptide-overexpressing transgenic mice have increased bone mass. Bone 40: 1352-1360.

99. Mieczkowska, A., Irwin, N., Flatt, P.R. et al.（2013）. Glucose-dependent insulinotropic polypeptide（GIP）receptor deletion leads to reduced bone strength and quality. Bone 56: 337-342.

100. Torekov, S.S., Harslof, T., Rejnmark, L. et al.（2014）. A functional amino acid substitution in the glucose-dependent insulinotropic polypeptide receptor（GIPR）gene is associated with lower bone mineral density and increased fracture risk. J. Clin. Endocrinol. Metab. 99: E729-E733.

101. Hogan, B.L.（1996）. Bone morphogenetic proteins: multifunctional regulators of vertebrate development. Genes Dev. 10: 1580-1594.

102. Urist, M.R.（1997）. Bone morphogenetic protein: the molecularization of skeletal system development. J. Bone Miner. Res. 12: 343-346.

103. Kim, H.K., Kim, J.H., Park, D.S. et al.（2012）. Osteogenesis induced by a bone forming peptide from the prodomain region of BMP-7. Biomaterials 33: 7057-7063.

104. Kim, H.K., Lee, J.S., Kim, J.H. et al.（2017）. Bone-forming peptide-2 derived from BMP-7 enhances osteoblast differentiation from multipotent bone marrow stromal cells and bone formation. Exp. Mol. Med. 49: e328.

105. Bergeron, E., Senta, H., Mailloux, A. et al.（2009）. Murine preosteoblast

differentiation induced by a peptide derived from bone morphogenetic proteins-9. Tissue Eng. Part A 15: 3341-3349.

106. Bergeron, E., Leblanc, E., Drevelle, O. et al.（2012）. The evaluation of ectopic bone formation induced by delivery systems for bone morphogenetic protein-9 or its derived peptide. Tissue Eng. Part A 18: 342-352.

107. Bahrami, J., Longuet, C., Baggio, L.L. et al.（2010）. Glucagon-like peptide-2 receptor modulates islet adaptation to metabolic stress in the ob/ob mouse. Gastroenterology 139: 857-868.

108. Jeppesen, P.B., Sanguinetti, E.L., Buchman, A. et al.（2005）. Teduglutide（ALX-0600）, a dipeptidyl peptidase IV resistant glucagon-like peptide 2 analogue, improves intestinal function in short bowel syndrome patients. Gut 54: 1224-1231.

109. Jeppesen, P.B.（2012）. Teduglutide, a novel glucagon-like peptide 2 analog, in the treatment of patients with short bowel syndrome. Ther. Adv. Gastroenterol. 5: 159-171.

110. Basu, N. and Visweswariah, S.S.（2011）. Defying the stereotype: non-canonical roles of the peptide hormones guanylin and uroguanylin. Front. Endocrinol. 2: 14.

111. Currie, M.G.K.C., Mahajan-Miklos, S., Busby, R.W. et al.（2006）. Effects of single dose administration of MD-1100 on safety, tolerability, exposure, and stool consistency in healthy subjects. Am. J. Gastroenterol. 100: S328.

112. Johnston, J.M., Kurtz, C.B., Macdougall, J.E. et al.（2010）. Linaclotide improves abdominal pain and bowel habits in a phase II b study of patients with irritable bowel syndrome with constipation. Gastroenterology 139（1877-1886）: e1872.

113. Yu, S.W. and Rao, S.S.（2014）. Advances in the management of constipation predominant irritable bowel syndrome: the role of linaclotide. Ther. Adv. Gastroenterol. 7: 193-205.

114. Shailubhai, K., Palejwala, V., Arjunan, K.P. et al.（2015）. Plecanatide and dolcanatide, novel guanylate cyclase-C agonists, ameliorate gastrointestinal inflammation in experimental models of murine colitis. World J. Gastrointest Pharmacol. Ther. 6: 213-222.

115. Shailubhai, K., Comiskey, S., Foss, J.A. et al.（2013）. Plecanatide, an oral guanylate cyclase C agonist acting locally in the gastrointestinal tract, is safe and well-tolerated in single doses. Dig. Dis. Sci. 58: 2580-2586.

116. Miner, P.B.Jr., Koltun, W.D., Wiener, G.J. et al.（2017）. A randomized phase III clinical trial of plecanatide, a uroguanylin analog, in patients with chronic idiopathic constipation. Am. J. Gastroenterol. 112: 613-621.

117. Fretzen, A.（2018）. Peptide therapeutics for the treatment of gastrointestinal disorders. Bioorg. Med. Chem. 26: 2863-2872.

118. Leffler, D.A., Kelly, C.P., Green, P.H. et al.（2015）. Larazotide acetate for persistent symptoms of celiac disease despite a gluten-free diet: a randomized controlled trial. Gastroenterology 148（1311-1319）: e1316.

119. Camilleri, M. and Acosta, A.（2015）. Emerging treatments in neurogastroenterology: relamorelin: a novel gastrocolokinetic synthetic ghrelin agonist. Neurogastroenterol. Motil. 27: 324-332.

120. Medintz, I.L., Pons, T., Delehanty, J.B. et al.（2008）. Intracellular delivery of quantum dot-protein cargos mediated by cell penetrating peptides. Bioconjugate Chem. 19: 1785-1795.

121. Meade, B.R. and Dowdy, S.F.（2007）. Exogenous siRNA delivery using peptide transduction domains/cell penetrating peptides. Adv. Drug Delivery Rev. 59: 134-140.

122. Koren, E. and Torchilin, V.P.（2012）. Cell-penetrating peptides: breaking through to the other side. Trends Mol. Med. 18: 385-393.

123. Frankel, A.D. and Pabo, C.O.（1988）. Cellular uptake of the tat protein from human immunodeficiency virus. Cell 55: 1189-1193.

124. Green, M. and Loewenstein, P.M.（1988）. Autonomous functional domains of chemically synthesized human immunodeficiency virus tat trans-activator protein. Cell 55: 1179-1188.

125. Vives, E., Brodin, P., and Lebleu, B.（1997）. A truncated HIV-1 Tat protein basic domain rapidly translocates through the plasma membrane and accumulates in the cell nucleus. J. Biol. Chem. 272: 16010-16017.

126. Park, J., Ryu, J., Kim, K.A. et al.（2002）. Mutational analysis of a human immunodeficiency virus type 1 Tat protein transduction domain which is required for delivery of an exogenous protein into mammalian cells. J. Gen. Virol. 83: 1173-1181.

127. Joliot, A., Pernelle, C., Deagostini-Bazin, H., and Prochiantz, A.（1991）. Antennapedia homeobox peptide regulates neural morphogenesis. Proc. Natl. Acad. Sci. U.S.A. 88: 1864-1868.

128. Derossi, D., Joliot, A.H., Chassaing, G., and Prochiantz, A.（1994）. The third helix of the Antennapedia homeodomain translocates through biological membranes. J. Biol. Chem. 269: 10444-10450.

129. Pooga, M., Soomets, U., Hallbrink, M. et al.（1998）. Cell penetrating PNA constructs regulate galanin receptor levels and modify pain transmission in vivo. Nat. Biotechnol. 16: 857-861.

130. Oehlke, J., Scheller, A., Wiesner, B. et al.（1998）. Cellular uptake of an alpha helical amphipathic model peptide with the potential to deliver polar compounds into the cell interior non-endocytically. Biochim. Biophys. Acta 1414: 127-139.

131. Gao, C., Mao, S., Ditzel, H.J. et al.（2002）. A cell-penetrating peptide from a novel pVⅡ-pIX phage-displayed random peptide library. Bioorg. Med. Chem. 10: 4057-4065.

132. Gomes, B., Augusto, M.T., Felicio, M.R. et al.（2018）. Designing improved active peptides for therapeutic approaches against infectious diseases. Biotechnol. Adv. 36: 415-429.

133. Steel, R., Cowan, J., Payerne, E. et al.（2012）. Anti-inflammatory effect of a cell-penetrating peptide targeting the Nrf2/Keap1 interaction. ACS Med. Chem. Lett. 3: 407-410.

134. Borrelli, A., Tornesello, A.L., Tornesello, M.L., and Buonaguro, F.M.（2018）. Cell penetrating peptides as molecular carriers for anti-cancer agents. Molecules 23（2）: 295.

135. Guidotti, G., Brambilla, L., and Rossi, D.（2017）. Cell-penetrating peptides: from basic research to clinics. Trends Pharmacol. Sci. 38: 406-424.

136. Miyaji, Y., Walter, S., Chen, L. et al.（2011）. Distribution of KAI-9803, a novel

delta-protein kinase C inhibitor, after intravenous administration to rats. Drug Metab. Dispos. 39: 1946-1953.

137. Cousins, M.J., Pickthorn, K., Huang, S. et al. (2013). The safety and efficacy of KAI-1678-an inhibitor of epsilon protein kinase C (epsilonPKC) -versus lidocaine and placebo for the treatment of postherpetic neuralgia: a crossover study design. Pain Med. 14: 533-540.

138. Mendell, J.R., Rodino-Klapac, L.R., Sahenk, Z. et al. (2013). Eteplirsen for the treatment of Duchenne muscular dystrophy. Ann. Neurol. 74: 637-647.

139. Eshraghi, A.A., Aranke, M., Salvi, R. et al. (2018). Preclinical and clinical otoprotective applications of cell-penetrating peptide D-JNKI-1 (AM-111). Hear. Res. 368: 86-91.

140. Naylor, M.R., Bockus, A.T., Blanco, M.J., and Lokey, R.S. (2017). Cyclic peptide natural products chart the frontier of oral bioavailability in the pursuit of undruggable targets. Curr. Opin. Chem. Biol. 38: 141-147.

141. Brunel, F.M. and Dawson, P.E. (2005). Synthesis of constrained helical peptides by thioether ligation: application to analogs of gp41. Chem. Commun. 2552-2554.

142. White, C.J. and Yudin, A.K. (2011). Contemporary strategies for peptide macrocyclization. Nat. Chem. 3: 509-524.

143. Ohuchi, M., Murakami, H., and Suga, H. (2007). The flexizyme system: a highly flexible tRNA aminoacylation tool for the translation apparatus. Curr. Opin. Chem. Biol. 11: 537-542.

144. Blackwell, H.E. and Grubbs, R.H. (1998). Highly efficient synthesis of covalently cross-linked peptide helices by ring-closing metathesis. Angew. Chem. Int. Ed. Engl. 37: 3281-3284.

145. Rhodes, C.A. and Pei, D. (2017). Bicyclic peptides as next-generation therapeutics. Chemistry 23: 12690-12703.

第2章

抗体－药物偶联物类抗癌药物的研发

2.1 引言

癌症是全球发病率和死亡率最高的疾病之一，每年至少造成数百万人死亡。在病理学上，癌症可定义为正常细胞转化为异常的、快速增殖的肿瘤细胞，进而侵袭周围的正常组织，并扩散到其他器官，从而导致癌症的转移。癌症的转移已成为诱发患者死亡的一个主要原因（http：//www.who.int）。目前，癌症的治疗策略包括手术、放疗和化疗。然而，大多数用于化疗的细胞毒性药物是非特异性的，会无选择性地攻击所有快速分裂的细胞。因此，这些药物也会杀伤一些快速更新的健康组织，可诱发一些常见的不良反应，如骨髓和免疫抑制、脱发、消化道黏膜毒性、致畸和致不孕等。

因此，几十年来抗癌药物的研究重点在于开发更有效且低毒的靶向治疗药物，包括靶向新生血管生成、细胞凋亡及信号转导中可导致肿瘤细胞增殖的膜受体或其他靶点。经过几十年的研发，目前已涌现出一批包括激酶抑制剂［如伊马替尼（imatinib），商品名为格列卫（Glivec®）］、单克隆抗体［monoclonal antibody，mAb，简称单抗，如曲妥珠单抗（trastuzumab），商品名为赫赛汀（Herceptin®）］和抗体－药物偶联物（antibody-drug conjugate，ADC）的新型抗癌药物。

ADC是一种具有癌症靶向性的化疗药物，其可将细胞毒性药物（有效载荷）通过适当的连接臂连接到可以选择性靶向肿瘤特异性抗原的治疗性重组单抗上。这些免疫偶联物的主要功能是选择性地将细胞毒性药物递送到癌细胞，以避免靶外毒性[1, 2]。

目前已有70多个ADC正处于临床研究中[3, 4]。迄今为止，已有4个ADC成功获得批准，包括2000年和2017年两次获批的吉妥珠单抗－奥唑米星偶联物（gemtuzumab ozogamicin），商品名为麦罗塔（Mylotarg®）[5, 6]；2011年获批的本妥昔单抗－维多汀偶联物（brentuximab vedotin），商品名为雅诗力（Adcetris®）[7]；2013年获批的曲妥珠单抗－恩美坦新偶联物（ado-trastuzumab emtansine，T-DM1），商品名为贺癌宁（Kadcyla®）[8]；以及2017年获批的英妥珠单抗－奥唑米星偶联物（inotuzumab ozogamicin），商品名为沛斯博（Besponsa®）[9]。作为新型靶向抗癌疗法，ADC通常被分为第一代、第二代和第三代。

2.2 第一代抗体-药物偶联物

2.2.1 分子设计

第一代ADC包括吉妥珠单抗-奥唑米星偶联物（麦罗塔）和英妥珠单抗-奥唑米星偶联物（沛斯博）。麦罗塔（Mylotarg®）和沛斯博（Besponsa®）是采用免疫球蛋白G4（immunoglobulin G4，IgG4）亚型的人源化单抗进行设计的。IgG4通常不足以激活继发性免疫功能或激活能力有限，如抗体依赖细胞介导的细胞毒性（antibody-dependent cell-mediated cytotoxicity，ADCC）和补体依赖的细胞毒性（complement-dependent cytotoxicity，CDC）。而由免疫球蛋白（immunoglobulin，Ig）Fcγ受体（FcγR）介导的免疫细胞所产生的ADCC作用对第二代ADC曲妥珠单抗-恩美坦新的治疗活性发挥着部分作用。然而，这也可能导致细胞毒性副作用，如血小板减少症[10]。IgG4的缺点是它们也可以在体内形成半抗体（由一条重链和一条轻链组成），并能与内源性的人IgG4交换Fab-臂。然而，吉妥珠单抗（gemtuzumab）和英妥珠单抗（inotuzumab）在铰链区可通过一个稳定的丝氨酸-脯氨酸（serine-to-proline）突变，将Fab-臂交换降低至无法检测的水平[3]。

用于麦罗塔（Mylotarg®）的抗体是一种可内化的抗CD33抗体，即吉妥珠单抗（gemtuzumab）。CD33是骨髓单核细胞衍生的唾液酸依赖性细胞黏附分子。这种蛋白存在于85%～90%的急性髓细胞性白血病（acute myeloid leukemia，AML）患者的原始细胞表面，但也在未成熟的正常骨髓单核细胞系中表达[11]。

沛斯博（Besponsa®）的抗体成分为英妥珠单抗，其是一种可内化的抗CD22抗体。CD22是一种B细胞特异性唾液酸结合的免疫球蛋白样凝集素（sialic acid binding Ig-like lectin，Siglec）。这种细胞表面的糖蛋白在大多数B细胞恶性肿瘤中都有表达[12]。

第一代ADC的细胞毒性药物是奥唑米星（ozogamicin），是一种IC$_{50}$值低至纳摩尔级的γ-卡奇霉素（gamma calicheamicin）的衍生物——*N*-乙酰γ-卡奇霉素[2]。卡奇霉素是一种从棘孢小单孢菌（*Micromonospora echinospora*）中分离得到的烯二炔类抗肿瘤抗生素，可生成双自由基来夺取DNA磷酸二酯骨架中的氢原子，从而切断DNA双链，进一步导致细胞周期阻滞和细胞凋亡。卡奇霉素具有很强的疏水性，这使得它能够在释放后穿过细胞膜并从溶酶体（lysosome）中逃离。但是这种疏水性也减弱了其在水溶液中的溶解度，这也是生物偶联需要跨越的一个障碍。因为高浓度的有机溶剂会造成抗体变性，所以以有效载荷的良好水溶性是必要的，这样才能使其在缓冲水溶液中与 mAb 偶联。此外，疏水性载荷倾向于诱导抗体聚集，会造成半衰期短、清除速率高及产生免疫原性等问题。ADC 聚集物也会在肝脏内富集，导致肝毒性[13, 14]。由于卡奇霉素的疏水性，只有少量卡奇霉素分子可以偶联到单抗上，其平均药物与抗体的比率（drug-to-antibody ratio，DAR）为 2.5。

第一代 ADC 的特征是使用化学不稳定的腙（hydrazone）键作为连接臂，使得 ADC 内化后在细胞溶酶体的酸性条件下进行选择性裂解[5]。然而，酸性条件存在于身体的各个部位，而这种连接臂即便在血浆中也非常不稳定，可诱发不受控制的细胞毒性药物的释放而导致脱靶毒性。羧酸－腙连接臂首先经 N-羟基丁二酰亚胺处理，得到相应的用于生物偶联的 N-羟基丁二酰亚胺酯，再进一步将载荷连接实体共价偶联到单抗中的赖氨酸上。这种随机化的化学方法可产生高度异构体混合物，包括 50% 非结合的单抗（DAR 0）和 50% 偶联的 ADC，而且可能在每个单抗整体结构上随机化连接 1～8 个 N-乙酰 γ-卡奇霉素分子（DAR 1～8）[15]。DAR 可极大地影响药代动力学和药效动力学（pharmacokinetic/pharmacodynamic，PK/PD）参数[16, 17]。事实上，纯抗体（DAR 0）通常是无活性的，而竞争性抑制剂与抗体偶联形成抗体－药物偶联物后，可在与抗原结合后内化进入肿瘤细胞发挥抗肿瘤活性。此外，具有较高 DAR（＞4）的 ADC 会具有更低的耐受性、更快的血浆清除率，以及较低的体内疗效[18]。另外，药物可以连接到任何可用的赖氨酸上（单抗中平均含有 30 个可连接的赖氨酸），因而可能会产生具有不同抗原或 FcγR 结合特性的多个亚种的不均一混合物[19]。

因此，第一代 ADC 的治疗指数非常低。一方面，高比例的纯抗体降低了 ADC 的疗效，另一方面，介导药物和抗体的不稳定连接臂可导致较强的毒性（图 2.1）。

2.2.2　作用机制

麦罗塔和沛斯博均是由非常有效的 DNA 烷化剂 N-乙酰 γ-卡奇霉素通过可裂解的连接臂分别与抗 CD33 吉妥珠单抗和抗 CD22 英妥珠单抗偶联得到的[20]。在与肿瘤细胞表面的 CD33 结合之后（图 2.2，1），ADC 发生内化（图 2.2，2），酸不稳定的腙键连接臂在酸性胞内体（endosome）中水解（图 2.2，3），从而释放出卡奇霉素前药。前药被转移到溶酶体中（图 2.2，4），在谷胱甘肽作用下释放活性卡奇霉素（图 2.2，5）。然后，溶酶体转运蛋白可将药物运送到细胞质（图 2.2，6）。核转运后，卡奇霉素与 DNA 结合，烯二炔发生伯格曼（Bergman）环化并形成双自由基，进而从 DNA 中夺取两个氢原子，最终导致 DNA 双链的断裂（图 2.2，7）[21]。卡奇霉素也可以扩散到邻近的肿瘤细胞中（图 2.2，8），造成周围杀伤效应（图 2.2，9）。上述机制可杀死 Ag（＋）和 Ag（－）肿瘤细胞（图 2.2，10）。

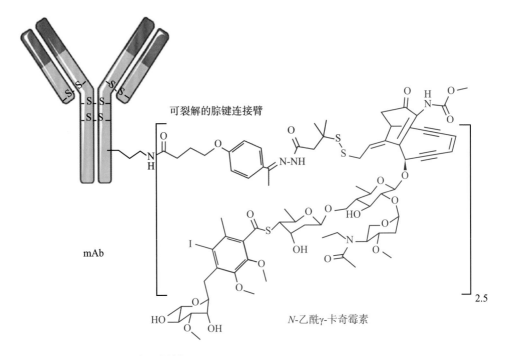

图2.1　第一代ADC的分子结构中包含*N*-乙酰γ-卡奇霉素分子（细胞毒性药物）、酸性不稳定的腙键连接臂和单克隆抗体（mAb）

2.2.3　临床应用

麦罗塔于2000年首次被美国FDA批准用于急性髓细胞性白血病（AML）的治疗。由于效益/风险比过低，麦罗塔于2010年被撤市。2017年9月，麦罗塔再次获得FDA批准用于治疗新确诊的CD33阳性AML患者，或复发性/难治性CD33阳性AML成年和儿童（2岁及以上）患者。麦罗塔还可与柔红霉素（daunorubicin）和阿糖胞苷（cytarabine）联合用于治疗新确诊的AML成年患者。第二次批准显著区别于第一次，具有更低的剂量、更短的用药时间表，以及不同的患者群体。这一决策是基于多中心、随机、开放的Ⅲ期临床研究（ALFA-0701，NCT00927498）的联合化疗结果，以及两个单独用药的临床试验（AML-19和MyloFrance-1）结果（https：//www.fda.gov）。

沛斯博于2017年8月获得FDA批准用于治疗复发性/难治性CD22阳性前体B细胞急性淋巴细胞白血病（acute lymphoblastic leukemia，ALL）成年患者。

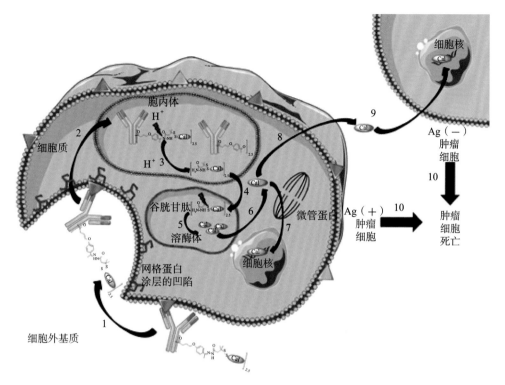

图2.2　麦罗塔和沛斯博具有可裂解连接的作用机制，首先在胞内体酸性条件下裂解，然后在溶酶体中还原，释放卡奇霉素，使其能够结合细胞核内的DNA，导致癌细胞死亡

2.2.4　不良反应

第一代ADC也会靶向某些健康细胞所表达的一些非特异性抗原[22]。此外，它们酸性不稳定的连接臂会导致卡奇霉素不受控制地释放，造成脱靶毒性，尤其是影响快速分裂的健康细胞[22, 23]。因此，上述两种ADC均具有很高的毒性，会在患者中表现出严重的不良反应。

因此，第一代ADC的特点是同时具有靶标内外毒性，副作用包括血小板减少、中性粒细胞减少、白细胞减少和贫血[24]，以及可引发出血、感染或发热等[22]。此外，第一代ADC经常会导致肝损伤（肝毒性），表现为氨基转移酶和γ-谷氨酰转移酶水平增加、高胆红素血症及肝小静脉闭塞病等。其他常见的不良反应还包括胃肠道不良反应（包括恶心和黏膜炎）、头痛和输液相关反应等[13, 22]。

2.3 第二代抗体－药物偶联物

2.3.1 分子设计

临床应用的第二代ADC包括本妥昔单抗－维多汀偶联物和曲妥珠单抗－恩美坦新偶联物（T-DM1）。第二代的ADC对单抗、细胞毒性药物、连接臂和DAR都进行了优化。

第二代ADC采用的是人－鼠嵌合型（本妥昔单抗）或人源化（曲妥珠单抗）的IgG1型单抗。与其他亚型（如IgG2）相比，IgG1更易于进行生物偶联。此外，人IgG1亚型可以激活CDC和ADCC效应，有助于增强ADC的抗肿瘤活性，如T-DM1[25]。

本妥昔单抗是一种可内化的抗CD30抗体。这种抗原表达于霍奇金（Hodgkin）淋巴瘤及间变性大细胞淋巴瘤（anaplastic large cell lymphoma，ALCL）等肿瘤细胞的表面，与疾病分期、前期治疗和化疗耐药状态无关[26]。

曲妥珠单抗是一种可内化的抗人表皮生长因子受体2（human epidermal growth factor receptor 2，HER2，也称为ErbB2）抗体。HER2是一种存在于肿瘤细胞表面的跨膜受体酪氨酸激酶，可引起下游信号网络的失调，从而促进肿瘤细胞的生长和存活。部分乳腺癌（约占1/5）由于HER2的过量表达而更具侵袭性。因此，HER2阳性乳腺癌与侵袭性临床表型相关，表现为疾病复发、转移和对传统疗法耐药性的增加。曲妥珠单抗可与HER2的胞外结构域（extracellular domain，EDA）IV相结合[8]。

第二代ADC的主要改进是使用水溶性更好且更高效的细胞毒性药物，这显著改善了生物偶联。此外，可将更多的细胞毒性药物分子与单抗偶联而不引发抗体聚集，从而获得了更高的平均DAR（3.5～4）。更重要的是，第二代ADC在生理条件下更高效且更稳定。

本妥昔单抗－维多汀偶联物所偶联的药物为单甲基奥瑞他汀E（monomethyl auristatin E，MMAE）。这种奥瑞他汀类似物是一种海兔毒素10（dolostatin 10，从海洋软体动物截尾海兔中分离出来的五肽）的衍生物，经修饰后引入二级胺官能团，以用于偶联。

曲妥珠单抗－恩美坦新偶联物中偶联的药物是美坦新（maytansine）的衍生物，而美坦新是一种从埃塞俄比亚灌木美登木（*Maytenus ovatus*）中分离得到的天然苯并桥环大环内酯类抗肿瘤抗生素。这种美坦新衍生物，即 N2′-去酰基-N2′-（3-巯基-1-氧丙基）美坦新（也称为DM1或emtansine），是一种含有巯基的美坦新生物碱，而巯基基团可允许药物通过特定的链接臂与抗体连接生成ADC。

上述两种药物均是强效的微管靶向药物，可在亚纳摩尔浓度抑制微管蛋白的组装、诱导有丝分裂的阻滞和肿瘤细胞的死亡。这两种细胞毒性药物毒性太大，因而不能在未经生物偶联的情况下单独使用。

获批上市的第二代 ADC 所使用连接臂的主要特点是具有更好的血浆稳定性和更高的 DAR 分布[23]，包括可裂解和不可裂解两种类型的连接臂。

对于本妥昔单抗−维多汀偶联物，在将抗体链间的二硫键温和地还原后，通过可裂解的双官能团连接臂［马来酰亚胺己酰基缬氨酸−瓜氨酸−对氨基苄氧羰基，或缬氨酸瓜氨酸对氨基苄氧羰基（valine-citrulline-p-aminobenzyloxycarbonyl，mc-VC-PAB）］将 MMAE 随机性地连接到单抗的 8 个游离半胱氨酸的巯基上（图2.3）。马来酰亚胺是生物偶联的接头，VC-PAB 部分是对组织蛋白酶 B 敏感的引发物，PAB 作为自动分解间隔物来释放 MMAE[27]。第二代 ADC 中的连接臂是通过在肿瘤细胞溶酶体中过表达的组织蛋白酶 B（cathepsin B）进行裂解的。ADC 内化后在溶酶体中组织蛋白酶 B 的作用下裂解 ADC 的连接臂，从而控制性释放 MMAE（图2.3）。因此，与第一代 ADC 相比，第二代 ADC 的血浆稳定性得到了显著改善。然而，最近有文献指出 VC-PAB 也是血浆羧酸酯酶 1C（carboxy-lesterase 1C）[28]和中性粒细胞的弹性蛋白酶（elastase）[29]的底物，因此可造成 VC-PAB 连接臂在血浆中的不稳定性，并导致 MMAE 的过早脱靶释放。此外，马来酰亚胺生物偶联接头可在血浆中发生逆迈克尔加成反应[30]，导致连接臂与血清中游离的半胱氨酸、谷胱甘肽或白蛋白发生巯基交换。这两种机制都被认为是造成本妥昔单抗−维多汀偶联物毒性的部分原因[28-30]。采用这种生物偶联方法会得到 DAR 分别为 0、2、4、6、8 的偶联物混合物，其中 10% 为未偶联的单抗，平均 DAR 为 4.0[31, 32]。

曲妥珠单抗−恩美坦新偶联物则是采用了与第一代 ADC 相同的偶联策略进行生物偶联，将药物随机地共价生物偶联到单抗的赖氨酸上。但是，通过对连接臂的改进，可以产生呈高斯分布的非均匀偶联混合物，DAR 为 0 ~ 9，平均 DAR 为 3.5，其中只有 5% 的未偶联单抗[32]。DM1 与曲妥珠单抗赖氨酸残基的偶联是采用含有杂环双功能硫醚键的非裂解性连接臂（non-cleavable linker，NCL），通过连接臂中的 NHS 酯键［琥珀酰亚胺-4-（N-马来酰亚甲基）环己烷-1-羧酸盐或 SMCC］实现偶联（图2.3）。此种 NCL 在血液循环中更加稳定，只有当 ADC 被 HER2-阳性肿瘤细胞内化并在溶酶体中完全代谢后才能释放活性药物。

2.3.2　作用机制

本妥昔单抗−维多汀偶联物含有一个可裂解的连接臂，首先与一个特定的抗原（antigen，Ag）结合，然后基于网格蛋白依赖（clathrin-dependent）的机制将 ADC-Ag 复合物内化（图2.4，1）。在转入胞内体（图2.4，2）和溶酶体（图2.4，3）

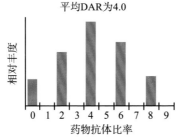

组织蛋白酶B（cathepsin B）可裂解的连接臂

Anti-CD30 mAb　　　本妥昔单抗–维多汀偶联物　　　　单甲基奥瑞他汀E（MMAE）
　　　　　　　　　（brentuximab vedotin，Adcetris®）

平均DAR为4.0

Anti-HER2 mAb

不可裂解的连接

恩美坦新（emtansine，DM1）

曲妥珠单抗–恩美坦新（ado-trastuzumab emtansine，kadcyla®）

平均DAR为3.5

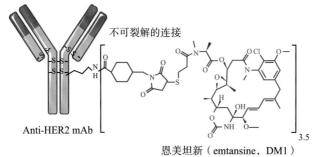

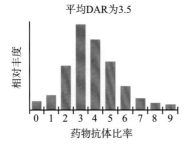

图2.3　第二代ADC的分子结构及其DAR分布

后，组织蛋白酶B将连接臂裂解，释放出游离药物（图2.4，4）。溶酶体转运蛋白将药物从溶酶体运至细胞质（图2.4，5）。另外，最近有报道称[33]，在ADC内化之前，药物可被释放到邻近肿瘤细胞的肿瘤微环境中（图2.4，6），然后进入Ag阳

性［Ag（＋）］和Ag阴性［Ag（－）］的肿瘤细胞内（图2.4，7）。最后，MMAE
与细胞质中的微管蛋白结合（图2.4，8），或扩散到邻近的癌细胞，实现周围杀
伤作用（图2.4，9）。这种作用机制导致了Ag（＋）和Ag（－）肿瘤细胞的死亡
（图2.4，10）。

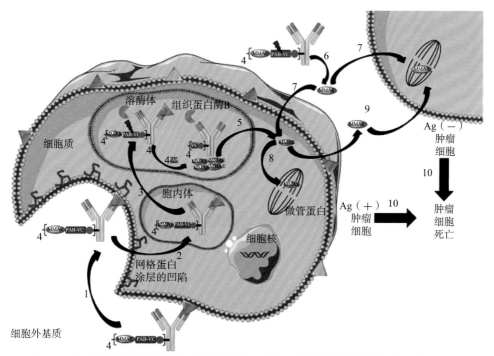

图2.4　含有可裂解连接臂的本妥昔单抗－维多汀偶联物的作用机制。其中VC-PAB
（Valine Citrulline-Para Amino Benzyloxycarbonyl）是一种对组织蛋白酶B敏感的引发物，
PAB是一种自我分解间隔物，MMAE为细胞毒性药物

　　而曲妥珠单抗－恩美坦新偶联物与HER2结合后被内化（图2.5，1）并转移到
胞内体（图2.5，2），然后进入溶酶体（图2.5，3）中。溶酶体蛋白酶将曲妥珠单
抗－恩美坦新偶联物完全降解，释放出赖氨酸-MCC-DM1活性代谢物（图2.5，4），
同时保留了游离美坦新生物碱（maytansinoid）的细胞毒性。溶酶体转运蛋白将
代谢产物从溶酶体运至细胞质（图2.5，5）并与微管蛋白结合（图2.5，6）。赖氨
酸-MCC-DM1活性代谢物在生理pH下具有带电特性，不能通过生物膜达到周围
效应，因此该过程的总体结果仅导致Ag（＋）肿瘤细胞的死亡（图2.5，7）。

2.3.3　临床应用

本妥昔单抗－维多汀偶联物，于2011年8月获得FDA批准用于治疗两种淋巴瘤。

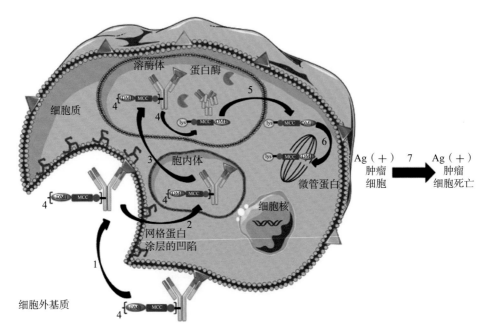

图2.5 曲妥珠单抗-恩美坦新偶联物的作用机制，具有不可裂解的连接，可生成赖氨酸-MCC-DM1活性代谢物

- 自体干细胞移植（autologous stem cell transplant，ASCT）失败后的霍奇金淋巴瘤，或至少两种多药化疗方案失败后的非ASCT患者。
- 至少一次多药化疗失败后的全身性ALCL。

基于Ⅲ期临床试验（ALCANZA，https：//www.fda.gov），本妥昔单抗-维多汀偶联物于2017年11月再次获得批准，将其适应证扩大至已接受过系统性治疗的原发皮肤性ALCL和表达CD30的蕈样肉芽肿病（mycosis fungoides）成人患者。

曲妥珠单抗-恩美坦新偶联物（T-DM1）于2013年2月获得FDA批准。曲妥珠单抗-恩美坦新偶联物可作为单一治疗手段用于治疗接受过曲妥珠单抗和紫杉烷单独或联合治疗的HER2-阳性转移乳腺癌患者，或局部晚期乳腺癌患者。转移性或复发患者应在完成辅助治疗期间或6个月内接受早期治疗。曲妥珠单抗-恩美坦新偶联物是首个用于实体瘤治疗的ADC。

2.3.4 不良反应

本妥昔单抗-维多汀偶联物的第一代马来酰亚胺连接臂与曲妥珠单抗-恩美坦新偶联物的硫醚SMCC连接臂在血液循环中都可以引发高细胞毒性药物不受控制地释放，使患者细胞快速分裂的健康组织遭受脱靶毒性[29]。此外，第二代ADC的IgG1亚型可以通过Fc片段作用于FcγR，也会导致毒性的产生。研究表明，巨核细胞（megakaryocytes，MK）会以HER2非依赖性和FcγRⅡa依赖性的方式内化曲妥珠单抗 - 恩美坦新偶联物，导致 DM1 的细胞内释放。这会造成 MK 分化和血小板生成受损，从而导致血小板减少症[10]。因此，这些药物具有明显的血液毒性，包括血小板减少、中性粒细胞减少、贫血和出血等。

第二代 ADC 的另一个主要副作用是严重感染和机会性感染，如服用本妥昔单抗 - 维多汀偶联物后经常出现带状疱疹、单纯疱疹和肺炎。其他常见的不良反应包括胃肠道疾病（如恶心、呕吐、便秘和腹泻）、周围神经病变、肌痛、关节痛、疲劳和发热。严重的肝毒性、头痛和输液相关的反应也可能发生。服用本妥昔单抗 - 维多汀偶联物后，还可能引起严重的皮肤病（如史 - 约综合征，Stevens-Johnson syndrome）。此外，曲妥珠单抗 - 恩美坦新偶联物给药后可能导致左室射血分数的降低（心脏毒性），并引起胚胎 - 胎儿死亡或出生缺陷。

2.4　第三代抗体 - 药物偶联物

临床开发或临床应用的大多数 ADC 都是基于完整的 IgG，靶向过表达、可内化的 Ag，并通过随机生物偶联技术与微管蛋白聚合抑制剂偶联[3]。然而，包含完整 IgG 的 ADC 常存在器官选择性和肿瘤渗透问题[34, 35]，以及 FcRn 介导的循环所导致的内皮和肝脏分布不理想，继而产生相关不良反应。

ADC 内化后的效率依赖于有效的细胞内转运，以到达溶酶体，在溶酶体内可激活并控制性释放药物或活性代谢物。不幸的是，内化的 ADC 可通过内化缺陷（如 Ag 下调）、转运或单抗循环及 ADC 溶酶体降解缺陷来诱导肿瘤耐药。这些机制导致了细胞质中药物的释放减少，影响了 ADC 内化的效率[36-38]。

此外，ADC 内化的潜力与细胞表面 Ag（如 CD30 和 HER2）的高表达密切相关[39]，这也解释了采用经典的微管蛋白聚合抑制剂（如 MMAE 和 DM1）的 ADC 在低表达的 Ag 细胞中不表现出细胞毒性的原因。最后，由于多药耐药转运体/多药耐药相关蛋白（multidrug resistance transporter/multidrug resistance associated protein，MDR/MRP）外排泵的上调可产生对 MMAE 和 DM1 的抵抗，导致了对本妥昔单抗 - 维多汀偶联物和曲妥珠单抗 - 恩美坦新偶联物的耐药性[36-38]。

为了克服上述限制，研究人员探索了不同的策略，如不同的单抗形式、非内化的药物靶标、新型有效载荷和位点特异性生物偶联方法等[40]。

2.4.1　位点特异性抗体 - 药物偶联物

为增强 ADC 的疗效，自 2008 年以来，研究人员广泛研究了位点特异性生物偶联的方法[41-43]。这些位点特异性方法可分为三类：①改造的氨基酸生物偶联；②酶介导的生物偶联；③基于连接臂的生物偶联。

第一种方法是通过单抗改造的方式引入特定的氨基酸。来自基因泰克公司

（Genentech）的朱诺图拉（Junutula）等在2008年[44]率先迈入该研究领域，他们证明了细胞毒性药物与单抗的位点特异性偶联可以提高ADC的治疗指数。为了将本妥昔单抗-维多汀偶联物的连接臂与靶向卵巢癌抗原MUC16的单抗进行位点特异性偶联，他们针对半胱氨酸进行取代改造，以保留IgG折叠、IgG组装和与Ag的结合。研究人员将得到的位点特异性THIOMAB ADC与经典随机偶联法（通过还原链间二硫键与半胱氨酸偶联）生成的ADC进行了比较。这两种ADC在小鼠异种移植模型中同样有效，但在大鼠和猕猴中，位点特异性ADC的剂量耐受性更高，且具有最小化的体内系统毒性。受此启发，西雅图遗传学公司（Seattle Genetics）和Spirogen公司开发了类似的MAIA技术，即通过将单抗铰链区239号位丝氨酸突变为半胱氨酸，再与吡咯并苯二氮䓬（pyrrolobenzodiazepine，PBD）二聚体进行生物偶联（图2.6）[45, 46]。

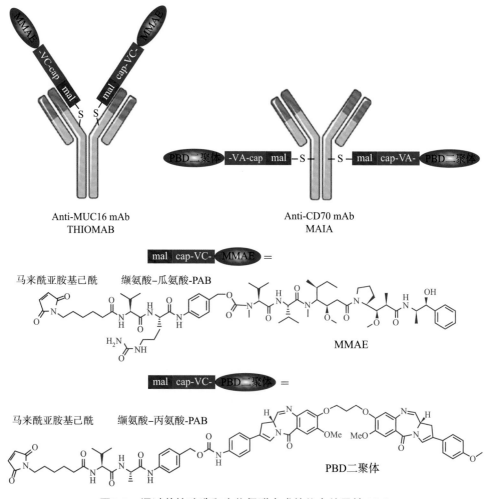

图2.6　通过单抗改造和生物偶联合成的位点特异性ADC

第二种可能性是使用酶介导的位点特异性生物偶联技术。可以借助于谷氨酰胺转氨酶和转肽酶实现这一目标[41-43]。例如，谷氨酰胺转氨酶可催化蛋白的谷氨酰胺侧链和含伯胺的分子之间形成酰胺键[47]。因此，希卜力（Schibli）及其同事联合Innate制药公司（Innate Pharma）开发了采用谷氨酰胺转氨酶构建ADC的三步法[47]。首先采用糖苷酶F（PNGase F）对单抗的天冬酰胺297进行去糖基化。然后，"氨基－连接臂－叠氮"结构在微生物谷氨酰胺转氨酶的催化下生物偶联到单抗谷氨酰胺295上。最后，MMAE通过发生无铜参与、张力促进的叠氮化物－炔烃环加成反应（strain promoted alkyne-azide cycloaddition，SPAAC），将叠氮偶联物与含有二苯基环辛炔（dibenzylcyclooctyne，DBCO）和MMAE的连接臂进行拼合，生成DAR为2的ADC（图2.7）。

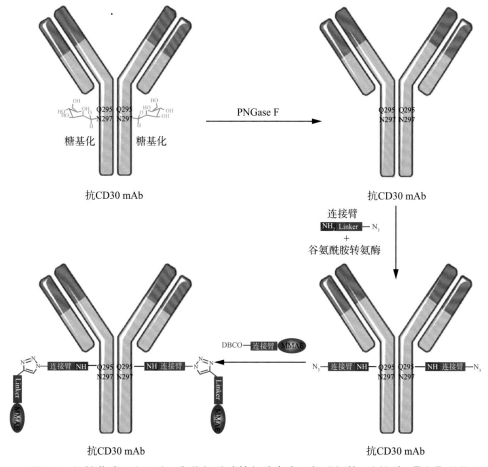

图2.7　经糖苷酶F处理后，在谷氨酰胺转氨酶存在下与"氨基－连接臂－叠氮"结构反应生成的位点特异性ADC。在"DBCO-连接臂-MMAE"存在的情况下，经叠氮化物偶联物生成了DAR为2的位点特异性ADC

　　位点特异性ADC也可由天然的单抗制备，而无须对单抗进行改造。在这一策略中，杂环双功能连接臂包括创新性第二代马来酰亚胺（second generation maleimide，SGM）骨架，如双溴马来酰亚胺（dibromomaleimide，DBM）[48, 49]或二硫苯马来酰亚胺（dithiophenylmaleimide，DSPh）[50, 51]，可通过化学位点特异性偶联制备均匀稳定的ADC。这种方法在理论上允许对任何天然抗体中被还原的链间二硫键进行重新桥接，以建立DAR为4的同质ADC（对于IgG1而言）。SGM生物偶联接头改善了经典半胱氨酸与马来酰亚胺偶联的位点特异性，同时限制低DAR和高DAR偶联产物的生成，并被证明对抗体进行功能化优化可提高抗体的稳定性[52]。重要的是，前文描述的DSPh接头[50]与其他第二代接头相比，合成更简单、水解和氧化稳定性更好，使其成为ADC制备的理想选择。最后，以SGM连接臂（如DBM）与单甲基奥瑞他汀F（monomethyl auristatin F，MMAF，MMAE类似物）有效载荷偶联生成的同质ADC，与传统非均相ADC相比，显示出更出色的药代动力学性质和治疗指数（图2.8）[48]。

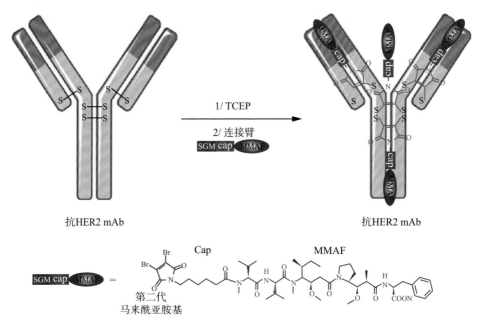

图2.8　经TCEP还原，再与DBM反应生成的DAR为4的位点特异性 ADC，可重新桥接链与链间的二硫键

2.4.2　新型免疫偶联物

　　由于细胞间基质丰富，癌细胞表面靶向治疗在基质丰富的实体肿瘤中极具挑战性。因此，研究人员开发了一种靶向肿瘤微环境而非靶向肿瘤细胞的新方法[53]。

在这一策略中，细胞外蛋白酶（extracellular protease）和其他细胞外基质成分（如还原性谷胱甘肽）可催化非内化ADC中偶联药物的有效释放。

为此，内里（Neri）及其同事阐述了基于一种小型免疫蛋白（small immunoprotein，SIP）F8突变体的免疫偶联物，靶向纤连蛋白（fibronectin）的非内化选择性剪接EDA。纤连蛋白是肿瘤内皮细胞外基质的组成部分，与癌细胞表面相比，更容易形成免疫偶联[54]。SIP是scFv片段与人IgE εCH4部分相融合的产物[54, 55]。SIP（F8）在C端产生了两个未配对的半胱氨酸残基，可与两个DM1分子进行位点特异性偶联，生成DAR为2的SIP（F8）-SS-DM1生物偶联物（图2.9）[33]。与其IgG（F8）-SS-DM1对应物相比，该对应物在每个轻链的C端都带有未配对的共轭半胱氨酸残基。在这些偶联物中，二硫键连接对肿瘤细胞外的谷胱甘肽较为敏感，可释放未带残基修饰的DM1。

在治疗实验中发现，SIP（F8）-SS-DM1的效果优于IgG（F8）-SS-DM1。两种偶联物在体内进行了相等毫克剂量和相等摩尔剂量的比较，在每组5只小鼠中以5 mg/kg的剂量进行了5次注射。SIP偶联物治愈了5只小鼠中的4只，而IgG偶联物没有治愈任何小鼠。研究还表明，这两种偶联物在药物释放动力学方面存在显著差异。内里等证明，SIP（F8）-SS-DM1优先在内皮细胞外肿瘤基质中积累，并迅速释放高浓度的药物，这有助于产生较好的疗效。该偶联物的临床相关剂量也具有良好的耐受性[56]。非内化ADC的优点是规避了一些内化免疫偶联的抵抗机制，而位点特异性的生物偶联方法可以控制ADC药物的DAR，避免了DAR为0的非偶联单抗的存在（图2.9）。

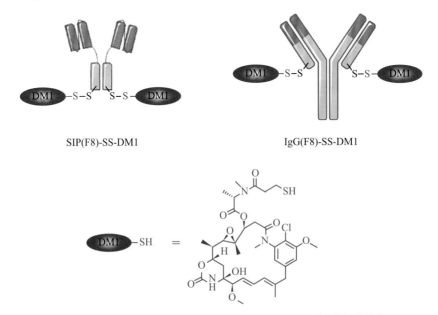

SIP(F8)-SS-DM1　　　　　　　IgG(F8)-SS-DM1

图2.9　DM1及SIP(8)-SS-DM1、IgG(8)-SS-DM1偶联物的结构

目前靶向HER2的ADC对HER2表达水平相对较低的肿瘤细胞是无效的。因此，只有20%左右的乳腺癌患者适用于该HER2-靶向疗法。此外，HER2表达的瘤内异质性最终导致起初治疗有效的患者出现了病情复发的情况。为了有效作用于广泛表达HER2的癌细胞，MedImmune公司开发了一种双特异性HER2-靶向ADC[57]。为了构建这一特殊的分子结构，研究人员首先设计了一个二价双特异性单抗来靶向HER2上的两个非重叠表位［两个表位分别被曲妥珠单抗和帕妥珠单抗（pertuzumab）靶向］，进一步诱导HER2受体聚集，促进高效的内化，并提高溶酶体的转运和降解。每个重链上的两个半胱氨酸残基（S239C和S442C）通过一个不可裂解的马来酰亚胺连接臂，将一种基于微管蛋白细胞溶素（微管溶素，tubulysin）结构的新型微管抑制剂AZ13599185（图2.10）位点特异性地偶联到双特异性单抗上，从而生成了DAR为4的双特异性ADC。AZ13599185是一种高效的有效载荷，IC_{50}在皮摩尔范围内，而且对MDR的亲和力很低。因此，这种双异位ADC在不同肿瘤模型中均表现出优于曲妥珠单抗-恩美坦新偶联物的活性。此外，两个位点同时突变（L234F和S239C）可降低抗体与FcγR的结合，使正常组织中FcγR介导的HER2非依赖性的ADC摄取最小化，从而减少脱靶毒性，如血小板减少症[10]。

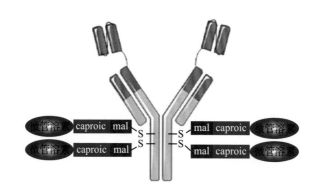

抗HER2 双特异性mAb

马来酰亚胺基己酰基

微管溶素AZ13599185

图2.10 **双异位单抗通过非裂解性马来酰亚胺基己酰基连接臂与微管溶素偶联**

2.4.3　具有新型有效载荷的抗体−药物偶联物

与此同时，一些新颖的可以靶向Ag低表达或MMAE/DM1耐药肿瘤细胞的有效载荷也被相继研发出来。

为此，研究人员开发了PBD的二聚体（PDB dimer）。这些二聚体的分子结构包含两个烷基化亚胺官能团，能够形成链间或链内的DNA交叉偶联。由于DNA加合物的性质及其更强的稳定性，与PBD单体相比，PBD二聚体通常具有更强的细胞毒性和抗肿瘤活性。与传统ADC的有效载荷（如MMAE或DM1）相比，其有效性提高了50～100倍，对许多人源肿瘤细胞系具有皮摩尔级的活性（IC_{50}为2～7 pmol/L）[58]。PBD二聚体是由Spirogen公司和西雅图遗传学公司（Seattle Genetics）最先引入的。随后推出了SGN-CD33A[45]和SGN-CD70A[46]两个基于PBD的ADC，目前分别处于Ⅲ期和Ⅰ期临床试验中。这两个ADC都含有相同的可裂解性连接臂，能够将PBD二聚物SGN-1882偶联到两个在单抗铰链区（S239C突变）的硫醇残基上，从而使DAR控制在2左右（图2.11）。这些高效的ADC能靶向低表达的Ag（如CD33或CD70）。此外，由于PBD二聚体不是MDR的底物，它们也可以作为ADC的有效载荷用于耐MMAE-ADC或DM1-ADC的肿瘤。同样地，在2009年，来自ImmunoGen公司的拉维·查里（Ravi Chari）及其同事引入了吲哚啉苯二氮䓬类（indolinobenzodiazepine，IGN）[2, 59]，作为非常有效的药物分子（IC_{50}为1～10 pmol/L）。采用这种药物作为ADC的有效载荷，可得到对正常和多药耐药的肿瘤细胞具有强效体外活性的ADC（IC_{50}为5～20 pmol/L）。

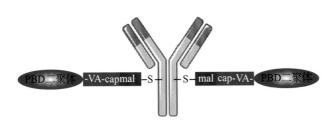

图2.11　基于吡咯并苯二氮䓬二聚体的ADC

即便是抗原低水平表达的肿瘤细胞（每个细胞7000 Ag），也可被基于IGN14的ADC有效杀灭（IC_{50} = 4 pmol/L）[59]。

同样，基因泰克公司最近开发了一种新型蒽环霉素类似物，名为PNU-159682。蒽环霉素（anthracycline）类药物是应用最广泛的化疗药物之一，对侵袭性非霍奇金淋巴瘤（aggressive non-Hodgkin lymphoma，NHL）的治疗非常有效。然而，多柔比星衍生物由于缺乏有效性而不能用作ADC有效载荷。相比之下，IC_{50}为20～100 pmol/L的强效PNU-159682则可用作ADC的有效载荷。基因泰克开发了一种新型抗CD22-NMS249的ADC，以MC-VC-PAB-DEA作为连接臂，带有一段较长的可自我降解的间隔物，并含有 N,N'-二甲基乙二胺（N,N'-dimethylethylenediamine，DEA）的结构单元（图2.12）[60]。在体内，这种ADC至少在移植瘤模型中与抗CD22-VC-MMAE一样有效，且在耐CD22-VC-MMAE的细胞系中仍具有很强的活性。这些结果证明了基于蒽环类药物的ADC可以有效地用于治疗对MMAE相关ADC耐药的肿瘤。

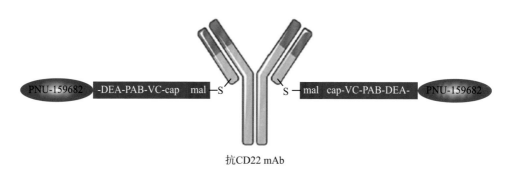

图2.12　基于蒽环霉素的抗CD22类ADC

2.5　总结

ADC是肿瘤靶向化疗的一种新手段。在当前的临床应用中，内化ADC可用于特异性转运强效细胞毒性有效载荷至Ag（＋）肿瘤细胞，以杀死Ag（＋）肿瘤细胞（不可裂解连接臂）或同时杀死Ag（－）和Ag（＋）肿瘤细胞（可裂解连接臂）。在2008～2018年这段时间，通过选择更好的药物、连接臂和单抗靶标，ADC已得到了很好的改良和优化。然而，尽管经过非常精心的设计，ADC仍然存在几个局限性（如有限的实体瘤穿透性及毒性），并出现了耐药性。为了克服这些局限性，不同的单抗、非内化的靶标、新型有效载荷，以及位点特异性生物偶联等新方法已被陆续开发出来，并有效地推动了ADC的研发。

（尹贻贞　叶向阳）

原作者简介

卡洛琳·提纳库·萨布林（Caroline Denevault-Sabourin），博士，法国图尔大学（University of Tours）治疗化学系副教授。她于法国南特大学（Nantes University）获得药学博士学位。她拥有超过10年的药物化学领域研究经验，主要专注于抗寄生虫药和抗癌药物的研发。在肿瘤学领域，她的研究主要专注于靶向抗癌药的开发，如杂环激酶抑制剂和抗体-药物偶联物等。

弗朗西斯卡·布赖登（Francesca Bryden），博士，法国图尔大学"分子创新与治疗"团队博士后。她于赫尔大学（The University of Hull）获得化学硕士学位和博士学位，主要从事基于光动力疗法的生物靶向光敏剂的合成研究。她目前的研究工作专注于新型抗体-药物偶联物的合成、新抗体、生物偶联技术、药物释放机制和疾病靶点方面的研究。

玛丽·克劳德·维奥·马苏德（Marie-Claude Viaud-Massuard），教授，法国图尔大学GICC"分子创新与治疗"团队的负责人。她在肿瘤学领域的研究涉及杂环化学、药物化学、分子创新、化学生物学（抗体-药物偶联物领域）、药物递送和分析化学等方向，具体包括PPAR激动剂/拮抗剂、CDK抑制剂、STAT抑制剂和血管生成抑制剂等方面的研发工作。

她同时也是LABEX MAbImprove和LABEX SynOrg的公司合伙人。

尼古拉斯·乔伯特（Nicolas Joubert），博士，法国图尔大学"分子创新与治疗"团队工程师和副教授。他曾专注于抗病毒和抗癌化合物，以及有机化学领域的研究工作。自2012年以来，他的研究专注于设计用于癌症治疗的原创性抗体-药物偶联物。他同时也是LABEX MAbImprove、LABEX SynOrg及Cancéropôle Grand Ouest的公司合伙人。

参 考 文 献

1. Joubert，N. and Viaud-Massuard，M.-C.（2015）. Antibody-drug conjugates：historical developments and mechanisms of action. In：Optimizing Antibody-Drug Conjugates for Targeted Delivery of Therapeutics，6-21. Germany：Future Science Ltd，Bielefeld University.

2. Chari，R.V.J.，Miller，M.L.，and Widdison，W.C.（2014）. Antibody-drug conjugates：an emerging concept in cancer therapy. Angew. Chem. Int. Ed. 53：3796-3827.

3. Beck，A.，Goetsch，L.，Dumontet，C.，and Corvaïa，N.（2017）. Strategies and challenges for the next generation of antibody-drug conjugates. Nat. Rev. Drug Discovery 16：315-337.

4. Martin，C.，Kizlik-Masson，C.，Pèlegrin，A. et al.（2018）. Antibody-drug conjugates：Design and development for therapy and imaging in and beyond cancer，LabEx MAbImprove industrial workshop，July 27-28，2017，Tours，France. MAbs 10：210-221.

5. Hamann，P.R.，Hinman，L.M.，Hollander，I. et al.（2002）. Gemtuzumab ozogamicin, a potent and selective anti-CD33 antibody-calicheamicin conjugate for treatment of acute myeloid leukemia. Bioconjugate Chem. 13：47-58.

6. Hamann，P.R.，Hinman，L.M.，Beyer，C.F. et al.（2002）. An anti-CD33 antibody-calicheamicin conjugate for treatment of acute myeloid leukemia. Choice of linker. Bioconjugate Chem. 13：40-46.

7. Borchmann，P.，Treml，J.F.，Hansen，H. et al.（2003）. The human anti-CD30 antibody 5F11 shows in vitro and in vivo activity against malignant lymphoma. Blood 102：3737-3742.

8. Lambert，J.M. and Chari，R.V.J.（2014）. Ado-trastuzumab emtansine（T-DM1）：an antibody-drug conjugate（ADC）for HER2-positive breast cancer. J. Med. Chem. 57（16）：6949-6964.

9. Thota，S. and Advani，A.（2017）. Inotuzumab ozogamicin in relapsed B-cell acute lymphoblastic leukemia. Eur. J. Haematol. 98：425-434.

10. Uppal，H.，Doudement，E.，Mahapatra，K. et al.（2015）. Potential mechanisms for thrombocytopenia development with trastuzumab emtansine（T-DM1）. Clin. Cancer Res. 21：123-133.

11. Minagawa，K.，Jamil，M.O.，Al-Obaidi，M. et al.（2016）. In vitro pre-clinical validation of suicide gene modified anti-CD33 redirected chimeric antigen receptor T-cells for acute myeloid leukemia. PLoS One 11：1-25.

12. Rosenblum, M. (2004). Immunotoxins and toxin constructs in the treatment of leukemia and lymphoma. In: Advances in Pharmacology, vol. 51, 209-228. Elsevier.

13. Jain, N., Smith, S.W., Ghone, S., and Tomczuk, B. (2015). Current ADC linker chemistry. Pharm. Res. 32: 3526-3540.

14. Lyon, R.P., Bovee, T.D., Doronina, S.O. et al. (2015). Reducing hydrophobicity of homogeneous antibody-drug conjugates improves pharmacokinetics and therapeutic index. Nat. Biotechnol. 33: 733-735.

15. Siegel, M.M., Tabei, K., Kunz, A. et al. (1997). Calicheamicin derivatives conjugated to monoclonal antibodies: determination of loading values and distributions by infrared and UV matrix-assisted laser desorption/ionization mass spectrometry and electrospray ionization mass spectrometry. Anal. Chem. 69: 2716-2726.

16. Strop, P., Delaria, K., Foletti, D. et al. (2015). Site-specific conjugation improvestherapeutic index of antibody drug conjugates with high drug loading. Nat. Biotechnol. 33: 694-696.

17. Kamath, A.V. and Iyer, S. (2015). Preclinical pharmacokinetic considerations for the development of antibody drug conjugates. Pharm. Res. 32: 3470-3479.

18. Hamblett, K.J., Senter, P.D., Chace, D.F. et al. (2004). Effects of drug loading on the antitumor activity of a monoclonal antibody drug conjugate. Clin. Cancer Res. 10: 7063-7070.

19. Brachet, G., Respaud, R., Arnoult, C. et al. (2016). Increment in drug loading on an antibody-drug conjugate increases its binding to the human neonatal Fc receptor in vitro. Mol. Pharmaceutics 13: 1405-1412.

20. Ricart, A.D. (2011). Antibody-drug conjugates of calicheamicin derivative: gemtuzumab ozogamicin and inotuzumab ozogamicin. Clin. Cancer Res. 17: 6417-6427.

21. Kratz, F., Müller, I.A., Ryppa, C., and Warnecke, A. (2008). Prodrug strategies in anticancer chemotherapy. ChemMedChem 3: 20-53.

22. de Goeij, B.E.C.G. and Lambert, J.M. (2016). New developments for antibody-drug conjugate-based therapeutic approaches. Curr. Opin. Immunol. 40: 14-23.

23. Doronina, S.O., Toki, B.E., Torgov, M.Y. et al. (2003). Development of potent monoclonal antibody auristatin conjugates for cancer therapy. Nat. Biotechnol. 21: 778-784.

24. Stirland, D.L., Nichols, J.W., Miura, S., and Bae, Y.H. (2013). Mind the gap: a survey of how cancer drug carriers are susceptible to the gap between research and practice. J. Controlled Release 172: 1045-1064.

25. Junttila, T.T., Li, G., Parsons, K. et al. (2011). Trastuzumab-DM1 (T-DM1) retains all the mechanisms of action of trastuzumab and efficiently inhibits growth of lapatinib insensitive breast cancer. Breast Cancer Res. Treat. 128: 347-356.

26. Younes, A., Bartlett, N.L., Leonard, J.P. et al. (2010). Brentuximab vedotin (SGN-35) for relapsed CD30-positive lymphomas. N. Engl. J. Med. 363: 1812-1821.

27. Alouane, A., Labruere, R., Le Saux, T. et al. (2015). Self-immolative spacers: kinetic aspects, structure-property relationships, and applications. Angew. Chem. Int. Ed. 54: 7492-7509.

28. Dorywalska, M., Dushin, R., Moine, L. et al. (2016). Molecular basis of valine-citrulline-PABC linker instability in site-specific ADCs and its mitigation by linker design.

Mol. Cancer Ther. 15: 958-970.

29. Zhao, H., Gulesserian, S., Malinao, M.C. et al. (2017). A potential mechanism for ADC-induced neutropenia: role of neutrophils in their own demise. Mol. Cancer Ther. 16 (9): 1866-1876.

30. Alley, S.C., Benjamin, D.R., Jeffrey, S.C. et al. (2008). Contribution of linker stability to the activities of anticancer immunoconjugates. Bioconjugate Chem. 19: 759-765.

31. Sun, M.M.C., Beam, K.S., Cerveny, C.G. et al. (2005). Reduction-alkylation strategies for the modification of specific monoclonal antibody bisulfides. Bioconjugate Chem. 16: 1282-1290.

32. Wakankar, A., Chen, Y., Gokarn, Y., and Jacobson, F.S. (2011). Analytical methods for physicochemical characterization of antibody drug conjugates. MAbs 3: 161-172.

33. Gebleux, R., Wulhfard, S., Casi, G., and Neri, D. (2015). Antibody format and drug release rate determine the therapeutic activity of noninternalizing antibody-drug conjugates. Mol. Cancer Ther. 14: 2606-2612.

34. Yasunaga, M., Manabe, S., and Matsumura, Y. (2011). New concept of cytotoxic immunoconjugate therapy targeting cancer-induced fibrin clots. Cancer Sci. 102: 1396-1402.

35. Yasunaga, M., Manabe, S., Tarin, D., and Matsumura, Y. (2011). Cancer-stroma targeting therapy by cytotoxic immunoconjugate bound to the collagen 4 network in the tumor tissue. Bioconjugate Chem. 22: 1776-1783.

36. Loganzo, F., Tan, X., Sung, M. et al. (2015). Tumor cells chronically treated with a trastuzumab-maytansinoid antibody-drug conjugate develop varied resistance mechanisms but respond to alternate treatments. Mol. Cancer Ther. 14: 952-963.

37. Barok, M., Joensuu, H., and Isola, J. (2014). Trastuzumab emtansine: mechanisms of action and drug resistance. Breast Cancer Res. 16: 3378.

38. Chen, R., Hou, J., Newman, E. et al. (2015). CD30 downregulation, MMAE resistance, and MDR1 upregulation are all associated with resistance to brentuximab vedotin. Mol. Cancer Ther. 14: 1376-1384.

39. Lambert, J.M. and Morris, C.Q. (2017). Antibody-drug conjugates (ADCs) for personalized treatment of solid tumors: a review. Adv. Ther. 34: 1015-1035.

40. Joubert, N., Denevault-Sabourin, C., Bryden, F., and Viaud-Massuard, M.-C. (2017). Towards antibody-drug conjugates and prodrug strategies with extracellular stimuli-responsive drug delivery in the tumor microenvironment for cancer therapy. Eur. J. Med. Chem. 142: 393-415.

41. Panowski, S., Bhakta, S., Raab, H. et al. (2014). Site-specific antibody drug conjugates for cancer therapy. MAbs 6: 34-45.

42. Agarwal, P. and Bertozzi, C.R. (2015). Site-specific antibody-drug conjugates: the nexus of bioorthogonal chemistry, protein engineering, and drug development. Bioconjugate Chem. 26: 176-192.

43. Jackson, D.Y. (2016). Processes for constructing homogeneous antibody drug conjugates. Org. Process Res. Dev. 20: 852-866.

44. Junutula, J.R., Raab, H., Clark, S. et al. (2008). Site-specific conjugation of a cytotoxic drug to an antibody improves the therapeutic index. Nat. Biotechnol. 26: 925-932.

45. Sutherland, M.S.K., Walter, R.B., Jeffrey, S.C. et al. (2013). SGN-CD33A: a novel CD33-targeting antibody-drug conjugate using a pyrrolobenzodiazepine dimer is active in

models of drug-resistant AML.Blood 122：1455-1463．

46．Sandall，S.L.，McCormick，R.，Miyamoto，J. et al.（2015）. Abstract 946：SGN-CD70A，a pyrrolobenzodiazepine（PBD）dimer linked ADC，mediates DNA damage pathway activation and G2 cell cycle arrest leading to cell death．Cancer Res．75：946-946．

47．Strop，P.（2014）. Versatility of microbial transglutaminase versatility of microbial transglutaminase pavel strop．Bioconjugate Chem．25：855-862．

48．Behrens，C.R.，Ha，E.H.，Chinn，L.L. et al.（2015）. Antibody-drug conjugates（ADCs）derived from interchain cysteine cross-linking demonstrate improved homogeneity and other pharmacological properties over conventional heterogeneous ADCs．Mol．Pharmaceutics 12：3986-3998．

49．Joubert，N.，Viaud-Massuard，M.C.，and Respaud，R.（2015）. Novel antibody-drug conjugates and the use of same in therapy，WO2015004400．PCT/ FR2014/051802．

50．Schumacher，F.F.，Nunes，J.P.M.，Maruani，A. et al.（2014）. Next generation maleimides enable the controlled assembly of antibody-drug conjugates via native disulfide bond bridging．Org．Biomol．Chem．12：7261．

51．Nunes，J.P.M.，Morais，M.，Vassileva，V. et al.（2015）. Functional native disulfide bridging enables delivery of a potent，stable and targeted antibody-drug conjugate（ADC）．Chem．Commun．51：10624-10627．

52．Jones，M.W.，Strickland，R.A.，Schumacher，F.F. et al.（2012）. Highly efficient disulfide bridging polymers for bioconjugates from radical-compatible dithiophenol maleimides．Chem．Commun．48：4064．

53．Borsi，L.，Balza，E.，Bestagno，M. et al.（2002）. Selective targeting of tumoral vasculature：Comparison of different formats of an antibody（L19）to the ED-B domain of fibronectin．Int．J．Cancer 102：75-85．

54．Casi，G. and Neri，D.（2015）. Noninternalizing targeted cytotoxics for cancer therapy．Mol．Pharmaceutics 12：1880-1884．

55．Casi，G. and Neri，D.（2012）. Antibody-drug conjugates：basic concepts，examples and future perspectives．J．Controlled Release 161：422-428．

56．Perrino，E.，Steiner，M.，Krall，N. et al.（2014）. Curative properties of noninternalizing antibody-drug conjugates based on maytansinoids．Cancer Res．74：2569-2578．

57．Li，J.Y.，Perry，S.R.，Muniz-Medina，V. et al.（2016）. A biparatopic HER2-targeting antibody-drug conjugate induces tumor regression in primary models refractory to or ineligible for HER2-targeted therapy．Cancer Cell 29：117-129．

58．Mantaj，J.，Jackson，P.J.M.，Rahman，K.M.，and Thurston，D.E.（2017）. From anthramycin to pyrrolobenzodiazepine（PBD）-containing antibody-drug conjugates（ADCs）．Angew．Chem．Int．Ed．56：462-488．

59．Miller，M.，Fishkin，N.，Li，W. et al.（2009）. Abstract B126：potent antigen-specific anti-tumor activity observed with antibody-drug conjugates（ADCs）made using a new class of DNA-crosslinking agents．Mol．Cancer Ther．8：B126-B126．

60．Yu，S.F.，Zheng，B.，Go，M. et al.（2015）. A novel anti-CD22 anthracycline-based Antibody-drug conjugate（ADC）that overcomes resistance to auristatin-based ADCs．Clin．Cancer Res．21：3298-3306．

第3章

靶向B细胞的抗CD20抗体在自身免疫性疾病中的应用

3.1 引言：B细胞在免疫中的重要作用

　　从历史上看，B细胞在免疫防御中的重要性最早体现在1952年的一份病历中[1]。儿科医生奥格登·C.布鲁顿（Ogden C. Bruton）在一位8岁男孩的病历中描述到：该男孩在4年中经历了19次病发，在其10次的血液培养物中检测到8种不同类型的肺炎球菌。患者血液中完全没有免疫球蛋白（immunoglobulin，Ig），并且无法产生针对伤寒疫苗的抗体。患者每月接受人丙种球蛋白注射治疗后，在一年多的时间里没有出现肺炎球菌败血症。该男孩所患的疾病被称为X连锁无丙种球蛋白血症（X-linked agammaglobulinemia，XLA）。该疾病是由布鲁顿酪氨酸激酶（Bruton's tyrosine kinase，BTK）基因突变引起的[2, 3]。BTK是B细胞发育所必需的酶，人和小鼠BTK功能的丧失均会导致B细胞发育受阻[4-6]。

　　B细胞来源于造血干细胞[7]。其在胎儿肝脏中开始分化，随后一直存在于骨髓中（图3.1）。干细胞分化为祖B细胞，通过重组激活基因和末端脱氧核苷酸转移酶的表达促使表达Ig重（Ig heavy，IgH）链的基因重排，从而引起前B细胞受体（pre-B cell receptor，pre-BCR）的表达和装配。pre-BCR（IgH与替代轻链Vpre-B及λ5配对）的表达，以及通过相关Igα/β亚基的信号转导导致IgH链位点发生等位基因排斥，进而细胞增殖并分化为前B细胞。Ig轻（Ig light，IgL）链的变量（variable，V）和连接（joining，J）基因片段的重排使未成熟B细胞上产生膜IgM（membrane IgM，mIgM）B细胞受体（B cell receptor，BCR）。mIgM BCR传递的信号通过正向和反向的筛选塑造了初始B细胞（naïve B cell）的特异性文库[8]。mIgM受体主要通过多价方式或细胞相关自配体进行激活，最终导致细胞的死亡和克隆缺失（图3.2a）。与可溶性自身抗原（self-antigen）结合会导致细胞失活，使得B细胞无法再对自身抗原做出反应（图3.2b）。此外，自身活化的B细胞可以对其受体进行再编辑，通过重链和轻链的二次重排表达出不再具有自身活化的mIgM BCR（图3.2c）。这些不同的过程中含有多重检查点

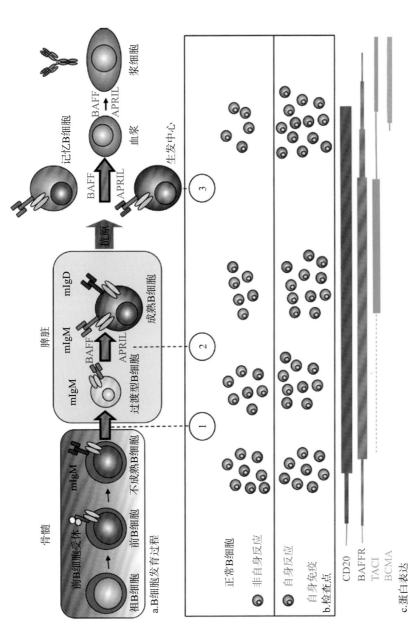

图 3.1　B 细胞发育过程及细胞表面抗原的表达

a. B 细胞发育示意图。骨髓中的前 B 细胞受体和膜 IgM 受体发出的信号使前 B 细胞分化进入下一阶段。抗原触发的前 B 细胞在 T 细胞的帮助下诱导 B 细胞进一步分化为记忆和生发中心 B 细胞，最终分化为浆细胞并产生抗体分泌细胞。BAFF 和 APRIL 为 B 细胞发育的关键阶段提供生存信号。b. B 细胞分化过程中，中心检查点 1 和 2 的存在有效地限制并减少了自身反应性 B 细胞库（见图 3.2）。此外还需要其他相关机制（3）来维持免疫稳态。自身反应性 B 细胞剔除效率低下的缺陷可能导致自身免疫出现问题。c. B 细胞发育过程中 CD20，BAFFR/BR3，TACI 和 BCMA 的表达

57

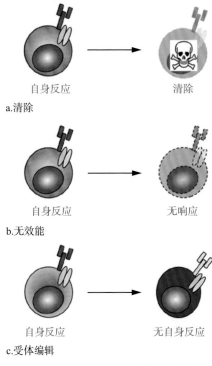

a.清除

自身反应 → 清除

b.无效能

自身反应 → 无响应

c.受体编辑

自身反应 → 无自身反应

图3.2 中心耐受性的负选择检查点

a.自身反应性B细胞的清除; b.无反应; c.通过受体编辑表达非自身反应性B细胞受体以维持B细胞免疫稳态

（checkpoint），以最大程度地减少自身反应。

当留在淋巴器官中的初始B细胞遇到外源细菌抗原（antigen，Ag）时会被激活，并可以固有地产生与其他免疫细胞无关的抗原特异性抗体（图3.1a）。这些T细胞非依赖性（T cell independent，TI）抗体通常可以识别细菌多糖和脂多糖。此外，B细胞也能以T细胞依赖性的方式发挥作用。T细胞可识别在B细胞和抗原呈递细胞（antigen-presenting cell，APC）上表达的多肽类主要组织相容性复合体（major histocompatibility complex，MHC），进而上调T细胞共刺激蛋白并分泌细胞因子，以促进B细胞的活化和增殖。根据T细胞释放的信号，B细胞迁移到淋巴结中，继续增殖并形成生发中心（germinal center，GC），此后进一步分化为浆母细胞（plasmablast）、浆细胞（plasma cell）或记忆B细胞（memory B cell）。在GC中，B细胞会经历体细胞高频突变（somatic hypermutation），以促进高亲和性的成熟B细胞库的形成，并向其他Ig亚型转换（如IgG、IgA和IgE）。

3.2 B细胞在自身免疫中的作用

除免疫防御作用外，B细胞还可通过多种机制促进自身免疫。

（1）自身抗体（autoantibody）：浆母细胞和浆细胞通过分泌自身抗体可直接产生细胞毒性作用，如重症肌无力中的抗肌肉特异性酪氨酸激酶（anti-muscle-specific tyrosine kinase，MuSK）抗体；寻常型天疱疮（pemphigus vulgaris，PV）中的抗角质形成细胞桥粒芯糖蛋白（anti-keratinocyte desmoglein）1和3抗体，或者通过补体或FcR介导的途径形成免疫复合物（immune complexe，IC），例如冷球蛋白血症中的抗丙肝免疫复合体，系统性红斑狼疮（systemic lupus erythematosus，SLE）中的抗双链DNA IC，进而引起的末端器官损伤[9-11]。自身抗体，如抗蛋白酶3抗体和抗髓过氧化物酶抗体，可以与中性粒细胞结合并将其激活，使其释放活性氧，进而损伤由抗中性粒细胞胞质抗体（anti-neutrophil cytoplasmic antibody，ANCA）引起的血管炎中的微小血管[12]。

（2）细胞因子：B细胞能分泌促炎和抗炎细胞因子，如肿瘤坏死因子α（tumor necrosis factor-α，TNF-α）及白介素（interleukin，IL）-10、IL-6和IL-21，这些细胞因子能促进早期滤泡T细胞（TFH）分化并促进生发反应[13-16]。目前，细胞因子的促炎症作用已被证实，同时B细胞介导的免疫抑制细胞因子的研究也已取得了显著的进展。在B细胞异质亚群中，调节性B细胞（regulatory B cell，Breg）可以分泌IL-10、TGF-β及IL-35等细胞因子[17]。在健康志愿者中，这类细胞仅占外周B细胞的10%以内，却可以抑制由T_H1、T_H17、$CD8^+T$细胞、活化的单核细胞和浆细胞样树突状细胞所介导的促炎症反应。目前，正在开展大量有关此类生物轴功能的研究。已有证据表明，在各种自身免疫性疾病中，调节性B细胞亚群的缺陷会导致不受抑制的促炎免疫反应的发生。

（3）抗原递呈和新淋巴管生成：类似于T细胞辅助保护性B细胞进行免疫反应的机制，活化的B细胞在高水平MHC-自身肽复合物和共刺激分子的辅助下，可作为APC来促进免疫和自身免疫的发生[18-21]。在许多自身免疫性疾病的非淋巴器官中，如类风湿关节炎（rheumatoid arthritis，RA）患者的滑膜、干燥综合征患者的唾液腺、狼疮肾炎患者的肾脏，以及多发性硬化症（multiple sclerosis，MS）患者的脑膜旁结构，都发现有类似GC结构的存在，这意味着这些部位可能是慢性自身反应性B细胞活化、成熟和克隆扩增的潜在发生位点[22-27]。

3.3　靶向CD20的治疗性抗体

抗CD20单抗在多种自身免疫和炎症疾病中的治疗作用证明B细胞功能紊乱会导致诸多疾病。CD20是一种具有四次跨膜结构的糖蛋白，主要在B细胞系中表达[28]。CD20的表达始于早期前B细胞，在B细胞分化期间持续存在，并随着细胞分化为浆细胞而消失（图3.1c）[29]。CD20也会在1%～3%的T细胞中表达，这可能是来源于T细胞的胞啃作用，但这些T细胞亚群的功能尚不明确[30]。而造血干细胞和终端分化的浆细胞缺乏CD20的表达，这为药物治疗提供了特异性的治疗靶点。靶向CD20的抗体不会影响其他造血细胞系（一小群CD20表达阳性的T细胞除外）的功能，自然也不会影响CD20阴性浆细胞的功能。

CD20的功能尚不清楚。有报道表明CD20与抗CD20单抗结合可导致胞质中游离的钙离子浓度增加[31]。一位CD20表达缺失的患者经历了数次反复性支气管肺炎和呼吸道感染。CD20的缺失是由于cd20基因的剪接位点（ms4a1）发生纯合突变，因而产生无表达功能的mRNA并导致CD20表达的缺失[32]。该患者的CD19⁺B细胞数量正常，IgG水平持续低下，但IgM和IgA水平正常。患者针对肺炎球菌多糖疫苗产生的体液免疫反应（T细胞非依赖性反应，TI）有所下降。与此相反，患者对破伤风疫苗的体液免疫反应——一种T细胞依赖性（T cell dependent，TD）反应——却是正常的。此外，对于CD20缺陷小鼠的进一步分析表明，该类型小鼠对三硝基苯基-LPS（TI-1）或二硝基苯酚-Ficoll（TI-2）抗原诱发的T细胞非依赖性抗体水平下降程度相似。由此可见，CD20在T细胞非依赖性抗体反应中发挥重要作用，但在T细胞依赖性抗体反应中作用不明显。

CD20抗体可通过多种机制耗竭表达CD20的B细胞[33, 34]。主要包括：①通过与IgG的Fc受体 I （FcγR）（CD64）相互作用产生抗体依赖性细胞介导的吞噬作用（antibody-dependent cell-mediated phagocytosis，ADCP）；②通过与FcγR II A（CD32）和FcγR III（CD16）相互作用产生抗体依赖性细胞介导的细胞毒性（antibody-dependent cell-mediated cytotoxicity，ADCC）；③补体介导的裂解作用；④CD20交联后导致的细胞凋亡作用。

临床前研究模型表明，ADCP和ADCC是IgG抗体发挥作用的主要机制。通过CD20单抗的Fc段与库普弗（Kupffer）细胞上FcγR受体的结合可介导ADCP和ADCC效应的产生。经利妥昔单抗（rituximab）治疗后，非霍奇金淋巴瘤（NHL）患者表现出更高的生存率，而具有更高亲和力的FcγR III 和FcγR II A受体多态性的巨球蛋白血症患者显示出对利妥昔单抗治疗更高的响应率[35-37]，这突显了FcγR在利妥昔单抗疗效中的重要性。在小鼠中，单抗与FcγR结合形式的改变会显著影响CD20单抗的有效性：在FcγR缺失的小鼠中，或通过在FcγR上引入突变阻断FcγR与Fc段的结合，均会显著影响利妥昔单抗引起的B细胞耗竭[38, 39]。此外，临床前研究还表明，将血流从肝网状内皮系统（reticuloendothelial system，RES）引流或通过注射氯膦酸盐使库普弗细胞/巨噬细胞耗竭，均可明显中和抗CD20单抗消耗B细胞的能力[29, 39-41]。因此，将B细胞引入到血液循环系统中，由FcγR介导B细胞的清除是野生型IgG抗体耗竭B细胞的主要机制。

作为人体内B细胞总数的一小部分，外周循环B细胞是最先被抗体清除的，而组织内的B细胞则需要更长的时间才能被清除[40, 42]。RES的再循环动力学研究表明，抗体对组织内B细胞的作用存在梯度性消耗。尽管在抗体过剩的情况下，相较于循环的B细胞，非循环B细胞（如GC）表现出对抗CD20单抗耗竭更高的耐受性。体内微环境也会显著影响B细胞对抗体耗竭的敏感性。SIP激动剂可抑制淋巴细胞从淋巴器官中流出，从而削弱了抗CD20单抗消耗正常敏感B细胞的能力。相反地，对于小鼠中已产生"抗性"的边缘区非循环B细胞，可通过将αL

和α4整合素阻滞剂与抗CD20单抗联用，促使B细胞进入循环系统，提高细胞对抗体的敏感性。

虽然循环系统中的CD20$^+$B细胞因为最易被FcγR$^+$RES细胞捕获而最先被清除，但却需要经历最长的时间，CD20$^+$B才能从分化、成熟，发展到进入外周，并最终达到平衡。这已经在小鼠实验中得到了充分的验证。实验中需要侵入性的活检过程，因此在人体中的研究更为困难。但是，血清中B细胞活化因子/B细胞刺激因子（B cell-activating factor/B-lymphocyte stimulator，BAFF/BLyS）的水平可以作为B细胞总数的替代指标[43, 44]。BAFF/BLyS是B细胞发育的关键生存因子，并通过与BAFF/BLyS受体（B cell-activating factor receptor/BLyS receptor，BAFFR/BR3）结合而被部分清除[45]。B细胞是BAFFR/BR3的主要来源，因此经过抗CD20单抗耗尽B细胞后，可检测到血清中的BAFF水平显著增加。随着B细胞重新在淋巴器官中聚集，在出现明显的循环B细胞之前，已可检测到血清中BAFF/BLyS水平持续数周下降。因此，患者接受抗CD20单抗治疗后，血清BAFF/BLyS水平显著升高，并在出现循环B细胞的前几周开始降低，这与临床前研究模型的结论一致，即淋巴器官中的B细胞在循环系统B细胞完全重建之前就重新开始聚集了。

通过对抗体发挥疗效的Fc段进行改造修饰，以期达到预期的生物学效应。抗CD20抗体可根据其结合的生物物理模式分为以下两种类型[46]。

Ⅰ型抗CD20单抗可使CD20易位到脂筏中，并且可以通过募集C1q来更有效地激活补体依赖的细胞毒性（complement dependent cytotoxicity，CDC）。Ⅱ型单克隆抗体不会改变CD20的分布，并且对CDC的激活作用较小。但是，它们通过溶酶体介导（依赖于肌动蛋白）的细胞死亡诱导同型黏附，并直接杀死靶细胞[47]。在美国FDA批准的抗CD20单抗中，利妥昔单抗、奥法木单抗（ofatumumab）、替伊莫单抗（ibritumomab）和奥瑞珠单抗（ocrelizumab）属于Ⅰ型抗CD20抗体，而奥滨尤妥珠单抗（obinutuzumab）和托西莫单抗（tositumomab）则属于Ⅱ型抗CD20抗体。

第一个商业化的治疗性抗CD20单抗是利妥昔单抗，其于1997年获批用于治疗复发性/难治性滤泡性NHL（图3.3）。目前也被批准用于治疗对肿瘤坏死因子（TNF）拮抗剂反应不足的成年患者，并与氨甲蝶呤（methotrexate）联合治疗弥漫性大B细胞淋巴瘤（diffuse large B cell lymphoma，DLBCL）、慢性淋巴细胞白血病（chronic lymphocytic leukemia，CLL）、中重度RA、伴随多发性血管炎的肉芽肿病［granulomatosis with polyangiitis，GPA，之前称为韦格纳肉芽肿病（Wegener's granulomatosis）］、显微镜下多血管炎（microscopic polyangiitis，MPA），以及中至重度寻常型天疱疮。利妥昔单抗是一种人鼠嵌合型单抗，是这一类抗体治疗药物的参照基准。

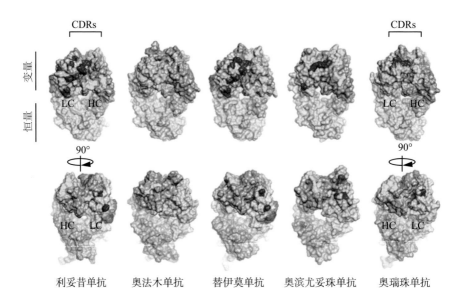

图3.3　抗CD20抗体的结构模型。分别以青色和灰色表示CD20抗体片段表面的Ig轻链（LC）和Ig重链（HC）；以粉色和黄色表示已鉴定的人种系序列不同的侧链位置。以奥法木单抗（PDB 3GIZ）或利妥昔单抗（PDB 2OSL）的晶体结构为起点，利用分子操作环境（molecular operating environment，MOE）软件包对所有环和氢原子进行分配，构建了奥瑞珠单抗和替伊莫单抗的同源性模型。为清楚起见，省略了奥滨尤妥珠单抗（PDB 3PP4）结合的CD20肽。通过V区编码的互补决定区（complementarity-determining region，CDR）限定与抗体同源抗原的结合表面

　　通过对效应结构域的设计修饰，改变抗CD20单抗与靶点的亲和力，可以修饰其生物学功能，以实现针对不同临床适应证所需的活性。其他获FDA批准的抗CD20单抗还包括以下几种。

　　（1）奥法木单抗，是一种由人Ig转基因小鼠产生的IgG1κ完全人源抗CD20单抗。奥法木单抗于2009年获得FDA批准用于治疗CLL。与利妥昔单抗相比，奥法木单抗结合于CD20抗原决定部位，更靠近细胞膜的近端，并且与CD20解离速率更慢，CDC活性更强。

　　（2）托西莫单抗，是一种鼠源IgG2a抗CD20单抗，于2003年被FDA批准与碘-131-托西莫单抗联合用于治疗复发性/难治愈性NHL，但于2014年退出市场。

　　（3）替伊莫单抗，是一种小鼠IgG1抗CD20单抗，通过螯合剂（tiuxetan）与钇-90或铟-111偶联。替伊莫单抗于2002年获批，是FDA批准的第一种放射免疫疗法药物，用于对化疗抵抗的NHL患者。

　　（4）奥滨尤妥珠单抗，是一种经糖基化修饰的Ⅱ型人源化抗CD20单抗，被批准用于治疗CLL和滤泡性淋巴瘤。Fc效应域中岩藻糖基化的缺失增强了其与免疫效应细胞上FcγRⅢ受体的结合，从而增强了ADCC作用。此外，奥滨尤妥

珠单抗经过工程改造，可通过修饰抗 CD20 单抗的铰链区来增强 II 型介导的细胞死亡。

（5）奥瑞珠单抗，是一种 IgG1κ 人源化抗 CD20 单抗，起源于鼠 2H7（B22）杂交瘤。FDA 于 2017 年批准其用于治疗复发和进展型多发性硬化症（multiple sclerosis，MS）[48]。奥瑞珠单抗由恒定区 IgG1 亚基 III κ1 编码框生成，再经人源化改造获得。与利妥昔单抗相比，奥瑞珠单抗具有相似但不相同的抗原结合表位，且具有更强的 ADCC 作用和较低的 CDC 活性[49-51]。

3.4 利妥昔单抗：首个用于治疗自身免疫系统疾病的抗 CD20 单抗

在利妥昔单抗于 1997 年获批用于治疗 B 细胞 NHL 后，研究人员开始对患有严重自身免疫性疾病的患者进行利妥昔单抗治疗试验。这些创新性试验通常是针对几乎没有治疗选择的难治性疾病患者开展的小规模、开放式、单中心的临床试验。其中最具影响力的应该是乔·爱德华兹（Jo Edwards）及其团队在伦敦大学学院组织进行的一项研究。爱德华兹及其同事推测利妥昔单抗可能对 RA 有效，因为 B 细胞谱系在滑膜关节炎中能发挥潜在的治疗作用，且一部分 RA 患者中存在 GC 样结构，而且在患者血清中存在类风湿因子和抗环瓜氨酸肽（anti-cyclic citrullinated peptide）的自身抗体。他们发表的第一篇论文描述了 5 例难治性 RA 患者接受利妥昔单抗、环磷酰胺（cyclophosphamide）和泼尼松龙（prednisolone）联合治疗的情况[52]。所有患者均获得了美国风湿病学会（American College of Rheumatology，ACR）50 分的临床评分（患者的 RA 得到了约 50% 的改善）。随后由罗氏（Roche）赞助的 II 期临床概念验证试验证明了利妥昔单抗对 RA 的临床疗效[53]。此后，又开展了另一项利妥昔单抗和氨甲蝶呤联用的临床试验，主要针对对 TNF 拮抗剂治疗反应不佳的中至重度 RA 成年患者[54-59]。

随着利妥昔单抗在 RA 患者治疗中的运用，人们对单抗治疗后产生的免疫效应了解地越发透彻。在利妥昔单抗治疗后的第一个月，初始 B 细胞和记忆 B 细胞均被清除。而在治疗后的 12 个月，体循环中初始 B 细胞的数量已完全恢复至治疗前的水平。相比之下，利妥昔单抗治疗两年后，记忆 B 细胞数量仍保持在基线水平的 40% 左右[60]。与记忆 B 细胞重建的延迟一致，IgD+CD27+ 记忆 B 细胞中 V_H3 突变的数量在利妥昔单抗治疗后的 4～6 年恢复至基线水平[61]。

尽管大多数 RA 患者的循环 B 细胞耗竭率超过了 99%，但通过高灵敏度流式细胞仪对外周血进行的分析表明，少数患者并未完全实现 B 细胞的耗竭。据报道，在接受利妥昔单抗治疗三个月后，IgD+CD27+ 记忆 B 细胞补充较慢的 RA 患者比

IgD[+]CD27[+]记忆B细胞补充较快的患者具有更好的临床响应[62]。

在一项开放的、单中心、非受控的临床试验中，利妥昔单抗对SLE患者治疗的表现引起了人们的注意[63-66]。SLE是由于B细胞耐受性丧失、体内产生超过100余种自身特异性抗体而引起的自身免疫系统疾病[67]。在两项安慰剂对照、随机的正式临床试验中，发起者评估了利妥昔单抗对肾外狼疮（extrarenal lupus）（EXPLORER[68]）和狼疮肾炎（lupus nephritis，LN）（LUNAR[69]）的疗效。然而结果显示，利妥昔单抗在两者试验中均未达到其制订的临床终点标准。与最初公布的治疗晚期难治性SLE患者的临床研究结果不同，参与EXPLORER和LUNAR试验的患者并未有多种治疗方案失败的经历，而这些失败的治疗方案可能使难治性患者的后续临床表现更依赖于B细胞效应，因此，从理论上看，这类患者在利妥昔单抗的治疗中获益更大。

同时，EXPLORER和LUNAR研究也都表明，SLE患者中B细胞耗竭远比RA复杂得多。临床前研究表明，狼疮小鼠的RES功能会被削弱，因而抗CD20单抗消耗CD20[+]B细胞的能力会被减弱[70]。通过高灵敏度荧光激活细胞分选法（fluorescence-activated cell sorting，FACS）测试发现，在50%以上经利妥昔单抗治疗的SLE患者中仍可检测到循环B细胞[71, 72]。对LUNAR研究数据的二次分析表明，在经过为期78周的利妥昔单抗治疗后，CD19[+]B细胞的耗竭程度越高，患者的完全缓解率也越高[73]。同样地，经利妥昔单抗治疗的SLE患者中循环CD27[+]记忆B细胞的重建程度与其临床治疗效果有关。与CD27[+]B细胞恢复较快的患者相比，利妥昔单抗治疗后循环CD27[+]记忆B细胞恢复延迟和过渡性B细胞扩充的患者具有更持久的临床响应，且针对核内抗原的自身抗体水平趋于正常[74]。为进一步评估更大的B细胞消耗量是否有助于提高疗效[75]，研究人员正在开展糖基化修饰的Ⅱ型抗CD20单抗——奥滨尤妥珠单抗（obinutuzumab）对LN治疗的Ⅱ期概念验证试验（NOBILITY，NCT02550652）。

BAFF/BLyS是自身免疫B细胞的关键生存因子，在包括SLE在内的多种自身免疫性疾病中的表达增加[45]。如前所述，在接受利妥昔单抗治疗的患者的血清中，BAFF/BLyS的表达也显著增加。在大多数接受利妥昔单抗治疗的患者血清中，虽然抗dsDNA的自身抗体的表达量下降或未变化，但仍有一小部分狼疮患者在接受治疗后抗dsDNA的自身抗体表达量增加[76]，而表达增加的BAFF/BLys可能为自身免疫B细胞提供重要的生存信号，因此利妥昔单抗预期疗效被削弱的可能性大大提高。在自发性、IFN-α水平升高的（NZB×NZW）F1小鼠红斑狼疮模型中，抗CD20单抗和BAFFR-Fc的联合治疗与单药治疗相比，会导致更高的B细胞亚群消耗量，同时伴随着自身抗体滴度的正常化水平更高、蛋白尿的减少和总体生存期更高等临床表现[77]。这些临床前数据为CALIBRATE研究狼疮患者中利妥昔单抗和贝利木单抗的联合治疗提供了科学依据（NCT02260934）。

3.5　利妥昔单抗对抗体和自身抗体的影响

分泌抗体的浆细胞因不表达CD20而不会被抗CD20单抗消耗，因此大多数血清抗体不受其影响。针对接受利妥昔单抗治疗患者的研究揭示了有关抗体分泌细胞半衰期的重要发现[78]。体内长期存在由浆细胞分泌的抗体未受到利妥昔单抗的显著影响[79, 80]，包括血清IgG、针对外源性抗原（如破伤风和肺炎球菌）的抗体、内源性核抗体（如SSA/Ro和SSB/La）或核糖核抗体［如核糖核蛋白（ribonuclear protein，RNP）和Smith（SM）］。与此相反，短期浆细胞或浆母细胞分泌的抗体似乎对利妥昔单抗非常敏感，包括IgG4同型自身抗体、膜性肾小球肾炎中的抗M型磷脂酶A_2受体抗体、重症肌无力中的抗乙酰胆碱和肌肉特异性激酶抗体，以及溶血性贫血中常见的冷凝集素抗体[81-83]。此外，介于这两种抗体表型之间的是在利妥昔单抗治疗后水平发生下降的部分抗体，包括血清总IgM、RA中的IgM类风湿因子、IgM介导的神经疾病中的抗髓鞘相关糖蛋白（myelin associated glycoprotein，MAG）IgM自身抗体，以及ANCA-相关血管炎（ANCA-associated vasculitis，AAV）中的ANCA[79, 84-87]。

3.6　利妥昔单抗在血管炎和其他自身免疫性疾病治疗中的作用

迄今为止，尽管抗CD20单抗在SLE治疗中存在许多不确定性，但仍开展了大量关于抗CD20单抗在其他自身免疫性疾病中潜在应用的研究。AAV是由两种自身抗体引起的肾脏、肺及其他器官中的小血管疾病。肉芽肿性血管炎（granulomatosis associated with polyangiitis，GPA）通常与抗蛋白酶-3自身抗体（胞质型ANCA，C-ANCA）相关。与多血管炎有关的MPA和嗜酸性肉芽肿（eosinophilic granulomatosis associated with polyangiitis，EGPA，曾称为Churg-Strauss综合征）通常与抗髓过氧化物酶自身抗体（核周型ANCA，P-ANCA）相关[12]。关于利妥昔单抗在GPA治疗中的首次报道来自对难治性或不耐受环磷酰胺患者进行的开放性研究[88, 89]。该研究中所有患者的病情均得到完全缓解，完全缓解的定义为伯明翰血管炎活性评分（Birmingham Vasculitis Activity Score for Granulomatosis with Polyangiitis，BVAS /WG）为0。这些结果直接推动研究人员对197例ANCA阳性的巨细胞动脉类（giant cell arteritis，GCA）或显微镜下多血管炎（microscopic polyangiitis，MPA）患者进行多中心、随机、双盲、双模拟、非劣势性的临床试验，旨在比较利妥昔单抗和每日环磷酰胺注射的治疗效果。

64%接受一个疗程利妥昔单抗治疗的患者在6个月时病情得到完全缓解，并停止服用类固醇激素；而在每日接受环磷酰胺治疗的患者中，这一比例为53%[86]。尽管使用了未经批准的参照药物，但这项成功的非劣势性试验仍为FDA批准利妥昔单抗用于GPA和MPA的治疗开辟了一条不同寻常的道路。随后，针对115名GPA、MPA和肾功能不全的血管炎患者开展的MAINRITSAN I 期临床试验进一步证明，在持续28个月的时间里，利妥昔单抗在疾病缓解方面的疗效优于每日使用硫唑嘌呤（azathioprine）[90]。

除RA、SLE和AAV以外，利妥昔单抗已在其他多种自身免疫性疾病中开展了相关临床试验，包括1型糖尿病[91]、皮肌炎/多发性肌炎[92]、IgG4相关疾病[93]、PV[10]、重症肌无力[10, 94]、伴有高反应性抗体的等待肾移植的终末期肾病[95, 96]和膜性肾病[97]（NCT01180036）等。

3.7 奥瑞珠单抗研发的开启

接受利妥昔单抗治疗的患者体内会产生人抗嵌合抗体（human anti-chimeric antibody，HACA），尤其是在长期使用且没有同时服用免疫抑制剂的情况下（如治疗RA时使用氨甲蝶呤、环磷酰胺、盐酸多柔比星或长春新碱，以及NHL治疗中使用泼尼松）。据报道，使用利妥昔单抗后产生的HACA与血清疾病、药物快速清除、药物临床反应丧失、输液反应和过敏反应有关[98-100]。HACA的发生发展和相关的不良反应是不可预测的，因此后续的研发重点是人源化改造的单克隆抗体或全人源抗CD20单抗。

奥瑞珠单抗首次在47例复发性/难治性NHL患者中试验，证明其具有较好的临床活性[49]。对237例中至重度RA患者进行的剂量范围研究显示，奥瑞珠单抗的剂量范围为20～2000 mg，间隔两周共注射两次［（10～1000 mg）×2］，同时与氨甲蝶呤联用[50]。尽管所有剂量下的患者在第12周均表现出B细胞的耗竭，但与200 mg×2、500 mg×2或1000 mg×2的剂量相比，奥瑞珠单抗在10 mg×2和50 mg×2剂量范围内，B细胞重现的速度更快并且呈现剂量相关性。试验中所有剂量下均观察到临床响应，在200 mg×2或更高剂量下可达到最大化的临床响应。尽管在接受10 mg×2剂量治疗的患者中有19%检测出了抗奥瑞珠单抗抗体，且接受50 mg×2剂量治疗的患者中有10%检出了抗药物抗体，但在接受200 mg×2或更大剂量的奥瑞珠单抗治疗的患者中，这一比例仅有不到2%（120名患者中的2名），这可能与高剂量下B细胞的耗竭程度高、持续时间长有关。

随后开展了针对3782名MTX初治（FILM）、MTX应答不足（STAGE）、DMARD应答不足（FEATURE）或抗TNF应答不足（SCRIPT）患者的四项Ⅲ期RA临床试验[101-104]。首先在第1天和第15天注射200 mg和500 mg奥瑞珠单抗，

然后在第24周（针对STAGE、FEATURE和SCRIPT）或第26周（FILM）进行
二次治疗（200 mg×2或500 mg×2）。FILM组可在52周和54周及76周和78周接
受另外两次附加治疗。奥瑞珠单抗在所有四项Ⅲ期RA试验中均显示出良好的疗
效。在接受200 mg×2或500 mg×2奥瑞珠单抗治疗的患者中，抗药物抗体的产
生率为1%～4.7%。但是，在500 mg×2剂量下发生严重机会性感染的患者数量
有所增加。患者同时口服皮质类固醇激素、体重的降低，以及心脏病或糖尿病病
史等因素都会加重严重感染的风险。即使对具有这些危险因素的患者进行了调整
排查，在亚洲招募的患者经奥瑞珠单抗治疗后，仍比亚洲以外的患者具有更高的
感染风险。尽管奥瑞珠单抗在以上四项Ⅲ期临床试验中均展现出良好的疗效，但
其静脉注射的给药方式和安全性仍不足以显示其相对于利妥昔单抗的优势，仍不
能保证其在竞争日益激烈的RA治疗领域中赢得一席之地。

　　针对奥瑞珠单抗在LN治疗中的药效，开展了一项代号为BELONG的全球
性、三臂、随机、安慰剂对照的剂量范围研究临床试验，共有378名患者参与了
试验。试验中，分别在第1天和第16天注射给药400 mg和1000 mg奥瑞珠单抗，
然后在第16周和之后的每16周进行1次注射[105]。患者同时还接受糖皮质激素
（glucocorticoid）、霉酚酸酯（mycophenolate mofetil，MMF，吗替麦考酚酯）或环
磷酰胺联用硫唑嘌呤的治疗方案。由于奥瑞珠单抗治疗组出现感染的人数严重失
衡，该研究被提前终止。与RA试验结果类似，从亚洲国家招募的患者发生严重
机会性感染的风险更高。这可能与亚洲患者LN发病持续时间更长、蛋白尿量增
多、对传染病的患病率或易感性更高、奥瑞珠单抗的使用剂量更高，以及同时使
用了除皮质类固醇或MMF以外的其他药物有关。在其他LN临床试验中，亚洲狼
疮患者的感染率也相对更高[106]。

3.8　多发性硬化症

　　多发性硬化症（MS）是一种会影响大脑、视神经和脊髓的中枢神经系统
（central nervous system，CNS）慢性自身免疫性脱髓鞘性疾病（demyelinating
disease）。MS是导致青年非创伤性致残的主要原因，是一种非常严重的疾病，可
引发大范围的神经系统症状，包括肢体无力、痉挛、步态和协调不平衡、感觉
障碍、视力下降、性功能障碍、疲劳、抑郁、慢性疼痛、睡眠障碍和认知障碍
等[107, 108]。其诊断标准依赖于临床观察、神经系统检查、脑和脊髓磁共振成像
（MRI）扫描、诱发电位和脑脊液（cerebrospinal fluid，CSF）研究[109, 110]。该疾
病最终会发展为机体和认知功能退化，对患者的日常生活质量和独立性造成重大
影响。因此，MS给患者、家庭及整个社会带来了巨大的经济负担[111]。

　　根据临床表现和疾病进展，MS可被划分为不同表型[112]。对于约85%的患

者，最初的症状表现为复发期与缓解期交替进行，称为复发缓解型MS（relapsing-remitting multiple sclerosis，RRMS）。经过一段时间后，大部分转为继发进展型，病情进行性加重且不再缓解。MS的平均发病年龄为30岁左右，且女性发病率是男性的2～3倍。大多数RRMS患者将过渡到疾病进展期，其特征是神经功能障碍加重，伴随或不伴随临床症状的复发，分别称为复发型或非复发型继发进展型多发性硬化症（secondary progressive multiple sclerosis，SPMS）。复发型多发性硬化症（relapsing onset multiple sclerosis，RMS）包含了易复发的所有疾病形式，表现为伴随持续性复发过程的RRMS或SPMS。

有10%～15%的MS患者患有原发进展型多发性硬化症（primary progressive multiple sclerosis，PPMS），表现为一经发作神经系统功能就开始持续恶化，且没有缓解过程，病情呈缓慢进行性加重。PPMS的平均发病年龄约为40岁，男性发病率与女性相似。一些PPMS患者的疾病复发过程与RMS患者相似。这一类型的MS之前被称为进展复发型多发性硬化症（progressive relapsing multiple sclerosis，PRMS），现被称为具有复发性的PPMS[113]。

20世纪90年代，为了区分复发型和进展型疾病，MS亚型的分类方式得到进一步发展，也开发出许多改善疾病复发症状的疗法。但是，对SPMS和PPMS的治疗有着不同的标准方案，而且直到现在，大多数临床试验仍旧不断遭受失败。因此，进展型MS的治疗仍然是一个医疗需求高度未满足的领域[114]。目前的MS分类模式仍然会继续紧密依赖临床对症状的描述，但随着人们对炎症和神经退行性疾病发病机制认识的提高，这种分类模式可能会得到进一步的发展。

3.9 多发性硬化症的发病机制

珍-马丁·夏科特（Jean-Martin Charcot）在1868年将MS的临床病理特征定义为"硬化性斑块"。由于免疫细胞浸润到脑部引发炎症斑块的形成，同时持续扩大的炎症反应也会对血脑屏障造成伤害，导致神经胶质增生，以及轴突脱髓鞘和少突胶质细胞（oligodendrocyte）减少。尽管局部病灶性炎症是大多数复发型MS最典型的复发形式，但CNS内的慢性炎症在整个发病过程中会持续存在，且在MS的进展阶段，炎症在病理方面表现得更加明显[115]。

从历史上看，尽管在MS患者的CSF中存在寡克隆免疫球蛋白（oligoclonal immunoglobulins，OCB，也称为寡克隆条带-OCB），但B细胞在MS中的作用并未得到充分认识。早在20世纪40年代，就有报道称MS患者CSF中存在免疫球蛋白[116]。在随后的几十年中，CSF中OCB的存在或免疫球蛋白G水平的升高被确定为MS诊断的辅助标记物[117]。然而，仍未认定B细胞在体液免疫中的作用对MS发病具有重要影响。随着人们对T细胞和细胞免疫作为疾病主要驱动因素的认知，许多通过免疫调节改善疾病的RMS治疗手段得到开发和批准。

CSF中OCB的存在不是MS所特有的，但却是MS患者CNS中IgG的来源。新一代的测序研究证实BCR具有多样性，这表明被抗原刺激后的B细胞在进入CNS之前先在颈淋巴结中发育成熟，并进一步分化为抗体分泌细胞，但自身抗体在MS中的重要性尚不清楚[118-120]。如前所述，B细胞可通过充当APC并提供共同刺激信号来增强T细胞的活化。此外，B细胞也是促进自身免疫和炎症的细胞因子的来源。

自身反应性B细胞（autoreactive B cell）具有识别自身抗原的能力，在健康人体发育过程中存在的检查点能够限制这些自身反应性B细胞的产生（图3.1a，b和图3.2）[121]。在MS患者中，一些自身反应性B细胞能够绕过这些检查点，而调节机制的失控也会使自身反应性B细胞发育成熟，进而引发疾病[122]。继化学信号或趋化因子[123]之后，自身反应性B细胞可破坏血脑屏障，通过渗透作用进入CNS，并通过不同机制引发和加剧炎症反应，导致MS的病理改变。局部炎症性白质病变（focal inflammatory white matter lesion）包括浸润性T细胞、B细胞、巨噬细胞、滤泡树突状细胞和小胶质细胞，是导致复发性MS的常见特征。但是，在整个疾病过程中，CNS内的慢性炎症会持续存在，且在MS进展阶段中炎症的病理表现更加明显[115]。

多种B细胞相关的病理生理机制在MS发生发展中发挥作用，但在SPMS和PPMS的更严重阶段，某些特征会表现得更为显著。在进展型MS患者看似正常的白质病灶区，以及脑膜异位淋巴滤泡样结构病灶区，均具有更多的B细胞和浆细胞[124]。有证据表明，这些异位的淋巴滤泡样结构含有由B细胞形成的GC，在一些进展型MS患者尸检中也发现类似的情况，这可能与皮层病变、脑膜和白质炎症、脑萎缩，以及神经元缺失有关[25]。与没有此类滤泡样结构的对照组患者相比，具有这些淋巴结构的进展型MS患者表现出更高的病史进展率[125]。

亚临床炎症和神经退行性改变在复发型MS早期即会发生，并在其整个过程中持续存在。在最初的临床症状出现时，患者的脑容量减少、认知障碍和行为改变等变化均可被检测到。随着疾病的发展，CNS的病理复杂性加剧，包括炎症反应的逐渐增多、脱髓鞘轴突的改变和减少、离子通道和线粒体功能障碍的出现，以及神经元的缺失。随着时间的推移，大脑和脊髓萎缩持续累积，最终造成无法挽回的残疾。如果不及时治疗或治疗不足，逐渐加重的临床表现和亚临床症状都会导致CNS组织损伤、残障程度加深，造成患者生活质量的显著下降。

3.10 利妥昔单抗：首个治疗多发性硬化症的抗CD20单抗

为了评估靶向CD20⁺B细胞的利妥昔单抗对MS患者的安全性和有效性，开展了以下三项临床试验：①HERMES Junior研究，是一项针对RRMS患者的开放性Ⅰ期临床试验；②HERMES研究，是一项针对RRMS患者的安慰剂对照Ⅱ期概念验证性临床试验；③OLYMPUS研究，是一项针对PPMS患者的安慰剂对照的Ⅱ/Ⅲ期临床试验。

3.10.1 HERMES Junior研究

HERMES Junior研究是一项开放性、多中心的Ⅰ期临床试验，其研究对象为26位RRMS成人患者，旨在评估间隔六个月两次给予2000 mg利妥昔单抗时患者的安全性和耐受性。次要终点是研究利妥昔单抗对RRMS患者的复发率改善，对反映疾病进展情况的MRI参数的影响，以及其药代动力学和药效学特性。试验中，利妥昔单抗表现出了良好的安全性和耐受性，RRMS患者的复发率和钆（gadolinium）标记的活跃斑块病灶明显减小。以上结果为基于B细胞耗竭的MS潜在疗效提供了额外的证据[126]。

3.10.2 HERMES研究

HERMES研究是一项随机、双盲、多中心、安慰剂对照的Ⅱ期验证性临床试验，对利妥昔单抗在成人RRMS患者中的安全性和有效性进行了评估[127]。共招募了104位患者，将其按2∶1的比例随机分配至利妥昔单抗治疗组和对照组，各组患者在第1天和第15天分别静脉注射2000 mg利妥昔单抗或安慰剂。该试验的主要目的是通过在第12周、第16周、第20周和第24周连续脑部MRI扫描观察T_1活跃斑块病灶数量，以此评估利妥昔单抗的疗效。此外，还进一步评估了利妥昔单抗的安全性和耐受性。该试验的次要目的是评估利妥昔单抗对MS的复发率和MRI参数的影响。研究结果表明，一次性静脉注射2000 mg剂量的利妥昔单抗后，患者在24周内脑部炎症损伤病灶的数量及复发频率都显著降低。这项研究第一次证明了抗CD20单抗可能对RRMS成人患者有效。

3.10.3 OLYMPUS研究

OLYMPUS研究是一项随机、双盲、平行组、多中心、安慰剂对照的Ⅱ/Ⅲ期临床试验，旨在评估利妥昔单抗在PPMS成人患者中的安全性和有效性[128]。共将439例患者按2∶1的比例随机分配至利妥昔单抗治疗组和对照组，每6个月分两次（间隔14天）接受2000 mg利妥昔单抗或安慰剂的静脉注射治疗。该试验的主要目的是评估利妥昔单抗相较于安慰剂的疗效，主要是在96周的治疗期内根据扩展残疾状况量表（Expanded Disability Status Scale，EDSS）评估确认疾病进展的时间（confirmed disease progression，CDP），以及利妥昔单抗在PPMS患者中的安全性和耐受性。该研究的次要目的是评估在96周内大脑MRI扫描T_2病灶总体积和整个大脑容积相对于治疗前的变化。

OLYMPUS试验未能证明利妥昔单抗和安慰剂之间在CDP时间上的显著差异。安慰剂组和利妥昔单抗治疗组在96周出现CDP的患者比例分别为38.5%和30.2%。与安慰剂组相比，利妥昔单抗治疗组的患者在第96周的T_2病灶累积量较少，但两组之间的脑容积没有差异。然而，通过亚组分析显示，年龄低于51岁的患者及基础状态下就有活性斑块病灶的患者的CDP时间延长[128]。

在这三项MS临床试验中，利妥昔单抗的安全性与利妥昔单抗在其他自身免疫性疾病中的安全性一致。与安慰剂相比，利妥昔单抗的输液相关反应（infusion-related reaction，IRR）发生率更高，尤其是第一次输注。在随后的注射中，即使不使用糖皮质激素预处理，利妥昔单抗IRR发生率也可降低至与安慰剂相当的水平。虽然在PPMS试验中出现了严重感染的患者比例失衡，但在RRMS研究中并未观察到类似情况，这可能是由PPMS患者人群的高龄化、更高的残疾化程度和医疗复杂性引起的。在利妥昔单抗和安慰剂组中观察到的感染类型也都是MS患者中常见的感染类型。

在HERMES Junior、HERMES和OLYMPUS试验中，利妥昔单抗治疗的患者在不同的研究时间和给药次数上出现HACA的比例分别为24.6%、28.6%和7.0%。MS试验中出现的相对较高的抗药物抗体率，与没有联合使用免疫抑制所产生的嵌合单抗的结果一致。

尽管使用范围有限，但利妥昔单抗在MS中的临床试验初步证明了$CD20^+B$细胞在MS发病机制中的重要性，选择性靶向$CD20^+$细胞可能会发挥疗效。由于缺乏证明利妥昔单抗针对MS疗效的I类证据，利妥昔单抗未获得FDA的批准。

3.11 奥瑞珠单抗对多发性硬化症的治疗

奥瑞珠单抗在RA和SLE治疗中的疗效令人失望，且在亚洲国家招募的患者中发生了严重的感染事件。但是，MS患者年龄相对较小，也不太可能将奥瑞珠单抗与其他免疫抑制剂同时使用，而且其流行病学也不同于RA或SLE。同样地，由于甲氨蝶呤（具有抑制RA中抗利妥昔单抗抗体产生的功能）并不是MS的标准治疗方案，奥瑞珠单抗似乎成为抗CD20单抗在MS治疗中的最佳选择。在为期6个月的时间内，研究者对奥瑞珠单抗开展了一项II期剂量探索性试验（WA21493），通过与安慰剂和肌内注射IFN-β-1a进行比较，探究其在RRMS中的疗效[129]。借鉴奥瑞珠单抗在治疗RA的ACTION I/II期临床研究中的药代动力学、药效学和安全性数据，在RRMS II期临床试验中确定了奥瑞珠单抗的两个给药剂量，分别为600 mg和2000 mg。与安慰剂相比，两个剂量在主要疗效终点（在第12～24周T_1 Gd标记的活跃斑块病灶的平均数）显示出具有统计学意义的显著性下降。此外，与安慰剂相比，两个剂量下的奥瑞珠单抗在统计学上均显著降低了患者的年复发率（annualized relapse rate，ARR）。除了较高的IRR发生率外，奥瑞珠单抗的安全性与安慰剂相似。

鉴于奥瑞珠单抗在 II 期临床研究中表现出的良好疗效和安全性，以及观察到的较低免疫原性，接着在RMS患者中进行了两项完全相同的随机、双盲、双模拟、安慰剂对照、平行组的 III 期临床试验（OPERA I 和OPERA II），以及一项针对PPMS患者的随机、双盲、安慰剂对照、平行组的 III 期临床试验（ORATORIO）。总计在2381例患者中评估了奥瑞珠单抗对MS的疗效和安全性。

3.11.1　OPERA研究

OPERA I 和OPERA II 研究采用相同设计的随机、双盲、双模拟、安慰剂对照、平行组、多中心的 III 期试验，旨在评估两年内奥瑞珠单抗在RMS成人患者中的安全性和有效性[130]。将821例OPERA I 患者和835例OPERA II 患者以1:1的比例随机分配，分别每24周静脉注射600 mg 奥瑞珠单抗或皮下注射44 μg干扰素β-1a（Rebif®，一种公认的MS标准治疗方案）。在为期96周的研究中，与使用干扰素β-1a治疗的患者相比，奥瑞珠单抗治疗组患者的年复发率分别减少了46%和47%。同时，与干扰素β-1a治疗组相比，奥瑞珠单抗治疗12周可使残疾进展风险降低40%，并使局部炎症病灶和脑部MRI中T_1活跃斑块病灶发生率分别降低94%和95%。OPERA I 和OPERA II 研究提供了确凿的证据，有效地证明了与干扰素β-1a相比，奥瑞珠单抗对MS具有更好的疗效。

在RMS研究中，奥瑞珠单抗的优势还在于其具有良好的总体安全性。在OPERA I 研究中奥瑞珠单抗和干扰素β-1a组出现不良反应的患者比例分别为80.1%和80.6%，而在OPERA II 中，该比例分别为86.3%和85.6%。在OPERA I 中，奥瑞珠单抗和干扰素β-1a组中分别有6.9%和7.8%的患者出现严重的不良反应，而在OPERA II 中则分别为7.0%和9.6%。IRR是两种治疗方案中最常见的不良反应，在所有接受奥瑞珠单抗注射的患者中，其发生率为34.3%，而同时接受双模拟安慰剂输注患者的发生率仅为9.7%。但大多数IRR都是轻度的，并且随着时间的推移和剂量的增加，其发生率和严重性都会逐渐降低。在OPERA I 研究中，经奥瑞珠单抗和干扰素β-1a治疗的患者出现感染的比例分别为56.9%和54.3%，而在OPERA II 研究中，两者的感染率分别为60.2%和52.5%。在奥瑞珠单抗治疗组中出现的主要感染类型是呼吸道感染和非传播性疱疹感染，大多数是轻度感染，可通过标准抗感染疗法进行治疗。奥瑞珠单抗治疗组中报告的严重感染患者比例为1.3%，干扰素β-1a治疗组为2.9%。在两项研究中，经奥瑞珠单抗治疗的825位RMS患者中有3位出现了抗药物抗体，其中一位患者的中和抗体测试呈阳性。

3.11.2　ORATORIO研究

ORATORIO研究是一项关键的随机、双盲、平行组、安慰剂对照、多中心的Ⅲ期临床试验，旨在评估奥瑞珠单抗对 PPMS 成人患者的疗效[131]。在试验中，共将732名患者按照2∶1的比例随机分配至奥瑞珠单抗治疗组和安慰剂组，每24周分别接受600 mg奥瑞珠单抗或安慰剂的治疗，持续治疗120周或更长的时间。该试验的主要目的是通过EDSS认定确认残疾进展时间，以评估奥瑞珠单抗的疗效。次要目的是通过患者步行25英尺（1英尺＝30.48 cm）所需的时间、脑部MRI扫描 T_2 病灶总体积，以及脑容量来评估120周内患者的病情变化。

与安慰剂相比，奥瑞珠单抗可将残疾进展风险降低24%。此外，奥瑞珠单抗还降低了定时走动、T_2 病变总体积和脑容量减少的恶化率，证明其对 PPMS 患者具有一定的临床疗效。ORATORIO研究是首次成功的验证性试验，表明奥瑞珠单抗可减缓 PPMS 患者的身体残疾和亚临床疾病方面的症状。

总体而言，使用奥瑞珠单抗所产生不良反应事件的患者百分比为95.1%，而安慰剂组为90.0%。奥瑞珠单抗组和安慰剂组分别有20.4%和22.2%的患者报告了严重的不良反应事件。IRR是ORATORIO研究中患者最常见的不良反应，其概率为39.9%，而安慰剂组的概率则为25.5%。奥瑞珠单抗组和安慰剂组发生感染的患者比例分别为71.4%和69.9%，奥瑞珠单抗组出现严重感染的比例为6.2%，安慰剂组为5.9%。接受奥瑞珠单抗治疗的9名PPMS患者出现了抗药物抗体，其中一位患者检测为中和抗体阳性。

试验中恶性肿瘤患者的比例出现失衡，占奥瑞珠单抗治疗组患者的2.3%和安慰剂组患者的0.8%。在Ⅲ期临床试验中，经奥瑞珠单抗治疗的患者的恶性肿瘤发生率仍在MS流行病学数据及其他MS临床试验的可控范围内，并且由于研究中事件数量较少且随访有限，无法得出准确的结论[132]。由于患者在Ⅱ期和Ⅲ期开放扩展临床试验中可能面临额外的暴露因素，截至目前，恶性肿瘤的发生率仍在流行病学评估范围内[133]。此外，尚不确定抗CD20 单抗治疗与恶性肿瘤之间是否存在因果关系。

3.12　多发性硬化症中的 B 细胞难题

虽然奥瑞珠单抗可以显著改善RMS的临床疗效，但使用阿塞西普（atacicept）重组蛋白（TACI-Ig, Transmembrane Activator and Calcium modulator and cyclophilin-ligand Interactor-Ig，跨膜激活剂＋钙调节剂＋亲环素-配体相互作用体-Ig）治疗RMS会使病情恶化[134]。TACI是TNF家族的成员，可与BAFF和APRIL（A PRoliferation-Inducing Ligand，促增殖配体）结合形成同源三聚体。贝

利木单抗（belimumab）是一种抗BAFF/BLyS单抗，已被批准用于治疗患有活动、自身抗体阳性的SLE成年患者[45, 135]。BAFF和APRIL在浆细胞的存活中发挥着叠加作用，所以阿塞西普会显著降低血清中IgM、IgA和IgG的水平[136-138]。TACI在B细胞中的表达是其产生IL-10细胞因子所必需的，而IL-10是一种具有多重效应的强效免疫抑制细胞因子[139]。此外，BAFF被证明对IL-10+B细胞具有选择性作用。因此，阿塞西普可能通过同时阻断BAFF和APRIL，而对B细胞生成IL-10的通路带来不利影响。为了更深入、更全面地了解具有促炎和抗炎症反应的B细胞亚群，还需要对产生IL-10的B细胞和其他调节性B细胞亚群开展更深入的研究。

3.13 总结

在III期验证性临床研究中，奥瑞珠单抗是第一种对RMS和PPMS均具有疗效的药物。经奥瑞珠单抗治疗后，患者在疾病复发、残疾进展、发生急性局部性炎症病灶及脑容量减少等方面的比例均大幅降低，这也揭示了CD20+B细胞作为MS治疗靶点的可行性，并凸显了CD20+B细胞在复发型和进展型MS发病机制中的重要性。奥瑞珠单抗于2017年3月获得FDA批准，用于治疗复发型和进展型MS，随后在其他国家和地区也相继获批上市。

在未来的研究中，需要更深入地探索B细胞的生物学作用，以及经抗CD20单抗治疗后B细胞的动态重建过程。除了对奥瑞珠单抗的研究外，其他B细胞介导的治疗，如正在开发的B细胞淋巴瘤领域中靶向T细胞的双特异性抗体、调节B细胞功能的小分子抑制剂等，都可能成为相关治疗领域的新标杆。

（吴　睿　叶向阳）

原作者简介

安德鲁·C.陈（Andrew C.Chan），医学博士，基因泰克（Genentech）公司研究与早期开发生物学部高级副总裁。他于西北大学（Northwestern University）获得化学学士和硕士学位，并于华盛顿大学（Washington University）获得医学博士学位。他于加州大学旧金山分校（University of California，San Francisco）完成博士后研究并获得风湿病学委员会认证。在巴恩斯医院（Barnes Hospital）任职期间，他获得了内科医学委员会认证。在加入基因泰克公司之前，他还曾于华盛顿大学医学院风湿病学系任教。他的研究重点是确定影响免疫和自身免疫的分子和细胞机制。

保罗·G.布鲁内塔（Paul G.Brunetta），医学博士，基因泰克公司医学总监和抗CD20免疫产品开发全球负责人。他于约翰斯·霍普金斯大学（Johns Hopkins University）获得学士学位，并于塔夫茨大学（Tufts University）医学院获得医学博士学位。他任职加州大学旧金山分校后获得内科及肺病学委员会认证，并担任胸腔肿瘤学教职人员。他曾在利妥昔单抗、奥瑞珠单抗和奥滨尤妥珠单抗的研究项目中担任全球开发团队负责人。他主要专注于罕见性自身免疫性疾病新疗法的研究。

皮特·S.陈（Peter S.Chin），医学博士，基因泰克美国医学部神经科学小组医学主任。他于加利福尼亚大学伯克利分校（University of California at Berkeley）获得分子和细胞生物学学士学位，于达特茅斯学院（Dartmouth College）获得医学博士学位，并在华盛顿大学获得了神经病学住院医师资格。他还曾获得加州大学洛杉矶分校（University of California at Los Angeles）罗伯特·伍德·约翰逊（Robert Wood Johnson）基金会的研究资助，并获得卫生服务研究硕士学位。他曾在多发性硬化症和其他神经疾病领域的研究中负责临床开发和医疗事务。

参 考 文 献

1. Bruton，O.C.（1952）. Agammaglobulinemia. Pediatrics 9：722-728.
2. Tsukada，S., Saffran，D.C., Rawlings，D.J. et al.（1993）. Deficient expression of a B cell cytoplasmic tyrosine kinase in human X-linked agammaglobulinemia. Cell 72：279-290.
3. Vetrie，D., Vorechovsky，I., Sideras，P. et al.（1993）. The gene involved in X-linked agammaglobulinaemia is a member of the src family of protein-tyrosine kinases. Nature 361：226-233.
4. Rawlings，D.J., Saffran，D.C., Tsukada，S. et al.（1993）. Mutation of unique region of Bruton's tyrosine kinase in immunodeficient XID mice. Science 261：358-361.
5. Khan，W.N., Alt，F.W., Gerstein，R.M. et al.（1995）. Defective B cell development and function in Btk-deficient mice. Immunity 3：283-299.
6. Kerner，J.D., Appleby，M.W., Mohr，R.N. et al.（1995）. Impaired expansion of mouse B cell progenitors lacking Btk. Immunity 3：301-312.
7. Hardy，R.R., Kincade，P.W., and Dorshkind，K.（2007）. The protean nature of cells in the B lymphocyte lineage. Immunity 26：703-714.
8. Rawlings，D.J., Metzler，G., Wray-Dutra，M., and Jackson，S.W.（2017）. Altered B cell signalling in autoimmunity. Nat. Rev. Immunol. 17：421-436.
9. Diaz-Manera，J., Martinez-Hernandez，E., Querol，L. et al.（2012）. Long-lasting treatment effect of rituximab in MuSK myasthenia. Neurology 78：189-193.

10. Joly, P., D'Incan, M., and Musette, P. (2007). A single cycle of rituximab for the treatment of severe pemphigus. N.Engl. J.Med. 357: 545-552.

11. De Vita, S., Quartuccio, L., Isola, M. et al. (2012). A randomized controlled trial of rituximab for the treatment of severe cryoglobulinemic vasculitis. Arthritis Rheum. 64: 843-853.

12. Jennette, J.C. and Falk, R.J. (2014). Pathogenesis of antineutrophil cytoplasmic autoantibody-mediated disease. Nat. Rev. Rheumatol. 10: 463-473.

13. Duddy, M., Niino, M., Adatia, F. et al. (2007). Distinct effector cytokine profiles of memory and naive human B cell subsets and implication in multiple sclerosis. J.Immunol. 178: 6092-6099.

14. Nurieva, R.I., Chung, Y., Hwang, D. et al. (2008). Generation of T follicular helper cells is mediated by interleukin-21 but independent of T helper 1, 2, or 17 cell lineages. Immunity 29: 138-149.

15. Karnowski, A., Chevrier, S., Belz, G.T. et al. (2012). B and T cells collaborate in antiviral responses via IL-6, IL-21, and transcriptional activator and coactivator, Oct2 and OBF-1. J.Exp. Med. 209: 2049-2064.

16. Jain, S., Park, G., Sproule, T.J. et al. (2016). Interleukin 6 accelerates mortality by promoting the progression of the systemic lupus erythematosus-like disease of BXSB.Yaa mice. PLoS One 11: e0153059.

17. Mauri, C. and Menon, M. (2017). Human regulatory B cells in health and disease: therapeutic potential. J.Clin. Invest. 127: 772-779.

18. Lanzavecchia, A. and Bove, S. (1985). Specific B lymphocytes efficiently pick up, process and present antigen to T cells. Behring Inst. Mitt. 82-87.

19. West, M.A., Lucocq, J.M., and Watts, C. (1994). Antigen processing and class II MHC peptide-loading compartments in human B-lymphoblastoid cells. Nature 369: 147-151.

20. Lund, F.E., Hollifield, M., Schuer, K. et al. (2006). B cells are required for generation of protective effector and memory CD4 cells in response to Pneumocystis lung infection. J.Immunol. 176: 6147-6154.

21. O'Neill, S.K., Cao, Y., Hamel, K.M. et al. (2007). Expression of CD80/86 on B cells is essential for autoreactive T cell activation and the development of arthritis. J.Immunol. 179: 5109-5116.

22. Klimiuk, P.A., Goronzy, J.J., Bjornsson, J. et al. (1997). Tissue cytokine patterns distinguish variants of rheumatoid synovitis. Am. J.Pathol. 151: 1311-1319.

23. Anaya, J.M. and Talal, N. (1997). Sjögren's syndrome and connective tissue diseases associated with other immunological diseases. In: Arthritis and allied conditions: a textbook of rheumatology, 13e (ed. W.Koopman), 1561-1580. Philadelphia, PA: Williams & Wilkins.

24. Aloisi, F. and Pujol-Borrell, R. (2006). Lymphoid neogenesis in chronic inflammatory diseases. Nat. Rev. Immunol. 6: 205-217.

25. Serafini, B., Rosicarelli, B., Magliozzi, R. et al. (2004). Detection of ectopic B-cell follicles with germinal centers in the meninges of patients with secondary progressive multiple sclerosis. Brain Pathol. 14: 164-174.

26. Magliozzi, R., Howell, O., Vora, A. et al. (2007). Meningeal B-cell follicles in secondary progressive multiple sclerosis associate with early onset of disease and severe cortical

pathology. Brain 130: 1089-1104.

27. Hsieh, C., Chang, A., Brandt, D. et al. (2011). Predicting outcomes of lupus nephritis with tubulointerstitial inflammation and scarring. Arthritis Care Res. (Hoboken) 63: 865-874.

28. Stashenko, P., Nadler, L.M., Hardy, R., and Scholssman, S.F. (1980). Characterization of a human B lymphocyte-specific antigen. J.Immunol. 125: 1678-1685.

29. Uchida, J., Hamaguchi, Y., Oliver, J.A. et al. (2004). The innate mononuclear phagocyte network depletes B lymphocytes through Fc receptor-dependent mechanisms during anti-CD20 antibody immunotherapy. J.Exp. Med. 199: 1659-1669.

30. Hultin, L.E., Hausner, M.A., Hultin, P.M., and Giorgi, J.V. (1993). CD20 (pan-B cell) antigen is expressed at a low level on a subpopulation of human T lymphocytes. Cytometry 14: 196-204.

31. Bubien, J.K., Zhou, L.J., Bell, P.D. et al. (1993). Transfection of the CD20 cell surface molecule into ectopic cell types generates a $Ca2^{+}$ conductance found constitutively in B lymphocytes. J.Cell Biol. 121: 1121-1132.

32. Kuijpers, T.W., Bende, R.J., Baars, P.A. et al. (2010). CD20 deficiency in humans results in impaired T cell-independent antibody responses. J.Clin. Invest. 120: 214-222.

33. Lim, S.H. and Levy, R. (2014). Translational medicine in action: anti-CD20 therapy in lymphoma. J.Immunol. 193: 1519-1524.

34. Weiner, G.J. (2010). Rituximab: mechanism of action. Semin. Hematol. 47: 115-123.

35. Cartron, G., Dacheux, L., Salles, G. et al. (2002). Therapeutic activity of humanized anti-CD20 monoclonal antibody and polymorphism in IgG Fc receptor FcgammaR Ⅲ a gene. Blood 99: 754-758.

36. Weng, W.K. and Levy, R. (2003). Two immunoglobulin G fragment C receptor polymorphisms independently predict response to rituximab in patients with follicular lymphoma. J.Clin. Oncol. 21: 3940-3947.

37. Treon, S.P., Hansen, M., Branagan, A.R. et al. (2005). Polymorphisms in FcgammaR Ⅲ A (CD16) receptor expression are associated with clinical response to rituximab in Waldenstrom's macroglobulinemia. J.Clin. Oncol. 23: 474-481.

38. Clynes, R.A., Towers, T.L., Presta, L.G., and Ravetch, J.V. (2000). Inhibitory Fc receptors modulate in vivo cytotoxicity against tumor targets. Nat. Med. 6: 443-446.

39. Minard-Colin, V., Xiu, Y., Poe, J.C. et al. (2008). Lymphoma depletion during CD20 immunotherapy in mice is mediated by macrophage FcgammaRI, FcgammaR Ⅲ, and FcgammaRIV.Blood 112: 1205-1213.

40. Gong, Q., Ou, Q., Ye, S. et al. (2005). Importance of cellular microenvironment and circulatory dynamics in B cell immunotherapy. J.Immunol. 174: 817-826.

41. Montalvao, F., Garcia, Z., Celli, S. et al. (2013). The mechanism of anti-CD20 mediated B cell depletion revealed by intravital imaging. J.Clin. Invest. 123: 5098-5103.

42. Perez-Andres, M., Paiva, B., Nieto, W.G. et al. (2010). Human peripheral blood B-cell compartments: a crossroad in B-cell traffic. Cytometry, Part B 78 (Suppl 1): S47-S60.

43. Vallerskog, T., Heimburger, M., Gunnarsson, I. et al. (2006). Differential effects on BAFF and APRIL levels in rituximab-treated patients with systemic lupus erythematosus and rheumatoid arthritis. Arthritis Res. Ther. 8: R167.

44. Cambridge, G., Stohl, W., Leandro, M.J. et al. (2006). Circulating levels of B lymphocyte stimulator in patients with rheumatoid arthritis following rituximab treatment: relationships with B cell depletion, circulating antibodies, and clinical relapse. Arthritis Rheum. 54: 723-732.

45. Mackay, F., Schneider, P., Rennert, P., and Browning, J. (2003). BAFF and APRIL: a tutorial on B cell survival. Annu. Rev. Immunol. 21: 231-264.

46. Beers, S.A., Chan, C.H., French, R.R. et al. (2010). CD20 as a target for therapeutic type I and II monoclonal antibodies. Semin. Hematol. 47: 107-114.

47. Alduaij, W., Ivanov, A., Honeychurch, J. et al. (2011). Novel type II anti-CD20 monoclonal antibody (GA101) evokes homotypic adhesion and actin-dependent, lysosome-mediated cell death in B-cell malignancies. Blood 117: 4519-4529.

48. Clark, E.A. and Yokochi, T. (1984). Human B cell and B cell blast-associated surface molecules defined with monoclonal antibodies. In: Leucocyte typing (ed. A.Bernard et al.), 339-345. New York, NY: Springer-Verlag.

49. Morschhauser, F., Marlton, P., Vitolo, U. et al. (2010). Results of a phase I/II study of ocrelizumab, a fully humanized anti-CD20 mAb, in patients with relapsed/refractory follicular lymphoma. Ann. Oncol. 21: 1870-1876.

50. Genovese, M.C., Kaine, J.L., Lowenstein, M.B. et al. (2008). Ocrelizumab, a humanized anti-CD20 monoclonal antibody, in the treatment of patients with rheumatoid arthritis: a phase I/II randomized, blinded, placebo-controlled, dose-ranging study. Arthritis Rheum. 58: 2652-2661.

51. File, d. o. Genentech, Inc. South San Francisco, CA.

52. Edwards, J.C. and Cambridge, G. (2001). Sustained improvement in rheumatoid arthritis following a protocol designed to deplete B lymphocytes. Rheumatology (Oxford) 40: 205-211.

53. Edwards, J.C., Szczepanski, L., Szechinski, J. et al. (2004). Efficacy of B-celltargeted therapy with rituximab in patients with rheumatoid arthritis. N.Engl. J.Med. 350: 2572-2581.

54. Cohen, S.B., Emery, P., Greenwald, M.W. et al. (2006). Rituximab for rheumatoid arthritis refractory to anti-tumor necrosis factor therapy: results of a multicenter, randomized, double-blind, placebo-controlled, phase III trial evaluating primary efficacy and safety at twenty-four weeks. Arthritis Rheum. 54: 2793-2806.

55. Mease, P.J., Cohen, S., Gaylis, N.B. et al. (2010). Efficacy and safety of retreatment in patients with rheumatoid arthritis with previous inadequate response to tumor necrosis factor inhibitors: results from the SUNRISE trial. J.Rheumatol. 37: 917-927.

56. Greenwald, M.W., Shergy, W.J., Kaine, J.L. et al. (2011). Evaluation of the safety of rituximab in combination with a tumor necrosis factor inhibitor and methotrexate in patients with active rheumatoid arthritis: results from a randomized controlled trial. Arthritis Rheum. 63: 622-632.

57. Emery, P., Deodhar, A., Rigby, W.F. et al. (2010). Efficacy and safety of different doses and retreatment of rituximab: a randomised, placebo-controlled trial in patients who are biological naive with active rheumatoid arthritis and an inadequate response to methotrexate (Study Evaluating Rituximab's Efficacy in MTX iNadequate rEsponders (SERENE)). Ann. Rheum. Dis. 69: 1629-1635.

58. Rubbert-Roth, A., Tak, P.P., Zerbini, C. et al. (2010). Efficacy and safety of various repeat treatment dosing regimens of rituximab in patients with active rheumatoid arthritis: results of a Phase III randomized study (MIRROR). Rheumatology (Oxford) 49: 1683-1693.

59. Tak, P.P., Rigby, W.F., Rubbert-Roth, A. et al. (2011). Inhibition of joint damage and improved clinical outcomes with rituximab plus methotrexate in early active rheumatoid arthritis: the IMAGE trial. Ann. Rheum. Dis. 70: 39-46.

60. Roll, P., Palanichamy, A., Kneitz, C. et al. (2006). Regeneration of B cell subsets after transient B cell depletion using anti-CD20 antibodies in rheumatoid arthritis. Arthritis Rheum. 54: 2377-2386.

61. Muhammad, K., Roll, P., Einsele, H. et al. (2009). Delayed acquisition of somatic hypermutations in repopulated IGD^+CD27^+ memory B cell receptors after rituximab treatment. Arthritis Rheum. 60: 2284-2293.

62. Roll, P., Dorner, T., and Tony, H.P. (2008). Anti-CD20 therapy in patients with rheumatoid arthritis: predictors of response and B cell subset regeneration after repeated treatment. Arthritis Rheum. 58: 1566-1575.

63. Looney, R.J., Anolik, J.H., Campbell, D. et al. (2004). B cell depletion as a novel treatment for systemic lupus erythematosus: a phase I/II dose-escalation trial of rituximab. Arthritis Rheum. 50: 2580-2589.

64. Leandro, M.J., Edwards, J.C., Cambridge, G. et al. (2002). An open study of B lymphocyte depletion in systemic lupus erythematosus. Arthritis Rheum. 46: 2673-2677.

65. Leandro, M.J., Cambridge, G., Edwards, J.C. et al. (2005). B-cell depletion in the treatment of patients with systemic lupus erythematosus: a longitudinal analysis of 24 patients. Rheumatology (Oxford) 44: 1542-1545.

66. Eisenberg, R. (2003). SLE-rituximab in lupus. Arthritis Res. Ther. 5: 157-159.

67. Tsokos, G.C., Lo, M.S., Costa Reis, P., and Sullivan, K.E. (2016). New insights into the immunopathogenesis of systemic lupus erythematosus. Nat. Rev. Rheumatol. 12: 716-730.

68. Merrill, J.T., Neuwelt, C.M., Wallace, D.J. et al. (2010). Efficacy and safety of rituximab in moderately-to-severely active systemic lupus erythematosus: the randomized, double-blind, phase II/III systemic lupus erythematosus evaluation of rituximab trial. Arthritis Rheum. 62: 222-233.

69. Rovin, B.H., Furie, R., Latinis, K. et al. (2012). Efficacy and safety of rituximab in patients with active proliferative lupus nephritis: the Lupus Nephritis Assessment with Rituximab study. Arthritis Rheum. 64: 1215-1226.

70. Ahuja, A., Shupe, J., Dunn, R. et al. (2007). Depletion of B cells in murine lupus: efficacy and resistance. J.Immunol. 179: 3351-3361.

71. Vital, E.M., Dass, S., Buch, M.H. et al. (2011). B cell biomarkers of rituximab responses in systemic lupus erythematosus. Arthritis Rheum. 63: 3038-3047.

72. Reddy, V., Croca, S., Gerona, D. et al. (2013). Serum rituximab levels and efficiency of B cell depletion: differences between patients with rheumatoid arthritis and systemic lupus erythematosus. Rheumatology (Oxford) 52: 951-952.

73. Gomez Mendez, L.M., Cascino, M.D., Garg, J.P. et al. (2018). Peripheral blood B cell depletion after rituximab and complete response in lupus nephritis. Clin. J.Am. Soc.

Nephrol. 13: 1502-1519.

74. Anolik, J.H., Barnard, J., Owen, T. et al. (2007). Delayed memory B cell recovery in peripheral blood and lymphoid tissue in systemic lupus erythematosus after B cell depletion therapy. Arthritis Rheum. 56: 3044-3056.

75. Reddy, V., Klein, C., Isenberg, D.A. et al. (2017). Obinutuzumab induces superior B-cell cytotoxicity to rituximab in rheumatoid arthritis and systemic lupus erythematosus patient samples. Rheumatology (Oxford) 56: 1227-1237.

76. Carter, L.M., Isenberg, D.A., and Ehrenstein, M.R. (2013). Elevated serum BAFF levels are associated with rising anti-double-stranded DNA antibody levels and disease flare following B cell depletion therapy in systemic lupus erythematosus. Arthritis Rheum. 65: 2672-2679.

77. Lin, W., Seshasayee, D., Lee, W.P. et al. (2015). Dual B cell immunotherapy is superior to individual anti-CD20 depletion or BAFF blockade in murine models of spontaneous or accelerated lupus. Arthritis Rheumatol. 67: 215-224.

78. Martin, F. and Chan, A.C. (2006). B cell immunobiology in disease: evolving concepts from the clinic. Annu. Rev. Immunol. 24: 467-496.

79. Bingham, C.O.3rd, Looney, R.J., Deodhar, A. et al. (2010). Immunization responses in rheumatoid arthritis patients treated with rituximab: results from a controlled clinical trial. Arthritis Rheum. 62: 64-74.

80. Tew, G.W., Rabbee, N., Wolslegel, K. et al. (2010). Baseline autoantibody profiles predict normalization of complement and anti-dsDNA autoantibody levels following rituximab treatment in systemic lupus erythematosus. Lupus 19: 146-157.

81. Khosroshahi, A., Bloch, D.B., Deshpande, V., and Stone, J.H. (2010). Rituximab therapy leads to rapid decline of serum IgG4 levels and prompt clinical improvement in IgG4-related systemic disease. Arthritis Rheum. 62: 1755-1762.

82. Beck, L.H.Jr., Fervenza, F.C., Beck, D.M. et al. (2011). Rituximab-induced depletion of anti-PLA2R autoantibodies predicts response in membranous nephropathy. J.Am. Soc. Nephrol. 22: 1543-1550.

83. Berentsen, S., Ulvestad, E., Gjertsen, B.T. et al. (2004). Rituximab for primary chronic cold agglutinin disease: a prospective study of 37 courses of therapy in 27 patients. Blood 103: 2925-2928.

84. Pestronk, A., Florence, J., Miller, T. et al. (2003). Treatment of IgM antibody associated polyneuropathies using rituximab. J.Neurol. Neurosurg. Psychiatry 74: 485-489.

85. Renaud, S., Gregor, M., Fuhr, P. et al. (2003). Rituximab in the treatment of polyneuropathy associated with anti-MAG antibodies. Muscle Nerve 27: 611-615.

86. Stone, J.H., Merkel, P.A., Spiera, R. et al. (2010). Rituximab versus cyclophosphamide for ANCA-associated vasculitis. N.Engl. J.Med. 363: 221-232.

87. Nowak, R.J., Dicapua, D.B., Zebardast, N., and Goldstein, J.M. (2011). Response of patients with refractory myasthenia gravis to rituximab: a retrospective study. Ther. Adv. Neurol. Disord. 4: 259-266.

88. Specks, U., Fervenza, F.C., McDonald, T.J., and Hogan, M.C. (2001). Response of Wegener's granulomatosis to anti-CD20 chimeric monoclonal antibody therapy. Arthritis Rheum. 44: 2836-2840.

89. Keogh, K.A., Wylam, M.E., Stone, J.H., and Specks, U. (2005). Induction of remission by B lymphocyte depletion in eleven patients with refractory antineutrophil cytoplasmic antibody-associated vasculitis. Arthritis Rheum. 52: 262-268.

90. Guillevin, L., Pagnoux, C., Karras, A. et al. (2014). Rituximab versus azathioprine for maintenance in ANCA-associated vasculitis. N.Engl. J.Med. 371: 1771-1780.

91. Pescovitz, M.D., Greenbaum, C.J., Krause-Steinrauf, H. et al. (2009). Rituximab, B-lymphocyte depletion, and preservation of beta-cell function. N.Engl. J.Med. 361: 2143-2152.

92. Oddis, C.V., Reed, A.M., Aggarwal, R. et al. (2013). Rituximab in the treatment of refractory adult and juvenile dermatomyositis and adult polymyositis: a randomized, placebo-phase trial. Arthritis Rheum. 65: 314-324.

93. Carruthers, M.N., Topazian, M.D., Khosroshahhi, A. et al. (2015). Rituximab for IgG4-related disease: a prospective, open-label trial. Ann. Rheum. Dis. 74: 1171-1177.

94. Joly, P., Maho-Vaillant, M., Prost-Squarcioni, C. et al. (2017). First-line rituximab combined with short-term prednisone versus prednisone alone for the treatment of pemphigus (Ritux 3): a prospective, multicentre, parallel-group, open-label randomised trial. Lancet 389: 2031-2040.

95. Vo, A.A., Lukovsky, M., Toyoda, M. et al. (2008). Rituximab and intravenous immune globulin for desensitization during renal transplantation. N.Engl. J.Med. 359: 242-251.

96. Vo, A.A., Peng, A., Toyoda, M. et al. (2010). Use of intravenous immune globulin and rituximab for desensitization of highly HLA-sensitized patients awaiting kidney transplantation. Transplantation 89: 1095-1102.

97. Fervenza, F.C., Abraham, R.S., Erickson, S.B. et al. (2010). Rituximab therapy in idiopathic membranous nephropathy: a 2-year study. Clin. J.Am. Soc. Nephrol. 5: 2188-2198.

98. Goto, S., Goto, H., Tanoshima, R. et al. (2009). Serum sickness with an elevated level of human anti-chimeric antibody following treatment with rituximab in a child with chronic immune thrombocytopenic purpura. Int. J.Hematol. 89: 305-309.

99. Lunardon, L. and Payne, A.S. (2012). Inhibitory human antichimeric antibodies to rituximab in a patient with pemphigus. J.Allergy Clin. Immunol. 130: 800-803.

100. Crowley, M.P., McDonald, V., and Scully, M. (2018). Ofatumumab for TTP in a patient with anaphylaxis associated with rituximab. N.Engl. J.Med. 378: 92-93.

101. Emery, P., Rigby, W., Tak, P.P. et al. (2014). Safety with ocrelizumab in rheumatoid arthritis: results from the ocrelizumab phase III program. PLoS One 9: e87379.

102. Stohl, W., Gomez-Reino, J., Olech, E. et al. (2012). Safety and efficacy of ocrelizumab in combination with methotrexate in MTX-naive subjects with rheumatoid arthritis: the phase III FILM trial. Ann. Rheum. Dis. 71: 1289-1296.

103. Tak, P.P., Mease, P.J., Genovese, M.C. et al. (2012). Safety and efficacy of ocrelizumab in patients with rheumatoid arthritis and an inadequate response to at least one tumor necrosis factor inhibitor: results of a forty-eight-week randomized, double-blind, placebo-controlled, parallel-group phase III trial. Arthritis Rheum. 64: 360-370.

104. Rigby, W., Tony, H.P., Oelke, K. et al. (2012). Safety and efficacy of ocrelizumab in patients with rheumatoid arthritis and an inadequate response to methotrexate: results of a for-ty-eight-week randomized, double-blind, placebo-controlled, parallel-group phase III trial.

Arthritis Rheum. 64: 350-359.

105. Mysler, E.F., Spindler, A.J., Guzman, R. et al. (2013). Efficacy and safety of ocrelizumab in active proliferative lupus nephritis: results from a randomized, double-blind, phase Ⅲ study. Arthritis Rheum. 65: 2368-2379.

106. Appel, G.B., Contreras, G., Dooley, M.A. et al. (2009). Mycophenolate mofetil versus cyclophosphamide for induction treatment of lupus nephritis. J.Am. Soc. Nephrol. 20: 1103-1112.

107. Tullman, M.J. (2013). Overview of the epidemiology, diagnosis, and disease progression associated with multiple sclerosis. Am. J.Manag. Care. 19: S15-S20.

108. Damal, K., Stoker, E., and Foley, J.F. (2013). Optimizing therapeutics in the management of patients with multiple sclerosis: a review of drug efficacy, dosing, and mechanisms of action. Biologics 7: 247-258.

109. Polman, C.H., Reingold, S.C., Banwell, B. et al. (2011). Diagnostic criteria for multiple sclerosis: 2010 revisions to the McDonald criteria. Ann. Neurol. 69: 292-302.

110. Thompson, A.J., Banwell, B.L., Barkhof, F. et al. (2018). Diagnosis of multiple sclerosis: 2017 revisions of the McDonald criteria. Lancet Neurol. 17: 162-173.

111. Adelman, G., Rane, S.G., and Villa, K.F. (2013). The cost burden of multiple sclerosis in the United States: a systematic review of the literature. J.Med. Econ. 16: 639-647.

112. Zurawski, J. and Stankiewicz, J. (2018). Multiple sclerosis re-examined: essential and emerging clinical concepts. Am. J.Med. 131: 464-472.

113. Lublin, F.D., Reingold, S.C., Cohen, J.A. et al. (2014). Defining the clinical course of multiple sclerosis: the 2013 revisions. Neurology 83: 278-286.

114. Ontaneda, D., Fox, R.J., and Chataway, J. (2015). Clinical trials in progressive multiple sclerosis: lessons learned and future perspectives. Lancet Neurol. 14: 208-223.

115. Magliozzi, R., Howell, O.W., Reeves, C. et al. (2010). A Gradient of neuronal loss and meningeal inflammation in multiple sclerosis. Ann. Neurol. 68: 477-493.

116. Kabat, E.A., Moore, D.H., and Landow, H. (1942). An electrophoretic study of the protein components in cerebrospinal fluid and their relationship to the serum proteins. J.Clin. Invest. 21: 571-577.

117. Stangel, M., Fredrikson, S., Meinl, E. et al. (2013). The utility of cerebrospinal fluid analysis in patients with multiple sclerosis. Nat. Rev. Neurol. 9: 267-276.

118. Palanichamy, A., Apeltsin, L., Kuo, T.C. et al. (2014). Immunoglobulin class-switched B cells form an active immune axis between CNS and periphery in multiple sclerosis. Sci. Transl. Med. 6: 248ra106.

119. Lehmann-Horn, K., Wang, S.Z., Sagan, S.A. et al. (2016). B cell repertoire expansion occurs in meningeal ectopic lymphoid tissue. JCI Insight 1: e87234.

120. Eggers, E.L., Michel, B.A., Wu, H. et al. (2017). Clonal relationships of CSF B cells in treatment-naive multiple sclerosis patients. JCI Insight 2: e92724.

121. McLaughlin, K.A. and Wucherpfennig, K.W. (2008). B cells and autoantibodies in the pathogenesis of multiple sclerosis and related inflammatory demyelinating diseases. Adv. Immunol. 98: 121-149.

122. Kinnunen, T., Chamberlain, N., Morbach, H. et al. (2013). Specific peripheral B cell tolerance defects in patients with multiple sclerosis. J.Clin. Invest. 123: 2737-2741.

123. Meinl, E., Krumbholz, M., and Hohlfeld, R. (2006). B lineage cells in the inflammatory central nervous system environment: migration, maintenance, local antibody production, and therapeutic modulation. Ann. Neurol. 59: 880-892.

124. Frischer, J.M., Bramow, S., Dal-Bianco, A. et al. (2009). The relation between inflammation and neurodegeneration in multiple sclerosis brains. Brain 132: 1175-1189.

125. Howell, O.W., Reeves, C.A., Nicholas, R. et al. (2011). Meningeal inflammation is widespread and linked to cortical pathology in multiple sclerosis. Brain 134: 2755-2771.

126. Bar-Or, A., Calabresi, P.A., Arnold, D. et al. (2008). Rituximab in relapsing-remitting multiple sclerosis: a 72-week, open-label, phase I trial. Ann. Neurol. 63: 395-400.

127. Hauser, S.L., Waubant, E., Arnold, D.L. et al. (2008). B-cell depletion with rituximab in relapsing-remitting multiple sclerosis. N.Engl. J.Med. 358: 676-688.

128. Hawker, K., O'Connor, P., Freedman, M.S. et al. (2009). Rituximab in patients with primary progressive multiple sclerosis: results of a randomized double-blind placebo-controlled multicenter trial. Ann. Neurol. 66: 460-471.

129. Kappos, L., Li, D., Calabresi, P.A. et al. (2011). Ocrelizumab in relapsing-remitting multiple sclerosis: a phase 2, randomised, placebo-controlled, multicentre trial. Lancet 378: 1779-1787.

130. Hauser, S.L., Bar-Or, A., Comi, G. et al. (2017). Ocrelizumab versus interferon beta-1a in relapsing multiple sclerosis. N.Engl. J.Med. 376: 221-234.

131. Montalban, X., Hauser, S.L., Kapps, L. et al. (2017). Ocrelizumab versus placebo in primary progressive multiple sclerosis. N.Engl. J.Med. 376: 209-220.

132. Nielsen, N.M., Rostgaard, K., Rasmussen, S. et al. (2006). Cancer risk among patients with multiple sclerosis: a population-based register study. Int. J.Cancer 118: 979-984.

133. Hauser, S.L., Kappos, L., Montalban, X. et al. (2017). Incidence rates of malignancies with multiple sclerosis in clinical trials and epidemiological studies. Mult. Scler. J.23: 331-332.

134. Kappos, L., Hartung, H.P., Freedman, M.S. et al. (2014). Atacicept in multiple sclerosis (ATAMS): a randomised, placebo-controlled, double-blind, phase 2 trial. Lancet Neurol. 13: 353-363.

135. Marcondes, F. and Scheinberg, M. (2018). Belimumab in the treatment of systemic lupus erythematous: an evidence based review of its place in therapy. Autoimmun. Rev. 17: 103-107.

136. Dall'Era, M., Chakravarty, E., Wallace, D. et al. (2007). Reduced B lymphocyte and immunoglobulin levels after atacicept treatment in patients with systemic lupus erythematosus: results of a multicenter, phase Ib, double-blind, placebo-controlled, dose-escalating trial. Arthritis Rheum. 56: 4142-4150.

137. Gross, J.A., Dillson, S.R., Mudri, S. et al. (2001). TACI-Ig neutralizes molecules critical for B cell development and autoimmune disease. impaired B cell maturation in mice lacking BLyS.Immunity 15: 289-302.

138. Carbonatto, M., Yu, P., Bertolino, M. et al. (2008). Nonclinical safety, pharmacokinetics, and pharmacodynamics of atacicept. Toxicol. Sci. 105: 200-210.

139. Saulep-Easton, D., Vincent, F.B., Quah, P.S. et al. (2016). The BAFF receptor TACI controls IL-10 production by regulatory B cells and CLL B cells. Leukemia 30: 163-172.

第4章

近期获批口服药物的理化参数

4.1 引言

药物设计的指导规则，如成药5规则（rule of five，Ro5）[1]、极性表面积（polar surface area，PSA）规则[2, 3]和可旋转键（rotatable bond）规则等[3]，已被广泛应用于指导设计具备类药性质的新化合物。那么，最近获批的新药又在多大程度上符合这些规则呢？本章将全面分析2007～2017年美国食品药品管理局（Food and Drug Administration，FDA）批准的175个口服药物的6种主要类药性质分布规律。具体分析的性质包括分子量（molecular weight，MW）、拓扑极性表面积（topological polar surface area，TPSA）[4]、预测log P值、氢键受体（hydrogen bond acceptor，HBA）数量、氢键供体（hydrogen bond donor，HBD）数量和可旋转键（rotatable bond）数量。

研究发现，相当一部分（19%）药物不符合Ro5（至少违背其中一个规则），因此将其归类为"5规则范围外"（beyond rule of five，bRo5）药物。在这些5规则范围外的药物中，29%的化合物分子量大于500。在2013～2017年，这一比例达到34%。近年来上市口服药物分子量呈现微升的趋势。虽然违背Ro5中MW、log P和HBA的相关阈值较为常见，但药物的HBD数量很少会超过5个。PSA是口服吸收的重要参数，然而，15%的药物的TPSA（N原子 ＋ O原子）[4]常常大于其阈值140 Å^2[2, 3]。因此，本章还讨论了TPSA参数的局限性，并探讨了一些更先进的极性参数指标的最新研究进展。此外，还根据药物的适应证，将其分为中枢神经系统（CNS）药物和非中枢神经系统（non-CNS）药物两大类。与non-CNS药物相比，CNS药物更具限制性，只有少数CNS药物违背Ro5，其中只有4个药物的TPSA显著大于80 Å^2。

大极性bRo5药物分子一般是构象易变的[5-9]，这样才能达到口服有效的目的。它们可在水中暴露极性部位，以增加溶解度，但又可在细胞膜的脂质环境中通过分子内氢键的形成将极性基团包埋，以获得良好的膜渗透性。为了探索这种现象，研究人员在固定的溶剂中对选定的化合物进行了分子动力学模拟。实验中选择水和正辛烷来模拟药物分子口服给药后到达靶点所必须通过的水环境和膜环境。7个代表性高分子量药物的分析结果都符合构象易变的特征。

4.2　2007 ~ 2017年获得FDA批准的药物

　　Ro5和TPSA小于140 Å^{2}阈值的规则自提出以来，已被药物化学家普遍接受。它们的广泛应用可能源于两个原因：第一是易于记忆和应用；第二，也是最重要的一点，这些规则已多次被证明确实适用于药物的发现[10-12]。然而，里森（Leeson）在2007年发现，截止到当年，获批药物的分子量呈现出升高的趋势。他指出，当代药物发现正向更加亲脂性的方向转变，这与已获批药物的性质不太一致[10]。本章分析了自2007年以来，获批药物分子性质参数的发展变化趋势。为此，研究人员首先通过检索Drugs@FDA网站[13]，构建了一个已获批药物的数据库，然后进行人工筛选，仅保留可产生全身作用的口服药物。根据获批药物的适应证，进一步将其分为CNS药物和non-CNS药物。一些non-CNS药物也可能穿透血脑屏障，但并没有测试它们对中枢神经系统的影响。对于复方制剂，只有在2007年或以后批准了其中至少一种成分的情况下，才会被纳入数据库中。对于log P值，则是通过Simulations Plus公司的药物化学设计软件Medchem Designer计算而得，该软件具有较高的预测性能[14]。

　　图4.1呈现了Ro5的4个性质参数及TPSA按照年份分类的情况。里森[10]提出，最近被批准药物分子量的增高趋势似乎较为平缓，除了2016年，每年被批准药物的平均分子量均少于500。然而，分子量大于600的药物数量近年来有所增加。2007 ~ 2017年总计有20个分子量大于600的药物被批准，其中2007年和2008年均为0个；接下来的3年里，每年有1个药物获批；再接下来，每年都有2 ~ 4个高分子量的药物获批。这一趋势主要是由丙型肝炎病毒（hepatitis C virus，HCV）NS3/4A和NS5抑制剂引起的（如哌仑他韦，pibrentasvir，化合物1，图4.2），它

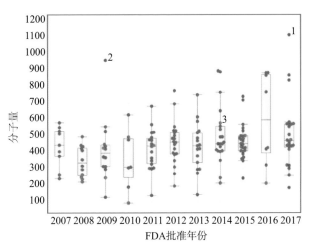
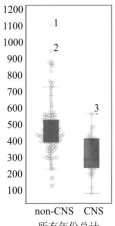

a

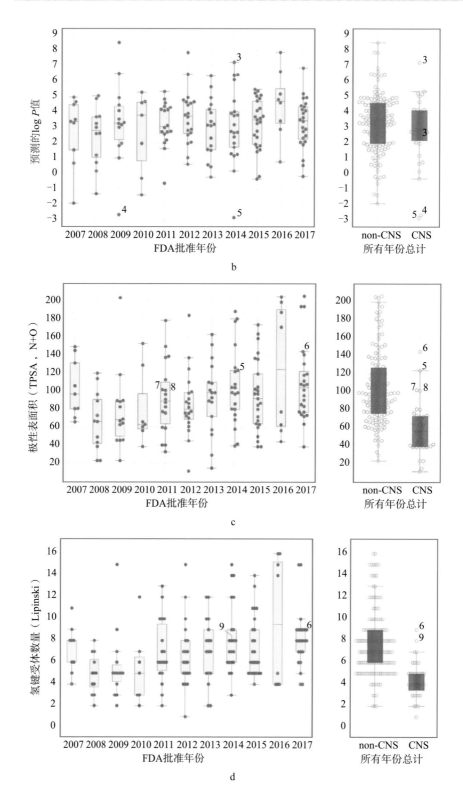

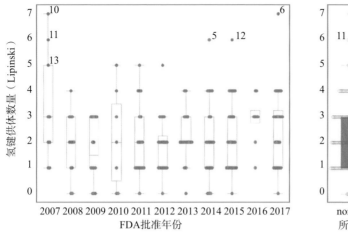
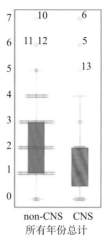

e

图 4.1　5 个关键分子性质参数，根据年份和类别（CNS 药物和 non-CNS 药物）的分布情况，以及每个参数的总体分布情况。橙色圆圈表示 CNS 药物，蓝色圆圈表示 non-CNS 药物。箱形图分别将数据的第一个和第三个四分位作为顶部和底部，中值作为箱内水平线。误差线两端点代表非离群值的最高点和最低点，离群值定义为超出（中位数 ±1.5× 四分位区间）的点。编号指的是文中的化合物编号（结构见图 4.2 和图 4.6）。分子量和 log P 值根据 Simulations Plus 公司的 Medchem Designer 软件计算而得

们占 20 个药物中的 13 个。此外，蛋白-蛋白相互作用（protein-protein interaction，PPI）抑制剂（如依维莫司，everolimus，化合物 2，图 4.2）占其中 2 个药物。一般而言，CNS 药物比 non-CNS 药物的分子量低，只有一种中枢神经系统药物，即止吐药神经激肽 1（neurokinin 1，NK1）受体拮抗剂奈妥吡坦（netupitant，化合物 3）的分子量显著大于 500，而奈妥吡坦结构中的 6 个氟原子就贡献了超过 100 Da 的分子量。

尽管最近批准的一些药物具有很高且差距相当大的 log P 值，但是预测的 log P 值中位数仍在 2.0 ～ 4.5 范围内且趋于稳定。在 log P 预测值的离散程度上，虽然 CNS 药物稍小于 non-CNS 药物，但总体而言，non-CNS 和 CNS 药物之间并没有很大的差别。CNS 药物的异常值包括上文中讨论的强亲脂性药物奈妥吡坦（化合物 3），以及强极性药物氨己烯酸（vigabatrin，化合物 4）和屈昔多巴（droxidopa，化合物 5）。主动转运机制可能在这些药物的肠道吸收及穿透血脑屏障方面发挥重要作用。

通过计算 N 原子＋O 原子的 TPSA[4] 而得到的 PSA 值则显示出非常明显的波动性，但没有呈现随时间变化的显著趋势。值得注意的是，15% 的药物的 TPSA 大于 140 Å^2，有些甚至高达 200 Å^2。该发现促使研究人员重新审视过去经常应用的以 140 Å^2 为阈值的规则，这一部分将在第 4.3 节详细讨论。CNS 药物的 PSA 值范围有限，只有 4 个化合物显著高于 80 Å^2，包括屈昔多巴；马西瑞林（macimorelin，化合

物6），一种生长激素促分泌素受体激动剂，用于诊断（而非治疗）成人生长激素缺乏症；维拉佐酮（vilazodone，化合物7），一种5-HT（serotonin，血清素）再摄取抑制剂和5-HT$_{1A}$部分激动剂；加巴喷丁恩那卡比（gabapentin enacarbil，化合物8）是一种在穿透血脑屏障时可水解为加巴喷丁的前药。

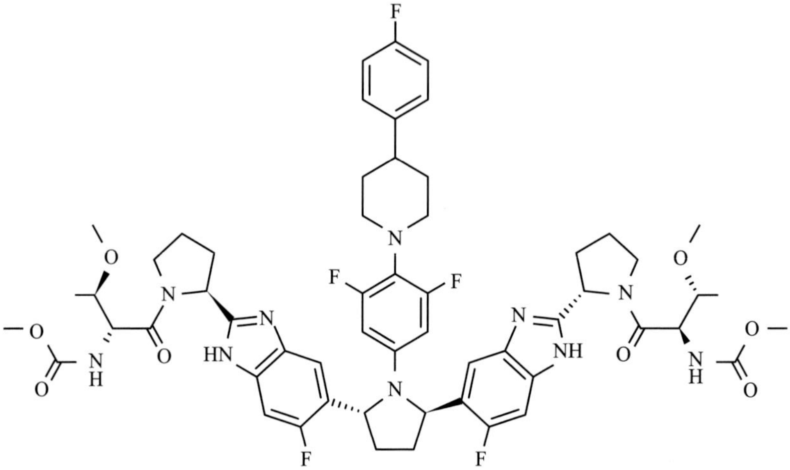

哌仑他韦
（1）

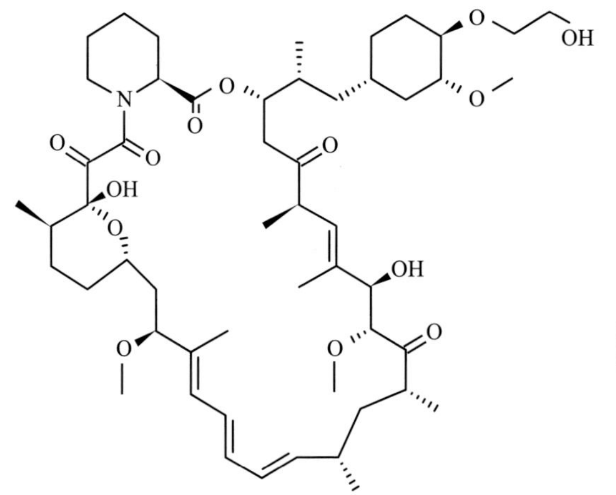

依维莫司
（2）

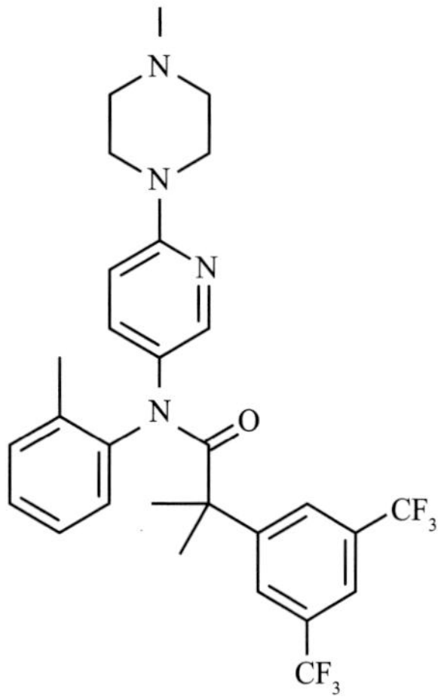

奈妥吡坦
（3）

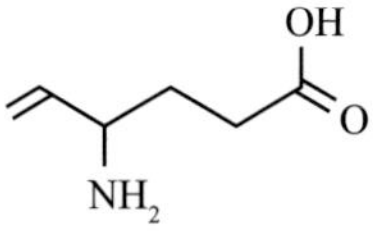

氨己烯酸
（4）

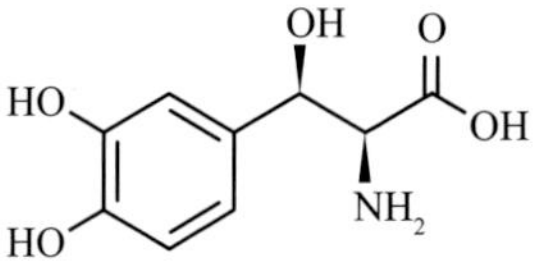

屈昔多巴
（5）

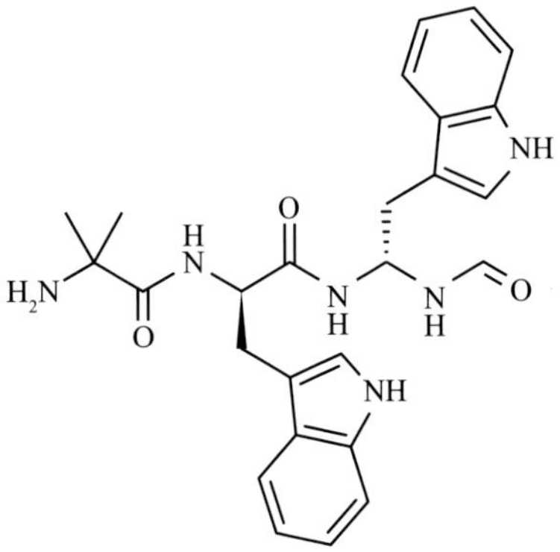

马西瑞林
（6）

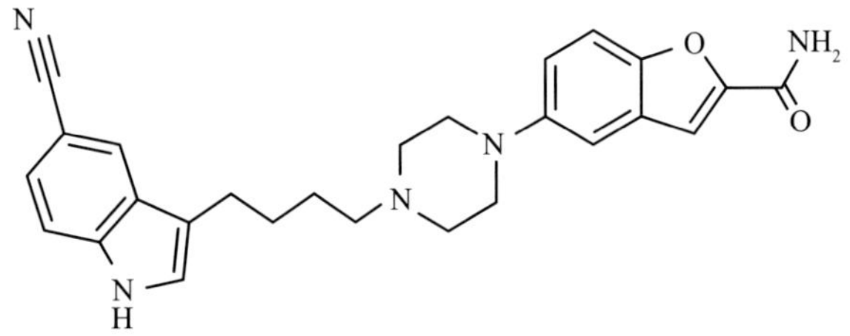

维拉佐酮
（7）

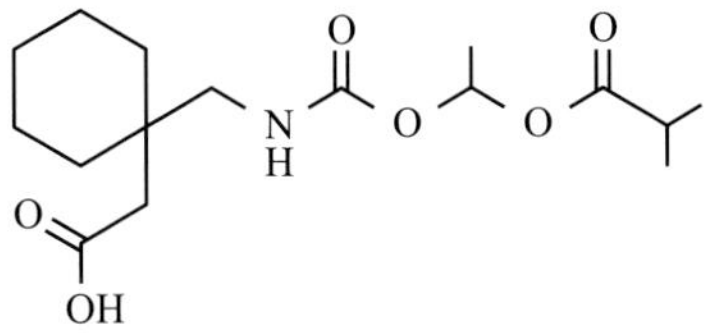

加巴喷丁恩那卡比
（8）

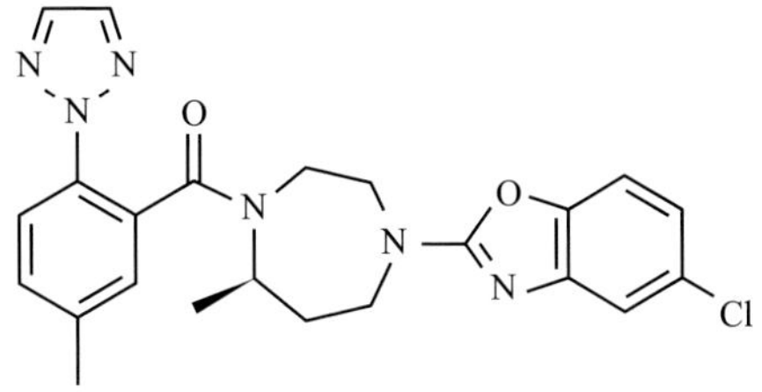

苏沃雷生
（9）

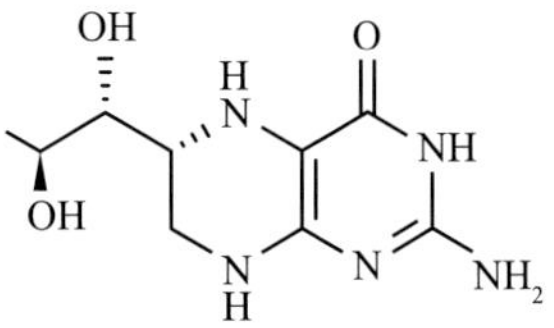

沙丙蝶呤
（10）

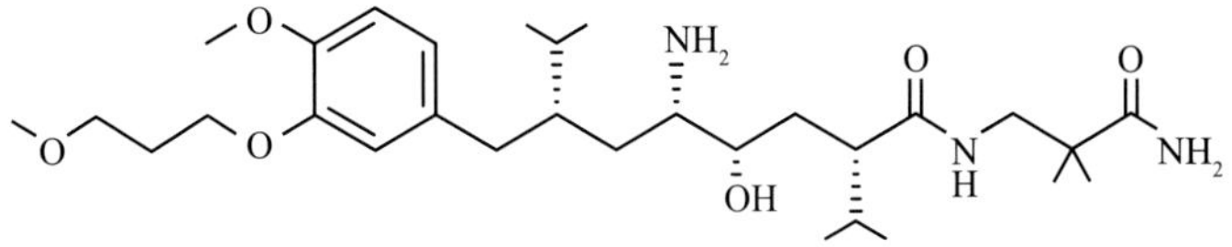

阿利吉仑
（11）

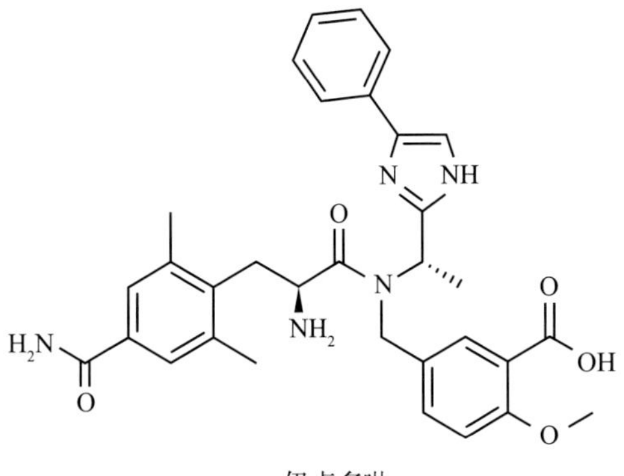

伊卢多啉
（12）

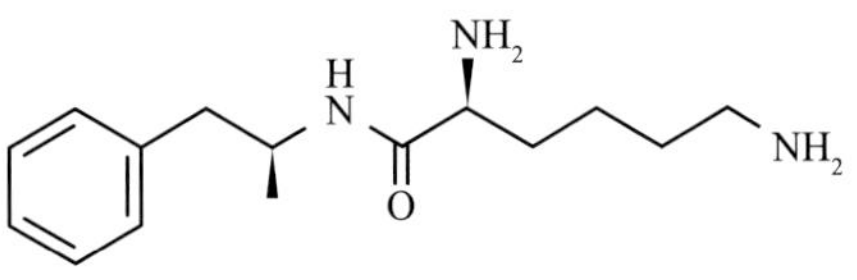

甲磺酸赖氨酸苯丙胺
（13）

图4.2 部分药物的结构

　　HBA 数量是指 O 原子和 N 原子个数之和，也没有显示随时间变化的显著趋势。虽然一些较大的药物有多达 16 个杂原子，但 non-CNS 药物的 HBA 中位数为 7 个，CNS 药物 HBA 中位数为 4 个。与上述 TPSA 结果相似，CNS 药物 HBA 参数的离散程度相对较小，O 原子＋N 原子数量最多的化合物包括马西瑞林和用于治疗失眠的食欲肽受体拮抗剂苏沃雷生（suvorexant，化合物 9）。HBD 数量是指与 O 原子或 N 原子直接相连的 H 原子的数量。只有极少数药物（175 个药物中的 5 个）的 HBD 数量超过 5 个。在 CNS 类药物中，35 个药物中有 28 个药物的 HBD 数量不超过 2 个，只有 3 个 CNS 药物含有 5 个及以上的 HBD，包含上述屈昔多巴和马西瑞林，以及在通过血脑屏障前被水解的苯丙胺前药甲磺酸赖氨酸苯丙胺（lisdexamfetamine，化合物 13）。HBD 数量大于 5 的 non-CNS 药物是天然辅助因子沙丙蝶呤（sapropterin，化合物 10）、肾素抑制剂阿利吉仑（aliskiren，化合物 11），以及外围混合阿片受体配体伊卢多啉（eluxadoline，化合物 12）。主动摄取机制可能在沙丙蝶呤中发挥作用，但阿利吉仑和伊卢多啉可能通过分子内氢键（intramolecular hydrogen bonds，IMHB）形成的分子构象"隐藏"了部分极性。鉴于只有极少数的例外，可以认为 HBD 数量不超过 5 这一原则是一个刚性的阈值，且很难违背，而其他三个 Ro5 规则是可以违背的。研究结果与 AbbVie 公司最近发布的一份针对 1116 个 bRo5 化合物的分析结果一致[15]。这一研究发现，虽然高分子量（≤1132）和 TPSA（≤229 Å^2）是可接纳的，但是 HBD ＞ 6、HBA ＞ 14 或可旋转键数 ＞ 19 的化合物是无法口服生物利用的（在大鼠内吸收率 ≥5%）。在另一项有关 bRo5 药物和临床候选药物的研究中，基尔伯格（Kihlberg）发现，"可口服吸收"的限制范围为分子量≤1000，−2≤Clog P≤10，HBD≤6，HBA ≤ 15，PSA ≤250Å^2，可旋转键数≤20[16]。

　　为了保持合理的较低 log P 值，TPSA 应该随着 MW 的增加而增加，从图 4.3 中也可以明确地观察到这一特点。韦伯（Veber）规则指出，TPSA ＜ 140 Å^2 及可旋转键数不超过 10 的化合物在大鼠体内的口服生物利用度可能大于 20%[3]。这一规则是基于 2002 年史克必成公司（SmithKline Beecham，现葛兰素史克公司）发布的针对 1117 种候选药物的分析结果。有趣的是，在这项研究中发现 MW 与口服生物利用度无关，没有数据指出 MW 的上限。在这个数据库中，21% 的化合物的 MW 大于 550，最高的 MW 为 770。韦伯规则发布后不久，人们发现该规则对其他数据库缺乏预测性，因此其适用性受到了质疑[17, 18]。图 4.4 显示了 2007 ～ 2017 年获批的口服药物与韦伯规则的比较。很明显，最近批准的药物远远超出了韦伯等在 2002 年发布的极性和柔性的限度[3]，但它们的特性大部分仍在基尔伯格（Kihlberg）提出的"可口服吸收"范围内[16]。

　　综上，在 2007 ～ 2017 年获批的 non-CNS 口服药物中，有相当一部分药物违背了两项甚至更多的利平斯基（Lipinski）参数（即 Ro5，22% 的药物）和 TPSA ＜ 140 Å^2 的规则（18% 的药物，见图 4.4 和图 4.5）。而对于 CNS 药物而言，违背 5

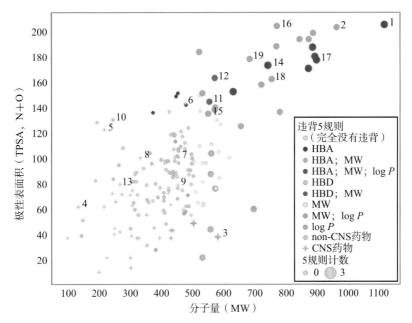

图4.3 2007～2017年被FDA批准的口服药物的TPSA与MW的关系图。药物的颜色是根据它们违背Ro5的具体参数来表示的，如果药物完全没有违背Ro5参数则表示为灰色。符号大小表示违规次数的多少；形状表示不同的药物类别：圆圈代表non-CNS药物，四角星代表CNS药物；编号是指文中的化合物编号（结构参见图4.2和图4.6）

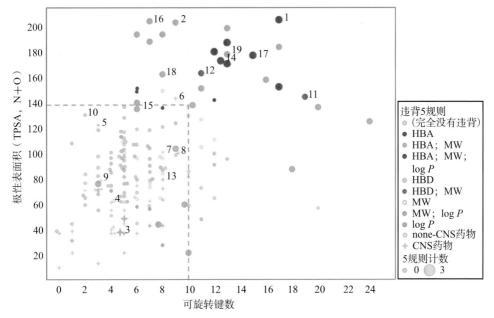

图4.4 2007～2017年被FDA批准的口服药物的TPSA与可旋转键数的关系图。韦伯规则[3]的极限值以蓝色虚线表示。颜色及形状规则参见图4.3

规则的数量相对要少得多，所有参数的离散程度也相对更窄。尽管这些药物的平均分子量低于500，但MW > 600的药物数量已从2007年和2008年的0个增加到从2012年开始的每年2～4个。Ro5和TPSA < 140 Å² 的规则适用性不是绝对的，针对较难靶点进行药物开发的追求，已经促使药物化学家进行超出了Ro5范围的研究，但这仍是一个未知的领域。

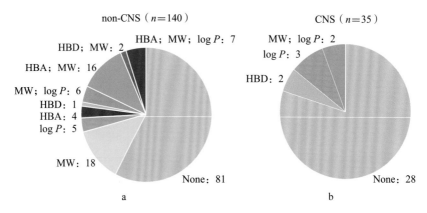

图4.5 饼状图显示了2007～2017年被FDA批准的CNS和non-CNS口服药物违背"5规则"的数量和类型

a. non-CNS药物；b. CNS药物

4.3 bRo5药物的极性表面积

较高的膜被动渗透性是药物能够口服吸收的前提，因此根据分子结构预测这一性质是很有价值的。事实上，Ro5和TPSA < 140 Å² 的规则经常被药物化学家应用，但如上文所述，它们预测大分子口服吸收的能力是有限的。根据药物化学家的实践经验，TPSA < 140 Å² 的规则所依据的基础通常并不是很容易理解。在本节中，将回顾这些概念和规则的一些原始研究。

广泛使用的TPSA参数是基于分子的二维（two-dimensional，2D）结构[4]，因此，这一规则未能考虑到IMHB和构象的溶剂依赖性。虽然TPSA是通过与3万多个化合物的单个低能量构象的三维（three-dimensional，3D）PSA比较而得，且已经过计算验证，但单个构象不足以代表溶液中许多柔性分子的构象集（所有构象）。构象易变行为，即分子随着环境的变化而改变其表面极性，并不能通过TPSA进行全面的分析预测，因为TPSA并没有考虑构象的问题。如上所述，韦伯发现TPSA < 140 Å² 的化合物在大鼠体内具有良好的口服生物利用度[3]。值得注意的是，当时已知人体药代动力学数据的bRo5药物是很少的，而韦伯无法严格验证140 Å² 的阈值在人体内的有效性。

在TPSA参数发展之前，帕尔姆（Palm）等使用分子力学构象搜索发现了几种低能量构象的PSA，并对其进行玻尔兹曼加权（Boltzmann weighting），得到了"动态极性表面积"PSA$_d$（dynamic polar surface area，PSA$_d$）[19]。研究发现PSA$_d$与Caco-2单分子层及大鼠肠段的渗透性呈极好的负相关，但在该研究中仅分析了6个化合物[19]。在第二篇文章中[2]，作者对20个已知人体吸收分数（fraction absorbed，F_a）药物的PSA$_d$进行了分析，发现了PSA$_d$和F_a之间的关系如下：PSA$_d$ > 140 Å^{2}的药物的F_a < 10%，但这仅是基于对两个药物性质范围的分析。总之，常用的TPSA < 140 Å^{2}的规则源自两篇论文[2, 3]，都没有给出可信的基于人体临床研究的验证。

考虑到当时可用分子力场的局限性，相关结果对分子力学构象分析的能量误差较大，因此用于计算PSA$_d$的方法不太可能给出准确的结果。同时，不同溶剂对构象的影响未被纳入考虑，PSA的玻尔兹曼加权平均值的物理意义也并不明显。考虑到与生物膜的相互作用，构象集而不是平均构象似乎更能代表一个分子的性质。虽然上述研究具有开创性的影响力，但相关研究受到1995～2000年计算机和分子力学力场性能的限制。现如今，由于计算机和力场的性能得到了完善（例如，本章使用的是目前最先进的OPLS3力场[20]），因此重新审视这些基本概念的时机似乎已经到来。特别是，现在可以常规地在明确的溶剂中进行分子动力学模拟。在一篇重要的论文中[21]，福洛佩（Foloppe）和陈（Chen）指出，利用这种方法对26个化合物（包括7个已批准的药物）构象集的分析是有效的。

由于TPSA具有很多局限性，研究人员还提出了许多替代的方法。研究人员尝试去改进构象分析和抽样方法，并引入了对PSA有所贡献的单一原子缩放或其他修饰。卡龙（Caron）和尔蒙第（Ermondi）总结了这个领域的最新重要进展[22]。

bRo5药物发现过程中的一个关键挑战是如何在一个分子中实现水溶性所需的高极性及膜渗透性所需的低极性之间的结合和平衡。这种矛盾在高分子量及分子达到一定大小时变得更为突出，因此有人提出了分子只有在具有易变构象时才可能同时满足这两种极性需求[5-9]。基尔伯格（Kihlberg）等比较了已报道的一些具有TPSA数据的bRo5口服小分子药物的X射线结构，其中每种药物至少拥有两种不同的X射线结构[6]。他们发现，虽然所有化合物的TPSA均大于140Å^2，但其中一些化合物至少有一个X射线构象的3D PSA小于140 Å^2。威蒂（Whitty）等通过明确考虑水性和非极性膜环境中低能量构象的溶剂可及PSA，试图对分子的构象变化进行量化。他们分别命名水环境和非极性环境中的3D PSA为MPSA$_{Aq}$和MPSA$_{np}$，并提出当MPSA$_{Aq}$ ≥ 0.2 MW时，化合物水溶性较好；当MPSA$_{np}$ ≤ 140Å^{2}时，化合的膜渗透性较好。吉马良斯（Guimarães）等旨在通过计算分子性质来预测bRo5药物的膜被动渗透性，并进行了一些极性的测试，如极性原子、HBD计数、TPSA、通过单一低能量构象（在氯仿中的构象最小值）

计算 3D PSA、单一构象的广义波恩（Born）表面积（GBSA）脱水自由能等测试[23]。尽管 3D 极性测试对渗透性比 TPSA 更具预测性，但并没有开展全面的构象集及对溶剂依赖性的研究，因此研究未能直接解决易变构象的问题。

4.3.1　易变构象的分子动力学研究

可以预见，将 MPSA$_{Aq}$ 和 MPSA$_{np}$ 等概念与经过严格处理的水环境和膜环境中的构象集相结合，可能会产生更好的模型来预测 bRo5 分子的极性、易变构象和最终的膜渗透性。受福洛佩和陈的研究启发[21]，研究人员建立了一个在水和正辛烷中进行分子动力学（molecular dynamics，MD）模拟的可行性流程，借此来推导这两种环境中药物分子的空间构象。选择正辛烷作为溶剂，以代表生物脂质双层膜的内部环境，这也是根据 MD 模拟盒的大小和生物相关性的一种折中方案。对数以千计模拟的统计分析可以获得溶剂可及表面积（solvent-accessible surface area，SASA）和极性表面积的分布，以及 IMHB 和回转半径等数据。采用这些分布，而不是单一的数值（如单一构象的 PSA），有助于呈现药物分子在溶液和膜内环境中分子极性的真实画面，或许可用于预测分子构象的易变特征。这种方法还可以让我们重新审视过去常用的 PSA 阈值 140 Å^2，同时根据最近批准的口服有效的 bRo5 药物制定新的指导原则。

研究人员使用该方法分析了 2007 ～ 2017 年获批的 bRo5 药物（见表 4.1 和图 4.6）。值得注意的是，依维莫司是天然产物雷帕霉素（rapamycin）以 40-O-2-羟乙基修饰后的产物，而其他的药物分子均是制药公司研发的人工合成药物。首先，通过绘制药物分子 PSA 在水和正辛烷中的分布并分析药物分子在这些溶剂中的 IMHB 数量，以探究分子构象的易变特征。三个代表性药物的分析结果如图 4.7 所示。天然产物来源的依维莫司的 PSA 值具有较大的离散程度，并且在低极性的正辛烷中比在水中的分布变化更为明显。合成药物西咪匹韦（simeprevir，化合物 18）的这种特征也很明显，但奥比他韦（ombitasvir，化合物 17）却没有这种特征。在所有情况下，PSA 在正辛烷中的分布峰值远低于计算的 TPSA 值（红色虚线）。考虑到药物分子，特别是在正辛烷中会有大量的 IMHB 形成，这一结果也不足为奇，但这也清楚地表明了仅仅用 TPSA 并不能很好地反映这些分子的极性。这三个化合物在大多数正辛烷的 MD 模拟中都会形成一个或多个 IMHB。而在水中，大多数情况下并不具有 IMHB 的分子构象。虽然奥比他韦在两种溶剂之间的 PSA 分布基本没有差异，但 IMHB 形成的显著差异可能是由构象易变造成的。值得注意的是，与合成药物相比，天然产物衍生物依维莫司的 PSA 分布更广，在水和正辛烷中的分布峰值间的差异也更大。这表明天然产物衍生物比合成药物对环境的适应能力更强。因此，也许可以通过研究天然产物来改善药物设计中化合物的构象易变性质。

表4.1 应用于分子动力学分析的药物

药物	靶点	MW	TPSA	PSA（MD）峰值	
				n-辛烷	水
达卡他韦（14）	HCV NS5A	738.9	174.6	145	145
依度沙班（15）	Ⅹa因子	548.1	136.6	150	150
依维莫司（2）	mTORC1/FKBP1A PPI	958.2	204.7	150	200
格拉诺平（16）	HCV NS3/4A	766.9	205.7	125，145	105，150
奥比他韦（17）	HCV NS5A	894.1	178.7	155	155
西咪匹韦（18）	HCV NS3/4A	749.9	163.9	125	150
特拉匹韦（19）	HCV NS3/4A	679.8	179.6	150	150

注：PSA（MD）峰值表示对分子动力学模拟分析的2500帧在各溶剂中分布的峰值。

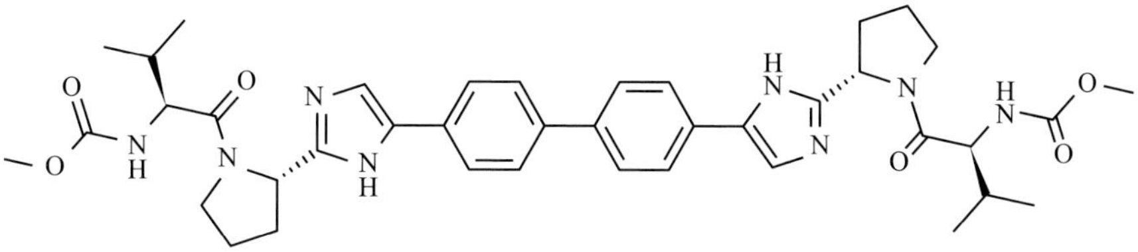

达卡他韦（14）

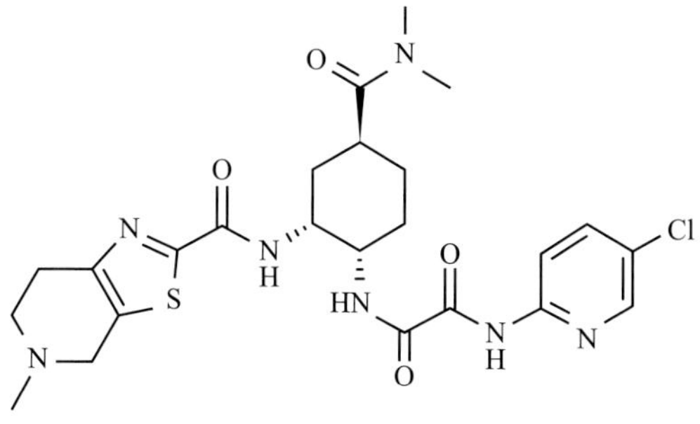

依度沙班（15）

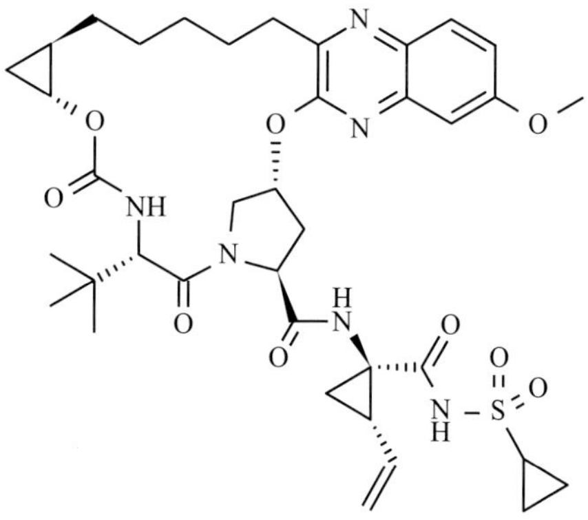

格拉诺平（16）

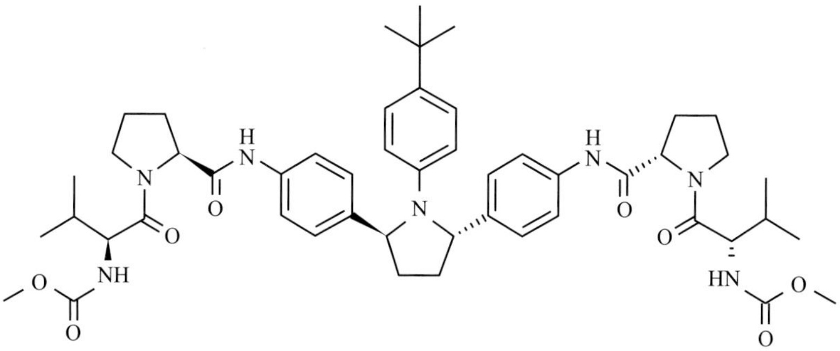

奥比他韦（17）

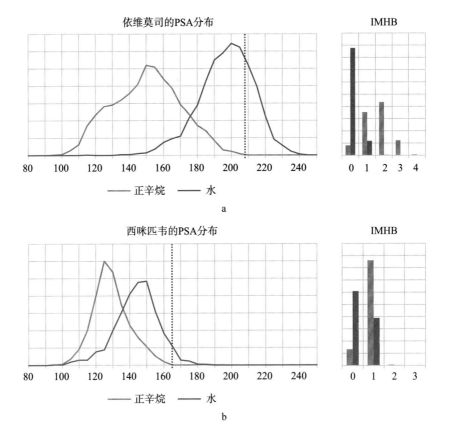

图4.6 表4.1中药物的结构

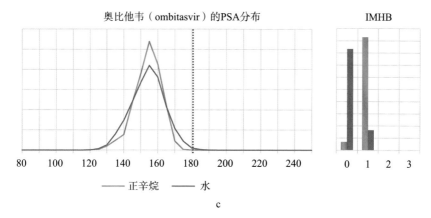

图4.7　在水（蓝色）和正辛烷（橙色）中进行分子动力学模拟所得的极性表面积（PSA）分布及分子内氢键（IMHB）数量

　　a.依维莫司；b.西咪匹韦；c.奥比他韦。分子的计算TPSA以红色虚线表示。PSA分布由分子动力学模拟而得

　　随后，研究人员使用PSA < 140Å^{2}的规则比较了PSA在正辛烷中的MD衍生分布。如上所述，选择正辛烷是基于代表生物膜内部环境的目的。膜渗透性是一个多步骤的过程，包括从水相进入膜结构，"翻来覆去"地通过疏水膜中心，最后离开膜结构。这些过程最近已在明确的膜系统中通过MD模拟进行了详细的研究，发现其限速步骤取决于药物分子本身的性质[24]。对于大多数药物而言，通过膜内部的过程是限速步骤，在膜内环境中，通过形成IMHB来降低药物分子暴露于水或膜极性基团的氢键数量有助于提高药物分子整体的膜渗透性。因此，研究人员采用药物在正辛烷中的PSA分布和IMHB计数作为评估参数。图4.8显示了表4.1中药物在正辛烷中的PSA分布叠加，PSA的分布峰值高达155 Å^2。如表4.1所示，除依度沙班（edoxaban，化合物15）外，所有药物的TPSA均高于140 Å^2。因此，TPSA < 140Å^{2}规则显然不适用于大多数上述药物。PSA分布相当广泛，因此所有化合物仍有PSA < 140Å^{2}的构象存在，但研究人员认为将155 Å^{2}或稍小的PSA分布峰值定义为阈值更为合理，可以作为设计具有类似分子大小药物的指导原则。

　　根据表4.1中的分析，没有发现高分子量极性药物的 PSA 会在非极性溶剂中降低而在水中升高这一假设[5]的确凿证据。但是，研究分析的所有药物在正辛烷中比在水中倾向于形成更多的IMHB，表明溶剂依赖性分子内氢键的设计是该类药物的重要考虑因素。事实上，IMHB的形成并不总是由相应PSA的变化来反映，而可能是由分子渗透性的变化[24]来反映，这一事实引起了人们的疑问，即PSA作为一种分子内药物–溶剂和药物–膜相互作用的表面极性评估方法是否真正实用？事实上，卡龙（Caron）等最近也强调需要选择比PSA更合适的参数[22]。

药物在辛烷中的PSA分布

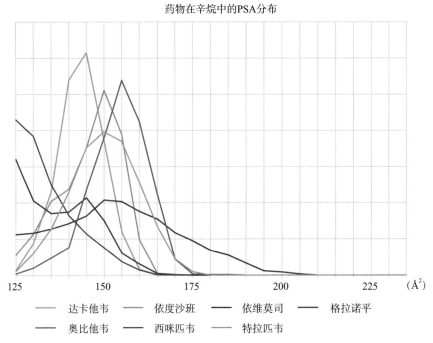

达卡他韦	依度沙班	依维莫司	格拉诺平
奥比他韦	西咪匹韦	特拉匹韦	

图4.8　表4.1中化合物在正辛烷中分子动力学模拟的极性表面积（PSA）分布

　　为了评估药物在水和正辛烷中的总体形状和大小是否不同，研究人员绘制了依维莫司、奥比他韦和西咪匹韦的SASA和回转半径的分布图（图4.9）。与上述相关PSA的观察结果一致，依维莫司和西咪匹韦的SASA值和回转半径较小，但奥比他韦例外，表明它们在正辛烷中比在水中具有更紧密的构象集。虽然奥比他韦会在正辛烷中形成一个IMHB，而在水中没有形成IMHB，但其分子的大小和

SASA分布

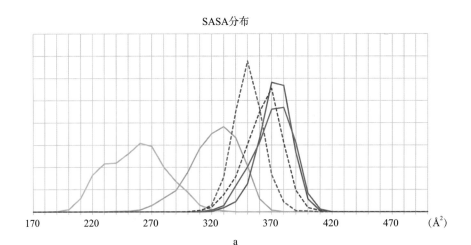

a

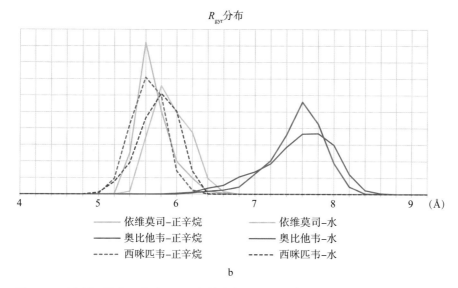

R_{gyr}分布

—— 依维莫司-正辛烷	—— 依维莫司-水
—— 奥比他韦-正辛烷	—— 奥比他韦-水
- - - 西咪匹韦-正辛烷	- - - 西咪匹韦-水

b

图4.9　a.溶剂可及表面积（SASA）的分布。b.伊维莫司（2）、奥比他韦（17）和西咪匹韦（18）在水和正辛烷中分子动力学模拟的回转半径（R_{gyr}）分布

形状并没有显著变化。这可能是由于与其他两个药物相比，奥比他韦具有更刚性的结构。图4.10显示了西咪匹韦在水和正辛烷中的代表性构象。

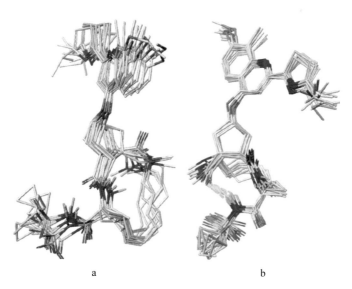

a　　　　　　　　　　　　　b

图4.10　西咪匹韦在水（a）和正辛烷（b）中最密集的构象簇。对所有MD帧进行构象聚类分析，以显示出药物在水和正辛烷中最密集的构象。氢键供体以青色表示，分子内氢键以黄色线表示

4.3.2　总结

对于分子量大于700的分子，不容易确定其极性、渗透性和溶解度之间的关系，而且简单的TPSA规则不适用于这些大分子。构象易变特性，即分子通过暴露或隐藏极性（如IMHB）来适应环境的性质，这在最近批准的高分子量药物中很常见。目前，已对这些分子在确定溶剂中进行了分子动力学模拟，而这些模拟的结果可以给出一些分子特性的分布，如构象集的PSA分布和IMHB计数。通过对这些已获批药物的性质分布的分析，研究人员提出了一种经修订的用于表征极性的指导方针，即在正辛烷中PSA分布的阈值应为155 Å^{2}或稍低于155 Å^2。有些（但不是所有的）高分子量药物在不同的溶剂中显示不同的PSA值分布，在水中比在正辛烷中具有更高的PSA位移值。尽管如此，所有分析的药物分子都显示出一个规律，即在正辛烷中比在水中倾向于形成更多的IMHB，这也表明溶剂依赖型分子内氢键的设计是这类药物的一个重要考虑因素。

4.3.3　分子动力学构象研究方法

分子动力学模拟使用2017-3薛定谔（Schrödinger）软件Desmond v5.1，采用默认参数设置（www.schrodinger.com）。表4.1中的每一种药物，在每种溶剂中运行5次，每次50 ns，每0.1 ns保存为一个帧。因此，每个药物-溶剂组合总计得到2500帧。在所有情况中都采用分子的中性形式。实验中选择一个20 Å缓冲区大小的立方体模拟盒来防止配体与自身的影像相互作用。在水中的模拟使用了TIP3P模型，在正辛烷中的模拟，则通过薛定谔软件构建了一个自定义溶剂盒。所有模拟均使用OPLS3力场来运行。SASA通过针对全原子分子（all-atom molecule）的 "schrodinger.structutils import analyze" 中的Maestro v11.3 API函数 "calculate_sasa_by_atom" 来计算，参数设置为默认。PSA（N＋O）通过针对全重原子分子（all-heavy-atom molecule）的同上函数进行计算，参数设置为默认。内部氢键通过 "schrodinger.infra import structure" 中的API函数 "get_hydrogen_bonds" 进行计算，参数设置为默认。

（尹贻贞　白仁仁）

原作者简介

安德烈·亚斯（Andreas Ritzén），博士，利奥制药公司（LEO Pharma）药物设计课题组首席科学家。他于2000年获得瑞典隆德大学（Lund University）有机化学博士学位，师从托比约·弗赖德（Torbjörn Frejd）教授。之后他前往位于加利福尼亚州圣地亚哥的美国斯克里普斯研究所（The Scripps Research Institute），从事了为期两年的博士后研究工

作，师从K.C.尼古劳（K.C.Nicolaou）教授，研究方向为埃博霉素类似物的合成。随后，他加入位于丹麦瓦尔比的伦贝克公司（H. Lundbeck A/S），并参与了多项精神病学和神经病学相关的科研项目，后担任团队负责人和项目经理。他于2013年加入利奥制药公司，从事皮肤病学领域的药物化学研究，专注于治疗银屑病和特应性皮炎的JAK抑制剂的研发，目前在领导利奥制药公司的苗头化合物识别发现项目。他的研究兴趣涉及基于结构的药物发现、基于片段的先导化合物生成，以及将分子设计和计算化学应用于药物化学探究。

劳伦·戴维（Laurent David），博士，伦贝克公司计算化学部首席科学家。他于1996年在法国约瑟夫傅立叶大学（University Joseph Fourier，UJF）结构生物研究所获得博士学位，师从马丁·菲尔德（Martin Field）教授，主要研究关于大分子隐式溶剂的不同模拟方法。1996～1999年，他在生物技术研究中心（Institut de Biologie Structurale，CARB）的迈克尔·吉尔森（Michael Gilson）教授课题组从事博士后研究工作。之后他前往蒙特利尔大学（University of Montreal）弗朗索瓦·梅杰（François Major）教授课题组进行博士后研究。2001年，他加入位于瑞典隆德的阿斯利康公司（AstraZeneca），并加入由博·诺登（Bo Nordén）教授领导的计算化学部并担任高级科学家。在此期间，他开展了多个研究项目，包括激酶JAK3、PI3Kγ和C-C趋化因子CCR1相关药物研究。2008年，他加入伦贝克公司的计算化学小组，并参与了多个研究项目的研究工作（如LRRK2、Sortilin和GPR3）。他的研究兴趣集中在开发和应用能够连接计算机与药物化学的工具，以设计具有目的特性的新分子。

参 考 文 献

1. Lipinski, C.A., Lombardo, F., Dominy, B.W., and Feeney, P.J.（1997）. Experimental and computational approaches to estimate solubility and permeability in drug discovery and development settings. Adv. Drug Delivery Rev. 23：3-25.

2. Palm, K., Stenberg, P., Luthman, K., and Artursson, P.（1997）. Polar molecular surface properties predict the intestinal absorption of drugs in humans. Pharm. Res. 14：568-571.

3. Veber, D.F., Johnson, S.R., Cheng, H.-Y. et al.（2002）. Molecular properties that influence the oral bioavailability of drug candidates. J. Med. Chem. 45：2615-2623.

4. Ertl, P., Rohde, B., and Selzer, P.（2000）. Fast calculation of molecular polar surface area as a sum of fragment-based contributions and its application to the prediction of drug transport properties. J. Med. Chem. 43：3714-3717.

5. Whitty, A., Zhong, M., Viarengo, L. et al.（2016）. Quantifying the chameleonic properties

of macrocycles and other high-molecular-weight drugs. Drug Discovery Today 21: 712-717.

6. Matsson, P., Doak, B.C., Over, B., and Kihlberg, J. (2016). Cell permeability beyond the rule of 5. Adv. Drug Delivery Rev. 101: 42-61.

7. Matsson, P. and Kihlberg, J. (2017). How big is too big for cell permeability? J. Med. Chem. 60: 1662-1664.

8. Caron, G. and Ermondi, G. (2017). Updating molecular properties during early drug discovery. Drug Discovery Today 22: 835-840.

9. Over, B., Matsson, P., Tyrchan, C. et al. (2016). Structural and conformational determinants of macrocycle cell permeability. Nat. Chem. Biol. 12: 1065-1074.

10. Leeson, P.D. and Springthorpe, B. (2007). The influence of drug-like concepts on decision-making in medicinal chemistry. Nat. Rev. Drug Discovery 6: 881-890.

11. Leeson, P.D. (2016). Molecular inflation, attrition and the rule of five. Adv. Drug Delivery Rev. 101: 22-33.

12. Lipinski, C.A. (2016). Rule of five in 2015 and beyond: target and ligand structural limitations, ligand chemistry structure and drug discovery project decisions. Adv. Drug Delivery Rev. 101: 34-41.

13. FDA.Drugs@FDA: FDA Approved Drug Products. https://www.accessdata.fda.gov/scripts/cder/daf/index.cfm (accessed 27 January 2018).

14. Mannhold, R., Poda, G.I., Ostermann, C., and Tetko, I.V. (2009). Calculation of molecular lipophilicity: state-of-the-art and comparison of log P methods on more than 96, 000 compounds. J. Pharm. Sci. 98: 861-893.

15. DeGoey, D.A., Chen, H.-J., Cox, P.B., and Wendt, M.D.Beyond the rule of 5: lessons learned from AbbVie's drugs and compound collection. J. Med. Chem. https://doi.org/10. 1021/acs. jmedchem. 7b00717.

16. Doak, C.B., Over, B., Giordanetto, F., and Kihlberg, J. (2014). Oral druggable space beyond the rule of 5 insights from drugs and clinical candidates. Chem. Biol. 21: 1115-1142.

17. Lu, J.J., Crimin, K., Goodwin, J.T. et al. (2004). Influence of molecular flexibility and polar surface area metrics on oral bioavailability in the rat. J. Med. Chem. 47: 6104-6107.

18. Martin, Y.C. (2005). A bioavailability score. J. Med. Chem. 48: 3164-3170.

19. Palm, K., Luthman, K., Ungell, A.-L. et al. (1996). Correlation of drug absorption with molecular surface properties. J. Pharm. Sci. 85: 32-39.

20. Harder, E., Damm, W., Maple, J. et al. (2016). OPLS3: a force field providing broad coverage of drug-like small molecules and proteins. J. Chem. Theory Comput. 12: 281-296.

21. Foloppe, N. and Chen, I.-J. (2016). Towards understanding the unbound state of drug compounds: implications for the intramolecular reorganization energy upon binding. Bioorg. Med. Chem. 24: 2159-2189.

22. Caron, G. and Ermondi, G. (2016). Molecular descriptors for polarity: the need for going beyond polar surface area. Future Med. Chem. 8: 2013-2016.

23. Guimarães, C.R.W., Mathiowetz, A.M., Shalaeva, M. et al. (2012). Use of 3D properties to characterize beyond rule-of-5 property space for passive permeation. J. Chem. Inf. Model. 52: 882-890.

24. Dickson, C.J., Hornak, V., Pearlstein, R.A., and Duca, J.S. (2017). Structure-kinetic relationships of passive membrane permeation from multiscale modeling. J. Am. Chem. Soc. 139: 442-452.

第5章

激酶抑制剂类药物的研发

5.1 引言

激酶（kinase）是一种催化磷酸化基团从ATP向特异性底物转移的酶[1, 2]。作为细胞信号转导的关键节点，激酶可调节大量的细胞活动，包括细胞生长、增殖、存活、凋亡、新陈代谢、运动、转录、分化，以及血管生成和对DNA损伤的应答[3-10]。激酶功能的失调与多种疾病相关，这些疾病通常与激酶的突变有关[11]。当前，激酶作为多种疾病治疗的靶点受到密切关注，这些疾病包括多种类型的癌症、炎症性疾病，发育障碍、代谢障碍和神经退行性疾病[4, 5, 12-18]。

以激酶为靶点的治疗策略在过去几十年中取得了快速的发展[19-23]，开创了靶向治疗的新时代，且在各种癌症治疗中表现得尤为突出[24-29]。本章将重点介绍截至2016年12月获批的38个激酶抑制剂的研发历史和临床前景（图5.1和表5.1）[19-21]。

人体中的激酶具有高度的结构相似性，尤其是激酶结构域。激酶结构域是由N端和C端半段结构形成的一个空腔，ATP结合口袋就位于此（图5.2a）[30]。大多数激酶抑制剂的设计目标是与ATP结合位点发生相互作用。从保守氨基酸序列天冬氨酸-苯丙氨酸-甘氨酸（Asp-Phe-Gly，DFG）开始，形成一个柔性的活化环，控制着ATP与ATP结合位点的结合[31]。

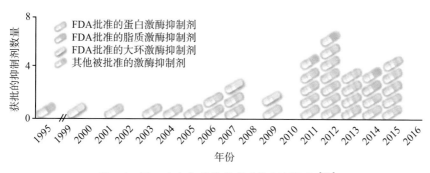

图5.1　近二十多年获批的激酶抑制剂数量[21]

表5.1　获批激酶抑制剂的靶点

FDA批准的蛋白激酶抑制剂

抑制剂	靶点
伊马替尼（imatinib）	Bcr-Abl，PDGFR，Kit，Ret，Src
吉非替尼（gefitinib）	EGFR，Gak
厄洛替尼（erlotinib）	EGFR，Slk，ILK
索拉替尼（sorafenib）	VEGFR，EGFR，PDGFR，Raf，Kit，Ret
舒尼替尼（sunitinib）	VEGFR，PDGFR，Kit，Flt，Ret
达沙替尼（dasatinib）	Bcr-Abl，Src
拉帕替尼（lapatinib）	EGFR，ErbB2
尼洛替尼（nilotinib）	Bcr-Abl，PDGFR，Kit，Src
帕唑帕尼（pazopanib）	VEGFR，PDGFR，Kit，EGFR
凡德他尼（vandetanib）	VEGFR，EGFR
维拉非尼（vemurafenib）	B-Raf
克唑替尼（crizotinib）	ALK，c-Met
鲁索替尼（ruxolitinib）	JAK1，JAK2
阿昔替尼（axitinib）	VEGFR，KIT，PDGFR
博舒替尼（bosutinib）	Bcr-Abl，Src，Lyn，Hck，CDK，MEK
瑞格非尼（regorafenib）	VEGFR，PDGFR，FGFR，Raf，Kit，Ret
托法替尼（tofacitinib）	JAK1，JAK2，JAK3
卡博替尼（cabozantinib）	VEGFR2，Met，Ret，Flt，Axl，TIE
帕纳替尼（ponatinib）	Bcr-Abl，FGFR，Src，VEGFR，PDGFR
达拉非尼（dabrafenib）	B-Raf
阿法替尼（afatinib）	EGFR，ErbB2，ErbB4
依鲁替尼（ibrutinib）	BTK
色瑞替尼（ceritinib）	ALK
尼达尼布（nintedanib）	VEGFR，EGFR，PDGFR
帕博西尼（palbociclib）	CDK4，CDK6
乐伐替尼（lenvatinib）	VEGFR2，VEGFR3
考比替尼（cobimetinib）	MEK1，MEK2
奥西替尼（osimertinib）	MEK1，MEK2
艾乐替尼（alectinib）	ALK

FDA批准的脂质激酶抑制剂

艾德拉西布（idelalisib）	PI3Kδ

FDA批准的大环激酶抑制剂

西罗莫司（sirolimus）	mTOR
托西莫司（temsirolimus）	mTOR
依维莫司（everlimus）	mTORC1

续表

其他获批的激酶抑制剂	
法舒地尔（fasudil）	ROCK
帕舒地尔（ripasudil）	ROCK
埃克替尼（icotinib）	EGFR，ErbB2
雷多替尼（radotinib）	Bcr-Abl

激酶抑制剂可以根据分子大小分为两类：雷帕霉素类似物和小分子激酶抑制剂（small-molecule kinase inhibitor，SMKI）。其中SMKI又可分为共价型和非共价型两类[32]。非共价型SMKI可以分为Ⅰ～Ⅴ型。关键的构象特征如DFG基序、活化环和位于激酶C端半段结构的αC-螺旋等决定了SMKI的不同结合模式（图5.2b）[33-36]。Ⅰ型和Ⅱ型抑制剂具有ATP竞争性，Ⅰ型抑制剂可与激酶的活性构象结合，该构象具有三个特征：开放的活化环、DFG基序的天冬氨酸残基朝向活性位点内侧（"DFG-in"），以及αC-螺旋呈现出"in"的构象。相对而言，Ⅱ型抑制剂与激酶的非活性构象结合，即活化环处于封闭且DFG基序的天冬氨酸残基朝向活性位点外侧（"DFG-out"）[37]。而Ⅰ$_{1/2}$型抑制剂通过"DFG-in"的构象与非活性激酶构象结合，且αC-螺旋处于"out"的构象，从而表现出兼具Ⅰ型和Ⅱ型两种抑制剂

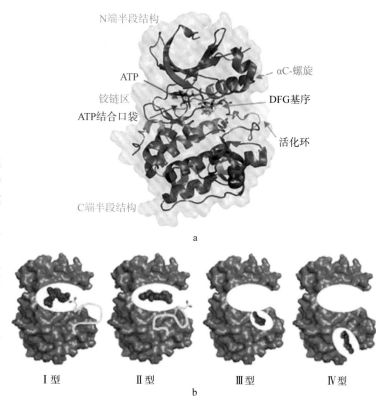

图5.2　典型蛋白激酶的结构特征和抑制剂结合模式分类

a.激酶的一般结构特征（PDB ID: 4RRV）。b.四种类型的非共价激酶抑制剂。激活环显示为灰色曲线

注：Ⅲ型抑制剂的结合位点靠近ATP结合口袋（数据来源于文献[21]中的图1，经Elsevier授权修改）

的结合特征[35]。此外，Ⅱ型抑制剂还可结合于由ATP结合位点附近的DFG基序旋转而形成的变构口袋。Ⅲ型和Ⅳ型抑制剂仅结合在变构口袋中，不与ATP结合位点形成任何相互作用。Ⅲ型抑制剂的结合位点靠近ATP结合口袋，而Ⅳ型抑制剂则结合在较远的口袋中[38-40]。Ⅴ型二价抑制剂与激酶的两个不同部位结合[41, 42]。

5.2 历史概况

激酶抑制剂发现过程中关键事件的时间轴如图5.3所示。

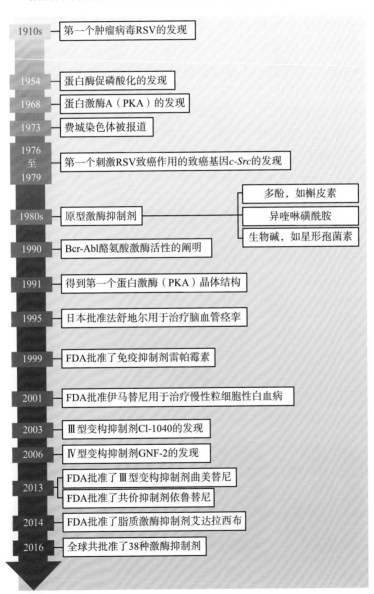

图5.3 激酶抑制剂的发现史及其关键事件的时间轴

5.2.1　1980年以前

激酶抑制剂的发现可追溯到20世纪初期，当时弗朗西斯·佩顿·劳斯（Francis Peyton Rous）开创性地发现肿瘤可通过劳斯肉瘤病毒（Rous sarcoma virus，RSV）进行传播，将从鸡肿瘤中制备的无细胞提取液注射到健康的家禽体内也可引起相同的肿瘤[43, 44]。20世纪70年代，约翰·M.毕晓普（John M. Bishop）和哈罗德·E.瓦莫斯（Harold E. Varmus）确定了细胞Src（c-Src）可激活RSV[45]。c-Src编码Src激酶家族的非受体酪氨酸激酶[46, 47]，包括Fyn、Lyn、Blk、Hck、Lck、Fgr、Yrs和Yes激酶[10]。20世纪50年代，乔治·伯内特（George Burnett）和尤金·肯尼迪（Eugene P. Kennedy）表征了磷酸化酶激酶。20世纪60年代，沃尔什（Walsh）、珀金斯（Perkins）、克雷布斯（Krebs）和菲舍尔（Fischer）发现了蛋白激酶A（protein kinase A，PKA）介导的信号通路[48-52]。1973年，珍妮特·D.罗利（Janet D. Rowley）报告指出，慢性髓细胞性白血病（chronic myelogenous leukemia，CML）患者费城染色体（Philadelphia chromosome）的异常是由9号和22号染色体长臂之间的易位所引起的[53]。易位使9号染色体上的阿伯森鼠白血病病毒致癌基因同源物1（Abelson murine leukemia viral oncogene homologue 1，Abl）与22号染色体的裂点簇区（breakpoint cluster region，Bcr）基因重新组合成融合基因，从而提高了酪氨酸激酶的活性[54, 55]。

5.2.2　20世纪80年代

在确定了第一个人致癌基因和激酶信号转导通路之后，多酚是于20世纪80年代发现的第一个小分子激酶抑制剂[56-58]，如天然存在的生物类黄酮槲皮素（quercetin，图5.4）一样，其是一种非选择性激酶抑制剂，可靶向多种酪氨酸、丝氨酸/苏氨酸激酶和磷脂酰肌醇-4,5-双磷酸酯3-激酶（phosphatidylinositol-4,5-bisphosphate 3-kinase，PI3K），活性为微摩尔级[58]。而异喹啉磺酰胺类化合物对环核苷酸依赖性蛋白激酶（cyclic nucleotide-dependent protein kinase）和蛋白激酶C（protein kinase C，PKC）具有抑制作用[59]。此外，生物碱，如星形孢菌素（staurosporine，图5.4），同样具有激酶抑制活性[60, 61]。星形孢菌素是最初于20世纪70年代分离得到的抗真菌天然产物[62]，属于ATP竞争性的抑制剂，但其选择性差，与多种激酶家族成员都具有高亲和力[63]。星形孢菌素的双吲哚骨架存在于许多天然生

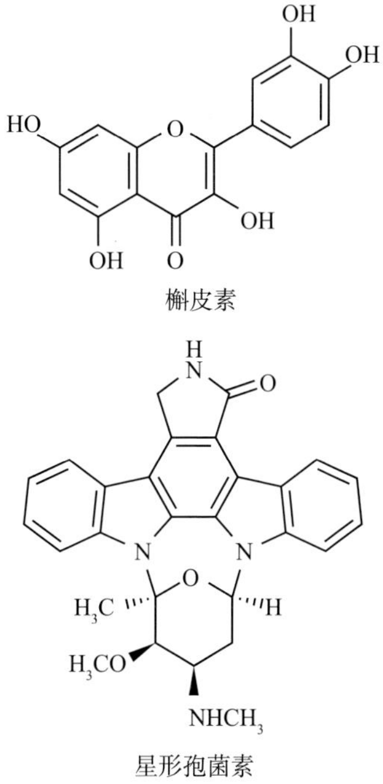

槲皮素

星形孢菌素

图5.4　**原型激酶抑制剂**

物碱和SMKI中。目前，星形孢菌素被广泛用作化学探针[61, 64]，但未能应用于临床。

5.2.3　20世纪90年代

进入20世纪之后，人们研究发现了多个重要的激酶信号转导通路，如Ras-Raf-丝裂原活化蛋白激酶（mitogen-activated protein kinase，MAPK）-胞外信号调节激酶（extracellular signal-regulated kinase，ERK）通路[65, 66]，Janus激酶（Janus kinase，也称JAK激酶）通路[67-69]和PI3K通路[70-73]。1991年，奈顿（Knighton）及其同事得到了第一个激酶结构域的晶体结构，即环腺苷酸（cyclic adenosine monophosphate，cAMP）依赖性蛋白激酶催化的双叶结构[30]。这一发现为基于激酶结构抑制剂的设计奠定了基础。法舒地尔［Fasudil，Eril®，旭化成药业（Asahi Kasei Pharma）］于1995年在日本获批用于治疗脑血管痉挛，但直到1997年才对其Rho相关蛋白激酶（Rho-associated protein kinase，ROCK）的抑制活性进行了报道[74-76]。1999年，FDA批准了第一个激酶抑制剂雷帕霉素（rapamycin），商品名Rapamune®［惠氏/辉瑞（Wyeth /Pfizer）］，用作肾脏移植免疫抑制剂[77]。

5.2.4　2000年之后

2001年，FDA批准了Bcr-Abl抑制剂伊马替尼［imatinib，Gleevec®，诺华（Novartis）］。尽管法舒地尔在1995年即获得批准，但伊马替尼是被广为认可的第一个获批的SMKI。这主要是因为法舒地尔在获批时，其激酶抑制机制尚不明确，且其在美国和欧洲都未获得批准。

自伊马替尼获批以来，激酶抑制剂的开发得到了快速发展[4, 19-21]。一些关键的事件如下：①2003年，MAPK/ERK抑制剂的发现，如CI-1040（PD184352）是第一系列Ⅲ型抑制剂[78]；②2005年，首个双重酪氨酸激酶和丝氨酸/苏氨酸激酶抑制剂索拉非尼（sorafenib）获批；③2006年，格雷（Gray）及其同事首次报道了变构Ⅳ型激酶抑制剂，即GNF-2及其类似物通过变构非ATP竞争模式抑制Bcr-Abl[79]；④2013年，首个Ⅲ型抑制剂曲美替尼（trametinib）获批；⑤2013年，共价激酶抑制剂阿法替尼（afatinib）和依鲁替尼（ibrutinib）获批；⑥2014年，首个PI3K抑制剂依达拉西布（idelalisib）获批[80]。

截至2016年12月，在激酶抑制剂类药物的发现领域，可利用的各种类型激酶包括200多种人体激酶和5000种其他激酶，有超过100万篇论文聚焦于该研究领域。目前处于Ⅰ～Ⅲ期临床试验的分子多达200余个，共有38个药物成功上市[4, 19-21]。

5.3　已获批上市的激酶抑制剂

在世界范围内获批的38个激酶抑制剂中，美国FDA批准了34个，其中包括31个SMKI（图5.5～图5.8）和3个大环激酶抑制剂（图5.9）。此外，最先

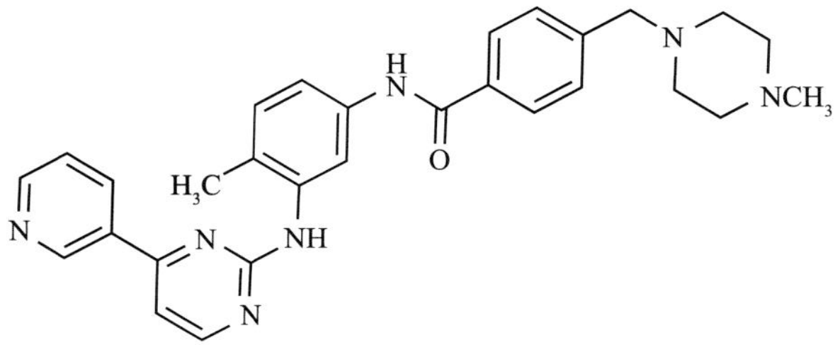

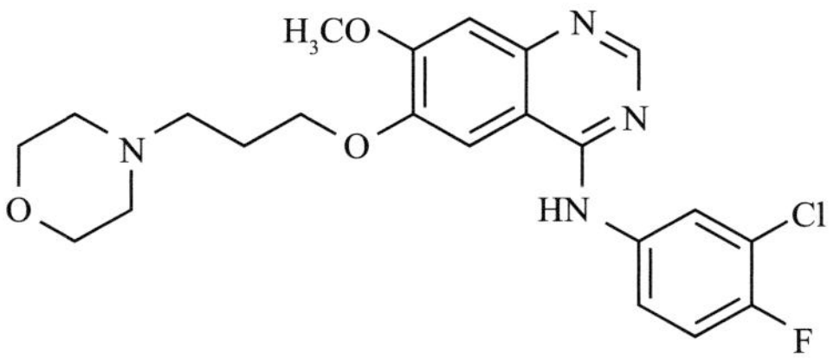

2003年，吉非替尼

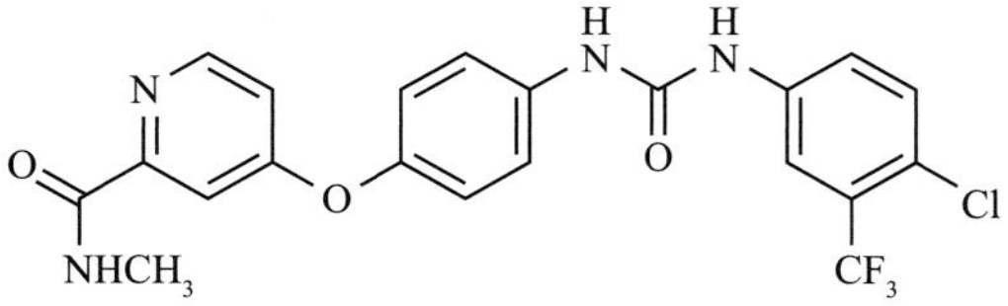

2005年，索拉非尼

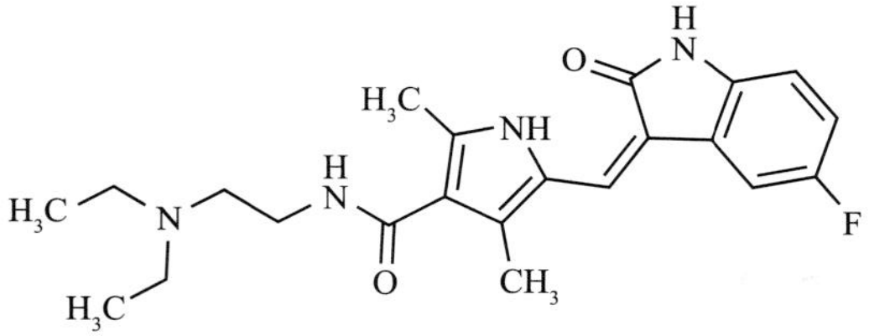

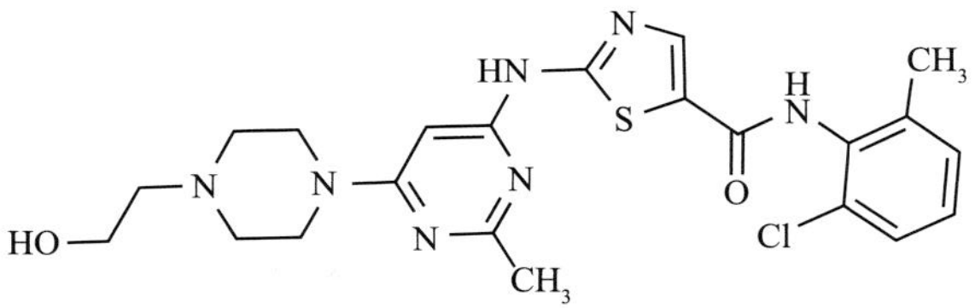

2006年，达沙替尼

2001年，伊马替尼

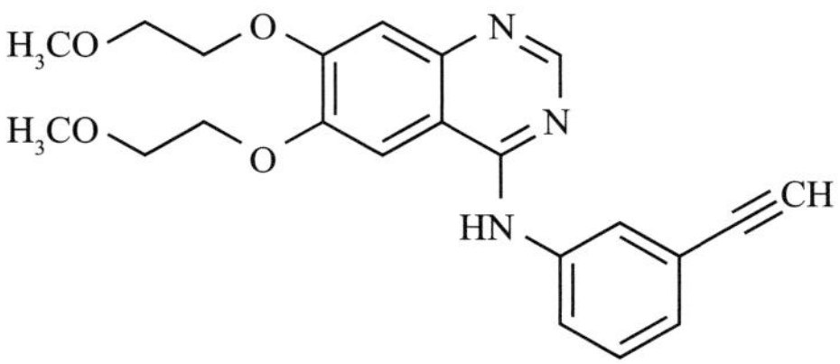

2004年，厄洛替尼

2006年，舒尼替尼

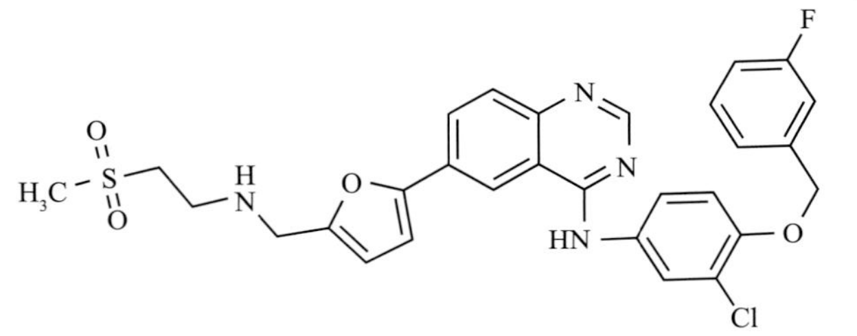

图 5.5 FDA 批准的非共价小分子激酶抑制剂（第一部分）

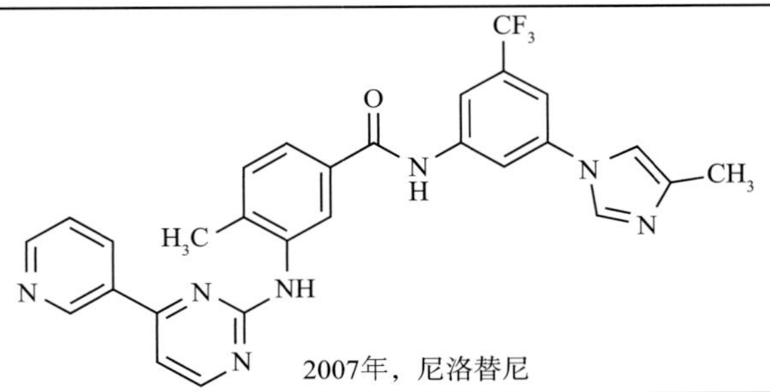

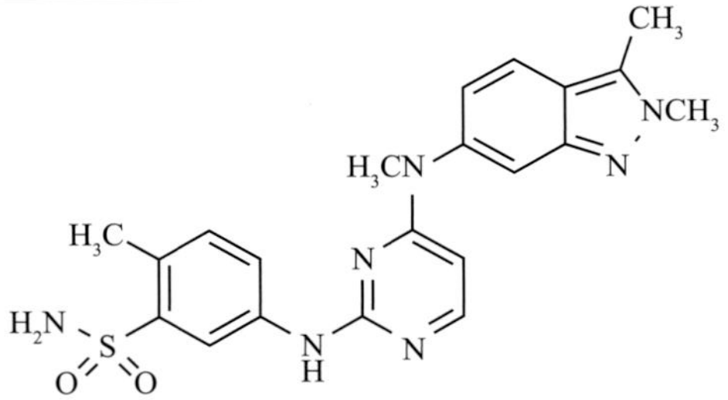

2007年，尼洛替尼

2007年，拉帕替尼

2011年，凡德他尼

2009年，帕唑替尼

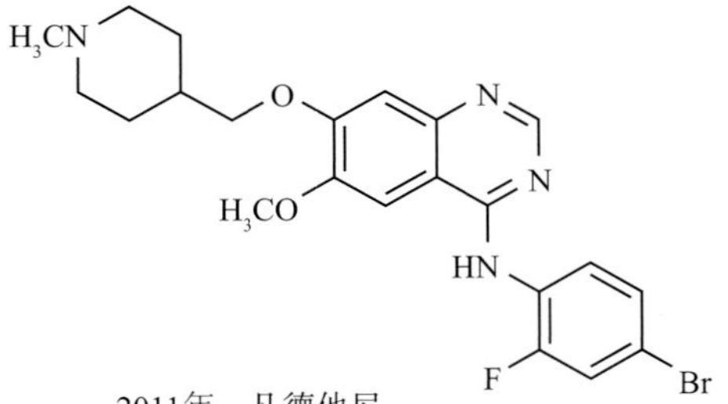

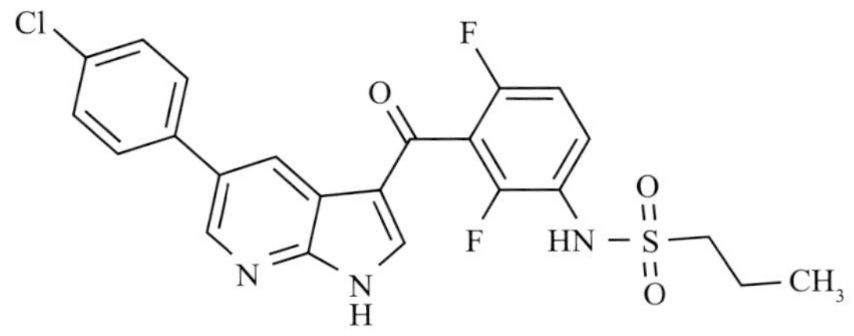

2011年，克唑替尼

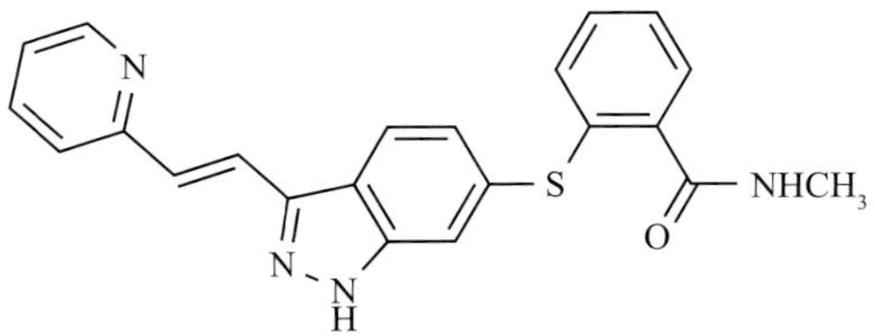

2012年，阿昔替尼

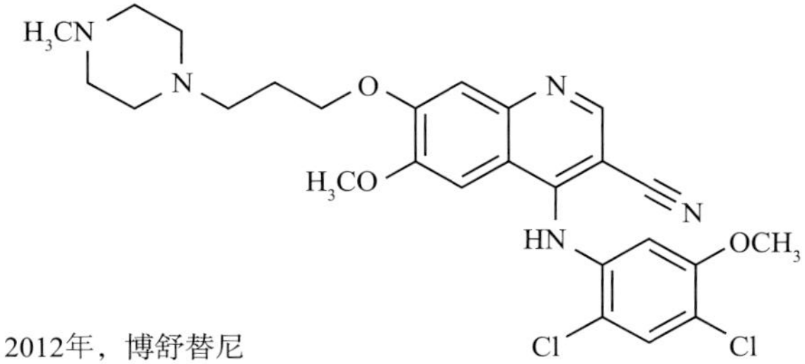

2012年，瑞格非尼

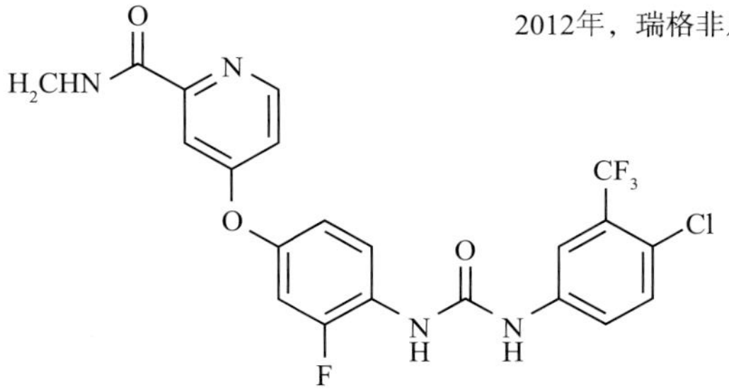

2011年，维拉非尼

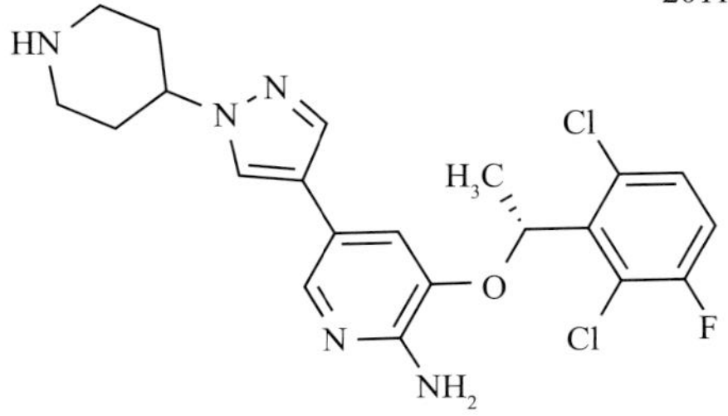

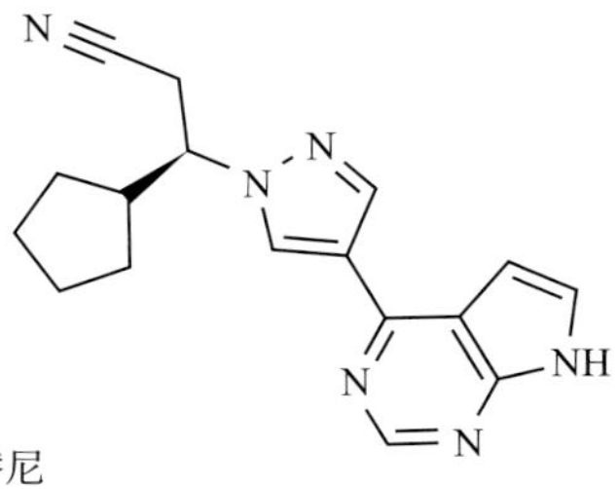

2011年，鲁索替尼

2012年，博舒替尼

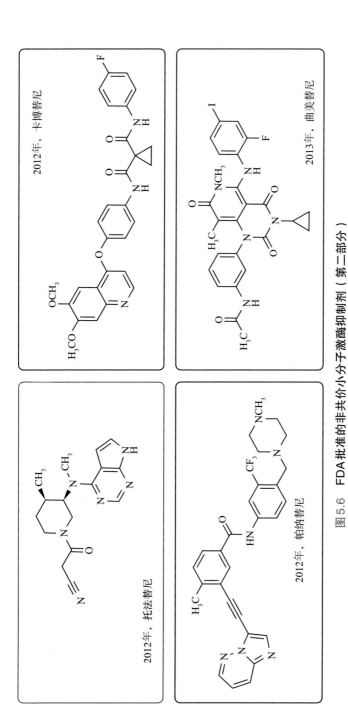

图5.6 FDA批准的非共价小分子激酶抑制剂（第二部分）

2012年，卡博替尼

2013年，曲美替尼

2012年，托法替尼

2012年，帕纳替尼

112

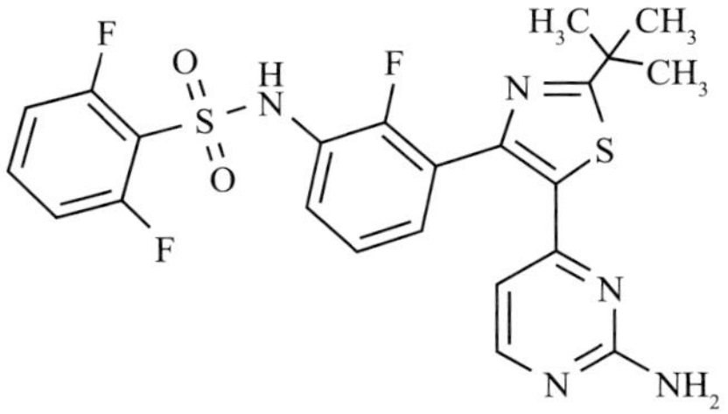

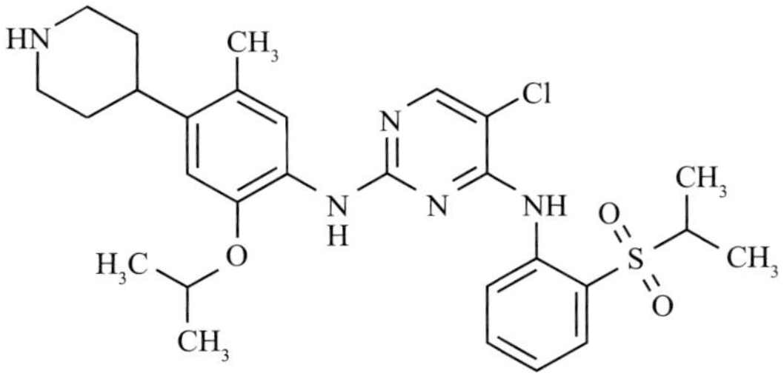

2014年，色瑞替尼

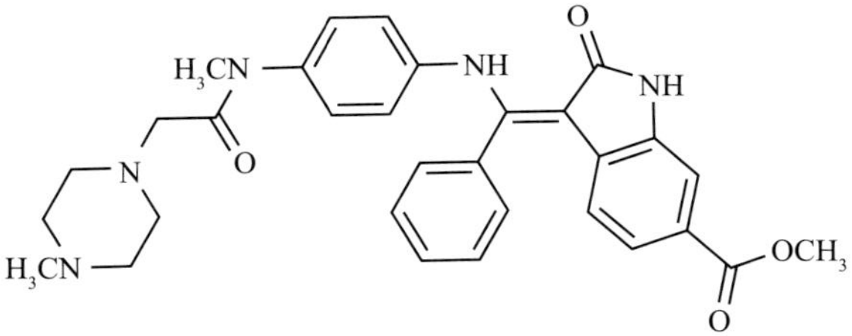

2014年，尼达尼布

2013年，达拉非尼

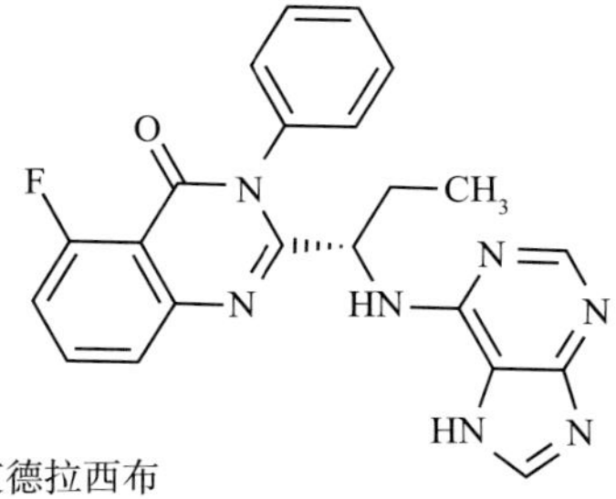

2014年，艾德拉西布

113

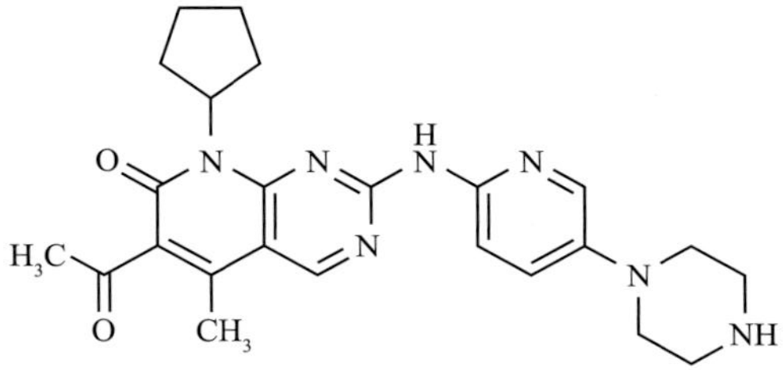

图 5.7　FDA批准的非共价小分子激酶抑制剂（第三部分）

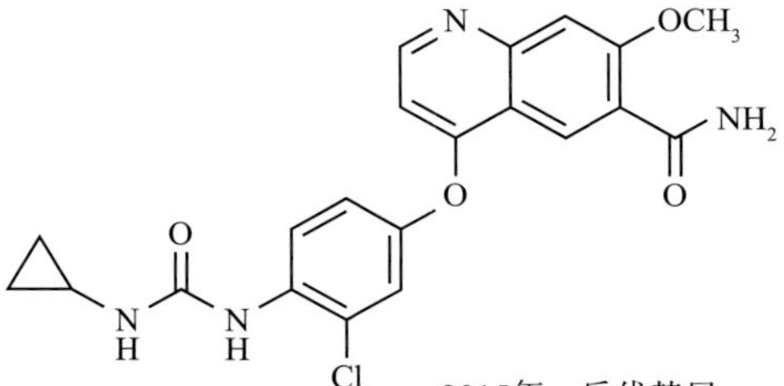

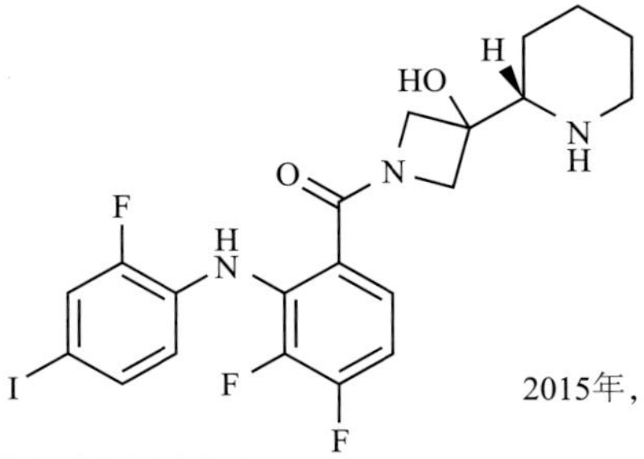

2015年，乐伐替尼

2015年，艾乐替尼

2015年，帕博西尼

2015年，考比替尼

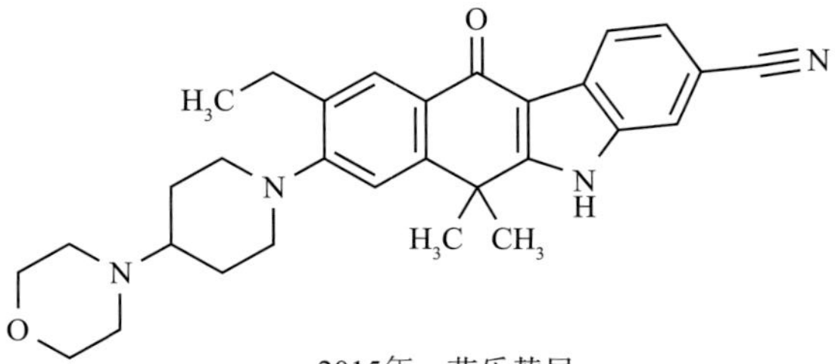

114

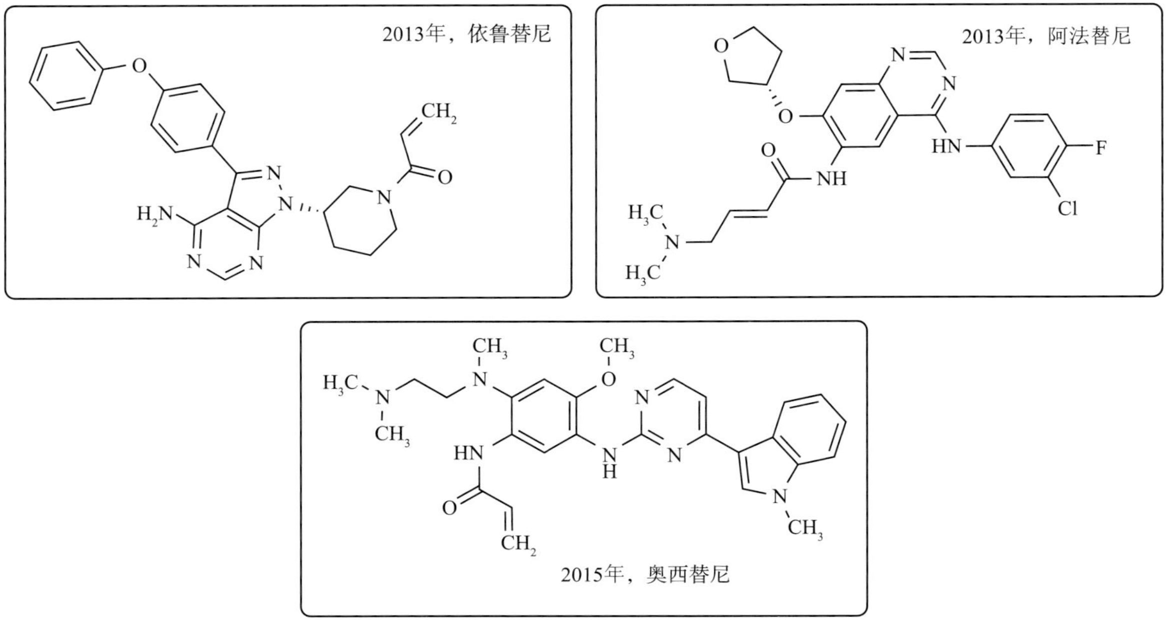

图 5.8　FDA 批准的非共价小分子激酶抑制剂（第四部分）

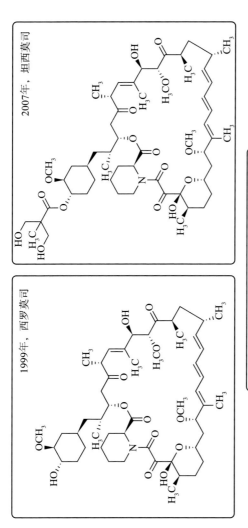

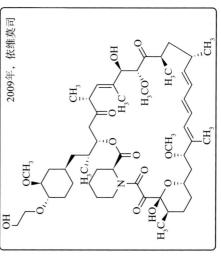

图 5.9　FDA 批准的雷帕霉素类似物类激酶抑制剂

在日本批准了 2 个 ROCK 抑制剂（图 5.10）；中国批准了 1 个表皮生长因子受体（epidermal growth factor receptor，EGFR）抑制剂（图 5.11）；韩国批准了 1 个 Bcr-Abl 抑制剂（图 5.11）。目前有数百种激酶抑制剂处于不同的阶段，如临床阶段、临床前阶段和发现阶段。31 个获得 FDA 批准的 SMKI 包括 28 个非共价抑制剂和 3 个共价抑制剂。后文将按其所对应的靶点对这 28 个 FDA 批准的非共价 SMKI 进行分组介绍。

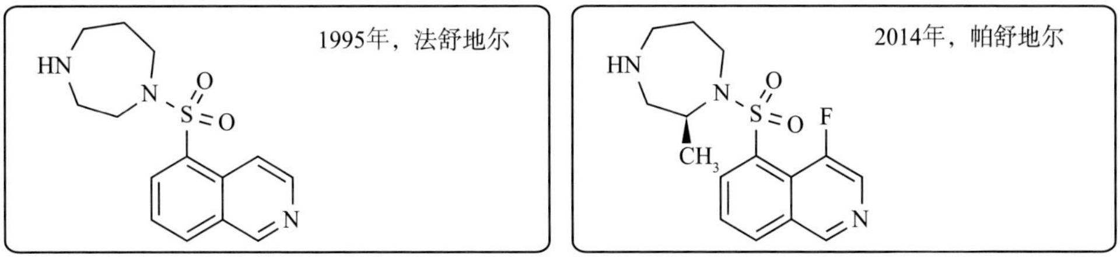

图 5.10　**日本卫生部批准的 ROCK 激酶抑制剂**

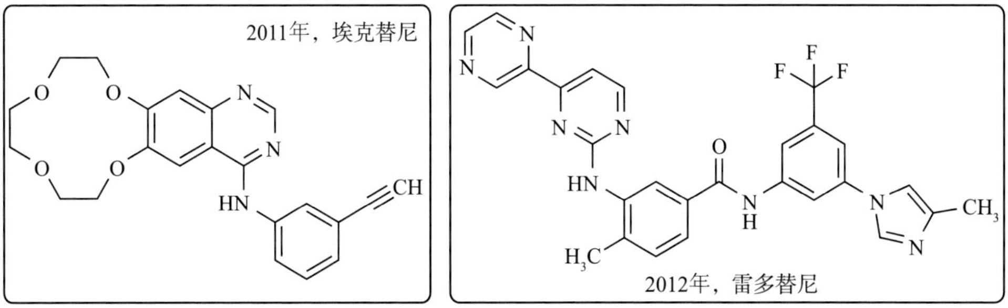

图 5.11　**在中国（埃克替尼）和韩国（雷多替尼）获批的激酶抑制剂**

5.3.1　FDA 批准的非共价小分子激酶抑制剂

5.3.1.1　Bcr-Abl 抑制剂

经 FDA 批准的 Bcr-Abl 抑制剂共有 5 个，分别是伊马替尼，达沙替尼［Sprycel®，百时美施贵宝（Bristol-Myers-Squibb）］，尼洛替尼（Tasigna®，诺华），博舒替尼［Bosulif®，惠氏（Wyeth）］和帕纳替尼［Iclusig®，阿里亚德制药公司（Ariad Pharm）］。伊马替尼在 2001 年获批时获得了广泛的赞誉，因为当时只有细胞毒性药物可用于 CML 的治疗。此外，伊马替尼开创了靶向治疗策略的新时代。伊马替尼耐药性的出现使得第二代 Bcr-Abl 抑制剂的开发显得尤为迫切[81-84]，这也促进了达沙替尼和尼洛替尼分别于 2006 年和 2007 年获得批准[85]。伊马替尼和尼洛替尼的结构具有高度相似性，二者均以 II 型结合 DFG 基序并采用"out"构象[37]。与之不同的是，达沙替尼以"in"构象结合于 Bcr-Abl 的 ATP 结合口袋处的 DFG 基序，属于"I$_{1/2}$"型结合模式[35]。除了看门残基 T315I 突变外，达沙替尼和尼洛替尼对大多数伊马替尼耐药突变均有效[81]。博舒替尼是第二代 Bcr-Abl 抑制剂，结构中含有四取代喹啉母核，这一母核也广泛存在于获批的 EGFR 抑制剂中[86, 87]。所有 3 个第二代 Bcr-Abl 抑制剂均通过氢键和疏水作用与看门残基 Thr315 相互作用，因此对 Thr315 突变无效。作为第三代抑制剂，帕纳替尼对 Bcr-Abl 的野生型和 T315I 突变体均具有纳摩尔级抑制活性[34, 88]。

5.3.1.2　ErbB 激酶家族抑制剂

EGFR 或 ErbB1 抑制剂吉非替尼［gefitinib, Iressa®，阿斯利康（AstraZeneca）］最初于 2003 年通过快速审评程序获得美国 FDA 的批准，用于治疗多聚紫杉醇和铂类药物治疗后疾病恶化的局部晚期或转移性非小细胞肺癌（non-small cell lung cancer，NSCLC）。由于获批后临床研究期间的临床获益验证失败，阿斯利康于 2005 年自愿将吉非替尼撤出市场。2015 年 7 月，FDA 恢复批准了吉非替尼用于具有 EGFR 突变的 NSCLC 患者的治疗。

其他获批的 ErbB 家族激酶抑制剂包括 ErbB1/EGFR、ErbB2/ 人表皮生长因子受体 2（human epidermal growth factor receptor 2，Her2）、ErbB3/Her3 和 ErbB4/Her4 抑制剂[89-91]，分别是厄洛替尼（Tarceva®，OSI 制药）、拉帕替尼（Tykerb®，葛兰素史克）、凡德他尼（Caprelsa®，阿斯利康）、阿法替尼（Gilotrif®，勃林格殷格翰）[92] 和奥西瑞替尼（Tagrisso®，阿斯利康）[93, 94]。除奥西瑞替尼外，所有获批的 EGFR 家族抑制剂均具有相同的喹唑啉骨架，而奥西瑞替尼的嘧啶苯基氨骨架与伊马替尼和尼洛替尼类似[94]。吉非替尼和凡德他尼采用 I 型结合模式，即"DFG-in"和 αC- 螺旋"in"构象，而厄洛替尼和拉帕替尼采取"DFG-in"和 αC- 螺旋"out"构象结合。阿法替尼和奥西替尼为共价抑制剂，二者均包含亲电烯酮片段[21]。

5.3.1.3　VEGFR 激酶家族抑制剂

索拉非尼［sorafenib，Nexavar®，Bayer（拜耳）］是第一个获批的靶向血管内皮生长因子（vascular endothelial growth factor，VEGF）激酶家族的抑制剂。VEGFR 包括 VEGFR1、VEGFR2 和 VEGFR3 三种亚型[95, 96]。索拉非尼最初于 2005 年被批准用于治疗肾细胞癌（renal cell carcinoma，RCC），2007 年被批准用于肝细胞癌，2013 年又被批准用于对放射性碘难以治疗的局部复发或转移性甲状腺癌。其他六个获批的 VEGFR 抑制剂包括舒尼替尼（Sutent®，辉瑞），用于 RCC、软组织肉瘤、甲状腺癌、转移性胰腺肿瘤、胃肠道间质瘤和其他几种类型癌症的治疗；帕唑帕尼（Votrient®，葛兰素史克），用于 RCC、软组织肉瘤和甲状腺癌；阿昔替尼（Inlyta®，辉瑞），用于 RCC、甲状腺癌、再生障碍性贫血，以及

T315I突变型Bcr-Abl1驱动的白血病[97]；瑞格菲尼（Stivarga®，拜耳），用于治疗胃肠道间质瘤和大肠癌；尼达尼布（Ofev®，勃林格殷格翰），用于特发性肺纤维化的非肿瘤学指征的治疗；乐伐替尼［Lenvima®，Eisai（卫材）］，用于RCC和各种类型的甲状腺癌[98]。舒尼替尼、帕唑帕尼和乐伐替尼以"DFG-in"构象结合于VEGFR，而阿昔替尼、瑞格菲尼和尼达尼布则以"DFG-out"的非活性构象与VEGFR相结合[21, 35]。

5.3.1.4　JAK激酶家族抑制剂

JAK激酶家族包括四个亚型，即JAK1、JAK2、JAK3和酪氨酸激酶（tyrosine kinase，TYK）[99]。鲁索替尼［Jakafi®，Incyte（因赛特）］是第一个获批的JAK抑制剂，该抑制剂同时抑制JAK1和JAK2，用于治疗多种类型的骨髓纤维化。托法替尼（Xeljanz®，辉瑞）作为JAK3选择性抑制剂，被FDA批准用于治疗类风湿关节炎，是仅有的两个FDA批准用于非肿瘤适应证的激酶抑制剂之一。

5.3.1.5　ALK抑制剂

克唑替尼（Xalkori®，Pfizer）[100]是第一个获批的靶向于间变性淋巴瘤激酶（anaplastic lymphoma kinase，ALK）的抑制剂，于2011年获批[101]。克唑替尼的其他作用靶点还包括酪氨酸激酶胰岛素受体类的ROS原癌基因1编码激酶（ROS1）和肝细胞生长因子受体（hepatocyte growth factor receptor，HGFR）类的MET原癌基因编码激酶[100, 102]。2011年获得批准时，克唑替尼是第一个专门针对NSCLC的药物。然而，通常在初次应用约8个月后便观察到对克唑替尼的耐药性。此外，克唑替尼治疗的患者中有一半以上出现胃肠道副作用[102,103]。2016年，克唑替尼被FDA批准用于ROS1阳性NSCLC的治疗。

色瑞替尼（Zykadia®，诺华）于2014年获批成为第二代ALK抑制剂，用于已出现克唑替尼耐药的NSCLC患者[104]。色瑞替尼克服了导致克唑替尼耐药的两种最常见的ALK突变，即L1196M和G1269A突变，但对ALK的G1202R和F1174C突变无效[105, 106]。

艾乐替尼［Alecensa®，罗氏（Roche）］于2014年在日本首先获得批准，随后于2015年被美国FDA批准为第二代ALK抑制剂，用于不能耐受克唑替尼治疗或疾病发生进展的NSCLC患者[107]。艾乐替尼是通过基于结构的药物设计方法开发的[108]，是一种苯并咔唑酮衍生物，对ALK（IC_{50} = 1.9 nmol/L）和看门残基L1196M突变的ALK（IC_{50} = 1.6 nmol/L）显示出很强的抑制活性。艾乐替尼对克唑替尼耐药突变，如L1196M、F1174L、R1275Q和C1156Y突变均有效[109]。此外，目前有大量的针对ALK驱动的肿瘤小分子抑制剂处于临床研究阶段[110]。

5.3.1.6 MET 抑制剂

目前获批的两个MET抑制剂分别是克唑替尼和卡博替尼［Cometriq®，伊克力西斯（Exelixis）］[100, 111]。卡博替尼于2012年被批准用于转移性甲状腺髓样癌的治疗，并于2016年被批准用于治疗晚期RCC[112, 113]。除了极个别的选择性MET抑制剂外，大多数报道的MET抑制剂和克唑替尼及卡波替尼一样都是多激酶抑制剂[63, 114]。

5.3.1.7 B-Raf 抑制剂

B-Raf的功能获得性突变会刺激ERK依赖性信号的转导，从而导致癌症的发生。两个获批的B-Raf抑制剂分别是2011年获批用于治疗转移性黑色素瘤和甲状腺肿瘤的维拉非尼（Zelboraf®，罗氏）[115]和2013年获批用于治疗黑色素瘤的达拉非尼（dabrafenib，Tafinlar®，葛兰素史克）[116]。维拉非尼和达拉非尼均抑制B-Raf的V600E突变体单体，但在非V600E BRAF突变驱动的肿瘤中无效。维拉非尼和达拉非尼的耐药性通常在大约治疗7个月后出现。达拉非尼和有丝分裂原/胞外信号调节激酶（mitogen/extracellular signal-regulated kinase，MEK）抑制剂曲美替尼的联合用药策略可有效对抗与MEK通路重新激活相关的B-Raf抑制剂耐药性[117, 118]。值得注意的是，据报道，II型ATP竞争型RAF抑制剂BGB659结合Raf二聚体，可有效抑制小鼠中包括非V600E BRAF突变在内的所有类型的RAF突变所导致的肿瘤生长[119]。

5.3.1.8 MEK 抑制剂

MEK亦称为MAPK，是一种双特异性苏氨酸/酪氨酸激酶，是Raf-Ras-MEK信号通路中的关键节点。小分子MEK抑制剂是一类不与ATP结合袋结合的III型变构抑制剂[40]。截至2016年12月，除了FDA批准的MEK1/2抑制剂曲美替尼（trametinib，Mekinist®，葛兰素史克）和考比替尼（Cotellic®，罗氏）外，目前有10多种MEK抑制剂正处于临床试验阶段。曲美替尼于2013年被FDA批准用于治疗B-Raf V600E或V600K突变的转移性黑色素瘤。由于MEK和Raf是Ras-Raf-MEK/ERK信号通路中的不同激酶，同时使用MEK和B-Raf抑制剂的治疗策略可克服使用曲妥替尼单药治疗（通常在7个月内发生）后所发生的疾病进展[118, 120]。FDA于2014年1月批准了曲美替尼和达拉非尼的药物组合用于治疗B-Raf V600E/K突变的转移性黑色素瘤，此外考比替尼和维拉非尼的联用也同样适用于该疾病[121]。尽管使用MEK/B-Raf组合策略可观察到无进展生存期的显著改善，但一些常见不良反应（如呕吐、腹泻、恶心、皮疹和发热）的发生率也随之增加[118, 120-122]。

5.3.1.9 PI3K 抑制剂

在以 PI3K 抑制剂[123-126]为代表的大量结构多样的脂质激酶抑制剂中，艾德拉西布［idelalisib，Zydelig®，吉利德（Gilead Sciences）］是唯一获 FDA 批准的抑制剂[127, 128]，与利妥昔单抗联合用于复发性慢性淋巴细胞白血病、复发滤泡性 B 细胞非霍奇金淋巴瘤和小淋巴细胞淋巴瘤复发的治疗[129, 130]。

5.3.1.10 CDK 抑制剂

选择性 CDK4 和 CDK6 抑制剂帕博西尼（Ibane®，辉瑞）[131, 132]于 2015 年获得 FDA 的加速批准，与来曲唑（letrozole）联合用于雌激素受体阳性和 HER2 阴性的女性乳腺癌的治疗[133, 134]。

5.3.2 FDA 批准的共价小分子激酶抑制剂

依鲁替尼（Imbruvica®，Pharmacyclics Inc.）[135]、阿法替尼[136]和奥西替尼（AZD9291）[137]代表了一类正在逐渐兴起的共价 SMKI。依鲁替尼是一种非受体性布鲁顿酪氨酸激酶抑制剂（Bruton's tyrosine kinase inhibitor），已被批准用于治疗复发性慢性淋巴细胞白血病[138]。阿法替尼是第二代不可逆的 EGFR 抑制剂，于 2013 年获批用于治疗 NSCLC，2016 年被批准用于鳞状 NSCLC，其可靶向野生型 EGFR，T790M 突变型 EGFR 和 HER2。奥西替尼是 FDA 于 2015 年 11 月批准的第三代不可逆 EGFR 抑制剂，可选择性靶向 EGFR 的 T790M 突变体[139]。洛奇替尼（rociletinib）与奥西替尼具有高度的结构相似性，是克洛维斯肿瘤公司（Clovis Oncology）开发的一种有前景的 EGFR 共价抑制剂，旨在治疗 EGFR T790M 突变的 NSCLC。2016 年 5 月，由于 FDA 肿瘤药物咨询委员会的否定表决，致使该公司终止了洛奇替尼的开发[140, 141]。

5.3.3 FDA 批准的雷帕霉素类似物类激酶抑制剂

雷帕霉素（rapamycin）的靶蛋白（mTOR）是 PI3/PI4 激酶家族中的丝氨酸/苏氨酸特异性蛋白激酶[142]。雷帕霉素是在 20 世纪 70 年代[143]从复活节岛的土壤样品中分离出来的大环内酯类天然产物，也被称为西罗莫司。雷帕霉素的抗癌活性是在 20 世纪 80 年代被发现的，但直到 20 世纪 90 年代[144, 145]才阐明了其靶点 mTOR 及其作用机制。雷帕霉素及其大环类似物，如托西莫司（Torisel®，惠氏/辉瑞）和依维莫司（Afinitor®，诺华）都被归类为"雷帕霉素类似物（rapalogs）"，构成了第一代 mTOR 抑制剂[146-148]。

雷帕霉素在 1999 年被美国 FDA 批准用作免疫抑制剂，以预防接受肾脏移植患者的器官排斥反应[77]。尽管对西罗莫司在不同类型癌症（如浸润性膀胱癌、乳腺癌和白血病）中开展了大量的临床研究，但大多数研究表明其疗效有限[147]。除肿瘤外，西罗莫司于2015年被FDA批准用于治疗罕见的进行性肺部疾病淋巴管平滑肌瘤。托西莫司被批准用于治疗晚期RCC。依维莫司在欧盟获得批准，用于预防心脏和肾脏移植受者的器官排斥；随后FDA于2009年批准依维莫司用于治疗对舒尼替尼或索拉非尼耐药的晚期RCC；并于2016年获批用于治疗晚期或转移性胃肠道和肺部肿瘤[147]。另外，有关雷帕霉素及其类似物作为抗衰老疗法或用于治疗与年龄有关疾病的研究也正在进行中[148]。研究表明，在低氧条件下，通过PI3K信号通路中的突变可以维持mTOR活性，促使翻译和低氧基因表达增加，从而导致肿瘤的进展[149]。

5.3.4　其他获批的激酶抑制剂

法舒地尔最初于1995年在日本获批用于治疗脑血管痉挛，1997年被确定为ROCK抑制剂和血管舒张剂[150]。ROCK属于蛋白激酶A、G和C家族的丝氨酸/苏氨酸激酶。由于ROCK在细胞骨架形成、血管收缩、细胞活动、迁移和收缩过程中的关键作用，ROCK抑制剂成为多种疾病的潜在治疗药物，如神经退行性疾病、糖尿病、癌症和肺动脉高压[150-152]。朝日（Asahi）公司与CoTherix公司合作，期望美国和欧洲能够批准法舒地尔用于心血管疾病的治疗，如肺动脉高压。但在2007年，随着CoTherix公司被爱可泰隆（Actelion）公司收购，法舒地尔的开发也被迫终止。因此，法舒地尔尚未获得美国FDA和欧盟的批准。

法舒地尔的结构类似物利帕舒地尔［Granatec™，科瓦（Kowa）］是另一种Rho激酶抑制剂，于2014年底在日本被批准用于其他治疗药物无效或无法给药的青光眼和高眼压症的治疗[153]。此外，对利帕舒地尔用于糖尿病性视网膜病也进行了临床试验，研究显示其可促进角膜内皮细胞增殖、内皮再生和伤口愈合[154]。

EGFR抑制剂埃克替尼［Conmana®，贝达制药（BetaPharma）］于2011年被中国国家食品药品监督管理局（China Food and Drug Administration，SFDA）批准用于治疗NSCLC。埃克替尼与厄洛替尼相似，具有N-(3-乙基苯基)喹唑啉-4-氨结构母核，并与EGFR的ATP口袋结合。厄洛替尼喹唑啉母核6、7位两个处于溶剂区的2-甲氧基乙氧基取代基被环化时，形成了疏水的四氧环十二碳烯，从而得到了埃克替尼。在最近的临床研究中，埃克替尼作为晚期NSCLC一线治疗药物的安全性和有效性已经得到证实[155, 156]。

Bcr-Abl抑制剂雷多替尼（radotinib，Supect®，Il-Yang制药）于2012年在韩国被批准用于治疗对伊马替尼耐药的CML[157]。雷多替尼具有一个末端4-（吡啶-2-基）嘧啶结构，是根据先前批准的Bcr-Abl抑制剂尼洛替尼开发而得的。雷多替尼与其他第二代Bcr-Abl抑制剂具有同等的活性，并且在慢性期CML患者中具有良好的耐受性[158]。与其他FDA批准的Bcr-Abl抑制剂相比，雷多替尼的价格更低，这使其成为发展中国家治疗CML的优选[159]。

5.4 新的研发方向

激酶抑制剂药物开发的过程面临诸多挑战，其中最严峻的挑战之一是肿瘤细胞耐药性的频繁出现，这将大多数抗癌激酶抑制剂的治疗有效时间缩短至6～12个月[160]。因此，靶向激酶疗法的关键是更好地了解耐药机制并寻求克服耐药的策略。

另一个途径是探索其他未开发的激酶[161]。除上述38个已获批准的激酶抑制剂外，还有200多个激酶抑制剂正处于不同的临床或临床前研究阶段[12, 20]。当前，变构调节剂的发现已经成为另一个新的发展趋势[40]，而大量的尚未充分研究的激酶也将陆续进入大众视野[162]。激酶活性位点结构的高度相似性使得选择性靶向某一激酶成为一项艰巨的任务，而靶向变构位点的策略更有利于开发低毒、高选择性的激酶抑制剂。

此外，针对不同类型的疾病，尤其是癌症的治疗，共价SMKI再次成为热点[163-165]。但是，共价SMKI可能会与脱靶蛋白的半胱氨酸形成不可逆的共价键，因此，应用不可逆的共价抑制剂治疗慢性疾病的安全性可能不佳。相反，可逆的共价结合遵从缓慢的解离动力学，从而在提高活性的同时也增强了选择性。可逆的共价结合可以通过使用连接到SMKI上的亲电试剂靶向非催化性半胱氨酸来实现。除亲和力外，药物-靶标的停留时间对体内药效学也有重要影响[166]。可逆共价抑制可作为延长激酶抑制剂在靶标停留时间的一种有效策略，并可能为癌症以外的其他激酶抑制剂开辟新的治疗领域。布鲁顿酪氨酸激酶（Bruton's tyrosine kinase，BTK）抑制剂PRN1008就是一种可逆的共价抑制剂，其分子中包含氰基丙烯酰胺片段，该部分可与非催化的半胱氨酸残基Cys481形成共价相互作用。目前正在开展PRN1008用于自身免疫和炎性疾病治疗的临床研究[167]。

在激酶抑制剂药物的开发过程中，选择性始终是一个至关重要的课题[168]。大多数已批准上市的SMKI均靶向结合于多个激酶或激酶家族高度保守的ATP结合袋。已有大量的针对激酶抑制剂的选择性的研究报道[63, 114, 162, 169, 170]。只有针对具有特异结构特征的激酶或几乎无同源类似物的激酶才有可能实现高选择性。目前有几种方法可以开发出具有更高选择性的抑制剂，如最近报道的用共价靶向和变构抑制相结合的策略来开发蛋白激酶B抑制剂[171]，或借助新的晶体学数据和其他生物物理方法进行基于结构的药物设计[172]。

5.5 总结

　　激酶抑制剂的研发是药物发现中最成功的领域之一。自从首个激酶抑制剂药物获批以来，迄今为止已有38个激酶抑制剂药物上市，主要用于治疗不同类型的癌症和一些非癌症适应证。这些获得成功的激酶抑制剂的大量数据和结果为下一代激酶抑制剂的开发提供了有价值的化学、生物学、药学和临床信息参考。

（张智敏　白仁仁）

原作者简介

　　吴 鹏（Peng Wu），哈 佛 医 学 院（Harvard Medical School）、麻省理工学院和哈佛大学博德研究所（Broad Institute of MIT and Harvard），以 及 布 列 根 和 妇 女 医 院（Brigham and Women's Hospital）研究员，也曾是麻省理工学院的博士后研究员。他于2012年获得药物化学博士学位，师从浙江大学胡永洲教授。2012 ~ 2013年，他在丹麦技术大学（Technical University of Denmark）从事博士后研究。在Lundbeck基金的资助下，他继续在丹麦技术大学从事研究直至2015年。随后，他加入哥本哈根大学健康与医学学院（Faculty of Health and Medical Sciences at the University of Copenhagen）。他于2016年移居美国剑桥，从事蛋白质和核酸的小分子调节剂的研究。他的研究兴趣涉及有机合成、生物有机化学、化学生物学和新药发现等领域。

　　阿米特·乔杜里（Amit Choudhary），哈佛医学院助理教授，也是布列根和妇女医院的生物学专家。他在班加罗尔印度科学研究所（Indian Institute of Science-Bangalore）进行了化学研究工作，并在威斯康星大学麦迪逊分校（University of Wisconsin-Madison）师从罗纳德·雷恩斯教授（Prof. Ronald Raines），获得了生物物理学博士学位。他在量子力学起源中阐明了一种类似于氢键的新作用力，并因此受到广泛关注。2011年，他成为哈佛研究员协会的一名初级研究员，后经斯图尔特·施雷伯（Stuart Schreiber）教授推荐，到博德研究所（Broad Institute）任教，并将研究重点转移到了β细胞化学生物学方向。2015年，他成为哈佛医学院的助理教授，并继续在布列根和妇女医院及布罗德研究所任职。他曾获得威廉·米尔顿基金会奖（William F. Milton Fund）、青少年糖尿病研究基金会的创

新奖（Juvenile Diabetes Research Foundation's Innovation Award）、巴勒斯·惠康基金会科学界职业奖（Burroughs Wellcome Fund's Career Award at the Scientific Interface）和美国国立卫生研究院的转化研究奖（NIH Director's Transformative Research Award）。

参 考 文 献

1. Johnson, L.N. and Lewis, R.J. (2001) Structural basis for control by phosphorylation. Chem. Rev., 101, 2209-2242.

2. Manning, G. et al. (2002) The protein kinase complement of the human genome. Science, 298, 1912-1934.

3. Adams, J.A. (2001) Kinetic and catalytic mechanisms of protein kinases. Chem. Rev., 101, 2271-2290.

4. Ma, W.W. and Adjei, A.A. (2009) Novel agents on the horizon for cancer therapy. CA Cancer J. Clin., 59, 111-137.

5. Sun, C. and Bernards, R. (2014) Feedback and redundancy in receptor tyrosine kinase signaling: relevance to cancer therapies. Trends Biochem. Sci., 39, 465-474.

6. Choi, Y.J. and Anders, L. (2014) Signaling through cyclin D-dependent kinases. Oncogene, 33, 1890-1903.

7. Altman, A. and Kong, K.-F. (2014) Protein kinase C inhibitors for immune disorders. Drug Discov. Today, 19, 1217-1221.

8. Pawson, T. and Scott, J.D. (2005) Protein phosphorylation in signaling-50 years and counting. Trends Biochem. Sci., 30, 286-290.

9. Xuan, Y.-T. et al. (2001) An essential role of the JAK-STAT pathway in ischemic preconditioning. Proc. Natl. Acad. Sci. U.S.A., 98, 9050-9055.

10. Thomas, S.M. and Brugge, J.S. (1997) Cellular functions regulated by Src family kinases. Annu. Rev. Cell Dev. Biol., 13, 513-609.

11. Lahiry, P. et al. (2010) Kinase mutations in human disease: interpreting genotype-phenotype relationships. Nat. Rev. Genet., 11, 60-74.

12. Rask-Andersen, M. et al. (2014) Advances in kinase targeting: current clinical use and clinical trials. Trends Pharmacol. Sci., 35, 604-620.

13. Huang, M. et al. (2014) Molecularly targeted cancer therapy: some lessons from the past decade. Trends Pharmacol. Sci., 35, 41-50.

14. Clark, J.D., Flanagan, M.E., and Telliez, J.-B. (2014) Discovery and development of Janus Kinase (JAK) inhibitors for inflammatory diseases. J. Med. Chem., 57, 5023-5038.

15. Barnes, P.J. (2013) New anti-inflammatory targets for chronic obstructive pulmonary disease. Nat. Rev. Drug Discov., 12, 543-559.

16. Muth, F. et al. (2015) Tetra-substituted pyridinylimidazoles as dual inhibitors of p38αmitogen-activated protein kinase and c-Jun N-terminal kinase 3 for potential treatment of neurodegenerative diseases. J. Med. Chem., 58, 443-456.

17. Kikuchi, R. et al. (2014) An antiangiogenic isoform of VEGF-A contributes to impaired vascularization in peripheral artery disease. Nat. Med., 20, 1464-1471.

18. Banks, A.S. et al. (2015) An ERK/Cdk5 axis controls the diabetogenic actions of PPAR gamma. Nature, 517, 391-395.

19. Wu, P., Nielsen, T.E., and Clausen, M.H. (2016) Small-molecule kinase inhibitors: an analysis of FDA-approved drugs. Drug Discov. Today, 21, 5-10.

20. Fischer, P.M. (2016) Approved and experimental small-molecule oncology kinase inhibitor drugs: a mid-2016 overview. Med. Res. Rev., 37, 314-367.

21. Wu, P., Nielsen, T.E., and Clausen, M.H. (2015) FDA-approved small molecule kinase inhibitors. Trends Pharmacol. Sci., 36, 422-439.

22. Fabbro, D., Cowan-Jacob, S.W., and Moebitz, H. (2015) Ten things you should know about protein kinases: IUPHAR Review 14. Br. J. Pharmacol., 172, 2675-2700.

23. Roskoski, R. (2015) A historical overview of protein kinases and their targeted small molecule inhibitors. Pharmacol. Res., 100, 1-23.

24. Gharwan, H. and Groninger, H. (2016) Kinase inhibitors and monoclonal antibodies in oncology: clinical implications. Nat. Rev. Clin. Oncol., 13, 209-227.

25. Uitdehaag, J.C.M. et al. (2014) Comparison of the cancer gene targeting and biochemical selectivities of all targeted kinase inhibitors approved for clinical use. PLoS One, 9, e92146.

26. Chahrour, O., Cairns, D., and Omran, Z. (2012) Small molecule kinase inhibitors as anti-cancer therapeutics. Mini-Rev. Med. Chem., 12, 399-411.

27. Fedorov, O., Muller, S., and Knapp, S. (2010) The (un) targeted cancer kinome. Nat. Chem. Biol., 6, 166-169.

28. Trusolino, L., Bertotti, A., and Comoglio, P.M. (2010) MET signalling: principles and functions in development, organ regeneration and cancer. Nat. Rev. Mol. Cell Biol., 11, 834-848.

29. Zhang, J., Yang, P.L., and Gray, N.S. (2009) Targeting cancer with small molecule kinase inhibitors. Nat. Rev. Cancer, 9, 28-39.

30. Knighton, D. et al. (1991) Crystal structure of the catalytic subunit of cyclic adenosine monophosphate-dependent protein kinase. Science, 253, 407-414.

31. Tong, M. and Seeliger, M.A. (2015) Targeting conformational plasticity of protein kinases. ACS Chem. Biol., 10, 190-200.

32. Leproult, E. et al. (2011) Cysteine mapping in conformationally distinct kinase nucleotide binding sites: application to the design of selective covalent inhibitors. J. Med. Chem., 54, 1347-1355.

33. Noble, M.E.M., Endicott, J.A., and Johnson, L.N. (2004) Protein kinase inhibitors: insights into drug design from structure. Science, 303, 1800-1805.

34. Norman, R.A., Toader, D., and Ferguson, A.D. (2012) Structural approaches to obtain kinase selectivity. Trends Pharmacol. Sci., 33, 273-278.

35. Roskoski, R.Jr. (2016) Classification of small molecule protein kinase inhibitors based upon the structures of their drug-enzyme complexes. Pharmacol. Res., 103, 26-48.

36. Möbitz, H. (2015) The ABC of protein kinase conformations. Biochim. Biophys. Acta, 1854, 1555-1566.

37. Zhao, Z. et al. (2014) Exploration of type Ⅱ binding mode: a privileged approach for kinase inhibitor focused drug discovery? ACS Chem. Biol., 9, 1230-1241.

38. Cox, K.J., Shomin, C.D., and Ghosh, I. (2010) Tinkering outside the kinase ATP box: allosteric(type Ⅳ)and bivalent(type Ⅴ)inhibitors of protein kinases. Future Med. Chem.,3, 29-43.

39. Fasano, M. et al. (2014) Type Ⅲ or allosteric kinase inhibitors for the treatment of non-small cell lung cancer. Expert Opin. Investig. Drugs, 23, 809-821.

40. Wu, P., Clausen, M.H., and Nielsen, T.E. (2015) Allosteric small-molecule kinase inhibitors. Pharmacol. Ther., 156, 59-68.

41. Lamba, V. and Ghosh, I. (2012) New directions in targeting protein kinases: focusing upon true allosteric and bivalent inhibitors. Curr. Pharm. Des., 18, 2936-2945.

42. Gower, C.M., Chang, M.E.K., and Maly, D.J. (2014) Bivalent inhibitors of protein kinases. Crit. Rev. Biochem. Mol. Biol., 49, 102-115.

43. Rous,P.(1911)A sarcoma of the fowl transmissible by an agent separable from the tumor cells. J. Exp. Med., 13, 397-411.

44. Rous, P. (1910) A transmissible avian neoplasm. (sarcoma of the common fowl.). J. Exp. Med., 12, 696-705.

45. Stehelin, D. et al. (1976) DNA related to the transforming gene (s) of avian sarcoma viruses is present in normal avian DNA.Nature, 260, 170-173.

46. Stehelin, D. et al. (1977) Detection and enumeration of transformation-defective strains of avian sarcoma virus with molecular hybridization. Virology, 76, 675-684.

47. Oppermann, H. et al. (1979) Uninfected vertebrate cells contain a protein that is closely related to the product of the avian sarcoma virus transforming gene (src). Proc. Natl. Acad. Sci. U.S.A., 76, 1804-1808.

48. Burnett, G. and Kennedy, E.P. (1954) The enzymatic phosphorylation of proteins. J. Biol. Chem., 211, 969-980.

49. Fischer, E.H. and Krebs, E.G. (1955) Conversion of phsphorylase b to phosphorylase a in muscle extracts. J. Biol. Chem., 216, 121-132.

50. Krebs, E.G. and Fischer, E.H. (1956) The phosphorylase b to a converting enzyme of rabbit skeletal muscle. Biochim. Biophys. Acta, 20, 150-157.

51. Walsh,D.A.,Perkins,J.P.,and Krebs,E.G.(1968)An adenosine 3′,5′-monophosphate-dependant protein kinase from rabbit skeletal muscle. J. Biol. Chem., 243, 3763-3765.

52. Kennedy, E.P. (1992) Sailing to Byzantium. Annu. Rev. Biochem., 61, 1-28.

53. Rowley, J.D. (1973) A new consistent chromosomal abnormality in chronic myelogenous leukaemia identified by quinacrine fluorescence and Giemsa staining. Nature, 243, 290-293.

54. Groffen, J. et al. (1984) Philadelphia chromosomal breakpoints are clustered within a limited region, Bcr, on chromosome 22. Cell, 36, 93-99.

55. Lugo, T. et al. (1990) Tyrosine kinase activity and transformation potency of Bcr-Abl oncogene products. Science, 247, 1079-1082.

56. Cochet,C. et al. (1982)Selective inhibition of a cyclic nucleotide independent protein kinase(G type casein kinase) by quercetin and related polyphenols. Biochem. Pharmacol., 31, 1357-1361.

57. Gschwendt, M. et al. (1984) Calcium and phospholipid-dependent protein kinase activity in mouse epidermis cytosol. Stimulation by complete and incomplete tumor promoters and inhibition by various compounds. Biochem. Biophys. Res. Commun., 124, 63-68.

58. Srivastava, A.K. (1985) Inhibition of phosphorylase kinase, and tyrosine protein kinase activities by quercetin. Biochem. Biophys. Res. Commun., 131, 1-5.

59. Hidaka, H. et al. (1984) Isoquinolinesulfonamides, novel and potent inhibitors of cyclic nucleotide-dependent protein kinase and protein kinase C.Biochemistry, 23, 5036-5041.

60. Tamaoki, T. et al. (1986) Staurosporine, a potent inhibitor of phospholipidCa＋＋ dependent protein kinase. Biochem. Biophys. Res. Commun., 135, 397-402.

61. Rüegg, U.T. and Gillian, B. (1989) Staurosporine, K-252 and UCN-01: potent but nonspecific inhibitors of protein kinases. Trends Pharmacol. Sci., 10, 218-220.

62. Omura, S. et al. (1977) A new alkaloid AM-2282 of Streptomyces origin taxonomy, fermentation, isolation and preliminary characterization. J. Antibiot., 30, 275-282.

63. Davis, M.I. et al. (2011) Comprehensive analysis of kinase inhibitor selectivity. Nat. Biotechnol., 29, 1046-1051.

64. Lopez, M.S. et al. (2013) Staurosporine-Derived Inhibitors Broaden the Scope of Analog-Sensitive Kinase Technology. J. Am. Chem. Soc., 135, 18153-18159.

65. Anderson, N.G. et al. (1990) Requirement for integration of signals from two distinct phosphorylation pathways for activation of MAP kinase. Nature, 343, 651-653.

66. Seger, R. et al. (1992) Purification and characterization of mitogen-activated protein kinase activator (s) from epidermal growth factor-stimulated A431 cells. J. Biol. Chem., 267, 14373-14381.

67. Wilks, A.F. et al. (1991) Two novel protein-tyrosine kinases, each with a second phosphotransferase-related catalytic domain, define a new class of protein kinase. Mol. Cell. Biol., 11, 2057-2065.

68. Schindler, C. and Darnell, J.E. (1995) Transcriptional responses to polypeptide ligands: the JAK-STAT pathway. Ann. Rev. Biochem., 64, 621-652.

69. Velazquez, L. et al. (1992) A protein tyrosine kinase in the interferon αβ signaling pathway. Cell, 70, 313-322.

70. Divecha, N. and Irvine, R.F. (1995) Phospholipid signaling. Cell, 80, 269-278.

71. Carpenter, C.L. et al. (1990) Purification and characterization of phosphoinositide 3-kinase from rat liver. J. Biol. Chem., 265, 19704-19711.

72. Stephens, L.R., Hughes, K.T., and Irvine, R.F. (1991) Pathway of phosphatidylinositol (3, 4, 5) -trisphosphate synthesis in activated neutrophils. Nature, 351, 33-39.

73. Ruderman, N.B. et al. (1990) Activation of phosphatidylinositol 3-kinase by insulin. Proc. Natl. Acad. Sci. U.S.A., 87, 1411-1415.

74. Uehata, M. et al. (1997) Calcium sensitization of smooth muscle mediated by a Rho-associated protein kinase in hypertension. Nature, 389, 990-994.

75. Asano, T. et al. (1987) Mechanism of action of a novel antivasospasm drug, HA1077. J. Pharmacol. Exp. Ther., 241, 1033-1040.

76. Kureishi, Y. et al. (1997) Rho-associated Kinase Directly Induces Smooth Muscle Contraction through Myosin Light Chain Phosphorylation. J. Biol. Chem., 272, 12257-

12260.

77. Li, J., Kim, S.G., and Blenis, J. (2014) Rapamycin: One Drug, Many Effects. Cell Metab., 19, 373-379.

78. Allen, L.F., Sebolt-Leopold, J., and Meyer, M.B. (2003) CI-1040 (PD184352), a targeted signal transduction inhibitor of MEK (MAPKK). 30. Semin. Oncol., 30 (Supplement 16), 105-116.

79. Adrian, F.J. et al. (2006) Allosteric inhibitors of Bcr-Abl-dependent cell proliferation. Nat. Chem. Biol., 2, 95-102.

80. (2014). Idelalisib approved for trio of blood cancers. Cancer Discov., 4, OF6.

81. Gibbons, D.L. et al. (2012) The rise and fall of gatekeeper mutations? The Bcr-Abl1 T315I paradigm. Cancer, 118, 293-299.

82. Ma, L. et al. (2014) A therapeutically targetable mechanism of Bcr-Abl-independent imatinib resistance in chronic myeloid leukemia. Sci. Transl. Med., 6, 252ra121.

83. Gambacorti-Passerini, C.B. et al. (2003) Molecular mechanisms of resistance to imatinib in Philadelphia-chromosome-positive leukaemias. Lancet Oncol., 4, 75-85.

84. Weisberg, E. et al. (2007) Second generation inhibitors of Bcr-Abl for the treatment of imatinib-resistant chronic myeloid leukaemia. Nat. Rev. Cancer, 7, 345-356.

85. O'Hare, T. et al. (2009) AP24534, a pan-Bcr-Abl inhibitor for chronic myeloid leukemia, potently inhibits the T315I mutant and overcomes mutation-based resistance. Cancer Cell, 16, 401-412.

86. Levinson, N.M. and Boxer, S.G. (2012) Structural and spectroscopic analysis of the kinase inhibitor bosutinib and an isomer of bosutinib binding to the Abl tyrosine kinase domain. PLoS One, 7, e29828.

87. Remsing Rix, L.L. et al. (2009) Global target profile of the kinase inhibitor bosutinib in primary chronic myeloid leukemia cells. Leukemia, 23, 477-485.

88. Zhou, T. et al. (2011) Structural mechanism of the Pan-Bcr-Abl inhibitor ponatinib (AP24534): lessons for overcoming kinase inhibitor resistance. Chem. Biol. Drug Des., 77, 1-11.

89. Qiu, C. et al. (2008) Mechanism of activation and inhibition of the HER4/ErbB4 kinase. Structure, 16, 460-467.

90. Citri, A. and Yarden, Y. (2006) EGF-ERBB signalling: towards the systems level. Nat. Rev. Mol. Cell Biol., 7, 505-516.

91. Hynes, N.E. and Lane, H.A. (2005) ERBB receptors and cancer: the complexity of targeted inhibitors. Nat. Rev. Cancer, 5, 341-354.

92. Solca, F. et al. (2012) Target binding properties and cellular activity of afatinib (BIBW 2992), an irreversible ErbB family blocker. J. Pharmacol. Exp. Therap., 343, 342-350.

93. Ayeni, D., Politi, K., and Goldberg, S.B. (2015) Emerging agents and new mutations in EGFR-mutant lung cancer. Clin. Cancer Res., 21, 3818-3820.

94. Finlay, M.R.V. et al. (2014) Discovery of a potent and selective EGFR inhibitor (AZD9291) of both sensitizing and T790M resistance mutations that spares the wild type form of the receptor. J. Med. Chem., 57, 8249-8267.

95. Ferrara, N., Gerber, H.-P., and LeCouter, J. (2003) The biology of VEGF and its receptors. Nat. Med., 9, 669-676.

96. Olofsson, B. et al. (1996) Vascular endothelial growth factor B, a novel growth factor for

endothelial cells. Proc. Natl. Acad. Sci. U.S.A., 93, 2576-2581.

97. Pemovska, T. et al.（2015）Axitinib effectively inhibits Bcr-Abl1（T315I）with a distinct binding conformation. Nature, 519, 102-105.

98. McTigue, M. et al.（2012）Molecular conformations, interactions, and properties associated with drug efficiency and clinical performance among VEGFR TK inhibitors. Proc. Natl. Acad. Sci. U.S.A., 109, 18281-18289.

99. Rane, S.G. and Reddy, E.P.（2000）Janus kinases: components of multiple signaling pathways. Oncogene, 19, 5662-5679.

100. Cui, J.J. et al.（2011）Structure based drug design of crizotinib（PF-02341066）, a potent and selective dual inhibitor of mesenchymalepithelial transition factor（c-MET）kinase and anaplastic lymphoma kinase（ALK）. J. Med. Chem., 54, 6342-6363.

101. Chiarle, R. et al.（2008）The anaplastic lymphoma kinase in the pathogenesis of cancer. Nat. Rev. Cancer, 8, 11-23.

102. Awad, M.M. et al.（2013）Acquired resistance to crizotinib from a mutation in CD74-ROS1. N. Engl. J. Med., 368, 2395-2401.

103. Shaw, A.T. et al.（2011）Effect of crizotinib on overall survival in patients with advanced non-small-cell lung cancer harbouring ALK gene rearrangement: a retrospective analysis. Lancet Oncol., 12, 1004-1012.

104. Marsilje, T.H. et al.（2013）Synthesis, structure-activity relationships, and in vivo efficacy of the novel potent and selective anaplastic lymphoma kinase（ALK）inhibitor 5-chloro-N2-（2-isopropoxy-5-methyl-4-（piperidin-4-yl）phenyl）-N4-（2-（isopropylsulfonyl）phenyl）pyrimidine-2, 4-diamine（LDK378）Currently in phase 1 and phase 2 clinical trials. J. Med. Chem., 56, 5675-5690.

105. Friboulet, L. et al.（2014）The ALK inhibitor ceritinib overcomes crizotinib resistance in non-small cell lung cancer. Cancer Discov., 4, 662-673.

106. Shaw, A.T. et al.（2014）Ceritinib in ALK-rearranged non-small-cell lung cancer. N. Engl. J. Med., 370, 1189-1197.

107. Seto, T. et al.（2013）CH5424802（RO5424802）for patients with ALK-rearranged advanced non-small-cell lung cancer（AF-001JP study）: a single-arm, open-label, phase 1-2 study. Lancet Oncol., 14, 590-598.

108. Kinoshita, K. et al.（2011）9-Substituted 6, 6-dimethyl-11-oxo-6, 11-dihydro-5H-benzo [b]carbazoles as highly selective and potent anaplastic lymphoma kinase inhibitors. J. Med. Chem., 54, 6286-6294.

109. Sakamoto, H. et al.（2011）CH5424802, a selective ALK inhibitor capable of blocking the resistant gatekeeper mutant. Cancer Cell, 19, 679-690.

110. Awad, M.M. and Shaw, A.T.（2014）ALK Inhibitors in non-small cell lung cancer: crizotinib and beyond. Clin. Adv. Hematol. Oncol., 12, 429-439.

111. Yakes, F.M. et al.（2011）Cabozantinib（XL184）, a novel MET and VEGFR2 inhibitor, simultaneously suppresses metastasis, angiogenesis, and tumor growth. Mol. Cancer Ther., 10, 2298-2308.

112. Katayama, R. et al.（2015）Cabozantinib overcomes crizotinib resistance in ROS1 fusion positive cancer. Clin. Cancer Res., 21, 166-174.

113. Davare, M.A. et al.（2015）Structural insight into selectivity and resistance profiles of ROS1 tyrosine kinase inhibitors. Proc. Natl. Acad. Sci. U.S.A., 112, E5381-E5390.

114. Anastassiadis, T. et al.（2011）Comprehensive assay of kinase catalytic activity reveals features of kinase inhibitor selectivity. Nat. Biotechnol., 29, 1039-1045.

115. Bollag, G. et al.（2012）Vemurafenib: the first drug approved for BRAF-mutant cancer. Nat. Rev. Drug Discov., 11, 873-886.

116. Rheault, T.R. et al.（2013）Discovery of Dabrafenib: a selective inhibitor of Raf kinases with antitumor activity against B-Raf-driven tumors. ACS Med. Chem. Lett., 4, 358-362.

117. Flaherty, K.T. et al.（2012）Combined BRAF and MEK inhibition in melanoma with BRAF V600 mutations. N. Engl. J. Med., 367, 1694-1703.

118. Long, G.V. et al.（2014）Combined BRAF and MEK inhibition versus BRAF inhibition alone in melanoma. N. Engl. J. Med., 371, 1877-1888.

119. Yao, Z. et al.（2015）BRAF mutants evade ERK-dependent feedback by different mechanisms that determine their sensitivity to pharmacologic inhibition. Cancer Cell, 28, 370-383.

120. Robert, C. et al.（2015）Improved overall survival in melanoma with combined dabrafenib and trametinib. N. Engl. J. Med., 372, 30-39.

121. Larkin, J. et al.（2014）Combined vemurafenib and cobimetinib in BRAF-mutated melanoma. N. Engl. J. Med., 371, 1867-1876.

122. Roskoski, R.Jr.（2017）Allosteric MEK1/2 inhibitors including cobimetanib and trametinib in the treatment of cutaneous melanomas. Pharmacol. Res., 117, 20-31.

123. Wu, P., Liu, T., and Hu, Y.（2009）PI3K inhibitors for cancer therapy: what has been achieved so far? Curr. Med. Chem., 16, 916-930.

124. Wu, P. and Hu, Y.（2012）Small molecules targeting phosphoinositide 3-kinases. Med. Chem. Commun., 3, 1337-1355.

125. Wu, P. and Hu, Y.Z.（2010）PI3K/Akt/mTOR pathway inhibitors in cancer: a perspective on clinical progress. Curr. Med. Chem., 17, 4326-4341.

126. Fruman, D.A. and Rommel, C.（2014）PI3K and cancer: lessons, challenges and opportunities. Nat. Rev. Drug Discov., 13, 140-156.

127. Somoza, J.R. et al.（2015）Structural, biochemical and biophysical characterization of Idelalisib binding to phosphoinositide 3-kinase delta. J. Biol. Chem., 290, 8439-8446.

128. Flinn, I.W. et al.（2014）Idelalisib, a selective inhibitor of phosphatidylinositol 3-kinase-δ, as therapy for previously treated indolent non-Hodgkin lymphoma. Blood, 123, 3406-3413.

129. Brown, J.R. et al.（2014）Idelalisib, an inhibitor of phosphatidylinositol 3-kinase p110δ, for relapsed/refractory chronic lymphocytic leukemia. Blood, 123, 3390-3397.

130. Furman, R.R. et al.（2014）Idelalisib and rituximab in relapsed chronic lymphocytic leukemia. N. Engl. J. Med., 370, 997-1007.

131. Toogood, P.L. et al.（2005）Discovery of a potent and selective inhibitor of cyclin-dependent kinase 4/6. J. Med. Chem., 48, 2388-2406.

132. Sherr, C.J., Beach, D., and Shapiro, G.I.（2016）Targeting CDK4 and CDK6: from discovery to therapy. Cancer Discov., 6, 353-367.

133. Finn, R.S. et al.（2016）Palbociclib and Letrozole in advanced breast cancer. N. Engl. J. Med., 375, 1925-1936.

134. Finn, R.S. et al.（2015）The cyclin-dependent kinase 4/6 inhibitor palbociclib in combination with letrozole versus letrozole alone as first-line treatment of oestrogen receptor-positive, HER2-negative, advanced breast cancer（PALOMA-1/TRIO-18）: a randomised phase 2 study. Lancet Oncol., 16, 25-35.

135. Cameron, F. and Sanford, M.（2014）Ibrutinib: first global approval. Drugs, 74, 263-271.

136. Dungo, R.T. and Keating, G.M.（2013）Afatinib: first global approval. Drugs, 73, 1503-1515.

137. Greig, S.L.（2016）Osimertinib: first global approval. Drugs, 76, 263-273.

138. Byrd, J.C. et al.（2013）Targeting BTK with ibrutinib in relapsed chronic lymphocytic leukemia. N. Engl. J. Med., 369, 32-42.

139. （2016）Osimertinib Is active in patients with EGFRT790M-positive NSCLC.Cancer Discov., 6, 1305.

140. Politi, K., Ayeni, D., and Lynch, T.（2015）The next wave of EGFR tyrosine kinase inhibitors enter the clinic. Cancer Cell, 27, 751-753.

141. Sequist, L.V. et al.（2015）Rociletinib in EGFR-mutated non-small-cell lung cancer. N. Engl. J. Med., 372, 1700-1709.

142. Shimobayashi, M. and Hall, M.N.（2014）Making new contacts: the mTOR network in metabolism and signalling crosstalk. Nat. Rev. Mol. Cell Biol., 15, 155-162.

143. Vézina, C., Kudelski, A., and Sehgal, S.（1975）Rapamycin（AY-22, 989）, a new antifungal antibiotic. I.Taxonomy of the producing streptomycete and isolation of the active principle. J. Antibiot., 28, 721-726.

144. Seto, B.（2012）Rapamycin and mTOR: a serendipitous discovery and implications for breast cancer. Clin. Transl. Med., 1, 29.

145. Abraham, R.T. and Wiederrecht, G.J.（1996）Immunopharmacology of rapamycin. Annu. Rev. Immunol., 14, 483-510.

146. Chiarini, F. et al.（2015）Current treatment strategies for inhibiting mTOR in cancer. Trends Pharmacol. Sci., 36, 124-135.

147. Meng, L.-H. and Zheng, X.F.S.（2015）Toward rapamycin analog（rapalog）-based precision cancer therapy. Acta Pharmacol. Sin., 36, 1163-1169.

148. Lamming, D.W. et al.（2013）Rapalogs and mTOR inhibitors as anti-aging therapeutics. J. Clin. Investig., 123, 980-989.

149. Kaper, F., Dornhoefer, N., and Giaccia, A.J.（2006）Mutations in the PI3K/PTEN/tsc2 pathway contribute to mammalian target of rapamycin activity and increased translation under hypoxic conditions. Cancer Res., 66, 1561-1569.

150. Takata, M. et al.（2013）Fasudil, a rho kinase inhibitor, limits motor neuron loss in experimental models of amyotrophic lateral sclerosis. Br. J. Pharmacol., 170, 341-351.

151. Doggrell, S.A.（2005）Rho-kinase inhibitors show promise in pulmonary hypertension. Expert Opin. Investig. Drugs, 14, 1157-1159.

152. Maekawa, M. et al.（1999）Signaling from Rho to the actin cytoskeleton through protein kinases ROCK and LIM-kinase. Science, 285, 895-898.

153. Garnock-Jones, K.P.（2014）Ripasudil: first global approval. Drugs, 74, 2211-2215.

154. Okumura, N. et al.（2016）Effect of the Rho-associated kinase inhibitor eye drop（Ripasudil）

on corneal endothelial wound healing effect of Ripasudil on corneal endothelium. Invest. Ophthalmol. Vis. Sci., 57, 1284-1292.

155. Shen, Y.-W. et al. (2016) Efficacy and safety of icotinib as first-line therapy in patients with advanced non-small-cell lung cancer. OncoTargets Ther., 9, 929-935.

156. Hu, X. et al. (2015) The efficacy and safety of icotinib in patients with advanced non-small cell lung cancer previously treated with chemotherapy: a single-arm, multi-center, prospective study. PLoS One, 10, e0142500.

157. Zabriskie, M.S. et al. (2015) Radotinib is an effective inhibitor of native and kinase domain-mutant Bcr-Abl1. Leukemia, 29, 1939-1942.

158. Kim, S.-H. et al. (2014) Efficacy and safety of radotinib in chronic phase chronic myeloid leukemia patients with resistance or intolerance to Bcr-Abl1 tyrosine kinase inhibitors. Haematologica, 99, 1191-1196.

159. Abboud, C. et al. (2013) The price of drugs for chronic myeloid leukemia (CML) is a reflection of the unsustainable prices of cancer drugs: from the perspective of a large group of CML experts. Blood, 121, 4439-4442.

160. Bagrodia, S., Smeal, T., and Abraham, R.T. (2012) Mechanisms of intrinsic and acquired resistance to kinase-targeted therapies. Pigment Cell Melanoma Res., 25, 819-831.

161. Hu, Y., Furtmann, N., and Bajorath, J. (2015) Current compound coverage of the kinome. J. Med. Chem., 58, 30-40.

162. Elkins, J.M. et al. (2016) Comprehensive characterization of the published kinase inhibitor set. Nat. Biotechnol., 34, 95-103.

163. González-Bello, C. (2016) Designing irreversible inhibitors—worth the effort? ChemMedChem, 11, 22-30.

164. Liu, Q. et al. (2013) Developing irreversible inhibitors of the protein kinase cysteinome. Chem. Biol., 20, 146-159.

165. Lee, C.-U. and Grossmann, T.N. (2012) Reversible covalent inhibition of a protein target. Angew. Chem. Int. Ed., 51, 8699-8700.

166. Lu, H. and Tonge, P.J. (2010) Drug-target residence time: critical information for lead optimization. Curr. Opin. Chem. Biol., 14, 467-474.

167. Bradshaw, J.M. et al. (2015) Prolonged and tunable residence time using reversible covalent kinase inhibitors. Nat. Chem. Biol., 11, 525-531.

168. Wu, P., Givskov, M., and Nielsen, T.E. (2017) Kinase Inhibitors, in Drug Selectivity-An Evolving Concept in Medicinal Chemistry (eds N.Handler and H.Buschmann), Wiley-VCH Verlag GmbH, Weinheim, pp. 31-53. DOI: 10. 1002/9783527674381. ch2.

169. Fabian, M.A. et al. (2005) A small molecule-kinase interaction map for clinical kinase inhibitors. Nat. Biotechnol., 23, 329-336.

170. Karaman, M.W. et al. (2008) A quantitative analysis of kinase inhibitor selectivity. Nat. Biotechnol., 26, 127-132.

171. Weisner, J. et al. (2015) Covalent-allosteric kinase inhibitors. Angew. Chem. Int. Ed., 54, 10313-10316.

172. Zuercher, W.J., Elkins, J.M., and Knapp, S. (2016) The intersection of structural and chemical biology-an essential synergy. Cell Chem. Biol., 23, 173-182.

第6章

多巴胺D₂受体部分激动剂的发现、进展和治疗潜力

6.1 引言

调节多巴胺（dopamine，DA）神经递质活性的药物已经成为治疗多种中枢神经系统（CNS）疾病所必需的一类药物。20世纪70年代对"精神分裂症多巴胺假说"的认识指导了多巴胺D_2受体拮抗剂（dopamine D_2 receptor antagonist）这一类治疗精神疾病药物的开发。尽管存在锥体束外症状（extrapyramidal symptom，EPS）和潜在的迟发性运动障碍（tardive dyskinesia）等风险，但多巴胺D_2受体拮抗剂仍可被称为抗精神病药物（antipsychotic）研发史上的一个突破。此后，研究人员对多巴胺及其受体亚型有了更为深入的了解，并认识到这些受体，特别是多巴胺D_2和D_3受体在多种疾病的病理生理学过程中的重要作用，这些疾病包括精神分裂症（schizophrenia）、帕金森病（Parkinson's disease）、成瘾（addiction）、抑郁症（depression）、躁狂症（mania），以及注意力和饮食失调等。精神分裂症患者脑内某些区域的多巴胺能神经传递（dopaminergic neurotransmission）过多，而其他脑内区域的多巴胺能神经传递减少。精神分裂症这种矛盾的性质，以及寻找减少锥体束外症状（与黑质纹状体束中的D_2受体拮抗有关）的有效抗精神病药物的迫切需求，最终推动了多巴胺D_2受体部分激动剂、偏向性配体（biased ligand，优先参与某一信号转导通路的化合物）及选择性作用于其他多巴胺受体亚型的化合物的研发。本章重点介绍已获批的多巴胺D_2受体部分激动剂的相关内容。

6.2 多巴胺和多巴胺受体

包括多巴胺在内的儿茶酚胺是通过酪氨酸来合成的。1957年之前，多巴胺被认为是合成神经递质去甲肾上腺素中间体的前体。1957年，阿夫里德·卡尔森（Avrid Carlsson）发现多巴胺本身即具有生理活性，并作为一种神经递质发挥作用[1]。卡尔森等发现抗精神病药氯丙嗪（chlorpromazine）和氟哌啶醇（haloperidol）可以增加多巴胺的合成和代谢[1]。卡尔森指出，这种增加作用是对多巴胺受体阻断的反馈性激活。这些开创性研究对理解抗精神病药物的作用机制

做出了重大贡献，也是第一次将多巴胺与抗精神病药物联系起来。

卡尔森还发现了多巴胺在运动功能中的作用。利血平（reserpine）对多巴胺的消耗会导致类似于帕金森病的症状，即所谓锥体束外症状。该症状可通过 L-3,4-二羟基苯丙氨酸（L-3,4-dihydroxyphenylalanine，L-dopa）这一多巴胺生物合成的前体来治疗，因此该疗法被称为多巴胺替代疗法[2]。大多数抗精神病药物都会产生锥体束外症状，因此卡尔森的研究对于将这种副作用与多巴胺受体阻断建立关联十分重要。在卡尔森和林德奎斯特（Lindqvist）最初发现的近20年后，多巴胺受体的亲和力研究证实了抗精神病药物的作用机制。此外，抗精神病药物对多巴胺 D_2 受体的亲和力与其临床疗效相关[3]。

哺乳动物大脑中的多巴胺能神经元（dopaminergic neuron，产生多巴胺的神经元）数目相对较少，但它们的轴突会投射到许多其他大脑区域（图6.1）。实际上，多巴胺能神经支配是大脑最重要的功能之一。多巴胺主要在腹侧被盖区（ventral tegmental area，VTA）和黑质（substantia nigra）的神经细胞中合成（图6.1）。来自VTA的多巴胺被释放到伏隔核（nucleus accumbens）和前额皮质（prefrontal cortex），而来自黑质的多巴胺则被释放到背侧纹状体（dorsal striatum）。在哺乳动物的大脑中已发现了四个主要的多巴胺能途径：黑质纹状体（nigrostriatal）途径、中脑边缘（mesolimbic）途径、中脑皮质（mesocortical）途径，以及结节漏斗途径（tuberoinfundibular）。多巴胺通过以上四个途径调节多种生理和行为反应。黑质纹状体途径起源于黑质致密部中的多巴胺能细胞的A9细胞簇，并投射到背侧纹状体中的尾状核和壳状核。多巴胺通过尾状核和壳状核来调节运动、自发运动和运动控制。由于黑质致密部中多巴胺能神经元缺失而引起的多巴胺能传递的中断会促进帕金森病的病理生理进程，导致运动功能的丧失。中脑边缘和中脑皮质途径（通常统称为中脑皮质途径）起源于VTA中的A10组。中脑边缘途径投射到伏隔核，也被称为奖励回路（reward pathway），而多巴胺通过该途径调节动机和冲动行为。中脑皮质途径投射到前额皮质，多巴胺在此区域调节情绪反应和更高阶的认知功能。结节漏斗通路起源于下丘脑（hypothalamus）内的A8细胞簇，投射至垂体后叶

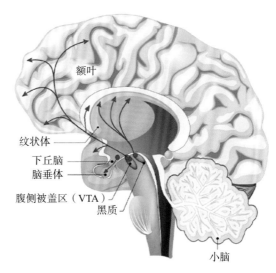

额叶

纹状体

下丘脑

脑垂体

腹侧被盖区（VTA）

黑质

小脑

图6.1　多巴胺能的主要通路

（posterior pituitary），多巴胺在此处起抑制催乳素（prolactin）分泌的作用。中脑边缘和中脑皮质途径中的多巴胺失调与神经精神疾病有关，包括精神分裂症（schizophrenia）和双相障碍（bipolar disorder）。

多巴胺也存在于外周系统中[4]。在血流中也发现了相当浓度的多巴胺，但尚不清楚其功能。循环系统中的多巴胺大多数以其非活性代谢物多巴胺 3-O-硫酸盐的形式存在，并最终通过肾脏排泄[5]。除了饮食摄入外，外周多巴胺主要来源于副交感神经纤维（parasympathetic nerve fiber）、肾上腺髓质（adrenal medulla）和胺前体再摄取与脱羧（amine precursor reuptake and decarboxylation，APRD）细胞[6]。多巴胺受体存在于许多外周组织中，包括动脉壁、胰腺、肾脏和免疫细胞。多巴胺在这些外周器官的多个生理过程中发挥作用，如血流、葡萄糖稳态、血压和免疫细胞活化等。有证据表明，多巴胺可能直接或间接地（通过激素调节和免疫细胞失活）参与细胞增殖和恶性肿瘤的生长等过程[7, 8]。最近发现一种已知的多巴胺拮抗剂硫利达嗪（thioridazine）可选择性地诱导人多能癌症干细胞的分化，却不影响其正常的非癌性等效物的作用[9]。

近期已发表了有关多巴胺受体分子药理学的全面综述[10, 11]，下文对此进行了总结。多巴胺受体是 G 蛋白偶联受体（G-protein-coupled receptor，GPCR）超家族的成员。与其他的 G 蛋白偶联受体一样，多巴胺受体有七个跨膜螺旋结构。根据多巴胺受体与 G 蛋白的偶联和对腺苷酸环化酶活性的调节方式，可将其分为五种亚型，$D_1 \sim D_5$。受体亚型进一步分为 D_1 样（D_1 和 D_5）和 D_2 样（D_2、D_3 和 D_4）两种类型。D_2 包括两个主要剪接变体，分别是短 D_2（D_2S）和长 D_2（D_2L），其中 D_2L 在第三个细胞内环中含有额外的 29 个氨基酸。D_1 样受体可与 $G\alpha_{s/olf}$ 偶联，激活腺苷酸环化酶活性并增加环腺苷酸（cyclic adenosine monophosphate，cAMP）的水平。D_2 样受体可激活 $G\alpha_{i/o}$，抑制腺苷酸环化酶活性并降低 cAMP 的水平。在不同亚型之间，多巴胺受体表达的位置不同。与在基底神经节中高水平表达的其他亚型相比，D_2 受体在大脑中含量最高，特别是在背侧和腹侧纹状体中。在多巴胺能神经元的突触后和突触前均含有 D_2 样受体，其主要功能是调节多巴胺的释放。D_2 受体的剪接变体具有不同的神经元分布，其中 D_2S 主要在突触前表达而 D_2L 主要在突触后表达。相比之下，D_1 样受体主要在突触后发现。而 D_3 受体不如 D_2 受体丰富，主要在边缘区域表达。D_3 受体的这种表达模式十分引人注意，因为大多数抗精神病药物会与 D_3 受体结合[12]。这使得研究人员开始追求选择性 D_3 受体药物，因为据推测，作用于 D_3 受体有助于发挥抗精神病活性，但后来证明纯 D_3 拮抗剂（如 ABT-925）并未表现出有意义的临床抗精神病功效[13]。

功能选择性和偏向配体信号转导

2008 ～ 2018 年的这段时期，研究人员越来越清楚地认识到 GPCR 信号的转导远非最初理解的那样简单。GPCR能够参与非G蛋白依赖信号转导的发现[14, 15]挑战了一个受体仅与一种G蛋白亚型及其相应信号转导途径偶联的刻板认识。β-抑制蛋白（β-arrestin）是一种与激动剂诱导的受体脱敏途径相关的蛋白，研究发现其具有衔接体蛋白质（adaptor protein）的作用，可将受体与细胞内非G蛋白偶联信号通路相联结。这导致作用于相同受体的配体可能产生不同的生理效应，被称为"功能选择性（functional selectivity）"。作用于同一受体，但相对于一种信号转导而言更加倾向于另一种信号转导的化合物被称为"偏向性配体"。与其他GPCR相似，D₂多巴胺受体通过典型的G蛋白途径和非典型的β-抑制蛋白2依赖性途径进行信号转导[16]。基于β-抑制蛋白2基因敲除小鼠的体内研究表明，D₂受体信号转导可调节蛋白激酶B（protein kinase B）/糖原合酶激酶3（glycogen synthase kinase 3）（Akt/GSK-3）途径[17]。随着对G蛋白偶联和非G蛋白依赖途径进行的D₂受体信号转导的深入认识，对已知靶向D₂受体的抗精神病药物作用机制也有了更为深入的理解，同时也促进了具有更好疗效、更低副作用的选择性D₂受体拮抗剂的发现与开发。

6.3 精神分裂症和早期抗精神病药物

精神分裂症是一种严重且使人衰弱的脑部疾病，会导致思维和行为的紊乱[18]。精神分裂症相关症状的三个核心方面是阳性症状、阴性症状和认知障碍。阳性症状包括幻觉和妄想。阴性症状会导致社交退缩和伴随情绪表达能力下降的情绪扁平化。认知障碍会干扰执行功能和决策，尽管这些症状常常混杂在一起，但它们对疾病的影响可能有所不同，从而使药物治疗变得困难。精神分裂症的症状出现在青春期末期或成年早期，需要终生治疗。中脑边缘途径中的高多巴胺能活性与精神分裂症的阳性症状有关，而中皮质区域的低多巴胺能活性与阴性症状和认知缺陷有关[19]。

1967年，范·罗苏姆（Van Rossum）最早提出了精神分裂症多巴胺假说，推测精神分裂症的症状是由多巴胺传递过度引起的[20]。这一假说随后得到了以下发现的支持：利血平（reserpine，一种阻止多巴胺储存的药物）减轻了精神病症状，而苯丙胺（amphetamine，一种增加多巴胺水平的兴奋剂）则加重了精神病症状[21-23]。多巴胺假说认为精神分裂症的阳性症状归因于多巴胺能信号过度活跃，而D₂受体拮抗剂类可阻断多巴胺活性，进而发挥治疗精神病的作用，这也很好地证明了这一假说。

"典型"抗精神病药或第一代抗精神病药是具有强亲和力的D₂受体拮抗剂（D₂ receptor antagonist）[24]，主要包括氯丙嗪和氟哌啶醇等（图6.2）。这些药物可有效治疗阳性症状，但表现出包括类似帕金森病症状（effects including parkinsonism-like symptom，EPS）的不良反应，以及由于强效阻断黑质纹状体和结节漏斗通路内的D_2受体而诱发的高催乳素血症。"非典型"抗精神病药或第二代抗精神病药物主要以利培酮（risperidone）和氯氮平（clozapine）为代表（图6.2），其对D_2受体和$5-HT_{2A}$5-羟色胺受体具有拮抗活性。与典型的抗精神病药相比，这些药物产生EPS的趋势降低。然而，它们对许多其他神经递质受体也有活性。这些额外受体的活性使部分药物的疗效增强（5-羟色胺$5HT_{1A}$），但其他受体活性也可能会引起副作用，如体重增加和代谢综合征[25]。

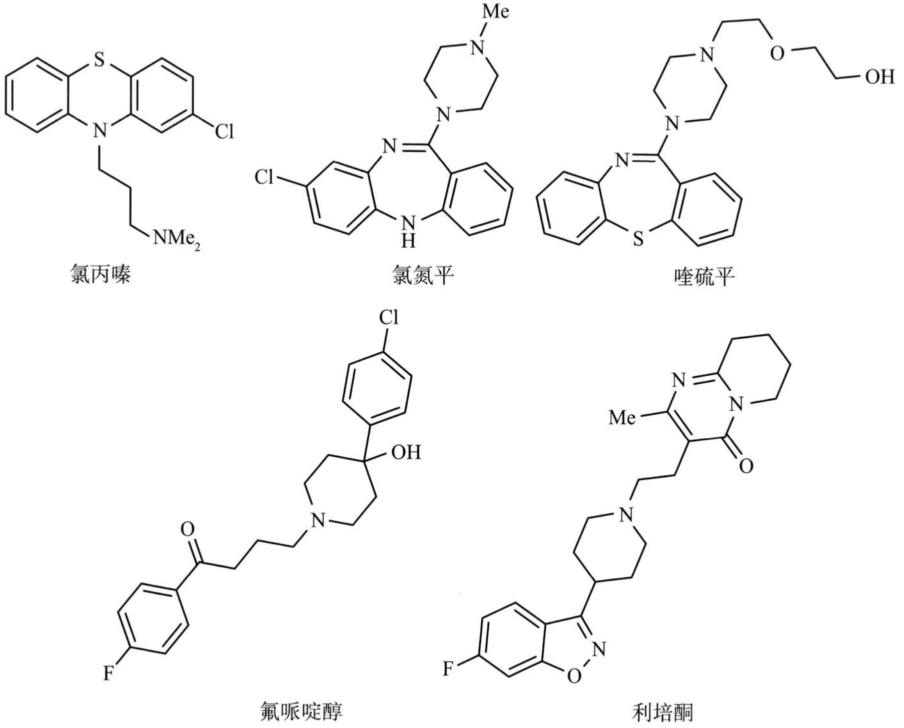

图 6.2   抗精神病药氯丙嗪、氯氮平、喹硫平、氟哌啶醇和利培酮的结构

6.4   多巴胺部分激动作用

1952年，D_2受体拮抗剂氯丙嗪（图6.2）作为第一个抗精神病药物应用于临床，预示着精神分裂症及其他精神病治疗领域的突破。该药物缓解了中脑边缘通路的高多巴胺能活动所导致的阳性症状[26]。但是，氯丙嗪和其他第一代抗精神病药并没有减轻阴性症状（由中脑皮质通路的低多巴胺能活动引起的），并且由于阻止了黑质纹状体通路的多巴胺能神经传递而表现出较高的EPS副作用发生率。对D_2部分激动剂（D_2 partial agonist）的关注源自既可以改善阴性症状又能减

轻EPS副作用的抗精神病药物的研发。相关研究发现了早期的"非典型"抗精神病药物，如氯氮平和喹硫平（quetiapine，图6.2）等在精神分裂症患者中表现出抗阴性症状功效且具有较低的EPS发生率的药物。药理学上，这些药物对其他神经递质也表现出较高的活性，特别是对5-羟色胺5-HT_{2A}受体的拮抗作用，因此与"典型"抗精神病药物的性质明显不同。一些数据表明，氯氮平是D_2部分激动剂而非完全拮抗剂[27]。这些发现引起了两个思考，一是认为对阴性症状[28]和EPS的有益作用主要来自于5-HT_{2A}受体拮抗剂的活性，而另一个观点则将其归因于对D_2受体的部分激动活性[29]。有研究人员提出：①D_2部分激动剂通过选择性结合突触前D_2自身受体（autoreceptor）并抑制多巴胺在中脑边缘组织中的合成和释放来治疗阳性症状；②通过在低多巴胺能的中脑皮质组织中充当突触后D_2激动剂来治疗阴性症状；③部分而非完全拮抗剂的内在活性减少了黑质纹状体组织中的EPS。后续的研究工作证实D_2部分激动剂还具有治疗许多其他疾病的潜力。

6.5 D_2 部分激动剂

目前已经发表了一些综述并介绍了有关D_2部分激动剂的早期基础研究[30-34]。虽然对过去30年间D_2部分激动剂药物发现的完整介绍不是本章的重点，但读者可参考所引用的相关论文和综述（如由Wikstrom在1992年所述的早期工作[30]、由Wustrow总结的截至2000年的工作[31]，以及2016年Matute等探讨的最新进展[34]）。此领域的相关研究最终将三个药物推向临床应用，分别是阿立哌唑（aripiprazole，Abilify®）、卡立哌嗪（cariprazine，Vraylar®）和依匹哌唑（brexpiprazole，Rexulti®）。

重要的是，过去30年来所发现的绝大多数多巴胺能抗精神病药对D_2受体没有选择性。这些药物都具有其他的活性（如5-HT_{2A}拮抗剂活性、5-HT_{1A}部分激动剂活性）[25]。实际上，它们经常因为这些多方面的活性而被追捧。本章重点讨论多巴胺D_2受体活性，尤其是D_2部分激动作用。

6.5.1 类多巴胺骨架——经典的药效团

寻找D_2部分激动剂的早期药物发现始于具有多巴胺结构的2-苯基乙胺骨架的化合物。部分工作发现了在突触前和突触后的D_2受体上表现出激动活性的分子（图6.3），如喹吡罗（quinpirole）[35]、U-68553[36]、他利克索（talipexole）[37]和PD 128483[38]等。尽管它们在帕金森病模型中确实显示出了功效，但在精神分裂症的动物模型中并无效果。但是，化合物(S)-(-)-3-羟基苯基-N-正丙基哌啶[(S)-(-)-3-PPP，图6.4]对突触前D_2自身受体显示出激动活性并对正常敏感的突触后D_2受体表现出拮抗剂活性[39, 40]，这一化合物的发现为D_2部分激动剂药物的发现开辟了道路。3-PPP类似物1和2［特别是（R）-对映体］显示出了类似的部分激动剂活性（图6.4）[41]。随后，卡尔森小组将这些类似物与其他3-PPP衍生物结合在一起，并基于分子力学和分子叠合提出了第一个多巴胺D_2受体药效团模型[42]。

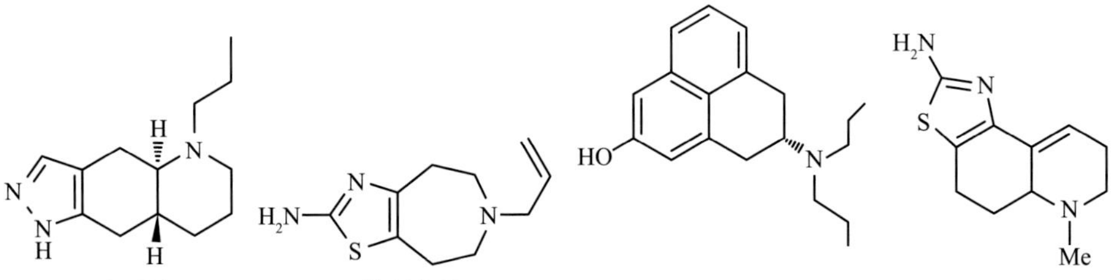

图 6.3　多巴胺激动剂喹吡罗、他利克索、U-68553和PD 128483的结构

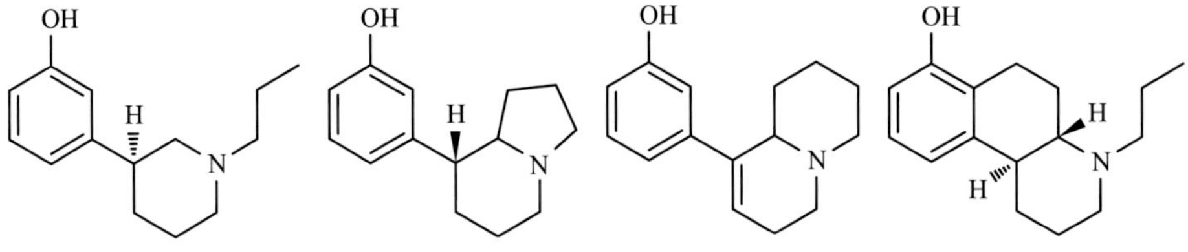

图6.4　（S）-（-）-3-PPP及其同源环状类似物的结构

　　另一种具有部分D_2激动活性的化学骨架是异麦角灵（iso-ergoline）。（6aR）-阿扑吗啡（apomorphine）和（5R），（8R）-麦角酸二乙酰胺（LSD）等多环分子也具有D_2激动活性（图6.5）。然而，在这两个化合物中的苯乙胺部分存在相反的立体构型，导致一些人认为麦角灵骨架中的吡咯乙胺基团起着多巴胺药效团的作用，而非苯乙胺结构（图6.6）。为了解决这一争论，卡尔森小组合成了一系列环约束的3-PPP衍生物，包括JW 165（图6.4）[43]。这些类似物和分子模拟研究的数据能够支持以下观点：尽管阿扑吗啡和LSD在立体化学上存在差异，但麦角灵骨架中的苯乙胺部分充当了多巴胺药效团，而不是吡咯-乙胺。有趣的是，麦角灵骨架中的单个结构变化（$\Delta^{9,10}$双键的饱和）导致了部分激动活性，反式二氢麦角乙脲（TDHL，特麦角脲，图6.5）这一D_2部分激动剂很好地证明了该结论[44]。山德士（Sandoz）进一步探索了异麦角灵骨架，获得了D_2部分激动剂SDZ 208-911和SDZ 208-912（图6.7）[45]。这些类似物表明，部分激动剂药效团可以耐受2位的空间大位阻及对8位取代基的一些结构修饰。

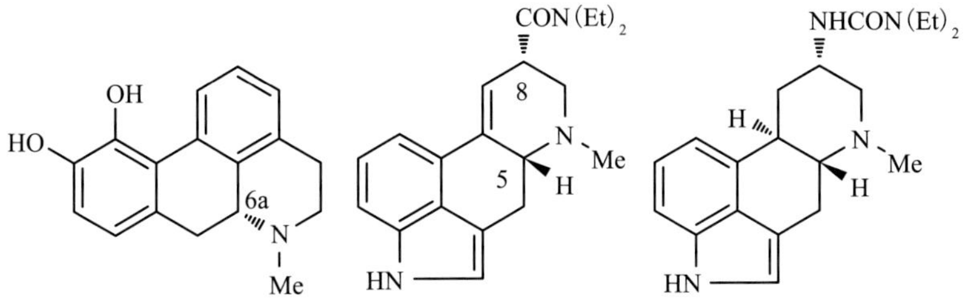

（6aR）-阿扑吗啡　(5R)，(8R)-LSD　TDHL

图6.5　（6*aR*）-阿扑吗啡、（5*R*），（8*R*）-LSD和TDHL的结构

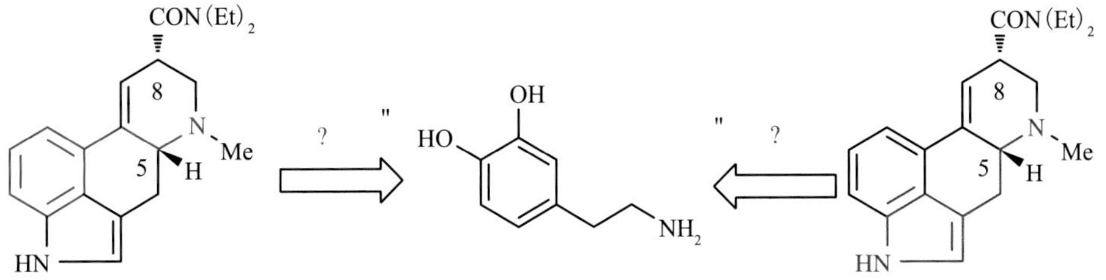

图6.6　LSD中两种可能的多巴胺药效团

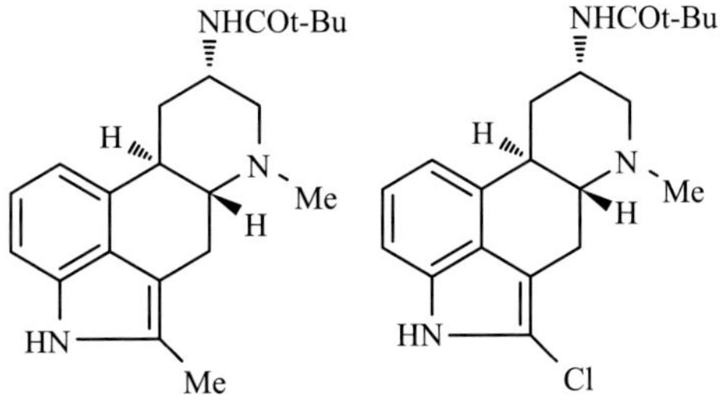

SDZ 208-911　SDZ 208-912

图6.7　SDZ 208-911和SDZ 208-912的结构

6.5.2　非类多巴胺类骨架——非经典药效团

在同一时期，也发现了部分具有不同化学骨架的D_2部分激动剂。这些骨架具有一个芳基和一个碱性氨基，但它们与多巴胺的关系并不那么明显。默克公司（Merck）达姆施塔特（Darmstadt）的一个研究小组使用6-羟基多巴胺损伤的大鼠模型进行了随机筛选，找到了首个“非经典”D_2部分激动剂骨架罗克吲哚（roxindole，EMD 23448，图6.8）[46]。构效关系（structure-activity relationship，SAR）研究表明，该骨架对结构变化非常敏感[47]。改变连接苯基四氢吡啶和吲哚的烷基链长度会减小激动剂亲和力，以及对激动与拮抗活性的选择性。苯环和吲哚环上的大多数取代基也是如此。去除苯基或饱和四氢吡啶同时也会引起D_2亲和力的消失。

其他小组也对"非经典"D_2多巴胺部分激动剂进行了探索。帕克·戴维斯（Parke Davis）的研究小组对罗克吲哚的羟基吲哚进行了取代修饰，得到了化合物4和5（图6.8）[48]。与罗克吲哚一样，结构上的细微变化都会对活性带来严重影响。例如，四氢吡啶类似物4表现出固有活性并促发突触前和突触后D_2受体。而哌嗪类似物5由于其部分激动活性而显示出选择激活突触前D_2自身受体。基于芳基哌嗪与D_2受体的结合位点是变构位点而非正构多巴胺结合位点的假设，该小组进一步扩展了该药效团的SAR[49]。研究发现，苯并吡喃酮基团是苯胺部分的合适生物电子等排体，并且D_2自身受体的激动活性受芳基哌嗪中芳基上取代基的影响很大。只有苯基哌嗪类似物（未列举）和2-吡啶基哌嗪衍生物（化合

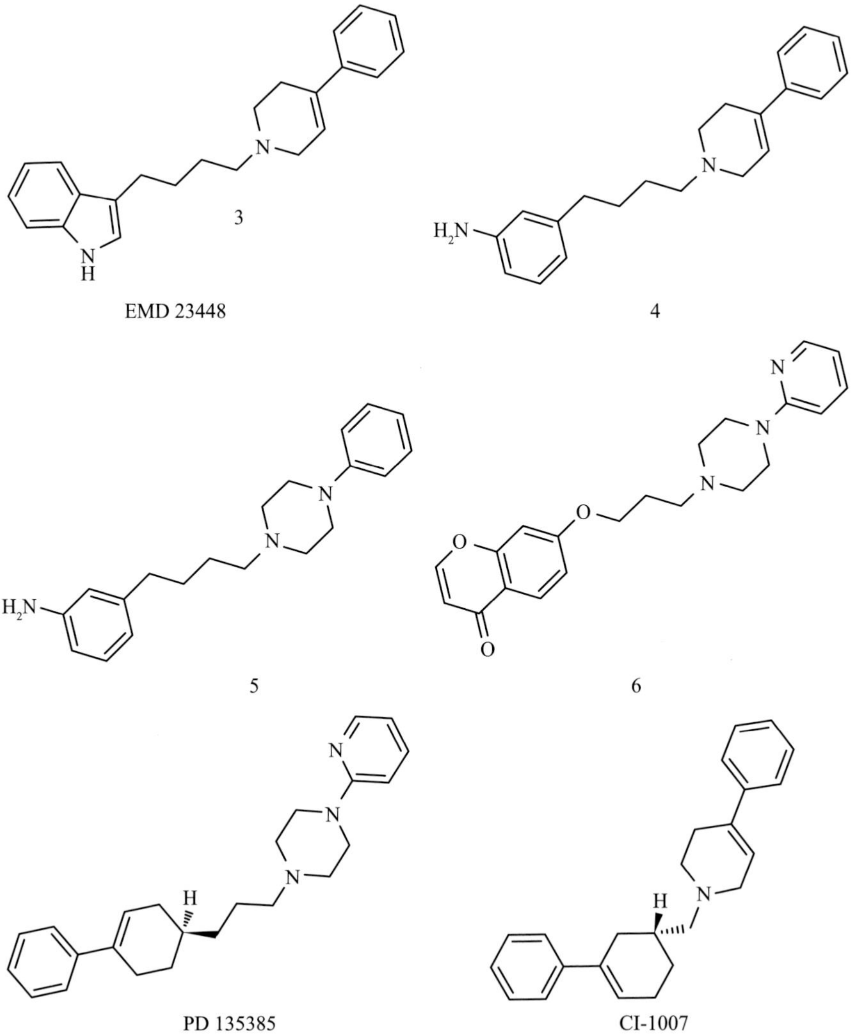

EMD 23448
3
4
5
6
PD 135385
CI-1007

图6.8　早期非经典D_2部分激动剂的结构

物6，图6.8）显示出合适的突触前部分激动活性和选择性。化合物6进入开发阶段后，由于在猴模型中表现出毒性而被终止开发[31]。进一步的结构外推揭示了有关"非经典"D$_2$部分激动剂药效团的其他关键结论。对结构受限的环己烯系列化合物的研究（如PD 135385，图6.8）证明了立体化学对适当的固有活性的重要性[50]。进一步的SAR研究考查了环己烯基的位置异构体和烷基链的长度，以及芳基四氢吡啶结构中芳基的性质和立体化学，最终发现了优化后的类似物CI-1007（图6.8）[51]。该化合物曾经进入临床开发阶段，但由于代谢问题而最终被放弃[31]。

在芳基和环己基之间插入酰胺基以对芳基环己基骨架进行拓展的研究直接促成了一种D$_2$部分激动剂抗精神病药物的上市。首批类似物（如化合物7，图6.9）仅在专利[52]和1991年的报告[53]中被披露。有趣的是，环己基苯甲酰胺骨架的细微变化（如以噻吩基取代苯甲酰胺基团的苯基，化合物8，图6.9）导致化合物对D$_3$受体的亲和力大于对D$_2$受体的亲和力[54]。引入十氢化萘结构为骨架中央区域更具刚性的研究提供了更为深入的见解[55]。在四个可能的十氢化萘异构体中，只有化合物9（图6.8）显示出良好的D$_2$亲和力和部分激动剂活性，表明更柔性的"非经典"D$_2$部分激动剂（如化合物7）可能以线性、伸展的构象发生结合。

早期环己基苄基酰胺的一个缺陷是其体内活性差。为了克服这一问题，研究人员探索了苯甲酰胺的生物电子等排体。吲哚（如化合物10，图6.9）[56]和2-氨基嘧啶（如PD 158771，图6.9）[57]被发现是苯甲酰胺合适的取代基团。实际上，PD 158771已经进入开发阶段，但由于意外的胃肠道毒性而被终止[31]。

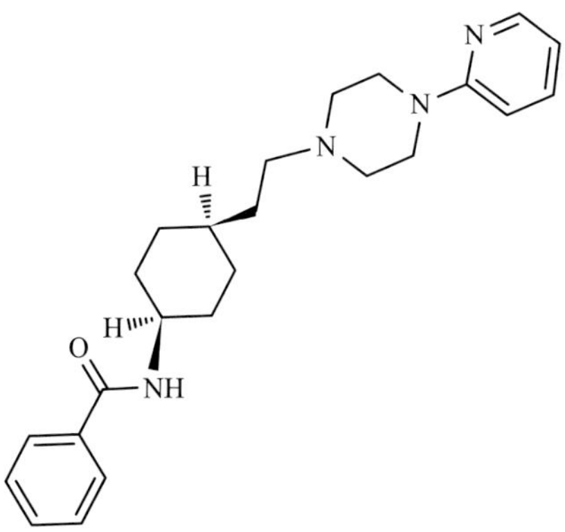

7

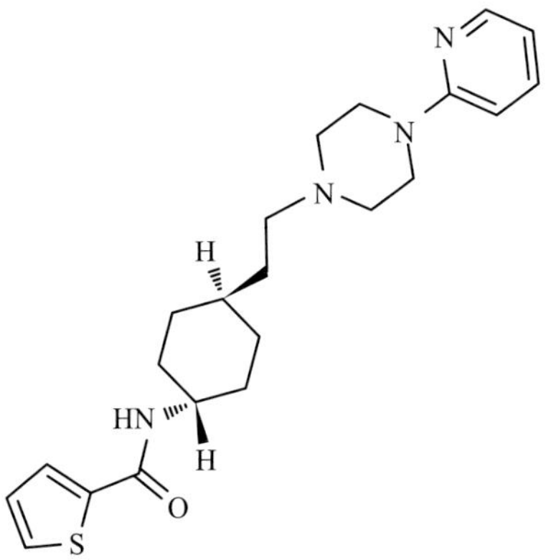

8

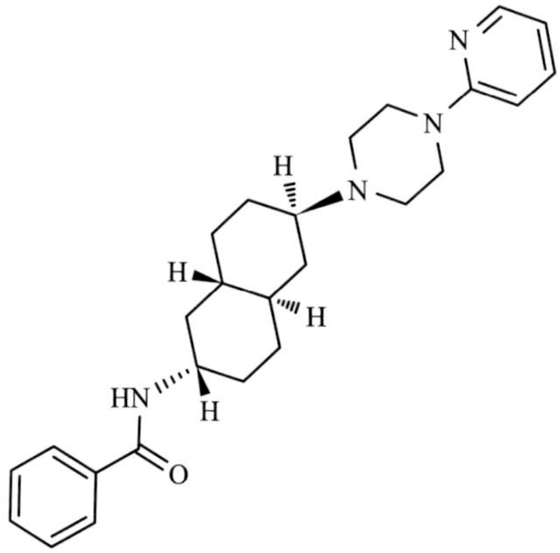

9

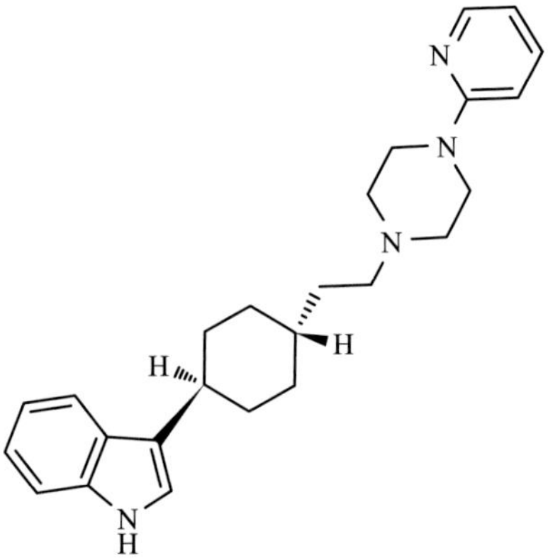

10

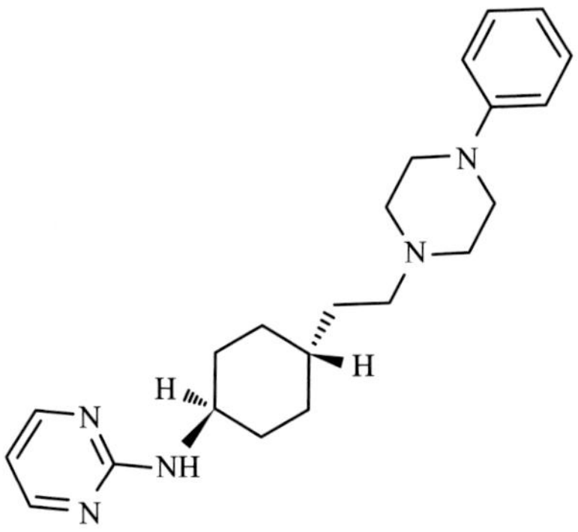

PD 158771

图6.9　代表性的苯甲酰胺D$_2$部分激动剂

6.5.3　联苯芦诺相关化合物

2000年左右，索尔维（Solvay）公司报道了帕多芦诺（pardoprunox）的结构（SLV 308，DU 126891，图6.10），这是一种具有部分5-HT$_{1A}$活性的D$_2$部分激动剂[58]。帕多芦诺的研发目标是治疗帕金森病，但其结构的披露使得研究人员围绕苯并［d］噁唑-2-酮结构开展了大量工作，对D$_2$部分激动剂抗精神病药物的研发做出了巨大的努力。索尔维公司将苯并［d］噁唑-2-酮基团与2-苯基芳基基团结合起来，系统地探索了骨架两端的SAR，最终发现了联苯芦诺（图6.10）[59, 60]。索尔维和惠氏公司提交了联苯芦诺的新药申请，但是在2007年被FDA驳回。可能是由于对D$_2$和D$_3$受体的高固有活性，联苯芦诺的临床疗效不佳，其开发工作最终在2009年终止。联苯芦诺结构骨架的细微变化会导致其对D$_2$的完全拮抗剂活性，如阿哆嗪（adoprazine，SLV-313，图6.10）。诸如Pierre Fabre等公司也利用苯并［d］噁唑-2-酮片段和相关同系物来研发自己的D$_2$部分激动剂（如化合物11，图6.10）[61]。

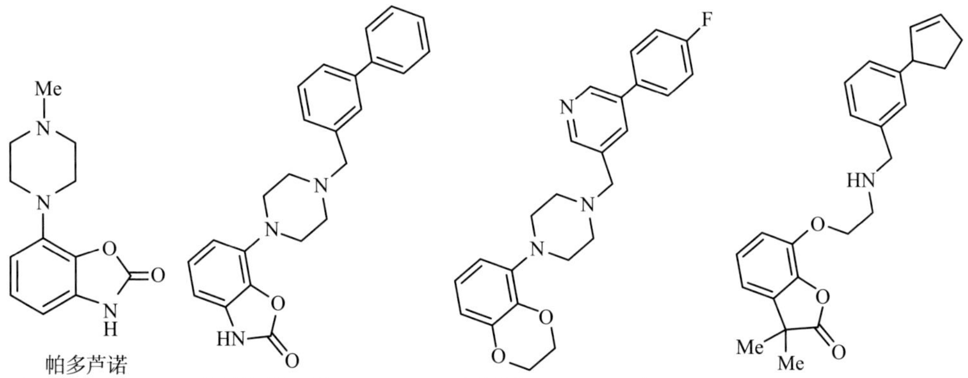

帕多芦诺（pardoprunox）　联苯芦诺（bifeprunox）　阿哆嗪（adoprazine）　11

图6.10　基于苯并噁唑-2-酮结构所衍生的D_2部分激动剂和拮抗剂

6.5.4　甲基氨基苯并二氢呋喃骨架——阿林多尔

在基于2-氨基甲基苯并二氢吡喃片段骨架进行5-HT_{1A}拮抗剂设计的探索过程中，惠氏的研究人员发现了一系列以WAY-124486为代表的D_2自身受体激动剂（图6.11）[62]。虽然分子的苯胺端可以耐受结构修饰，但（*S*）构型和7-羟基对于活性至关重要。这些分子对其他GPCR的选择性较差且生物利用度低，因此该研究团队着手对其开展骨架优化。比较分子场分析（comparative molecular field analysis，COMFA）辅助的SAR研究（图6.12）显示，缩短连接片段并用简单的苯基取代苯胺得到了对D_2受体选择性优于5-HT_{1A}和肾上腺素α_1受体的D_2部分激动剂（化合物12，图6.11）[63]。进一步的SAR研究表明，苯并二噁烷结构可以取代苯并二氢吡喃片段（简化了合成过程）；而吲哚啉-2-酮等生物电子等排体可以取代酚羟基[64]，吲哚啉-2-酮中氢键给体的朝向与酚羟基一致，且相关类似物具有更好的生物利用度和药代动力学性质[65]。这些发现最终促成了D_2部分激动剂阿林多尔（aplindore，DAB-452，图6.11）的发现。该药物被惠氏推进到治疗精神分裂症的临床试验阶段，而后被授权给Neurogen公司。

与苯并二氢吡喃和苯并二噁烷骨架上的研究工作一致，惠氏试图将这一发现外推到其他化学骨架上。借助分子模拟，研究人员发现含有羟乙基氨基和哌嗪等更柔性的骨架结构（分别为化合物13和14，图6.11）[66]，以及其他刚性骨架[67]的化合物可以保持对D_2受体的部分激动活性。与苯并二氢吡喃和苯并二噁烷衍生物一样，使结构中的氢键给体处于合适位置的生物电子等排体可以取代酚羟基结构（如化合物15和16，图6.11）[68-70]。

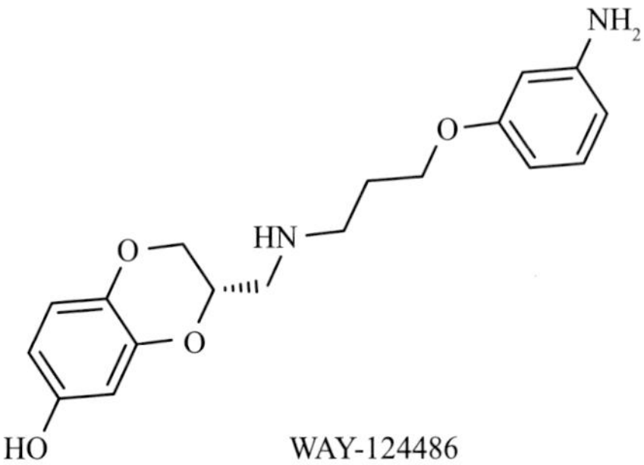

WAY-124486

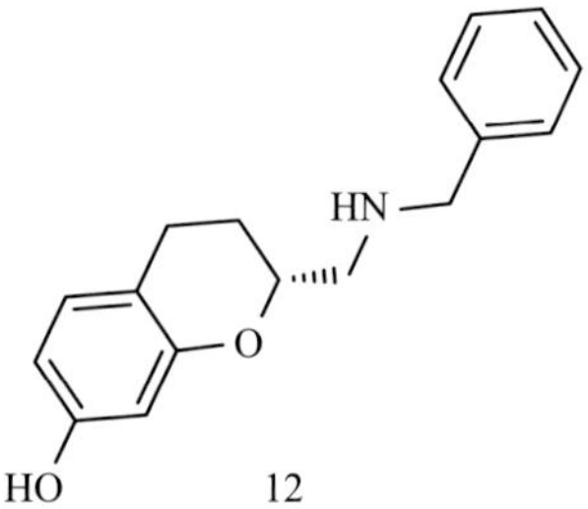

12

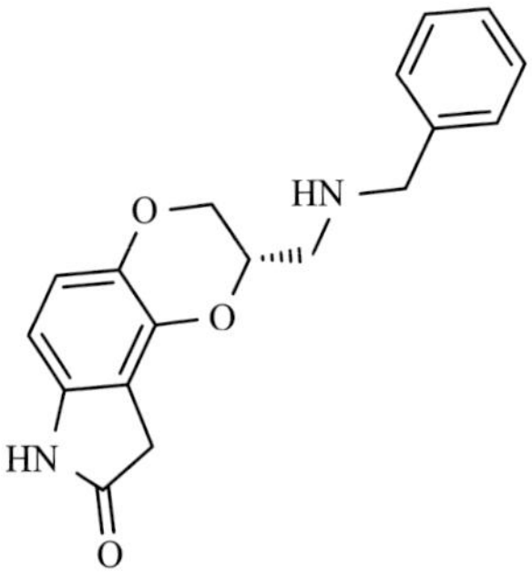

阿林多尔

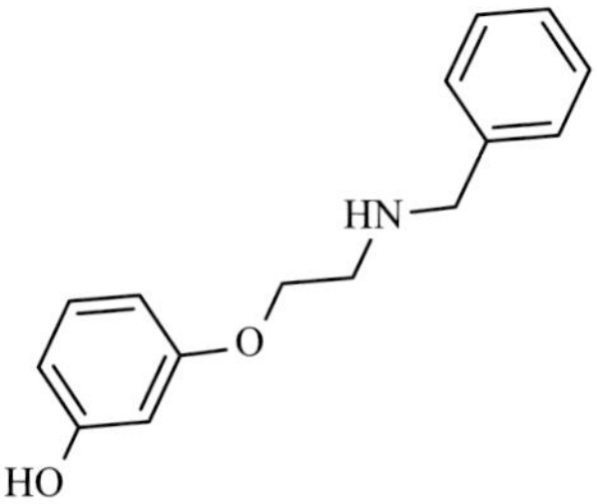

13

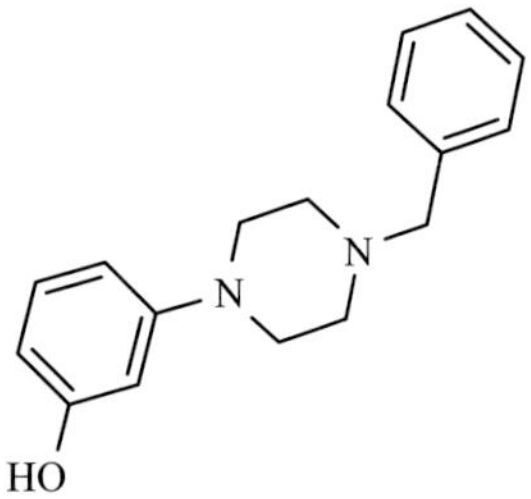

14

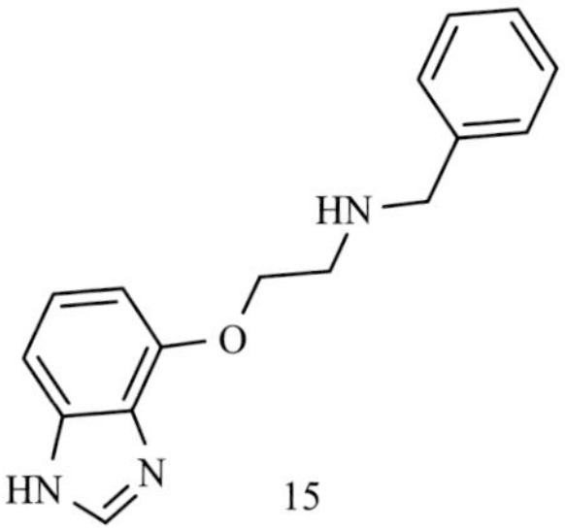

15

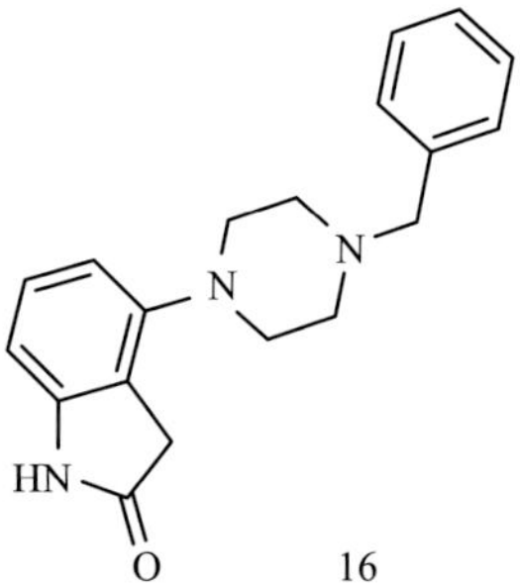

16

图6.11 苯并二氢吡喃衍生的 D$_2$ 部分激动剂及其生物电子等排类似物

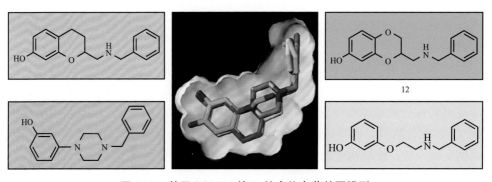

12

图6.12 基于COMFA的D$_2$结合位点药效团模型

6.5.5　D$_2$部分激动剂上市药物的发现

多年来，D$_2$部分激动剂抗精神病药物的发现一直以经典的（G蛋白偶联）信号通路作为内在活性的主要指标。与突触后D$_2$受体相比，突触前D$_2$自身受体的受体储备水平更高，具有适当固有活性水平的药物既可治疗精神分裂症的高多巴胺能阳性症状，也可治疗低多巴胺能的阴性症状和认知症状，同时限制突触后D$_2$相关的EPS[71]。然而，早期多巴胺能药物二氢己定（dihydrexidine，图6.13）的偶然发现促成了另一种解释某些多巴胺能药物反常作用的理论。尽管二氢己定在G蛋白信号转导相关的转染细胞中是D$_2$自身受体的完全激动剂，但该分子在异源细胞系统（如垂体催乳素细胞）中则表现出D$_2$自身受体的拮抗活性[72]。同样，二氢己定没有引起所预期的D$_2$完全激动剂的体内行为作用[73]。此类数据表明，该分子可能通过涉及β-抑制蛋白的另一种（非经典的）第二信使途径发挥抗精神病作用，并且二氢己定表现出功能选择性，也被称为偏向配体信号转导[74]。

在这项初步工作之后的几年内，功能选择性的影响仍未得到广泛接受，并且被认为是人为现象而非相关的药理机制。然而，在2000年后，有数据表明阿立哌唑（aripiprazole）是一种偏向配体，通过β-抑制蛋白相关的D$_2$受体选择性地进行信号转导[75]。而后证明β-抑制蛋白信号转导（通过Akt/GSK-3和Wnt途径）是精神分裂症的一个相关且重要的组成部分[76]。实际上，当时所有临床上应用的抗精神病药物都会拮抗β-抑制蛋白在D$_2$受体上的募集[77, 78]，这也表明通过G蛋白偶联的D$_2$受体起作用的抗精神病药物可能引起EPS[79]。这些发现将随后许多抗精神病药物发现研究的重点转移到了发现β-抑制蛋白相关受体偏向配体的D$_2$部分激动剂上。

6.5.5.1　通过传统D$_2$功能筛选开展的D$_2$部分激动剂的发现

尽管在2010年后许多D$_2$相关的抗精神病药物发现都集中在偏向配体上，但也有基于传统的、典型的（G蛋白相关的）功能筛选的相关报道。Reviva制药公司正在寻求将RP-5063（图6.13）（一种具有包括D$_2$部分激动剂在内的多种活性的二氯苯基哌嗪衍生物）用于精神分裂症的治疗[80]。该化合物目前正处于临床试验中。初步报告显示，在一项小型Ⅰ期临床研究中，该化合物具有适当的安全性，并具有一定的抗阳性、阴性和认知症状的迹象[81]。惠氏和索尔维公司的一组科学家将腺苷酸环化酶的抑制作用（一种与G蛋白相关的活性）作为D$_2$部分激动剂的一种测试指标，将D$_2$部分激动剂和5-羟色胺再摄取抑制剂（serotonin reuptake inhibitor）的已知结构结合到一起，获得了具有两种活性的抗精神病化合物（化合物17和18，图6.13）[82, 83]。四氢咔啉类似物在体内表现出了"非典型"抗精神病活性，但未有关于四氢喹啉酮体内数据的报道。数家波兰研究机构共同努力发现了具有5-HT$_{1A}$和D$_2$调节活性的多个系列化合物[84-87]。这些系列中的许多化合物在经典的（G蛋白相关）功能筛选测试中都表现出D$_2$拮抗剂活性。但是，以化合物19～22（图6.13）为代表的一些化合物则是D$_2$部分激动剂。因为这些化合物旨在解决精神分裂症的认知缺陷，所以它们在设计上还整合了与认知和记忆相关的多种5-羟色胺能活性（如5-HT$_{1A}$、5-HT$_6$和5-HT$_7$）。巴西研究机构之间的合作发现了一系列具有强效D$_2$亲和力，且对多个5-羟色胺靶标具有亲和力的吡唑类似物[88]。其中，LASSBio-579（图6.13）是D$_2$部分激动剂，在动物模型中表现出"非典型"抗精神病活性[89, 90]。对多巴胺D$_3$选择性激动剂DU-264的结构进行修饰（图6.13），得到了一系列具有强效D$_2$部分激动活性的分子（如化合物23，图6.13）[91]。西班牙几家研究机构的合作小组采用了一种旨在增强D$_2$受体亲和力的方法，即在先前的工作基础上，将已知具有D$_2$亲和力的吲哚并（2,3a）喹啉嗪与旨在与多巴胺结合位点附近的谷氨酸残基产生额外相互作用的三肽结合起来[92]，所得的化合物24（图6.13）被发现是D$_2$部分激动剂。

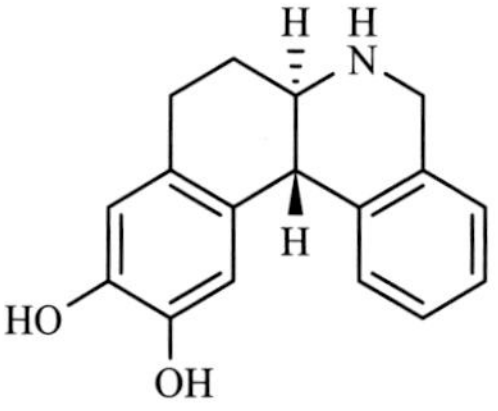

二氢己定

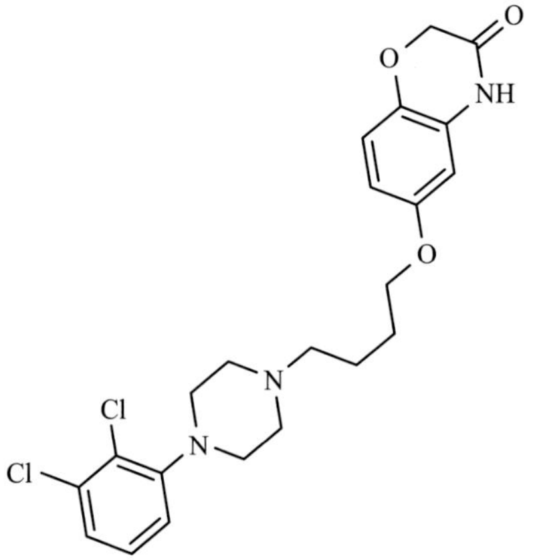

RP-5063

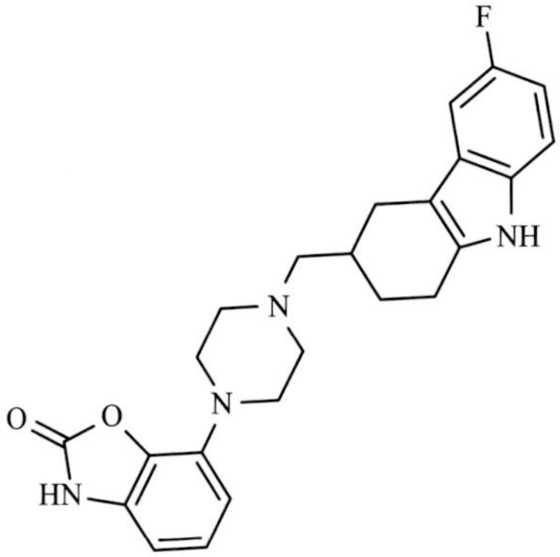

17

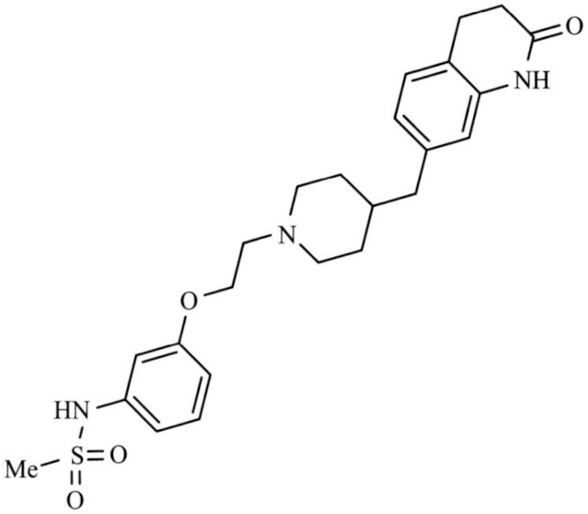

18

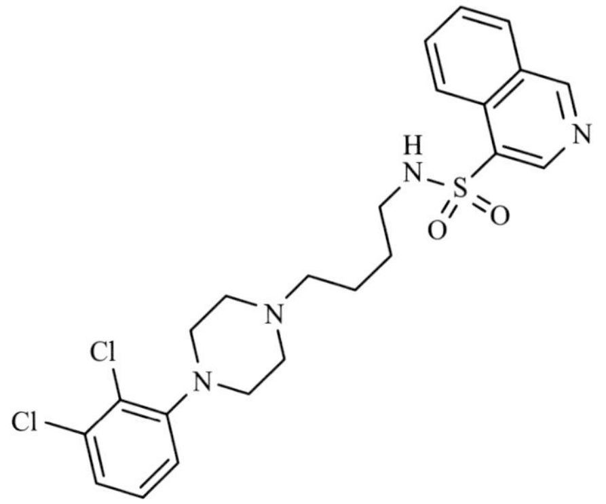

19

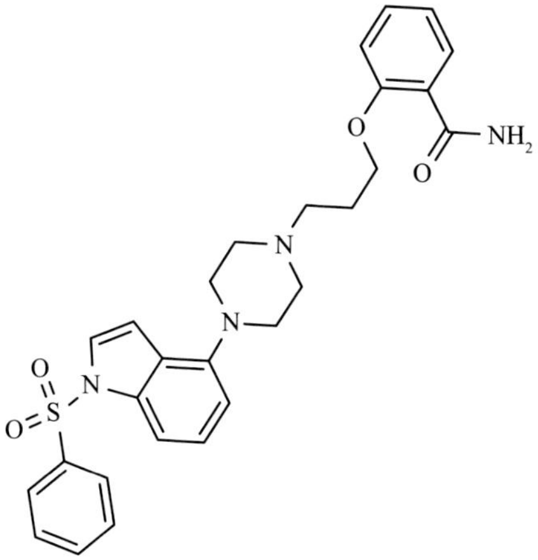

20

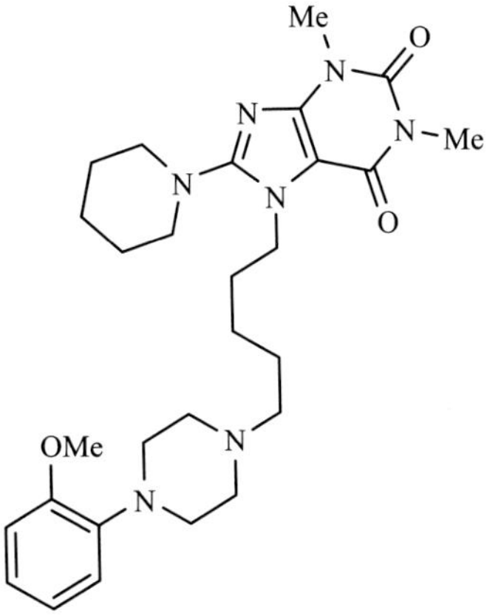

21

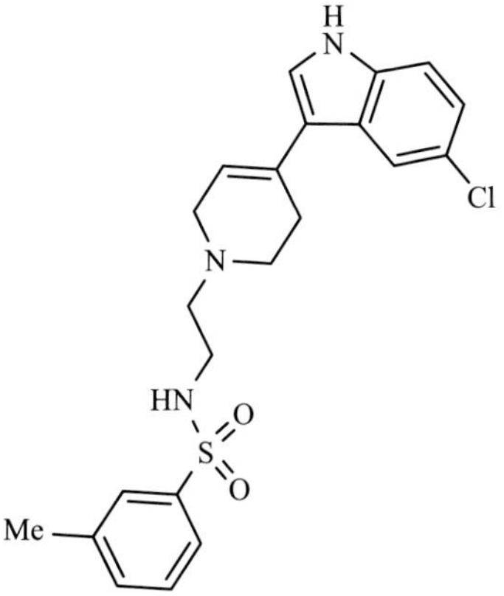

22

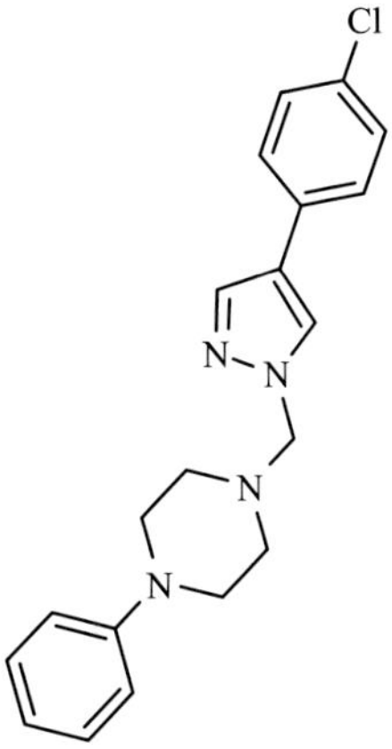

LASSBio-579

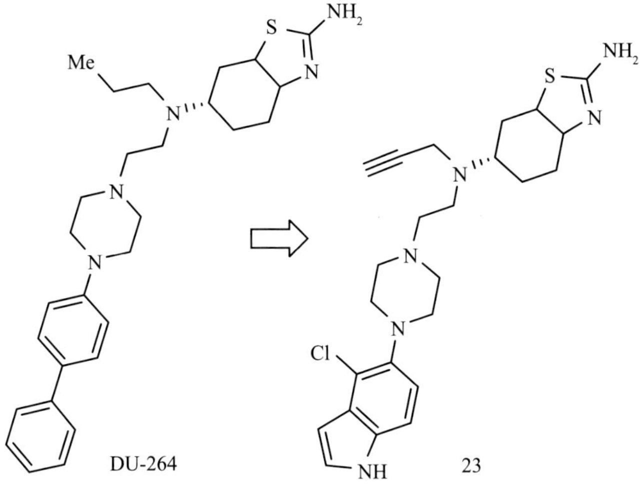

DU-264

23

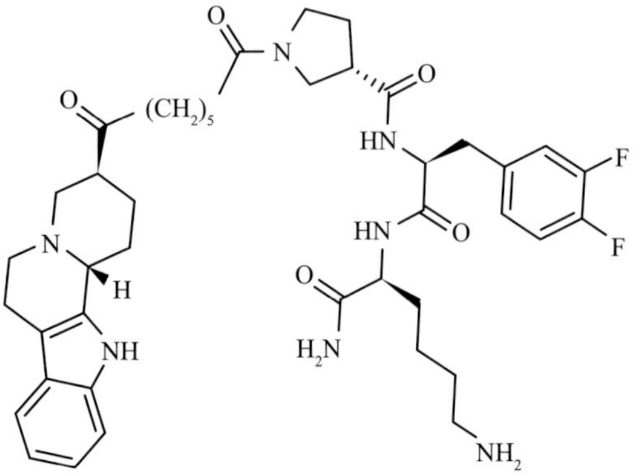

24

图6.13 二氢己定和传统 D_2 部分激动剂的结构

阿斯利康的一个小组公开了一系列将 D_2 部分激动剂氨基噻唑与类似于 U68553（图6.3）的苯并氮杂䓬结构融合一体的化合物[93]。包括化合物25在内的化合物（图6.14）在体外鸟苷 5-O-γ-硫代三磷酸盐［guanosine 5-O-（gamma-thio）triphosphate，GTPγS］结合实验中表现出 D_2 部分激动活性。该团队成功避免了 hERG 抑制毒性，但糖蛋白的药物外排仍然是一个问题。麦角灵类化合物（ergoline）仍然是 D_2 部分激动剂药物发现研究的主题。在体外 GTPγS 结合实验中，2-溴特麦角脲（2-bromoterguride）[94, 95]和一系列的氮杂麦角灵（azaergoline）化合物[96]（如化合物26，图6.14）都显示出部分激动活性。尚未公布 2-溴特麦角

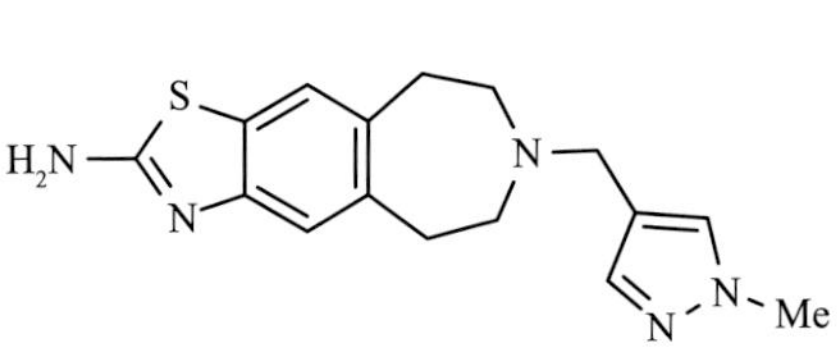

25

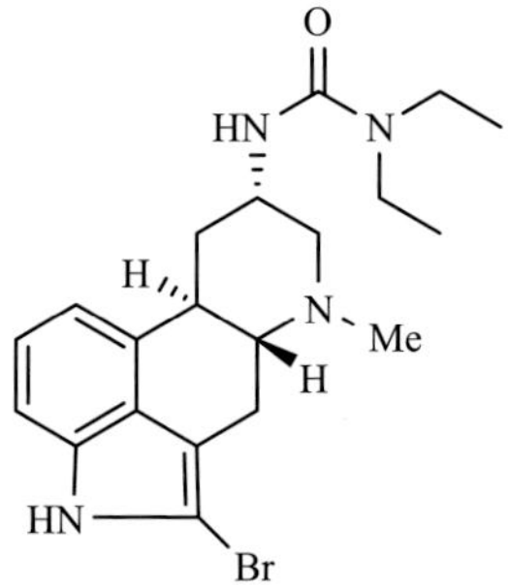

2-溴特麦角脲（2-bromoterguride）

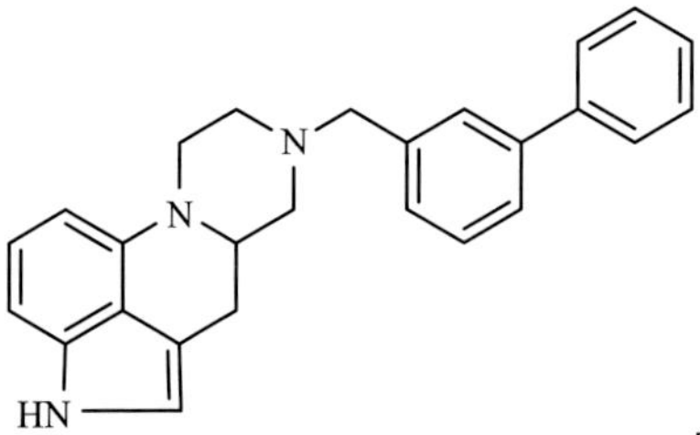

26

图6.14 基于麦角灵和氨基苯并噻唑的 D_2 部分激动剂

脲的SAR，但该化合物在体内表现出非典型的抗精神病活性，且对体重增加的影响最小（"非典型"抗精神病药常见的副作用）。

6.5.5.2　二价配体

一些研究团体选择二价D_2配体，以扩展部分拮抗剂的化学空间。基于D_3配体的早期工作并利用点击化学的优势，弗里德里希-亚历山大大学（Friedrich-Alexander University）的一个研究小组使用二茂铁取代基控制芳基哌嗪部分与远端芳香基团之间的距离和朝向，得到了以FAUC 552为代表的化合物（图6.15）。这些化合物显示出有效的D_2及D_3亲和力，并在［³H］-胸苷标记的体外有丝分裂实验中显示出D_2部分激动活性[97]。据报道，其他二价配体方法还涉及包含5-羟基-2-N, N-二丙基氨基四氢萘（5-hydroxy-2-N, N-dipropylaminotetralin, 5-OH-DPAT，一种有效的D_2/D_3激动剂）[98]和阿扑吗啡（apomorphine，化合物28，图6.15）[99]的二聚体。二价的5-OH-DPAT配体（如化合物27）均被描述为D_2完全激动剂。但化合物28则被描述为G蛋白偶联的D_2部分激动剂，基于FlpIn CHO细胞的Alphascreen®测试发现其作用偏向于ERK1/2信号通路。

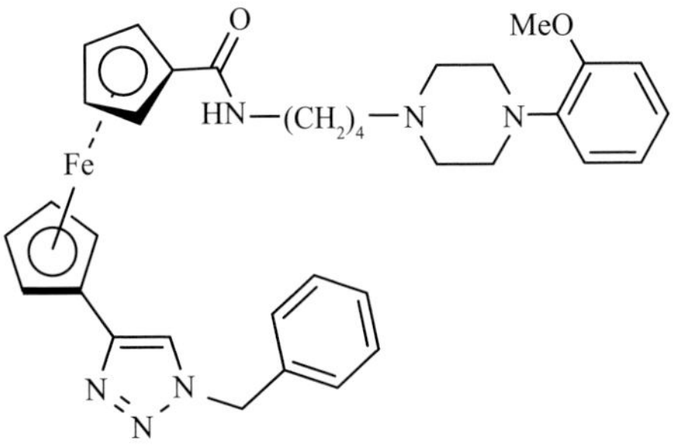

FAUC 552

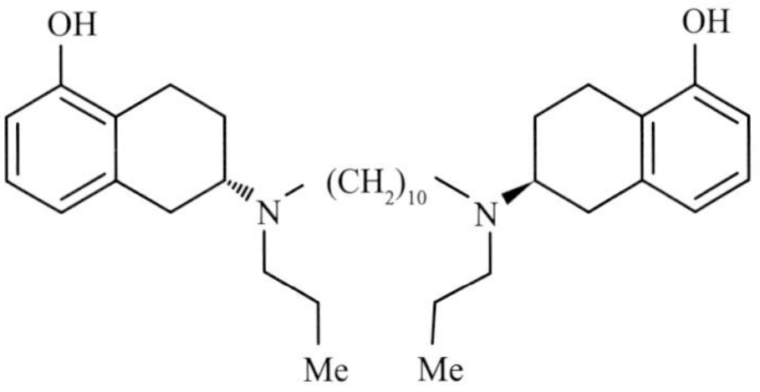

27

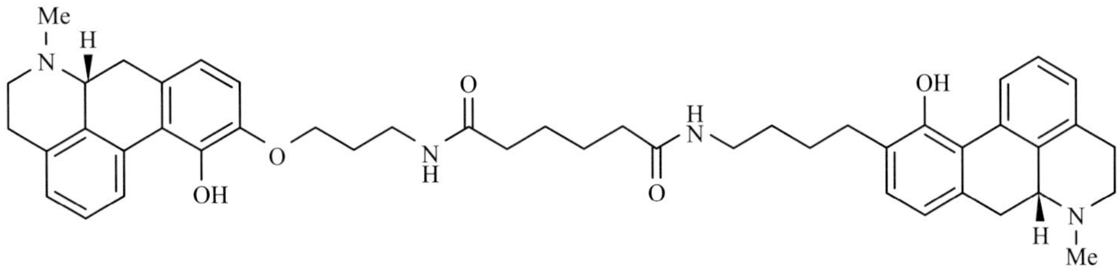

28

图6.15　二价D_2激动剂和部分激动剂

6.5.5.3　β-抑制蛋白偏向的D_2部分激动剂

围绕阿立哌唑的二氯苯基哌嗪部分进行的SAR研究促成了UNC9994（图6.16）的发现，UNC9994是一种偏向诱导β-抑制蛋白2募集到D_2受体的强效部分激动剂[79,100]。UNC9994在体内表现出抗精神病活性，而这种活性在β-抑制蛋白-2基因敲除动物中明显减弱。最初的报道披露了其对G蛋白相关的D_2信号缺乏活性。然而，最近的研究工作表明该化合物可能对经典的G蛋白相关信号转导存在影响[101]。另一项以四氢异喹啉核心结构为开端的SAR研究发现了功能选择性的D_2部分激动剂，如类似于卡利拉嗪（cariprazine）的化合物29（图6.16）[102]。D_2同源模型被用来解释哪些结构因素可影响功能的选择性。除了研究二价配体外，弗里德里希－亚历山大大学的研究小组还发现，羟基喹啉-2（1H）-酮结构是将β-抑制蛋白偏向功能选择性引入阿立哌唑骨架的优势片段。两个相似的类似物系列（以化合物30和31为代表，图6.16）表现出D_2相关的β-抑制蛋白募集的部分激动活性，而对G蛋白相关的信号转导几乎没有活性[103, 104]。

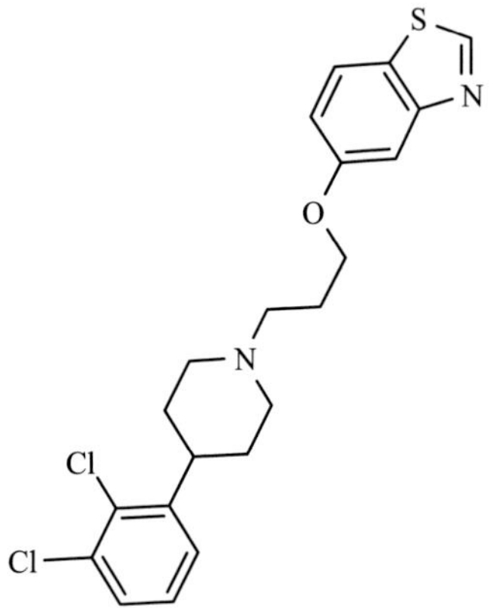

UNC9994

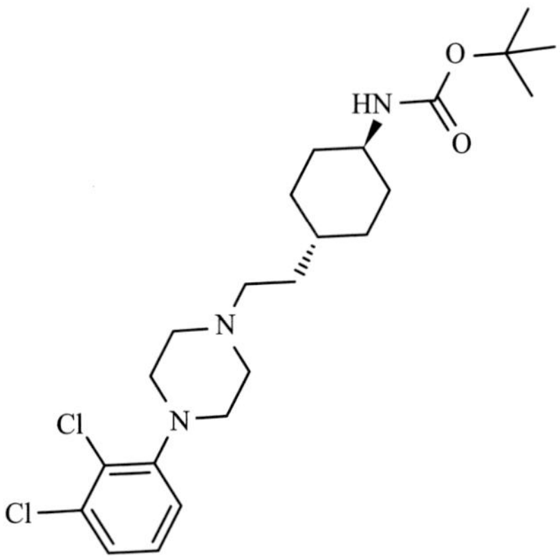

29

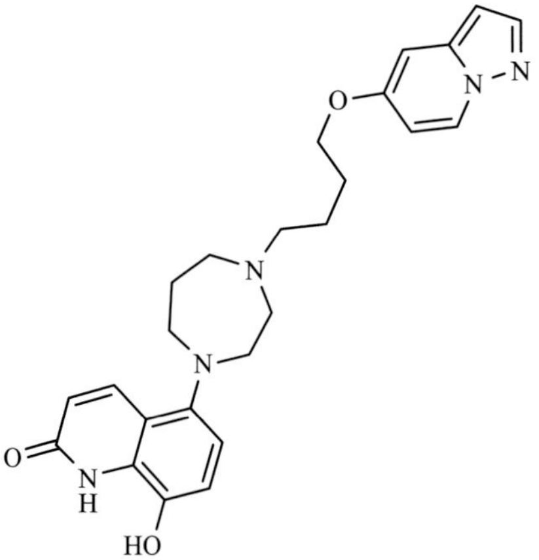

30

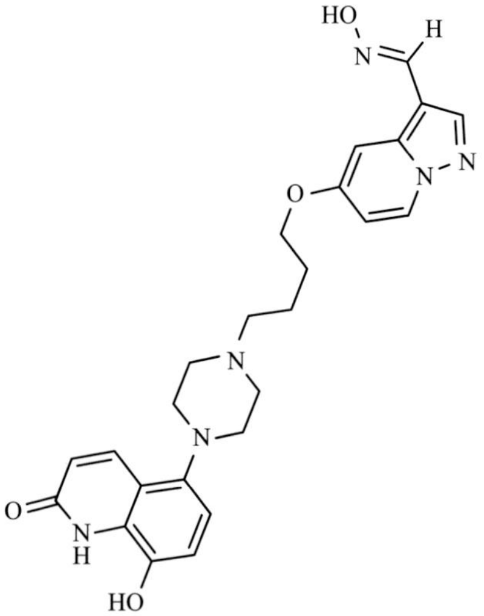

31

图6.16　β-抑制蛋白偏向的D_2部分激动剂

6.5.5.4　G蛋白偏向的D_2部分激动剂

可以说，最早显示出偏向G蛋白偶联信号的D_2部分激动剂的例子是一系列非2,3-二氯苯基哌嗪这种常见结构的芳基哌嗪（如MLS1547，图6.17）[105]。该系列化合物在cAMP介导的G蛋白偶联信号转导和拮抗D_2相关的β-抑制蛋白募集方面表现出强效的激动和部分激动活性。弗里德里希－亚历山大大学的研究小组证实了他们的推论，通过将吡唑并［1,5-a］吡啶化合物中的芳基哌嗪部分取代为单环芳基哌嗪基团，获得了偏向刺激D_2相关的G蛋白相关信号转导的D_2部分激动剂（如化合物32和33，图6.17）[106，107]，但没有观察到对β-抑制蛋白信号转导的激动作用。同一小组后来发表了一篇分子模拟的论文，详细阐述了他们关于D_2偏向配体信号转导所需结构决定因素的假设[108]。该小组还探索了D_2受体共价修饰化合物FAUC50[109]的SAR，从而获得了对G蛋白相关信号转导的功能选择性D_2部分激动剂（化合物34，图6.17），该化合物对β-抑制蛋白募集无明显活性[110]。

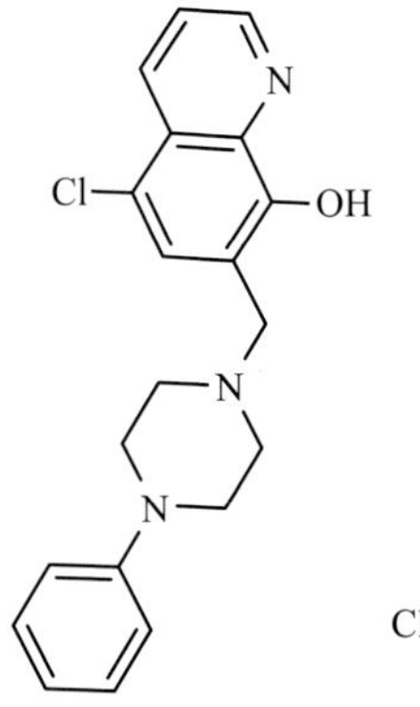

MLS1547

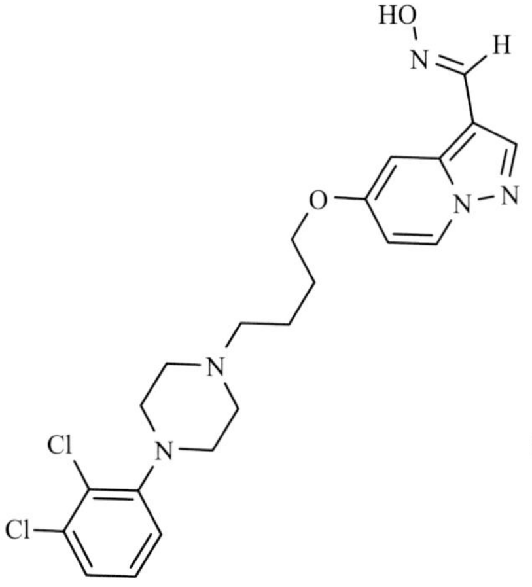

32

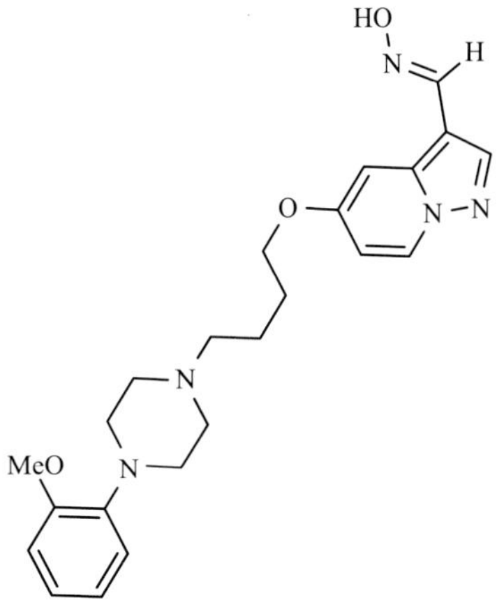

33

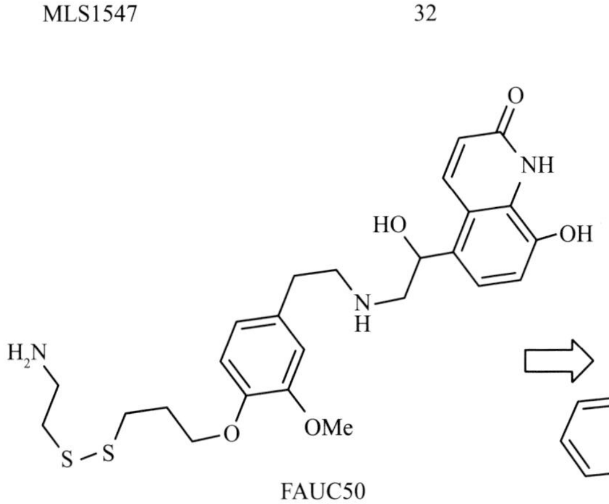

FAUC50

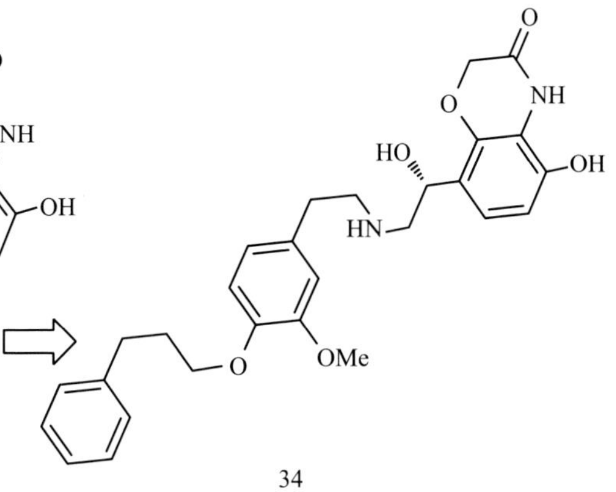

34

图6.17　G蛋白偏向的D_2部分激动剂

在某些骨架中，细微的结构变化就会影响 D_2 的功能选择性。对多巴胺 D_2 优势结构 2-甲氧基苯基哌嗪和 2,3-二氯苯基哌嗪开展的 SAR 研究得到以下结论：它们对 G 蛋白和 β-抑制蛋白相关信号转导均有部分激动活性，但偏向于 G 蛋白相关通路的化合物 35（图 6.18）[111]。有趣的是，在没有噻吩并吡啶基的情况下，芳基哌嗪的性质决定了偏向性，但是当骨架上包含噻吩并吡啶结构时，杂芳基上取代基对偏向功能的影响更大。在 β-抑制蛋白偏向的 D_2 部分激动剂 UNC9444 的苯并噻唑基团上引入一个取代基（图 6.16），并将其丙氧基连接链同源化为丁氧基，会导致功能选择性的变化。化合物 36（图 6.18）是与 G 蛋白相关的 D_2 信号转导偏向的部分激动活性，但对 β-抑制蛋白的募集却没有影响[112]。最后，美国国立卫生研究院的一个研究小组以正构 D_2 配体舒马尼罗（sumanirole）为基础，发现了选择性作用于 G 蛋白相关信号转导的 D_2 部分激动剂，如化合物 37（图 6.18）[113]。

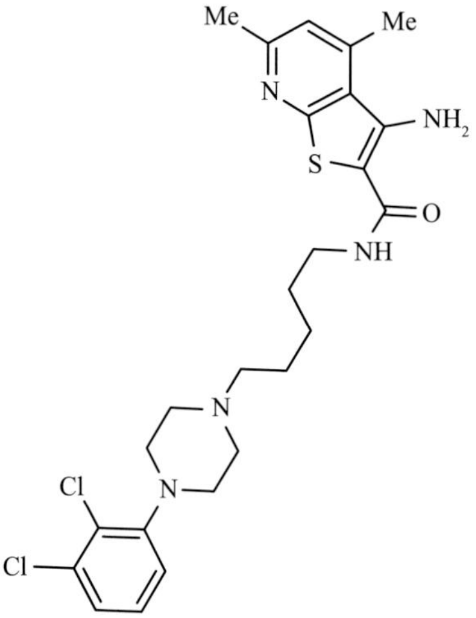

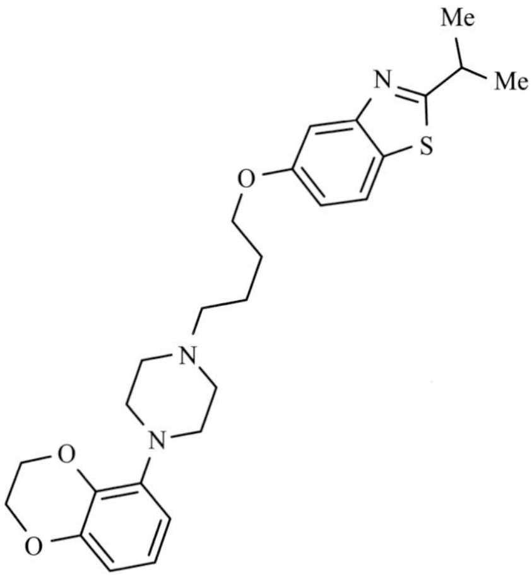

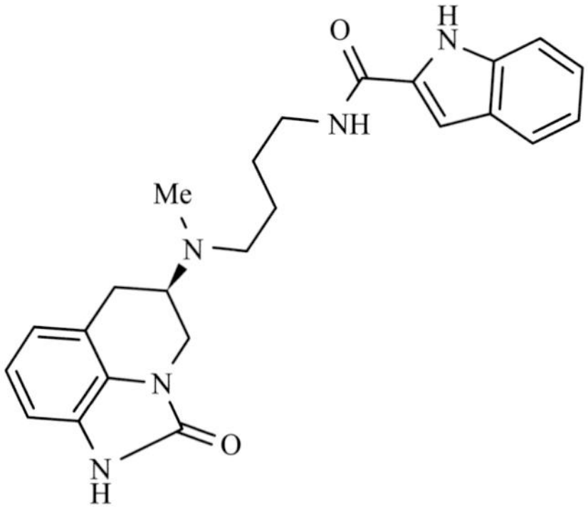

图 6.18　其他 G 蛋白偏向的 D_2 部分激动剂

6.5.6　芳基哌嗪、阿立哌唑和依匹哌唑的发现

尽管某些含有芳基哌啶的D$_2$拮抗剂（如氟哌啶醇和利培酮）缺乏多巴胺受体亲和力和抗精神病作用，但某些芳基哌嗪（如3-氯苯基哌啶）则在动物模型中表现出抗精神病作用。受此结果的鼓舞，某些小组试图从芳基哌嗪骨架开始构建具有D$_2$活性的抗精神病药物。强生公司的一个研究小组发现了RWJ-25730（图6.19），但后来由于胃肠道毒性被淘汰，转而对RWJ-37796（maperpertine，图6.19）进行开发[114, 115]。这些化合物具有D$_2$完全拮抗剂活性。其他研究小组将芳基哌嗪与儿茶酚类似物偶联，试图克服困扰大多数儿茶酚口服生物利用度差的缺陷。研究者也对包括吲哚酮在内的儿茶酚生物电子等排体进行了研究，其中吲哚-2-酮（如化合物38，图6.19）是D$_2$受体的完全拮抗剂[116]。大冢制药公司（Otsuka Pharmaceuticals）也采取了类似的方法。基于对喹诺酮类药物的研究经验，该公司将7-取代的喹诺酮与芳基哌嗪相结合，得到D$_2$部分激动剂，如OPC-4392（图6.19）[117]。这些分子类似于基于吲哚啉的D$_2$完全拮抗剂，不同之处在于具有更长的连接链，以及氢键基团的位置稍有不同。OPC-4392表现出强效的D$_2$自身受体激动活性，但作为突触后D$_2$拮抗剂的活性较弱。进一步的SAR研究获得了OPC-14597（图6.19）[118]，该分子保留了对突触前D$_2$自身受体的激动活性，但对突触后D$_2$的拮抗作用更强。该分子已进入临床试验阶段，最终由大冢和百时美施贵宝联合开发上市，也就是非典型抗精神病药物阿立哌唑（aripiprazole，Abilify®）。将阿立哌唑中的一般结构架构应用于儿茶酚模拟物，获得了其他D$_2$部分激动剂，如化合物39和PF-00217830（图6.19）。与阿立哌唑相比，它们在动物模型中显示出更强的抗精神病活性。PF-00217830在2007年被辉瑞公司推进到临床试验阶段[119, 120]。大约在同一时间，大冢制药开发了结构类似的D$_2$部分激动剂抗精神病药依匹哌唑（brexpiprazole，Rexulti®，OPC-34712，图6.19）[121]，作为阿立哌唑的后续产品。尽管可以从专利文献中获得部分信息[122]，但该系列化合物的SAR尚未公布。依匹哌唑于2015年在美国获批，并由大冢与灵北（Lundbeck）制药合作销售。

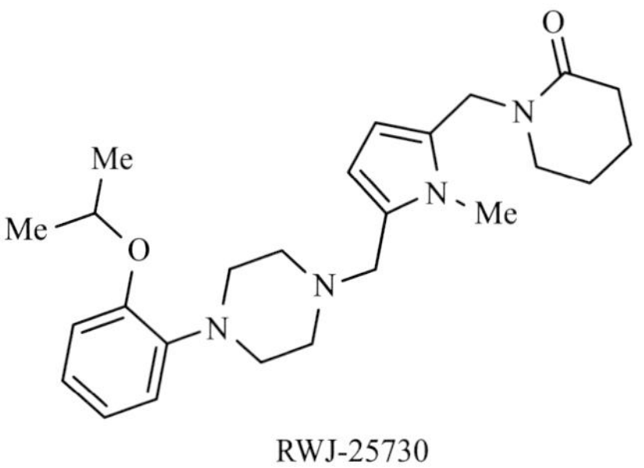

RWJ-25730

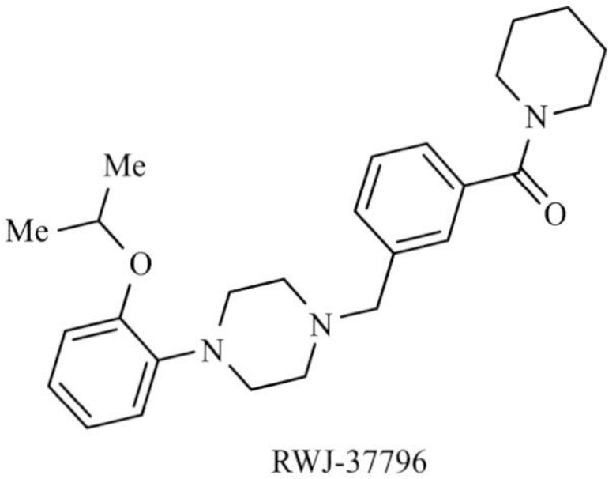

RWJ-37796

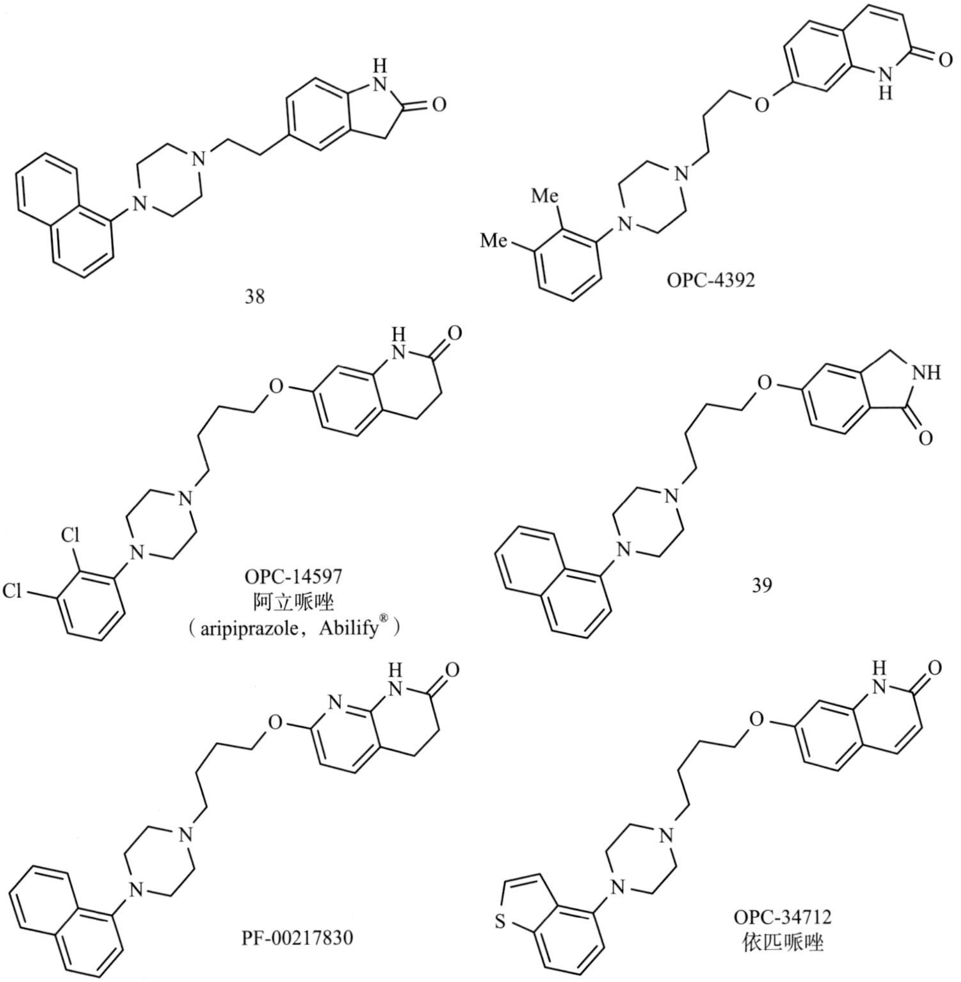

图6.19 芳基哌嗪衍生的D$_2$拮抗剂和部分激动剂

6.5.7 卡利拉嗪的发现

从对7-羟基-2-*N*, *N*-二丙基氨基四氢萘结构（7-hydroxy-2-*N*, *N*-dipropylaminotetralin, 7-OH-DPAT, 图6.20）的选择性多巴胺D$_3$拮抗剂的探索开始，史克必成公司的一个小组发现了SB-277011（图6.20）。该化合物具有良好的D$_3$选择性和较高的口服生物利用度[123]。吉瑞（Gedeon Richter）制药的科学家以此为出发点，得到了磺酰胺衍生物40（图6.20）[124]。该分子具有D$_2$拮抗活性并对D$_2$和D$_3$受体具有同等亲和力。随后，在化合物40合成过程中产生的持久性杂质（化合物41，图6.20）被分离纯化出来，虽然该化合物对D$_2$和D$_3$受体的亲和力较低，但其显示出比化合物40更高的体内活性。后续的SAR研究涉及引入已知可诱导D$_2$部分激动活性的基团，从而发现了RGH-188（图6.20），该化合物作为D$_2$/D$_3$部分激动剂，不仅在体内动物模型中表现出优异的抗精神病活性，而且具有较轻的副作用和出色的药代动力学性质[125]。RGH-188随后进入临床试验，并于2015年获批用于治疗精神分裂症和双相情感障碍。该药在美国的通用名是卡利拉嗪（cariprazine），商品名Vraylar®，在欧洲的商品名为Reagila®。

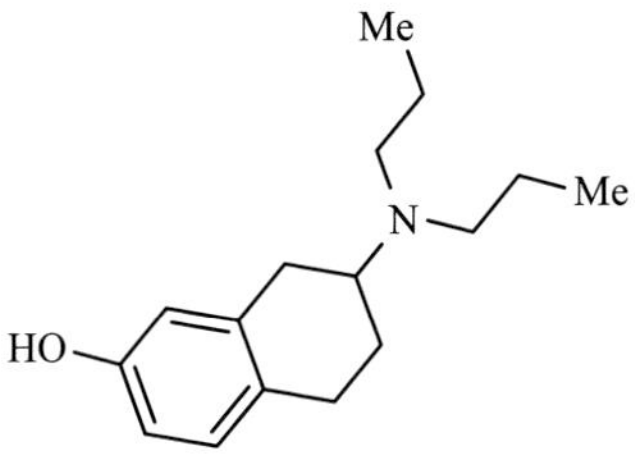
7-OH-DPAT

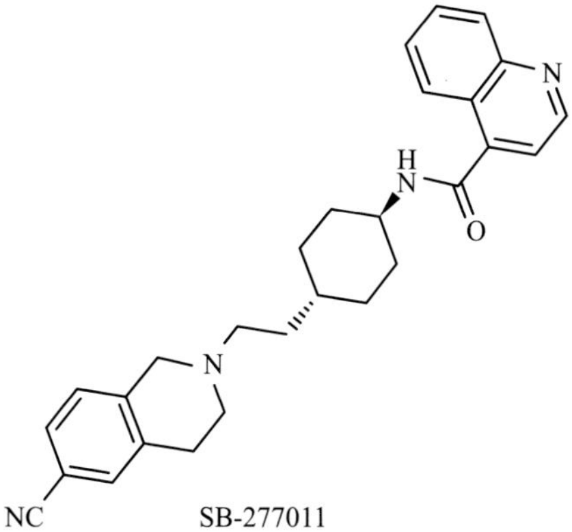
SB-277011

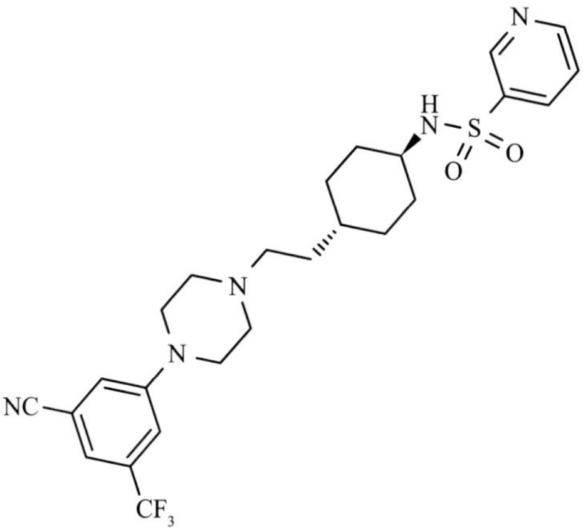
40

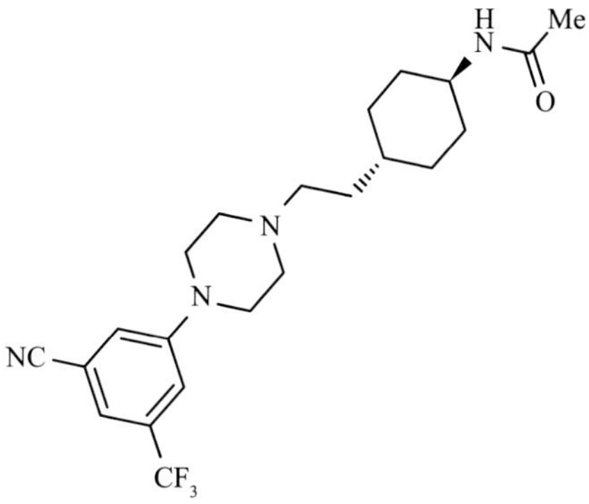
41

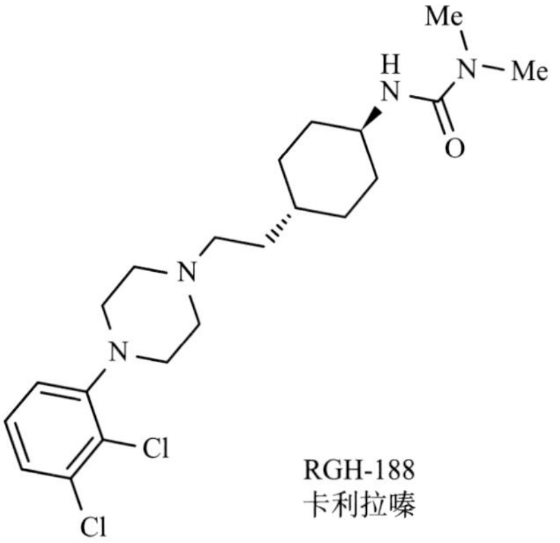
RGH-188
卡利拉嗪

图6.20　卡利拉嗪发现过程中的代表性分子

6.6　已上市的D_2部分激动剂类抗精神病药物

尽管许多具有多巴胺D_2部分激动活性的化合物已进入临床试验，但仅有三个药物获批上市。第一个药物为阿立哌唑，于2002年获得了美国FDA的批准，并于2004年获得了欧洲药品管理局（EMA）的批准。另外两个D_2部分激动剂大约在同一时间获得了美国FDA的批准。卡利拉嗪于2015年获得美国FDA批准，并于2017年获得EMA批准。依匹哌唑也于2015年获得美国FDA批准。人用医疗产品委员会（The Committee for Medical Products for Human，CHMP）于2018年6月1日建议在欧洲批准依匹哌唑。

尽管多巴胺D_2部分激动作用是市售抗精神病药物的机制之一，但与第6.5节中描述的所有实验化合物一样，这三个药物都具有多种其他药理活性。研究人员认为这些对其他靶点的活性在其抗精神病药效中发挥了潜在作用[126]。表6.1比较了阿立哌唑、依匹哌唑和卡利拉嗪的体外亲和力和功能活性。这种多重药物特征一部分是偶然出现的，而另一部分是选择性差导致的，尤其是在抗精神病药物发现的后期，是在分子设计过程中有意而为之的，以便药物能够更好地解决与精神分裂症相关的阴性和认知症状。与所有市售药物一样，最终促成这三个药物成功上市的不是某一种特定的活性（如D_2固有活性），而是活性和性质的综合表现。基于其公布的数据（2014年），最近发表的综述比较了三个药物的药理学、药效学和临床概况[129]。

以下各节简要概述有关以上三个上市药物的相关信息。

6.6.1　阿立哌唑

最近的两篇综述对阿立哌唑的研发历史、临床前研究和ADMET性质进行了出色的总结（图6.19），这是本节中许多信息的来源[130, 131]。阿立哌唑的分子量为448.4，满足Lipinski 5规则。

6.6.1.1　研发历史

阿立哌唑的第一项专利于1988年授予了大冢制药（US 4，734，416），但专利中没有具体列举阿立哌唑的实施例，也没有介绍其合成方法。阿立哌唑及其合成方法出现在随后的1989年的专利（US 5，006，528）中。阿立哌唑并不是大冢制药所关注的最早的一个分子。更早的一个分子为OPC-4392（图6.19），其具有合适的D_2自身受体部分激动活性，但其D_2突触后拮抗作用相对较弱[117]。进一步的SAR研究得到了OPC-14597（图6.19），该分子保留了D_2自身受体部分激动活性，但显示出更强的D_2突触后拮抗活性[118]，该分子被推进到开发阶段并最终成为上市药物阿立哌唑。

表6.1　已知抗精神病机制的市售D₂部分激动剂的亲和力与体外功能活性

	阿立哌唑 （aripiprazole）[121, 126, 127]	依匹哌唑 （brexpiprazole）[121, 127, 128]	卡利拉嗪 （cariprazine）[127, 128]
hD₂			
K_i（nmol/L）	0.87	0.3	0.49
固有活性[a]	部分激动剂，61%	部分激动剂，43%	部分激动剂，30%[b]
hD₁			
K_i（nmol/L）	1960	160	ND
hD₃			
K_i（nmol/L）	1.6	1.1	0.085
固有活性[a]	部分激动剂，28%	部分激动剂，15%	部分激动剂，71%[b]
D₄			
K_i（nmol/L）	6.3	6.3	ND
h5-HT₁ₐ			
K_i（nmol/L）	1.3	0.12	2.6
固有活性[a]	部分激动剂，73%	部分激动剂，60%	部分激动剂，38%[b]
h5-HT₂ₐ			
K_i（nmol/L）	3.4	0.47	19
固有活性[a]	拮抗剂	拮抗剂	拮抗剂[b]
H5-HT₂C			
K_i（nmol/L）	26	33	134
固有活性[c]	部分激动剂，82%	拮抗剂	拮抗剂
r5-HT₆			
K_i（nmol/L）	570	58	＞1000
固有活性	拮抗剂	拮抗剂	ND
r5-HT₇			
K_i（nmol/L）	39	3.7	111
固有活性	拮抗剂	拮抗剂	拮抗剂[b]

a）通过体外cAMP实验测得。

b）通过体外GTPγS结合实验测得。

c）通过体外磷酸肌醇（phosphoinositide，PI）水解实验测得。

6.6.1.2　阿立哌唑的合成

如反应式6.1所示，已报道的阿立哌唑的合成路线分为两步，总收率为68%。2010年的一篇论文介绍了对第二步的工艺优化[132]。

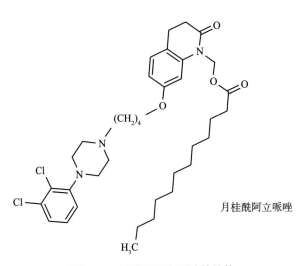

反应式6.1　阿立哌唑的合成路线

6.6.1.3　有效成分

Abilify®包含游离碱形式的阿立哌唑，它以口服片剂、口服溶液及最近的长效肌内注射剂（AbilifyMaintena®）的形式给药。Abilify®的批准剂量包括每日1次的2 mg、5 mg、10 mg、15 mg和30 mg，以及每月400 mg的AbilirtyMaintena®。通常以每日1次2 mg的剂量开始用药，然后剂量爬坡以达到合适的药效。阿立哌唑的专利已于2015年到期，其口服片剂的仿制药已经上市。2015年，奥克美思（Alkermes）公司的阿立哌唑长效前体药物月桂酰阿立哌唑（aripirazole lauroxil，Aristada®）获批，通过肌内注射给药（图6.21）。

月桂酰阿立哌唑

图6.21　月桂酰阿立哌唑的结构

6.6.1.4 药理学性质

如前所述，阿立哌唑具有多种有助于抗精神分裂症的活性[130]。这些活性包括对多巴胺D_2、D_3受体及5-羟色胺5-HT_{2C}受体的强效部分激动活性，以及对5-羟色胺5-HT_{2A}、5-HT_6和5-HT_7的拮抗活性。抗精神病的药效被认为来自对D_2、D_3和5-HT_{2C}的部分激动活性，以及对5-HT_{2A}的拮抗作用。尽管最近评估阿立哌唑对精神分裂症患者认知增强作用的临床试验得到了复杂的结果[133, 134]，且一些数据表明阿立哌唑和认知训练联用可能会获得更好的认知增强功效[135]，但5-HT_{1A}的部分激动活性和对5-HT_6和5-HT_7的拮抗作用被认为对精神分裂症相关的认知缺陷具有积极影响。阿立哌唑还对肾上腺素α_{1a}和组胺H_1受体表现出强效亲和力（K_i大于30 nmol/L）。另外，还对α-肾上腺素能受体、β-肾上腺素能受体及5-羟色胺5-HT_{1D}受体表现出中等亲和力（$K_i = 30 \sim 300$ nmol/L），从而导致该药物出现脱靶效应。

基于几种动物模型的实验证实，阿立哌唑是对突触前D_2自身受体表现出激动作用，并对突触后D_2受体表现出拮抗作用的D_2部分激动剂[136]。在体外结合研究中，通过阿立哌唑对螺环哌啶酮（spiperone）的置换实验间接证实其对D_2受体靶标的有效结合。另外，阿立哌唑阻断阿扑吗啡引起的刻板症（stereotypy）、运动和攀爬行为的能力，及其在利血平作用的小鼠和2,4,5-三羟基苯丙氨酸（2,4,5-trihydroxyphenylalanine，6-OH-DOPA）病变的大鼠中的无效性，都有效地证明了阿立哌唑对突触后D_2的拮抗作用。阿立哌唑抑制与D_2自身受体相关的两种活性的能力证明了其具有突触前激动活性，即利血平诱导的多巴胺合成和γ-丁内酯（gamma butyrolactone，GBL）对3,4-二羟基苯丙氨酸（3,4-dihydroxyphenylalanine，DOPA）积累的刺激作用。强直性昏厥的诱发是突触后D_2拮抗的相关效应，与"典型"抗精神病药物的EPS相关。阿立哌唑抑制阿扑吗啡引起的刻板症作用和诱发强直性昏厥作用的治疗比率（therapeutic ratio）达到17，与氯丙嗪和氟哌啶醇相比（治疗比率分别为1.8和3.3），其引起EPS的风险应更低。

在阿立哌唑上市时，精神分裂症的动物模型十分罕见[137]，因此该化合物主要基于其药理学性质和功能特性而进入临床试验。在一种由N-甲基-D-天冬氨酸（N-methyl-D-aspartate，NMDA）拮抗剂苯环己哌啶（phencyclidine）诱导的物体识别缺陷模型中，阿立哌唑显现出了认知增强作用[138, 139]。阿立哌唑还对另一种NMDA拮抗剂MK-801诱导的类精神病症状表现出一定的疗效，这些症状包括运动过度（对阳性症状的疗效指标）、前脉冲抑制反应（对感觉运动门控的测量）和社交退缩（阴性症状）。

6.6.1.5 功能选择性和偏向配体信号转导

几项研究表明，阿立哌唑对D_2受体的作用表现出功能选择性[131]。阿立哌唑

对突触后 D_{2L} 受体介导的内化没有影响，这表明其在该系统中没有激动活性[75, 140]。该分子可以作为 G（α）活化的部分激动剂，对单独的 G（βγ）信号转导没有影响，但抑制了多巴胺诱导的 G（βγ）活化[141]。在体内，阿立哌唑还可以增加前额皮质、伏隔核和纹状体中 GSK3 的磷酸化，这种活性是通过 β-抑制蛋白介导的，但对 G 蛋白相关的通路没有影响。相关研究[131]表明，功能选择性可能通过不同的信号转导途径介导大脑不同部位的 D_2 多巴胺信号转导，从而有助于阿立哌唑治疗"看似矛盾"的阳性和阴性症状。

6.6.1.6 药代动力学及代谢

阿立哌唑呈现出线性药代动力学特征，口服生物利用度为 87%。达到最大血浆浓度的时间（T_{max}，达峰时间）为 3～5 h，并且在两周左右达到稳态血浆水平。其血浆蛋白结合率大于 99%。由于患者之间存在代谢差异，且精神分裂症患者由多药治疗所导致的潜在药物相互作用可能会带来显著的波动，使得治疗剂量下阿立哌唑的血清浓度范围可以达到 150～300 ng/ml。阿立哌唑主要通过细胞色素 P450 3A4（CYP3A4）和细胞色素 P450 2D6（CYP2D6）代谢，主要代谢物是通过羟基化、脱氢和氧化脱氨产生的。许多代谢物可继续形成 Ⅱ 相代谢物[130]。

6.6.1.7 临床数据

阿立哌唑相关的临床数据十分广泛，相关文献已对其进行了报道[129, 131, 142-144]。在评价阿立哌唑治疗精神分裂症疗效的临床试验中，各种量表被用于监测患者在这些试验中的反应，包括阳性和阴性症状量表（Positive and Negative Symptom Scale，PANSS）、临床总体印象改善量表（Clinical Global Impressions-Improvement Scale，CGI-I）和杨氏躁狂评定量表（Young Mania Rating Scale，YMRS）。平均而论，阿立哌唑的响应率为 22%～57%，而安慰剂的响应率则为 14%～36%。最常见的不良反应包括静坐不安、镇静、躁动不安、震颤、锥体外系疾病、失眠、便秘、疲劳、视物模糊和恶心。目前开展了许多评估阿立哌唑对精神分裂症相关认知功能障碍影响的临床试验[131]。实验发现，在 8～26 周时，患者的认知功能和语言学习有所改善，但对执行功能没有积极影响。报道这些研究结果的论文作者得出如下结论：阿立哌唑在治疗精神分裂症相关的认知缺陷方面至少具有与奥氮平相似的功效。

在研究阿立哌唑治疗重度抑郁症疗效的临床试验中，通过蒙哥马利-艾森贝格抑郁评定量表（Montgomery-Asberg Depression Rating Scale，MADRS）评估患者对药物的反应。患者接受了标准抗抑郁药依他普仑（escitalopram）、氟西汀（fluoxetine）、控释帕罗西汀（paroxetine）、舍曲林（sertraline）或缓释文拉法辛（venlafaxin）的八周治疗试验。再对那些反应不佳的患者给予辅助剂阿立哌唑或安慰剂。患者对辅助剂阿立哌唑的响应率为 30.4%～46.6%，而安慰剂的响应率为 15.2%～26.6%。阿立哌唑MADRS评分的平均变化范围为-10.5～-5.7，而安慰剂的平均变化范围为-7.4～-4.1。基于CGI-I和CGI-S的评估结果，阿立哌唑也表现出了优异的疗效。此外，与安慰剂相比，经阿立哌唑治疗的完全缓解患者的比例更高。

6.6.2　依匹哌唑

最近的三篇综述对依匹哌唑的研发历史、临床前和ADMET（药物的吸收、分配、代谢、排泄和毒性）性质做了出色总结（图6.19）[145-147]。该非手性分子的分子量为448.6，符合Lipinski 5规则。

6.6.2.1　研发历史

依匹哌唑被视为大冢制药最畅销药物阿立哌唑的继任者。依匹哌唑是在2011年由大冢制药和灵北制药组成的全球联盟开发的[148]。在2006年将原始专利申请WO2006116464公开后，大冢制药于2011年获得了依匹哌唑的首个专利授权（US 7888362）。依匹哌唑是该专利的一个具体实施例。2013年，另一项美国专利（US 8349840）延续了对依匹哌唑的保护。但是，依匹哌唑的构效关系尚未公布。

6.6.2.2　依匹哌唑的合成

专利文献中报道的依匹哌唑合成路线如反应式6.2所示[149]。在氢氧化钾条件下，1-溴-4-氯丁烷与7-羟基-1H-喹啉-2-酮反应，得到4-氯丁氧基中间体。然后，将其与3-哌嗪基苯并噻吩盐酸盐（在专利中通过4-溴苯并噻吩与哌啶反应获得）经芬克尔斯坦反应（Finkelstein reaction），得到呈白色固体的目标化合物，总收率59%。目前，已经有许多优化依匹哌唑生产工艺的专利申请。

反应式6.2　依匹哌唑的合成路线

6.6.2.3 有效成分

Rexulti® 主要含有依匹哌唑的游离碱，以口服片剂的形式出售。批准的剂量包括每日1次的0.25 mg、0.5 mg、1.0 mg、2.0 mg、3.0 mg和4.0 mg [150]。建议从1.0 mg剂量开始给药，然后根据需要逐渐增加剂量。

6.6.2.4 药理学性质

依匹哌唑的体外和体内药理学性质已在三篇文献中公开报道 [123, 151, 152]。依匹哌唑研发的基本原理是希望发现能改善D_2相关副作用的阿立哌唑类似物 [123]。大冢制药希望开发一种具有较低的D_2固有活性（与阿立哌唑相比）和更广泛的中枢神经系统活性（尤其是$5-HT_{1A}$部分激动剂活性）的新药物分子。据推测，额外的活性将有助于解决与精神分裂症相关的认知缺陷，以及（可能）赋予对抗其他中枢神经系统相关疾病的功效。依匹哌唑实现了这一目标，其对D_2受体的固有活性较低（43%，而阿立哌唑为61%），并且对多巴胺D_1和5-羟色胺$5-HT_{1A}$、$5-HT_{2A}$、$5-HT_6$及$5-HT_7$受体的亲和力更高（表6.1）。体内微透析研究表明，依匹哌唑显著降低了大鼠伏隔核中的多巴胺水平。依匹哌唑对多巴胺的代谢有一些择优作用，其使伏隔核中的代谢产物高香草酸和3,4-二羟基苯基乙酸水平略有增加，并显著增加了这些代谢产物在前额叶皮质中的水平。在GTPγS细胞系统中，依匹哌唑在监测G蛋白相关的腺苷酸环化酶活性和$5-HT_{1A}$部分激动活性的实验中表现出D_2部分激动活性。D_2部分激动活性已通过体内电生理学得到证实，其中依匹哌唑对腹侧被盖区多巴胺能神经元的放电速率或暴发式活性没有影响，但阻断了D_2激动剂阿扑吗啡的作用。相似的电生理研究证实了$5-HT_{1A}$的部分激动活性。

依匹哌唑在许多动物模型中均表现出抗精神病相关行为的药效，包括条件回避反应、阿扑吗啡引起的大鼠过度活动和猴的眨眼反应、自发运动能力，以及苯环己哌啶诱导的大鼠认知功能障碍。该化合物诱发强直性昏厥能力的降低证实了其EPS副作用发生率较低。此外，其抑制阿扑吗啡诱导的行为活性而不引发强直性昏厥的治疗比率优于阿立哌唑（21.7 vs 13）。依匹哌唑的前认知作用是通过以下能力来展现的：在新物体识别测试中逆转苯环己哌啶所致的缺陷、设定转换性能，并能克服MK-801（NMDA抑制剂）引起的社会认知缺陷 [153]。

在抗抑郁活性潜力的测试模型中，依匹哌唑和5-羟色胺再摄取抑制剂氟西汀在强制游泳试验中对不动时间（immobility time）的影响很小，但是两种药物合用具有显著的作用。在抑郁症的慢性轻度应激模型（一种无法预测的抑郁模型）中，联用依匹哌唑提高了氟西汀的皮毛状态评分。在该模型中，单独使用氟西汀也有疗效，但在研究中并未单独使用依匹哌唑。这些数据表明，与阿立哌唑一样，依匹哌唑也有增强其他药物（尤其是5-羟色胺再摄取抑制剂）抗抑郁作用的潜能。

6.6.2.5　功能选择性和偏向配体信号转导

尽管有几篇文献认为依匹哌唑是多巴胺 D_2 部分激动剂，但仍未有测试依匹哌唑是否像阿立哌唑一样具有功能选择性的报道。

6.6.2.6　药代动力学和代谢

依匹哌唑表现出线性药代动力学性质，其口服生物利用度为95%，在4 h时达到最大血浆浓度（T_{max}）[154]，在10 ～ 12天内达到稳态浓度。该化合物与血浆蛋白高度结合（大于99%），不受华法林（warfarin）、咪达唑仑（midazolam）或洋地黄毒苷（digitoxin）的影响。与阿立哌唑一样，依匹哌唑主要由CYP3A4和CYP2D6代谢，与这两种代谢酶的强抑制剂共同给药可能会增加该化合物的暴露量。相反地，这些酶的诱导剂，如利福平（rifampicin）可以减少其暴露量。临床数据未表明依匹哌唑的暴露会随年龄而变化，食物也对其没有明显的影响。依匹哌唑的主要循环代谢物是DM-3411，其苯并噻吩环已在7位发生羟基化（在哌嗪部分的对位）。但DM-3411不是活性代谢物，可被葡萄糖醛酸糖化为DM-3404[155]。

6.6.2.7　临床数据

依匹哌唑的临床数据众多，且已被相关文献总结[129, 145-148, 156, 157]。在评估治疗精神分裂症功效的临床试验中，通过PANSS来监测药物的临床反应。平均而言，在已发表的研究中，对依匹哌唑的应答率为39% ～ 57%，而对安慰剂的应答率在31%左右。依匹哌唑的PANSS变化范围为-20.7 ～ -14.9，而安慰剂的PANSS变化则在-13.8 ～ -12的范围内。在一项使用阿立哌唑作为阳性对照的试验中，依匹哌唑在PANSS中引起-17.5的变化，应答率为49%。

在治疗重度抑郁症的临床试验中，MADRS和希恩残疾量表（Sheehan Disability Scale）被用来评估患者对药物的反应。试验中患者对先前的1 ～ 3种治疗响应不足，然后接受标准抗抑郁药的八周治疗试验。那些反应不佳的患者则被给予辅助性的依匹哌唑或安慰剂。与安慰剂的平均MADRS得分从-5.2变化至-6.3相比，使用依匹哌唑辅助治疗的MADRS得分从-6.7变化至-8.3。辅助性依匹哌唑治疗的响应率为20% ～ 35%，而辅助性安慰剂治疗的响应率只有14.3% ～ 19%。在希恩残疾量表的评估中，依匹哌唑也优于安慰剂。最常见的不良反应包括静坐不能、恶心、腹泻、体重增加、头痛、失眠、嗜睡、震颤和躁动。所有副作用的发生率都很低，且未观察到对性功能或催乳激素分泌的影响。在精神分裂症患者中，基于计算机认知测试CogState量表的数据，未见其对认知的有益作用[158]，但基于希恩残疾量表和麻省总医院的认知和身体功能问卷，抑郁症患者的认知功能得到了改善[159]。

依匹哌唑被指定用于治疗成人的精神分裂症，并作为严重抑郁症成人抗抑郁药物的辅助疗法。此外，依匹哌唑可增加痴呆症相关精神病老年患者的死亡率及自杀的想法与行为，因此带有"黑框"风险警示。

6.6.3　卡利拉嗪

最近的四篇综述总结了卡利拉嗪的临床前和 ADMET 性质（图 6.20）[160-163]。该非手性药物分子的分子量为 427.4，符合类药 5 规则。

6.6.3.1　研发历史

卡利拉嗪是由吉瑞公司的科学家发现的，最初的名称为 RGH-188。如前所述，卡利拉嗪的发现是基于合成磺酰胺 D_3/D_2 配体（化合物 40，图 6.20）时出现的活性杂质（化合物 41，图 6.20）[125]。环己胺基团上取代基的构效关系研究促成了卡利拉嗪的发现。吉瑞公司最初与森林实验室（Forest Labs）合作开发卡利拉嗪。随后，森林实验室于 2014 年被阿特维斯（Actavis）公司收购。2015 年，阿特维斯收购了爱力根（Allergan）公司，并以爱力根命名合并后的公司，这使得爱力根和吉瑞公司对卡利拉嗪享有共同所有权和市场分配权。关于卡利拉嗪及其相关类似物的第一项专利实际上是日本专利（JP 3999806），该专利于 2007 年获得授权。2010 年，覆盖卡利拉嗪和相关类似物的美国专利（US 7737142）被授权。其后两年，专利 EP 1663996 也得到授权。卡利拉嗪的构效关系已在相关文献中进行了报道[125]。

6.6.3.2　卡利拉嗪的合成

Biorganic and Medicinal Chemistry Letters 在 2012 年的一篇文章中提及了卡利拉嗪的最初合成方法（反应式 6.3）[125]。吉瑞公司的作者没有特别描述叔丁氧羰基（BOC）保护的环己胺中

反应式 6.3　卡利拉嗪的最初合成路线

间体的合成，但另一研究小组已经以80%的收率合成了这一关键中间体^[102]。脱保护后再经氨基甲酸酯化即可以65%的收率得到最终产物。目前已有多篇专利优化了卡利拉嗪合成的最终步骤。

6.6.3.3　有效成分

Vraylar®为卡利拉嗪的单盐酸盐，以口服胶囊的形式给药。Vraylar®的批准剂量包括每日1次的1.5 mg、3.0 mg、4.5 mg和6.0 mg[164]。建议药物的初始剂量为1.5 mg，然后根据需要逐渐增加剂量。

6.6.3.4　药理学

卡利拉嗪的体外和体内药理学活性已被公开[129, 164]。吉瑞公司的作者也许出于区分的考虑，在相关报道中强调了卡利拉嗪的D_3部分激动活性。该药物在D_3受体上显示出较高的效力和中等的固有活性（表6.1），而在D_2受体上则具有较低的固有活性。卡利拉嗪在D_2和D_3受体上所表现出的不同功能特征具体取决于测试系统[160]。如果直接将二者进行比较，卡利拉嗪虽然是活性较低的D_2激动剂，却是活性较高的D_3激动剂。与阿立哌唑和依匹哌唑一样，卡利拉嗪对$5\text{-}HT_{1A}$和$5\text{-}HT_{2A}$受体也显示出高亲和力。与其他两种市售药物相比，其对$5\text{-}HT_{2C}$和$5\text{-}HT_7$的受体亲和力较低。与阿立哌唑和依匹哌唑不同的是，它对$5\text{-}HT_6$受体没有亲和力。在体内多巴胺代谢和生物合成研究中，卡利拉嗪同时具有D_2激动和拮抗性质，取决于现有的多巴胺能活性。此外，卡利拉嗪在体内显示出突触前D_2激动活性和突触后拮抗活性[128]。

进一步采用正电子发射断层成像（positron emission tomography，PET）研究了体内靶点对卡利拉嗪的结合作用。在非人类灵长类动物中，卡利拉嗪置换了雷氯必利（raclopride，一种D_2/D_3拮抗剂）和2-甲氧基-N-丙基去甲阿扑吗啡（2-methoxy-N-propylnorapomorphine，MNPA，一种D_2/D_3激动剂），具有相等的受体占用率，具体范围为45%（剂量为5 μg/kg）～80%（剂量为30 μg/kg）[165]。在300 mg/kg剂量下，单独使用卡利拉嗪可达到94%的D_2/D_3受体占用率。$5\text{-}HT_{1A}$受体的受体占用率则要低得多（30%）。对于精神分裂症患者，在低剂量（1 mg/d）时，其对D_3受体的选择性比D_2受体高1.7倍（受体占用率分别为79%和45%）[166]；在较高剂量下（12 mg/d持续15天），两种受体的受体占用率均在95%～99%。D_3受体在体内的高占有率将卡利拉嗪和阿立哌唑、依匹哌唑明显地区别开来。

卡利拉嗪在许多与精神病样行为相关的动物模型中均显示出良好功效[167]，包括阿扑吗啡诱导的攀爬，苯丙胺引起的功能亢进、条件回避反应，以及MK-801引起的自发活动。在条件回避模型中，使用有效剂量100倍的卡利拉嗪仍没有发生强直性昏厥，这表明卡利拉嗪引起EPS的可能性非常低。这一结果也可被以下实验证实：卡利拉嗪对纹状体多巴胺能神经传递和多巴胺代谢的抑制作用比边缘区少[128]；卡利拉嗪逆转了苯环己哌啶诱发的社交认知[168]和社交互动[169]缺陷；在动物模型中，卡利拉嗪表现出认知增强作用；在新型对象识别模型和逆向学习任务模型[168, 170]中，卡利拉嗪逆转了苯环己哌啶引起的缺陷；并在东莨菪碱（一种毒蕈碱拮抗剂）诱导缺陷的水迷宫学习模型中显示出学习增强作用[167]。

6.6.3.5 功能选择性和偏向配体信号转导

来自莫纳什大学（Monash University）的一个研究小组测试了卡利拉嗪的功能选择性。实验发现，与多巴胺相比，卡利拉嗪对G蛋白偶联的cAMP信号通路显示出230倍的偏倚[102]。尽管功能偏向可以通过结构变换转移到化学骨架上，但卡利拉嗪对EPK1/2信号通路的效力和功效明显降低。

6.6.3.6 药代动力学

卡利拉嗪展现出线性药代动力学特征，达峰时间为3～6 h，1～2周内达到体内稳态浓度。啮齿动物的口服生物利用度为52%（大鼠）～80%（犬），人体的绝对口服生物利用度尚未公布。卡利拉嗪可与蛋白高度结合（91%～97%）。其主要经CYP3A4和CYP2D6代谢，已鉴定出八种代谢物。主要代谢物是去甲基脲和二去甲基脲，二去甲基脲的血浆浓度比去甲基脲高5～7倍[169]。它们都是活性代谢产物，在动物模型中的药理学特征和活性与卡利拉嗪基本相同。卡利拉嗪及其主要代谢物虽不是CYP3A4和CYP1A2的诱导剂，却是大多数代谢酶和肝转运蛋白的弱抑制剂。与酮康唑（ketoconazole，一种有效的CYP3A4抑制剂）或利福平联用会导致卡利拉嗪的血浆水平改变。因此，不建议将卡利拉嗪与CYP3A4诱导剂（如利福平）联用。此外，卡利拉嗪的吸收不受食物的影响，但是一些 I 期临床数据表明其具有诱导肝酶的潜力。与健康志愿者相比，轻度肝功能不全的患者对卡利拉嗪的暴露量约升高25%，其主要代谢物的暴露量约降低45%。

6.6.3.7 临床数据

已有相关的综述总结了卡利拉嗪的临床数据[129, 160-162, 171, 172]。在已公开的精神分裂症临床试验中，PNASS及CGI-S、CGI-I评估被用于监测药物反应。在选定的试验中，阿立哌唑和利培酮被选作阳性对照。卡利拉嗪的响应率为24.5%～35.9%，而安慰剂的响应率为18.9%～24.8%。阿立哌唑的响应率（30.0%）与卡利拉嗪相似，而利培酮的响应率（45.9%）略高。与安慰剂相比，卡利拉嗪的PNASS得分变化（相对于基线）在-25.9～-19.4范围内，而PNASS得分的平均变化在-16.0～-11.8范围内。阿立哌唑（-21.2）和利培酮

（-26.9）的结果与卡利拉嗪相似。卡利拉嗪的CGI-S评分（相对于基线）的变化范围为-1.6 ～ -1.0，而安慰剂的范围为-1.0 ～ -0.7，阿立哌唑（-1.4）和利培酮（-1.5）的表现与卡利拉嗪相似。在一项主要涉及阴性症状患者的Ⅲ期临床试验中，与利培酮相比，卡立哌嗪在PNASS评估中存在一种效能改善的趋势。服用卡利拉嗪的患者的累积复发率显著低于接受安慰剂的患者。在PNASS评估、认知药物研究系统测试和颜色痕迹测验中，认知均呈现出有所改善的趋势。其他有关认知功能障碍的疗效数据以海报的形式报道过，但尚未发表[173]。卡利拉嗪最常报道的不良事件包括EPS、失眠、静坐不能、嗜睡、便秘、恶心、躁动、焦虑、呕吐、消化不良、激动和头晕。

在评估双相情感障碍疗效的临床试验中，采用YMRS和CGI-S作为评估依据。卡利拉嗪的治疗引起YMRS得分降低，比安慰剂降低至1/3 ～ 1/8倍。卡利拉嗪的响应率范围（48.0% ～ 58.9%）高于安慰剂（23.0% ～ 44.1%），缓解率也有所提高（卡利拉嗪为42.0% ～ 51.9%，而安慰剂为23.0% ～ 34.9%）。卡利拉嗪治疗组的CGI-S得分变化也明显高于安慰剂治疗组。最近的报告也证实了相关的临床结果[174]。

在评估卡利拉嗪对重度抑郁症疗效的Ⅱ期临床试验中，患者对先前的1 ～ 2种治疗的响应不足，采用标准抗抑郁药西酞普兰（citalopram）、依西酞普兰（escitalopram）、舍曲林、度洛西汀（duloxetine）或文拉法辛与卡利拉嗪或安慰剂联用进行治疗。卡利拉嗪辅助治疗组的MADRS评分（相对于基线）的变化范围为-14.6 ～ -13.4，而安慰剂辅助治疗为-12.5[175]。卡利拉嗪辅助治疗组的响应率（48.0% ～ 49.9%）、缓解率（31.9% ～ 32.2%）和CGI-I响应率（57.9% ～ 58.7%）均优于安慰剂治疗组（分别为38.3%、29.9%和48.9%）。在Ⅲ期试验中也观察到了类似的结果[176]。

6.7　总结

D₂部分激动剂药物的发现已经经历了三十年的发展。该领域的研究目标已经从达到适合程度的固有活性发展到合并其他活性，以更好地解决精神分裂症的阴性和认知症状，然后又进一步发展到探索功能选择性和偏向配体信号转导的潜力。对这一领域的持续研究和探索使得研究人员对多巴胺信号转导和精神分裂症有了更为全面的了解和认识。可以说，在精神分裂症阴性和认知症状的治疗方面已经取得了十足的进展。

但是，还需要进行很多深入的研究工作。"典型"抗精神病药引发主要不良事件（EPS）的风险已显著降低，但新型药物也并非没有问题（图6.22）[177-179]。该探索仍在继续进行，但工作量与过去的30年相比已有所减少。无论未来的关注

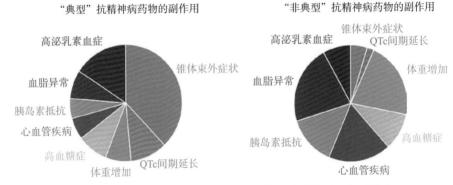

"典型"抗精神病药物的副作用　　　　"非典型"抗精神病药物的副作用

图6.22 "典型"和"非典型"抗精神病药物的副作用和相对发生率

点是提高对精神分裂症的阴性和认知症状的药效，还是消除困扰新药的副作用，或是探索其他的治疗性应用[180]，D_2 部分激动剂药物研发的未来都将与过去一样具有广阔的空间。

（徐　凯　白仁仁）

原作者简介

玛琳·雅各布森（Marlene Jacobson），博士，天普大学（Temple University）药学院药学系副教授。她于罗格斯大学道格拉斯学院（Douglass College，Rutgers University）获得化学学士学位，并于特拉华大学（University of Delaware）获得化学博士学位。博士毕业后，雅各布森博士在麻省理工学院（Massachusetts Institute of Technology，MIT）获得化学方向的NIH博士后奖学金，并兼任哈佛医学院（Harvard Medical School）遗传学访问学者。1987年，她加入了默克研究实验室（Merck Research Labs），从事包括精神分裂症、阿尔茨海默病和睡眠障碍在内的神经科学领域的药物发现和临床前开发工作，历时24年。2012年，她加入了天普大学莫尔德药物发现研究中心。雅各布森博士因她对G蛋白偶联受体变构调节剂（包括毒蕈碱和代谢型谷氨酸受体）研发的贡献而闻名。

韦恩·柴尔德斯（Wayne Childers），天普大学的药学系副教授。他于1979年在范德比尔特大学（Vanderbilt University）获得化学学士学位，并于1984年在哈罗德·平尼克（Harold Pinnick）教授的指导下获得佐治亚大学（University of Georgia）有机化学博士学位。他曾在巴克内尔大学（Bucknell University）担任兼职助理教授，之后在约

翰斯·霍普金斯大学医学院（Johns Hopkins University School of Medicine）塞西尔·罗宾逊（Cecil Robinson）教授的实验室从事博士后研究工作。此后，他加入了惠氏（Wyeth）制药公司，涉足许多治疗领域，包括精神疾病、脑卒中、阿尔茨海默病和慢性疼痛类治疗药物的研发。在惠氏工作22年后，他于2010年加入天普大学。

马吉德·阿布-加比亚（Magid Abou-Gharbia），博士，莫尔德药物研发中心主任，天普大学药学院主管科研副院长。在2008年加入天普大学之前，他在惠氏公司担任化学和筛选科学高级副总裁长达26年，并带领团队发现了9个上市药物。阿布-加比亚博士发表了300余篇论文，拥有超过128项美国专利和350项全球专利。他获得了众多奖项和荣誉，如RSC院士、ACS院士、美国化学会化学英雄奖（2008年、2014年）、Grand Hamadan国际药物发现奖（2014年）和费城商业杂志年度研究人员奖（2014年）等。

参 考 文 献

1. Carlsson, A., Lindqvist, M., and Magnusson, T.（1957）. 3,4-Dihydroxyphenylalanine and 5-hydroxytryptophan as reserpine antagonists. Nature 180: 1200.

2. Carlsson, A.（1978）. Antipsychotic drugs, neurotransmitters and schizophrenia. Am. J. Psychiatry 135: 165-173.

3. Seeman, P., Lee, T., Chau-Wong, M., and Wong, K.（1976）. Antipsychotic drug doses and neuroleptic/dopamine receptors. Nature 261: 717-719.

4. Amenta, F., Ricci, A., Tayebhati, S.K., and Zaccheo, D.（2002）. The peripheral dopaminergic system: morphological analysis, functional and clinical applications. Ital. J. Anat. Embryol. 107: 145-167.

5. Eisenhofer, G., Kopin, I.J., and Goldstein, D.S.（2004）. Catecholamine metabolism: a contemporary view with implications for physiology and medicine. Pharmacol. Rev. 56: 331-349.

6. Rubi, B. and Maechler, P.（2010）. Minireview: new roles for peripheral dopamine on metabolic control and tumor growth: let's seek the balance. Endocrinology 151: 5570-5581.

7. Basu, S. and Dasguptta, P.S.（2000）. Role of dopamine in malignant tumor growth. Endocrine 12: 237-241.

8. Zhang, X., Liu, Q., Liao, Q., and Zhao, Y.（2017）. Potential roles of peripheral dopamine in tumor immunity. J. Cancer 8: 2966-2973.

9. Sachlos, E., Risueno, R.M., Laronde, S. et al.（2012）. Identification of drugs including a dopamine receptor antagonist that selectively target cancer stem cells. Cell 149: 1284-1297.

10. Beaulieu, J.-M. and Gainetdinov, R.R. (2011). The physiology, signaling and pharmacology of dopamine receptors. Pharmacol. Rev. 63: 182-217.

11. Boyd, K.N. and Mailamn, R.B. (2012). Dopamine receptor signaling and current and future antipsychotic drugs. In: Handbook of Experimental Pharmacology, vol. 212 (ed. M.A.Geyer and G.Gross), 53-86. Berlin: Springer-Verlag.

12. Sokoloff, P., Giros, B., Martres, M.P. et al. (1990). Molecular cloning and characterization of a novel dopamine (D3) as a target for neuroleptics. Nature 347: 146-151.

13. Redden, L., Rendenbach-Mueller, B., Abi-Saab, W.M. et al. (2011). A double-blind randomized, placebo-controlled study of the dopamine D3 receptor antagonist ABT-925 in patients with acute schizophrenia. J. Clin. Psychopharmacol. 31: 221-225.

14. Lefkowitz, R.J. and Shenoy, S.K. (2005). Transduction of receptor signals by beta-arrestins. Science 308: 512-517.

15. Lefkowitz, R.J. and Shenoy, S.K. (2005). Multifaceted roles of beta-arrestins in the regulation of seven-membrane-spanning receptor trafficking and signaling. Biochem. J. 375: 503-515.

16. Urs, N.M., Peterson, S.M., and Caron, M.G. (2017). New concepts in dopamine D2 receptor biased signaling and implications for schizophrenia therapy. Biol. Psych. 81: 78-85.

17. Beaulieu, J.-M., Sotnikova, T.D., Marion, S. et al. (2005). An Akt/beta-arrestin 2/PP2A signaling complex mediates dopaminergic neurotransmission and behavior. Cell 122: 261-273.

18. Patel, K.R., Cherian, J., Bohil, K., and Atkinson, D. (2014). Schizophrenia: overview and treatment options. Pharmacol. Ther. 39: 638-645.

19. Stahl, S.M. and Muntner, N. (2013). Stahl's Essential Psychopharmacology, Neuroscientific basis and Practical Applications, 4e, 79-128. Cambridge, UK: Cambridge University Press.

20. Van Rossum, J. (1967). Neuropsychopharmacology. In: Proceedings Fifth Collegium Internationale Neuropsychopharmacologicum (ed. H.Brill, J.Cole, P.Deniker, et al.), 321-329. Amsterdam: Excerpta Medica.

21. Seeman, P. (1987). Dopamine receptors and the dopamine hypothesis of schizophrenia. Synapse 1: 133-152.

22. Snyder, S.H., Taylor, K.M., Coyle, J.T., and Meyerhoff, J.L. (1970). The role of brain dopamine in behavioral regulation and the actions of psychotropic drugs. Am. J. Psychiatry 127: 199-207.

23. Snyder, S.H. (1976). The dopamine hypothesis of schizophrenia: focus on the dopamine receptor. Am. J. Psychiatry 133: 197-202.

24. Lally, J. and MacCabe, J.H. (2015). Antipsychotic medication in schizophrenia: a review. Br. Med. Bull. 114: 169-179.

25. Ellenbroek, B. and Cesura, A.M. (2015). Antipsychotics and dopamine-serotonin connection. Top. Med. Chem. 13: 1-50.

26. Brisch, T., Saniotis, A., Wolf, R. et al. (2014). The role of dopamine in schizophrenia from a neurobiological and evolutionary perspective: old fashioned, but still in vogue. Front. Psychiatry 5: 1-11.

27. Ninan, I. and Kulkarni, S.K. (1998). Partial agonistic action of clozapine at dopamine D2 receptors in dopamine depleted animals. Psychopharmacol. (Berl) 135: 311-317.

28. Meltzer, H.Y. (1999). The role of serotonin in antipsychotic drug action. Neuropsychopharmacology 21: s106-s115.

29. Jackson, D.M., Wikstrom, H., and Liao, Y. (1998). Is clozapine an (partial) agonist at both dopamine D1 and D2 receptors? Psychopharmacology (Berl) 138: 231-236.

30. Wikstrom, H. (1992). Centrally acting dopamine D2 receptor ligands: agonists. Prog. Med. Chem. 29: 185-216.

31. Wustrow, D.J. (2000). Discovery and preclinical evaluation of novel dopamine partial agonists as antipsychotic agents. Adv. Med. Chem. 5: 115-158.

32. Zhang, A. and Kan, Y. (2006). Recent advances towards the discovery of dopamine receptor ligands. Exp. Opin. Ther. Pat. 16: 587-630.

33. Kehne, J.H., Andree, T.H., and Heinrich, J.N. (2008). D2 receptor partial agonists: treatment of CNS disorders of dopamine function. Curr. Top. Med. Chem. 8: 1068-1088.

34. Matute, M.S., Matute, R., and Merino, P. (2016). Design and synthesis of dopaminergic agonists. Curr. Med. Chem. 23: 2790-2825.

35. Titus, R.D., Kornfeld, E.C., Jones, N.D. et al. (1983). Resolution and absolute configuration of an ergoline-related dopamine agonist, trans-4, 4a, 5, 6, 7, 8, 8a, 9-octahydro-5-propyl-1H (or 2H) -pyrazolo [3, 4-g] quinoline. J. Med. Chem. 26: 1112-1116.

36. Von Voightlander, P.F., Althaus, J.S., Camocho-Ochoa, M., and Neff, G.L. (1989). Dopamine receptor agonist activity of U-66444B and its enantiomers: evaluation of functional, biochemical and pharmacokinetic properties. Drug Dev. Res. 17: 71-81.

37. Ericksson, E., Svensson, K., and Clark, D. (1985). The putative dopamine autoreceptor agonist B-HT 920 decreases nigral dopamine cell firing rate and prolactin release in rat. Life Sci. 36: 1819-1827.

38. Jaen, J.C., Caprathe, B.W., Wise, L.D. et al. (1991). Novel 4,5,6,7-tetrahydrobenzothiazole dopamine agonists display very low stereoselectivity in their interaction with dopamine receptors. Bioorg. Med. Chem. Lett. 1: 189-192.

39. Clark, D., Hjorth, S., and Carlsson, A. (1985). Dopamine-receptor agonists: mechanisms underlying autoreceptor selectivity I.Review of the evidence. J. Neural. Transm. 62: 1-52.

40. Clark, D., Hjorth, S., and Carlsson, A. (1985). Dopamine-receptor agonists: mechanisms underlying autoreceptor selectivity Ⅱ. Theoretical considerations. J. Neural Transm. 62: 171-207.

41. Bogeso, K.P., Arnt, J., Lundmark, M., and Sundell, S. (1987). Indolizidine and quinolizidine derivatives of the dopamine autoreceptor agonist 3- (3-hydroxyphenyl) -N-n-propylpiperidine (3-PPP). J. Med. Chem. 30: 142-150.

42. Liljefors, T., Bogeso, K.P., Hyttel, J. et al. (1990). Pre-and postsynaptic dopaminergic activities of indolizidine and quinolizidine derivatives of 3- (3-hydroxyphenyl) -N- (n-propyl) piperidine (3-PPP). Further developments of a dopamine receptor model. J. Med. Chem. 33: 1015-1022.

43. Wikstrom, H., Andersson, B., Sanchez, D. et al. (1985). Resolved monophenolic 2-aminotetralins and 1, 2, 3, 4, 4a, 5, 6, 10b-octahydrobenzo (f) quinolones: structural and stereochemical considerations for centrally acting pre-and postsynaptic dopamine-receptor agonists. J. Med. Chem. 28: 215-225.

44. Kehr, W., Wachtel, J., and Schneider, H.H. (1983). Dopaminergic and antidopaminergic properties of ergolines structurally related to lisuride. Acta Pharm. Suec. 20 (suppl.): 98-110.

45. Coward, D.M., Dixon, A.K., Urwyler, S. et al. (1990). Partial dopamine-agonistic and atypical neuroleptic properties of the amino-ergolines SDZ 208-911 and 2SDZ 208-912. J. Pharmacol. Exp. Ther. 252: 279-285.

46. Hausberg, H.-H., Bottcher, H., Fuchs, A. et al. (1983). Indole-alkyl piperidines, a new class of dopamine agonists. Acta Pharm. Suec. 20 (suppl.): 213-217.

47. Bottcher, H., Barnickel, G., Hausberg, H.-H. et al. (1992). Synthesis and dopaminergic activity of some 3- (1, 2, 3, 6-tetrahydro-1-pyridylalkyl) indoles. A novel conformational model to explain structure-activity relationships. J. Med. Chem. 35: 4020-4026.

48. Jaen, J.C., Wise, L.D., Heffner, T.G. et al. (1988). Dopamine autoreceptor agonists as potential antipsychotics. 1. (Aminoalkoxy) anilines. J. Med. Chem. 31: 1621-1625.

49. Jaen, J.C., Wise, L.D., Heffner, T.G. et al. (1991). Dopamine autoreceptor agonists as potential antipsychotics. 2. (Aminoalkoxy) -4H-1-benzopyran-4-ones. J. Med. Chem. 34: 248-256.

50. Jaen, J.C., Caprathe, B.W., Wise, L.D. et al. (1993). Synthesis and pharmacological evaluation of the enantiomers of the dopamine autoreceptor agonist PD 135385. Bioorg. Med. Chem. Lett. 3: 639-644.

51. Wright, J.L., Caprathe, B.W., Downing, D.M. et al. (1994). The discovery and structure-activity relationships of 1, 2, 3, 6-tetrahydro-4-phenyl-1- [(arylcyclohexenyl) alkyl] pyridines. Dopamine autoreceptor agonists and potential antipsychotic agents. J. Med. Chem. 37: 3523-3533.

52. Caprathe, B.W., Smith, S.J., Jaen, J.C., and Wise, L.D. (1991). Substituted cyclohexanols as central nervous system agents. EP Patent 431, 580 A2, published 12 June 1991.

53. Wise, L.D., Jaen, J.C., Caprathe, B.W. et al. (1991). N-cyclohexylbenzamides: a novel class of dopamine autoreceptor agonists with potential antipsychotic activity. Soc. Neurosci. Abst. 17, #270. 0.

54. Belliotti, T.R., Kesten, S.R., Rubin, J.R. et al. (1997). Novel cyclohexyl amides as potent and selective D3 dopamine receptor ligands. Bioorg. Med. Chem. Lett. 7: 2403-2408.

55. Wustrow, D.J., Wise, L.D., Cody, D.M. et al. (1994). Studies of the active conformation of a novel series of benzamide dopamine D2 agonists. J. Med. Chem. 37: 4251-4257.

56. Wustrow, D.J., Smith, W.J., Corbin, A.E. et al. (1997). 3- [[(4-Aryl-1-piperazinyl) alkyl] cyclohexyl] -1H-indoles as dopamine D2 partial agonists and autoreceptor agonists. J. Med. Chem. 40: 250-259.

57. Wustrow, D., Bellioti, T., Glase, S. et al. (1998). Aminopyrimidines with high affinity for both serotonin and dopamine receptors. J. Med. Chem. 41: 760-771.

58. Feenstra, R., Ronken, E., Koopman, T. et al. (2001). SLV308. Drugs Future 26: 128-132.

59. Wolf, W. (2003). DU-127090. Curr. Opin. Investig. Drugs 4: 72-76.

60. Feenstra, R.W., de Moes, J., Hofma, J.J. et al. (2001). New 1-aryl-4-(biaryl-methylene) peperazines as potential atypical antispychotics sharing dopamine D2-receptor and serotonin 5-HT1A-receptor affinities. Bioorg. Med. Chem. Lett. 11: 2345-2349.

61. Cuisiat, S., Bourdiol, B., Lacharme, V. et al. (2007). Towards a new generation of potential antipsychotic agents combining D2 and 5-HT1A receptor activities. J. Med. Chem. 50: 865-876.

62. Stack, G.P., Marquis, K.L., Scherer, N.T. et al. (1992). Characterization of a series of aminomethylbenzodioxans as dopamine autoreceptor agonists. Soc. Neurosci. Abstr. 18: 378.

63. Mewshaw, R.E., Kavanaugh, J., Stack, G. et al. (1997). New generation dopaminergic agents. 1. Discovery of a novel scaffold which embraces the D2 agonist pharmacophore. Structure-activity relationships of a series of 2-(aminomethyl) chromans. J. Med. Chem. 40: 4235-4256.

64. McGaughy, G.B. and Mewshaw, R.E. (1999). Application of comparative molecular field analysis to dopamine D2 partial agonists. Bioorg. Med. Chem. 7: 2453-2456.

65. Mewshaw, R.E., Zhao, R., Shi, X. et al. (2002). New generation dopaminergic agents. Part 8: heterocyclic bioisosteres that exploit the 7-OH-2-(aminomethyl) croman D2 template. Bioorg. Med. Chem. Lett. 12: 271-274.

66. Mewshaw, R.E., Husbands, M., Gildersleeve, E.S. et al. (1998). New generation dopaminergic agents. 2. Discovery of 3-OH-phenoxyethylamine and 3-OJ-N′-phenylpiperazine dopaminergic templates. Bioorg. Med. Chem. Lett. 8: 295-300.

67. Mewshaw, R.E., Marquis, K.L., Shi, X. et al. (1998). New generation dopaminergic agents. 4. Exploiting the 2-methylchroman scaffold. Synthesis and evaluation of two novel series of 2-(aminomethyl)-3, 4, 7, 9-tetrahydro-2H-pyrano [2, 3e] indole and indol-8-one derivatives. Tetrahedron 54: 7081-7108.

68. Mewshaw, R.E., Webb, M.B., Marquis, K.L. et al. (1999). New generation dopaminergic agents. 6. Structure-activity relationship studies of a series of 4-(aminoethoxy) indole and 4-(aminoethoxy) indoline derivatives based on the newly discovered 3-hydroxyphenylethylamine D2 template. J. Med. Chem. 43: 2007-2020.

69. Meshaw, R.E., Verwijs, A., Shi, X. et al. (1998). New generation dopaminergic agents. 5. Heterocyclic bioisosteres that exploit the 3-OH-N-phenylpiperazine dopaminergic template. Bioorg. Med. Chem. Lett. 8: 2675-2680.

70. Mewshaw, R.E., Nelson, J.A., Shah, U.s. et al. (1999). New generation dopaminertic agents. 7. Heterocyclic bioisosteres that exploit the 3-OH-phenoxyetholamine D2 template. Bioorg. Med. Chem. Lett. 9: 2593-2598.

71. Meller, E., Bohmaker, K., Namba, Y. et al. (1987). Relationship between receptor occupancy and response at striatal dopamine autoreceptors. Mol. Pharmacol. 31: 592-598.

72. Kilts, J.D., Connery, H.S., Arrington, E.G. et al. (2002). Functional selectivity of dopamine receptor agonists. Ⅱ. Actions of dihydrexidine in D2L receptor-transfected MN9D cells and pituitary lactotrophs, J.Pharmacol. Exp. Ther. 301: 1179-1189.

73. Darney, K.J.Jr., Lewis, M.H., Brewster, W.K. et al. (1991). Behavioral effects in the rat of dihydrexidine, a high-potency, full-efficacy D1 dopamine receptor agonist. Neuropsychopharmacology 5: 187-195.

74. Mailman, R.B. and Murthy, V. (2010). Third generation antipsychotics drugs: partial agonism or receptor functional selectivity? Curr. Pharm. Des. 16: 488-501.

75. Urban, J.D., Vargas, G.A., von Zastrow, M., and Mailman, R.B. (2007). Aripiprazole has functional selectivity actions at dopamine D2 receptor-mediated signaling pathways. Neuropsychopharmacology 32: 67-77.

76. Freyberg, Z., Ferrando, S.J., and Javitch, J.A. (2010). Roles of the akt/GSK-3 and wnt signaling pathways in schizophrenia and antipsychotic drug action. Am. J. Psychiatry 167: 388-396.

77. Klewe, I.V., Nielsen, S.M., Tarop, L. et al. (2008). Recruitment of beta-arrestin2 to the dopamine receptor: insights into antipsychotic and anti-parkinsonian drug receptor signaling. Neuropharmacology 54: 1215-1222.

78. Masri, B., Salahpour, A., Didriksen, M. et al. (2008). Antagonism of dopamine D2 receptor/beta-arrestin 2 interaction is a common property of clinically effective antipsychotics. Proc. Natl. Acad. Sci. U.S.A. 105: 13565-13661.

79. Allen, J.A., Yost, J.M., Setola, V. et al. (2011). Discovery of β-arrestin-biased dopamine D2 ligands for probing signal transduction essential for antipsychotic efficacy. Proc. Natl. Acad. Sci. U.S.A. 108: 18444-18493.

80. Rajagopal, L., Kwon, S., Huang, M. et al. (2017). RP5063, an atypical antipsychotic drug with a unique pharmacologic profile, improves declarative memory and psychosis in mouse models of schizophrenia. Behav. Brain Res. 332: 180-199.

81. Cantillon, M., Ings, R., and Bhat, L. (2018). Initial clinical experience of RP5063 following single doses in normal healthy volunteers and multiple doses in patients with stable schizophrenia. Clin. Transl. Sci. 11: 387-396.

82. Rotella, D.P., McFarlane, G.R., Greenfield, A. et al. (2009). Tetrahydrocarbazole-based serotonin reuptake inhibitor/dopamine D2 partial agonists for the potential treatment of schizophrenia. Bioorg. Med. Chem. Lett. 19: 5552-5555.

83. Yan, Y., Zhou, P., Rotella, A.P. et al. (2010). Potent dihydroquinolinone dopamine D2 partial agonist/serotonin reuptake inhibitors for the treatment of schizophrenia. Bioorg. Med. Chem. Lett. 20: 2983-2986.

84. Zajdel, P., Marciniec, K., Maslankiewicz, A. et al. (2013). Antidepressant and antipsychotic activity of new quinoline-and isoquinoline-sulfonamide analogs of aripiprazole targeting serotonin 5-HT1A/5-HT2A/5-HT7 and dopamine D2/D3 receptors. Eur. J. Med. Chem. 60: 42-50.

85. Kolaczkowski, M., Marcinkowska, M., Bucki, A. et al. (2015). Novel 5-HT6 receptor antagonists/D2 receptor partial agonists targeting behavioral and psychological symptoms of dementia. Eur. J. Med. Chem. 92: 221-235.

86. Chlon-Rzepa, G., Bucki, A., Kolaczkowski, M. et al. (2016). Arylpiperazinylalkylderivatives of 8-amino-1, 3-dimethylpurine-2, 6-dione as novel multitarget 5-HT/D receptor agents with potential antipsychotic activity. J. Enzyme Inhib. Med. Chem. 31: 1048-1062.

87. Bucki, A., Marcinkowska, M., Sniecikowska, J. et al. (2017). Novel 3-(1, 2, 3, 6-tetrahydropyridin-4-yl)-1H-indole-based multifunctional ligands with antipsychotic-like, mood-modulating and precognitive activity. J. Med. Chem. 60: 7483-7501.

88. Neves, G., Menegatti, R., Antonio, C.B. et al. (2015). Searching for multi-target antipsychotics: discovery of orally active heterocyclic N-phenylpiperazine ligands of D2-like and 5-HT1A receptors. Bioorg. Med. Chem. 18: 1925-1935.

89. Pompeu, T.E.T., do Monte, F.M., Bosier, B. et al. (2015). Partial agonism and fast dissociation of LASSBio-579 at dopamine D2 receptor. Prog. Neupsychopharmacol. Biol. Psychiatry 62: 1-6.

90. Neves, G., Antonio, C.B., Betti, A.H. et al. (2013). New insights into pharmacological profile of LASSBio-579, a multi-target N-phenylpiperazine derivative active on animal models of schizophrenia. Behav. Brain Res. 237: 86-95.

91. Das, B., Vedachalam, S., Luo, D. et al. (2015). Development of a highly potent D2/D3 agonist and a partial agonist from structure-activity relationship study of N⁶-(2-(4-(1H-indolyl-5-yl)piperazin-1-yl)ethyl)-N6-propyl-4, 5, 6, 7-tetrahydrobenzothiazole-2, 6-diamine analogs: implication in the treatment of Parkinson's disease: an effort toward the improvement of in vivo efficacy of the parent molecule. J. Med. Chem. 58: 9179-9195.

92. Molero, A., Vendress, M., Bonaventura, J. et al. (2015). A solid-phase combinatorial approach for indoloquinolizidine-peptides with high affinity at D1 and D2 dopamine receptors. Eur. J. Med. Chem. 97: 173-180.

93. Urbanek, R.A., Xiong, H., Wu, Y. et al. (2013). Synthesis and SAR of aminothiazole fused benzazepines as selective dopamine D2 partial agonists. Bioorg. Med. Chem. Lett. 23: 543-547.

94. Jantschak, F., Brosda, J., Franke, R.T. et al. (2013). Pharmacological profile of 2-bromoterguride at human dopamine D2, porcine serotonin 5-hydroxytryptamine2A, and α2C-adrenergic receptors, and its antipsychotic-like effect in rats. J. Pharamcol. Exp. Ther. 347: 57-68.

95. Franke, R.T., Tarland, E., Fink, H. et al. (2016). 2-Bromoterguride-a potential atypical antipsychotic drug without metabolic effects in rats. Psychopharamcology 233: 3041-3050.

96. Krogsgaard-Larsen, N., Jensen, A.A., Schroder, T.J. et al. (2014). Novel aza-analogous ergoline derived scaffolds as potent serotonin 5-HT6 and dopamine D2 receptor ligands. J. Med. Chem. 57: 5823-5838.

97. Huber, D., Hubner, H., and Gmeiner, P. (2009). 1, 1′-Disubstituted ferrocenes as molecular hinges in mono-and bivalent dopamine receptor ligands. J. Med. Chem. 52: 6860-6870.

98. Gofoi, S., Biswas, S., Modi, G. et al. (2012). Novel bivalent ligands for D2/D3 dopamine receptors: significant cooperative gain in D2 affinity and potency. ACS Med. Chem. Lett. 3: 991-996.

99. Shonberg, J., Lane, J.R., Scammells, P.J., and Capuano, B. (2013). Synthesis, functional and binding profile of (R)-apomprohine based homobivalent ligands targeting the

dopamine D2 receptor. Med. Chem. Commun. 4: 1290-1296.

100. Xin, C., Sassano, M.F., Zheng, L. et al. (2012). Structure-function selectivity relationship studies of β-arrestin-biased dopamine D2 receptor agonists. J. Med. Chem. 55: 7141-7153.

101. Agren, R., Arhem, P., Nilsson, J., and Sahlholm, K. (2018). The beta-arrestin-biased dopamine D2 receptor ligand, UNC9994, is a partial agonist at G-protein-mediated potassium channel activation. Int. J. Neuropsychopharmacol., July 6, 2018, Epublished ahead of print, https: //doi. org/10. 1093/ijnp/pyy059.

102. Shonberg, J., Herenbrink, C.K., Lopez, L. et al. (2013). A structure-activity analysis of biased agonism at the dopamine D2 receptor. J. Med. Chem. 56: 9199-9221.

103. Mannel, B., Dengler, D., Shonberg, J. et al. (2017). Hydroxy-substituted heteroarylpiperazines: novel scaffolds for β-arrestin-biased D2R agonists. J. Med. Chem. 60: 4693-4713.

104. Mannel, B., Hubner, H., Moller, D., and Gmeiner, P. (2017). β-arrestin biased dopamine D2 receptor partial agonists: synthesis and pharmacological evaluation. Bioorg. Med. Chem. 25: 5613-5628.

105. Free, R.B., Chun, L.S., Moritz, A.E. et al. (2014). Discovery and characterization of a G protein-biased agonist that inhibits b-arrestin recruitment to the D2 dopamine receptor. Mol. Pharmacol. 86: 96-105.

106. Moller, D., Kling, R.C., Skultety, M. et al. (2014). Functionally selective dopamine D2, /D3 receptor partial agonists. J. Med. Chem. 57: 4861-4875.

107. Moller, D., Banerjee, A., Uzuneser, T.C. et al. (2017). Discovery of G protein-biased dopaminergics with a pyrazalo [1, 5-a] pyridine substructure. J. Med. Chem. 60: 2908-2929.

108. Weichert, D., Banerjee, A., Hiller, C. et al. (2015). Molecular determinants of biased agonism at the dopamine D2 receptor. J. Med. Chem. 58: 2703-2717.

109. Weichert, D., Kruse, A.C., Manglik, A. et al. (2014). Covalent agonists for studying G protein-coupled receptor activation. Proc. Natl. Acad. Sci. U.S.A. 111: 10744-10748.

110. Weichert, D., Stanek, M., Hubner, H., and Gmeiner, P. (2016). Structure-guided development of dual b2 adrenergic/dopamine D2 receptor agonists. Bioorg. Med. Chem. 24: 2641-2653.

111. Szabo, M., Herenbrink, C.K., Christopoulos, A., and Lane, J.R. (2014). Strucure-activity relationships of privileged structures lead to the discovery of novel biased ligands at the dopamine D2 receptor. J. Med. Chem. 57: 4924-4939.

112. Chen, X., McCorvy, J.D., Fisher, M.G. et al. (2016). Discovery of G protein-biased D2 dopamine receptor partial agonists. J. Med. Chem. 59: 10601-10618.

113. Bonifazi, A., Yano, H., Ellenberger, M.P. et al. (2017). Novel bivalent ligands based on the sumanirole pharmacophore reveal dopamine D2 receptor (D2R) biased agonism. J. Med. Chem. 60: 2890-2907.

114. Reitz, A.B., Baxter, E.W., Bennett, D.J. et al. (1995). N-Aryl-N′-benzylpiperazines as potential antipsychotic agents. J. Med. Chem. 38: 4211-4222.

115. Reitz, A.B., Baxter, E.W., Codd, E.E. et al. (1998). Orally active benzamide

antipsychotic agents with affinity for dopamine D2, serotonin 5-HT1A and adrenergic a1 receptors. J. Med. Chem. 41: 1997-2009.

116. Lowe, J.A. III, Seeger, T.F., Nagel, A.A. et al. (1991). 1-Naphthylpiperazine derivatives as potential atypical antipsychotic agents. J. Med. Chem. 34: 21860-21866.

117. Banno, K., Fujioka, T., Kikuchi, T. et al. (1988). Studies on 2 (1H) -quinolinone derivatives as neuroleptic agents. I.Synthesis and biological activities of (4-phenyl-1-piperazinyl) -propoxy-2 (1H) -quinolinone derivatives. Chem. Pharm. Bull. 36: 4377-4388.

118. Oshiro, Y., Sato, S., Kurahashi, N. et al. (1998). Novel antipsychotic agents with dopamine autoreceptor agonist properties: synthesis and pharmacology of 7- [4- (4-phenyl-1-piperazinyl) butoxy] -3,4-dihydro-2 (1H) -quinolinone derivatives. J. Med. Chem. 41: 658-667.

119. Favor, D.A., Powers, J.J., White, A.D. et al. (2010). 6-Alkoxyisoindolin-1-one based dopamine D2 partial agonists as potential antipsychotics. Bioorg. Med. Chem. Lett. 20: 5666-5669.

120. Johnson, D.S., Choi, C., Fay, L.K. et al. (2011). Discovery of PF-00217830: aryl piperazine napthyridinones as D2 partial agonists for schizophrenia and bipolar disorder. Bioorg. Med. Chem. Lett. 21: 2621-2625.

121. Maeda, K., Sugina, H., Akazawa, H. et al. (2014). Brexpiprazole I: in vitro and in vivo characterization of a novel serotonin-dopamine activity modulator. J. Pharm. Exp. Ther. 350 (589): 604.

122. Yamashita, H., Ito, N., Miyamura, S. et al. (2010). Piperazine-substituted benzothiophenes for treatment of mental disorders. US2010/-179322A1. Also published in Japanese as WO2006112464A1 (2006).

123. Stemp, G., Ashmeade, T., Branch, C.L. et al. (2000). Design and synthesis of trans-N- [4- [2- (6-cyano-1,2,3,4-tetrahydroisoquinolin-2-yl) ethyl] cyclohexyl] -4-quinoline-carboxamide (SB-277011): a potent and selective dopamine D3 receptor antagonist with high oral bioavailability and CNS penetration in the rat. J. Med. Chem. 43: 1878-1885.

124. Agai-Csongor, E., Nogradi, K., Galambos, J. et al. (2007). Novel sulfonamides having dual dopamine D2 and D3 receptor affinity show in vivo antipsychotic efficacy with beneficial cognitive and EPS profile. Bioorg. Med. Chem. Lett. 17: 5340-5344.

125. Agai-Csongor, E., Domany, G., Nogradi, K. et al. (2012). Discovery of cariprazine (RGH-188): a novel antipsychotic acting on dopamine D3/D2 receptors. Bioorg. Med. Chem. Lett. 22: 3437-3440.

126. Koster, L.-S., Carbon, M., and Correll, C.U. (2014). Emerging drugs for schizophrenia: an update. Expert Opin. Emerging Drugs 19: 511-531.

127. Roth, B.L. and Driscol, J. (2018). PDSP Ki Database, Psychoactive Drug Screening Program (PDSP), University of North Carolina at Chapel Hill and the United States National Institute of Mental Health, www. pdsp. unc. edu/databases/kidb. php (accessed 26 July 2018).

128. Kiss, B., Horvath, A., Nemethy, Z. et al. (2010). Cariprazine (RGH-188), a dopamine D3 receptor-preferring, D3/D2 dopamine receptor antagonist-partial agonist

antipsychotic candidate: in vitro and neurochemical profile. J. Pharmacol. Exp. Ther. 333: 328-340.

129. Citrome, I. (2014). The ABC's of dopamine receptor partial agonists-aripiprazole, brexpiprazole and cariprazine: the 15-min challenge to sort these agents out. Int. J. Clin. Practice 69: 1211-1220.

130. Casey, A.B. and Canal, C.E. (2017). Classics in chemical neuroscience: aripiprazole. ACS Chem. Neurosci. 8: 1135-1146.

131. Tuplin, E.W. and Holahan, M.R. (2015). Aripiprazole, a drug that displays partial agonism and functional selectivity. Curr. Neuropharmacol. 15: 1192-1207.

132. Les, A., Badowska-Roslonek, K., Laszcz, M. et al. (2010). Optimization of aripiprazole synthesis. Acta Pol. Pharm. 67: 151-157.

133. Lee, G.J., Lee, S.J., Kim, M.K. et al. (2013). Effect of aripiprazole on cognitive function and hyperprolactinemia in patients with schizophrenia treated with reisperidone. Clin. Psychopharmacol. Neurosci. 11: 60-66.

134. Yeh, C.-B., Huang, Y.-S., Tang, C.-S. et al. (2013). Neurocognitive effects of aripiprazole in adolescents and young adults with schizophrenia. Nordic. J. Psychiatry 68: 219-224.

135. Matsuda, Y., Sato, S., Iwata, K. et al. (2014). Effects of risperidone and aripiprazole on neurocognitive rehabilitation for schizophrenia. Psychiatry Clin. Neurosci. 68: 425-431.

136. Kikuchi, T., Tottori, K., Uwahodo, Y. et al. (1995). 7-{4-[4-(2,3-Dichloro)-1-piperazinyl] butyloxy}-3, 4-dihydro-2 (1H)-quinolinone (OPC-14597), a new putative antipsychotic drug with both presynaptic dopamine autoreceptor agonistic activity and postsynaptic D2 receptor antagonistic activity. J. Pharmacol. Exp. Ther. 274: 329-336.

137. Jones, C.A., Watson, D.J.G., and Fone, K.C.F. (2011). Animal models of schizophrenia. Br. J. Pharmacol. 164: 1162-1194.

138. Nagai, T., Murai, R., Matsui, K. et al. (2009). Aripiprazole ameliorates phencyclidine-induced impairment of recognition memory through dopamine D (1) and serotonin 5-HT (1) receptors. Psychopharmacology (Berl.) 202: 315-328.

139. Tanibuchi, Y., Fujita, Y., Khono, M. et al. (2009). Effects of quetiapine on phencyclidine-induced cognitive deficits in mice: a possible role of alpha1-adrenoceptors. Eur. Neuropsychopharmacol. 19: 861-867.

140. Urban, J.D., Clarke, W.P., von Zastrow, M. et al. (2007). Functional selectivity and classical concepts of quantitative pharmacology. J. Pharmacol. Exp. Ther. 320: 1-13.

141. Brust, T.F., Hayes, M.P., Roman, D.L., and Watts, V.J. (2015). New functional activity of aripiprazole revealed: robust antagonism of D2 dopamine receptor-stimulated Gβγ signaling. Biochem. Pharmacol. 93: 85-91.

142. Pae, C.-U., Serretti, A., Patkar, A.A., and Masand, P.S. (2008). Aripiprazole in the treatment of depressive and anxiety disorders. A review of current evidence. CNS Drugs 22: 367-388.

143. Nelson, J.C., Pikalov, A., and Berman, R.M. (2008). Augmentation treatment in major depressive disorder: focus on aripiprazole. Neuropsych. Dis. Treat. 4: 937-948.

144. Han, C., Wang, S.-M., Lee, S.-J. et al. (2015). Optimizing the use of aripiprazole

augmentation in the treatment of major depressive disorder: from clinical trials to clinical practice. Chonnam. Med. J. 51: 66-80.

145. Aftib, A. and Gao, K. (2017). The preclinical discovery and development of brexipiprazole for the treatment of major depressive disorder. Expert Opin. Drug Discovery 12: 1067-1081.

146. Garnock-Jones, K.P. (2016). Brexpiprazole: a review in schizophrenia. CNS Drugs 30: 335-342.

147. McKeage, K. (2016). Adjunctive brexpiprazole: a review in major depressive disorder. CNS Drugs 30: 91-99.

148. Grieg, S.L. (2015). Brexpiprazole: first global approval. Drugs 75: 1687-1697.

149. Yamashita, H., Ito, N., Miyamura, S., et al. (2011). Piperazine-substituted benzothiophenes for treatment of mental disorders. US Patent 7, 888, 362, issued 15 February 2011.

150. Dosing Information for Rexulti® in Adults with Schizophrenia, Rexulti® dosing. https://www.rexultihcp.com/sz/dosing (accessed 28 July 2018).

151. Oosterhof, C.A., El Mansari, M., and Blier, P. (2014). Acute effects of brexpiprazole on serotonin, dopamine and norepineqhrine systems: an in vivo electrophysiological characterization. J. Phramcol. Exp. Ther. 351: 585-595.

152. Maeda, K., Lerdrup, L., Sugino, H. et al. (2014). Brexpiprazole II: antipsychotic-like and precognitive effects of a novel serotonin-dopamine activity modulator. J. Pharmacol. Exp. Ther. 350: 605-614.

153. Yoshimi, N., Futamura, T., and Hashimoto, K. (2015). Improvement of dizocilpine-induced social recotnition deficits in mice by brexpiprazole, a novel serotonin-dopamine activity modulator. Eur. Neuropsychopharmacol. 25: 356-364.

154. Otsuka Pharmaceutical Co. Ltd. (2015). Prescribing information for Rexulti®(brexpiprazole) tablets. www. accessdata. fda. gov/scripts/cder/daf/index. cfm?event = overview. process&ApplNo = 205422 (accessed 28 July 2018).

155. Enders, J.R., Redday, S.G., Strickland, E.C., and McIntire, G.L. (2017). Identification of metabolites of brexipirazole in human urine for use in monitoring patient compliance. Clin. Mass. Spect. 6: 21-24.

156. Markovic, M., Gallipani, A., Patel, K.H., and Maroney, M. (2017). Brexpiprazole: a new treatment option for schizophrenia and major depressive disorder. Ann. Phramacother. 51: 315-322.

157. Citrome, L. (2015). Brexpiprazole for schizophrenia and as adjunct for major depressive disorder: a systematic review of the efficacy and safety profile for this newly approved antipsychotic-what is the number needed to treat, number needed to harm and likelihood to be helped or harmed? Int. J. Clin. Practice 9: 978-997.

158. Citrome, L., Ota, A., Nagamizu, K. et al. (2016). The effect of brexpiprazole (OPC-34712) and aripiprazole in adult patients with acute schizophrenia: results from a randomized, exploratory study. Int. J. Clin. Psychopharmacol. 31: 192-201.

159. Al Shirawi, M.I., Edgar, N.E., and Kennedy, S.H. (2017). Brexpiprazole in the treatment of major depressive disorder. Clin. Med. Insights Ther. 9: 1-10.

160. Velelinovic, T., Paulzen, M., and Grunder, G. (2013). Cariprazine, a new, orally active dopamine D2/3 receptor partial agonist for the treatment of schizophrenia, bipolar mania and depression. Expert Rev. Neurother. 13: 1141-1159.

161. De Berardis, D., Orsolini, L., Iasevoli, F. et al. (2016). The novel antipsychotic c ariprazine (RGH-188): state-of-the-art in the treatment of psychiatric disorders. Curr. Pharm. Des. 22: 5144-5162.

162. Garnock-Jones, K.P. (2017). Cariprazine: a review in schizophrenia. CNS Drugs 31: 513-525.

163. Wesolowska, A., Partyka, A., Jastrzebska-Wiesek, M., and Kolaczkowski, M. (2018). The preclinical discovery and development of cariprazine for the treatment of schizophrenia. Expert Opin. Drug. Discovery 8: 779-790.

164. Allergan (2018). Prescribing information for Vraylar®. www. allergan. com/ assets/pdf/ vraylar_pi?guid = sem_goo_43700029694089612#what (accessed 28 July 2018).

165. Seneca, N., Finnema, S.J., Laszlovsky, I. et al. (2011). Occupancy of dopamine D2 and D3 receptors and serotonin 5-HT1A receptors by the novel antipsychotic drug candidate, cripzrazine (RGH-188), in monkey brain measured using positron emission tomography. Psychopharmacology 218: 579-587.

166. Girgis, R.R., Slifstein, M., D'Sousa, D. et al. (2016). Perferential binding to dopamine D3 over D2 receptors by cariprazine in patients with schizophrenia using PET with the D3/D2 receptor ligand [11C] - (+) -PHNO.Psychopharmacology (Berl.) 233: 3503-3512.

167. Gyertyan, I., Kiss, B., Saghy, K. et al. (2011). Cariprazine (RGH-188), a potent D3/D2 dopamine receptor partial agonist, binds to dopamine D3 receptors in vivo and shows antipsychotic-like and precognitive effects in rodents. Neurochem. Int. 59: 925-935.

168. Neill, J.C., Brayson, B., Kiss, B. et al. (2016). Effects of cariprazine, a novel antipsychotic, on cognitive deficit and negative symptoms in a rodent model of schizophrenia symptomatology. Eur. Neuropsychopharmacol. 26: 3-14.

169. Nakamura, T., Kubota, T., Klwakaji, A. et al. (2016). Clinical pharmacology study of cariprazine (MP-214) in patients with schizophrenia (12 week treatment). Drug Des. Dev. Ther. 10: 327-338.

170. Waston, D.J.G., King, M.V., Byertyan, I. et al. (2016). The dopamine D3-preferring D2/D3 dopamine receptor partial agonist, cariprazine, reversed behavioural changes in a rat neurodevelopmental model for schizophrenia. Eur. Neuropsychopharmacol. 26: 208-224.

171. Frankel, J.S. and Schwartz, T.L. (2017). Brexpiprazole and cariprazine: distinguishing two new atypical antipsychotics from the original dopamine stabilizer aripiprazole. Ther. Adv. Psychopharmacol. 7: 29-41.

172. Lao, K.S.J., He, Y., Wong, I.C.K. et al. (2016). Tolerability and safety profile of cariprazine in treating psychotic disorders, bipolar disorder and major depressive disorder: a systematic review with meta-analysis of randomized controlled trials. CNS Drugs 30: 1043-1054.

173. Danile, D., Nasrallah, H., Earley, W. et al. (2017). Effects of cariprazine on negative symptoms, cognitive impairment, and prosocial functioning in patients with predominant

negative symptoms: post hoc analysis of a Phase Ⅲ, placebo-, and active-controlled study. Schizophrenia Bull. 43 (suppl. 1): S13.

174. Earley, W., Durgam, S., Lu, K. et al. (2018). Clinically relevant response and remission outcomes in cariprazine-treated patients with bipolar I disorder. J. Affective Disorders 226: 239-244.

175. Durgam, S., Earley, W., Guo, H. et al. (2016). Efficacy and safety of adjunctive cariprazine ijn inadequate responders to antidepressants: a randomized, double-blind, placebo-controlled study in adult patients with major depressive disorder. J. Clin. Psychiatry 77: 371-378.

176. Fava, M., Drugam, S., Earley, W. et al. (2018). Efficacy of adjunctive low-dose cariprazine in major depressive disorder: a randomized, double-blind, placebo-controlled trial. Int. Clin. Psychopharmacol. https: //doi. org/10. 1097/YIC.0000000000000235.

177. Young, S.L., Taylor, M., and Lawrie, S.M. (2015). "First do no harm." A systematic review of the prevalence and management of antipsychotic adverse effects. J. Psychopharm. 29: 353-362.

178. Lieberman, J.A., Stroup, T.S., McEvoy, J.P. et al. (2005). Effectiveness of antipsychotic drugs in patients with chronic schizophrenia. N. Engl. J. Med. 353: 1209-1223.

179. Lieberman, J.W., McEvoy, J.P., Perkins, D.O., et al. (2018). Effectiveness of antipsychotic drugs in patients with chronic schizophrenia: efficacy and safety outcomes of the CATIE trial, Medscape Continuing Education #529174_20. www.medscape.org/viewarticle/529174_20. (accessed 12 october 2018).

180. Moreira, F.A. and Dalley, J.W. (2015). Dopamine receptor partial agonists and addiction. Eur. J. Pharmacol. 752: 112-115.

第7章

CD38 抗体达雷木单抗的研发

7.1 引言

　　CD38 抗体达雷木单抗（daratumumab，Dara）在过度治疗的多发性骨髓瘤（multiple myeloma，MM）患者中的首次临床试验取得了令人鼓舞的结果，该抗体显示出了非常优异的单药活性，这在用于治疗 MM 的单克隆抗体（monoclonal antibody，mAb）中是前所未有的[1]。达雷木单抗是 2015 年在美国批准的首个针对 MM 的 mAb，基于单独给药的 II 期临床试验结果，其被批准用于 MM 的治疗，特别是针对已接受如蛋白酶体抑制剂（proteasome inhibitor，PI）和免疫调节药物（immunomodulatory drug，IMiD）等至少三项既往疗法治疗的患者，或对 PI 和 IMiD 双重耐药的患者（表 7.1）[2, 3]。达雷木单抗获得了突破性疗法认定，并获得 FDA 的优先审查权，随后很快获批上市。此后不久，该药在欧洲和其他多个国家也相继通过审批。最近，III 期联合给药试验的结果引起了研究人员更多的关注，结果显示：对于至少接受过一次上述疗法的 MM 患者，与未使用达雷木单抗的治疗相比，硼替佐米（bortezomib）和地塞米松（dexamethasone），或来那度胺

表 7.1　达雷木单抗对复发性/难治性多发性骨髓瘤的临床研究结果汇总

研究项目	阶段	治疗方案	患者数	先前治疗的中位数（范围）	ORR	PFS	参考文献
NCT00574288（GEN501）	1/2	Dara（16 mg/kg）	42	4（2～12）	36%	5.6 月[a]	[1]
NCT01985126（SIRIUS；MMY2002）	2	Dara（16 mg/kg）	106	5（2～14）	29.2%	3.7 月[a]	[2]
NCT01615029（GEN503）	1/2	Dara（16 mg/kg）＋R＋d	32（第二部分）	2（1～3）	81%	91%[b]	[3]
NCT02076009（POLLUX）	3	R＋d＋dara vs R＋d	569	1（1～11）	92.9% vs 76.4%	83.2% vs 60.1%[b]	[4]
NCT02136134（CASTOR）	3	V＋d＋dara vs V＋d	498	2（1～10）	82.9% vs 63.2%	60.7% vs 26.9%[b]	[5]

　　注：dara，daratumumab，达雷木单抗；R，lenalidomide，来那度胺；V，bortezomib，硼替佐米；d，dexamethasone，地塞米松；ORR，overall response rate，总体缓解率；PFS，progression-free survival，无进展生存期。

　　a）中位无进展生存期。

　　b）患者在第 12 个月的无进展生存率。

（lenalidomide）和地塞米松与达雷木单抗联用，可显著延长患者的无进展生存期（progression-free survival，PFS，表7.1）[4, 5]。达雷木单抗也因此第二次获得了FDA的突破性疗法认定，并于近期被FDA批准与这两种标准疗法联合用药，用于治疗至少接受过其中一种疗法的MM患者。2017年，这些包含达雷木单抗的药物组合已获得EMA和日本药品与医疗器械局（Pharmaceuticals and Medical Devices Agency，PMDA）的批准，用于治疗至少接受过其中一种疗法的MM患者。

本章将重点讨论靶向CD38抗体的达雷木单抗的发现和开发过程，这也是该药目前在临床上获得成功的基础。

7.2 CD38

7.2.1 抗癌药物靶点CD38

细胞表面蛋白（cell surface protein）CD38（先前称为T10）于1980年被首次报道[6]。在早期，该蛋白被鉴定为淋巴细胞分化和激活的标志物，后来CD38也被作为标志物用于对T细胞和B细胞恶性肿瘤进行分类。在一部分血液肿瘤中可检测到CD38的表达，特别是在诸如MM等浆细胞肿瘤中表达量很高，表明CD38可能是癌症治疗的潜在靶点。随后，一系列的人源CD38单抗被陆续开发出来，达雷木单抗正是其中的一员。

7.2.2 CD38的功能

人源CD38是一种46 kDa的Ⅱ型跨膜糖蛋白，其蛋白质结构与从软体动物 *Aplysia californica* 分离的可溶性环化酶的结构非常相似[7, 8]。CD38具有类似于来自 *Aplysia* 同源物的细胞外环化酶活性及水解酶活性。这些酶活性促进了第二信使的产生，如环腺苷二磷酸核糖（cyclic adenosine diphosphate ribose，cADPR）和烟酸腺嘌呤二核苷酸磷酸（nicotinic acid adenine dinucleotide phosphate，NAADP），它们管控着钙离子在细胞质中的调动[9]。CD38还可以激活调控诸如淋巴细胞增殖[10]或胰岛B细胞分泌胰岛素等过程的信号通路[11-13]。

除了其酶促活性外，CD38还充当受体。CD38与其配体CD31的结合（主要由内皮细胞表达）可引起循环淋巴细胞与内皮细胞之间的弱相互作用[14-16]。这些异型黏附过程主要用于调节白细胞透过内皮细胞壁的迁移能力[15]，以及白细胞的活化和增殖[17]，而这些都是B细胞分化步骤所必需的。

7.2.3 CD38在正常组织中的表达

造血细胞可表达CD38，其表达量取决于细胞的分化和激活状态。例如，胸腺细胞和活化的 T 细胞能够表达 CD38，但循环的非活化 T 细胞表达量较低。单核细胞、巨噬细胞和 B 细胞也可表达 CD38，尤其是在浆细胞中表达水平较高。无论激活状态如何，自然杀伤（natural killer，NK）细胞在所有淋巴细胞中的 CD38 表达量最高。造血区其他各种类型的细胞，如树突状细胞、红细胞和血小板中 CD38 的表达量非常低[18-23]。尽管 CD38 在包括造血干细胞的各种类型的造血细胞中均有表达，但研究表明对小鼠相应基因的敲除未引起造血区的变化[24]，这表明正常小鼠的造血功能或淋巴细胞生成并不依赖于 CD38。

除造血细胞外，在其他各种组织的特定细胞中，CD38 的表达水平虽然较低，但也均有报道，如脑部的浦肯野细胞（Purkinje cells）和神经原纤维缠结（neurofibrillary tangles）、前列腺的上皮细胞、胰腺的 B 细胞、骨骼中的破骨细胞、眼部的视网膜细胞和平滑横纹肌的肌纤维膜等[25]。一些研究证明 CD38 具有促进小鼠下丘脑催产素分泌的神经内分泌作用，可能影响小鼠的社会学行为[26-28]。在人体中，CD38 基因的特定单核苷酸多态性与罹患自闭症谱系障碍的风险增加有关[29]。

7.2.4 CD38 在癌症中的表达

CD38 在多种血液系统恶性肿瘤中有表达，包括慢性淋巴细胞白血病（chronic lymphocytic leukemia，CLL）、瓦氏巨球蛋白血症（Waldenström's macroglobulinemia）[30]、原发性系统性淀粉样变性病（primary systemic amyloidosis）[31]、套细胞淋巴瘤（mantle cell lymphoma，MCL）[32]、急性淋巴细胞白血病（acute lymphoblastic leukemia）[33]、急性髓性白血病（acute myeloid leukemia）[33, 34]、NK 细胞白血病（NK cell leukemia）[35]、NK/T 细胞淋巴瘤（NK/T-cell lymphoma，NKTCL）[36] 和浆细胞白血病（plasma cell leukemia）等[37]。更重要的是，CD38 在 MM 中的表达最为显著。与正常浆细胞相似，几乎所有 MM 细胞都在细胞表面高表达 CD38。这使得针对 CD38 的靶向疗法特别适合于诸如 MM 的浆细胞恶性肿瘤。

7.3 达雷木单抗的发现

达雷木单抗（也称为 HuMax-CD38 和 IgG1-005）是从一系列利用 HuMAb 技术产生的人源 CD38 特异性 MAb 中筛选出来的[38]。为了获得 CD38 抗体，可单独使用纯化的重组 CD38 蛋白或与 CD38 转染的 NIH-3T3 细胞，交替免疫人抗体转基因小鼠[39]。通过杂交瘤技术，人工分离鉴定了 42 种特异性结合 CD38 转染的中国仓鼠卵巢（chinese hamster ovary，CHO）细胞的人免疫球蛋白 G1 kappa（IgG1，κ）抗体。达雷木单抗可与 CHO 细胞、肿瘤细胞和新鲜的患者来源的 MM 细胞所表达的 CD38 紧密结合，而且是结合力最强的抗体之一[39]。

经典的补体激活（complement activation）途径被认为是抗体药物抗肿瘤活性

的重要机制。IgG1抗体的补体激活会导致过敏毒素（anaphylatoxins）、化学引诱物（chemoattractants）和调理素（opsonins）的产生，从而吸引并激活效应器细胞，并标记杀灭靶细胞。此外，末端补体途径激活会产生攻膜复合物（membrane attack complexes，MAC），进而在细胞膜上形成孔洞，导致肿瘤细胞的直接裂解（图7.1）[40]。研究人员测试了这些CD38抗体诱导道迪（Daudi）细胞产生补体依赖细胞毒性（complement-dependent cytotoxicity，CDC）的能力，值得注意的是，达雷木单抗是42种人源mAb中唯一能够诱导道迪细胞产生CDC的抗体[39]。进一步的实验表明，即使存在保护性骨髓基质细胞（bone marrow stroma cells，BMSC），达雷木单抗也会杀死新鲜分离的MM细胞[39]。

为了研究达雷木单抗诱导CDC这一独有的功能是否与其结合位点相关，研究人员采用约束肽的方法绘制了抗原决定簇。这种方法将达雷木单抗的抗原决定簇定位在两条包含CD38氨基酸233～246和267～280的β链上[39]。此外，还通过CD38变体鉴定出了CD38蛋白中对于达雷木单抗结合极为重要的特定氨基酸残基，如274位的丝氨酸[39]。研究人员认为达雷木单抗与CD38上这个独特表位的结合及其结合方向为六聚体的形成提供了有利的结构位置，从而允许C1q的有效结合和补体途径的激活[41]。

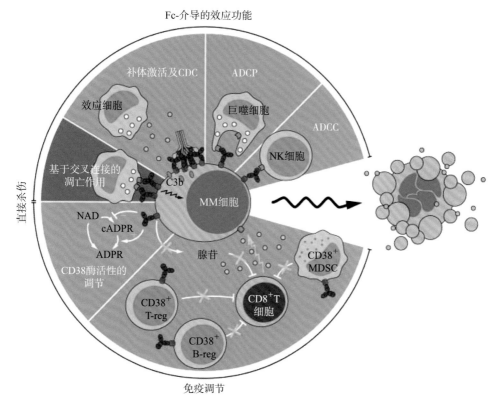

图7.1　达雷木单抗的广谱肿瘤细胞杀伤机制

总之，达雷木单抗是一种人源IgG1，也是一种可特异性结合CD38独特表位的κ mAb。基于其出色的结合特性，以及在CD38过表达细胞系和MM细胞上诱导CDC的独一无二的能力，最终达雷木单抗被选作候选药物。

7.4 达雷木单抗的多种作用机制

达雷木单抗通过多种细胞毒机制，可在体外有效杀灭包括MM细胞在内的表达CD38的肿瘤细胞，而在体内异种移植模型中，CD38特异性抗体能够以非常低的剂量阻断肿瘤的生长[39]。在人-鼠杂交模型中，它还显示出对MM细胞的抗肿瘤活性，该模型通过植入人间充质基质细胞（mesenchymal stromal cell）克隆的双相磷酸钙支架来刺激人骨的形成[42]。而位于人骨髓微环境中的MM细胞保留了其表型，从而与临床环境非常相似[42]。

达雷木单抗与肿瘤细胞表面CD38的结合可能会诱导补体激活、CDC、依赖抗体的细胞毒性（antibody-dependent cellular cytotoxicity，ADCC）、依赖抗体的细胞吞噬作用（antibody-dependent cellular phagocytosis，ADCP）、程序性细胞死亡（programmed cell death，PCD）和CD38酶活性的调节。近期，更多的研究数据显示，在达雷木单抗治疗的骨髓瘤患者中，克隆性T细胞的扩增增强，且CD38阳性免疫抑制细胞耗竭，证实达雷木单抗还具有免疫调节作用，这可能有助于产生更强的临床响应并改善患者的生存期。达雷木单抗的这些广谱、通用的抗肿瘤作用将在后文中详细讨论。

7.4.1 补体依赖性细胞毒性反应

补体途径的激活可诱导调理素、化学引诱物、过敏毒素和MAC的产生，并非常有效地介导对肿瘤细胞的杀伤作用[43-45]。但是，只有一小部分抗体能够诱导有效的补体激活，因为这种活性高度依赖于抗原决定簇[40]。如前所述，达雷木单抗可有效诱导CDC，并进一步通过诱导产生所谓的"流状结构"[46]。流状结构是一种类似于隧道状纳米管的细长结构，在CDC期间从细胞表面迅速延伸，在促进邻近细胞的补体防御中发挥作用[46]。重要的是，达雷木单抗在CDC实验中能够有效杀伤从先前未治疗或难治性MM患者骨髓中新鲜分离的MM细胞，尽管在这些分析中发现了一些异常，但可以通过CD38和补体抑制剂表达水平的异质性来解释[39, 47]。

7.4.2 抗体依赖性细胞介导的细胞毒性

Fc受体依赖性机制实质上可能有利于肿瘤治疗性抗体的细胞毒活性[48, 49]。各种体外研究表明，达雷木单抗能有效触发ADCC（图7.1）[39]。一项基于源自健康志愿者效应细胞的研究发现，达雷木单抗可促进道迪细胞、药物敏感和耐药

MM 细胞系，以及患者 MM 细胞的剂量依赖性 ADCC[39, 47]。自体效应细胞也可诱导原代 MM 细胞的 ADCC，与来那度胺联合使用可增强其药效[39, 50]。重要的是，来那度胺治疗期间或治疗后，MM 患者的外周血单个核细胞（peripheral blood mononuclear cells，PBMC）中达雷木单抗诱导的 ADCC 显著增强[50]，这表明来那度胺对患者效应细胞的刺激可以增强达雷木单抗对 MM 细胞的 ADCC 作用。达雷木单抗还能够诱导 MM 患者骨髓样本中实质性的肿瘤细胞杀伤作用，这些样本中包含同一患者的肿瘤细胞（2%～50%）、肿瘤支撑基质细胞和效应细胞[50, 51]。这种离体测定设置可以更好地模拟 MM 的临床环境，但是它无法精确指出杀伤肿瘤细胞的具体机制，因为除 ADCC 之外，其他机制（如 PCD 的诱导）也可能参与其中。值得注意的是，在该测定中添加补体后可以通过诱导 CDC 进一步增强达雷木单抗介导的骨髓瘤细胞杀伤作用[50]。有趣的是，在未治疗、复发和难治患者的骨髓样品中，达雷木单抗诱导的肿瘤细胞杀伤作用同样有效。然而，对每个肿瘤样本中原代 MM 细胞的最大杀伤作用却有所不同，这可能反映了 CD38 的表达水平，或自体效应细胞功能的异质性[47]。当达雷木单抗与其他抗骨髓瘤药物和药物组合物联用时，尤其是与来那度胺和硼替佐米联合使用时，对骨髓样品中的肿瘤细胞的杀伤作用显著增强[50, 51]。

7.4.3 抗体依赖性细胞吞噬作用

达雷木单抗已显示出诱导 ADCP 的能力，这是另一种 Fc 依赖的效应机制，即通过 IgG Fc 受体（FcγRs），特别是通过低亲和力受体 FcγRⅡa 和 FcγRⅢa 与吞噬细胞（如巨噬细胞）结合而被激活[52]。在 MM 的肿瘤微环境中，巨噬细胞数量很大[53, 54]。达雷木单抗在巨噬细胞与 MM 细胞和淋巴瘤来源的肿瘤细胞的体外共培养体系中，能有效诱导巨噬细胞介导的吞噬作用[43]（图 7.1）。活细胞成像研究也证实了这一点，该研究可将单个巨噬细胞对多个肿瘤细胞的连续吞噬进行成像[55]。在 12 个 CD38 表达水平不同的患者来源的 MM 细胞株中，有 11 个细胞株的体外实验证实了达雷木单抗依赖的吞噬作用[55]。重要的是，在皮下和静脉内白血病异种移植小鼠模型中，与匹配 IgG2 亚型但却无法通过小鼠巨噬细胞诱导吞噬的变体相比，达雷木单抗具有更强的抗肿瘤活性[55]，这表明吞噬作用有助于达雷木单抗的体内抗肿瘤药效。

7.4.4 程序性细胞死亡

在细胞表面发生聚集之后，许多针对肿瘤靶标的 mAb 可以诱导肿瘤细胞的 PCD，如通过与 FcγR 的结合来介导[56-59]。在通过与抗 Fc 结合抗体或表达 FcγRI 的细胞交联后，达雷木单抗可在体外诱导 CD38 阳性 MM 肿瘤细胞株的 PCD（图 7.1）[60]。在仅表达抑制性 FcγR 或惰性信号的共有 γ 链（通过激活 FcγR 的信号传导已被去除）的基因修饰小鼠模型中，达雷木单抗可诱导表达CD38的肿瘤细胞发生PCD，尽管水平相对较低[60]。这表明FcγR介导达雷木单抗的交联有助于诱导体内的PCD。达雷木单抗介导PCD的确切细胞机制及其对体内抗肿瘤活性的贡献尚待阐明。

7.4.5 酶促调节

CD38也显示出酶的活性功能，具有类似于腺苷二磷酸（adenosine diphosphate，ADP）-核糖基环化酶、cADPR水解酶和烟酰胺腺嘌呤二核苷酸（nicotinamide adenine dinucleotide，NAD）糖水解酶的活性。因此CD38不仅催化生成cADPR（可经NAD催化生成），而且还可催化其分解为腺苷二磷酸核糖（adenosine diphosphate ribose，ADPR）。此外，CD38对于NAADP的产生具有重要意义，它与cADPR一样，是重要的Ca^{2+}释放分子。有研究认为CD38的酶活性有助于保护肿瘤的微环境，包括骨髓微环境，从而帮助肿瘤细胞逃避免疫系统[61]。

体外研究表明，达雷木单抗可调节CD38的酶促活性，从而抑制CD38的ADPR环化酶活性并刺激cADPR水解酶功能[62]。因此达雷木单抗治疗的最终结果可能会引起NAD和ADPR水平升高，以及cADPR浓度的降低，从而导致Ca^{2+}调动和信号转导减少。NAD稳态对细胞存活有多种影响，因此，升高的NAD水平可能导致细胞的死亡[63]。此外，NAD还可通过CD38作用的重要途径产生具有免疫抑制活性的腺苷[64]。因此，达雷木单抗对腺苷产生的抑制作用可能有助于其免疫调节作用（图7.1）。

7.4.6 免疫调节

最近，来自临床转化研究的数据揭示了达雷木单抗抗癌活性的另一机制。如前所述，CD38在多种免疫细胞上表达，包括NK细胞、B细胞、T细胞和单核细胞。此外，免疫抑制细胞，如骨髓源抑制细胞（myeloid-derived suppressor cell，MDSC）、调节性T细胞（T_{reg}）和调节性B细胞（B_{reg}），均较正常细胞群表达更高水平的CD38。这些$CD38^{high}$免疫抑制细胞与$CD38^{low}$免疫抑制细胞相比，在体外具有更强的抑制性，同时也易受达雷木单抗介导的细胞毒性的影响[65]。在使用达雷木单抗单药治疗的接受过多种疗法的复发性/难治性（relapsed/refractory，RR）MM患者中，CD38阳性免疫抑制细胞如MDSC、调节性T细胞（T_{reg}s）和调节性B细胞（B_{reg}s）显著减少，且在首次使用达雷木单抗后就迅速减少。与此同时，$CD8^{+}$ T细胞在骨髓和周围均显著增加，表明这些患者的免疫反应得到了改善。这种$CD8^{+}$ T细胞的增加甚至在病情稳定或反应轻微的患者中也被发现，表明这不仅仅是由骨髓瘤疾病负担的减轻造成的。这些扩增的$CD8^{+}$ T细胞本质上是克隆的，表明它们能识别特定的抗原。T细胞克隆性与临床反应之间的相关性支持了这一观点[65]。

值得注意的是，虽然达雷木单抗的缓解时间很短，中位缓解时间为一个月，但最佳缓解时间［完全缓解（complete response，CR）或严格完全缓解（stringent complete response，sCR）］相对较长，CR/sCR的中位时间约为6个月。这进一步表明，达雷木单抗的免疫刺激特性是单独或联合使用达雷木单抗应答显著的重要原因。

7.5 达雷木单抗在多发性骨髓瘤中的抗肿瘤活性

MM是达雷木单抗治疗的主要适应证（表7.2）。与此同时，达雷木单抗在各种肿瘤适应证中的潜力也正在被探索（表7.3）。MM是一种B细胞系肿瘤，其特征是骨髓中恶性浆细胞不受控制地增殖。患者通常表现为贫血，以及破骨细胞引起骨吸收增加所导致的频繁骨折或高钙血症。MM的典型特征还包括产生过量的免疫球蛋白，通常是IgG类（髓系M蛋白）或其片段（无κ或无λ轻链）。对M蛋白（骨髓瘤蛋白）的检测可用于诊断，也是治疗反应的生物标志物。大量产生的游离轻链可能会诱发急性肾衰竭，导致肾小管细胞受损。

表7.2 正在进行的部分达雷木单抗治疗多发性骨髓瘤及相关疾病的临床研究

研究	阶段	疾病	疗法	患者数	状态[a]
NCT02195479（MMY3007）	III	ND，不适合移植	Dara + V + M + P vs V + M + P	700	进行中，不招募
NCT02252172	III	ND，不适合移植	Dara + R + D vs R + D	730	进行中，不招募
NCT02541383（MMY3006；CASSIOPEIA）	III	ND，可移植	Dara + V + T + D vs V + T + D	1080	招募中
NCT03158688（CANDOR）	III	RR	Dara + K + D	450	招募中
NCT02477891	III	RR	Dara EAP	400	进行中
NCT03301220	III	高风险阴燃多发性骨髓瘤	Dara	360	招募中
NCT03201965	III	AL淀粉样变性，ND	Dara + Cy + V + D	370	招募中
NCT02626481	II	RR	Dara + D	64	招募中
NCT02316106（CENTAURUS）	II	高风险阴燃多发性骨髓瘤	Dara	126	进行中，不招募
NCT02874742（MMY2004）	II	ND	Dara + V + R + D vs V + R + D	216	招募中
NCT02951819	II	RR或ND	Dara + Cy + V + D	100	招募中

研究	阶段	疾病	疗法	患者数	状态[a]
NCT01946477 （H-35360）	II	RR	Dara ＋ Pom ＋ D	156	招募中
NCT02807454 （FUSION MM003）	II	RR	Dara ＋ 度伐单抗 Dara ＋ 度伐单抗 ＋ Pom	37	进行中， 不招募
NCT03184194	II	RR	Dara ＋ 纳武单抗 Dara ＋ 纳武单抗 ＋ R ＋ D	60	尚未招募
NCT02751255	II	RR	Dara ＋ ATRA	58	招募中
NCT02816476 （AMYDARA）	II	AL 淀粉样变性，RR （不在 VGPR）	Dara	40	招募中
NCT02841033	II	AL 淀粉样变性，RR	Dara	25	招募中
NCT03012880	II	ND	D IxaRD	40	招募中
NCT02977494	II	RR	Dara ＋ V ＋ D 具有肾损 伤的患者	36	招募中
NCT03004287	II	ND	Dara 与多种疗法合并作为 总治疗方案的一部分	50	招募中
NCT02955810	I	ND	Dara ＋ Cy ＋ V ＋ D	18	招募中
NCT02431208 （GO29695）	I	RR	奥滨尤妥珠单抗 奥滨尤妥珠单抗 ＋ R Dara ＋ 奥滨尤妥珠单抗 Dara ＋ 奥滨尤妥珠单抗 ＋ R Dara ＋ 奥滨尤妥珠单抗 ＋ Pom	288	招募中
NCT01592370 （CA209-039）	I	RR	纳武单抗 纳武单抗 ＋ 伊匹单抗/ lirilumab Dara ＋ 纳武单抗 Dara ＋ 纳武单抗 ＋ Pom ＋ D	375	进行中， 不招募
NCT01998971（MMY101； EQUULEUS）	I b	RR 或 ND	Dara ＋ V ＋ D（ND） Dara ＋ V ＋ M ＋ P（ND） Dara ＋ V ＋ T ＋ D（ND） Dara ＋ Pom ＋ D（RR） Dara ＋ K ＋ D（RR） Dara ＋ K ＋ R ＋ D（ND）	240	进行中， 不招募

续表

研究	阶段	疾病	疗法	患者数	状态[a]
NCT02519452（MMY1004；PAVO）	I	RR	Dara与rHuPH20合并皮下用药	78	进行中，不招募
NCT03277105	III	RR	Dara（IV）vs Dara（SC）	480	招募中

注：ND，newly diagnosed，新诊断；RR，relapsed/refractory，复发性/难治性；MM，multiple myeloma，多发性骨髓瘤；dara，daratumumab，达雷木单抗；V，bortezomib，硼替佐米；M，melphalan，美法仑；P，prednisone，泼尼松；R，lenalidomide，来那度胺；D，dexamethasone，地塞米松；T，thalidomide，沙利度胺；K，carfilzomib，卡非佐米；Cy，cyclophosphamide，环磷酰胺；Pom，pomalidomide，泊马度胺；Ixa，ixazomib，伊沙佐米。

a）截至2018年2月14日。

表7.3　达雷木单抗在多发性骨髓瘤以外的适应证中的临床研究

研究	阶段	疾病	背景	疗法	患者数	状态[a]
NCT02927925（NKT2001）	II	NKTCL（鼻型）	RR	Dara	32	招募中
NCT03011034	II	低/中等风险1型骨髓增生异常综合征	RR	Dara	34	进行中，未招募
NCT03023423	I	非小细胞肺癌	RR	Dara＋奥滨尤妥珠单抗	96	招募中
NCT03098550	I	多发性实体瘤	RR	Dara＋纳武单抗	120	招募中
NCT03067571	II	AML，MDS	RR	Dara	36	招募中
NCT03187262	II	瓦氏巨球蛋白血症	RR	Dara	30	招募中
NCT03207542	II	ALL	RR	Dara	72	尚未招募

注：ALL，acute lymphoblastic leukemia，急性淋巴细胞白血病；AML，acute myelocytic leukemia，急性髓细胞性白血病；dara，daratumumab，达雷木单抗；MDS，myelodysplastic syndrome，骨髓增生异常综合征；NKTCL，natural killer/T-cell lymphoma，自然杀伤/T细胞淋巴瘤；RR，relapsed/refractory，复发性/难治性。

a）截至2018年2月14日。

MM是一种严重且通常无法治愈的疾病。在过去的十年中，引入了多种新疗法，将MM患者的平均生存期提高了至少7年以上，这些疗法包括自体干细胞移植、来那度胺和泊马度胺（pomalidomide）等IMiD，以及硼替佐米和卡非佐米（carfilzomib）等。但是，即使强化治疗与IMiD和PI结合使用，大多数患者仍会复发[66]。通过细胞遗传学分析、基因表达谱分析或临床特征确定的高危疾病患者从这些新型治疗中获益较少[67]。最近，治疗性抗体达雷木单抗和艾洛珠单抗（elotuzumab）（后者靶向细胞表面蛋白SLAM7）已显示出临床益处，并已被添加到MM患者的治疗选择中。艾洛珠单抗仅与来那度胺或硼替佐米联合使用时才会显示出临床获益[68]，而达雷木单抗在首次人体临床试验中就显示出了实质性的单药活性。

7.5.1 达雷木单抗单药治疗研究

基于临床前研究中观察到的较强的抗骨髓瘤活性，对达雷木单抗（GEN501）在MM患者中开展了首次人体临床试验。这项 I / II 期临床研究评估了达雷木单抗在复发性/难治性MM中的安全性和药效[1]。在该研究的第一个剂量爬坡研究中，最大剂量增加至24 mg/kg时未达到最大耐受剂量。在该研究的第2阶段，主要是针对接受过多种其他疗法的患者（平均接受过4种疗法），他们大多数为来那度胺和硼替佐米的难治患者，试验中达雷木单抗的剂量为8 mg/kg或16 mg/kg。在16 mg/kg治疗组中，总缓解率（overall response rate，ORR）[至少得到部分缓解（partial response，PR）]为36%，而在8 mg/kg治疗组中为10%。值得注意的是，在接受16 mg/kg达雷木单抗治疗的42例患者中，有2例达到了完全的肿瘤缓解。8 mg/kg和16 mg/kg两个剂量组的中位PFS分别为2.4个月和5.6个月，而第12个月的总生存（overall survival，OS）率为77%。输液相关的反应是最常见的不良事件，发生在71%的患者中。但这些不良反应大多数都是可控的（1级和2级），包括鼻炎、咳嗽、头痛、发热和呼吸困难。大多数与输液相关的不良反应仅在第一次输液期间发生，很少一部分患者（＜10%）会在随后的输液中发生，且没有患者因输液反应而中断治疗。

基于以上第一批临床数据，进行了更大规模的 II 期临床研究：SIRIUS（MMY2002）研究。最初，这项研究采用了西蒙（Simon）两阶段设计，其中第1部分评估了2种不同的剂量，分别为8 mg/kg和16 mg/kg，以及不同的给药方案，以选择第2部分中用于扩展研究的剂量。显然，就功效而言，16 mg/kg的给药方案更为优越，因此该剂量被用于更大规模的治疗。在这项研究中，共有平均接受了5种既往疗法（95%的患者对来那度胺和硼替佐米治疗无效）的106名MM患者接受了达雷木单抗的单药治疗，剂量为16 mg/kg。与GEN501研究相似，试验中明显观察到了达雷木单抗的单药药效，且表现出了良好的安全性[2]。SIRIUS研究中的ORR为29%，在3%的患者中观察到sCR。中位应答持续时间为7.4个月，中位PFS为3.7个月，一年OS为65%。在43%的患者中观察到与输液有关的不良反应（大多数为1级和2级），可通过暂时中断输液或给予额外的皮质类固醇和抗组胺药来控制。

基于对148例接受16 mg/kg达雷木单抗治疗患者的GEN501和SIRIUS研究数据的汇总分析，未发现新的安全性问题，ORR为31%[69]。达雷木单抗治疗可产生快速、显著且持久的应答，中位OS为20.1个月。对于应答者而言，临床获益最为显著，但疾病稳定的患者和响应较轻的患者在PFS和OS方面也具有显著的临床获益[69]。

7.5.2 影响达雷木单抗应答的因素预测

在临床前研究中，CD38表达水平与达雷木单抗诱导ADCC和CDC的功效有关，并与GEN501和SIRIUS研究中对达雷木单抗单药治疗的响应相关[70, 71]。然而，某些患者在达雷木单抗治疗期间，发现在骨髓及循环MM细胞中补体抑制蛋白CD59和CD55的表达增加[70]。有趣的是，尽管在治疗开始时应答者和非应答者之间CD55和CD59的表达没有区别，但在两项单一疗法研究中，疾病进展与这些补体调节蛋白的上调相关[70, 71]，表明CDC是临床相关的作用机制。即使这些患者治疗后CD38水平都较低，但在达雷木单抗治疗后持续获益及发生疾病进展的患者中观察到了这一机制[71]。因此，CD38表达的减少与达雷木单抗耐药无关。CD38表达水平降低可能是由于达雷木单抗优先清除了具有高CD38水平的肿瘤细胞。此外，CD38可能被主动下调，以逃避达雷木单抗介导的肿瘤杀伤作用。再者，已经有研究人员提出，达雷木单抗与CD38的结合可能引起CD38分子的重新分布，形成明显的极性聚集体，随后释放出含CD38的肿瘤微泡[72]。最后，胞啃作用（trogocytosis，一种表达FcγR的受体细胞与经IgG抗体调节的靶细胞结合，并从细胞表面提取抗体和靶分子的过程）也可能会发生于MM中，并可能导致CD38的水平降低[73]。

7.5.3 达雷木单抗在其他失调浆细胞中的作用

目前，研究人员正在评估达雷木单抗对阴燃性多发性骨髓瘤（smoldering multiple myeloma，SMM）的疗效，这是一种无症状的克隆性浆细胞混乱疾病，可发展为MM及与骨髓瘤相关的浆细胞疾病——淀粉样轻链（amyloid light-chain，AL）淀粉样变性病（表7.2）。SMM是一种异质性临床实体疾病，对于SMM患者，在确诊后的最初5年内，每年发展为恶性肿瘤的风险一般约为10%，而一部分患者在确诊后5年内具有较高的疾病进展风险（70%）[74]。一般而言，SMM患者直到有症状出现时才会去接受治疗，但疾病早期才是治疗最佳阶段[75-77]。在中危和高危SMM患者中，达雷木单抗被作为三种不同给药方案中的单一治疗药物（CENTAURUS研究）进行研究。这项Ⅱ期临床试验最近完成了招募，并将在未来发布试验结果。

AL淀粉样变性是一种威胁生命的疾病，晚期心脏受累患者的预后尤其差。在复发性/难治性患者中，针对产生淀粉样游离轻链的潜在浆细胞克隆疗法难以对轻链发挥抑制作用。早期结果表明，以达雷木单抗治疗已接受过多种疗法的

AL淀粉样变性患者，可引起快速且显著的血液学反应[78, 79]。值得注意的是，达雷木单抗中位治疗持续时间仅4个月时，就观察到了心脏的改善[79]。进一步评估达雷木单抗对AL淀粉样变性病治疗效果的更大规模的临床试验正在进行之中（表7.2）。

7.5.4 达雷木单抗的皮下给药

为了提高给药的方便性并减少潜在的副作用，达雷木单抗与重组人透明质酸酶（recombinant human hyaluronidase，rHuPH20）联合皮下给药的方案目前正处于Ⅰ期临床试验阶段。rHuPH20的使用改善了达雷木单抗的皮下摄取，并促进了临床有效剂量抗体的皮下递送。两种治疗性抗体［曲妥珠单抗（trastuzumab）和利妥昔单抗（rituximab）］与rHuPH20共同配制的皮下注射最近在欧洲获得批准。初步研究结果表明达雷木单抗可以与rHuPH20安全结合[80]。根据MMY1004研究的初步结果，达雷木单抗在30 min内与rHuPH20一起皮下给药1800 mg后，其药代动力学曲线与批准的静脉给药方案（16 mg/kg）基本一致，但其血浆浓度的波峰和波谷波动降低，最大波谷浓度（第3周期第1天之前的最初剂量水平）与静脉给药相当或更高[80]。重要的是，在相似的患者群体中，其疗效与静脉注射达雷木单抗相当，ORR为38%，包括深度响应[80]。这表明达雷木单抗与rHuPH20联合皮下给药是很有前景的，这种方法将在临床上得到进一步发展。

7.5.5 达雷木单抗在临床实验室测定中的干扰

作为一种单克隆免疫球蛋白，达雷木单抗可以通过检测克隆M蛋白的方法进行检测，特别是血清蛋白电泳（serum protein electrophoresis，SPEP）和免疫固定（immunofixation，IFE）凝胶等方法。达雷木单抗在这些检测中可能与M蛋白共迁移，这干扰了国际骨髓瘤工作组（International Myeloma Working Group，IMWG）响应标准中CR的测定，该标准要求SPEP/IFE结果为阴性。为了解决这一问题，研究人员开发了达雷木单抗IFE反射实验（daratumumab IFE reflex assay，DIRA），使用小鼠抗达雷木单抗抗体使达雷木单抗的IFE迁移远离内源性M蛋白的范围，从而能够区分达雷木单抗和M蛋白[81]。该方法在达雷木单抗治疗患者的样本中进行了临床验证[81]，并已在临床试验中用于证实达雷木单抗治疗的CR[1]。该测定方法已在欧洲获得批准，可通过Sebia公司（利塞，法国；Hydrashift 2/4 daratumumab试剂盒）购得相关检测试剂。

此外，还观察到达雷木单抗可通过间接抗球蛋白试验（indirect antiglobulin test，IAT）干扰血型血清学检测，而IAT通常用于检测需要输血患者的不规则血型抗体。达雷木单抗与一小部分表达低水平 CD38 的红细胞结合,使得所有接受达雷木单抗治疗的患者均显示 IAT 阳性。以还原剂二硫苏糖醇(dithiothreitol,DTT)处理红细胞,通过使细胞表面 CD38 蛋白变性,可干扰达雷木单抗的结合,从而消除达雷木单抗的干扰[82, 83]。该方法已在多中心国际验证研究中得到验证[84]。DTT也使包括 Kell 抗原在内的其他有限数量的血型抗原变性,因此建议为这些患者提供 K- 阴性单位[82]。另外,为了减轻达雷木单抗对 IAT 测定的干扰,在 IAT 血浆样品中添加达雷木单抗特异性抗体或可溶性 CD38 抗原可以中和达雷木单抗的干扰[77, 78]。DTT 方法是缓解达雷木单抗干扰 IAT 检测的首选方法,因为其稳定且可重复,并且可被全世界的输血服务机构采用。但是,应牢记 DTT 具有破坏某些不规则血型抗原(如 Kell)的潜力。因此,建议在首次服用达雷木单抗之前确定患者的血液相容性。最后,由于这种潜在风险,所有接受达雷木单抗治疗的患者都需要携带鉴定证明,以表明他们正在接受达雷木单抗治疗,并且如果给予输血,可能会对 IAT 产生干扰。

7.6　达雷木单抗联合治疗多发性骨髓瘤

肿瘤在经单一药物治疗干预时,常会表现出内在或获得性的逃逸或抵抗机制。组合疗法同时针对疾病的多个因素,与单一疗法相比,通常可产生更强的应答和更长的生存期。治疗性抗体与化学疗法或新型药物的结合已成功纳入了血液系统恶性肿瘤的治疗标准中,如在非霍奇金淋巴瘤(non-Hodgkin lymphoma,NHL)、CLL,以及包括乳腺癌和结肠癌在内的实体瘤[85]。最近,FDA 已批准将达雷木单抗与来那度胺和地塞米松,或者与硼替佐米和地塞米松联合用于治疗前期至少接受过一种疗法的 MM 患者,同时在各种临床试验中探索达雷木单抗与其他药物联用的疗效(表7.2)。本章将重点介绍基于达雷木单抗治疗 MM 的联合疗法的进展。

7.6.1　临床前药物联用研究

如前所述,达雷木单抗具有多种抗肿瘤作用机制。重要的是,CD38 抗体的抗骨髓瘤机制不同于其他现有或新兴的 MM 治疗机制。因此,将达雷木单抗与 MM 的其他疗法联合使用可能会激活互补的肿瘤细胞杀伤机制,从而增强抗肿瘤疗效。基于达雷木单抗的药物组合已在临床前模型中得到了广泛的研究,包括达雷木单抗与来那度胺的联用。

来那度胺具有有效的免疫调节作用和抗血管生成活性,可直接诱导抗增殖和细胞毒作用,近年来显著提高了骨髓瘤患者的生存期[86, 87]。特别地,由于来那度胺具有强免疫刺激作用,包括激活 NK 细胞(一种重要的 ADCC 诱导效应器）和通过产生IL-2激活T细胞。因此，可将来那度胺与达雷木单抗进行联合用药。的确，研究人员发现来那度胺通过激活效应细胞来诱导ADCC，在体外显著增强了达雷木单抗对MM细胞系和原代MM细胞的杀伤作用[50]。在测定中使用来那度胺预处理的效应细胞或当来那度胺治疗的患者使用PBMC时，也观察到了达雷木单抗诱导的ADCC作用的增强[50]。与之相反，来那度胺对达雷木单抗诱导的CDC没有影响[50]。达雷木单抗和来那度胺的组合还显著提高了对来那度胺难治性患者MM细胞的体外、体内抗肿瘤活性[88]。这表明尽管肿瘤细胞对来那度胺的直接作用没有反应，但来那度胺仍然可以激活患者的免疫系统。

通过与IPH2102抗体联用，可以适度增强达雷木单抗或达雷木单抗与来那度胺联用时对原代MM细胞的活性，该作用的目标是通过阻断人杀伤性免疫球蛋白样受体（killer immunoglobulin-like receptor，KIR2DL-1，KIR2DL-2，KIR2DL-3）与其配体——人白细胞抗原C（human leukocyte antigen-C，HLA-C）——的结合来增强NK细胞的功能[89]。该结果提示将达雷木单抗与IPH2102联合治疗是可行的。然而，需要警醒的是，在SMM中使用IPH2101（IPH2102的母体抗体）进行的Ⅰ期单一疗法研究因缺乏药效而被提前终止[90]。卡尔斯滕（Carlsten）等将其归因于KIR2D的胞啃作用和NK低反应性的诱导作用[91]。IPH2102与其野生型IgG4母体IPH2101有所不同，通过在其铰链区引入突变而阻止了Fab臂交换，从而增加了其体内稳定性[92]。

在利用MM患者骨髓样本建立的离体测试中，将达雷木单抗与硼替佐米联合使用可增强其对肿瘤细胞的杀伤力[88]。与来那度胺相反，硼替佐米直接靶向肿瘤细胞且没有免疫调节作用。硼替佐米在新诊断和复发性/难治性骨髓瘤中能引起显著的临床应答[93, 94]，同时引入来那度胺则可显著提高复发性/难治性骨髓瘤患者的生存率[86]。

MM细胞表面CD38的表达水平与ADCC和CDC的程度呈正相关[47]，所以诱导CD38的表达可能是改善达雷木单抗肿瘤细胞杀伤能力的有效途径。全反式维A酸（all-trans retinoic acid，ATRA）与维A酸受体的相互作用会引起CD38表达的增强[47, 95, 96]，因此，达雷木单抗与ATRA联合治疗可显著提高对MM细胞的ADCC和CDC作用[47]。同时，ATRA还能提高人源化小鼠体内达雷木单抗的抗MM效力[47]。

在其他临床前研究中，达雷木单抗与广泛用于治疗MM的三药疗法：MPV［美法仑（melphalan)-泼尼松（prednisone)-硼替佐米］[97]或RVD（来那度胺-硼替佐米-地塞米松）[98]联合用药，结果显示达雷木单抗显著提高了MM患者骨髓样本中RVD和MPV的抗肿瘤作用[51]。

MM模型中的临床前组合研究结果表明，在多种类型的治疗方案中加入达雷木单抗可显著改善MM患者的临床疗效。同时，达雷木单抗的毒性较低，可以与现有或新兴的疗法进行有利的联合治疗，这都为在MM患者中开展基于达雷木单抗的联合研究提供了重要依据。

7.6.2　临床组合研究

来那度胺与达雷木单抗联合用药增强了抗MM活性，这促进了一项Ⅰ/Ⅱ期临床研究的开展，用以评估达雷木单抗、来那度胺及地塞米松（GEN503）组合疗法在复发性/难治性骨髓瘤中的安全性和有效性。研究结果显示该疗法没有安全性问题：联合治疗耐受性良好，安全性与来那度胺和小剂量地塞米松或达雷木单抗单药疗法一致[3]。在这项研究的第2部分中，使用剂量为16 mg/kg的达雷木单抗联合治疗可产生快速、强效和持久的反应，ORR高达81%，包括8例严格完全缓解（25% sCR）、3例完全缓解（9% CR）及9例有效的部分缓解（28% VGPR）。18个月的PFS和OS分别为72%（95% CI，51.7～85.0）和90%（95% CI，73.1～96.8）[3]。随后开展了一项Ⅲ期临床随机研究（POLLUX研究），该研究在接受过一种或多种先前疗法的MM患者中比较了来那度胺和低剂量地塞米松联合或不联合达雷木单抗的药效。试验结果表明，与来那度胺和地塞米松单独治疗相比，引入达雷木单抗的治疗显著延长了PFS，同时疾病进展或死亡风险降低了63%[4]。基于这一令人振奋的结果，达雷木单抗、来那度胺和地塞米松的组合疗法获得了FDA突破性疗法的认定，并经FDA优先审查后迅速在美国获批，用于已接受至少一种先前治疗的MM患者。最近，这种基于达雷木单抗的药物组合在欧洲和日本也被批准用于该适应证。

一项随机化的Ⅲ期CASTOR试验在复发性/难治性患者中评估了达雷木单抗与硼替佐米的药物联用，该研究比较了至少接受过一种疗法的MM患者中硼替佐米-地塞米松联合或不联合达雷木单抗的疗效。与对照组相比，达雷木单抗组的PFS显著延长，并且疾病进展或死亡的风险降低了61%[5]。FDA突破性疗法方案是指将达雷木单抗加硼替佐米-地塞米松或达雷木单抗与来那度胺-地塞米松同时使用。同样地，该药物组合在美国、欧洲和日本也被批准用于MM的二线治疗。在一项针对复发性/难治性骨髓瘤患者的大型随机试验中，达雷木单抗还将与新一代PI卡非佐米和地塞米松联合用药。

美国血液学会（American Society of Hematology，ASH）的2016年年会对CASTOR和POLLUX研究进行了更新且更详细的分析[99-102]。在这两项研究中，随着时间的推移，达雷木单抗组的应答持续加深，同时在具有高细胞遗传风险的患者中也观察到了临床获益。此外，这些研究使用随机、可控和预测分析，首次在复发性/难治性MM患者中评估了微小残留病变（minimal residual disease，MRD）水平。采用了高通量测序技术（next-generation sequencing，NGS）或"新一代"流式细胞术，其与传统的临床响应定义相比是一种更灵敏的疾病负担测试。在新诊断的MM患者中，MRD阴性状态与PFS和OS延长有关[103, 104]。根据IMWG的建议[105]，使用基于NGS的测定方法并将MRD敏感度阈值设定为10^{-5}，引入达雷木单抗可前所未有地改善MRD，也显著延长了PFS和OS[106]。

作为来那度胺的替代品，达雷木单抗已与第二代免疫调节剂泊马度胺联合应用于复发性/难治性患者的治疗。泊马度胺与来那度胺相比具有高效的直接抗骨髓瘤活性，可抑制基质细胞支撑，可能还具有更强的免疫调节作用[107, 108]。而且，泊马度胺在接受了多种疗法的复发性/难治性骨髓瘤（包括来那度胺难治性疾病）患者中依然有效[109-111]。达雷木单抗与泊马度胺联用的初步结果显示出令人鼓舞的疗效（ORR：59%），同时毒性与泊马度胺、地塞米松和达雷木单抗单一疗法相当[112]。近期，在对达雷木单抗和泊马度胺敏感或难治性骨髓瘤患者中开展的一项非随机研究评估了达雷木单抗和泊马度胺联用的药效。在敏感患者中，ORR接近90%，而对于达雷木单抗、泊马度胺或两者均不敏感的患者，ORR接近35%[113]。达雷木单抗、泊马度胺和地塞米松的联合治疗也因此在2017年获得FDA批准，用于MM患者的治疗。

三个大型的Ⅲ期随机临床试验正在评估含达雷木单抗的药物组合对新诊断的MM患者的疗效（表7.2）。除了对复发性/难治性MM患者已证实的益处之外，MAIA研究还将评估达雷木单抗-来那度胺-低剂量地塞米松联合治疗对不适合移植的新诊断骨髓瘤患者是否同样适用。ALCYONE研究还将硼替佐米-美法仑-泼尼松（bortezomib-melphalan-prednisone，VMP）及VMP加达雷木单抗用于先前未接受过自体干细胞移植治疗的MM患者[114]。此外，HOVON和IFM研究组正在CASSIOPEIA试验中招募更年轻（≤65岁）且新诊断为MM的患者。这些患者首先由硼替佐米-沙利度胺-地塞米松（bortezomib-thalidomide-dexamethasone，VTD）联合或不联合达雷木单抗作为诱导疗法，然后给予大剂量美法仑和自体干细胞救治，随后进行两个周期的VTD联合或不联合达雷木单抗的治疗。第二项随机化试验将评估在维持治疗（2年）中达雷木单抗的价值。在一项类似的招募了216名患者的小规模Ⅱ期临床研究（MMY2004）中，达雷木单抗将与来那度胺、硼替佐米和地塞米松联合使用。

包含达雷木单抗的其他组合也将在一线用药或复发性/难治性患者等其他更小的研究中进行评估。例如，一项针对新诊断和难治性/复发性患者的Ⅱ期临床试验已经开展，以评估达雷木单抗与环磷酰胺（cyclophosphamide，Cy）、硼替佐米和地塞米松联合用药的疗效。此外，一项具有六个治疗组的Ⅰb期EQUULEUS试验将在复发性/难治性或新诊断的骨髓瘤患者中评估基于达雷木单抗的药物组合，其中达雷木单抗分别与硼替佐米-地塞米松（bortezomib-dexamethasone，VD）、VMP、VTD或卡非佐米-来那度胺-地塞米松（carfilzomib-lenalidomidedexamethasone，KRD）联合用于治疗新诊断的MM；以及将达雷木单抗与泊马度胺-地塞米松（pomalidomide-dexamethasone，PomD）[112] 或卡非佐米-地塞米松（carfilzomib-dexamethasone，KD）用于治疗复发性/难治性MM。其他研究计划还将评估达雷木单抗与伊沙佐米（ixazomib，Ixa）、来那度胺和地塞米松（IxaRD）的药物组合的疗效，并与VD联合用于复发或难治且患有严重肾功能不全的MM患者。

值得关注的研究还包括评估达雷木单抗与新兴的骨髓瘤治疗药物联合治疗的研究。正在进行中的各项研究测试了达雷木单抗与其他免疫调节剂的联合疗法，包括靶向程序性死亡配体1（programmed death-ligand 1，PD-L1）的奥滨尤妥珠单抗（atezolizumab）、杜鲁伐单抗（durvalumab）及靶向程序性细胞死亡蛋白1（programmed cell death protein 1，PD-1）的纳武单抗（nivolumab）。在这些组合疗法中，达雷木单抗可能诱导T细胞扩增。同时，免疫检查点抑制剂可改善T细胞应答，从而提高针对肿瘤细胞的免疫应答。

7.7　达雷木单抗在多发性骨髓瘤以外的治疗潜力

除了公认的治疗多发性骨髓瘤的能力，达雷木单抗可能还具有治疗其他恶性肿瘤的潜力，包括其他CD38阳性的血液系统恶性肿瘤和实体瘤，以及自身免疫性疾病。

7.7.1　其他血液系统恶性肿瘤

除多发性骨髓瘤外，CD38还表达于多种其他血液系统恶性肿瘤中，包括NHL[115]、急性髓细胞性白血病[33]、急性淋巴细胞白血病[33]、结外NKTCL[36] 和CLL[116]。尽管与MM相比，这些恶性肿瘤的发生率及CD38的表达水平要低得多，但临床前研究表明达雷木单抗对这些CD38阳性的恶性肿瘤也具有疗效：主要通过ADCC和ADCP杀死表达CD38的淋巴瘤细胞[39, 117-120]。由于与MM细胞相比，补体抑制物质的表达水平较高，且CD38表达水平较低，达雷木单抗未能在大多数NHL和CLL细胞中诱导CDC[118, 120]。尽管如此，达雷木单抗在小鼠NHL异种移植模型中仍具有可观的体内抗肿瘤活性[39, 120]。基于这些结果，一项Ⅱ期临床试验正在CD38阳性的MCL、弥漫性大B细胞淋巴瘤（diffuse large B-cell lymphoma，DLBCL）及滤泡性淋巴瘤（follicular lymphoma，FL）患者中评估达雷木单抗的药效（表7.3）。达雷木单抗的活性取决于肿瘤细胞上CD38的表达水平，并且只有小部分NHL患者显著表达CD38，因此在此项研究中的患者是依据CD38的表达来选择的。

最近的一项研究发现，NKTCL中CD38的表达也较为显著[36]。NKTCL是一种与EB病毒（Epstein-Barr virus）相关的NHL，相比于西方国家，其在东亚地区更为常见。多数NKTCL病例呈CD38阳性，其中一半具有强CD38表达且与不良预后显著相关，表明CD38可作为该病的治疗靶点[36]。NKTCL目前可选择的治疗方案包括放射疗法和化学疗法，但主要用于疾病的早期治疗，对于晚期患者的预后较差[121]。一项案例研究表明，使用达雷木单抗对复发性/难治性鼻型淋巴结外NKTCL患者的治疗可产生持续应答[122]，达雷木单抗在这种高度侵袭性癌症中的应用研究也将进行Ⅱ期临床试验（表7.3）。

7.7.2　实体瘤

只有少数非造血组织表达CD38，包括胰腺、前列腺和大脑[123]，没有证据表明实体瘤细胞也表达CD38。但是免疫抑制细胞群（如调节性T细胞和MDSC）也会表达CD38[65]，并且在食管癌的体内模型中，通过CD38抗体根除MDSC可抑制肿瘤的生长[124]。患有晚期头颈癌和非小细胞肺癌患者体内的CD38阳性MDSC数量增加[124]，表明这些疾病类型中存在CD38阳性细胞群且可能被达雷木单抗靶向。这些研究表明达雷木单抗可能在实体瘤中得以应用。多项PD-L1靶向抗体奥滨尤妥珠单抗和PD-1靶向抗体纳武单抗的Ⅰ期临床研究正在评估联用达雷木单抗在实体瘤中的治疗潜力（表7.3）。

7.7.3　自身免疫性疾病

自身抗体分泌异常会导致自身免疫性疾病，如系统性红斑狼疮（systemic lupus erythematosus）、血管炎（vasculitis）、自身免疫性血细胞减少症（autoimmune cytopenias）和类风湿关节炎（rheumatoid arthritis，RA）等。抗CD20或抗CD22 mAb会耗尽人体内产生抗体的B细胞，经常被用于治疗自身免疫性疾病[125-127]。然而，自身反应性浆细胞在很大程度上能抵抗以B细胞为靶标的治疗，并且这些持久性浆细胞会持续产生自身抗体[127, 128]。此外，会产生自身抗体的CD19阴性骨髓浆细胞会在慢性炎症组织中富集并表达CD38[129]。靶向CD38的抗体可能会消除自身免疫性疾病中自身抗体的产生，并降低自身抗体的依赖效应。研究人员已观察到达雷木单抗在RA异种移植模型中的抗炎作用，该模型是将从RA患者的感染滑膜组织植入裸鼠皮下[130]。移植物被鼠血管进行血管化，从而包含各种人体免疫细胞，如T细胞、B细胞、浆细胞、巨噬细胞和树突状细胞，这些细胞在移植物中会持续存在很长时间。达雷木单抗会耗尽滑膜移植物中的浆细胞并降低血清中人IgG的水平[130]。因此，达雷木单抗清除CD38阳性浆细胞可能成为治疗自身免疫性疾病的一种新方法。尽管目前还缺乏针对CD38靶向抗体的浆细胞定向疗法对自身免疫性影响的临床数据，但在达雷木单抗治疗的MM患者中，有关其对正常浆细胞耗竭的影响正在研究中。

同样，分泌浆细胞诱导炎症反应的过敏原特异性 IgG、IgA 或 IgE 也会表达 CD38，它们可能也会被 CD38 抗体消耗，这对患有严重过敏性疾病的患者可能是有益的。此外，在移植医学中，CD38 抗体疗法可以在急性排斥反应中降低同种抗体的水平，从而可以防止移植物消失[128]。

7.8　总结和展望

基于细胞表面蛋白 CD38 在血液肿瘤中的表达谱，尤其是在 MM 中的高水平表达，CD38 被选作抗体治疗的靶标。多功能蛋白 CD38 充当受体并具有酶活功能，其在正常造血细胞特别是浆细胞的亚群中表达。但在动物研究中，消除 CD38 并不会影响正常的造血细胞或淋巴细胞的生成[24]。

在设计的一系列人 CD38 抗体中，达雷木单抗因具有优良的结合特性，尤其是引起对表达 CD38 的肿瘤细胞具有出色的 CDC 能力而被选作候选药物[39]。有效激活 CDC 是达雷木单抗在目前开发的众多 CD38 抗体中的独特属性[117]，这在临床上可能会显著提高其抗肿瘤活性[70, 71]。除 CDC 外，达雷木单抗还具有多种其他作用机制，包括诱导 ADCC、ADCP、交联后的细胞凋亡及调节 CD38 的酶活性（图 7.1）。此外，达雷木单抗具有重要的免疫调节活性，能消耗 CD38 阳性免疫抑制细胞并促进克隆性细胞毒性 T 细胞扩增，这可能有助于提高临床应答和存活率[65]。临床研究表明，达雷木单抗对患者毒性不大，且其在 MM 患者中的抗肿瘤活性超出预期。迄今为止，尚未在任何其他 CD38 靶向抗体中发现达雷木单抗的这种潜在附加益处。

自免疫调节剂来那度胺和硼替佐米上市十几年来，骨髓瘤患者的生存率有了显著提高[131, 132]。然而，几乎所有的患者最终都会对这些药物及之前建立的治疗方案或联合疗法产生耐药性。达雷木单抗是 FDA 批准的第一种治疗性抗体药物，单一用药用于之前接受过治疗或难治性的 MM 患者。

达雷木单抗具有低毒性及作用机制多样的特点，这使得达雷木单抗与现有和新兴的疗法相结合成为可能。达雷木单抗联合来那度胺和硼替佐米在 MM 模型中显示了较好的临床前活性，而且早期的临床研究没有发现这些联合疗法存在安全性问题。在大规模随机临床试验中，达雷木单抗与来那度胺和低剂量地塞米松联合用药，或与硼替佐米和地塞米松的联合用药都表现出了优秀的抗骨髓瘤活性，这也促使 FDA 批准了这些突破性组合疗法，并将其快速批准为 MM 治疗的二线方案。与此同时，还有许多临床研究正在进行之中，评估以达雷木单抗为基础的联合疗法对 MM 的治疗潜力，包括对新诊断的骨髓瘤患者的研究（表 7.2）。因此，达雷木单抗作为单一药物或与其他药物联用有望成为所有骨髓瘤的治疗新模式，包括早期、复发性、难治性 MM，甚至包括阴燃性骨髓瘤，这与利妥昔单抗治疗非霍奇金淋巴瘤非常相似。

　　然而，一部分MM患者对达雷木单抗有原发性或获得性耐药反应。因此有必要对耐药机制进行详细的研究，从而更好地实现达雷木单抗的联合治疗。有研究表明，CD38的表达水平与MM患者对达雷木单抗单药治疗的响应有关[70, 71]。临床前数据显示，全反式维A酸能够增加MM细胞中CD38的表达水平，从而增强ADCC和CDC介导的肿瘤细胞杀伤力[47]。这为在MM患者中测试达雷木单抗和ATRA组合的临床研究提供了依据（表7.2）。此外，还有一些影响因素可能影响达雷木单抗的临床响应，如CD55和CD59等补体抑制蛋白的表达、PD-L1等免疫抑制蛋白的表达、杀伤性IgG样受体（killer IgG-like receptor，KIR）等基因突变[133]，以及FcγR的基因多态性等[134]。目前正在临床试验中研究这种多态性与达雷木单抗疗效的相关性，以及达雷木单抗与PD1或PD-L1抗体联合治疗的影响（联合研究见表7.2）。

　　达雷木单抗在除MM之外的恶性肿瘤中也有应用。表达CD38的肿瘤细胞为达雷木单抗在CD38阳性的NHL患者中开展单药治疗提供了合理性，包括MCL、DLBCL、FL和NKTCL。此外，达雷木单抗具有肿瘤特异性免疫抑制和刺激克隆T细胞扩增的活性，这一发现意味着达雷木单抗还可能应用于包括实体瘤在内的CD38阴性肿瘤中[65]。事实上，多项研究已经宣布将评价达雷木单抗与PD-L1抗体奥滨尤妥珠单抗和PD-1抗体纳武单抗联合用药治疗实体瘤的功效（表7.2）。

　　CD38在产生抗体的浆细胞上的表达可能为达雷木单抗提供肿瘤学以外的治疗潜力，包括抗体介导的自身免疫性疾病和炎症疾病。达雷木单抗在临床前类风湿关节炎模型中可诱导浆细胞耗竭并介导抗炎作用。然而，达雷木单抗在这些适应证中的潜力仍有待于在患者中进行研究。

　　由于CD38是一个具有吸引力的治疗靶点，除了达雷木单抗外，其他CD38特异性抗体如伊沙妥昔单抗（isatuximab）和MOR202也被陆续开发出来，并在复发性/难治性MM的早期临床研究中显示出了活性[135, 136]。关于伊沙妥昔单抗在阴燃骨髓瘤和急性淋巴细胞白血病中的研究也已相继开展。此外，针对CD38的新疗法正在研究之中，包括CD38特异性嵌合抗原受体（chimeric antigen receptor，CAR）T细胞[137]和CD3xCD38双特异性抗体[138]。这些策略在临床前模型中显示出了活性，但其在临床中的安全性和潜力仍然有待评估。

　　综上所述，达雷木单抗具有独特的、优异的广谱肿瘤细胞杀伤活性，在MM患者中作为单一疗法或与现有疗法联合使用时，表现出了前所未有的疗效。达雷木单抗作为一种新的治疗选择已经开始显著改善MM患者的生存质量。达雷木单抗在MM以外表达CD38的血液肿瘤及其他癌症和疾病中的潜力也让研究人员感到兴奋。此外，达雷木单抗的免疫刺激潜能最终为该抗体在治疗CD38阴性肿瘤

（包括实体肿瘤）中的应用提供了可能。这些治疗领域正在进行的临床试验结果都有待揭晓。

7.9　总结和展望

细胞表面蛋白CD38具有受体和酶的活性功能，在正常浆细胞和一部分血液肿瘤中均呈现高表达。观察发现，MM患者中浆细胞的CD38表达水平特别高，这促使了治疗性抗体——达雷木单抗——的发现。达雷木单抗是一种免疫球蛋白G1 kappa（IgG1，κ）单克隆抗体，可与CD38分子独特的抗原决定簇产生特异性结合，进而发挥广谱的肿瘤细胞杀伤活性。

达雷木单抗是从利用人源Ab转基因小鼠经HuMAb技术生成的CD38单抗中筛选出来的[39]。对于从MM患者体内新分离的表达CD38的肿瘤细胞，达雷木单抗具有特异性的纳摩尔级的亲合力。因其对表达CD38的细胞系和MM患者的肿瘤细胞具有优异的CDC活性，达雷木单抗脱颖而出[39]。除CDC外，达雷木单抗在肿瘤细胞表面与CD38结合后，可诱导ADCC[39]、ADCP[55]和交联后的肿瘤细胞凋亡[60]。也有研究表明其可以调节CD38的酶活性[117]。值得注意的是，最新的数据显示，达雷木单抗治疗的骨髓瘤患者的克隆T细胞反应增加，CD38阳性免疫抑制细胞减少，提示其免疫调节作用可能有助于更显著的临床应答和生存率的提高[65]。

达雷木单抗在多种体内MM小鼠模型中表现出显著的抗肿瘤活性[39, 42]。在患者来源的MM肿瘤细胞体外实验中，达雷木单抗与目前用于治疗MM的药物（包括来那度胺和硼替佐米）及标准治疗组合（包括RVD和MPV）联用显示出了很强的叠加和协同作用[50, 51]。

达雷木单抗在接受过多种治疗的MM患者中显示出单药抗肿瘤活性[1]，在包括美国和欧洲在内的多个国家，其单药治疗复发性/难治性MM已获批上市（商品名为DARZALEX）。该抗体具有较低的毒性，因此可在临床中与现有疗法和新疗法进行联合治疗。多种包含达雷木单抗的治疗方案已在MM患者中进行了评估，并取得了显著的疗效。值得注意的是，达雷木单抗加入来那度胺–地塞米松或硼替佐米–地塞米松疗法后，临床应答增加，PFS明显延长[4,5]。基于这些数据，达雷木单抗联合来那度胺–地塞米松及硼替佐米–地塞米松已在美国、欧洲和日本获批，用于治疗已接受至少一个月现有疗法的MM患者。此外，达雷木单抗也可能在MM以外的疾病治疗中发挥作用，其他血液性恶性肿瘤及实体瘤的临床研究正在进行之中。

（徐盛涛　徐进宜　白仁仁）

原作者简介

马丁·L.扬马特（Maarten L.Janmaat），博士，Genmab 资深科学作家。他拥有荷兰乌特勒支大学（University of Utrecht）的生物学硕士学位，并于2006年在阿姆斯特丹自由大学医学中心血液科获得医学生物学博士学位。在获得博士学位后，他在不同的项目组进行了几年的博士后研究工作。2009年，他加入一家开发创新抗体疗法的名为 Merus 的小型生物技术公司。2011年加入 Genmab，目前担任资深科学作家，主要从事用于癌症治疗的单克隆抗体疗法的临床前开发研究。从2011年起，他参与了达雷木单抗的临床前开发工作。

尼尔斯·W. C. J. 范德唐克（Niels W.C.J.van de Donk），医学博士，是荷兰阿姆斯特丹自由大学医学中心的一名血液学家。他于乌特勒支大学医学中心获得医学学位。在此之前，他获得了乌特勒支大学医学中心的药学学士学位和硕士学位，并在那里完成了通过靶向Bcl-2和甲羟戊酸途径治疗多发性骨髓瘤新策略的博士研究工作。在获得丹娜-法伯癌症研究院杰罗姆·里柏多发性骨髓瘤中心的奖学金后，他成为乌特勒支大学医学中心血液学系的一名血液学家，之后就职于阿姆斯特丹大学医学中心。他的研究重心是多发性骨髓瘤的治疗。此外，他参与了寻找免疫治疗新靶标的转化医学工作，重点研究免疫治疗。他曾参与编辑过多本专著，发表了多篇研究论文，并担任荷兰《血液学杂志》（*Journal of Hematology*）的副主编。

杰伦·兰伯特·范比伦（Jeroen Lammerts van Bueren），博士，Genmab首席科学家。他拥有荷兰阿姆斯特丹大学医学生物学硕士学位，并于2008年获得乌特勒支大学医学博士学位。在Genmab的工作期间，他专注于治疗癌症的单克隆抗体的开发。2011～2016年，他担任达雷木单抗临床前开发的主导科学家。在将达雷木单抗项目授权给杨森（Janssen）之后，范比伦博士将他的研究重点转向了转化研究。目前，他负责领导Genmab的生物标志物、免疫组化和伴随诊断研究团队。

马哈穆德·迈哈迈迪（Tahamtan Ahmadi），医学博士，于2017年加入Genmab。他拥有德国科隆大学（University of Cologne）医学博士学位和德国弗莱堡大学（University of Freiburg）博士学位，在转化研究、战略产品开发、全球新药申请法规和临床开发方面具有专长。在加入Genmab之前，他是杨森实验医学和早期肿瘤开发的负责人，也是肿瘤学资深研究者。在杨森工作期间，他负责达雷木单抗的全球开发，包括临床研发和跨适应证的医疗事务策略，并在依鲁替尼的临床开发和最初向FDA的NDA（新药申请）提交中发挥了重要作用。在加入杨森之前，他于宾夕法尼亚大学（University of Pennsylvania）血液学和肿瘤系担任教师。

A.凯特·萨瑟（A.Kate Sasser），博士，副总裁，2017年加入Genmab。她具有微生物学和化学的学士学位及生物医学科学的博士学位，并在转化研究领域工作超过15年。此前，她在杨森研发中心领导肿瘤转化研究小组，专注于临床研究和临床前发现研究的科学整合，目标是开发创新和变革性的治疗方法，以改变患者的生活。转化团队涵盖临床生物标志物的所有方面，包括早期伴随诊断策略开发、药效学、预测和预后生物标志物等。该团队还与开发团队紧密合作，以深入了解相关的临床工作。该转化小组在开发创新疗法、寻找新的替代终点以加速临床试验等方面发挥了关键作用。

理查德·K.扬森（Richard K.Jansson），博士，于2017年加入Genmab。他于宾夕法尼亚州立大学获得博士学位。他曾在佛罗里达大学（University of Florida）担任了7年的助理研究员和副教授，之后加入默克研究实验室（Merck Research Laboratories）从事药物研发工作。之后他获得了利哈伊大学（Lehigh University）的MBA学位，并在安万特贝林（Aventis Behring）担任全球化合物研发领导职务。他在杨森研发中心工作了14年，主持了十多个药物的早期和晚期开发，包括免疫学中的英利西单抗和西鲁库单抗，最近在肿瘤学领域主要的研究成果有司安昔单抗、曲贝替定和达雷木单抗。

亨克·M.洛克赫斯特（Henk M.Lokhorst），医学博士，曾在乌特勒支大学学习医学。他进一步专攻内科学，并于1987年获得了血液学第二学位，于1989年成为骨髓瘤领域的博士研究生。从2010年起，他担任乌特勒支大学医学中心血液学系主任。2014年，他加入阿姆斯特丹大学的医学中心，担任骨髓瘤领域的研究协调员。2000年，他获得了荷兰最佳血液学出版物奖，并于2005年获得了国际货币基金组织高级奖章。他的团队长期从事免疫治疗的临床前和临床研究，特别是抗体治疗和异体干细胞移植后的过继细胞疗法。该团队近期与Genmab密切合作，帮助其将达雷木单抗推上临床。洛克赫斯特博士作为首席研究员，协调了多个多发性骨髓瘤的 I 期、II 期、III 期临床试验。

保罗·W.H.I.帕伦（Paul W.H.I.Parren），博士，抗体研究、转化科学和药物开发领域的专家。他于1992年在阿姆斯特丹大学获得分子免疫学博士学位。他曾担任加州斯克里普斯研究所（The Scripps Research Institute）的副教授，从事有关人源抗体的保护作用及疫苗在病毒感染中对抗作用的研究工作。2002～2017年，他担任Genmab高级副总裁和科学主任，并领导其研发中心，负责治疗性抗体非临床开发和研究的各个方面。他研发了FDA/EMA批准的治疗性抗体奥法木单抗和达雷木单抗，以及用于产生双特异性和效应功能增强抗体的DuoBody和HexaBody技术。奥法木单抗、达雷木单抗和teprotumumab分别在2013年、2015年和2016年被FDA认定为突破性疗法药物，另外还有8种抗体，包括3种ADC、2种双特异性抗体和1种六聚体抗体，正在各生物技术和制药公司中进行临床研究。2015年，他成为莱顿大学（Leiden University）医学中心的分子免疫学教授。自2017年12月1日起，帕伦博士在医疗生物技术领域提供咨询服务，包括从药物发现到前期临床开发的治疗性抗体研发的各个方面。

参考文献

1. Lokhorst, H.M., Plesner, T., Laubach, J.P., Nahi, H., Gimsing, P., Hansson, M., Minnema, M.C., Lassen, U., Krejcik, J., Palumbo, A., van de Donk, N.W.C.J., Ahmadi, T., Khan, I., Uhlar, C.M., Wang, J., Sasser, A.K., Losic, N., Lisby, S., Basse, L., Brun, N., and Richardson, P.G. (2015) Targeting CD38 with daratumumab monotherapy in multiplemyeloma. N. Engl. J. Med., 373, 1207-1219.

2. Lonial, S., Weiss, B.M., Usmani, S.Z., Singhal, S., Chari, A., Bahlis, N.J., Belch, A., Krishnan, A., Vescio, R.A., Mateos, M.V., Mazumder, A., Orlowski, R.Z., Sutherland, H.J., Blade, J., Scott, E.C., Oriol, A., Berdeja, J., Gharibo, M., Stevens, D.A., LeBlanc, R., Sebag, M., Callander, N., Jakubowiak, A., White, D., de la Rubia, J., Richardson, P.G., Lisby, S., Feng, H., Uhlar, C.M., Khan, I., Ahmadi, T., and Voorhees, P.M. (2016) Daratumumab monotherapy in patients with treatment-refractory multiple myeloma (SIRIUS): an open-label, randomised, phase 2 trial. Lancet, 387, 1551-1560.

3. Plesner, T., Arkenau, H.T., Gimsing, P., Krejcik, J., Lemech, C., Minnema, M.C., Lassen, U., Laubach, J.P., Palumbo, A., Lisby, S., Basse, L., Wang, J., Sasser, A.K., Guckert, M.E., de Boer, C., Khokhar, N.Z., Yeh, H., Clemens, P.L., Ahmadi, T., Lokhorst, H.M., and Richardson, P.G. (2016) Phase 1/2 study of daratumumab, lenalidomide, and dexamethasone for relapsed multiple myeloma. Blood, 128, 1821-1828.

4. Dimopoulos, M.A., Oriol, A., Nahi, H., San-Miguel, J., Bahlis, N.J., Usmani, S.Z., Rabin, N., Orlowski, R.Z., Komarnicki, M., Suzuki, K., Plesner, T., Yoon, S.S., Ben Yehuda, D., Richardson, P.G., Goldschmidt, H., Reece, D., Lisby, S., Khokhar, N.Z., O'Rourke, L., Chiu, C., Qin, X., Guckert, M., Ahmadi, T., and Moreau, P. (2016) Daratumumab, lenalidomide, and dexamethasone for multiple myeloma. N. Engl. J. Med., 375, 1319-1331.

5. Palumbo, A., Chanan-Khan, A., Weisel, K., Nooka, A.K., Masszi, T., Beksac, M., Spicka, I., Hungria, V., Munder, M., Mateos, M.V., Mark, T.M., Qi, M., Schecter, J., Amin, H., Qin, X., Deraedt, W., Ahmadi, T., Spencer, A., and Sonneveld, P. (2016) Daratumumab, bortezomib, and dexamethasone for multiple myeloma. N. Engl. J. Med., 375, 754-766.

6. Reinherz, E.L., Kung, P.C., Goldstein, G., Levey, R.H., and Schlossman, S.F. (1980) Discrete stages of human intrathymic differentiation: analysis of normal thymocytes and leukemic lymphoblasts of T-cell lineage. Proc. Natl. Acad. Sci. U.S.A., 77, 1588-1592.

7. Lee, H.C. and Aarhus, R. (1991) ADP-ribosyl cyclase: an enzyme that cyclizes NAD+ into a calcium-mobilizing metabolite. Cell Regul., 2, 203-209.

8. States, D.J., Walseth, T.F., and Lee, H.C. (1992) Similarities in amino acid sequences of Aplysia ADP-ribosyl cyclase and human lymphocyte antigen CD38. Trends Biochem. Sci., 17, 495.

9. Aarhus, R., Graeff, R.M., Dickey, D.M., Walseth, T.F., and Lee, H.C. (1995) ADP-ribosyl cyclase and CD38 catalyze the synthesis of a calciummobilizing metabolite from NADP.J. Biol. Chem., 270, 30327-30333.

10. Guse, A.H. (2002) Cyclic ADP-ribose (cADPR) and nicotinic acid adenine dinucleotide phosphate (NAADP): novel regulators of Ca2+-signaling and cell function. Curr. Mol. Med., 2, 273-282.

11. Matsuoka, T., Kajimoto, Y., Watada, H., Umayahara, Y., Kubota, M., Kawamori, R., Yamasaki, Y., and Kamada, T. (1995) Expression of CD38 gene, but not of mitochondrial glycerol-3-phosphate dehydrogenase gene, is impaired in pancreatic islets of GK rats. Biochem. Biophys. Res. Commun., 214, 239-246.

12. Takasawa, S., Nata, K., Yonekura, H., and Okamoto, H. (1993) Cyclic ADP-ribose in

insulin secretion from pancreatic beta cells. Science, 259, 370-373.

13. Kato, I.E.A. (1999) CD38 disruption impairs glucose-induced increases in cyclic ADP-ribose, [Ca2+] i, and insulin secretion. J. Biol. Chem., 274, 1869-1872.

14. Deaglio, S., Dianzani, U., Horenstein, A.L., Fernandez, J.E., van Kooten, C., Bragardo, M., Funaro, A., Garbarino, G., Di Virgilio, F., Banchereau, J., and Malavasi, F. (1996) Human CD38 ligand. A 120-kDa protein predominantly expressed on endothelial cells. J. Immunol., 156, 727-734.

15. Deaglio, S., Morra, M., Mallone, R., Ausiello, C.M., Prager, E., Garbarino, G., Dianzani, U., Stockinger, H., and Malavasi, F. (1998) Human CD38 (ADP-ribosyl cyclase) is a counter-receptor of CD31, an Ig superfamily member. J. Immunol., 160, 395-402.

16. Dianzani, U., Funaro, A., DiFranco, D., Garbarino, G., Bragardo, M., Redoglia, V., Buonfiglio, D., De Monte, L.B., Pileri, A., and Malavasi, F. (1994) Interaction between endothelium and CD4+CD45RA+ lymphocytes. Role of the human CD38 molecule. J. Immunol., 153, 952-959.

17. Cesano, A., Visonneau, S., Deaglio, S., Malavasi, F., and Santoli, D. (1998) Role of CD38 and its ligand in the regulation of MHC-nonrestricted cytotoxic T cells. J. Immunol., 160, 1106-1115.

18. Cyster, J.G. (2003) Homing of antibody secreting cells. Immunol. Rev., 194, 48-60.

19. Lee, H.C. and Aarhus, R. (1993) Wide distribution of an enzyme that catalyzes the hydrolysis of cyclic ADP-ribose. Biochim. Biophys. Acta, 1164, 68-74.

20. Lee, H.C., Zocchi, E., Guida, L., Franco, L., Benatti, U., and De Flora, A. (1993) Production and hydrolysis of cyclic ADP-ribose at the outer surface of human erythrocytes. Biochem. Biophys. Res. Commun., 191, 639-645.

21. Malavasi, F., Funaro, A., Roggero, S., Horenstein, A., Calosso, L., and Mehta, K. (1994) Human CD38: a glycoprotein in search of a function. Immunol. Today, 15, 95-97.

22. Ramaschi, G., Torti, M., Festetics, E.T., Sinigaglia, F., Malavasi, F., and Balduini, C. (1996) Expression of cyclic ADP-ribose-synthetizing CD38 molecule on human platelet membrane. Blood, 87, 2308-2313.

23. Zocchi, E., Franco, L., Guida, L., Benatti, U., Bargellesi, A., Malavasi, F., Lee, H.C., and De Flora, A. (1993) A single protein immunologically identified as CD38 displays NAD+ glycohydrolase, ADP-ribosyl cyclase and cyclic ADP-ribose hydrolase activities at the outer surface of human erythrocytes. Biochem. Biophys. Res. Commun., 196, 1459-1465.

24. Cockayne, D.A., Muchamuel, T., Grimaldi, J.C., Muller-Steffner, H., Randall, T.D., Lund, F.E., Murray, R., Schuber, F., and Howard, M.C. (1998) Mice deficient for the ecto-nicotinamide adenine dinucleotide glycohydrolase CD38 exhibit altered humoral immune responses. Blood, 92, 1324-1333.

25. Deaglio, S., Mehta, K., and Malavasi, F. (2001) Human CD38: a (r) evolutionary story of enzymes and receptors. Leuk. Res., 25, 1-12.

26. Liu, H.X., Lopatina, O., Higashida, C., Tsuji, T., Kato, I., Takasawa, S., Okamoto, H., Yokoyama, S., and Higashida, H. (2008) Locomotor activity, ultrasonic vocalization and oxytocin levels in infant CD38 knockout mice. Neurosci. Lett., 448, 67-70.

27. Higashida, H., Lopatina, O., Yoshihara, T., Pichugina, Y.A., Soumarokov, A.A., Munesue, T., Minabe, Y., Kikuchi, M., Ono, Y., Korshunova, N., and Salmina, A.B.（2010）Oxytocin signal and social behaviour: comparison among adult and infant oxytocin, oxytocin receptor and CD38 gene knockout mice. J. Neuroendocrinol., 22, 373-379.

28. Jin, D., Liu, H.X., Hirai, H., Torashima, T., Nagai, T., Lopatina, O., Shnayder, N.A., Yamada, K., Noda, M., Seike, T., Fujita, K., Takasawa, S., Yokoyama, S., Koizumi, K., Shiraishi, Y., Tanaka, S., Hashii, M., Yoshihara, T., Higashida, K., Islam, M.S., Yamada, N., Hayashi, K., Noguchi, N., Kato, I., Okamoto, H., Matsushima, A., Salmina, A., Munesue, T., Shimizu, N., Mochida, S., Asano, M., and Higashida, H.（2007）CD38 is critical for social behaviour by regulating oxytocin secretion. Nature, 446, 41-45.

29. Munesue, T., Yokoyama, S., Nakamura, K., Anitha, A., Yamada, K., Hayashi, K., Asaka, T., Liu, H.X., Jin, D., Koizumi, K., Islam, M.S., Huang, J.J., Ma, W.J., Kim, U.H., Kim, S.J., Park, K., Kim, D., Kikuchi, M., Ono, Y., Nakatani, H., Suda, S., Miyachi, T., Hirai, H., Salmina, A., Pichugina, Y.A., Soumarokov, A.A., Takei, N., Mori, N., Tsujii, M., Sugiyama, T., Yagi, K., Yamagishi, M., Sasaki, T., Yamasue, H., Kato, N., Hashimoto, R., Taniike, M., Hayashi, Y., Hamada, J., Suzuki, S., Ooi, A., Noda, M., Kamiyama, Y., Kido, M.A., Lopatina, O., Hashii, M., Amina, S., Malavasi, F., Huang, E.J., Zhang, J., Shimizu, N., Yoshikawa, T., Matsushima, A., Minabe, Y., and Higashida, H.（2010）Two genetic variants of CD38 in subjects with autism spectrum disorder and controls. Neurosci. Res., 67, 181-191.

30. Konoplev, S., Medeiros, L.J., Bueso-Ramos, C.E., Jorgensen, J.L., and Lin, P.（2005）Immunophenotypic profile of lymphoplasmacytic lymphoma/Waldenstrom macroglobulinemia. Am. J. Clin. Pathol., 124, 414-420.

31. Perfetti, V., Bellotti, V., Garini, P., Zorzoli, I., Rovati, B., Marinone, M.G., Ippoliti, G., and Merlini, G.（1994）AL amyloidosis. Characterization of amyloidogenic cells by anti-idiotypic monoclonal antibodies. Lab. Invest., 71, 853-861.

32. Parry-Jones, N., Matutes, E., Morilla, R., Brito-Babapulle, V., Wotherspoon, A., Swansbury, G.J., and Catovsky, D.（2007）Cytogenetic abnormalities additional to t（11；14）correlate with clinical features in leukaemic presentation of mantle cell lymphoma, and may influence prognosis: a study of 60 cases by FISH.Br. J. Haematol., 137, 117-124.

33. Keyhani, A., Huh, Y.O., Jendiroba, D., Pagliaro, L., Cortez, J., Pierce, S., Pearlman, M., Estey, E., Kantarjian, H., and Freireich, E.J.（2000）Increased CD38 expression is associated with favorable prognosis in adult acute leukemia. Leuk. Res., 24, 153-159.

34. Marinov, J., Koubek, K., and Stary, J.（1993）Immunophenotypic significance of the lymphoid Cd38 antigen in myeloid blood malignancies. Neoplasma, 40, 355-358.

35. Suzuki, R., Suzumiya, J., Nakamura, S., Aoki, S., Notoya, A., Ozaki, S., Gondo, H., Hino, N., Mori, H., Sugimori, H., Kawa, K., Oshimi, K., and Grp, N.-C.T.S.（2004）Aggressive natural killer-cell leukemia revisited: large granular lymphocyte leukemia of cytotoxic NK cells. Leukemia, 18, 763-770.

36. Wang, L., Wang, H., Li, P.F., Lu, Y., Xia, Z.J., Huang, H.Q., and Zhang, Y.J.（2015）CD38 expression predicts poor prognosis and might be a potential therapy target in extranodal NK/T cell lymphoma, nasal type. Ann. Hematol., 94, 1381-1388.

37. van de Donk, N.W., Lokhorst, H.M., Anderson, K.C., and Richardson, P.G. (2012) How I treat plasma cell leukemia. Blood, 120, 2376-2389.

38. Lonberg, N., Taylor, L.D., Harding, F.A., Trounstine, M., Higgins, K.M., Schramm, S.R., Kuo, C.C., Mashayekh, R., Wymore, K., McCabe, J.G. et al. (1994) Antigen-specific human antibodies from mice comprising four distinct genetic modifications. Nature, 368, 856-859.

39. de Weers, M., Tai, Y.T., van der Veer, M.S., Bakker, J.M., Vink, T., Jacobs, D.C., Oomen, L.A., Peipp, M., Valerius, T., Slootstra, J.W., Mutis, T., Bleeker, W.K., Anderson, K.C., Lokhorst, H.M., van de Winkel, J.G., and Parren, P.W. (2011) Daratumumab, a novel therapeutic human CD38 monoclonal antibody, induces killing of multiple myeloma and other hematological tumors. J. Immunol., 186, 1840-1848.

40. Melis, J.P., Strumane, K., Ruuls, S.R., Beurskens, F.J., Schuurman, J., and Parren, P.W. (2015) Complement in therapy and disease: regulating the complement system with antibody-based therapeutics. Mol. Immunol., 67, 117-130.

41. Diebolder, C.A., Beurskens, F.J., de Jong, R.N., Koning, R.I., Strumane, K., Lindorfer, M.A., Voorhorst, M., Ugurlar, D., Rosati, S., Heck, A.J., van de Winkel, J.G., Wilson, I.A., Koster, A.J., Taylor, R.P., Saphire, E.O., Burton, D.R., Schuurman, J., Gros, P., and Parren, P.W. (2014) Complement is activated by IgG hexamers assembled at the cell surface. Science, 343, 1260-1263.

42. Groen, R.W., W.A.Noort, R.A.Raymakers, H.J.Prins, L.Aalders, F.M.Hofhuis, P.Moerer, J.F.van Velzen, A.C.Bloem, B.van Kessel, H.Rozemuller, E.van Binsbergen, A.Buijs, H.Yuan, J.D.de Bruijn, M.de Weers, P.W.Parren, J.J.Schuringa, H.M.Lokhorst, T.Mutis, and A.C.Martens (2012), Reconstructing the human hematopoietic niche in immunodeficient mice: opportunities for studying primary multiple myeloma, Blood, 120, e9-e16.

43. Di Gaetano, N., Cittera, E., Nota, R., Vecchi, A., Grieco, V., Scanziani, E., Botto, M., Introna, M., and Golay, J. (2003) Complement activation determines the therapeutic activity of rituximab in vivo. J. Immunol., 171, 1581-1587.

44. Boross, P., Jansen, J.H., de Haij, S., Beurskens, F.J., van der Poel, C.E., Bevaart, L., Nederend, M., Golay, J., van de Winkel, J.G., Parren, P.W., and Leusen, J.H. (2011) The in vivo mechanism of action of CD20 monoclonal antibodies depends on local tumor burden. Haematologica, 96, 1822-1830.

45. Ricklin, D., Hajishengallis, G., Yang, K., and Lambris, J.D. (2010) Complement: a key system for immune surveillance and homeostasis. Nat. Immunol., 11, 785-797.

46. Beum, P.V., Lindorfer, M.A., Peek, E.M., Stukenberg, P.T., de Weers, M., Beurskens, F.J., Parren, P.W., van de Winkel, J.G., and Taylor, R.P. (2011) Penetration of antibody-opsonized cells by the membrane attack complex of complement promotes Ca (2+) influx and induces streamers. Eur. J. Immunol., 41, 2436-2446.

47. Nijhof, I.S., Groen, R.W., Lokhorst, H.M., van Kessel, B., Bloem, A.C., van Velzen, J., de Jong-Korlaar, R., Yuan, H., Noort, W.A., Klein, S.K., Martens, A.C., Doshi, P., Sasser, K., Mutis, T., and van de Donk, N.W. (2015) Upregulation of CD38 expression on multiple myeloma cells by all-trans retinoic acid improves the effcacy of daratumumab. Leukemia, 29, 2039-2049.

48. Cartron, G., Dacheux, L., Salles, G., Solal-Celigny, P., Bardos, P., Colombat, P., and Watier, H. (2002) Therapeutic activity of humanized anti-CD20 monoclonal antibody and polymorphism in IgG Fc receptor FcgammaRⅢa gene. Blood, 99, 754-758.

49. Dall'Ozzo, S., Tartas, S., Paintaud, G., Cartron, G., Colombat, P., Bardos, P., Watier, H., and Thibault, G. (2004) Rituximab-dependent cytotoxicity by natural killer cells: influence of FCGR3A polymorphism on the concentration-effect relationship. Cancer Res., 64, 4664-4669.

50. van der Veer, M.S., de Weers, M., van Kessel, B., Bakker, J.M., Wittebol, S., Parren, P.W.H.I., Lokhorst, H.M., and Mutis, T. (2011) Towards effective immunotherapy of myeloma: enhanced elimination of myeloma cells by combination of lenalidomide with the human CD38 monoclonal antibody daratumumab. Haematologica, 96, 284-290.

51. van der Veer, M.S., de Weers, M., van Kessel, B., Bakker, J.M., Wittebol, S., Parren, P.W., Lokhorst, H.M., and Mutis, T. (2011) The therapeutic human CD38 antibody daratumumab improves the anti-myeloma effect of newly emerging multi-drug therapies. Blood Cancer J., 1, e41.

52. Munn, D.H., McBride, M., and Cheung, N.K. (1991) Role of low-affinity Fc receptors in antibody-dependent tumor cell phagocytosis by human monocyte-derived macrophages. Cancer Res., 51, 1117-1123.

53. Ribatti, D., Moschetta, M., and Vacca, A. (2013) Macrophages in multiple myeloma. Immunol. Lett., 161, 241-244.

54. Zheng, Y., Cai, Z., Wang, S., Zhang, X., Qian, J., Hong, S., Li, H., Wang, M., Yang, J., and Yi, Q. (2009) Macrophages are an abundant component of myeloma microenvironment and protect myeloma cells from chemotherapy drug-induced apoptosis. Blood, 114, 3625-3628.

55. Overdijk, M.B., Verploegen, S., Bogels, M., van Egmond, M., Lammerts van Bueren, J.J., Mutis, T., Groen, R.W., Breij, E., Martens, A.C., Bleeker, W.K., and Parren, P.W. (2015) Antibody-mediated phagocytosis contributes to the anti-tumor activity of the therapeutic antibody daratumumab in lymphoma and multiple myeloma. MAbs, 7, 311-321.

56. Chaouchi, N., Vazquez, A., Galanaud, P., and Leprince, C. (1995) B cell antigen receptor-mediated apoptosis. Importance of accessory molecules CD19 and CD22, and of surface IgM cross-linking. J. Immunol., 154, 3096-3104.

57. Ghetie, M.A., Podar, E.M., Ilgen, A., Gordon, B.E., Uhr, J.W., and Vitetta, E.S. (1997) Homodimerization of tumor-reactive monoclonal antibodies markedly increases their ability to induce growth arrest or apoptosis of tumor cells. Proc. Natl. Acad. Sci. U.S.A., 94, 7509-7514.

58. Mattes, M.J., Michel, R.B., Goldenberg, D.M., and Sharkey, R.M. (2009) Induction of apoptosis by cross-linking antibodies bound to human B-lymphoma cells: expression of Annexin V binding sites on the antibody cap. Cancer Biother. Radiopharm., 24, 185-193.

59. Shan, D., Ledbetter, J.A., and Press, O.W. (1998) Apoptosis of malignant human B cells by ligation of CD20 with monoclonal antibodies. Blood, 91, 1644-1652.

60. Overdijk, M.B., Jansen, J.H., Nederend, M., Lammerts van Bueren, J.J., Groen, R.W., Parren, P.W., Leusen, J.H., and Boross, P. (2016) The therapeutic CD38 monoclonal

antibody daratumumab induces programmed cell death via Fcgamma receptor-mediated cross-linking. J. Immunol., 197, 807-813.

61. Horenstein, A., Chillemi, A., Quarona, V., Zito, A., Roato, I., Morandi, F., Marimpietri, D., Bolzoni, M., Toscani, D., Oldham, R., Cuccioloni, M., Sasser, A., Pistoia, V., Giuliani, N., and Malavasi, F. (2015) NAD+-metabolizing ectoenzymes in remodeling tumor-host interactions: the human myeloma model. Cells, 4, 520.

62. van de Donk, N.W., Janmaat, M.L., Mutis, T., Lammerts van Bueren, J.J., Ahmadi, T., Sasser, A.K., Lokhorst, H.M., and Parren, P.W. (2016) Monoclonal antibodies targeting CD38 in hematological malignancies and beyond. Immunol. Rev., 270, 95-112.

63. Preyat, N. and Leo, O. (2015) Complex role of nicotinamide adenine dinucleotide in the regulation of programmed cell death pathways. Biochem. Pharmacol., 101, 13-26.

64. Morandi, F., Morandi, B., Horenstein, A.L., Chillemi, A., Quarona, V., Zaccarello, G., Carrega, P., Ferlazzo, G., Mingari, M.C., Moretta, L., Pistoia, V., and Malavasi, F. (2015) A non-canonical adenosinergic pathway led by CD38 in human melanoma cells induces suppression of T cell proliferation. Oncotarget, 6, 25602-25618.

65. Krejcik, J., Casneuf, T., Nijhof, I.S., Verbist, B., Bald, J., Plesner, T., Syed, K., Liu, K., van de Donk, N.W., Weiss, B.M., Ahmadi, T., Lokhorst, H.M., Mutis, T., and Sasser, A.K. (2016) Daratumumab depletes CD38+ immune-regulatory cells, promotes T-cell expansion, and skews T-cell repertoire in multiple myeloma. Blood, 128, 384-394.

66. Kumar, S.K., Dispenzieri, A., Lacy, M.Q., Gertz, M.A., Buadi, F.K., Pandey, S., Kapoor, P., Dingli, D., Hayman, S.R., Leung, N., Lust, J., McCurdy, A., Russell, S.J., Zeldenrust, S.R., Kyle, R.A., and Rajkumar, S.V. (2014) Continued improvement in survival in multiple myeloma: changes in early mortality and outcomes in older patients. Leukemia, 28, 1122-1128.

67. van de Donk, N.W. and Sonneveld, P. (2014) Diagnosis and risk stratification in multiple myeloma. Hematol. Oncol. Clin. North Am., 28, 791-813.

68. Lonial, S., Dimopoulos, M., Palumbo, A., White, D., Grosicki, S., Spicka, I., Walter-Croneck, A., Moreau, P., Mateos, M.V., Magen, H., Belch, A., Reece, D., Beksac, M., Spencer, A., Oakervee, H., Orlowski, R.Z., Taniwaki, M., Rollig, C., Einsele, H., Wu, K.L., Singhal, A., San-Miguel, J., Matsumoto, M., Katz, J., Bleickardt, E., Poulart, V., Anderson, K.C., and Richardson, P. (2015) Elotuzumab therapy for relapsed or refractory multiple myeloma. N. Engl. J. Med., 373, 621-631.

69. Usmani, S.Z., Weiss, B.M., Plesner, T., Bahlis, N.J., Belch, A., Lonial, S., Lokhorst, H.M., Voorhees, P.M., Richardson, P.G., Chari, A., Sasser, A.K., Axel, A., Feng, H., Uhlar, C.M., Wang, J., Khan, I., Ahmadi, T., and Nahi, H. (2016) Clinical effcacy of daratumumab monotherapy in patients with heavily pretreated relapsed or refractory multiple myeloma. Blood, 128, 37-44.

70. Nijhof, I., Axel, A., Casneuf, T., Mutis, T., Bloem, A., Velzen, J.V., Kessel, B.V., Minnema, M., Doshi, P., Lokhorst, H., Sasser, K., and Donk, N.V.D. (2015) Expression levels of CD38 and complement inhibitory proteins CD55 and CD59 predict response to daratumumab in multiple myeloma. Haematologica, 100, S477.

71. Nijhof, I.S., Casneuf, T., van Velzen, J., van Kessel, B., Axel, A.E., Syed, K., Groen, R.W.J.,

van Duin, M., Sonneveld, P., Minnema, M.C., Zweegman, S., Chiu, C., Bloem, A.C., Mutis, T., Lokhorst, H.M., Sasser, A.K., and van de Donk, N.W.C.J. (2016) CD38 expression and complement inhibitors affect response and resistance to daratumumab therapy in myeloma. Blood, 128, 959-970.

72. Horenstein, A.L., Chillemi, A., Quarona, V., Zito, A., Roato, I., Morandi, F., Marimpietri, D., Bolzoni, M., Toscani, D., Oldham, R.J., Cuccioloni, M., Sasser, A.K., Pistoia, V., Giuliani, N., and Malavasi, F. (2015) NAD (+) -metabolizing ectoenzymes in remodeling tumor-host interactions: the human myeloma model. Cells, 4, 520-537.

73. Taylor, R.P. and Lindorfer, M.A. (2015) Fcgamma-receptor-mediated trogocytosis impacts mAb-based therapies: historical precedence and recent developments. Blood, 125, 762-766.

74. Kyle, R.A., Remstein, E.D., Therneau, T.M., Dispenzieri, A., Kurtin, P.J., Hodnefield, J.M., Larson, D.R., Plevak, M.F., Jelinek, D.F., Fonseca, R., Melton, L.J. Ⅲ, , and Rajkumar, S.V.(2007)Clinical course and prognosis of smoldering(asymptomatic) multiple myeloma. N. Engl. J. Med., 356, 2582-2590.

75. Mateos, M.V., Hernandez, M.T., Giraldo, P., de la Rubia, J., de Arriba, F., Lopez Corral, L., Rosinol, L., Paiva, B., Palomera, L., Bargay, J., Oriol, A., Prosper, F., Lopez, J., Olavarria, E., Quintana, N., Garcia, J.L., Blade, J., Lahuerta, J.J., and San Miguel, J.F. (2013) Lenalidomide plus dexamethasone for high-risk smoldering multiple myeloma. N. Engl. J. Med., 369, 438-447.

76. Rajkumar, S.V., Merlini, G., and San Miguel, J.F. (2012) Haematological cancer: redefining myeloma. Nat. Rev. Clin. Oncol., 9, 494-496.

77. Landgren, O. and Waxman, A.J. (2010) Multiple myeloma precursor disease. JAMA, 304, 2397-2404.

78. Sher, T., Fenton, B., Akhtar, A., and Gertz, M.A. (2016) First report of safety and effcacy of daratumumab in 2 cases of advanced immunoglobulin light chain amyloidosis. Blood, 128, 1987-1989.

79. Kaufman, G., Witteles, R., Wheeler, M., Ulloa, P., Lugtu, M., Arai, S., Schrier, S., Lafayette, R., and Liedtke, M. (2016) Hematologic responses and cardiac organ improvement in patients with heavily pretreated cardiac immunoglobulin light chain (AL) amyloidosis receiving daratumumab. Blood, 128, 4525.

80. Usmani, S.Z., Nahi, H., Mateos, M.-V., Lokhorst, H.M., Chari, A., Kaufman, J.L., Moreau, P., Oriol, A., Plesner, T., Benboubker, L., Hellemans, P., Masterson, T., Clemens, P.L., Ahmadi, T., Liu, K., and San-Miguel, J. (2016) Open-label, multicenter, dose escalation phase 1b study to assess the subcutaneous delivery of daratumumab in patients (pts) with relapsed or refractory multiple myeloma (PAVO). Blood, 128, 1149.

81. McCudden, C., Axel, A., Slaets, D., Frans, S., Bald, J., Schecter, J.M., Ahmadi, T., Plesner, T., and Sasser, K. (2015) Assessing clinical response in multiple myeloma (MM) patients treated with monoclonal antibodies (mAbs): validation of a daratumumab IFE reflex assay (DIRA) to distinguish malignant M-protein from therapeutic antibody. J. Clin. Oncol., 33, 8590.

82. Chapuy, C.I., Nicholson, R.T., Aguad, M.D., Chapuy, B., Laubach, J.P., Richardson, P.G., Doshi, P., and Kaufman, R.M. (2015) Resolving the daratumumab interference with blood compatibility testing. Transfusion, 55, 1545-1554.

83. Berthelier, V., Laboureau, J., Boulla, G., Schuber, F., and Deterre, P. (2000) Probing ligand-induced conformational changes of human CD38. Eur. J. Biochem., 267, 3056-3064.

84. Chapuy, C.I., Aguad, M.D., Nicholson, R.T., AuBuchon, J.P., Cohn, C.S., Delaney, M., Fung, M.K., Unger, M., Doshi, P., Murphy, M.F., Dumont, L.J., and Kaufman, R.M. (2016) International validation of a dithiothreitol (DTT) -based method to resolve the daratumumab interference with blood compatibility testing. Transfusion, 56, 2964-2972.

85. Weiner, L.M., Surana, R., and Wang, S. (2010) Monoclonal antibodies: versatile platforms for cancer immunotherapy. Nat. Rev. Immunol., 10, 317-327.

86. Kumar, S.K., Lee, J.H., Lahuerta, J.J., Morgan, G., Richardson, P.G., Crowley, J., Haessler, J., Feather, J., Hoering, A., Moreau, P., LeLeu, X., Hulin, C., Klein, S.K., Sonneveld, P., Siegel, D., Blade, J., Goldschmidt, H., Jagannath, S., Miguel, J.S., Orlowski, R., Palumbo, A., Sezer, O., Rajkumar, S.V., and Durie, B.G. (2012) Risk of progression and survival in multiple myeloma relapsing after therapy with IMiDs and bortezomib: a multicenter international myeloma working group study. Leukemia, 26, 149-157.

87. van de Donk, N.W., Gorgun, G., Groen, R.W., Jakubikova, J., Mitsiades, C.S., Hideshima, T., Laubach, J., Nijhof, I.S., Raymakers, R.A., Lokhorst, H.M., Richardson, P.G., and Anderson, K.C. (2012) Lenalidomide for the treatment of relapsed and refractory multiple myeloma. Cancer Manage. Res., 4, 253-268.

88. Nijhof, I.S., Groen, R.W., Noort, W.A., van Kessel, B., de Jong-Korlaar, R., Bakker, J., van Bueren, J.J., Parren, P.W., Lokhorst, H.M., van de Donk, N.W., Martens, A.C., and Mutis, T. (2015) Preclinical evidence for the therapeutic potential of CD38-targeted immuno-chemotherapy in multiple myeloma patients refractory to lenalidomide and bortezomib. Clin. Cancer Res., 21, 2802-2810.

89. Nijhof, I.S., Lammerts van Bueren, J.J., van Kessel, B., Andre, P., Morel, Y., Lokhorst, H.M., van de Donk, N.W., Parren, P.W., and Mutis, T. (2015) Daratumumab-mediated lysis of primary multiple myeloma cells is enhanced in combination with the human anti-KIR antibody IPH2102 and lenalidomide. Haematologica, 100, 263-268.

90. Korde, N., Carlsten, M., Lee, M.J., Minter, A., Tan, E., Kwok, M., Manasanch, E., Bhutani, M., Tageja, N., Roschewski, M., Zingone, A., Costello, R., Mulquin, M., Zuchlinski, D., Maric, I., Calvo, K.R., Braylan, R., Tembhare, P., Yuan, C., Stetler-Stevenson, M., Trepel, J., Childs, R., and Landgren, O. (2014) A phase II trial of pan-KIR2D blockade with IPH2101 in smoldering multiple myeloma. Haematologica, 99, e81-e83.

91. Carlsten, M., Korde, N., Kotecha, R., Reger, R., Bor, S., Kazandjian, D., Landgren, O., and Childs, R.W. (2016) Checkpoint inhibition of KIR2D with the monoclonal antibody IPH2101 induces contraction and hyporesponsiveness of NK cells in patients with myeloma. Clin. Cancer Res., 22, 5211-5222.

92. van der Neut Kolfschoten, M., Schuurman, J., Losen, M., Bleeker, W.K., Martinez-Martinez, P., Vermeulen, E., den Bleker, T.H., Wiegman, L., Vink, T., Aarden, L.A., De Baets, M.H., van de Winkel, J.G., Aalberse, R.C., and Parren, P.W. (2007) Anti-inflammatory activity of human IgG4 antibodies by dynamic Fab arm exchange. Science, 317, 1554-1557.

93. Richardson, P.G., Sonneveld, P., Schuster, M.W., Irwin, D., Stadtmauer, E.A., Facon, T., Harousseau, J.L., Ben-Yehuda, D., Lonial, S., Goldschmidt, H., Reece, D., San-Miguel, J.F., Blade, J., Boccadoro, M., Cavenagh, J., Dalton, W.S., Boral, A.L., Esseltine, D.L., Porter, J.B., Schenkein, D., and Anderson, K.C. (2005) Bortezomib or high-dose dexamethasone for relapsed multiple myeloma. N. Engl. J. Med., 352, 2487-2498.

94. Sonneveld, P., Goldschmidt, H., Rosinol, L., Blade, J., Lahuerta, J.J., Cavo, M., Tacchetti, P., Zamagni, E., Attal, M., Lokhorst, H.M., Desai, A., Cakana, A., Liu, K., van de Velde, H., Esseltine, D.L., and Moreau, P. (2013) Bortezomib-based versus nonbortezomib-based induction treatment before autologous stem-cell transplantation in patients with previously untreated multiple myeloma: a meta-analysis of phase III randomized, controlled trials. J. Clin. Oncol., 31, 3279-3287.

95. Malavasi, F. (2011) Editorial: CD38 and retinoids: a step toward a cure. J. Leukoc. Biol., 90, 217-219.

96. Drach, J., McQueen, T., Engel, H., Andreeff, M., Robertson, K.A., Collins, S.J., Malavasi, F., and Mehta, K. (1994) Retinoic acid-induced expression of CD38 antigen in myeloid cells is mediated through retinoic acid receptor-alpha. Cancer Res., 54, 1746-1752.

97. San Miguel, J.F., Schlag, R., Khuageva, N.K., Dimopoulos, M.A., Shpilberg, O., Kropff, M., Spicka, I., Petrucci, M.T., Palumbo, A., Samoilova, O.S., Dmoszynska, A., Abdulkadyrov, K.M., Schots, R., Jiang, B., Mateos, M.-V., Anderson, K.C., Esseltine, D.L., Liu, K., Cakana, A., van de Velde, H., and Richardson, P.G. (2008) Bortezomib plus melphalan and prednisone for initial treatment of multiple myeloma. N. Engl. J. Med., 359, 906-917.

98. Roussel, M., Lauwers-Cances, V., Robillard, N., Hulin, C., Leleu, X., Benboubker, L., Marit, G., Moreau, P., Pegourie, B., Caillot, D., Fruchart, C., Stoppa, A.M., Gentil, C., Wuilleme, S., Huynh, A., Hebraud, B., Corre, J., Chretien, M.L., Facon, T., Avet-Loiseau, H., and Attal, M. (2014) Front-line transplantation program with lenalidomide, bortezomib, and dexamethasone combination as induction and consolidation followed by lenalidomide maintenance in patients with multiple myeloma: a phase II study by the Intergroupe Francophone du Myelome. J. Clin. Oncol., 32, 2712-2717.

99. Moreau, P., Kaufman, J.L., Sutherland, H.J., Lalancette, M., Magen, H., Iida, S., Kim, J.S., Prince, M., Cochrane, T., Khokhar, N.Z., Guckert, M., Qin, X., and Oriol, A. (2016) Effcacy of daratumumab, lenalidomide and dexamethasone versus lenalidomide and dexamethasone alone for relapsed or refractory multiple myeloma among patients with 1 to 3 prior lines of therapy based on previous treatment exposure: updated analysis of Pollux. Blood, 128, 489.

100. Chanan-Khan, A.A., Lentzsch, S., Quach, H., Horvath, N., Capra, M., Ovilla,

R., Jo, J.-C., Shin, H.-J., Qi, M., Deraedt, W., Schecter, J., Amin, H., Qin, X., Casneuf, T., Chiu, C., Sasser, A.K., and Sonneveld, P. (2016) Daratumumab, bortezomib and dexamethasone versus bortezomib and dexamethasone alone for relapsed or refractory multiple myeloma based on prior treatment exposure: updated effcacy analysis of castor. Blood, 128, 3313.

101. Mateos, M.-V., Estell, J., Barreto, W., Corradini, P., Min, C.-K., Medvedova, E., Qi, M., Schecter, J., Amin, H., Qin, X., Deraedt, W., Casneuf, T., Chiu, C., Sasser, A.K., and Nooka, A. (2016) Efficacy of daratumumab, bortezomib, and dexamethasone versus bortezomib and dexamethasone in relapsed or refractory myeloma based on prior lines of therapy: updated analysis of castor. Blood, 128, 1150.

102. Usmani, S.Z., Dimopoulos, M.A., Belch, A., White, D., Benboubker, L., Cook, G., Leiba, M., Morton, J., Ho, P.J., Kim, K., Takezako, N., Khokhar, N.Z., Guckert, M., Wu, K., Qin, X., Casneuf, T., Chiu, C., Sasser, A.K., andSan-Miguel, J. (2016) Efficacy of daratumumab, lenalidomide, and dexamethasone versus lenalidomide and dexamethasone in relapsed or refractory multiple myeloma patients with 1 to 3 prior lines of therapy: updated analysis of Pollux. Blood, 128, 1151.

103. Landgren, O., Devlin, S., Boulad, M., and Mailankody, S. (2016) Role of MRD status in relation to clinical outcomes in newly diagnosed multiple myeloma patients: a meta-analysis. Bone Marrow Transplant., 51, 1565-1568.

104. Munshi, N.C., Avet-Loiseau, H., Rawstron, A.C., Owen, R.G., Child, J.A., Thakurta, A., Sherrington, P., Samur, M.K., Georgieva, A., Anderson, K.C., and Gregory, W.M. (2017) Association of minimal residual disease with superior survival outcomes in patients with multiple myeloma: a meta-analysis. JAMA Oncol., 3, 28-35.

105. Kumar, S., Paiva, B., Anderson, K.C., Durie, B., Landgren, O., Moreau, P., Munshi, N., Lonial, S., Blade, J., Mateos, M.V., Dimopoulos, M., Kastritis, E., Boccadoro, M., Orlowski, R., Goldschmidt, H., Spencer, A., Hou, J., Chng, W.J., Usmani, S.Z., Zamagni, E., Shimizu, K., Jagannath, S., Johnsen, H.E., Terpos, E., Reiman, A., Kyle, R.A., Sonneveld, P., Richardson, P.G., McCarthy, P., Ludwig, H., Chen, W., Cavo, M., Harousseau, J.L., Lentzsch, S., Hillengass, J., Palumbo, A., Orfao, A., Rajkumar, S.V., San Miguel, J., and Avet-Loiseau, H. (2016) International Myeloma Working Group consensus criteria for response and minimal residual disease assessment in multiple myeloma. Lancet Oncol., 17, e328-e346.

106. Avet-Loiseau, H., Casneuf, T., Chiu, C., Laubach, J.P., Lee, J.-J., Moreau, P., Plesner, T., Nahi, H., Khokhar, N.Z., Qi, M., Schecter, J., Carlton, V., Qin, X., Liu, K., Wu, K., Zhuang, S.H., Ahmadi, T., Sasser, A.K., and San-Miguel, J. (2016) Evaluation of minimal residual disease (MRD) in relapsed/refractory multiple myeloma (RRMM) patients treated with daratumumab in combination with lenalidomide plus dexamethasone or bortezomib plus dexamethasone. Blood, 128, 246.

107. Hernandez-Ilizaliturri, F.J., Reddy, N., Holkova, B., Ottman, E., and Czuczman, M.S. (2005) Immunomodulatory drug CC-5013 or CC-4047 and rituximab enhance antitumor activity in a severe combined immunodeficient mouse lymphoma model. Clin. Cancer Res., 11, 5984-5992.

108. Quach, H., Ritchie, D., Stewart, A.K., Neeson, P., Harrison, S., Smyth, M.J., and Prince, H.M. (2010) Mechanism of action of immunomodulatory drugs (IMiDS) in multiple myeloma. Leukemia, 24, 22-32.

109. Miguel, J.S., Weisel, K., Moreau, P., Lacy, M., Song, K., Delforge, M., Karlin, L., Goldschmidt, H., Banos, A., Oriol, A., Alegre, A., Chen, C., Cavo, M., Garderet, L., Ivanova, V., Martinez-Lopez, J., Belch, A., Palumbo, A., Schey, S., Sonneveld, P., Yu, X., Sternas, L., Jacques, C., Zaki, M., and Dimopoulos, M. (2013) Pomalidomide plus low-dose dexamethasone versus high-dose dexamethasone alone for patients with relapsed and refractory multiple myeloma (MM-003): a randomised, open-label, phase 3 trial. Lancet Oncol., 14, 1055-1066.

110. Leleu, X., Attal, M., Arnulf, B., Moreau, P., Traulle, C., Marit, G., Mathiot, C., Petillon, M.O., Macro, M., Roussel, M., Pegourie, B., Kolb, B., Stoppa, A.M., Hennache, B., Brechignac, S., Meuleman, N., Thielemans, B., Garderet, L., Royer, B., Hulin, C., Benboubker, L., Decaux, O., Escoffre-Barbe, M., Michallet, M., Caillot, D., Fermand, J.P., Avet-Loiseau, H., and Facon, T. (2013) Pomalidomide plus low-dose dexamethasone is active and well tolerated in bortezomib and lenalidomide-refractory multiple myeloma: Intergroupe Francophone du Myeloma 2009-02. Blood, 121, 1968-1975.

111. Lacy, M.Q., Allred, J.B., Gertz, M.A., Hayman, S.R., Short, K.D., Buadi, F., Dispenzieri, A., Kumar, S., Greipp, P.R., Lust, J.A., Russell, S.J., Dingli, D., Zeldenrust, S., Fonseca, R., Bergsagel, P.L., Roy, V., Stewart, A.K., Laumann, K., Mandrekar, S.J., Reeder, C., Rajkumar, S.V., and Mikhael, J.R. (2011) Pomalidomide plus low-dose dexamethasone in myeloma refractory to both bortezomib and lenalidomide: comparison of 2 dosing strategies in dual-refractory disease. Blood, 118, 2970-2975.

112. Chari, A., Lonial, S., Suvannasankha, A., Fay, J.W., Arnulf, B., Ifthikharuddin, J.J., Qin, X., Masterson, T., Nottage, K., Schecter, J.M., Ahmadi, T., Weiss, B., Krishnan, A., and Lentzsch, S. (2015) Open-label, multicenter, phase 1b study of daratumumab in combination with pomalidomide and dexamethasone in patients with at least 2 lines of prior therapy and relapsed or relapsed and refractory multiple myeloma. Blood, 126, 508.

113. Nooka, A.K., Joseph, N., Boise, L.H., Gleason, C., Kaufman, J.L. and Lonial, S. (2016) Clinical Efficacy of Daratumumab, Pomalidomide and Dexamethasone in Relapsed, Refractory Myeloma Patients: Utility of Retreatment with Daratumumab Among Refractory Patients ASH annual meeting 2016, 492.

114. Mateos, M.-V., Cavo, M., Jakubowiak, A.J., Carson, R.L., Qi, M., Bandekar, R., Crist, W., Ahmadi, T., and Miguel, J.F.S. (2015) A randomized open-label study of bortezomib, melphalan, and prednisone (VMP) versus daratumumab (DARA) plus VMP in patients with previously untreated multiple myeloma (MM) who are ineligible for high-dose therapy: 54767414MMY3007 (ALCYONE). J. Clin. Oncol., 33, TPS8608.

115. Schwonzen, M., Pohl, C., Steinmetz, T., Seckler, W., Vetten, B., Thiele, J., Wickramanayake, D., and Diehl, V. (1993) Immunophenotyping of low-grade B-cell lymphoma in blood and bone marrow: poor correlation between immunophenotype and

cytological/histological classification. Br. J. Haematol., 83, 232-239.

116. Ibrahim, S., Keating, M., Do, K.A., O'Brien, S., Huh, Y.O., Jilani, I., Lerner, S., Kantarjian, H.M., and Albitar, M. (2001) CD38 expression as an important prognostic factor in B-cell chronic lymphocytic leukemia. Blood, 98, 181-186.

117. Lammerts van Bueren, J., Jakobs, D., Kaldenhoven, N., Roza, M., Hiddingh, S., Meesters, J., Voorhorst, M., Gresnigt, E., Wiegman, L., Ortiz Buijsse, A., Andringa, G., Overdijk, M.B., Doshi, P., Sasser, K., de Weers, M., and Parren, P.W.H.I. (2014) Direct in vitro comparison of daratumumab with surrogate analogs of CD38 antibodies MOR03087, SAR650984 and Ab79. Blood, 124, 3474.

118. Matas-Céspedes, A., Crespo, A.V., Rodriguez, V., Roue, G., Lopez-Guillermo, A., Campo, E., Colomer, D., van Bueren, J.L., Bakker, J.M., Wiestner, A., Parren, P.W.H.I., and Perez-Galan, P. (2013) Daratumumab, a novel humananti-CD38 monoclonal antibody shows anti-tumor activity in mouse models of MCL, FL and CLL.Blood, 122, 378.

119. Doshi, P., Sasser, A.K., Axel, A., Sharp, M., Alvarez, J., Park, J., and Bueren, J.L.V. (2014) Daratumumab treatment in combination with CHOP or R-CHOP results in the inhibition or regression of tumors in preclinical models of non-hodgkins lymphoma. Haematologica, 99, P434.

120. Matas-Cespedes, A., Vidal-Crespo, A., Rodriguez, V., Villamor, N., Delgado, J., Gine, E., Roca-Ho, H., Menendez, P., Campo, E., Lopez-Guillermo, A., Colomer, D., Roue, G., Wiestner, A., Parren, P.W., Doshi, P., Lammerts-van Bueren, J.J., and Perez-Galan, P. (2016) The human CD38 monoclonal antibody daratumumab shows anti-tumor activity and hampers leukemia-microenvironment interactions in chronic lymphocytic leukemia. Clin. Cancer Res., pii: clincanres. 2095. 2015. [Epub ahead of print].

121. Vose, J., Armitage, J., and Weisenburger, D. (2008) International peripheral T-cell and natural killer/T-cell lymphoma study: pathology findings and clinical outcomes. J. Clin. Oncol., 26, 4124-4130.

122. Hari, P., Raj, R.V., and Olteanu, H. (2016) Targeting CD38 in refractory extranodal natural killer cell-T-cell lymphoma. N. Engl. J. Med., 375, 1501-1502.

123. Deaglio, S., Aydin, S., Vaisitti, T., Bergui, L., and Malavasi, F. (2008) CD38 at the junction between prognostic marker and therapeutic target. Trends Mol. Med., 14, 210-218.

124. Karakasheva, T.A., Waldron, T.J., Eruslanov, E., Lee, J.S., O'Brien, S., Hicks, P.D., Basu, D., Singhal, S., Malavasi, F., and Rustgi, A.K. (2015) CD38-expressing myeloid-derived suppressor cells promote tumor growth in a murine model of esophageal cancer. Cancer Res., 75, 4074-4085.

125. Dorner, T., Radbruch, A., and Burmester, G.R. (2009) B-cell-directed therapies for autoimmune disease. Nat. Rev. Rheumatol., 5, 433-441.

126. Kamal, A. and Khamashta, M. (2014) The effcacy of novel B cell biologics as the future of SLE treatment: a review. Autoimmun. Rev., 13, 1094-1101.

127. Mei, H.E., Schmidt, S., and Dorner, T. (2012) Rationale of anti-CD19 immunotherapy: an option to target autoreactive plasma cells in autoimmunity. Arthritis Res. Ther., 14, S1.

128. Hiepe, F., Dorner, T., Hauser, A.E., Hoyer, B.F., Mei, H., and Radbruch, A. (2011)

Long-lived autoreactive plasma cells drive persistent autoimmune inflammation. Nat. Rev. Rheumatol., 7, 170-178.

129. Mei, H.E., Wirries, I., Frolich, D., Brisslert, M., Giesecke, C., Grun, J.R., Alexander, T., Schmidt, S., Luda, K., Kuhl, A.A., Engelmann, R., Durr, M., Scheel, T., Bokarewa, M., Perka, C., Radbruch, A., and Dorner, T. (2015) A unique population of IgG-expressing plasma cells lacking CD19 is enriched in human bone marrow. Blood, 125, 1739-1748.

130. Toes, R., Huizinga, T., Molenaar, M., Parren, P. and Van de Winkel, J.G. (2008) Non-human mammalian arthritis model. Patent EP 1 898 698.

131. Dimopoulos, M.A., Richardson, P.G., Moreau, P., and Anderson, K.C. (2015) Current treatment landscape for relapsed and/or refractory multiple myeloma. Nat. Rev. Clin. Oncol., 12, 42-54.

132. Moreau, P., Attal, M., and Facon, T. (2015) Frontline therapy of multiple myeloma. Blood, 125, 3076-3084.

133. Marra, J., Du, J., Hwang, J., Wolf, J.L., Martin, T.G., and Venstrom, J.M. (2014) KIR and HLA genotypes influence clinical outcome in multiple myeloma patients treated with SAR650984 (anti-CD38) in combination with lenalidomide and dexamethasone. Blood, 124, 2126.

134. van Sorge, N.M., van der Pol, W.L., and van de Winkel, J.G. (2003) FcgammaR polymorphisms: implications for function, disease susceptibility and immunotherapy. Tissue Antigens, 61, 189-202.

135. Raab, M.S., Chatterjee, M., Goldschmidt, H., Agis, H., Blau, I.W., Einsele, H., Engelhardt, M., Ferstl, B., Gramatzki, M., Röllig, C., Weisel, K., Klöpfer, P., Weinelt, D., Endell, J., Boxhammer, R., and Peschel, C. (2016) MOR202 alone and in combination with pomalidomide or lenalidomide in relapsed or refractory multiple myeloma: data from clinically relevant cohorts from a phase I/IIa study. J. Clin. Oncol., 34, Abstract 8012.

136. Richter, J.R., Martin, T.G., Vij, R., Cole, C., Atanackovic, D., Zonder, J.A., Kaufman, J.L., Mikhael, J., Bensinger, W., Dimopoulos, M.A., Zimmerman, T.M., Lendvai, N., Hari, P., Ocio, E.M., Gasparetto, C., Kumar, S., Oprea, C., Charpentier, E., Strickland, S.A., and Miguel, J.S. (2016) Updated data from a phase II dose finding trial of single agent isatuximab (SAR650984, anti-CD38 mAb) in relapsed/refractory multiple myeloma (RRMM). J. Clin. Oncol., 34, abstr 8005.

137. Drent, E., Groen, R., Noort, W.A., Lammerts van Bueren, J., Parren, P.W.H.I., Kuball, J.H., Sebestyen, Z., van de Donk, N.W.C.J., Martens, A.C., Lokhorst, H.M., and Mutis, T. (2014) CD38 chimeric antigen receptor engineered T cells as therapeutic tools for multiple myeloma. Blood, 124, 4759.

138. Moore, G.L., Lee, S.-H., Schubbert, S., Miranda, Y., Rashid, R., Pong, E., Phung, S., Chan, E.W., Chen, H., Endo, N., Ardila, M.C., Bernett, M.J., Chu, S., Leung, I.W.L., Muchhal, U., Bonzon, C., Szymkowski, D.E., and Desjarlais, J. (2015) Tuning T cell affinity improves efficacy and safety of anti-CD38×anti-CD3 bispecific antibodies in monkeys-a potential therapy for multiple myeloma. Blood, 126, 1798.

第 8 章

依特卡肽——一种慢性肾病继发性甲状旁腺功能亢进治疗药物的研发

8.1 引言

钙离子对体内多种组织正常生理功能的发挥至关重要，人体已进化出精准维持钙离子正常水平的机制。甲状旁腺（parathyroid，PT）中表达的钙敏感受体（calcium-sensing receptor，CaSR）是一种 G 蛋白偶联受体，可通过甲状旁腺激素（parathyroid hormone，PTH）调节钙的稳态。当 CaSR 监测到体循环中钙的水平降低或其被激活时，会抑制 PTH 的分泌，反之，会促进 PTH 的分泌。而分泌的 PTH 会反作用于肾脏和骨骼，以恢复正常的细胞外钙水平。在肾脏中，PTH 还可增加维生素 D 的生物合成，从而促进钙的重吸收。在骨骼中，PTH 可增加破骨活性，增强骨骼的再吸收，并使钙释放到全身循环中。

对于患有慢性肾病（chronic kidney disease，CKD）和终末期肾病（end-stage renal disease，ESRD）的患者，维生素 D 的生物合成发生改变，且尿液中磷的排泄减少，导致低钙血症（hypocalcemia）和高磷酸盐血症（hyperphosphatemia）[1]。这种钙和磷代谢的慢性失衡会进一步造成继发性甲状旁腺功能亢进症（secondary hyperparathyroidism，SHPT），其特征是血清中 PTH 水平显著升高，以及甲状旁腺的增生[2]。SHPT 中过度和持续的 PTH 响应通常会导致骨质疏松和骨折风险的显著增加，这种情况通常被称为 CKD-矿物性骨病（CKD-mineral bone disorder，CKD-MBD）。此外，SHPT 还增加了伴有肌肉病变的血管钙化、神经病和贫血症的风险，并与全因死亡率和心血管病死亡率呈独立相关性[3]。为了抑制 SHPT 患者的 PTH 分泌，已开发出了能激活 CaSR 的药物分子，称为拟钙剂（calcimimetics）或钙敏感受体调节剂[4]。2004 年，CaSR 变构调节剂西那卡塞（cinacalcet，Sensipar®，Mimpara®，Regpara®）成为第一个获批的用于治疗 SHPT 的钙敏感受体激动剂（图 8.1）。每日口服 1 次西那卡塞可有效减少 PTH 的分泌，但服用后会导致胃肠道相关的不良反应，使得西那卡塞无法成为血液透析（hemodialysis，HD）CKD/ESRD 患者理想的 SHPT 治疗药物[5]。在该患者人群中，血液透析期间的首选治疗途径更倾向于可滴注的静脉注射，以增强患者的治疗依从性。而依特卡肽（etelcalcetide，Parsabiv™，图 8.2）的成功研发很好地满足了这一临床需求。

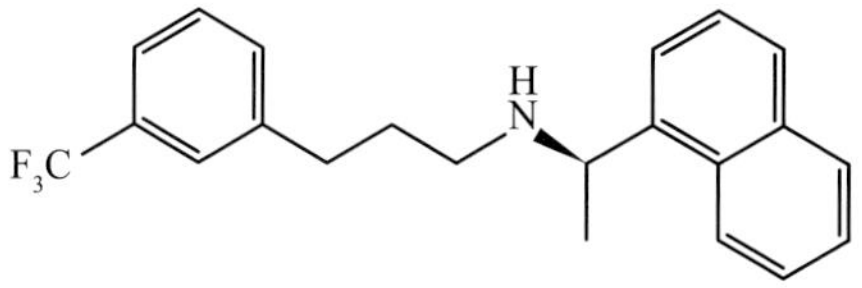

图8.1　西那卡塞（cinacalcet）的结构

H-Cys-OH
|
Ac-D-Cys-D-Ala-D-Arg-D-Arg-D-Arg-D-Ala-D-Arg-NH₂

图8.2　依特卡肽（etelcalcetide）的结构

依特卡肽的发现与开发始于一个意料之外的发现，即在临床前模型和临床环境中，静脉注射半胱氨酸（cysteine，Cys，C）的聚阳离子肽（cysteine-containing polycationic peptide）会导致PTH水平的显著降低[6]。这为基于肽类的SHPT疗法开辟了新的道路。同时，血清中的PTH是与CaSR激活紧密相关且易于监测的药效学（pharmacodynamic，PD）生物标志物，所以可以通过评估肽类化合物对大鼠血清中PTH水平的影响来优化其结构，并研究其构效关系（structure-activity relationship，SAR）。

除了最大程度地降低PTH的浓度外，聚阳离子肽的优化目标还包括避免原型先导化合物的一些不良性质。众所周知，聚阳离子肽可以发生细胞渗透[7]，所以去除这一特性对避免肽的快速清除和潜在的毒性十分重要。同时，聚阳离子也是肥大细胞的强效促分泌剂[8]，因此，在优化过程中，还应考虑将肥大细胞和嗜碱性粒细胞的组胺释放能力最小化。

总的来说，SAR的研究主要集中在三个层面：①评估正电荷的数量，以使CaSR得到有效激活，同时避免肥大细胞渗透并最小化组胺的诱导释放；②通过调节阳离子电荷与关键Cys残基之间的空间关系来增强其对CaSR的活性和选择性；③通过增加对蛋白水解的抵抗力及稳定Cys中的巯基延长半衰期。

在临床前和临床研究中发现所得的依特卡肽分子具有可接受的安全性，并与西那卡塞的功效相当。其他相关研究还揭示了一种与CaSR有关的变构调节机制，该机制是通过肽类物质与CaSR的胞外域之间的瞬时二硫键介导的[9]。更重要的是，依特卡肽的高溶解度和血清稳定性，以及在ESRD患者中良好的药代动力学性质，使得它可在血液透析过程中更方便地静脉注射给药。因此，具有良好依从性的依特卡肽成功地成为有效的SHPT治疗药物。

8.2　化合物设计和构效关系研究

最初有关阳离子短肽类CaSR激动剂的研究是基于对蛋白激酶C（protein kinase C，PKC）选择性细胞渗透调节剂的非临床和临床研究[6]。这些调节剂含有一个异二聚肽（heterodimeric peptide）结构和一个靶向PKC的载体，可通过将阳离子肽与二硫键结合的方式渗透进入细胞，从而到达细胞内的PKC靶点。临床前和临床研究中观察到的出乎意料的降钙作用表明，这是一种与CaSR相关的作用机制。对该类肽的SAR研究则表明，阳离子结构是降钙活性的必需药效团，而参与PKC调节的结构部分则不是。随后，研究人员进行了更为详细且深入的SAR分析，并筛选出了具有最佳性质的依特卡肽。相关研究已在专利文献[10]中公开报道，并将在下文中详细介绍。

8.2.1 阳离子电荷的优化

虽然最初报道的活性肽都是由 L 型氨基酸构成（天然氨基酸，即为全-L 型肽）的，但在大鼠模型中，全部由相应的 D 型氨基酸构成的肽（全-D 型肽）表现出了相同甚至更好的活性。如果全-D 型肽对肽酶具有抗性，则其体内稳定性会更好，体内半衰期也将更长，这一思路成为后续研究的起点。实验发现肽类化合物的两种对映体均有活性，这一现象引起了很大的关注，因为这暗示可能存在潜在的非特异性作用，而不是由受体介导的机制。然而，随着SAR研究的深入，发现肽链较短的全-L 型对映体不再具有显著的活性。通过使用可表达CaSR的人胚肾细胞293（human embryonic kidney cell 293，HEK293），在体外实验中测试了包含 4~8个全-D 型精氨酸（arginine，Arg，R）残基且N端为Cys残基的肽类化合物，发现Arg的数量与体外受体激活活性之间存在着直接的相关性（表8.1）。当Arg的数量从5个减少到4个时，活性显著下降。同时，未转染CaSR的HEK293细胞对这些肽并无应答。以上结果表明此类肽可以选择性地作用于CaSR。

含有 4~7个D-Arg 的肽类化合物在急性肾功能不全的1K1C（one kidney，one clip，一肾一夹）大鼠模型中对PTH水平的影响如图8.3所示（3 mg/kg静脉注射30 min；有关大鼠模型的说明，请参见8.3节）。与Ac-crrrr-NH$_2$（图8.3，化合物1）和Ac-crrrrr-NH$_2$（图8.3，化合物2）相比，Ac-crrrrrr-NH$_2$（图8.3，化合物3，dCR$_6$）表现出更强的活性且能够长效地降低PTH的水平。令人惊讶的是，短肽3（包含6个D-Arg）不光具有很好的体外活性，而且体内药效持续时间比Ac-crrrrrrr-NH$_2$（图8.3，化合物4，包含7个D-Arg）更长。这可能是因为包含7个D-Arg的短肽会被细胞吸收，因此其细胞外浓度更低。通常情况下，体内活性的

表8.1　Ac-*D*-Cys-（*D*-Arg）$_x$-NH$_2$ 系列短肽的活性

化合物编号	结构	*D*-Arg 残基的个数	EC$_{50}$（μmol/L）
1	Ac-crrrr-NH$_2$	4	16
2	Ac-crrrrr-NH$_2$	5	2.5
3	Ac-crrrrrr-NH$_2$	6	0.5
4	Ac-crrrrrrr-NH$_2$	7	0.6
5	Ac-crrrrrrrr-NH$_2$	8	0.3

注：Ac—N-terminal acetyl，N端乙酰基；c，*D*-Cys；r，*D*-Arg；NH$_2$—C-terminal amide，C端氨基。

增强可能不单纯与阳离子电荷的增加有关。但是，从接受测试的大多数短肽来看，不同肽对PTH水平的降低的确与转染的HEK293细胞中CaSR信号的体外激活相关，这就进一步证实了该类肽的作用机制可能是作用于CaSR或其下游通路。

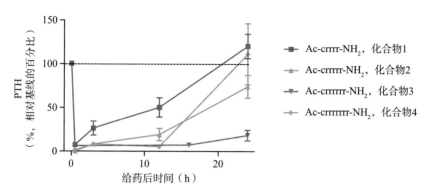

图8.3 在1K1C急性肾功能不全大鼠模型中，具有不同阳离子电荷的D型肽对PTH水平的影响。所有肽均在30 min内静脉注射，并在给药后24 h内测定PTH的水平

据报道，Gαi依赖性肥大细胞（Gαi-dependent mast cell）和嗜碱性粒细胞（basophil）的活化[8, 11]可能会导致聚阳离子化合物触发生物组胺的释放。毋庸置疑，对于治疗SHPT的钙敏感受体激动剂而言，这是不希望出现的副作用，因此需要进一步研究与组胺诱导相关的SAR。实验中主要通过静脉注射将各种肽类受试化合物注射入正常大鼠体内，再检测其体内组胺水平的变化。对于每一个测试的肽类化合物，都能观察到组胺水平的短暂增加（图8.4），且给药5 min后达到峰值，30 min后恢复到基线水平。化合物5（含有8个D-Arg）表现出最强的组胺诱导活性（6～9倍）。而对于D-Arg残基较少的化合物，也会导致组胺水平的升高，但程度较小。然而，就降低血浆PTH水平的活性而言，化合物1和2的效力远不及化合物3。因此，化合物3（Ac-crrrrrr-NH$_2$或"dCR$_6$"）被选定为具有潜力的钙敏感受体激动剂，研究者对其开展了进一步的研究。

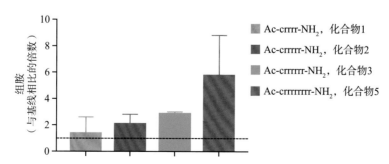

图8.4 正常大鼠静脉注射短肽（0.7 μmol）后的急性组胺释放情况。条形图表示组胺水平相对于给药前基线（虚线）的倍数变化

8.2.2　dCR$_6$的单丙氨酸取代衍生物研究

为了减少dCR$_6$引起的组胺释放，在保留其降低PTH水平活性的同时，需要进一步降低肽的阳离子电荷。巯基和Arg残基之间的关系可能对活性很重要，研究人员通过 D-丙氨酸（alanine，缩写为Ala或A）扫描对此进行了系统性评估。所谓 D-Ala扫描研究，是指将肽链中的氨基酸逐一取代为 D-Ala，合成一系列 D-Ala单取代的肽类衍生物。具体而言，依次通过 D-Ala取代 D-Arg来对化合物 Ac-crrrrrr-NH$_2$（表8.2，化合物3，dCR$_6$）进行修饰，并以CaSR转染的HEK293细胞和正常大鼠测试化合物的体外、体内活性。研究发现，体外和体内作用之间具有极好的相关性（表8.2），说明这些化合物在体外对CaSR的活化与降低体内PTH水平之间存在直接的关联。为了进一步验证相关结果，研究人员测试了这些肽类化合物促进体外腹膜肥大细胞释放组胺的活性。跟预期一样，所有被 D-Ala取代的肽，因为电荷的减少导致组胺释放的诱导减少，但组胺的释放水平相较于阴性对照仍然增加了4～7倍。

特别值得注意的是，在体外和体内模型中，消除相对于巯基特定位置的电荷对降低PTH水平的体外、体内活性均具有显著作用。如表8.2所示，以 D-Ala取代 dCR$_6$的2位、3位、4位或7位的 D-Arg残基可导致体外活性下降约2倍，而取代5位的 D-Arg（Ac-crrrarr-NH$_2$，表8.2，化合物9）将使得体外活性下降10倍。但是，取代6位 D-Arg（Ac-crrrrar-NH$_2$，表8.2，化合物10）对dCR$_6$的活性略有改善。而 Ac-carrrrr-NH$_2$（表8.2，化合物6）和Ac-crrarrr-NH$_2$（表8.2，化合物8）的体内活性最好，对正常大鼠单次静脉注射给药后（0.5 mg/kg），PTH可降至无法检测的

表8.2　单丙氨酸扫描dCR$_6$（化合物3）所得化合物的体外、体内活性

化合物编号	结构	体内PTH活性[a]	PTH的体外EC$_{50}$（μmol/L）	体外组胺释放活性[b]
3	Ac-crrrrrr-NH$_2$	0	0.50	11.5
6	Ac-carrrrr-NH$_2$	0	1.1	6.6
7	Ac-crarrrr-NH$_2$	7	1.0	6.8
8	Ac-crrarrr-NH$_2$	0	1.1	5.3
9	Ac-crrrarr-NH$_2$	45	5.9	5.0
10	Ac-crrrrar-NH$_2$	3	0.45	5.0
11	Ac-crrrrra-NH$_2$	28	3.1	4.1
	生理盐水	100	ND	1.0

a）在异氟烷麻醉的正常大鼠中，静脉注射0.5 mg/kg受试化合物后，在给药1 h、2 h、3 h和4 h后测试PTH的水平，并计算累积AUC。PTH活性的计算方法为AUC$_{化合物}$/AUC$_{生理盐水}$×100%。

b）通过大鼠腹膜肥大细胞进行体外测试，在给药10 μmol/L时的组胺水平倍数变化。

水平，并至少持续4 h。这些化合物降低PTH水平的持续作用时间如图8.5所示。这些结果表明，CaSR激动剂的活性不仅仅是由肽类化合物的大量电荷决定的，而且与Arg残基紧密相关。

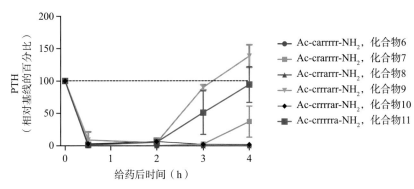

图8.5　基于dCR_6（化合物3）的丙氨酸扫描所得系列化合物体内降PTH活性

8.2.3　dCR_6的双丙氨酸取代衍生物研究

为了进一步研究可针对性减少组胺诱导作用的SAR，研究人员合成了一系列含有双 D-Ala 取代的dCR_6衍生物（表8.3，化合物3）。这些化合物虽具有与dCR_4（图8.4，化合物2）相同的电荷数量，但活性各有不同。研究结果与先前的单Ala扫描研究一致，5位和7位的阳离子残基对活性特别重要，而6位相对而言并不关键。所有化合物的体内活性数据参见图8.6。需要特别指出的是，Ac-crrarar-NH_2（表8.3，化合物23）和Ac-carrrar-NH_2（表8.3，化合物24）都能够长时间将PTH降低至基线水平；且在体外和体内都将组胺降低至基线水平（表8.3）。

表8.3　双丙氨酸取代dCR_6（化合物3）衍生物的体外、体内降PTH活性和组胺诱导活性

化合物编号	结构	体内活性[a]	体外组胺诱导活性[b]	体内组胺诱导活性[c]
生理盐水	Saline	100	—	—
3	Ac-crrrrrr-NH_2	0	11.5	2.7
12	Ac-crrarra-NH_2	130	1.6	ND
13	Ac-cararrr-NH_2	116	2.5	1.0
14	Ac-carrarr-NH_2	105	1.4	ND
15	Ac-crraarr-NH_2	102	1.3	ND
16	Ac-crararr-NH_2	87	1.4	1.1
17	Ac-carrrra-NH_2	72	1.3	0.9

化合物编号	结构	体内活性[a]	体外组胺诱导活性[b]	体内组胺诱导活性[c]
18	Ac-crarrra-NH$_2$	69	1.1	1.0
19	Ac-crrraar-NH$_2$	50	1.0	ND
20	Ac-caarrrr-NH$_2$	48	1.2	ND
21	Ac-crarrar-NH$_2$	43	1.5	0.8
22	Ac-craarrr-NH$_2$	9	1.0	ND
23	Ac-crrarar-NH$_2$	6	1.2	0.9
24	Ac-carrrar-NH$_2$	1	1.4	1.0

a）在正常大鼠静脉注射化合物（0.5 mg/kg）后的 1 h、2 h、3 h 和 4 h 测定 PTH 的水平，并计算曲线下面积（AUC）PTH% ＝ AUC$_{化合物}$/AUC$_{生理盐水}$ ×100%。

b）在给药量为 10 μmol/L 时组胺释放水平的倍数变化。

c）静脉注射（2 mg/kg）5 min 后测试组胺水平相对于给药前的倍数变化。

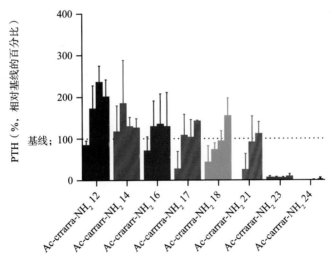

图 8.6　dCR$_6$（化合物 3）双丙氨酸取代衍生物在正常大鼠中降低 PTH 水平的活性。柱高表示各组的 PTH 水平相对基线的百分比，测量时间为给药后的 1 h、2 h、3 h 和 4 h。柱高值为平均值±SD（n＝2）

8.2.4　Ac-carrrar-NH$_2$ 和 Ac-crrarar-NH$_2$ 中丙氨酸残基的 SAR 研究

对化合物 23 和 24 上 D-Ala 基团取代的评估如图 8.7 所示，根据相关化合物的筛选结果可得出以下几个结论：①6 位首选 D-Ala、Gly 或 D-Ser 等较小的氨基酸；②化合物 24 的 2 位取代的选择性和耐受性更好，可以是疏水基团、芳香基团和极性基团，但不耐受酸性的氨基酸残基；③化合物 23 的 4 位耐受性也相对较好，可以耐受多种类型的氨基酸，但影响二级构象（如 Gly、Pro 和 L-Ala）或有酸性侧链的氨基酸除外。值得注意的是，D-Ala 在所有三个测试位点的表现都几乎是最佳的氨基酸残基。此外，在体外测试中，四种活性稍强于双 Ala 取代的母体肽化合物的组胺诱导活性都明显大于相应的双 Ala 取代的肽。最后，组胺诱导活性往往与被疏水性氨基酸取代有关，但与降低 PTH 的活性没有关系（数据未给出）。

Ac-carrrar-NH$_2$ (24)

位置2	f	a	h	r	Nva	Nleu	s	v	t	q	l	p	i	G	Sar	mAla	A	Aib	e
PTH%	0	1	1	3	7	10	13	19	23	24	26	30	33	45	50	56	68	70	103

位置6	r	a	G	s	t	q	h	Nva	Nle	Aib	mAla	p	v	e	Sar	A	l	i	f
PTH%	0	1	5	6	18	41	48	54	64	68	74	76	79	81	111	128	140	161	177

Ac-crrarar-NH$_2$ (23)

位置4	i	l	a	r	v	Nle	Nva	q	s	f	h	t	e	p	G	mAla	Sar
PTH%	0	1	3	3	3	3	4	4	6	9	13	56	68	69	86	141	

- ■ D-Ala
- ▨ L-Ala
- ▨ Hydrophobic
- ▤ Positive
- □ Hydrophilic
- ▦ N-alkyl
- ▨ Negative

图 8.7 双丙氨酸取代的 dCR$_6$（化合物 3）衍生物的 SAR 研究。肽 23 和 24 母核的 D-丙氨酸位置（蓝色）被指定的氨基酸取代。表中数值表示相应化合物给药后的 PTH 水平相对基线的百分比。在每个系列中，取代基按活性递减的顺序排列

8.2.5 巯基残基的重要性

Ac-carrrar-NH$_2$（表8.3，化合物24）表现出了优异的活性（0.5 mg/kg 剂量下可使正常大鼠 PTH 降低至不可检测的水平），但缺乏 N 端半胱氨酸（cysteine，Cys，C）的衍生物 Ac-arrrar-NH$_2$（化合物25）即使在很高剂量都未表现出活性（表8.4）。类似地，1 mg/kg 剂量下的 Ac-rrrrrr-NH$_2$（表8.4，化合物26）也完全无效。此外，以不包含游离巯基基团的甲硫氨酸（methionine，Met，M）取代 N 端半胱氨酸残基时，化合物的降 PTH 体内活性也非常弱。然而，其他几个含巯基的氨基酸取代化合物24中的半胱氨酸残基都可保持降 PTH 的活性（表8.4，化合物28 ~ 30）。

表8.4 硫醇氨基酸残基对体内活性至关重要

化合物编号	结构	体内PTH水平[a]
生理盐水	Saline	100
25	Ac-arrrar	219[b]
26	Ac-rrrrrr-NH$_2$	125[c]
27	Ac-βAla-crrrrrr-NH$_2$	0

化合物编号	结构	体内PTH水平[a]
28	Mpa-rrrrrr-NH$_2$	2
29	Ac-dHcy-rrrrrr-NH$_2$	21
30	Ac-dPen-rrrrrr-NH$_2$	9

注：βAla，β-alanine，β-丙氨酸；Mpa，3-mercaptopropionic acid，3-巯基丙酸；dHcy，D-homocysteine，D-同型半胱氨酸；dPen，D-penicillamine，D-青霉胺。

a）对正常大鼠静脉注射给药 0.5 mg/kg，PTH% ＝ AUC$_{化合物}$/AUC$_{生理盐水}$ ×100% 。

b）对正常大鼠静脉注射给药9 mg/ml。

c）对正常大鼠静脉注射给药1 mg/ml。

8.2.6　巯基偶联物——依特卡肽的发现

肽（如化合物24）中游离的巯基基团具有反应性，可氧化为比母体化合物阳离子电荷更高的同二聚体肽。这种二聚体肽会比线性肽产生更强的组胺诱导。化合物24与其他含有巯基的结构（非阳离子）形成的偶联物不仅避免了二聚体的形成，同时还保持了体内降低PTH水平的活性及较低的组胺诱导活性。因此，这些偶联化合物可以作为活性巯基化合物24的前药。因此，将24中D-Cys残基中的巯基基团与L-Cys中的巯基基团反应，以二硫键连接生成了含有一个L-Cys残基的化合物31，其在体内可以发挥化合物24全部的活性，且不会导致组胺诱导副作用，同时具有足够的化学稳定性并可制备成液体剂型[12]。也正是基于这些优异的特性，化合物31最终被选作候选药物继续开发，成为我们现在熟知的依特卡肽。

8.3　临床前研究

从先导化合物的优化到依特卡肽的发现，整个过程主要是在正常成年大鼠模型中进行测试。在该模型中，静脉注射依特卡肽可使血浆PTH水平发生迅速、可逆，且剂量依赖性地降低[13]。对于健康的动物而言，依特卡肽的半衰期相对较短（约为1.5 h），这和药代动力学曲线相吻合，也可以很容易地解释其药效持续时间较短的原因。鉴于依特卡肽的预期患者为肾功能不全者，因此在以下两种啮齿动物尿毒症模型中进一步评估其活性：急性肾功能不全的1K1C大鼠模型和5/6肾切除术（5/6Nx）的CKD模型[13, 14]。在1K1C模型中，切除了大鼠的一个肾脏，然后将剩余的肾脏局部缺血45 min，再进行48 h的再灌注，造成明显的肾坏死和肾衰竭症状。在该模型中，大鼠血浆PTH水平显著升高至与ESRD患者相当的水平（超过600 pg/ml）。此时，对1K1C模型进行单次静脉注射依特卡肽

（0.5 mg/kg），观察到血浆PTH水平相对于基线而言，在两个小时内降低90%以上（PTH的平均基线水平为865 pg/ml）。与对照组相比，依特卡肽治疗组PTH水平的显著降低可持续整个为期24 h的监测期（图8.8a）。口服西那卡塞（30 mg/kg）也可引起PTH水平的降低，但与依特卡肽治疗组相比，降幅较小，且持续时间很短。

　　与急性1K1C模型相比，5/6Nx大鼠模型是一个肾功能不全程度较轻的模型，因此治疗时间可以延长至几周。实验中对5/6Nx大鼠给予依特卡肽或西那卡塞治疗28天，每日给药1次，在整个治疗期间监测血浆的PTH水平，并与空白对照组进行比较[14]。与正常动物（约150 pg/ml）相比，模型动物的血浆PTH水平与基线相比均显著升高（治疗组平均为400～500 pg/ml）。每周测试血浆PTH水平，测试时间分别在给药后的6 h和16 h，以及最后一次给药后的48 h。空白对照组的水平与基线相比没有显著变化，但在依特卡肽给药后6 h和16 h，以及在测量的所有时间点，血浆中的PTH水平都显著降低（图8.8b）。基于PTH的生理功能，血浆PTH水平的降低会引起血清钙水平相应地降低。西那卡塞也会引起血浆PTH水平在给药后6 h内减少，但与依特卡肽相比，作用时间更短，且PTH水平在给药16 h后发生反弹（图8.8b）。1K1C和5/6Nx模型的实验结果进一步证实了依特卡肽是CKD血液透析患者的潜在治疗药物。

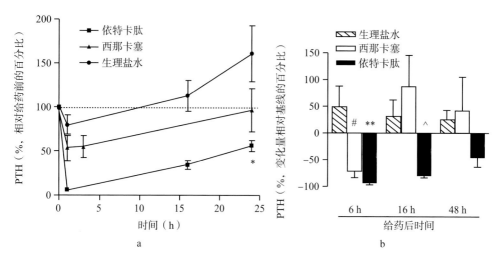

图8.8　在严重肾功能不全（1K1C，图a）和慢性肾病（5/6Nx，图b）大鼠模型中，依特卡肽可显著降低PTH的水平[13]

^，$P < 0.05$（相对于空白组）；*，$P < 0.001$（相对于空白组，0.3 mg/kg）；**，$P < 0.01$（相对于空白组）

　　除降低PTH水平之外，SHPT的治疗方法还包括减小甲状旁腺增生和恢复甲状旁腺对微量元素和激素的敏感性，如钙、维生素D和FGF23（成纤维细胞生长因子）。对5/6Nx大鼠进行每周3次、为期6周的依特卡肽治疗，在治疗结束后进行BrdU染色分析，发现依特卡肽可以有效抑制大鼠甲状旁腺的增生，且增生的减少存在剂量依赖性关系[13]。同时，依特卡肽也显著增加了CaSR、维生素D受体和FGF受体 I 的表达。

SHPT治疗药物的另一个重要作用是抑制血管的钙化，血管钙化是SHPT患者常见的并发症和主要风险因素。与空白对照组相比，依特卡肽治疗6周后，在5/6Nx大鼠所保留的一个肾脏中，血管钙化和胶原纤维沉积明显减少。钙化减轻和肾功能改善是相关联的，可通过测试血清肌酐（serum creatinine）反映血管的钙化情况。另一个临床前模型进一步证实了依特卡肽的心血管保护作用。该模型对雄性Wistar大鼠持续4周饲喂含有0.75%腺嘌呤的饲料，以诱导其发生尿毒症和SHPT[15]。实验中测试了依特卡肽和维生素D类似物帕立骨化醇（paricalcitol）对PTH水平和血管钙化的影响。实验发现两者降低PTH水平和减少甲状旁腺增生的作用相似，但与对照组或经帕立骨化醇治疗的尿毒症大鼠相比，经依特卡肽治疗的大鼠血清FGF23水平和主动脉钙含量明显降低（图8.9）。

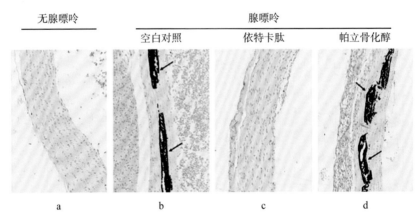

图8.9　a.无腺嘌呤对照组大鼠的主动脉血管未发生钙化。b.在腺嘌呤-空白对照组中，内侧层血管平滑肌细胞的血管钙化非常明显。c.在依特卡肽治疗组中则未发生血管钙化。d.在帕立骨化醇治疗组中，血管钙化非常明显。纵向主动脉切片采用von Kossa染色，黑色箭头表示内侧钙化，切片放大倍数均为200倍[15]

综上，临床前数据表明，在PTH水平升高的肾功能不全模型中，依特卡肽的长期治疗可显著改善代谢和血管健康问题。与西那卡塞相比，依特卡肽能够更大幅度、更长时间地降低PTH的水平。

8.4　依特卡肽的作用机制研究

能激活CaSR的配体被称为拟钙剂或钙敏感受体激动剂，其可分为激动剂

（Ⅰ型）或正变构激动剂（Ⅱ型）。Ⅰ型钙敏感受体激动剂通常含有阳离子结构（包括多胺），能够自行激活CaSR，无需正构配体（如钙）的帮助[16]。最初，依特卡肽因为具有阳离子结构而被认为是Ⅰ型钙敏感受体激动剂，但在该类肽的SAR研究中，研究人员惊讶地发现缺乏N端Cys残基的类似物在刺激CaSR信号转导和降低PTH方面完全无效。

有关依特卡肽在不同物种中作用的研究表明，CaSR内至少需要一个特定的Cys残基才能对依特卡肽产生响应。当研究对象为大鼠、犬和人类时，依特卡肽可以非常容易地降低PTH和钙的水平，但意想不到的是，其对猪却是无效的。进行氨基酸序列对比后发现猪中CaSR的482位是酪氨酸（tyrosine，Tyr，Y）残基；而在可对依特卡肽产生响应的物种中，CaSR在该位置为Cys残基[9]。为了深入探究这一发现，研究人员对各种CaSR转染的细胞进行了体外研究。当以Tyr取代人CaSR中482位的Cys，依特卡肽的响应完全消失。同样地，以Cys取代猪CaSR中482位的Tyr时，可恢复其对依特卡肽的响应。同时，所有钙敏感受体均对钙这一正构配体发挥响应。通过对依特卡肽/受体复合物的糜蛋白酶消化物进行MS/MS分析发现，在依特卡肽与CaSR受体482位的Cys之间存在二硫键。更重要的是，482位Cys与依特卡肽之间二硫键的形成程度和依特卡肽的浓度成正比，并与其药理活性相关。

但是，依特卡肽和受体482位Cys之间的二硫键又是如何活化CaSR的呢？最近发表的高分辨率CaSR晶体结构可进一步阐明依特卡肽与CaSR的结合和激活[17]。在CaSR中，介导正构配体激活受体的结构域由于其动态性质而被称为捕蝇夹域（Venus flytrap domain，VFT）。VFT结构域具有开放式（未激活状态，图8.10a）或封闭式（激活状态，图8.10b）两种构象，并以"铰链"区域为中心。482位的Cys位于铰链区域内，并靠近2个CaSR原型启动子的界面（以黄色表示，图8.10）。该结构还突出显示了从Cys延伸出的酸性凹槽，该凹槽可能与依特卡肽的阳离子部分相互作用。482位的Cys与酸性凹槽末端最近的钙结合位点之间的距离为28 Å，可以容纳依特卡肽的七聚体，且不会影响钙离子的结合（图8.10c，Ca^{2+}结合位点以黑色箭头表示）。容易推测，依特卡肽与2个CaSR启动子的酸性界面结合可以进一步稳定封闭、激活状态的VFT。确实，体外研究已表明，在没有细胞外钙时，依特卡肽仍可以启动CaSR的下游信号转导，但是当钙存在时，信号转导则会显著增强[13]。依特卡肽强效激活CaSR时对钙的需求表明，其主要是Ⅱ型变构激动剂。综上所述，依特卡肽的活性既可通过其阳离子残基的非共价静电相互作用介导，也可以通过与Cys残基生成的共价二硫键介导。同时，尽管依特卡肽和CaSR之间存在二硫键的共价结合，但其体内药理学表现出可逆性的药效学，与依特卡肽的血清水平联系紧密并呈负相关[9]。

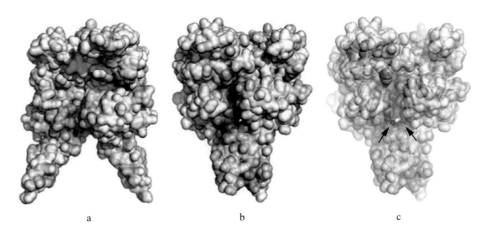

图 8.10 人 CaSR 胞外结构域的晶体结构具有两种不同的功能状态，即未激活（a，开放）和激活（b，关闭）状态。负电荷和正电荷分别用红色和蓝色表示，阴影表示电荷强度，黄色表示 Cys482。钙结合位点由洋红色圆圈（c）表示。黑色箭头指向的是 Cys482 和相邻的酸性槽的两个钙结合位点[17]

8.5 临床研究

　　基于依特卡肽令人鼓舞的降低 PTH 水平和钙化两方面的临床前结果、在动物模型中表现出的理想效果，以及其良好的安全性，依特卡肽顺利进入了临床研究。目前已经公开了 I 期至 III 期的大量试验报告（表 8.5）。总体而言，临床前研究观察到的疗效在临床研究中得到了较好的转化，依特卡肽已于 2017 年被欧洲、美国和日本监管机构批准上市。

表 8.5 已公开的依特卡肽的临床研究情况

临床阶段	设计	患者人群	患者数量	参考文献
I	双盲、安慰剂对照，单次剂量递增（0.5 mg、2 mg、5 mg 和 10 mg）	正常人群	32	[18]
I b	5～60 mg，单剂量，交叉设计	患有 SHPT 的透析患者	28	[19]
II a	每周 3 次，每次 5 mg 或 10 mg，最多 4 周	患有 SHPT 的透析患者	78	[20]
II b	每周 3 次，每次 2.5～20 mg 剂量调整	患有 SHPT 的透析患者	37	[21]
II	5～15 mg 剂量调整，12 周	患有 SHPT 的日本透析患者	24	[22]
III	剂量调整，26 周，最长至 78 周	患有 SHPT 的透析患者	1023	[23]
III	静脉注射依特卡肽（每周 3 次）与口服西那卡塞相比较	患有 SHPT 的透析患者	683	[24]
III	12 周，每周 3 次，2.5～15 mg 剂量调整	患有 SHPT 的日本透析患者	155	[25]

该新药最引人注意的方面之一是其可以在患者进行透析时静脉注射给药，因此，在临床研究中的特别关注点在于依特卡肽的药效学和药代动力学的关系。同时，还对CKD患者静脉注射 [14]C-依特卡肽后的表现进行了详细分析。具体而言，首先需要在非临床研究中确定依特卡肽结构中可引入 [14]C标记的位点 [26]。研究发现标记N端的乙酰基或内部的Ala残基不会对活性产生影响，故最终选择对乙酰基进行 [14]C标记。定量的微量示踪剂（通过加速器质谱检测）避免了对患者造成放射性暴露的伤害，所以研究可以在透析诊所内进行 [27]。单次给药 [14]C-依特卡肽后发现，在透析的间隔期间，依特卡肽可迅速分布至血浆并达到稳态水平。进行透析时，其血浆水平会迅速下降，但随后恢复到几乎相当于透析前的稳态水平（图8.11）。这种下降和反弹的现象可在多个透析周期中反复出现，并且血浆中的依特卡肽至少可以保留176天。在整个研究过程中，血液或血浆中的总 [14]C含量高于依特卡肽的 [14]C含量，说明存在生物转化产物的循环。但是，经化学还原后，依特卡肽的巯基产物（"TM11"，图8.11）的水平与总 [14]C的浓度相似，表明依特卡肽的主要生物转化是通过与内源性巯基发生二硫键交换，并没有改变肽的主链。总之，这些观察结果表明存在一个不可透析物质的储集库，并能够可逆性地再生依特卡肽。根据色谱分析、还原研究，以及体外和非临床研究的比较，确定这是由于与白蛋白发生了二硫键交换，生成了白蛋白偶联物 [26]。

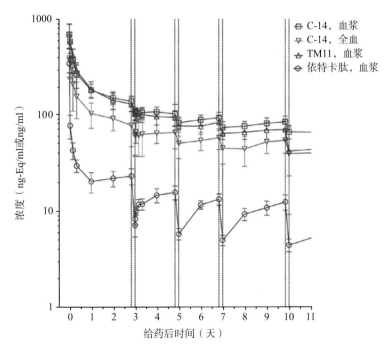

图8.11 单次静脉注射 [14]C依特卡肽（10 mg；26.3 kBq）后，CKD血液透析患者的全血和血浆中总 [14]C、依特卡肽巯基还原产物（TM11）的平均浓度随时间的变化图。每对垂直虚线代表血液透析期。C-14表示 [14]C放射性标记的依特卡肽 [27]

在健康受试者和透析患者中进行的临床 I 期研究进一步验证了依特卡肽的半衰期很长且疗效持久。在临床 I 期的剂量递增研究中，健康男性对 0.5 mg、2 mg、5 mg 和 10 mg 剂量依特卡肽的单次静脉注射的耐受性良好[18]。给药后 30 min 内，血清 PTH 水平呈剂量依赖性降低，这一作用在 24 h 内逐渐减弱。PTH 水平下降后，血清钙水平也相应地降低，并在给药 10 ~ 15 h 后达到最低点。依特卡肽的血浆药代动力学呈剂量依赖性，最终半衰期约为 19 h。

对血液透析患者进行的单剂量 I b 期研究显示[19]，5 ~ 60 mg 剂量下的耐受性良好，依特卡肽的血浆浓度与剂量成正比；当剂量大于或等于 20 mg 时，在透析间隔的约 65 h 内，血清 PTH 水平的降低呈现显著的剂量依赖性。值得注意的是，单次 40 mg 或 60 mg 剂量给药 4 周后，血清 PTH 仍低于基线水平，证明了依特卡肽的持久活性。与这些观察结果一致的是，根据患者两次透析间隔（约 65 h）血浆依特卡肽水平的测量值，确定依特卡肽的消除半衰期为 80 ~ 175 h（3 ~ 7天）。因此，与健康人相比，CKD 患者依特卡肽的药代动力学和药效学效应均有所延长。

在所有临床 I / II 期研究中，均分析了依特卡肽的药效学/药代动力学关系[28]，并扩展至包括 III 期研究的结果[29]。基于对依特卡肽、血清 PTH 和钙水平之间关系的研究，构建了可包含各种反馈机制的药效学/药代动力学模型。这些研究证实了依特卡肽激活 CaSR 的变构机制，并认为对 HD 患者每周 3 次的给药方案较为合适，5 mg 的起始剂量较为合理，同时在治疗时通过剂量调整控制体内 Ca^{2+} 和 PTH 的正常水平。

在依特卡肽的临床 III 期研究中，将 1023 例中、重度 SHPT 患者分为两个平行、随机、安慰剂对照组[23]。将疗效主要终点定义为在用药的 20 ~ 27 周内，PTH 水平降幅超过 30%。在每组试验中，疗效均十分显著（相对于安慰剂，$P < 0.001$）。对于次要疗效终点，即 PTH 平均水平达到 300 pg/ml 或更低的患者比例也满足疗效终点的要求。与此同时，依特卡肽还显著降低了血清中磷酸盐和 FGF23 的水平。

依特卡肽的给药方式是静脉注射，不会接触到胃肠道组织，因此可以推测依特卡肽不会表现出口服钙敏感受体激动剂西那卡塞的胃肠道相关副作用。事与愿违的是，依特卡肽和西那卡塞的胃肠道相关不良反应（如腹泻、恶心和呕吐）的发生率接近，在临床 III 期研究中，依特卡肽的副作用发生率高于安慰剂治疗组[30]。而依特卡肽临床 III 期研究中安慰剂组的不良反应发生率低于西那卡塞临床 III 期研究中安慰剂的不良反应发生率。无论是患者依从性、治疗简易可行性，还是有效性，静脉注射依特卡肽的优势显著优于口服的西那卡塞，这也是有目共睹的。同时，依特卡肽的 PTH 降幅更大，或可进一步研究其对透析患者的潜在心血管益处。

近年来，在SHPT治疗领域内出现几种关于依特卡肽临床应用的新观点[30-34]。此外，除了使用如西那卡塞和依特卡肽之类的钙敏感受体激动剂外，治疗策略还包括饮食控制、使用磷酸盐亲和剂、维生素D类似物，以及手术治疗（甲状旁腺切除术）。伴随Ⅲ期报告一并发表的一篇相关文章指出[35]，尽管PTH水平是SHPT血液透析患者疗效的评价指标，但对于任何钙敏感受体激动剂，仍需要进一步延伸硬性的临床终点（如心血管效果）。作者进一步指出，在需要进行肾衰竭相关的透析之前，CKD的早期治疗策略可以倾向于对矿物质代谢障碍的治疗。对CKD患者而言，依特卡肽的有效性值得引起重视，同时其潜在益处也有待深入发掘。

8.6　总结

依特卡肽的研发源于一个偶然的发现，即静脉注射Cys的聚阳离子肽可引起PTH水平的下降。继而，通过对Cys聚阳离子肽正电荷和巯基性质的优化，设计出了独特的D型肽。该D型肽不仅可保持原有的药效，还消除了副作用。经过系统的发现与开发，最终获得了依特卡肽。依特卡肽是首个具有变构作用机制和独特结合机制（涉及可逆二硫键形成）的阳离子CaSR激动剂。依特卡肽适用于肾功能不全的患者人群，因为该人群的肾脏不能有效清除药物，所以可以延长小剂量肽类药物的循环半衰期。此外，依特卡肽可以有效阻断SHPT带来的有害骨消耗，并且能通过减少血管钙化来降低心血管风险。更重要的是，依特卡肽能够在每次透析过程结束时通过静脉注射给药，具有很好的患者依从性。成功上市的依特卡肽将成为血液透析患者的福音。

（白仁仁　谢媛媛　揭小康）

原作者简介

阿莫斯·巴鲁克（Amos Baruch），1998年于特拉维夫大学（Tel Aviv University）获得博士学位。并先后于美国斯克里普斯研究所（Scripps Research Institute）和加州大学旧金山分校（University of California，San Francisco，UCSF）进行博士后研究工作。后加入赛莱拉基因组学公司（Celera Genomics），负责化学蛋白组学研究。2006年加入KAI制药公司，并在临床前研究中发现了依特卡肽。之后他加入基因泰克公司，担任心脏代谢、抗微生物和眼科领域的生物标志物研究主管。目前，他任职于Calico公司，负责有关神经变性和衰老领域转化医学和生物标志物的研究工作。

德里克·麦克林（Derek Maclean），于爱丁堡大学（University of Edinburgh）获得化学博士学位，并于帕克-戴维斯制药公司（Parke-Davis Pharmaceuticals）完成博士后研究工作。他在美国的生物技术行业从业20余年。2003～2012年，他负责KAI公司的化学合成项目，推进若干个肽类候选药物（包括依特卡肽）进入临床。2012年，KAI公司被安进（Amgen）公司收购后，他继续负责依特卡肽的部分后期开发工作。2018年3月，他加入Relypsa公司，负责聚合物治疗领域的化学研究工作。他目前就职于位于美国旧金山的Applied Molecular Transport公司，担任分管制药的副总裁，负责开发新型可口服的生物药。

参 考 文 献

1. Rodriguez, M., Nemeth, E., and Martin, D. (2005). The calcium-sensing receptor: a key factor in the pathogenesis of secondary hyperparathyroidism. Am. J. Physiol. Renal. Physiol. 288 (2): F253-F264.

2. Goodman, W.G. and Quarles, L.D. (2008). Development and progression of secondary hyperparathyroidism in chronic kidney disease: lessons from molecular genetics. Kidney Int. 74 (3): 276-288.

3. Tentori, F., Wang, M., Bieber, B.A. et al. (2015). Recent changes in therapeutic approaches and association with outcomes among patients with secondary hyperparathyroidism on chronic hemodialysis: the DOPPS study. Clin. J. Am. Soc. Nephrol. 10 (1): 98-109.

4. Nemeth, E.F. and Goodman, W.G. (2016). Calcimimetic and calcilytic drugs: feats, flops, and futures. Calcif. Tissue Int. 98 (4): 341-358.

5. Palmer, S.C., Nistor, I., Craig, J.C. et al. (2013). Cinacalcet in patients with chronic kidney disease: a cumulative meta-analysis of randomized controlled trials. PLoS Med. 10 (4): e1001436.

6. Bell, G., Walter, S., and Karim, F. (2015). Polycationic calcium modulator peptides for the treatment of hyperparathyroidism and hypercalcemic disorders. US Patent 8, 987, 200. Issued 16 November 2007.

7. Lönn, P. and Dowdy, S.F. (2015). Cationic PTD/CPP-mediated macromolecular delivery: charging into the cell. Expert Opin. Drug Deliv. 12 (10): 1627-1636.

8. Lagunoff, D., Martin, T.W., and Read, G. (1983). Agents that release histamine from mast cells. Annu. Rev. Pharmacol. Toxicol. 23: 331-351.

9. Alexander, S.T., Hunter, T., Walter, S. et al. (2015). Critical cysteine residues in both the calcium-sensing receptor and the allosteric activator AMG 416 underlie the mechanism of action. Mol. Pharmacol. 88 (5): 853-865.

10. Karim, F., Baruch, A., MacLean, D. et al. (2016). Therapeutic agents for reducing parathyroid hormone levels. US Patent 9, 701, 712.

11. Aridor, M., Traub, L.M., and Sagi-Eisenberg, R. (1990). Exocytosis in mast cells by basic secretagogues: evidence for direct activation of GTP-binding proteins. J. Cell Biol. 111 (3): 909-917.

12. Maclean, D. and Yin, Q. (2014). Stable liquid formulation of AMG 416 (velcalcetide). US Patent 9, 820, 983. Issued 27 June 2014.

13. Walter, S., Baruch, A., Dong, J. et al. (2013). Pharmacology of AMG 416 (velcalcetide), a novel peptide agonist of the calcium-sensing receptor, for the treatment of secondary hyperparathyroidism in hemodialysis patients. J. Pharmacol. Exp. Ther. 346 (2): 229-240.

14. Walter, S., Baruch, A., Alexander, S.T. et al. (2014). Comparison of AMG 416 and cinacalcet in rodent models of uremia. BMC Nephrol. 15: 81.

15. Yu, L., Tomlinson, J.E., Alexander, S.T. et al. (2017). Etelcalcetide, a novel calcimimetic, prevents vascular calcification in a rat model of renal insufficiency with secondary hyperparathyroidism. Calcif. Tissue Int. 101 (6): 641-653.

16. Nemeth, E.F. and Fox, J. (1999). Calcimimetic compounds: a direct approach to controlling plasma levels of parathyroid hormone in hyperparathyroidism. Trends Endocrinol. Metab. 10 (2): 66-71.

17. Geng, Y., Mosyak, L., Kurinov, I. et al. (2016). Structural mechanism of ligand activation in human calcium-sensing receptor. eLife 5: e13662. https://elifesciences.org/articles/13662.

18. Martin, K.J., Bell, G., Pickthorn, K. et al. (2014). Velcalcetide (AMG 416), a novel peptide agonist of the calcium-sensing receptor, reduces serum parathyroid hormone and FGF23 levels in healthy male subjects. Nephrol. Dial Transplant. 29 (2): 385-392.

19. Martin, K.J., Pickthorn, K., Huang, S. et al. (2014). AMG 416 (velcalcetide) is a novel peptide for the treatment of secondary hyperparathyroidism in a single-dose study in hemodialysis patients. Kidney Int. 85 (1): 191-197.

20. Bell, G., Huang, S., Martin, K.J., and Block, G.A. (2015). A randomized, double-blind, phase 2 study evaluating the safety and efficacy of AMG 416 for the treatment of secondary hyperparathyroidism in hemodialysis patients. Curr. Med. Res. Opin. 31 (5): 943-952.

21. Bushinsky, D.A., Block, G.A., Martin, K.J. et al. (2015). Treatment of secondary hyperparathyroidism: results of a phase 2 trial evaluating an intravenous peptide agonist of the calcium-sensing receptor. Am. J. Nephrol. 42 (5): 379-388.

22. Yokoyama, K., Fukagawa, M., Shigematsu, T. et al. (2017). A 12-week dose-escalating study of etelcalcetide (ONO-5163/AMG 416), a novel intravenous calcimimetic, for secondary hyperparathyroidism in Japanese hemodialysis patients. Clin. Nephrol. 88(8): 68-78.

23. Block, G.A., Bushinsky, D.A., Cunningham, J. et al. (2017). Effect of etelcalcetide vs placebo on serum parathyroid hormone in patients receiving hemodialysis with secondary hyperparathyroidism: two randomized clinical trials. JAMA 317 (2): 146-155.

24. Block, G.A., Bushinsky, D.A., Cheng, S. et al. (2017). Effect of etelcalcetide vs cinacalcet on serum parathyroid hormone in patients receiving hemodialysis with secondary

hyperparathyroidism: a randomized clinical trial. JAMA 317（2）: 156-164.

25. Fukagawa, M., Yokoyama, K., Shigematsu, T. et al. and ONO-5163 Study Group（2017）. A phase 3, multicentre, randomized, double-blind, placebo-controlled, parallel-group study to evaluate the efficacy and safety of etelcalcetide（ONO-5163/AMG 416）, a novel intravenous calcimimetic, for secondary hyperparathyroidism in Japanese haemodialysis patients. Nephrol Dial Transplant 32（10）: 1723-1730.

26. Subramanian, R., Zhu, X., Kerr, S.J. et al.（2016）. Nonclinical pharmacokinetics, disposition, and drug-drug interaction potential of a novel d-amino acid peptide agonist of the calcium-sensing receptor AMG 416（etelcalcetide）. Drug Metab. Dispos. 44（8）: 1319-1331.

27. Subramanian, R., Zhu, X., Hock, M.B. et al.（2017）. Pharmacokinetics, biotransformation, and excretion of［14 C］etelcalcetide（AMG 416）following a single microtracer intravenous dose in patients with chronic kidney disease on hemodialysis. Clin. Pharmacokinet. 56（2）: 179-192.

28. Chen, P., Olsson Gisleskog, P., Perez-Ruixo, J.J. et al.（2016）. Population pharmacokinetics and pharmacodynamics of the calcimimetic etelcalcetide in chronic kidney disease and secondary hyperparathyroidism receiving hemodialysis. CPT Pharmacometrics Syst. Pharmacol. 5（9）: 484-494.

29. Chen, P., Narayanan, A., Wu, B. et al.（2017）. Population pharmacokinetic and pharmacodynamic modeling of etelcalcetide in patients with chronic kidney disease and secondary hyperparathyroidism receiving hemodialysis. Clin. Pharmacokinet. 57（1）: 71-85.

30. Cozzolino, M., Galassi, A., Conte, F. et al.（2017）. Treatment of secondary hyperparathyroidism: the clinical utility of etelcalcetide. Ther. Clin. Risk Manag. 13: 679-689.

31. Bover, J., Bailone, L., López-Báez, V. et al.（2017）. Osteoporosis, bone mineral density and CKD-MBD: treatment considerations. J. Nephrol. 30（5）: 677-687.

32. Hamano, N., Komaba, H., and Fukagawa, M.（2017）. Etelcalcetide for the treatment of secondary hyperparathyroidism. Expert Opin. Pharmacother. 18（5）: 529-534.

33. Bover, J., Ureña-Torres, P., Lloret, M.J. et al.（2016）. Integral pharmacological management of bone mineral disorders in chronic kidney disease（part Ⅱ）: from treatment of phosphate imbalance to control of PTH and prevention of progression of cardiovascular calcification. Expert Opin. Pharmacother. 17（10）: 1363-1373.

34. Bover, J., Ureña-Torres, P., Lloret, M.J. et al.（2016）. Integral pharmacological management of bone mineral disorders in chronic kidney disease（part I）: from treatment of phosphate imbalance to control of PTH and prevention of progression of cardiovascular calcification. Expert Opin. Pharmacother. 17（9）: 1247-1258.

35. Middleton, J.P. and Wolf, M.（2017）. Second chances to improve ESRD outcomes with a second-generation calcimimetic. JAMA. 317（2）: 139-141.

第9章

乐伐替尼——一种靶向 VEGF 和 FGF 受体的血管生成抑制剂的研发

9.1 引言

乐伐替尼（lenvatinib）是一种口服的受体型酪氨酸激酶（receptor-type tyrosine kinase inhibitor）抑制剂，2015年由日本卫材制药公司（Eisai）开发上市。乐伐替尼可抑制血管内皮生长因子受体（vascular endothelial growth factor receptor，VEGFR）1～3 和成纤维细胞生长因子受体（fibroblast growth factor receptor，FGFR）1～4 的促血管生成作用，同时抑制致癌通路相关的酪氨酸激酶的活性及转染原癌基因过程中的重排（rearranged during transfection，RET）。与传统的酪氨酸激酶抑制剂有所区别的是，乐伐替尼通过一种全新的结合方式（Ⅴ型）与 VEGFR2 活性构象的 ATP 结合位点和邻近的变构位点结合。乐伐替尼在体内和体外测试模型中均能有效抑制血管内皮生长因子（vascular endothelial growth factor，VEGF）和成纤维细胞生长因子（fibroblast growth factor，FGF）介导的新生血管生成，并且在多种人源性移植瘤小鼠模型中显著抑制肿瘤的生长。本章将对乐伐替尼的研发过程进行总体的介绍。

9.2 分子靶向抗癌药物研发的最新进展

哈纳罕（Hanahan）和温伯格（Weinberg）博士明确提出了10种正常细胞癌变时所涉及的肿瘤标志物和特征[1]。目前已经开发出多种针对这些肿瘤标志物的抗癌药物，其中靶向 VEGF 抑制剂的应用已成为几种癌症的标准疗法，如肾细胞癌（renal cell carcinoma，RCC）[2]。在分子靶向药物开发之前，常规治疗方案，如免疫检查点抑制剂（immune checkpoint inhibitor）CTLA-4 抗体和抗 PD-1 抗体，对转移性黑色素瘤的疗效都非常有限[3, 4]。维罗非尼（vemurafenib，BRAF 突变抑制剂）[5] 和克唑替尼（crizotinib，间变性淋巴瘤激酶抑制剂）[6] 是基于小分子的靶向抗癌药物的代表性药物。采用先进的下一代测序技术对肿瘤驱动基因突变的鉴定加速了针对这些突变的新型抗癌药物的研发。此外，利用测序技术开发的检测诊断可筛选出对药物易感的人群，这也进一步加快了新药的研发[7]。选择可能对治疗有高度敏感性的患者可以极大地改善治疗效果，缩短药物开发时间，从而将有效的个性化药物应用于针对性的患者。

9.3 肿瘤血管生成

福克曼（Folkman）在20世纪70年代初期首次提出抑制新生血管的生成可能抑制肿瘤生长的概念[8]。通常认为，当肿瘤组织体积增大至1 mm³时，新生血管的生成在肿瘤组织氧气和营养供应及物质代谢中发挥着关键性作用[9]。因此，抑制肿瘤血管生成将可能有效控制肿瘤在原发部位和转移部位的生长。血管生成抑制剂（如抗VEGF抗体）通常靶向正常的内皮细胞，而非具有遗传高度不稳定性的肿瘤细胞。

VEGF最开始被德沃拉克（Dvorak）认为是血管通透性因子（vascular permeability factor，VPF）[10, 11]，随后作为一种内皮细胞的生长因子被重新定义[12]。VEGF信号通路包括受体型酪氨酸激酶VEGF受体（VEGFR1 ~ 3）及其配体（VEGF A ~ E）。VEGF A（通常表示为VEGF）可与VEGFR1和VEGFR2选择性结合，是血管生长的主要驱动力[13]。2004年，一项抗VEGF A抗体贝伐珠单抗（bevacizumab）的Ⅲ期临床研究证实了其疗效，并开启了通过抑制血管生成进行癌症治疗的新纪元[14]。迄今为止，已有13种抑制VEGF信号通路的药物[15-20]被批准用于抑制14种不同类型肿瘤的血管生成。

9.4 抗VEGF靶向药物的开发

耐药性的产生已成为靶向VEGF信号通路药物在肿瘤治疗中广泛应用的主要限制因素。尽管这些药物可以延长生存期而应用于临床，但只能发挥短暂的作用[13]。即使治疗持续起效，最终也会因为癌症的进展恶化而终止，这表明耐药性的产生比初始预期还要早。

主要有四种对血管生成抑制剂抵抗的假设机制[21]：①其他代偿性促血管生成信号通路的激活或上调；②通过招募骨髓干细胞来源的内皮细胞促进血管的生成；③被周细胞（pericyte cell）覆盖的肿瘤脉管系统耐药性的出现；④可存活于较少血管生成环境下的肿瘤细胞的出现。针对机制①，研究发现FGF、血小板衍生生长因子（platelet-derived growth factor，PDGF）和肝细胞生长因子（hepatocyte growth factor，HGF）都会导致VEGF抑制剂耐药性的产生，因为它们可以替代VEGF成为促血管生长因子[21]。

肿瘤脉管系统通常是不成熟且可渗透的，其血管中的内皮细胞也并未被外膜细胞包裹。尽管研究人员认为缺乏外膜细胞覆盖的肿瘤血管生长依赖于VEGF信号通路，并且比覆盖外膜细胞的血管更易受到 VEGF 靶向药物的影响[21]，但是一些被外膜细胞覆盖的正常功能性血管也可能会诱导肿瘤细胞对 VEGF 靶向药物产生耐药性。临床前研究表明，肿瘤组织中外膜细胞的覆盖率可作为候选生物标志物，以预测乐伐替尼肿瘤治疗的有效性[22]。

9.5　靶向 VEGFR 和 FGFR 的乐伐替尼的发现

乐伐替尼的研究人员最初设定了四个临床前目标：①有效抑制血管生成；②抗肿瘤活性剂量选择范围广且安全性高；③口服给药方式；④能有效改善患者的生存期。此外，研究人员还建立了三个关键性的检测系统。首先需要关注内皮细胞的管腔形成，因为它对血管生成至关重要，并且是内皮细胞特有的表现。研究人员建立了血管生成因子诱导的夹层管腔形成（sandwich tube formation，sTF）测试方法。sTF 是一种表型筛选系统，可模拟由单个血管生成因子驱动的管腔形成过程。试验中使用了当下最常见的肿瘤血管生成因子 VEGF、FGF 或 HGF，在人脐静脉内皮细胞（human umbilical vein endothelial cell，HUVEC）的 3D 胶原蛋白凝胶培养条件下构建了 sTF 分析系统（图 9.1）。卫材制药通过该分析方法对化合物进行活性筛选，并不断地优化化合物的结构，最后发现了含有脲结构的喹啉骨架化合物，也就是乐伐替尼。

首先，乐伐替尼对 VEGFR1、VEGFR2、VEGFR3 激酶均具有抑制作用（抑制浓度分别为 1.3 nmol/L、0.74 nmol/L、0.71 nmol/L）[22]，并能抑制 VEGF 诱导的 HUVEC 的增殖和管腔形成，其 IC_{50} 值分别为 3.4 nmol/L 和 2.7 nmol/L[22]。此

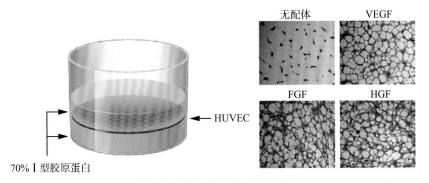

图 9.1　血管生成因子驱动的体外血管生成模型。体外夹层管腔形成测试主要采用人脐静脉内皮细胞（HUVEC）。在 sTF 测试中，将置于含有 EGF（10 ng/ml）和 VEGF（20 ng/ml）或 FGF2（20 ng/ml）的无血清培养基中的 HUVEC 细胞以 1.0×10^5 个的浓度铺于 24 孔板的第一层胶原蛋白凝胶上，然后在细胞上添加第二层胶原蛋白凝胶。按照指示剂量加入稀释在无血清培养基中的乐伐替尼。四天后，加入 MTT（噻唑蓝），并以光学显微镜拍摄管腔形成的照片。通过图像分析（血管生成图像分析器，版本 1.04；日本大阪市仓敷市）测量毛细管腔的管长[50]

外，在使用Geltrex的FGF诱导的血管生成体外模型中，乐伐替尼同样能抑制FGF诱导的血管生成，其IC$_{50}$值为7.3 nmol/L[23]。因此，乐伐替尼可在体外有效抑制由VEGF和FGF驱动的血管生成。其次，研究人员通过小鼠背囊（dorsal air sac，DAS）实验研究了乐伐替尼在体内对肿瘤血管生成的抑制作用[24]。在该实验中，将包被有经VEGF或FGF基因转染的人胰腺癌KP-1细胞（KP-1/VEGF，KP-1/FGF）[22]的腔室移植到小鼠背部，在肿瘤细胞分泌的血管生成因子的诱导下，小鼠皮下的血管生成可以被定量检测（图9.2a）。口服乐伐替尼（3 mg/kg、10 mg/kg或30 mg/kg）对VEGF和FGF驱动血管生成的抑制作用呈现剂量依赖性关系[22]（图9.2b）。同时，在KP-1/VEGF细胞的小鼠皮下移植瘤模型中，乐伐替尼抗肿瘤

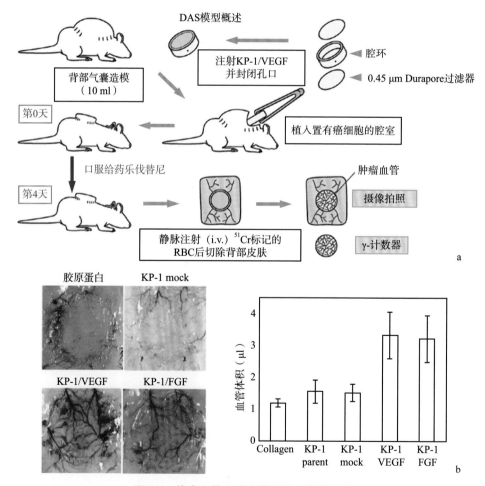

图9.2 体内血管生成定量实验：背囊实验

a.将嵌入肿瘤细胞的胶原蛋白凝胶腔室植入小鼠皮下背囊中，在小鼠皮肤中诱导肿瘤血管的生成。通过^{51}Cr标记的红细胞（red blood cell，RBC）测量皮肤中的血液量，以有效量化肿瘤血管的生成，从而评估受试化合物的疗效。b.通过建立人为增加血管生成因子（如VEGF或FGF）表达的肿瘤细胞系，诱导和量化特异性依赖于血管生成因子的体内血管生成[50]

活性的剂量选择范围较广（1 ～ 100 mg/kg）[22]。最后，在人卵巢癌 SK-OV-3 细胞腹腔移植模型中，连续给药乐伐替尼（3 ～ 100 mg/kg，每日 2 次）至少六周，可以显著延长动物的生存时间（图 9.3，安慰剂对照组的中位生存期为 27.7 天，每日 2 次 3 mg/kg 乐伐替尼治疗组的生存期为 41.0 天，而每日 2 次 100 mg/kg 乐伐替尼治疗组的生存期为 47.0 天）。

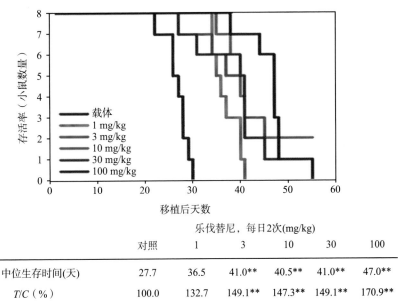

	对照	1	3	10	30	100
			乐伐替尼，每日 2 次(mg/kg)			
中位生存时间(天)	27.7	36.5	41.0**	40.5**	41.0**	47.0**
T/C（%）	100.0	132.7	149.1**	147.3**	149.1**	170.9**

图 9.3　乐伐替尼对人卵巢癌细胞（SK-OV-3）腹膜内异种移植模型中裸鼠存活期的影响。将人卵巢癌细胞（SK-OV-3）腹膜内植入裸鼠中（第 0 天）。从第 6 天起每日 2 次口服给药乐伐替尼

** 与对照相比，$P < 0.05$。

T/C：乐伐替尼给药组的生存天数中位数 / 对照组的生存天数中位数 ×100%[50]

9.6　乐伐替尼对激酶的抑制活性及新型激酶结合模式的发现

研究人员评估了乐伐替尼对 66 个酪氨酸和丝氨酸−苏氨酸激酶的活性（42 个酪氨酸激酶和 24 个丝氨酸−苏氨酸激酶）[25]。发现其对其中四种酪氨酸激酶（VEGFR1 ～ 3 和 RET，IC_{50} 分别为 4.7 nmol/L、3.0 nmol/L、2.3 nmol/L 和 6.4 nmol/L）抑制作用的 IC_{50} 值为 1 ～ 10 nmol/L，对另外六种酪氨酸激酶的 IC_{50} 值为 10 ～ 100 nmol/L（FGFR1 ～ 4、PDGFRα 和 KIT，IC_{50} 分别为 61 nmol/L、27 nmol/L、

52 nmol/L、43 nmol/L、29 nmol/L 和 85 nmol/L）[25]。

接下来，研究人员对乐伐替尼与VEGFR2的相互作用进行了动力学分析，并对VEGFR2-乐伐替尼复合物的晶体结构进行了X线分析[26]。乐伐替尼与VEGFR2的平衡解离常数（K_d）为2.1 nmol/L，分别是舒尼替尼和索拉非尼K_d值的1/14和1/16，这表明乐伐替尼对VEGFR2受体的亲和力分别比舒尼替尼和索拉非尼强14倍和16倍。更重要的是，乐伐替尼与VEGFR2的结合更快（K_{on}值更高）且解离更慢（K_{off}值更低）（表9.1）。通过X射线晶体学测定的三维结构显示，乐伐替尼从脲官能团到喹啉环的结构区域与VEGFR2的ATP结合位点结合，化合物结构中的环丙烷则与结合位点相邻的变构区域结合。激酶的活性由激酶催化结构域N端的1046天冬氨酸-1047苯丙氨酸-1048甘氨酸（DFG）序列形成的超二级结构调控。有趣的是，VEGFR2受体在与乐伐替尼形成复合物时呈DFG超二级结构向内的活性构象（DFG-in conformation），这与其他抑制剂和受体中ATP结合位点及变构域位点形成的DFG向外的构象（DFG-out conformation）不同。这一发现表明，乐伐替尼是一种能够与VEGFR2受体中ATP结合位点及变构位点形成的DFG-in活性构象的新型激酶抑制剂。研究人员将这类化合物归类为V型抑制剂（表9.2）[26]。目前临床上几乎所有靶向VEGFR的激酶抑制剂均为I型或II型[27]，尚未见III型或IV型激酶抑制剂获批的报道（未确定DFG结构）。通常，当激酶处于DFG-in的构象时，激酶抑制剂会与其活性中心结合，如激酶与其底物结合时的构象。在II型抑制剂与激酶的相互作用中，两者相互结合后，激酶转变为DFG-out的构象，而在V型抑制剂与激酶结合后，形成激酶仍处于DFG-in的稳定构象复合物。与II型抑制剂相比，V型抑制剂具有更快的结合速率和更强的亲和力。因此，乐伐替尼对激酶的高选择性和强效的抑制活性可能归因于其与激酶的V型结合模式（图9.4）。

表9.1　抑制剂与VEGFR2相互作用的动力学参数[50]

	K_d（nmol/L）	K_{on}（L/mol·s）	K_{off}（/s）	停留时间（min）
乐伐替尼	2.1 ± 0.1	$4.8\times10^5\pm1.4\times10^4$	$9.9\times10^{-4}\pm9.0\times10^{-5}$	17 ± 2
索拉非尼	33 ± 2.6	$7.9\times10^3\pm1.5\times10^2$	$2.6\times10^{-4}\pm2.5\times10^{-5}$	64 ± 6
舒尼替尼	30 ± 1.7	$>1.9\times10^5$	$>57\times10^{-4}$	<2.9

表9.2 激酶抑制剂的分类和性质[26, 50]

	Ⅰ型	Ⅱ型	Ⅲ型	Ⅳ型	Ⅴ型
DFG构型	内	外	外	ND[a)]	内
结合区域	ATP结合位点	ATP结合位点和邻近区域	邻近区域	变构位点，不与ATP结合位点相邻	ATP结合位点和邻近区域
ATP竞争	是	是	否	否	是
选择性	通常较低	高	高	高	高
结合动力学	快	慢	慢	ND	快
解离动力学	快	慢	慢	ND	相对较慢

a）ND，未确定。

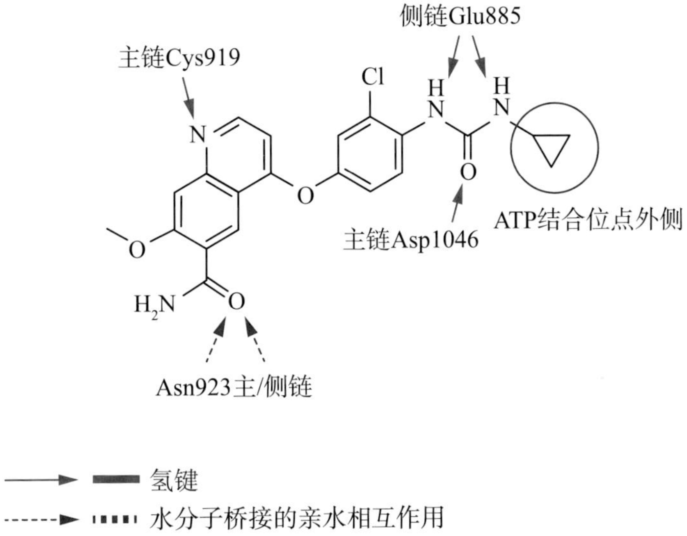

图9.4 乐伐替尼-VEGFR2相互作用示意图。在乐伐替尼和Cys919、Asp1046的主链与Glu885的侧链之间共计鉴定出四个特定的氢键(以红色显示)。水分子桥接乐伐替尼和Asn923

9.7 乐伐替尼在人甲状腺癌细胞系中的抗肿瘤作用

甲状腺癌是一种常见的恶性内分泌肿瘤，其临床发病率近年来一直呈上升趋势[28]。甲状腺癌分为分化型甲状腺癌（differentiated thyroid cancer，DTC）、甲状腺髓样癌（medullary thyroid cancer，MTC）和未分化型甲状腺癌（anaplastic thyroid cancer，ATC）三种。甲状腺癌占全球所有癌症的1%，且超过90%的甲状腺癌是分化型滤泡状或乳头状[28]。在包含三种组织学类型（DTC、MTC和ATC）的11种不同甲状腺移植瘤模型中，口服乐伐替尼均表现出显著的抗肿瘤活性。五种分化型和五种未分化型的甲状腺移植瘤模型的研究表明，乐伐替尼能通过降低肿瘤内微血管密度而发挥抑制肿瘤血管生成的作用[25]。乐伐替尼在人甲状腺髓样癌TT细胞（RET点突变）、人分化型甲状腺癌细胞TPC-1（RET易位）和RO82-W-1细胞（FGFR1过表达）三种肿瘤细胞系的体外实验中，均显示出直接抑制肿瘤细胞增殖的作用[25, 29]。VEGF表达上调与晚期甲状腺癌进程密切相关[30]。尽管其他受体酪氨酸激酶在甲状腺癌的发生、发展中也发挥重要作用，但是VEGFR2信号通路与其关系更为密切[31]。此外，还有研究表明，在恶性程度较高的甲状腺癌中发现了FGFR[32, 33]的高表达和RET突变[34]。因此，VEGFR、FGFR和RET的三重靶向抑制可能是提高甲状腺癌疗效的最佳策略。

9.8 乐伐替尼在人肾癌细胞系中的抗肿瘤作用及其作用机制

肾细胞癌（RCC）是最常见的肾癌类型，且大约30%的患者在确诊时已发生转移[35-37]。在RCC的最常见亚型肾透明细胞癌中，von Hippel-Lindau抑癌蛋白处在未活化状态，进而导致缺氧诱导因子（hypoxia-inducible factor，HIF）及其下游VEGF表达的上调[38-42]。基于RCC的这一特征，靶向VEGF或VEGFR的抗血管生成疗法被广泛用于RCC的治疗[43]。此外，RCC中mTOR（雷帕霉素的哺乳动物靶标）信号通路也被激活[44, 45]。依维莫司（everolimus），一种mTOR抑制剂，已用于晚期RCC的治疗[43]。临床前研究显示[35]，在三种人RCC（A-498、Caki-1和Caki-2）移植瘤模型中，乐伐替尼和依维莫司的联合疗法比单药具有更显著的抗肿瘤活性[35]。在A-498肾癌细胞中，依维莫司表现出抗增殖作用，而乐伐替尼则显示出抑制血管生成活性。乐伐替尼和依维莫司的联合应用在Caki-1移植瘤模型中表现出协同抗血管生成活性。在这一模型中，FGF驱动的血管生成可促进肿瘤的生长。乐伐替尼和依维莫司的联用则是通过靶向VEGFR和FGFR，进而抑制mTOR-S6K-S6信号通路而发挥协同作用。在高表达VEGF或FGF的人胰腺KP-1移植瘤模型（KP-1/VEGF和KP-1/FGF转染子）中，两者联用可通过抑制VEGF和FGF信号通路同时靶向肿瘤细胞生长和血管生成，显示出更强的抗肿瘤活性。

9.9 总结和展望

在乐伐替尼的研发过程中，研究人员专注于使用体外夹层管腔形成技术进行表型筛选，体外检测化合物对酪氨酸激酶的抑制活性，并采用与临床治疗相似的体内血管生成模型（DAS分析）进行药效评估。在临床前研究中，发现乐伐替尼能够抑制VEGF和FGF诱导的血管生成，其对人甲状腺癌细胞系的抗肿瘤活性就是基于对VEGFR、FGFR和RET的抑制作用。在临床前研究期间，研究人员解决了在研发伊始时提出的四个挑战目标。在临床研究中，乐伐替尼对DTC[46]、RCC[47]和HCC[48]均表现出良好的抗肿瘤活性。目前，乐伐替尼和抗PD-1抗体联合用药的临床研究正在进行中[49]。希望乐伐替尼也可以为其他癌症的治疗提供新的解决方案，并使更多的癌症患者从中受益。

（吴　睿　叶向阳）

原作者简介

船桥康弘（Yasuhiro Funahashi），卫材制药（Eisai）转化科学、药物研发、肿瘤学研究组及EWAY实验室的高级主管。他于日本名古屋市立大学（Nagoya City University）获医学硕士和博士学位，在卫材制药拥有20多年的抗肿瘤药物开发经验。他一直专注于血管生成抑制剂的研究和相关新药的开发。VEGF和Notch信号通路是血管生成的主要研究靶点，在他的指导下，研究人员已经对通路中的这两个靶点进行了深入的研究。他在转化科学领域也拥有丰富的研究经验，并且在临床前研究及早期和晚期临床试验中发现了一些重要的生物标志物。

松井顺治（Junji Matsui），卫材制药转化科学、药物研发、肿瘤学研究组执行董事。他于1999年获得大阪大学（Osaka University）硕士学位，并于2009年获得了大阪大学药物科学系博士学位。1999年至今，他一直就职于卫材制药。在2011～2012年，他于哥伦比亚大学（Colombia University）医学中心从事博士后研究。他参与了乐伐替尼（E7080）的发现和转化研究，以及肿瘤制剂领域的多个项目。自2017年以来，他一直从事转化科学领域的研究，包括转化研究和肿瘤学的临床药理学研究。

松岛知宏（Tomohiro Matsushima），卫材制药药物研发、筑波（Tsukuba）肿瘤实验室及肿瘤学研究组执行主任。他于1994年获得北海道大学（Hokkaido University）精密有机合成化学研究生院博士学位。自1994年以来，他一直就职于卫材制药，并参与了抗肿瘤药物乐伐替尼（E7080）和戈伐替尼（golvatinib，E7050）的研发工作。

鹤冈明彦（Akihiko Tsuruoka），卫材制药药物研发、临床、日本和亚洲药物开发组及肿瘤学研究组执行董事。他分别于1990年和1998年获得千叶大学（Chiba University）硕士和博士学位。自1990年以来，他一直就职于卫材制药，并参与了三唑类抗真菌药物、抗肿瘤药物E7820（抗血管生成抑制剂）及乐伐替尼（E7080）的药物开发工作。在参与药物开发研究之后，他于2013年起从事肿瘤学临床开发工作。

参 考 文 献

1. Hanahan, D. and Weinberg, R.A. (2011). Hallmarks of cancer: the next generation. Cell 144: 646-674.

2. Escudier, B., Eisen, T., Stadler, W.M. et al. (2007). Sorafenib in advanced clearcell renal carcinoma. N.Engl. J.Med. 356: 125-134.

3. Hodi, F.S., O'Day, S.J., McDermott, D.F. et al. (2010). Improved survival with ipilimumab in patients with metastatic melanoma. N.Engl. J.Med. 363: 711-723.

4. Topalian, A.L., Hodi, F.S., Brahmer, J.R. et al. (2012). Safety, activity, and immune correlates of anti-PD-1 antibody in cancer. N.Engl. J.Med. 366: 2443-2454.

5. Shelledy, L. and Roman, D. (2015). Vemurafenib: first-in-class BRAF-mutated inhibitor for the treatment of unresectable or metastatic melanoma. J.Adv. Pract. Oncol. 6: 361-365.

6. Ou, S.H. (2011). Crizotinib: a novel and first-in-class multitargeted tyrosine kinase inhibitor for the treatment of anaplastic lymphoma kinase rearranged non-small cell lung cancer and beyond. Drug Des. Dev. Ther. 5: 471-485.

7. Chapman, P.B., Hauschild, A., Robert, C. et al. (2011). Improved survival with vemurafenib in melanoma with BRAF V600E mutation. N.Engl. J.Med. 364: 2507-2516.

8. Folkman, J. (1971). Tumor angiogenesis: therapeutics implications. N.Engl. J.Med. 285: 1182-1186.

9. Ribatti, D.(2008). Judah Folkman, a pioneer in the study of angiogenesis. Angiogenesis 11: 3-10.

10. Senger, D.R., Galli, S.J., Dvorak, A.M. et al. (1983). Tumor cells secrete a vascular permeability factor that promotes accumulation of ascites fluid. Science 219: 983-985.

11. Dvorak, H.F., Brown, L.F., Detmar, M., and Dvorak, A.M. (1995). Vascular permeability factor, microvascular hyperpermeability, and angiogenesis. Am. J.Pathol. 146: 1029-1039.

12. Leung, D.W., Cachianes, G., and Kuang, W.J. (1989). Vascular endothelial growth factor is secreted angiogenic mitogen. Science 246: 1306-1309.

13. Ellis, L.M. and Hicklin, D.J. (2008). VEGF-targeted therapy: mechanisms of anti-tumor activity. Nat. Rev. Cancer 8: 579-591.

14. Hurwitz, H., Fehrenbacher, L., Novotny, W. et al. (2004). Bevacizumab plus irinotecan, fluorouracil, and leucovorin for metastatic colorectal cancer. N.Engl. J.Med. 350: 2335-2342.

15. McMahon, G. (2000). VEGF Receptor Signaling in Tumor Angiogenesis. Oncologist 5: 3-10.

16. Hicklin, D. and Ellis, L.M. (2005). Role of the vascular endothelial growth factor pathway in tumor growth and angiogeneiss. J.Clin. Oncol. 23: 1011-1027.

17. Kowanetz, M. and Ferra, N. (2006). Vascular endothelial growth factor signaling pathway: therapeutic perspective. Clin. Cancer Res. 12: 5018-5022.

18. Karar, J. and Maity, A. (2011). PI3K/AKT/mTOR pathway in angiogenesis. Front. Mol. Neurosci. 4 (51): 1-8.

19. Qi, X., Janice, A.N., Eleanor, J.M. et al. (2009). Rapamucin inhibition of the AKT/mTOR pathway blocks select stages of VEGF-A164-driven angiogenesis, in part by blocking S6 kinase. Arterioscler. Thromb. Vasc. Biol. 29: 1172-1178.

20. Wang, S., Lu, J., You, Q. et al. (2016). The mTOR/AP-1/VEGF signaling pathway regulates vascular endothelial cell growth. Oncotarget 7: 53269-53276.

21. Bergers, G. and Hanahan, D. (2008). Modes of resistance to anti-angiogenic therapy. Nat. Rev. Cancer 8: 592-603.

22. Yamamoto, Y., Matsui, J., Matsushima, T. et al. (2014). Lenvatinib, an angiogenesis inhibitor targeting VEGFR/FGFR, shows broad antitumor activity in human xenograft models associated with microvessel density and pericyte coverage. Vasc. Cell 6 (18): 1-13.

23. Ichikawa, K., Watanabe, S.W., Adachi, Y. et al. (2016). Lenvatinib suppresses angiogenesis through the inhibition of both VEGFR and FGFR signaling pathways. Global J.Cancer Ther. 2: 19-25.

24. Funahashi, Y., Wakabayashi, T., Semba, T. et al. (1999). Establishment of a quantitative mouse dorsal air sac model and its application to evaluate a new angiogenesis inhibitor. Oncol. Res. 11: 319-329.

25. Tohyama, O., Matsui, J., Kodama, K. et al. (2014). Antitumor activity of lenvatinib (E7080), an angiogenesis inhibitor that targets multiple receptor tyrosine kinases in preclinical human thyroid cancer models. J.Thyroid Res. 2014: 1-13.

26. Okamoto, K., Ikemori, K.M., Jestel, A. et al. (2015). Distinct binding mode of multikinase inhibitor lenvatinib revealed by biochemical characterization. ACS Med. Chem. Lett. 6: 89-94.

27. Roskoski, R.Jr. (2016). Classification of small protein kinase inhibitors based upon the structures of their drug-enzyme complexes. Pharmacol. Res. 103: 26-48.

28. Safavi, A., Vijayasekaran, A., and Guerrero, M.A. (2012). New insight into the treatment of advanced differentiated thyroid cancer. J.Thyroid Res. 2012: 1-8.

29. Okamoto, K., Kodama, K., Takase, K. et al. (2013). Antitumor activities of the targeted multi-tyrosine kinase inhibitor lenvatinib (E7080) against RET gene fusion-driven tumor models. Cancer Lett. 340: 97-103.

30. Erdem, H., Gudogdu, C., and Sipal, S. (2011). Correlation of E-cadherin, VEGF, cox-2 expression to prognostic parameters in papillary thyroid carcinoma. Exp. Mol. Pathol. 90 (3): 312-317.

31. Anderson, R.T., Linnehan, J.E., Tongbram, V. et al. (2013). Clinical, safety, and economic evidence in radioactive iodine-refractory differentiated thyroid cancer: a systemic literature review. Thyroid 23 (4): 392-407.

32. Seghezzi, G., Patel, S., Ren, C.J. et al. (1998). Fibroblast growth factor-2 (FGF-2) induces vascular endothelial growth factor (VEGF) expression in the endothelial cells of forming capillaries: an autocrine mechanism contribution to angiogenesis. J.Cell Biol. 141: 1659-1673.

33. St, B.R., Zheng, L., Winer, W.L. et al. (2005). Fibroblast growth factors as molecular targets in thyroid carcinoma. Endocrinology 146: 1145-1153.

34. Gild, M.L., Bullock, M., Robinson, B.G., and Clifton-Bligh, R. (2011). Multikinase inhibitors: a new option for the treatment of thyroid cancer. Nat. Rev. Endocrinol. 7: 617-624.

35. Matsuki, M., Adachi, Y., Ozawa, Y. et al. (2017). Targeting of tumor growth and angiogenesis underlies the enhanced antitumor activity of Lenvatinib in combination with everolimus. Cancer Sci. 108: 763-771.

36. Gupta, K., Miller, J.D., and Li, J.Z. (2008). Epidemiologic and socioeconomic burden of metastatic renal cell carcinoma (mRCC): a literature review. Cancer Treat. Rev. 34: 193-205.

37. Fisher, R., Gore, M., and Larkin, J. (2013). Current and future systemic treatments for renal cell carcinoma. Semin. Cancer Biol. 23: 38-45.

38. Gnarra, J.R., Tory, K., Weng, Y. et al. (1994). Mutations of VHL tumor suppressor gene in renal carcinoma. Nat. Genet. 7: 85-90.

39. Whaley, J.M., Naglich, J., Gelbert, L. et al. (1994). Germ-lime mutations in the von Hippel-Lindau tumor suppressor gene similar to somatic von Hippel-Lindau aberrations in sporadic renal cell carcinoma. Am. J.Hum. Genet. 55: 1092-1102.

40. Krieg, M., Haas, R., and Brauch, H. (2000). Up-regulation of hypoxia-inducible factors HIF-1apha and HIF-2alpha under normoxic condition in renal carcinoma cells by von Hippel-Lindau tumor suppressor gene loss of functions. Oncogene 19: 5435-5443.

41. Gunningham, S.P., Currie, M.J., Han, C. et al. (2001). Vascular endothelial growth factor-B and vascular endothelial growth factor-C expression in renal cell carcinomas: regulation by the von Hippel-Lindau gene and hypoxia. Cancer Res. 61: 3206-3211.

42. Wiesner, M.S., Munchenhagen, P.M., Berger, T. et al. (2001). Constitutive activation of hypoxia-inducible genes related to overexpression of hypoxiainducible factor-1alpha in clear cell renal carcinoma. Cancer Res. 61: 5215-5222.

43. Motzer, R.J., Jonasch, E., Agarwal, N. et al. (2015). Kidney cancer, version 3. 2015. J.Natl. Compr. Cancer Network 13: 151-159.

44. Pantuck, A.J., Seligson, D.B., Klatte, T. et al. (2007). Prognostic relevance of the mTOR pathway in renal cell carcinoma: implications for molecular patient selection for targeted therapy. Cancer 109: 2257-2267.

45. Robb, V.A., Karbowniczek, M., Klein-Szanto, A.J., and Henske, E.P. (2007). Activation of the mTOR signaling pathway in renal clear cell carcinoma. J.Urol. 177: 346-352.

46. Schlumberger, M., Tahara, M., Wirth, L.J. et al. (2015). Lenvatinib versus placebo in radioiodine-refractory thyroid cancer. N.Engl. J.Med. 372: 621-630.

47. Motzer, R., Huton, T.E., Glen, H. et al. (2015). Lenvatinib, everolimus, and the

combination in patients with metastatic renal cell carcinoma: a randomized, phase 2, open-label, multicenter trial. Lancet Oncol. 16: 1473-1482.

48. Kudo, M., Finn, R., Qin, S. et al. (2018). Lenvatinib versus sorafenib in first-line treatment of patients with unresectable hepatocellular carcinoma: a randomized phase 3 non-inferiority trial. Lancet 391: 1163-1173.

49. Makker, V., Rasco, D.W., Dutcus, C.E. et al. (2017). A phase Ib/ II trial of lenvatinib (LEN) plus pembrolizumab (Pembro) in patients (Pts) with endometrial carcinoma. J.Clin. Oncol. 35 (15 Suppl.): 5598.

50. Funahashi, Y., Tsuruoka, A. (2015). Preclinical researches of a novel antitumor agent lenvatinib mesylate for thyroid cancer to target VEGFR, FGFR and RET, MEDCHEM NEWS 25: 183-188.

第10章

奥西替尼——一种治疗T790M耐药型非小细胞肺癌的不可逆表皮生长因子受体酪氨酸激酶抑制剂的研发

10.1 引言

非小细胞肺癌（non-small cell lung cancer，NSCLC）占所有肺癌病例的80%～85%。尽管相关治疗在过去几十年中取得了长足的进步，但NSCLC仍然是导致死亡的主要原因之一[1]。NSCLC治疗领域的一个至关重要的进展是表皮生长因子受体（epidermal growth factor receptor，EGFR）抑制剂的开发。

EGFR又称ErbB1或HER1，是一种属于上皮细胞癌基因B家族的跨膜受体[2]。EGFR是一种糖蛋白，由一个细胞外配体结合区、一个跨膜区和一个具有酪氨酸激酶结构域的细胞内区域组成。当生长因子（如表皮生长因子EGF）与胞外结构域结合时，该受体将与其自身或其他家族成员发生二聚化，诱导三磷酸腺苷（adenosine triphosphate，ATP）介导的自磷酸化，从而启动信号转导级联，最终导致细胞分裂、生长和存活率的增加（图10.1）。

EGFR的信号转导对维持组织健康（特别是上皮细胞）非常重要，但它也在许多肿瘤中高表达，特别是NSCLC[3]。EGFR在NSCLC中的过度表达与疾病的快速进展和不良预后有关。根据这一结果，很多团队开发了EGFR激酶结构域的小分子抑制剂，以作为潜在的治疗药物，部分药物现已成功用于NSCLC的治疗[4]。

20世纪90年代，泽尼卡制药公司［Zeneca Pharmaceuticals，现阿斯利康（AstraZeneca）］推动了一项开创性的研究工作，发现了苯胺喹唑啉类EGFR抑制剂[5]。最初，通过筛选发现了化合物1（图10.2），随后对其进行优化，最终获得了临床药物2，一种体内有效的EGFR抑制剂，即已获批的吉非替尼（gefitinib），商品名为易瑞沙（Iressa™）[6, 7]。研究人员对这个系列的相关化合物进行了较为系统的研究，随后又发现了乙炔衍生物3，现被称为厄洛替尼（erlotinib），商品名为特罗凯（Tarceva™）[8]。

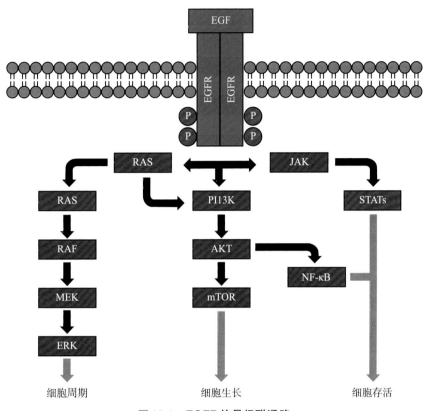

图10.1 EGFR信号级联通路

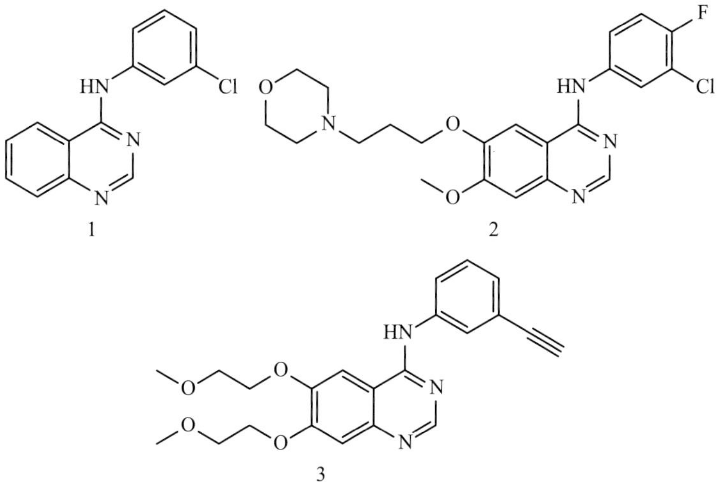

图10.2 基于苯胺喹唑啉结构的EGFR抑制剂

在吉非替尼（化合物2）和厄洛替尼（化合物3）的开发和治疗应用过程中，与EGFR突变有关的治疗反应中的一些重要细节问题逐步得到了阐明。如上所述，EGFR信号转导对于维持正常上皮细胞的功能至关重要。在患者中，抑制EGFR导致了与此相关的一些副作用，最常见的是皮疹和腹泻[9]。此外，对治疗反应的分析还发现了EGFR激酶结构域的激活突变[10]。

研究人员发现，含有两个特异性突变的肿瘤患者对EGFR抑制剂的治疗响应更好。携带这些突变的肿瘤现被称为激活突变（activating mutations），更多地倾向于依赖EGFR信号的转导来存活和生长。激活突变位点位于激酶结构域中，但与活性位点有一定的距离。一个是位于858位的亮氨酸，点突变为精氨酸（L858R）；另一个是746～750的残基缺失，对应于EGFR基因的外显子19（exon19 del）（图10.3）。这两种突变具有相似的作用，它们可使激酶具有持续的活性，在没有配体刺激的情况下就能进行信号的转导[11]。考虑到它们与催化位点的距离，这两种突变还会导致与三磷酸腺苷亲和力的降低（L858R的K_M为150 μmol/L，野生型EGFR为5.3 μmol/L）及k_{cat}的增加[12, 13]。此外，相对于野生型EGFR，抑制剂对激活突变体具有更强的亲和力（吉非替尼对L858R的K_d为

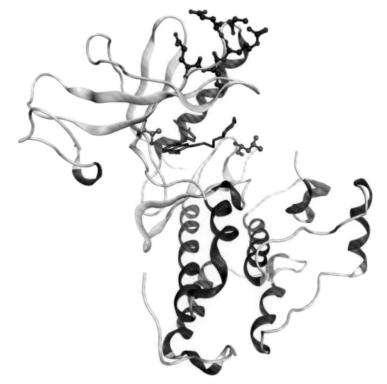

图10.3　EGFR激酶区结构（pdb代码2ITY）中激活突变L858（绿色）、外显子19（紫色）和门控残基T790（橘色）的位置

2.4 nmol/L，野生型为35 nmol/L，图10.4）。这些效应之间发挥协同作用，使得携带激活突变EGFR的肿瘤细胞对EGFR抑制剂本身更加敏感。此外，由于抑制剂K_d增加和ATP亲和力降低的共同作用，导致在正常ATP浓度下，肿瘤细胞中的EGFR受到抑制，在表达野生型EGFR的健康细胞中形成一个治疗窗。目前已经确定，EGFR的激活突变可作为患者治疗策略的参考，以确定其是否适合使用EGFR抑制剂进行治疗，大约70%的此类患者对治疗会产生积极响应。

　　尽管最初对EGFR激活突变肿瘤的治疗反应令人鼓舞，但研究者很快便观察到了肿瘤对酪氨酸激酶抑制剂（tyrosine kinase inhibitor，TKI）的耐药性（平均时间为10～11个月）。在大约60%的病例中，这种耐药性被归因于激酶结构域的二次突变。这个突变是790位苏氨酸点突变为甲硫氨酸（T790M）[14]。在"双突变体"EGFR（L858R/T790M或Exon 19 del/T790M）中，抑制剂的K_d和ATP亲和力值与野生型相当（吉非替尼对L858R/T790M双突变的ATP K_m值为8.4 μmol/L，K_d值为11 nmol/L），这意味着双突变体在细胞正常ATP浓度（1～10 mmol/L）下的表观K_i类似于野生型（图10.4）[13]。在细胞实验中，对L858R/T790M的活性缺失似乎更为显著，其中吉非替尼的活性为3.3 μmol/L，而其对野生型的活性为0.062 μmol/L[15]。因此，治疗窗不复存在，并且携带表达双重突变肿瘤的患者已不适合采用吉非替尼进行治疗。

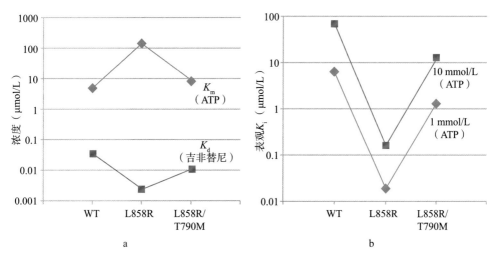

图10.4　a.野生型和突变型EGFR的ATP K_M（蓝色）值和吉非替尼的K_d值（红色）。b.在1 mmol/L和10 mmol/L ATP浓度下联合效应对表观K_i值的影响

　　在后续的工作中，研究人员基于苯胺喹唑啉骨架开发了EGFR酪氨酸激酶共价抑制剂。该激酶在配体结合位点附近含有半胱氨酸残基（C797），通过迈克尔受体（如丙烯酰胺）取代喹唑啉环，可以捕获该半胱氨酸残基。基于这一

效应，相关抑制剂的研究已在临床上取得了很好的进展，如卡奈替尼（化合物 4，canertinib）[16]、达克替尼（化合物5，dacomitinib）和阿法替尼（化合物6，afatinib，Gilotrif™，Tovok™）[17]的成功研发（图10.5）。

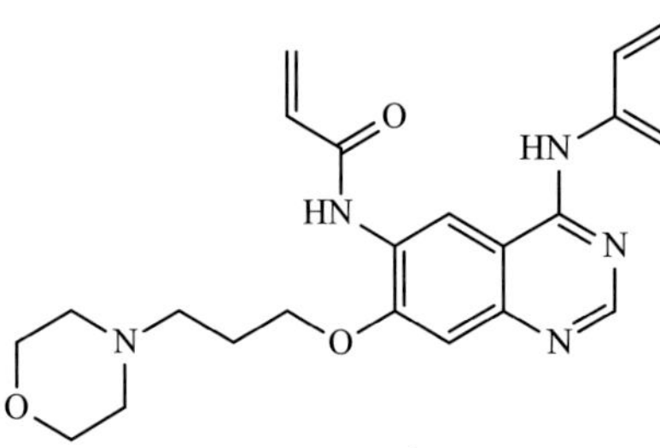

图10.5　不可逆苯胺喹唑啉类EGFR抑制剂

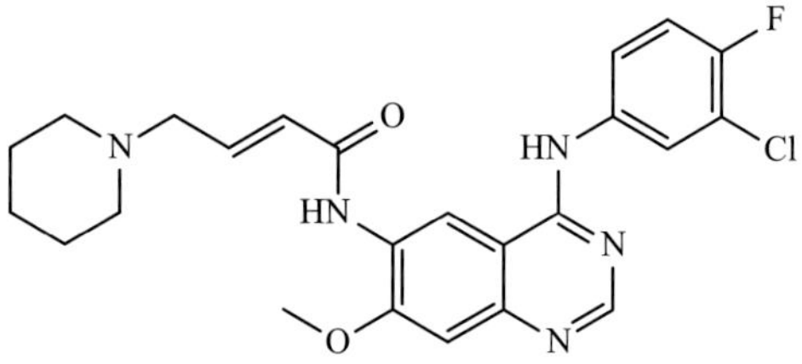

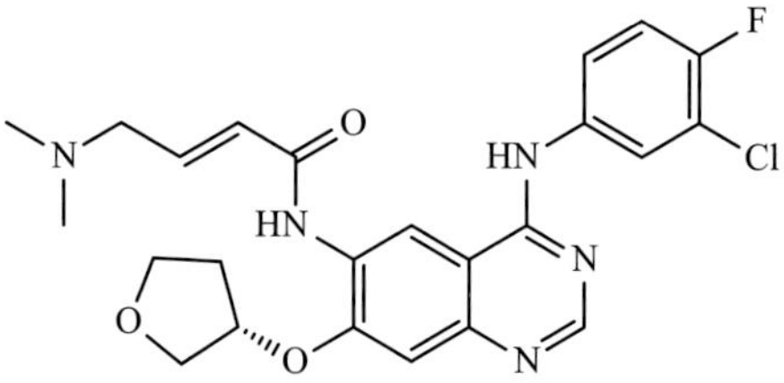

　　鉴于对可逆EGFR抑制剂的抵抗至少部分归因于ATP亲和力的变化，研究人员推测不可逆抑制剂或许能克服这一缺陷，因为其细胞抑制活性不再依赖于与底物的竞争平衡。然而，这种方法迄今尚未被证实显著有效，可能的原因是，尽管可逆EGFR抑制剂能够抑制双突变EGFR，但它们对野生型EGFR的抑制作用缺乏优势[18, 19]。这一观点得到了细胞活性数据的支持，这些数据表明，不可逆的喹唑啉类药物对双突变EGFR细胞和野生型细胞的活性相当（例如，阿法替尼对双突变和野生型细胞的活性分别为23 noml/L和12 noml/L）[15]。综上，需要开发出一种新型抑制剂，该抑制剂不仅可以有效抑制EGFR的T790M耐药突变体形式，而且与野生型相比，对激活突变体具有更好的选择性。

10.2　讨论

　　为了发现针对耐药突变体的抑制剂，研究人员试图基于对"双突变体"（L858R，T790M）的筛选获得一系列激酶抑制剂。虽然T790M突变似乎是蛋白整体结构中一个微小的变化，但研究人员认识到，在激酶中，看门氨基酸残基（gatekeeper residue）的性质对抑制剂的活性可能发挥着主导作用。虽然到目前为止，所描述的EGFR抑制剂均属于苯胺喹唑啉类化合物，但由于苯胺喹唑啉和甲硫氨酸侧链之间的不利相互作用，预计该模板本质上有利于T790的突变形式。因此，研究人员将目光转向其他靶向甲硫氨酸看门氨基酸残基的化合物。幸运的是，阿斯利康之前已开展过相关的研究项目，如胰岛素样生长因子受体酪氨酸激酶1（insulin-like growth factor receptor（tyrosine kinase1），IGF1R）抑制剂的研发[20]，因此很容易就获得了一组合适的候选化合物。

对所选化合物的筛选实验验证了上述假设：与双突变体相比，所有测试的苯胺喹唑啉类化合物对野生型激酶显示出更高的活性。至关重要的是，部分针对甲硫氨酸看门氨基酸残基筛选而得的化合物，不仅对双突变体显示出令人鼓舞的活性，并且对野生型的活性较低[15]。在筛选中发现的一个关键化合物是苯胺嘧啶类化合物7，其对双突变体EGFR的IC$_{50}$达到9 nmol/L（在ATP K_m处测试），约为野生型激酶的100倍（图10.6）。尽管酶抑制活性很强，但化合物7在H1975细胞中抑制EGFR自磷酸化的IC$_{50}$值为0.77 μmol/L，其生化效力显著下降。随后，研究人员对大量的化合物7类似物（未列举）进行了相关测试，均显示出类似的趋势。

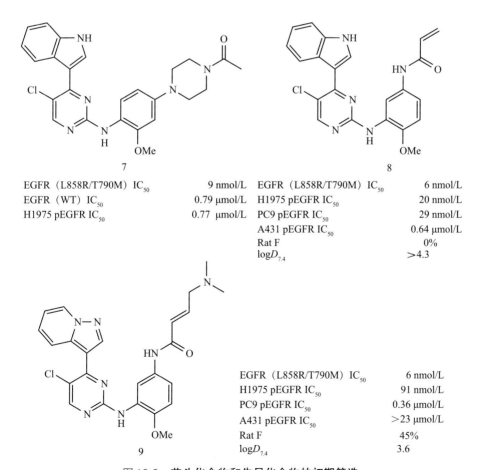

7		8	
EGFR（L858R/T790M）IC$_{50}$	9 nmol/L	EGFR（L858R/T790M）IC$_{50}$	6 nmol/L
EGFR（WT）IC$_{50}$	0.79 μmol/L	H1975 pEGFR IC$_{50}$	20 nmol/L
H1975 pEGFR IC$_{50}$	0.77 μmol/L	PC9 pEGFR IC$_{50}$	29 nmol/L
		A431 pEGFR IC$_{50}$	0.64 μmol/L
		Rat F	0%
		log$D_{7.4}$	>4.3

9	
EGFR（L858R/T790M）IC$_{50}$	6 nmol/L
H1975 pEGFR IC$_{50}$	91 nmol/L
PC9 pEGFR IC$_{50}$	0.36 μmol/L
A431 pEGFR IC$_{50}$	>23 μmol/L
Rat F	45%
log$D_{7.4}$	3.6

图10.6　苗头化合物和先导化合物的初期筛选

　　研究人员认为这是由双突变体激酶的ATP亲和力增加及底物和抑制剂在细胞ATP浓度下的竞争所致，不可逆抑制剂可能可以克服这种从酶到细胞活性下降的不利影响。可以通过靶向797位半胱氨酸来克服这一不足，就像之前采用苯胺喹唑啉模板的策略一样。研究人员制备了一系列含有丙烯酰胺基团的类似物，并且发现，在苯环的5位（相对于苯胺嘧啶取代基）处引入一个含有丙烯酰胺的基团（化合物8）似乎可以实现这一目标。化合物8对H1975细胞的抑制活性显著增强，可与之前分析条件下测定的酶活性相媲美。进一步的不可逆性抑制证据是化合物8与野生型EGFR复合物的晶体结构，它清楚地显示了丙烯酰胺和C797的硫原子之间形成的共价键（图10.7）。进一步的测试显示，化合物8对单激活突变细胞系（如含有外显子19缺失的PC9）同样有效，但对野生型细胞系的活性显著下降（对A431细胞的活性低30倍）。随后的药物化学研究主要基于这三种代表性细胞系的抑制活性，因为不可逆化合物的表观生化IC_{50}值取决于孵育时间和不同的反应速率（k_{inact}）。

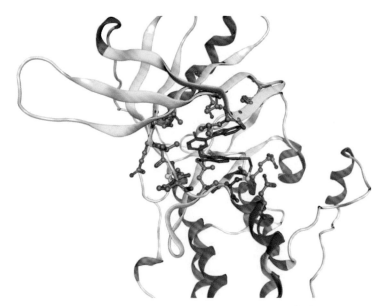

图10.7　化合物8（绿色）与野生型EGFR（pdb代码4LI5[15]）复合物的晶体结构。T790碳原子为橙色，C797原子为紫色

　　尽管具有令人鼓舞的细胞活性，但化合物8在大鼠药代动力学研究中未能检测到生物利用度。推测这可能是由该化合物亲脂性过高导致其溶解性差且代谢清除率高而造成的。因此，研究人员随后设计并合成了一系列亲脂性较低的类似物。

　　研究表明，在不影响化合物原有活性的前提下，可以通过在嘧啶的双环取代基上并入杂原子或者是在丙烯酰胺末端引入碱性的二甲胺甲基来降低其$\log D_{7.4}$

值。在丙烯酰胺末端引入碱性基团仍可保持其与疏基的结合活性[21]。吡唑并吡啶化合物9（图10.6）不仅在双环上并入了氮原子，也在丙烯酰胺末端引入了碱性基团，与改造前的化合物相比，其log $D_{7.4}$值显著降低。与此同时，虽然其对PC9细胞的活性有所下降，但其对H1975细胞的活性却未减弱。大鼠的药代动力学实验表明，化合物9的生物利用度达到45%，这也促使研究人员对其开展进一步的体内活性评价。

在裸鼠异种移植抗肿瘤实验中，化合物9的给药剂量为60 mg/kg。连续给药七天后，相对于空白对照组，化合物9的抑瘤率（tumor growth inhibition，TGI）达到105%。同样地，化合物9对PC9和A431的异种移植瘤模型的抑瘤率分别为134%和46%，与体外实验的选择性一致。基于这些实验结果，可以推测其在体内模型中是有效的。随后，研究人员对其结构又做了进一步的优化。首先，结构改造集中在提高亲脂性配体效率（lipophilic ligand efficiency，LLE）方面，因为这可能会使化合物在增加活性、提高溶解度及降低清除率三者之间达到平衡，从而改善化合物的整体性质，降低化合物的起效剂量。

类似物的合成与活性测试研究表明，将丙烯酰胺上的碱性基团移至苯环的对位（相对于苯胺嘧啶），可以有效地提高LLE。例如，相对于化合物9而言，哌嗪衍生物10在保持原有log $D_{7.4}$的基础上，显示出更好的药理活性（图10.8）[22]。受此启发，研究人员合成了一系列对位碱性基团取代的衍生物，其中非环衍生物11显示出最好的效果，其log D值更小（主要是因为增加了碱性），细胞活性更好，最终使其LLE值得到了两个数量级的提升（LLE，H1975 pIC_{50}-log $D_{7.4}$）[23]。因活性和理化性质的改善，化合物11在总体性质层面上有了显著的提升，在更

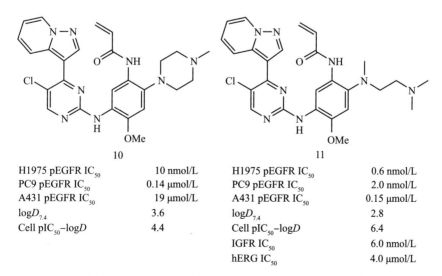

	10		11
H1975 pEGFR IC_{50}	10 nmol/L	H1975 pEGFR IC_{50}	0.6 nmol/L
PC9 pEGFR IC_{50}	0.14 μmol/L	PC9 pEGFR IC_{50}	2.0 nmol/L
A431 pEGFR IC_{50}	19 μmol/L	A431 pEGFR IC_{50}	0.15 μmol/L
log$D_{7.4}$	3.6	log$D_{7.4}$	2.8
Cell pIC_{50}-log$D$	4.4	Cell pIC_{50}-log$D$	6.4
		IGFR IC_{50}	6.0 nmol/L
		hERG IC_{50}	4.0 μmol/L

图10.8　在苯环对位上引入碱性取代基的EGFR抑制剂

小的剂量下便获得了显著且更强的体内活性。在 SCID 小鼠 H1975 异种移植瘤模型中，化合物 11 在 10 mg/kg 剂量下给药 25 h 时便能够抑制体内超过 90% 磷酸化 EGFR 的活性。尽管有如此优越的潜力，但是还存在着诸多的问题，使得化合物 11 距临床候选药物还有一定的距离。其中最重要的一个问题便是其对 IGF1R 具有抑制活性。IGF1R 与胰岛素受体酪氨酸激酶有着较高的同源性，抑制 IGF1R 便很有可能抑制胰岛素受体，使得体内的糖代谢紊乱，这是一个在临床上无法接受的副作用。除此之外，该化合物还存在一定的 hERG（human ether-a-go-go-related gene，hERG）通道阻滞毒性。因此，接下来的工作便是解决这些毒性问题。

为了解决上述问题，药物化学家们将精力集中在对双氮杂环的改造上，如吡唑并嘧啶环和 4-取代嘧啶环，这对提高 LLE 非常有利。这些分子中最显著的改变是吡唑并嘧啶衍生物对 PC9 细胞中磷酸化-EGFR 的活性不如其对 H1975 的活性强[22]。如果能发现针对包含单个 EGFR 激活突变细胞活性更好的药物，那么其有可能成为临床治疗的一线药物，且还能用于治疗 EGFR 耐药的患者。回顾已有的数据，在最初的苗头化合物中，吲哚类似物虽然脂溶性过高，不利于进一步开发，但其对 PC9 和 H1975 都具有较好的活性。通过改善这类分子的 LLE 使吲哚类分子 $\log D_{7.4}$ 值的降低也是一种可行的策略。

该系列化合物的活性得到了显著的提升，因此可以进一步考察嘧啶环 5 位取代基对活性的影响。迄今为止，更有效的化合物需要在 5 位引入一些亲脂性基团，如氯原子。但研究表明，引入亲脂性更弱的基团取代氯原子可以使得化合物的理化性质更为优越。这为在其他位置，如 4 位引入更多的亲脂性基团创造了空间。这些组合可以使化合物在整体上获得一个可接受的 $\log D_{7.4}$。筛选符合这些标准的化合物有可能找到既有较好活性又表现出优越 ADME 性质的候选化合物，进而评估这些化合物对 IGFR1R 和 hERG 的活性是否得到改善。在这种总体设计策略指导下，研究人员对一系列含有氮甲基或氮氢吲哚环，且嘧啶环 5 位为氢或氰基及氯代衍生物的化合物进行了研究。

5-氯-4-N-甲基吲哚化合物 12（图 10.9）在 H1975 和 PC9 细胞中均显示出较好的活性，虽然对野生型 A431 的活性较弱，但是其对 IGF1R 和 hERG 仍有一定的作用，且其对 H1975 细胞和 IGF1R 的活性只有 20 倍的差异。将 5 位的氯原子取代为氰基而得的化合物 13，既保持了对所有细胞系的活性，又提高了 LLE，但其对 IGF1R 和 hERG 的活性未发生明显改变。移除化合物 12 中吲哚 N 原子上的甲基可获得化合物 14，这一修饰对 EGFR 细胞活性和脂溶性几乎没有影响，但却增加了对 IGF1R 的活性，并略微增加了对 hERG 的活性。相反地，移除 5 位氯原子得到的化合物 15 虽然稍稍降低了对 EGFR 系列细胞的活性，但在所有细胞类型上均达到相同水平，从而保持了对野生型的优势。同时，相对于化合物 12，化合物 15 对

hERG 的活性也有所降低。最值得注意的是，其对 IGF1R 的活性得到了显著的降低，使得其相对于 H1975 细胞，活性有了 100 余倍的差异。该化合物在 IGF1R 活性方面的优势是这一系列化合物中是独一无二的。吲哚脱甲基化合物 16 显示出和这一系列化合物相似的选择性。对该系列中最有希望的化合物进一步的分析证实了基于 IGF1R 和 hERG 的结果，化合物 15 是唯一一个在体内完全没有检测到对胰岛素水平和 QT 间期延长具有不利影响的化合物[22]。同时，化合物 15 也被证明是一个选择性激酶抑制剂，其在 1 μmol/L 的浓度时，在 270 种激酶中，只对 ACK1、BLK、BRK、ErbB4、FLT3（D835Y）、MLK1 和 MNK2 具有超过 75% 的抑制作用，其中只有 BLK 和 ErbB4 含有等位半胱氨酸，所以对于其他的激酶，大概率是可逆抑制。

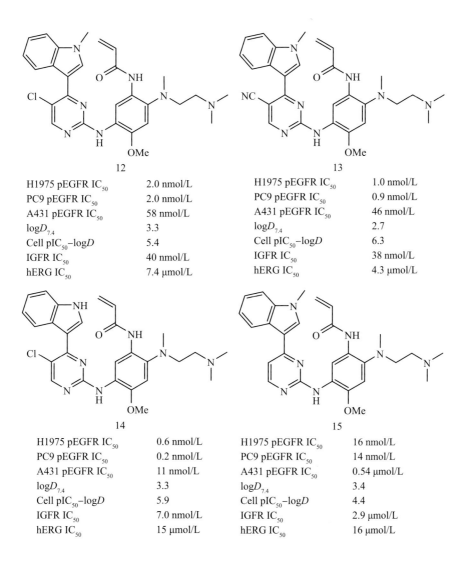

	12
H1975 pEGFR IC$_{50}$	2.0 nmol/L
PC9 pEGFR IC$_{50}$	2.0 nmol/L
A431 pEGFR IC$_{50}$	58 nmol/L
log$D_{7.4}$	3.3
Cell pIC$_{50}$–log$D$	5.4
IGFR IC$_{50}$	40 nmol/L
hERG IC$_{50}$	7.4 μmol/L

	13
H1975 pEGFR IC$_{50}$	1.0 nmol/L
PC9 pEGFR IC$_{50}$	0.9 nmol/L
A431 pEGFR IC$_{50}$	46 nmol/L
log$D_{7.4}$	2.7
Cell pIC$_{50}$–log$D$	6.3
IGFR IC$_{50}$	38 nmol/L
hERG IC$_{50}$	4.3 μmol/L

	14
H1975 pEGFR IC$_{50}$	0.6 nmol/L
PC9 pEGFR IC$_{50}$	0.2 nmol/L
A431 pEGFR IC$_{50}$	11 nmol/L
log$D_{7.4}$	3.3
Cell pIC$_{50}$–log$D$	5.9
IGFR IC$_{50}$	7.0 nmol/L
hERG IC$_{50}$	15 μmol/L

	15
H1975 pEGFR IC$_{50}$	16 nmol/L
PC9 pEGFR IC$_{50}$	14 nmol/L
A431 pEGFR IC$_{50}$	0.54 μmol/L
log$D_{7.4}$	3.4
Cell pIC$_{50}$–log$D$	4.4
IGFR IC$_{50}$	2.9 μmol/L
hERG IC$_{50}$	16 μmol/L

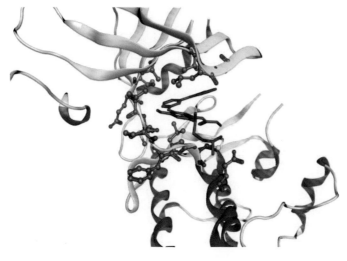

H1975 pEGFR IC$_{50}$	2.0 nmol/L
PC9 pEGFR IC$_{50}$	2.0 nmol/L
A431 pEGFR IC$_{50}$	32 nmol/L
log$D_{7.4}$	2.9
Cell pIC$_{50}$–log$D$	5.8
IGFR IC$_{50}$	26 nmol/L
hERG IC$_{50}$	17 μmol/L

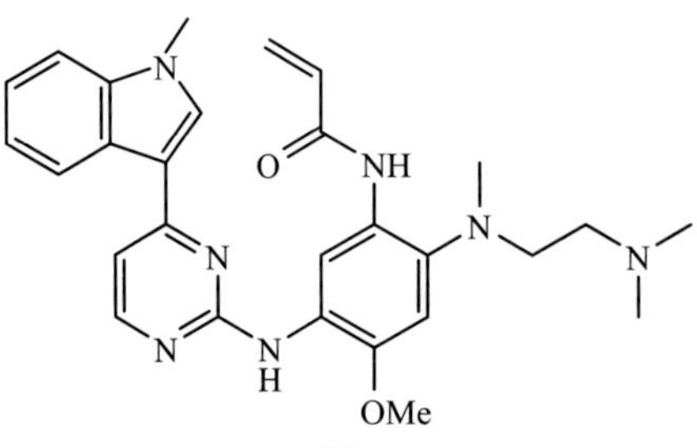

图 10.9　吲哚取代类 EGFR 抑制剂对 IGF1R 和 hERG 的选择性评估

　　尽管化合物 15 的清除率较高，达到了 45 ml/（min·kg），但其在大鼠中显出较好的生物利用度（45%）。在体内有效性实验中，化合物 15 在 5 mg/kg 剂量下对H1975 和 PC9 的抑瘤率分别为 134% 和 238%，相比于野生型更有优势。考虑到化合物 15 的清除率较高（5 mg/kg 只能达到微弱的抑制效果），这一活性的产生被部分归因于化合物 15 在啮齿动物中存在活性代谢产物，如上述提到的 N- 去甲基化合物 16。然而，化合物 16 在体外对野生型 EGFR 显示出更好的抑制作用。跨物种体外代谢实验表明，人体内代谢生成化合物 16 的能力可能低于啮齿类动物，这也意味着化合物 16 在人体中对野生型 EGFR 的选择性将会得到改善。这一猜想在后续的临床实验中得到了证实：在重复给药化合物 15 之后，发现代谢产物 16 的AUC 仅占不到母体 AUC 的 10%[24]。

　　已报道的化合物 16 与野生型 EGFR 复合物的晶体结构显示其结合模式与预期一样（图 10.10），化合物与激酶活性构象结合，苯胺嘧啶结构与铰链区形成两个氢键相互作用（嘧啶氮氢键与 M793 的主链 NH 结合）[25]。但出人意料的是，在这个结构中，尽管丙烯酰胺结构已经指向并靠近 C797 半胱氨酸的硫醇残基，但是

图 10.10　化合物 15（绿色）与野生型 EGFR（pdb 代码 4ZAU[25]）复合物的晶体结构。T790 碳原子为橙色，C797 原子为紫色

并未发现产生共价结合。随后通过质谱分析，证实了化合物16与野生型EGFR发生了共价结合。

最终，化合物16被选为临床候选药物，内部命名为AZD9291。之后，其又被命名为奥西替尼（osimertinib），商品名为TAGRISSO™。2013年3月，该药物被首次用于临床治疗，在较低的给药剂量（20 mg）下就发挥了较好的疗效，且在Ⅰ期临床试验中，没有确定出该药的最大耐受剂量[26]。基于药效和安全性数据的考虑，在Ⅱ期临床试验中，给药剂量被设定在20～240 mg，最后选定的注册研究给药剂量为80 mg，每日给药1次。2015年11月，FDA对该药物实行了加速审批，用于治疗正在或已经接受EGFR激酶抑制剂治疗且呈转移性EGFR T790M突变阳性的NSCLC患者。2016年2月，EMA也批准了奥西替尼的有条件上市销售，用于治疗局部晚期或转移性T790M突变阳性的NSCLC成年患者。一个月后，奥西替尼在日本也获得批准。

截至2016年10月，已有超过1200例患者接受了奥西替尼的治疗。在两项AURA研究（AURA和AURA2）中，80 mg剂量治疗的411例EGFR T790M阳性晚期NSCLC患者的客观缓解率（由盲法独立中心审查确定）为59%（图10.11）[24, 28, 29]。在以80 mg剂量治疗的63例EGFRM T790M阳性晚期非小细胞肺癌患者中，初步的中位缓解时间（集中审查）为12.4个月（数据截至2014年12月2日）。这代表该药物在患者人群中获得了较好的治疗效果。同时，由于相对于野生型EGFR，奥西替尼对突变型具有更高的选择性，如皮疹、腹泻等副作用的程度也较轻。

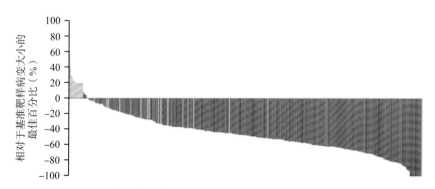

图10.11　T790M阳性患者对奥西替尼治疗的肿瘤响应。条带表示：完全缓解（红色）、局部缓解（紫色）、疾病稳定（绿色）、疾病进展（黄色），以及无法评估的患者（蓝色）。数据分析是对可用响应分析数据集（$n = 398$）采用的盲法独立中心评价。病变大小的平均最佳百分比变化为45%，标准差为28.0（最佳百分比中位数变化为−47.6%；范围：−100%～+90.8%）[27]

10.3　总结

临床数据显示，奥西替尼在患者中发挥了较好的疗效。在药物研发过程中，研究人员针对性地解决了多个困难，如筛选出对T790M突变型蛋白具有选择性的骨架结构、以不可逆抑制剂的策略克服ATP亲和力的增加，以及专注于IGF1R和hERG的选择性研究都是成功研发奥西替尼的关键。此外，亲脂性优化对提高奥西替尼的药代动力学性质至关重要，LLE策略的采用为确定最优的结构修饰提供了有力的指导。

同时，这个新药研发项目推进的速度也完全超乎想象，奥西替尼自2009年被立项以来，仅耗时36个月即被开发成候选药物，在2011年6月就被首次合成。2013年3月，奥西替尼被首次用于NSCLC患者的临床治疗，并于2015年11月首次得到监管部门的批准。该例子代表了一个经典的抗肿瘤药物的快速发现和开发的时间轴，填补了耐药性NSCLC无药可治的空白。

有很多因素促进了这个项目的快速成功。首先，在开发伊始，基于肿瘤病理学的假设是正确的，即对EGFR抑制剂产生耐药的细胞是基于EGF通路。此外，可明确鉴别具有T790M突变的患者，为受试患者的选择提供了一个清晰的方法。再者，研发团队拥有一个包含大量高质量激酶抑制剂的数据库，可提供针对多种激酶的先导化合物，以及和这些化合物有关的历史数据，这意味着无须进行大量的筛选工作，即可从一个更高的起点来开展工作。阿斯利康的化学家多年以来对激酶靶标开发的知识和经验极大地促进了这些先导物的识别和优化[30]。

在这个项目中，共价抑制剂的优势被凸显得淋漓尽致，但是这得益于EGFR活性位点上存在一个具有合适构象的半胱氨酸残基，使得其能与抑制剂发生反应性结合。尽管如此，反应基团可能以非特异性方式与其他内源性物质发生反应，因此共价抑制剂在开发中可能还存在其他的问题。这些风险在临床前是很难被预测的。在本项目中，考虑到EGFR抑制剂不能满足目前的临床需要，该风险相对来说可被接受，因此，奥西替尼才能顺利上市。令人欣慰的是，以喹唑啉为骨架的EGFR共价抑制剂已进展到后期的临床试验，并没有出现由反应性引起的副作用。

目前又开始出现新的耐药性[31]，这也为药物化学带来了新的机遇和挑战。但研究人员坚信，奥西替尼可成为治疗NSCLC的成功药物。希望这个药物开发案例的经验可以为其他具有挑战性的项目带来借鉴和指导。

（徐盛涛　徐进宜　白仁仁）

原作者简介

迈克尔·J.沃林（Michael J.Waring），药物化学教授。他于1996年获得化学学士学位，并于1999年获得曼彻斯特大学（University of Manchester）有机化学博士学位。2000～2001年，他于得克萨斯大学奥斯丁分校（University of Texas at Austin）从事博士后研究，师从菲利普·马格努斯（Philip Magnus）教授。2001年，他加入阿斯利康并担任项目组长，而后成为药物化学首席科学家。他致力于肿瘤与糖尿病治疗药物的研究，先后参与了包括奥西替尼在内的14个候选药物的开发。2015年9月，他加入英国组卡斯尔大学（Newcastle University）的北方癌症研究所和化学学院，成为一名药物化学教授。沃林教授在药物化学领域的贡献使他荣获了2010年Capps Green Zomaya纪念奖。2017年，他因发现奥西替尼而获得了Malcolm Campbell纪念奖。

参 考 文 献

1. Goldstraw, P., Ball, D., Jett, J.R. et al（2011）Non-small-cell lung cancer. Lancet, 378, 1727-1740.

2. Normanno, N., De Luca, A., Bianco, C. et al（2006）Epidermal growth factor receptor（EGFR）signaling in cancer. Gene, 366, 2-16.

3. Ciardiello, F. and Tortora, G.（2001）A novel approach in the treatment of cancer: targeting the epidermal growth factor receptor. Clin. Cancer Res., 7, 2958-2970.

4. Wheeler, D.L., Dunn, E.F., and Harari, P.M.（2010）Understanding resistance to EGFR inhibitors-impact on future treatment strategies. Nat. Rev. Clin. Oncol., 7, 493-507.

5. Ward, W.H., Cook, P.N., Slater, A.M. et al（1994）Epidermal growth factor receptor tyrosine kinase. Investigation of catalytic mechanism, structure-based searching and discovery of a potent inhibitor. Biochem. Pharmacol., 48, 659-666.

6. Barker, A.J., Gibson, K.H., Grundy, W. et al（2001）Studies leading to the identification of ZD1839（iressaTM）: an orally active, selective epidermal growth factor receptor tyrosine kinase inhibitor targeted to the treatment of cancer. Bioorg. Med. Chem. Lett., 11, 1911-1914.

7. Wakeling, A.E., Guy, S.P., Woodburn, J.R. et al（2002）ZD1839（Iressa）: an orally active inhibitor of epidermal growth factor signaling with potential for cancer therapy. Cancer Res., 62, 5749-5754.

8. Schnur RC, Arnold LD（1996）Quinazoline derivatives, WO 1996030347.

9. Hirsh, V.（2011）Managing treatment-related adverse events associated with EGFR tyrosine kinase inhibitors in advanced non-small-cell lung cancer. Curr. Oncol., 18, 126-138.

10. Jackman, D.M., Yeap, B.Y., Sequist, L.V. et al（2006）Exon 19 deletion mutations of

epidermal growth factor receptor are associated with prolonged survival in non-small cell lung cancer patients treated with gefitinib or erlotinib. Clin. Cancer Res., 12, 3908-3914.

11. Pines, G., Köstler, W.J., and Yarden, Y. (2010) Oncogenic mutant forms of EGFR: lessons in signal transduction and targets for cancer therapy. FEBS Lett., 584, 2699-2706.

12. Carey, K.D. (2006) Kinetic analysis of epidermal growth factor receptor somatic mutant proteins shows increased sensitivity to the epidermal growth factor receptor tyrosine kinase inhibitor, erlotinib. Cancer Res., 66, 8163-8171.

13. Yun, C.-H., Mengwasser, K.E., Toms, A.V. et al (2008) The T790M mutation in EGFR kinase causes drug resistance by increasing the affnity for ATP.Proc. Natl. Acad. Sci., 105, 2070-2075.

14. Kobayashi, S., Boggon, T.J., Dayaram, T. et al (2005) EGFR mutation and resistance of non-small-cell lung cancer to gefitinib. N. Engl. J. Med., 352, 786-792.

15. Ward, R.A., Anderton, M.J., Ashton, S. et al (2013) Structure-and reactivity-based development of covalent inhibitors of the activating and gatekeeper mutant forms of the epidermal growth factor receptor (EGFR). J. Med. Chem., 56, 7025-7048.

16. Smaill, J.B., Rewcastle, G.W., Loo, J.A. et al (2000) Tyrosine kinase inhibitors. 17. Irreversible inhibitors of the epidermal growth factor receptor: 4- (phenylamino) quinazoline- and 4- (phenylamino) pyrido [3, 2-d] pyrimidine6-acrylamides bearing additional solubilizing functions. J. Med. Chem., 43, 1380-1397.

17. Li, D., Ambrogio, L., Shimamura, T. et al (2008) BIBW2992, an irreversible EGFR/HER2 inhibitor highly effective in preclinical lung cancer models. Oncogene, 27, 4702-4711.

18. Kim, Y., Ko, J., Cui, Z. et al (2012) The EGFR T790M mutation in acquired resistance to an irreversible second-generation EGFR inhibitor. Mol. Cancer Ther., 11, 784-791.

19. Joshi, M., Rizvi, S.M., and Belani, C.P. (2015) Afatinib for the treatment of metastatic non-small cell lung cancer. Cancer Manag. Res., 7, 75-82.

20. Degorce, S.L., Boyd, S., Curwen, J.O. et al (2016) Discovery of a potent, selective, orally bioavailable, and effcacious novel 2- (pyrazol-4-ylamino) -pyrimidine inhibitor of the insulin-like growth factor-1 receptor (IGF-1R). J. Med. Chem., 59, 4859-4866.

21. Flanagan, M.E., Abramite, J.A., Anderson, D.P. et al (2014) Chemical and computational methods for the characterization of covalent reactive groups for the prospective design of irreversible inhibitors. J. Med. Chem., 57, 10072-10079.

22. Finlay, M.R.V., Anderton, M., Ashton, S. et al (2014) Discovery of a potent and selective EGFR inhibitor (AZD9291) of both sensitizing and T790M resistance mutations that spares the wild type form of the receptor. J. Med. Chem., 57, 8249-8267.

23. Hopkins, A.L., Keserü, G.M., Leeson, P.D. et al (2014) The role of ligand efficiency metrics in drug discovery. Nat. Rev. Drug Discov., 13, 105-121.

24. Jänne, P.A., Yang, J.C.-H., Kim, D.-W. et al (2015) AZD9291 in EGFR inhibitor-resistant non-small-cell Lung Cancer. N. Engl. J. Med., 372, 1689-1699.

25. Yosaatmadja, Y., Silva, S., Dickson, J.M. et al (2015) Binding mode of the breakthrough inhibitor AZD9291 to epidermal growth factor receptor revealed. J. Struct. Biol., 192, 539-544.

26. Cross，D.A.E.，Ashton，S.E.，Ghiorghiu，S．et al（2014）AZD9291，an irreversible EGFR TKI，overcomes T790M-mediated resistance to EGFR inhibitors in lung cancer．Cancer Discov.，4，1046-1061.

27. Goss，G.D.，Yang，J.C.H.，Ahn，M.J.　et al（2015）3113 AZD9291 in pre-treated patients with T790M positive advanced non-small cell lung cancer（NSCLC）：pooled analysis from two Phase Ⅱ studies．Eur．J．Cancer，51（Suppl．3），S640.

28. Ramalingam，S.，Yang，J.C.-H.，Lee，C.K．et al（2016）LBA1_PR：Osimertinib as first-line treatment for EGFR mutation-positive advanced NSCLC：updated effcacy and safety results from two Phase I expansion cohorts．J．Thorac．Oncol.，11，S152.

29. Yang，J.，Ramalingam，S.S.，Jänne，P.A．et al（2016）LBA2_PR：Osimertinib（AZD9291）in pre-treated pts with T790M-positive advanced NSCLC：updated Phase 1（P1）and pooled Phase 2（P2）results．J．Thorac．Oncol.，11，S152-S153.

30. Kettle，J.G．and Wilson，D.M.（2016）Standing on the shoulders of giants：a retrospective analysis of kinase drug discovery at AstraZeneca．Drug Discov．Today，21，1596-1608.

31. Thress，K.S.，Paweletz，C.P.，Felip，E．et al（2015）Acquired EGFR C797S mutation mediates resistance to AZD9291 in non-small cell lung cancer harboring EGFR T790M.Nat．Med.，21，560-562.

第11章

鲁卡帕尼——一种全球首创PARP-1抑制剂的研发

11.1 引言

鲁卡帕尼（rucaparib，Rubraca®）的发现可以追溯到20世纪80年代纽卡斯尔大学（Newcastle University）芭芭拉·杜卡兹（Barbara Durkacz）教授开展的研究工作。在加入纽卡斯尔大学之前，芭芭拉在萨塞克斯大学（University of Sussex）生物化学系从事有关聚（ADP-核糖）聚合酶［poly（ADP-ribose）polymerase，PARP］的研究，PAPR在当时被认为是一种单一的酶。首次关于PARP的研究是由保罗·曼德尔（Paul Mandel）及其同事在1963年完成的[1]。随后在1966年发表了一篇决定性的研究论文[2]。而Shinmura Fujimura[3]和Osamu Hayaishi[4]小组完成了验证性的研究工作，揭示了PARP在组蛋白中添加聚（ADP-核糖）单元的功能[5]。而后，在1976年[6]和1977年[5]发表的两篇综述也显示有关PARP的研究受到越来越多的关注，并取得了较快的进展，特别是该酶的相关抑制剂[7, 8]。如今，在Web of Science数据库中输入"poly（ADP-ribose）poly merase（聚（ADP-核糖）聚合酶）"一词进行关键词搜索，可以得到16 594个相关结果（截至2019年5月14日），并且大多数是2000年以后的论文、综述和会议摘要。

PARP在DNA修复中的作用是由爱德华·米勒（Edward Miller）在1975年首次提出的[9]。在此之后，杜尔卡奇（Durkacz）等在《自然》期刊上发表了极为关键的论文[10]，迄今为止（2019年5月14日经Web of Science查询）已被引用973次。这篇论文证明了硫酸二甲酯对DNA的破坏作用是由3-氨基苯甲酰胺产生的，而非3-氨基苯甲酸。与此同时，珀内尔（Purnell）和怀希（Whish）等发现3-氨基和3-甲氧基苯甲酰胺可以抑制PARP（$K_i < 2$ μmol/L）[11]。苏塞克斯（Sussex）的研究团队随后报道了3-氨基苯甲酰胺与PARP的底物烟酰胺腺嘌呤二核苷酸（nicotinamide adenine dinucleotide，NAD）的功能相似，可以抑制大鼠肝细胞中NAD^+的消耗（图11.1）[12]。

2000年以来，研究人员已经阐明"PARP"是由17个PARP组成的蛋白家族中的第一个成员（PARP-1），这些蛋白中至少有5个被认为对细胞功能至关重要[13]。PARP-1是一种含量丰富的核蛋白（113 kDa），可与DNA结合并在碱基切除修复（base excision repair，BER）通路中启动单链断裂（single-strand break，

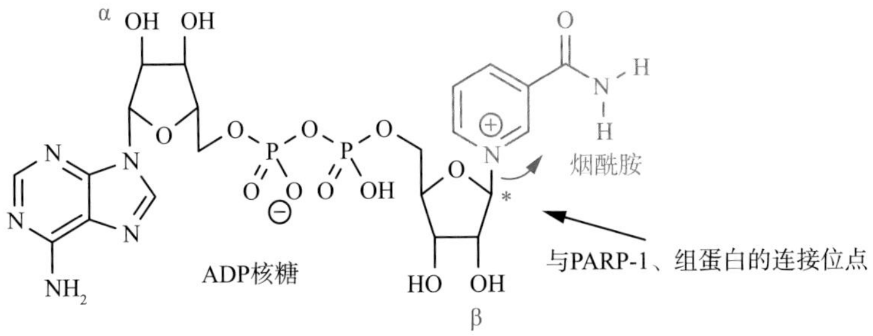

图11.1　烟酰胺腺嘌呤二核苷酸（NAD$^+$）的结构

SSB）的修复。当人体暴露于电离辐射、活性氧（reactive oxygen species，ROS）、致癌物，甚至某些抗癌药物时会发生DNA的SSB。PARP-1具有三个结构域，分别是具有两个Zn^{2+}的N端DNA结合结构域、中心自我修饰结构域，以及需要NAD$^+$的C端催化结构域。PARP-1可将NAD$^+$转换为聚合物，该聚合物与组蛋白或PARP本身的中心结构域相连。

PARP-1除了可以催化NAD$^+$单体进行聚合反应外，还可以作为脱氢酶（dehydrogenases）的循环辅因子（recycled cofactor），如众所周知的肝醇脱氢酶（liver alcohol dehydrogenase，LADH）[14]。作为脱氢酶辅因子时，NAD$^+$中缺电子的吡啶鎓环可充当氢化物受体；而在聚合反应中，PARP-1裂解吡啶鎓氮原子与核糖C-1之间的σ键，释放烟酰胺。该过程的起始步骤是蛋白质谷氨酸的γ-羧基使烟酰胺从NAD$^+$中断裂，同时伴随核糖C-1构型的翻转。其机理类似于S$_N$1反应，涉及一个通过环内氧原子共振稳定的核糖基碳正离子中间体（反应式11.1）[15, 16]。萨拉玛·西蒙斯（Slama Simmons）通过以亚甲基取代与烟酰胺相连的核糖的环氧结构，合成了carba-NAD$^+$，也很好地证实了NAD$^+$两种生物学功能的根本区别[17]。与NAD$^+$相似，carba-NAD$^+$类似物是醇脱氢酶的功能性辅酶，也是单（ADP-核糖基）转移酶的抑制剂。以此类推，PARP的替代酶无法催化carba-NAD$^+$进行反应，因此证实了PARP-1催化NAD$^+$聚合时的类S$_N$1机理。

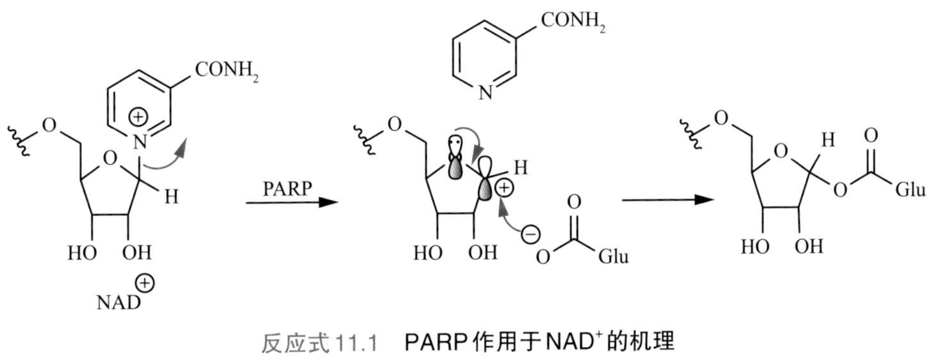

反应式11.1　PARP作用于NAD$^+$的机理

在PARP-1与受损DNA区域结合并将一个ADP-核糖单元添加到组蛋白和PARP之后，更多的ADP-核糖单元会被连接到核糖羟基上（图11.1中标记为α和β的位点）。带负电荷的聚合物充分"生长"后，修饰后的PARP-1和组蛋白会从DNA表面解离，使其暴露于可恢复原始DNA结构的修复酶（BER）中。有关这一过程的详细描述请参见达纳·费拉里斯（Dana Ferraris）的综述[7]。因此，PARP-1是保护人类DNA免受各种亲电基团和自由基不断攻击的"化学团队"的一员，谷胱甘肽、血红蛋白、其他DNA修复蛋白，甚至水分子都具有这一作用。不幸的是，癌细胞中也含有PARP-1，从而限制了DNA损伤药物［如

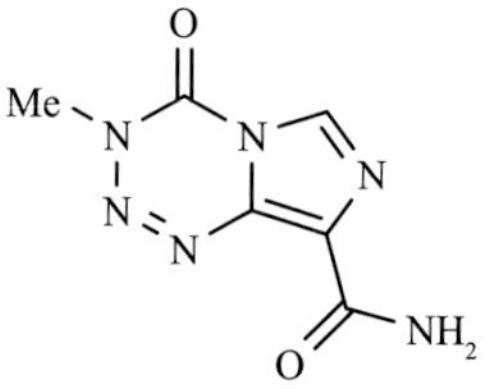

1,替莫唑胺

图11.2　替莫唑胺的结构

用于治疗脑肿瘤和黑色素瘤的甲基化药物替莫唑胺（temozolomide，化合物1，图11.2）[18]］杀伤肿瘤细胞的作用，甚至可能导致耐药性的产生[19]。因此，有理由认为PARP-1抑制剂与DNA损伤药物联用时可以充当"耐药修饰剂（resistance-modifier）"，使DNA损伤药物更为有效。上文提及的苯甲酰胺的药效和水溶性都有所欠缺，因此，纽卡斯尔大学的科学家从1990年开始寻找理想的PARP-1抑制剂，这也是一个从化学家角度开始的故事。

伯纳德·T.戈尔丁（Bernard T. Golding）教授在华威大学（University of Warwick）工作期间，对氮芥类药物的作用方式产生了浓厚的兴趣。此类药物的经典例子是1942年首次用于治疗淋巴瘤的氮芥［mechlorethamine，2-chloro-N-（2-chloroethyl）-N-methylethan-1-amine，化合物2］。通过[1]H和[13]C NMR监测水中的氮芥与亲核试剂的反应，可以直接观察到中间体吖丙啶离子［1-（2-chloroethyl）-1-methylaziridin-1-ium，化合物3］的生成（反应式11.2）[20]。同时，戈尔丁团队还尝试[21]合成由灰链霉菌产生的被称为"593A"的天然产物［（3S,6S）-3,6-bis（（2R,5S）-5-chloropiperidin-2-yl）piperazine-2,5-dione，化合物4，图11.3］。该天然产物是一种DNA交联剂，推测其通过结构中3-氯哌啶单元产生的吖丙啶离子而发挥作用。随后，戈尔丁教授加入纽卡斯尔大学，继续从事相关研究。在当时，"大型制药公司"的专家认为整个制药行业所需要的只是能

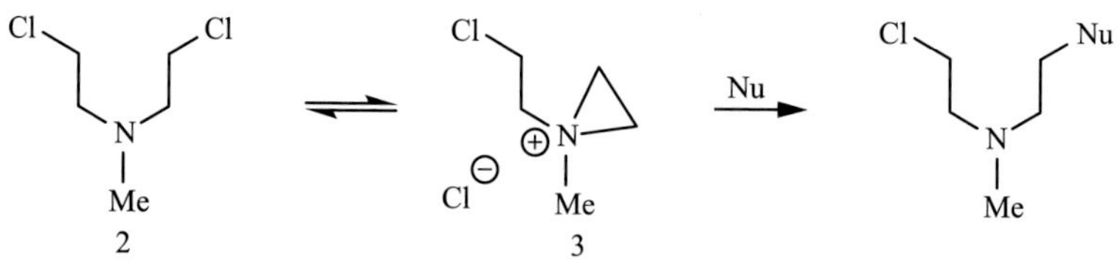

反应式 11.2　由氮芥（2）生成的吖丙啶离子（3）

Nu，nucleophile，亲核试剂

够合成化学分子的化学家，而不是药物化学家，而这些专家则会向化学家们传授"药物化学"的经验[22]。与之相反，戈尔丁教授更加重视对药物化学专业人才的培养，他于1989年引入了首个药物化学荣誉学位课程。而该项目许多毕业生都继续在纽卡斯尔大学攻读博士学位，并从事有关PARP-1抑制剂和癌症靶标等方面的研究。

戈尔丁教授从华威大学辞职并加入纽卡斯尔大学的主要原因，正是他预见了与医学科学家合作对药物研发的重要性。随后，他与阿德里安·哈里斯（Adrian Harris）（当时是纽卡斯尔大学癌症研究部门的教授兼负责人）和马丁·伦（Martin Lunn）开展了一项采用PARP抑制剂3-乙酰氨基苯甲酰胺来增强达卡巴嗪（dacarbazine，DTIC，化合物5a，图11.3）对恶性黑色素瘤（malignant melanoma）和霍奇金淋巴瘤（Hodgkin's lymphoma）疗效的研究[23, 24]。DTIC是一种前药，它经过N-去甲基化后可转化为5-（3-甲基-1-三氮烯基）咪唑-4-甲酰胺（MTIC，化合物5b，图11.3）。MTIC经过分解生成高反应性的甲基重氮正离子（MeN2+），进而可将DNA甲基化[25]。这些研究是在高效合成高纯度MTIC的基础上完成的[24]，而MTIC也可以通过替莫唑胺的水解来制备[18]。

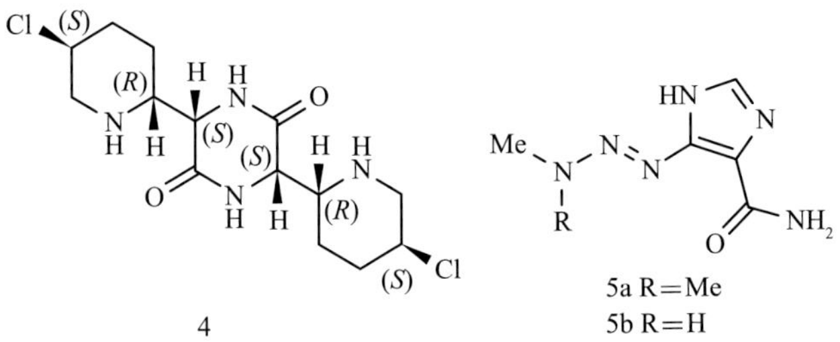

图11.3　化合物4、5a和5b的结构

1988年，阿德里安·哈里斯加入牛津大学，戈尔丁教授开始与纽卡斯尔大学癌症研究部门新的负责人希拉里·卡尔维特（Hilary Calvert）合作，重新开始了相关的抗肿瘤药物研究。同时，戈尔丁教授还与罗杰·格里芬（Roger Griffin，药物化学家）、克里斯汀·布雷斯代尔（Christine Bleasdale，有机化学家）、尼古拉·科廷（Nicola Curtin，肿瘤细胞生物学家）和赫比·纽维尔（Herbie Newell，肿瘤药理学家）组成了一个跨学科的研发团队，并启动了特定DNA修复酶强效抑制剂的开发研究。本章重点介绍在2016年12月被美国FDA批准，用于治疗晚期BRCA突变型卵巢癌的全球首创PARP-1抑制剂鲁卡帕尼的研发历程[26]。鲁卡帕尼在2018年3月被EMA批准[27]。阿古隆制药（Agouron Pharmaceuticals）在20世纪90年代后期和辉瑞制药（Pfizer）在2000年后的大力投入，以及英国癌症研究中心对纽卡斯尔大学研发团队的持续资金支持，对鲁卡帕尼的最终发现发挥了重要的作用。目前，鲁卡帕尼的开发工作由克洛维斯肿瘤（Clovis Oncology）公司全力推进[28]。

11.2 苯并噁唑/苯并咪唑甲酰胺和喹唑啉酮衍生物

鲁卡帕尼的发现所遵循的路线是经典药物化学典范。在研究伊始，对靶标酶只有一个基本的了解。但对其他NAD⁺结合酶（如LADH）的研究表明，在NAD⁺的一般结合模式中，与吡啶鎓环共面的甲酰胺基团中的羰基与吡啶鎓氮原子处于反式状态（如图11.4所示，亦可称为顺式[29]或反式[30]构象）。这种反式构象也可以在游离NAD⁺的晶体结构中观察到[31]。随后，分子模拟辅助的晶体结构分析证明，该构象可以使甲酰胺和酶之间形成最佳的供体–受体氢键[32]。对于NAD⁺的简单类似物（如质子化的烟酰胺）和辅因子本身，由于羰基偶极（即带负电荷的羰基氧）和带正电的吡啶鎓C-2之间的稳定相互作用（烟酰胺中该作用采用从头算法的计算值约为4 kJ/mol[29, 30]），顺式构象固有地优于反式构象（图11.4）。但是，两种可能构象相互转化的能垒相对较低：质子化烟酰胺从更稳定的顺式构象转化为反式构象的能垒仅为约16 kJ/mol。此外，由于溶剂化（水溶液[33]）或氢键（晶态[34]）的影响，分子在溶液中或晶体中可以控制相应的优势构象。在早期的PARP抑制剂（如3-取代的苯甲酰胺）中，甲酰胺基团的构象与NAD⁺一样并未高度受限，并且由于将甲酰胺连接至环的C—C键具有相对较低的旋转能垒（对于N-甲基苯甲酰胺，能垒约为12 kJ/mol[35]）而不能区分顺式和反式构象。

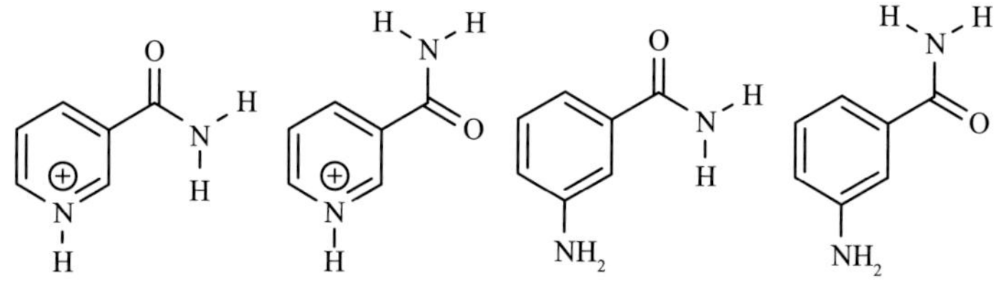

图11.4　质子化烟酰胺和3-氨基苯甲酰胺的反式和顺式构象

出于构象方面的考虑，两篇开创性论文探索了将酰胺基固定在环中对PARP活性的影响。1991年，朱迪思·塞伯德·利奥波德（Judith Sebold-Leopold）及其同事报道[36]，与无活性的3-取代2-烷基苯甲酰胺不同，3,4-二氢-5-甲基-1（2H）-异喹啉酮（化合物6，PD 128763）的活性至少比原型化合物3-氨基苯甲酰胺（3-aminobenzamide，3-AB）强50倍，因为2-烷基会破坏活性所必需的反式构象。1992年，上田邦宏（Kunihiro Ueda）及其同事[37]测试了132个不同结构类型的化合物，以寻找比3-AB更有效的PARP-1抑制剂。他们发现6（5H）-菲咯酮（化合物7a）、2-硝基-6（5H）-菲咯酮（化合物7b）、4-氨基-1,8-萘二甲酰亚胺（化合物7c）和1,5-二羟基异喹啉（化合物7d）4个化合物的IC_{50}值在$0.18 \sim 0.39$ μmol/L范围内，比3-AB（$IC_{50} = 33$ μmol/L）低2个数量级（图11.5）。

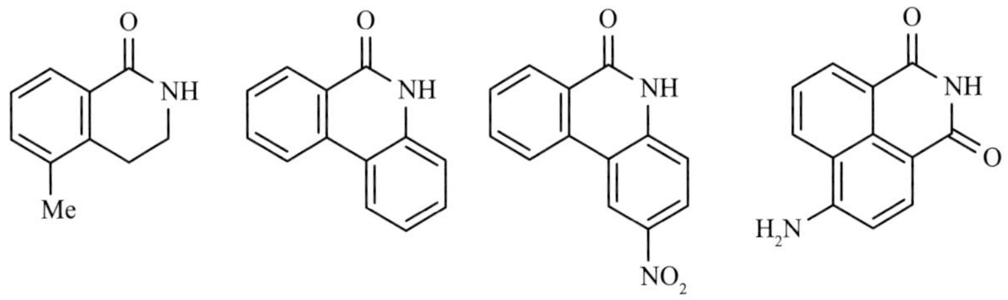

6　　　　　7a　　　　　7b　　　　　7c　　　　　7d

图11.5　化合物6和7a ～ 7d的结构

戈尔丁教授在一次指导本科生实验时发现，由于邻硝基苯酚中的酚羟基与其邻位的硝基氧原子之间可以形成氢键，使得邻硝基苯酚比对硝基苯酚更具挥发性，该实验通过蒸汽蒸馏即可实现邻硝基苯酚和对硝基苯酚的分离。受此启发，他提出了另一种策略，即通过利用一个六元伪环内的氢键供体NH和受体氮孤对电子所形成的分子内氢键的强度来锚定酰胺基的假定有益位置。他最初的目标分子是2-甲基苯并噁唑-4-甲酰胺（化合物8a），假定该分子由于氢键的存在而呈反式构象（即羰基与对苯并噁唑中的N处于反式）（图11.6）。与当时已知的所有有效的PARP-1抑制剂一样，该分子设计的另一个特点是具有一个不可裂解的C—O键，该键用来模拟吡啶鎓与核糖间的N—C键。

苯并噁唑（化合物8a）曾经的制备方法是将相应的甲酯与氨水一起加热即可获得[38]。产物8a的活性（$IC_{50} = 0.44$ μmol/L）与上田等描述的活性相当[37]。然而，随后获得的该化合物晶体结构显示，化合物8a实际上是氨水诱导的分子重排产物喹唑啉酮（化合物9a）[39]。而将2-甲基苯并噁唑-4-羧酸转化为对应的酰氯，然后与氨水反应即可无误地合成化合物8a[39]，并通过化合物8a的晶体结构进行

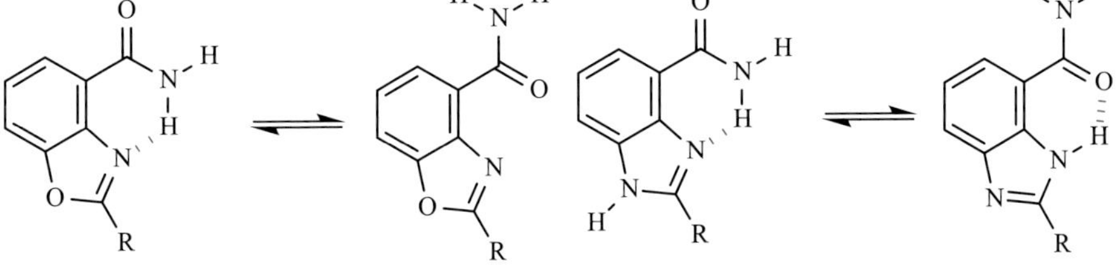

8a, 反式　　　　8b, 顺式　　　　9a, 反式　　　　9b, 顺式

图11.6　苯并噁唑-4-甲酰胺（化合物8）和苯并咪唑-4-甲酰胺（化合物9）的反式和顺式构象

了结构确认，结果表明该化合物至少在结晶状态下以反式构象存在（图11.6）。化合物8a的磁共振氢谱在 δ 5.8和 δ 8.8处显示出酰胺质子的共振峰，而 N-甲基类似物8b只在 δ 8.8处显示单个共振峰。尽管必须谨慎解读氢键的NMR数据[40]，但这些化学位移可以合理地解释为化合物8a和化合物8b的构象。令人失望的是，化合物8a（IC_{50} = 9.5 μmol/L）的活性只是接近于3-羟基苯甲酰胺（IC_{50} = 8.3 μmol/L）的活性[41]。如预期的那样，化合物8b是无活性的（在10 μmol/L时抑制率为0%），推测 N-甲基会破坏与PARP蛋白的氢键相互作用。但是，2-苯基苯并噁唑-4-羧酰胺（^{1}H NMR δ 6.0和 δ 9.0，—$CONH_2$）则显示出更好的活性（IC_{50} = 2.1 μmol/L）[41]。尼古拉·科廷的生物学小组建立的完善检测方法为上述及后续研究提供了极大的帮助。

随后，继续将该研究在两个方向上进行拓展，一方面是开发喹唑啉酮衍生物[39, 41]，另一方面是开发苯并噁唑-4-甲酰胺的伪环类似物苯并咪唑-4-甲酰胺类衍生物[41, 42]。研究人员合成了一系列喹唑啉酮衍生物，发现最有效的化合物在C-2处含有4-取代的苯基[43, 44]，如4-羟基苯基、4-甲氧基苯基或4-硝基苯基，并且在8位含有羟基或甲基（如化合物9b，IC_{50} = 130 nmol/L；化合物9c，IC_{50} = 190 nmol/L，图11.7）。与苯并噁唑-4-甲酰胺（化合物8b）一样，N-甲基化（化合物9d）减弱了其对PARP的抑制活性（在10 μmol/L时的抑制率为11%）。同样，某些在C-2位置含有取代苯基的化合物活性比那些具有甲基的化合物高一个数量级。事实上，喹唑啉酮类化合物可以认为是先前研究的衍生物[36, 37]，因为由蜡样芽孢杆菌产生的简单喹唑啉酮（化合物9e）是已知的PARP抑制剂（IC_{50} = 1.1 μmol/L）[45]。

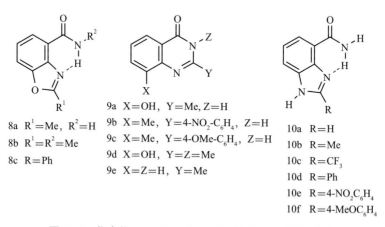

8a R^1=Me，R^2=H
8b R^1=R^2=Me
8c R=Ph

9a X=OH，Y=Me，Z=H
9b X=Me，Y=4-NO_2-C_6H_4，Z=H
9c X=Me，Y=4-OMe-C_6H_4，Z=H
9d X=OH，Y=Z=Me
9e X=Z=H，Y=Me

10a R=H
10b R=Me
10c R=CF_3
10d R=Ph
10e R=4-$NO_2C_6H_4$
10f R=4-$MeOC_6H_4$

图11.7 **化合物**8a ～ 8c、9a ～ 9e和10a ～ 10f**的结构**

与相应的五元杂环类似，苯并咪唑有望成为优于苯并噁唑的氢键受体。由于咪唑共轭酸的 pK_a 为7.1（苯并咪唑 pK_a = 5.7），而噁唑的 pK_a 低至0.8[46]，因此，咪唑环比噁唑环具有更强的供电子能力，可以增强苯并咪唑中关键 N···H—N 氢键的强度，同时对羰基氧产生连锁效应，使其受体性质增强。苯并咪唑–羧酰胺体系的进一步极化也可能会提高其在水中的溶解度。另一个重点是，与咪唑和苯并咪唑相比，噁唑和苯并噁唑具有较弱的芳香特性，因此它们易于通过C-2的亲核进攻而发生开环反应，正如研究人员在氨水中观察到的现象。最后，以NH代替O是结构优化的进一步着手点。基于以上因素，苯并咪唑-4-甲酰胺可以很好地利用研究人员提出的"伪环"设想，是一类有吸引力的目标化合物，实验证明确实如此[47, 48]。

如反应式11.3所示，合成各种2-取代的苯并咪唑-4-甲酰胺需要使用2,3-二氨基苯甲酸甲酯，它是通过市售的3-硝基邻苯二甲酸酐制备而来。按照1925年首次发表的合成方法，将酸酐用氨水处理，所得的2-氨基甲酰基-3-硝基苯甲酸经霍夫曼降解（步骤②）即可生成2-氨基-3-硝基苯甲酸。再经硝基还原得到2,3-二氨基苯甲酸，进一步经过酰化、关环和酰胺化等过程，最终合成了苯并咪唑-4-甲酰胺（化合物10a）及其2-甲基衍生物（化合物10b）（步骤①~⑤）。对于2-芳基苯并咪唑-4-甲酰胺的合成（如10d ~ 10h），首先将2-氨基-3-硝基苯甲酸转化为其甲酯，再对其进行与母体羧酸类似的系列反应（步骤①~③和⑥~⑧）。各种2-取代的苯并咪唑-4-羧酰胺合成的细节请参见相关文献[47-49]。

反应式11.3　苯并咪唑-4-甲酰胺的合成。试剂/反应条件：①aq. NH₃；②Br₂/aq. KOH；③Pd/C cat./H₂，MeOH；④RCO₂H/aq. HCl，加热（R = H或Me，化合物10c通过2-氨基-3-硝基苯甲酸甲酯的三氟乙酰化获得；2-芳基化合物先经HCl/MeOH转化为甲酯，然后再进行氢化）；⑤SOCl₂，NH₃；⑥ArCOCl/Et₃N/THF，DMAP；⑦在乙酸中加热；⑧40个标准大气压，过量NH₃，80℃

2-（4-甲氧基苯基）苯并咪唑-4-甲酰胺（化合物10f）的晶体结构显示该化合物以反式构象存在，与分子内氢键相符（参见图11.6）[42]。为了证明该构象也能存在于溶液中，研究人员在氘代DMSO溶剂中进行了[1]H NMR研究[42]。该化合物的NH质子峰出现在δ 7.9、δ 9.5和δ 13.4处，后者归属于咪唑质子，其他共振与甲酰胺质子有关，而氢键相关的NH具有最高的化学位移。N^1-甲基-2-（4-甲氧基苯基）苯并咪唑-4-甲酰胺谱图中高δ共振的缺失可确证化合物11的结构，而酰胺质子在与化合物10f相似位置的共振现象可确认上述峰的归属。此外，化合物10f的ROESY谱表明，NH质子与H-5之间没有相互作用，如果该化合物以顺式构象存在，则会发生相互作用。

5-羟基-（化合物12a，图11.8）和5-甲氧基-2-（4-甲氧基苯基）苯并咪唑-4-甲酰胺（化合物12b，图11.8）的[1]H NMR和晶体结构证实了对化合物10f数据的分析[50]。值得注意的是，这些化合物的晶体结构存在明显差异，其中化合物12a被两个分子内氢键稳定而呈所示的反式构象，而化合物12b则呈现顺式构象。重要的是，只有化合物12a可与PARP-1结合。

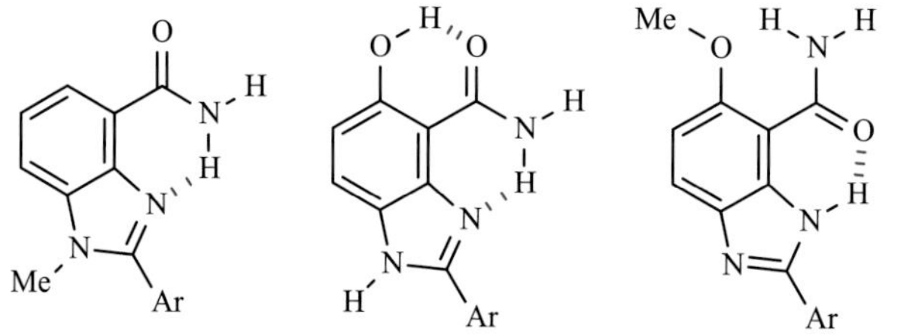

11, Ar=4-MeOC$_6$H$_4$　　12a, Ar=4-MeOC$_6$H$_4$　　12b, Ar=4-MeOC$_6$H$_4$

图11.8　化合物11和12a～12b的结构

化合物10a～10c的活性比对应的苯并噁唑-4-甲酰胺（如化合物10b，IC$_{50}$=0.83 μmol/L）约强10倍。而在苯并咪唑的C-2处插入芳基则会产生显著影响，几种2-（4-取代）-苯基苯并咪唑-4-羧酰胺的IC$_{50}$值均低于100 nmol/L（如化合物10e，IC$_{50}$=19 nmol/L，K_i=8 nmol/L）[47]。与文献报道的最佳化合物相比，发现活性高于其100倍以上的PARP抑制剂是研究的关键突破。大型制药公司一直对耐药性改良剂持怀疑态度，因此，研究人员说服阿古隆制药公司（圣地亚哥），这一相对较小公司的结构生物学专家加入该项目的研究团队，共同寻找临床研究的候选药物（参阅第11.3节）。研究人员系统地改变了2-苯基部分的取代基，所得化合物与重组人PARP-1的测试结果总结如下（部分K_i值请参见表11.1[47]）。

- 苯基上取代基电子效应的变化（如比较CN和MeO）仅引起K_i值微小的变化。
- 苯环的3位、4位或3,4位被取代时（如MeO）具有相似的K_i值，而3,4,5-三甲氧基取代时活性大大降低（K_i=136 nmol/L）。

表11.1 2-取代苯并咪唑-4-甲酰胺衍生物的K_i值

2-取代基	K_i（nmol/L）	2-取代基	K_i（nmol/L）
H	95	$3\text{-HOC}_6\text{H}_4$	6.3
Me	99	$4\text{-HOC}_6\text{H}_4$（NU1085）	6
CF_3	350	$2\text{-ClC}_6\text{H}_4$	9.4
Ph	15	$3\text{-ClC}_6\text{H}_4$	8.4
$2\text{-CF}_3\text{C}_6\text{H}_4$	190	$4\text{-ClC}_6\text{H}_4$	3
$3\text{-CF}_3\text{C}_6\text{H}_4$	8	$2\text{-HOCH}_2\text{C}_6\text{H}_4$	10.6
$4\text{-CF}_3\text{C}_6\text{H}_4$	1.2	$3\text{-HOCH}_2\text{C}_6\text{H}_4$	6.8
$2\text{-MeOC}_6\text{H}_4$	126	$4\text{-HOCH}_2\text{C}_6\text{H}_4$	1.6
$3\text{-MeOC}_6\text{H}_4$	6	$4\text{-CO}_2\text{H}$	290
$4\text{-MeOC}_6\text{H}_4$	6.8	$4\text{-CO}_2\text{Et}$	8.1
$3\text{-Me}_2\text{NCH}_2$	5.6	3-吗啉基-CH_2	31
$4\text{-Me}_2\text{NCH}_2$	4.5	4-吗啉基-CH_2	12
4-MeNHCH_2	3.2	3-NH_2-苯甲酰胺[a]	3100

a）非苯并咪唑（此处引入以供比较）。

- 当在2-苯基的2'-位置引入较大的取代基时（OMe，CF_3），活性显著降低。
- 羧基在4'-位时耐受性差，而4'-羰基乙氧基的耐受性较好。
- N-1处的甲基取代会降低但不会消除药效（$K_i = 32$ nmol/L），而当为CONHMe时则无活性（2位取代基均为$4\text{-MeOC}_6\text{H}_4$）。

在对数据进行综合分析之后，由于2-（4-羟基苯基）苯并咪唑-4-甲酰胺（化合物10g，内部编号NU1085）具有出色的活性和良好的水溶性，最终被选作评估化合物增强DNA损伤药物能力的基准化合物。

由罗伯特·阿尔马西（Robert Almassy，阿古隆公司）确定的2-（3-甲氧基苯基）苯并咪唑-4-甲酰胺（化合物10h）与鸡PARP-1复合物的晶体结构[47]，最终验证了研究人员提出了近十年的有效抑制剂的概念。正如预期，甲酰胺基团的取向与预测一致，并贡献了三个氢键：羰基氧作为受体以双齿形式与Ser 904（OH）和Gly 863（NH）形成两个氢键，以及一个由反式CONH与Gly 863的羰基形成的氢键。其他值得注意的特征是苯并咪唑夹在两个酪氨酸（Tyr 896和Tyr 907）之间，一个与苯并咪唑环几乎共面，另一个与共面扭曲37°。此外，2-芳基位于酶较大的空腔中，在3位或4位上可被取代，但5位上的取代则不耐受。水分子（图11.9中的红色球体）将苯并咪唑N-1与对催化活性至关重要的谷氨酸残基Glu 988桥接起来。

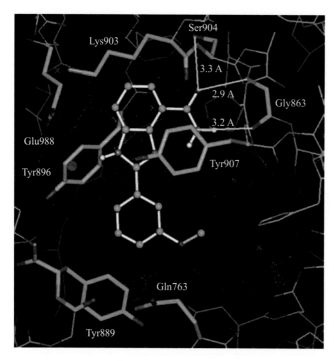

图11.9　2-（3-甲氧基苯基）苯并咪唑-4-甲酰胺与鸡PARP复合物的晶体结构。抑制剂以白色表示；与蛋白形成的氢键以黄色表示；选定的蛋白氨基酸残基以绿色表示；桥接苯并咪唑N-1和Glu 988的水分子以红色球表示

　　临床候选化合物的发现胜利在望，研究人员将注意力转向了理想的物理性质方面，特别是在水中的溶解度。研究人员合成了一系列在3′和4′位置具有氨基烷基基团的2-苯基苯并咪唑-4-甲酰胺[49]。尽管这些化合物对PARP-1的K_i值的影响差异很小，但罗杰·格里芬（Roger Griffin）建议的最好的化合物是在C-4′处含有相对较小的基团（如$MeNHCH_2$或Me_2NCH_2）（表11.1），因为这些化合物比简单的2-苯基苯并咪唑-4-甲酰胺（化合物10d）具有更好的水溶性和代谢稳定性。

　　除了获得强效抑制剂方面的进展，药理研究还证实了抑制PARP的原始假设。由尼古拉·科廷领导的临床前研究表明，喹唑啉酮类和苯并咪唑-甲酰胺类化合物增强了DNA甲基化药物替莫唑胺和拓扑异构酶抑制剂拓扑替康（topotecan）的药效[44, 47, 49, 51]，该作用与放射增强作用类似[52]。在一个典型的实验中，结肠癌细胞（LoVo）在含有和不含有PARP-1抑制剂的条件下暴露于浓度不断升高的药物中，替莫唑胺与带有氨基烷基的2-苯基苯并咪唑-4-甲酰胺联用时表现出4～5倍的疗效增强作用（表11.1），实验结果令人鼓舞。

11.3　鲁卡帕尼的发现之路

纽卡斯尔团队与阿古隆制药公司的合作加快了临床候选药物的发现进程。这一"联姻"是基于之前关于胸苷酸合酶抑制剂（thymidylate synthase inhibitor）诺拉曲塞（nolatrexed，AG337）的合作，以及该公司研究主管罗伯特·杰克逊（Robert Jackson）对PARP抑制剂作为放射增强剂的浓厚兴趣。尽管苯并咪唑甲酰胺是PARP抑制剂研究的一个阶段性的进展，但阿古隆公司的同事决定将甲酰胺中酰胺基与苯并咪唑的N-3共价连接。正如研究人员在合作之前设想的那样，通过苯并咪唑-4-甲酰胺与甲醛反应可以容易地引入一个亚甲基桥。但是，这个结构片段（图11.10）在化学和代谢上可能不稳定，因此阿古隆公司的化学家着手合成含有苯并咪唑-甲酰胺并七元环的三环化合物 [1-芳基-8,9-二氢-2,7,9a-三氮杂苯并 [cd] 蒽-6（7H）-酮，"三环苯并咪唑"，如化合物13，AG014361，图11.11]，路线如反应式11.4所示[53]。在这些化合物中，苯并咪唑单元的N-9（在相应的苯并咪唑-4-碳酰胺中为N-3）通过两个亚甲基桥接至甲酰胺（图11.10a）。同时，研究人员通过Suzuki-Miyaura反应引入各种2-芳基基团，合成了一系列5-芳基-2,3,4,6-四氢-1H-氮杂并 [5,4,3-cd] 吲哚-1-酮类化合物（三环吲哚，图11.10b和反应式11.5）[54]。在这种情况下，由于缺少苯并咪唑-4-甲酰胺的关键分子内氢键，相应的双环体系2-芳基-1H-吲哚-4-甲酰胺将变得无用（图11.10）。为了完成系统性的结构变化，还制备了异构的三环吲哚，6-芳基-3,4-二氢-[1,4]二氮杂 [6,7,1-hi] 吲哚-1（2H）-酮（图11.10c）[55]。

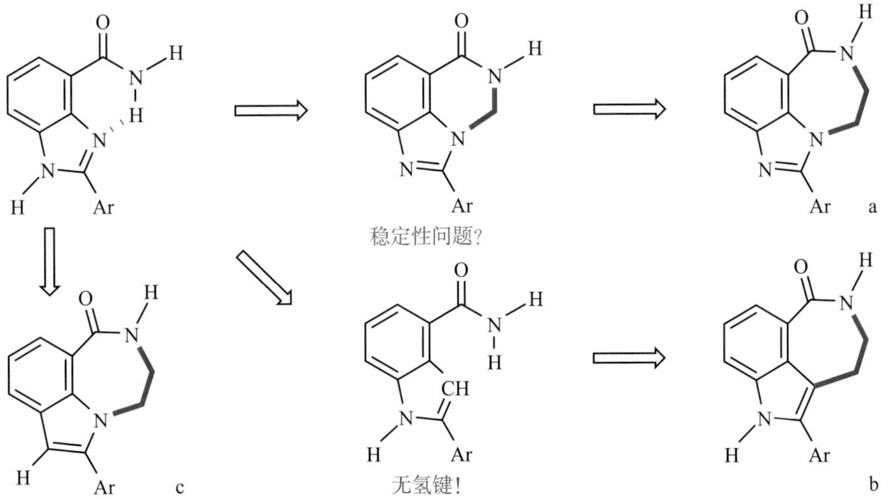

图11.10　三环PARP-1抑制剂的演化

a，1-芳基-8,9-二氢-2,7,9a-三氮杂苯并 [cd] 蒽-6（7H）-酮；b，5-芳基-2,3,4,6-四氢-1H-氮杂并 [5,4,3-cd] 吲哚-1-酮；c，6-芳基-3,4-二氢-[1,4] 二氮杂 [6,7,1-hi] 吲哚-1（2H）-酮

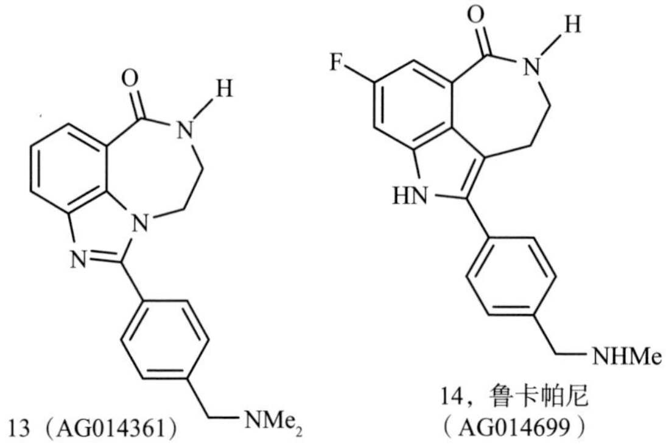

13（AG014361）

14，鲁卡帕尼
（AG014699）

图11.11　AG014361（13）
和鲁卡帕尼（14）的结构

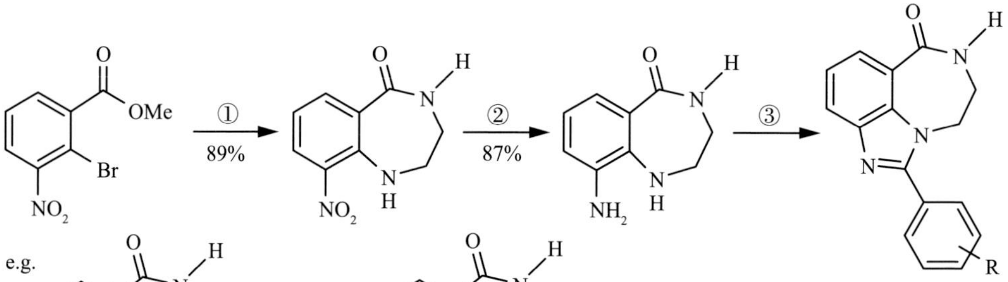

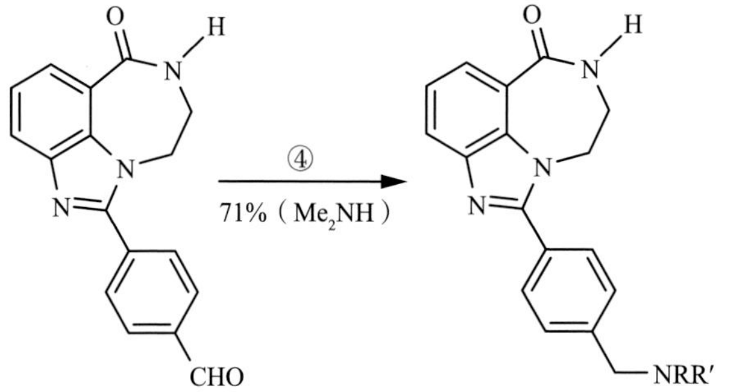

反应式11.4　三环苯并咪唑
衍生物的合成

试剂/反应条件：①H₂NCH₂CH₂NH₂，
DMA，100℃；②Pd/C，H₂；③ArCHO，
NaHSO₃，DMF，100℃；④RR′NH，
NaBH₃CN，HCl，ZnCl₂，MeOH

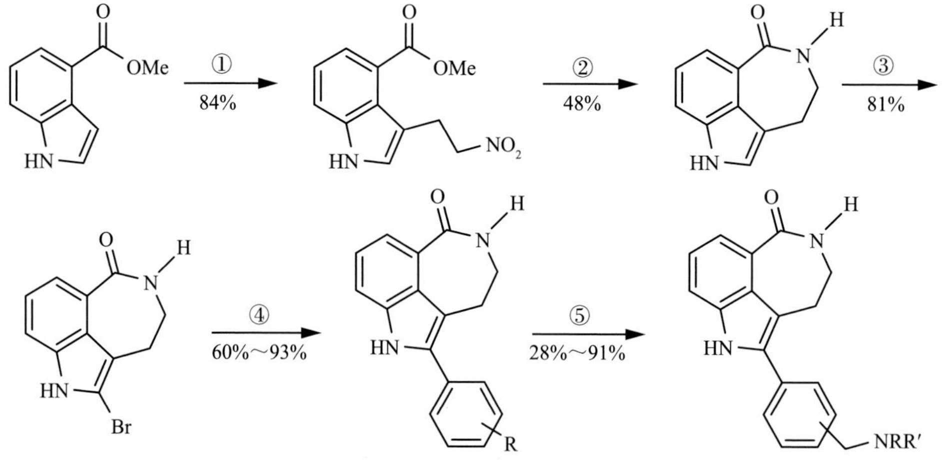

反应式11.5　三环吲哚衍生物的合成

试剂/反应条件：①AcOCH₂CH₂NO₂，二甲苯，ref.；②Pd/C，H₂，MeOH；③pyridine-HBr-Br₂；
④ArB（OH）₂，Na₂CO₃，Pd（PPh₃）₄，aq EtOH-toluene；⑤（R＝CHO）RR′NH（R＝Me，R′＝H），
NaBH₃CN，ZnCl₂，MeOH，pH＝6

阿古隆公司全面的合成计划使得构效关系（SAR）的全面评估成为可能。在每一个系列的化合物中（图11.10），都发现许多有前景的PARP-1抑制剂（K_i值低于10 nmol/L，表11.2和表11.3选择性地列举了部分数据[53-56]）。构效关系大致反映了在2-芳基苯并咪唑-4-甲酰胺类化合物中所观察到的情况（表11.1）。对于三环苯并咪唑，与1-甲基相比，1-苯基和1-萘基衍生物的K_i值非常低，这证明PARP-1蛋白中与甲酰胺结合的残基附近存在较大空腔。如前所述，将关键甲酰胺上的NH甲基化后，活性基本丧失。以3-和4-二甲基氨甲基取代的化合物可实现更好的水溶性而不降低其抑制活性。在人癌细胞系A549（肺癌）、LoVo（结肠癌）和SW620（结肠癌）中测试了AG014361（化合物13）对替莫唑胺、拓扑替康、伊立替康（irinotecan）或放疗（X射线或γ射线）疗效增强的倾向。鉴于某些优异的结果（如替莫唑胺对LoVo细胞的活性提高了5.5倍），可以得出这样的结论：AG014361是第一种具有特异性和强效体内活性的PARP-1抑制剂，可增强化疗和放疗对癌症的治疗作用[56]。此外，对于LoVo细胞，AG014361表现出强于NU1085（化合物10 g）25倍的化疗增强作用[53]。

表11.2　三环苯并咪唑衍生物的K_i值

R	K_i（nmol/L）	R	K_i（nmol/L）
Me	45	3-HOCH$_2$C$_6$H$_4$	8.8
Ph	4.1	4-HOCH$_2$C$_6$H$_4$	4.2
1-萘基	4.9	3-Me$_2$NCH$_2$	6.3
1-萘基（N^7-CH$_3$）	a)	4-Me$_2$NCH$_2$（AG014361）	5.8

a）在100 μmol/L时抑制率为40%。

除了药理学评估外，结构生物学还发现这个三环体系与PARP-1的结合模式都与2-（3-甲氧基苯基）苯并咪唑-4-甲酰胺（化合物10 h）非常相似。图11.12展示了一个典型的结构叠合模式[54]。

三环吲哚类化合物（图11.10b）的抑制数据也令人瞩目（表11.3的左侧两列），同分异构的吲哚化合物的数据（图11.10c；见表11.3的右侧三列）也是如此。同样地，这些化合物的构效关系与最初的苯并咪唑-甲酰胺的构效关系密切相关（表11.1），而且其增强效果与三环苯并咪唑相当。

表11.3 三环吲哚衍生物的 K_i 值

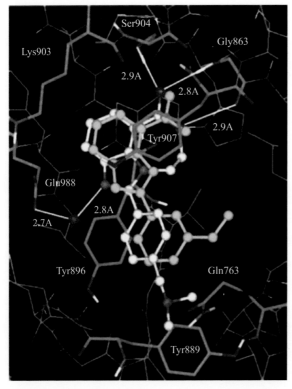

R	K_i（nmol/L）	R^1	R^2	K_i（nmol/L）
4-FC$_6$H$_4$	＜5	4-FC$_6$H$_4$	H	11
Ph	6	3-MeNHCH$_2$C$_6$H$_4$	H	6.9
HO$_2$CC$_6$H$_4$	263	4-MeNHCH$_2$C$_6$H$_4$	H	3.8
3-Me$_2$NCH$_2$C$_6$H$_4$	8	3-Me$_2$NCH$_2$C$_6$H$_4$	H	9.1
4-Me$_2$NCH$_2$C$_6$H$_4$	5	4-Me$_2$NCH$_2$C$_6$H$_4$	H	6.4
4-MeOC$_6$H$_4$	6	H	CH=NOH	9.4
4-^{t}BuC$_6$H$_4$	29	H	CH=NOMe	809（E 型）121（Z 型）
1-萘基	5	4-FC$_6$H$_4$	CH=NOH	6

图11.12 2-（3-甲氧基苯基）苯并咪唑-4-甲酰胺（化合物10h）和化合物13与鸡PARP-1结合的结构叠合

研究人员在纽卡斯尔和圣地亚哥召开的会议上集思广益，讨论了四种抑制剂的优缺点，其中5-芳基-2,3,4,6-四氢-1H-氮杂并［5,4,3-cd]吲哚-1-酮（"三环吲哚"，图11.10b）获得了青睐。进一步的策略是在该系统的8位引入氟原子，阿古隆公司的罗伯特·坎普夫（Robert Kumpf）通过计算研究预测该优化会进一步增强活性。在引入4-甲基氨甲基改善水溶性后，最终得到的分子是8-氟-5-(4-(((甲基氨基）甲基）苯基)-2,3,4,6-四氢-1H-氮杂并［5,4,3-cd]吲哚-1-酮，也就是鲁卡帕尼（AG014699，化合物14，$K_i = 1.4$ nmol/L），并将其制备成水溶性的樟脑磺酸盐或磷酸盐。关于鲁卡帕尼的合成细节请参见合成方法的相关综述[57]。

11.4 单一药物疗法的出现

尽管PARP抑制剂最初的应用是与DNA损伤药物联合使用，但2005年由托马斯·赫勒迪（Thomas Helleday，谢菲尔德）、尼古拉·科廷（纽卡斯尔）[58]、艾伦·阿什沃思（Alan Ashworth，伦敦）及史蒂夫·杰克逊（Steve Jackson，剑桥）[59]分别领导的研究小组指出，PARP抑制剂具有细胞毒性，且在同源重组DNA修复（homologous recombination DNA repair，HRR）通路有缺陷的细胞中，其单一疗法显示了出人意料的药效。这一发现扩大了PARP抑制剂的临床应用范围，因为BRCA1和BRCA2基因（HRR的关键组成部分）的突变与癌症有关。因此，如果PARP-1被抑制，则受损DNA中的单链断裂可能会发展为双链断裂（double-strand break，DSB），而双链断裂却可以通过HRR在"正常"细胞中修复。部分人群是BRCA1/2基因突变的携带者，这使得她们特别易于患上乳腺癌和卵巢癌等癌症。尽管存在这一缺陷，但如果仅一个等位基因突变，则第二个基因可以产生足够的BRCA蛋白来进行同源重组DNA修复，突变携带者正常细胞中的BRCA1/2基因仍可以发挥功能。然而，在肿瘤细胞中，第二个BRCA等位基因的丢失导致这些细胞的同源重组DNA修复存在缺陷。将这些肿瘤细胞暴露于PARP抑制剂后会使其DNA无法完成修复，并导致染色体不稳定、细胞周期停滞和凋亡[60, 61]。因此，可以通过使用PARP抑制剂来治疗BRCA突变的乳腺癌（约占5%）和卵巢癌（约占15%）。PARP抑制剂的这种"致死合成（synthetic lethality）"作用是克洛维斯肿瘤公司向FDA和EMA提出新药申请的科学依据，进而促成了鲁卡帕尼的批准，用于治疗BRCA种系相关的卵巢癌，并将鲁卡帕尼樟脑磺酸盐的商品名命名为Rubraca®。

11.5 临床试验

2003年，在选定鲁卡帕尼为临床候选药物后，由希拉里·卡尔维特领导的纽卡斯尔医学肿瘤学团队设计并实施了全球首创药物鲁卡帕尼的第一项人体Ⅰ期临床试验，以确定与DNA损伤药物替莫唑胺联用时的毒性和剂量，并作为黑色素瘤Ⅱ期临床试验的基础[62]。通过肿瘤活检（tumor biopsies）和替代组织（surrogate tissue），这项研究成为第一个侧重于药代动力学参数而不仅仅是药代动力学的研究，同时提供了安全性和作用机制的保证。后来，纽卡斯尔的团队进行了第一个原理证明（proof-of-principle）的Ⅱ期临床试验，该试验与BRCA相关癌症患者中PARP抑制剂的致死合成有关。自2003年以来，已经有数千例乳腺癌（英国发病率，每10万人中有157例）、卵巢癌（10万名女性中有21例）和前列腺癌（10万名男性中有134例），以及其他癌症的患者接受了PARP抑制剂的治疗。许多基于PARP抑制剂的临床试验也已完成，并且还有更多的临床试验正在进行之中。所有这些试验的结果总体上都是积极的，都表现出肿瘤尺寸减小（如果不能消除）的优异疗效和相对较小的副作用。在这些早期的临床试验中，某些患者的预期寿命只有几个月，但十年后，2003年接受治疗的2名患者和2005年Ⅱ期研究中的46例患者中的4名仍然健在，并且摆脱了癌症。如今，2003年试验中的1名患者仍处于完全缓解状态，而2005年试验的4名患者的癌症尚未恶化。有关临床试验的更多详细信息请参见相关文献资料[63, 64]。

11.6 总结

在纽卡斯尔团队的开创性研究之后，许多制药公司加入到寻找PARP-1抑制剂的领域中，并且发现了两个进入临床试验的含有苯并咪唑-4-甲酰胺药效团的直接类似物，即尼拉帕尼（niraparib，Zejula®，化合物15，图11.13）[65]和维利帕尼（veliparib，化合物16）[66]。而由KuDOS制药公司和阿斯利康[67]开发的奥拉帕尼（olaparib，AZD2281，Lynparza®，化合物17，图11.13）类似于早期的喹唑啉酮化合物，与鲁卡帕尼一样，都是临床试验的领跑者。纽卡斯尔团队在2010年获得了首个癌症研究——英国转化团队研究奖，这也是对其重要贡献的高度认可。有关氮芥的癌症研究到目前已有一个世纪的历史，但相关研究依然方兴未艾，这为通向PARP抑制剂及其他多个方向的研究提供了基石。尽管在临床上长期应用，但氮芥同鲁卡帕尼一样通过共价结合（而不是竞争抑制）起效。以往不被看好的共价抑制剂又激起了研究人员的新兴趣。例如，纽卡斯尔小组发现了第一个细胞周期蛋白依赖性激酶2（cyclin dependent kinase 2）的共价抑制剂[68]。在PARP的研究中，当前的目标之一是提高PARP-1抑制剂的选择性并确定其他亚型PARP的生理功能[69]。此外，开发用于联合疗法[70]及如治疗缺血性脑卒中的PARP抑制剂也具有广阔的前景[71]。

15，尼拉帕利（Tesaro）　　　16，维利帕尼（雅培）

17，奥拉帕尼（阿斯利康）

图11.13　尼拉帕利、维利帕尼和奥拉帕尼的化学结构

（徐　凯　白仁仁）

原作者简介

　　伯纳德·T.戈尔丁（Bernard T. Golding），纽卡斯尔大学（Newcastle University）高级研究员和荣休教授，分别于1962年和1965年获得曼彻斯特大学（University of Manchester）理学学士学位和化学博士学位。1965～1967年，他于苏黎世联邦理工学院（Federal institute of technology Zürich）进行博士后研究工作。1967～1983年，他任职于  华威大学（University of Warwick）。1983年起，他加入纽卡斯尔大学。他的研究兴趣是通过合成和机械有机化学的手段来解决生物学和医学问题。戈尔丁教授共发表500余篇论文，并于2019年获得英国皇家化学学会（Royal Society of Chemistry）罗伯特·罗宾逊（Robert Robinson）奖。

参 考 文 献

1. Chambon, P., Weill, J.D., and Mandel, P. (1963). Nicotinamide mononucleotide activation of a new DNA-dependent polyadenylic acid synthesizing nuclear enzyme. Biochem. Biophys. Res. Commun. 11（1）: 39-43.

2. Chambon, P., Weill, J.D., Doly, J. et al. (1966). On the formation of a novel adenylic compound by enzymatic extracts of liver nuclei. Biochem. Biophys. Res. Commun. 25（6）: 638-643.

3. Sugimura, T., Fujimura, S., Hasegawa, S., and Kawamura, Y. (1967). Polymerization of the adenosine 5′-diphosphate ribose moiety of NAD by rat liver nuclear enzyme. Biochim. Biophys. Acta 138（2）: 438-441.

4. Nishizuka, Y., Ueda, K., Nakazawa, K., and Hayaishi, O. (1967). Studies on the polymer of adenosine diphosphate ribose. J. Biol. Chem. 242（13）: 3164-3171.

5. Hayaishi, O. and Ueda, K. (1977). Poly（ADP-ribose）and ADP-ribosylation of proteins. Annu. Rev. Biochem. 46: 95-116.

6. Hilz, H. and Stone, P. (1976). Poly（ADP-ribose）and ADP-ribosylation of proteins. Rev. Physiol., Biochem. Pharmacol. 76: 1-58.

7. Ferraris, D.V. (2010). Evolution of poly（ADP-ribose）polymerase-1（PARP-1）inhibitors. From concept to clinic. J. Med. Chem. 53（12）: 4561-4584.

8. Wang, Y.-Q., Wang, P.-Y., Wang, Y.-T. et al. (2016). An update on poly（ADP-ribose）polymerase-1（PARP-1）inhibitors: opportunities and challenges in cancer therapy. J. Med. Chem. 59（21）: 9575-9598.

9. Miller, E.G. (1975). Stimulation of nuclear poly（adenosine diphosphate-ribose）polymerase activity from HeLa cells by endonucleases. Biochim. Biophys. Acta 395（2）: 191-200.

10. Durkacz, B., Omidiji, O., Gray, D.A., and Shall, S. (1980). （ADP-ribose）n participates in DNA excision repair. Nature 283: 593-596.

11. Purnell, M.R. and Whish, W.J. (1980). Novel inhibitors of poly（ADP-ribose）synthetase. Biochem. J 185（3）: 775-777.

12. Paine, A.J., Allen, C.M., Durkacz, B., and Shall, S. (1982). Evidence that poly（ADP-ribose）polymerase is involved in the loss of NAD from cultured rat liver cells. Biochem. J 202（2）: 551-553.

13. Gupte, R., Liu, Z., and Kraus, W.L. (2017). PARPs and ADP-ribosylation: recent advances linking molecular functions to biological outcomes. Genes Dev. 31（2）: 101-126.

14. Rosenthal, R.G., Ebert, M.-O., Kiefer, P. et al. (2014). Direct evidence for a covalent ene adduct intermediate in NAD（P）H-dependent enzymes. Nat. Chem. Biol. 10（1）: 50-57.

15. Oppenheimer, N.J. (1994). NAD hydrolysis: chemical and enzymatic mechanisms. Mol. Cell. Biochem. 138（1-2）: 245-251.

16. Tsuge, H. and Tsurumura, T. (2015). Reaction mechanism of mono-ADP-ribosyltransferase based on structures of the complex of enzyme and substrate protein. In:

Endogenous ADP-Ribosylation, vol. 384（ed. F.KochNolte）, Curr. Top. Microbiol. Immunol.,, 69-87. Berlin: Springer-Verlag.

17. Slama, J.T. and Simmons, A.M.（1989）. Inhibition of NAD glycohydrolase and ADP-ribosyl transferases by carbocyclic analogues of oxidized nicotinamide adenine dinucleotide. Biochemistry 28（19）: 7688-7694.

18. Newlands, E.S., Stevens, M.F.G., Wedge, S.R. et al.（1997）. Temozolomide: a review of its discovery, chemical properties, pre-clinical development and clinical trials. Cancer Treat. Rev. 23（1）: 35-61.

19. Burrell, R.A. and Swanton, C.（2014）. Tumour heterogeneity and the evolution of polyclonal drug resistance. Mol. Oncol. 8（6）: 1095-1111.

20. Golding, B.T., Kebbell, M.J., and Lockhart, I.M.（1987）. Chemistry of nitrogen mustard ［2-chloro-N-（2-chloroethyl）-N-methylethanamine］ studied by nuclear magnetic resonance spectroscopy. J. Chem. Soc. Perkin Trans. 2 705-713.

21. Golding, B.T. and Smith, A.J.（1980）. Synthesis via a bicyclic β-lactam of（αS, 2R/αR, 2S）-α-aminopiperidine-2-acetic acid, an amino acid related to the anti-tumour agent '593A'［3, 6-bis-（5-chloro-2-piperidyl）piperazine-2, 5-dione］. Chem. Commun.（15）: 702-703.

22. Golding, B.T.（2015）. Academic medicinal chemistry: no country for young men（or women）? Future Med. Chem. 7（5）: 549-551.

23. Lunn, J.M. and Harris, A.L.（1988）. Cytotoxicity of 5-（3-methyl-1-triazeno）imidazole-4-carboxamide（MTIC）on Mer＋, Mer＋Rem-and Mer-cell lines: differential potentiation by 3-acetamidobenzamide. Br. J. Cancer 57（3）: 54-58.

24. Lunn, J.M., Pierpoint, C., Golding, B.T., and Harris, A.L.（1985）. Potentiation of the action of DTIC by inhibitors of poly（ADP-ribose）polymerase. Br. J. Cancer 52（3）: 439-440.

25. Golding, B.T., Bleasdale, C., McGinnis, J. et al.（1997）. The mechanism of decomposition of N-methyl-N-nitrosourea（MNU）in water and a study of its reactions with 2′-deoxyguanosine, 2′-deoxyguanosine 5′-monophosphate and d（GTGCAC）. Tetrahedron 53（11）: 4063-4082.

26. Rucaparib http://www. fda. gov/dr. ugs/informationondrugs/approveddrugs/ ucm533891. htm（accessed 19 December 2016）; FDA approves rucaparib for maintenance treatment of recurrent ovarian, fallopian tube, or primary peritoneal cancer http://www. fda. gov/drugs/informationondrugs/approveddrugs/ucm603997. htm（accessed 6 April 2018）.

27. Rubraca http://www. ema. europa. eu/docs/en_GB/document_library/Summary_of_opinion_-_Initial_authorisation/human/004272/WC500246362. pdf（accessed 22 March 2018）.

28. Rubraca http://clovisoncology. com/pipeline/rucaparib/ and www. rubraca. com/（accessed 17 March 2019）.

29. Li, H. and Goldstein, B.M.（1992）. Carboxamide group conformation in the nicotinamide and thiazole-4-nicotinamide rings: implications for enzyme binding. J. Med. Chem. 35（19）: 3560-3567.

30. Wu, Y.-D. and Houk, K.N.（1993）. Theoretical study of conformational features of NAD ＋ and NADH analogs: protonated nicotinamide and 1, 4-dihydronicotinamide. J. Org.

Chem. 58（8）: 2043-2045.

31. Saenger, W., Reddy, B.S., Mühlegger, K., and Weimann, G. (1977). X-ray study of the lithium complex of NAD+. Nature 267: 225-229.

32. Ruf, A., Rolli, V., de Murcia, G., and Schulz, G.E. (1998). The mechanism of the elongation and branching reaction of poly (ADP-ribose) polymerase as derived from crystal structures and mutagenesis. J. Mol. Biol. 278 (1): 57-65.

33. de Luca, G., Marino, T., Mineva, T. et al. (2000). Conformational behaviour of 1, 4-dihydronicotinamide and protonated nicotinamide in vacuo and in solvent: a density functional study. J. Mol. Struct. THEOCHEM 501: 215-220.

34. Moore, J.M., Hall, J.M., Dilling, W.L. et al. (2017). N-benzylnicotinamide and N-benzyl-1, 4-dihydronicotinamide: useful models for NAD+ and NADH.Acta Crystallogr., Sect. C: Struct. Chem. C73 (7): 531-535.

35. Vargas, R., Garza, J., Dixon, D., and Hay, B.P. (2001). C (sp2) -C (aryl) bond rotation barrier in N-methylbenzamide. J. Phys. Chem. 105 (4): 774-778.

36. Suto, M.J., Turner, W.R., Arundel-Suto, C.M. et al. (1991). Dihydroisoquinolinones: the design and synthesis of a new series of potent inhibitors of poly (ADP-ribose) polymerase. Anticancer Drug Discovery 6 (2): 107-117.

37. Banasik, M., Komura, H., Shimoyama, M., and Ueda, K. (1992). Specific inhibitors of poly (ADP-ribose) synthetase and mono (ADP-ribose) transferase. J. Biol. Chem. 267 (3): 1569-1575.

38. Rhodes, D. (1995). The design and synthesis of inhibitors of the enzyme poly (adenosine diphosphate ribose) polymerase and the investigation of the mechanism of action of the suspected ultimate carcinogen chloroacetaldehyde. PhD thesis, Newcastle University (reporting studies conducted in the period 1990-1992).

39. Pemberton, L. (1994). Novel inhibitors of poly adenine diphosphate ribose polymerase to potentiate DNA reactive drugs. PhD thesis, Newcastle University.

40. Scheiner, S. (2016). Assessment of the presence and strength of H-bonds by means of corrected NMR.Molecules 21 (11): 1426.

41. Srinivasan, S. (1997). The design and synthesis of novel heterocyclic inhibitors of the DNA-repair enzyme, poly (ADP-ribose) polymerase, as potential resistance-modifying agents. PhD thesis. Newcastle University.

42. White, A.W. (1996). The design of novel inhibitors of poly (ADP-ribose) polymerase to potentiate cytotoxic drugs. PhD thesis. Newcastle University.

43. Griffin, R.J., Pemberton, L., Rhodes, D. et al. (1995). Novel potent inhibitors of the DNA repair enzyme poly (ADP-ribose) polymerase (PARP). Anticancer Drug Discovery 10 (6): 507-514.

44. Griffin, R.J., Srinivasan, S., Bowman, K. et al. (1998). Resistance-modifying agents. 5. Synthesis and biological properties of quinazolinone inhibitors of the DNA repair enzyme poly (ADP-ribose) polymerase (PARP). J. Med. Chem. 41 (26): 5247-5256.

45. Yoshida, S., Aoyagi, T., Harada, S. et al. (1991). Production of 2-methyl-4- [3H] -quinazolinone, an inhibitor of poly (ADP-ribose) synthetase by bacterium. J. Antibiot. 44 (1): 111-112.

46. Beker, W., Szarek, P., Komorowski, L., and Lipiński, J. (2013). Reactivity patterns of imidazole, oxazole, and thiazole as reflected by the polarization justified Fukui functions. J. Phys. Chem. A 117 (7): 1596-1600.

47. White, A.W., Almassy, R., Calvert, A.H. et al. (2000). Resistance-modifying agents. 9. Synthesis and biological properties of benzimidazole inhibitors of the DNA repair enzyme poly (ADP-ribose) polymerase (PARP). J. Med. Chem. 43 (22): 4084-4097.

48. Griffin, R.J., Srinivasan, S., White, A.W. et al. (1996). Novel benzimidazole and quinazolinone inhibitors of the DNA repair enzyme poly (ADP-ribose) polymerase. Pharm. Sci. 2 (1): 43-47.

49. White, A.W., Curtin, N.J., Eastman, B.W. et al. (2004). Potentiation of cytotoxic drug activity in human tumour cell lines, by amine-substituted 2-arylbenzimidazole-4-carboxamide PARP-1 inhibitors. Bioorg. Med. Chem. Lett. 14 (10): 2433-2437.

50. Pickles, J.E, (2016). Small-molecule inhibitors of DNA-PK and PARP.PhD thesis. Newcastle University.

51. Boulton, S., Pemberton, L.C., Porteous, J.K. et al. (1995). Potentiation of temozolomide-induced cytotoxicity: a comparative study of the biological effects of poly (ADP-ribose) polymerase inhibitors. Br. J. Cancer 72 (4): 849-856.

52. Bowman, K.J., White, A.W., Golding, B.T. et al. (1998). Potentiation of anticancer agent cytotoxicity by the potent poly (ADP-ribose) polymerase inhibitors NU1025 and NU1064. Br. J. Cancer 78 (10): 1269-1277.

53. Skalitzky, D.J., Marakovits, J.T., Maegley, K.A. et al. (2003). Tricyclic benzimidazoles as potent poly (ADP-ribose) polymerase-1 inhibitors. J. Med. Chem. 46 (2): 210-213.

54. Canan Koch, S.S., Thoresen, L.H., Tikhe, J.G. et al. (2002). Novel tricyclic poly (ADP-ribose) polymerase-1 inhibitors with potent anticancer chemopotentiating activity: design, synthesis, and X-ray cocrystal structure. J. Med. Chem. 45 (23): 4961-4974.

55. Tikhe, J.G., Webber, S.E., Hostomsky, Z. et al. (2004). Design, synthesis, and evaluation of 3, 4-dihydro-2H- [1, 4] diazepino [6, 7, 1-hi] indol-1-ones as inhibitors of poly (ADP-ribose) polymerase. J. Med. Chem. 47 (22): 5467-5481.

56. Calabrese, C.R., Almassy, R.J., Barton, S. et al. (2004). Anticancer chemosensitization and radiosensitization by the novel poly (ADP-ribose) polymerase-1 inhibitor AG14361. J. Natl. Cancer Inst. 96 (1): 56-67.

57. Hughes, D.L. (2017). Patent review of manufacturing routes to recently approved PARP inhibitors: olaparib, rucaparib and niraparib. Org. Process Res. Dev. 21 (9): 1227-1244.

58. Bryant, H.E., Schultz, N., Thomas, H.D. et al. (2005). Specific killing of BRCA2-deficient tumours with inhibitors of poly (ADP-ribose) polymerase. Nature 434: 913-917.

59. Farmer, H., McCabe, N., Lord, C.J. et al. (2005). Targeting the DNA repair defect in BRCA mutant cells as a therapeutic strategy. Nature 434: 917-921.

60. Sonnenblick, A., de Azambuja, E., Azim, H.A., and Piccart, M. (2015). An update on PARP inhibitors-moving to the adjuvant setting. Nat. Rev. Clin. Oncol. 12 (January): 27-41.

61. Iyevleva, G. and Imyanitov, E.N. (2016). Cytotoxic and targeted therapy for hereditary

cancers. Hered. Cancer Clin. Pract. 14：17.

62. Plummer, R., Jones, C., Middleton, M. et al. (2008). Phase I study of the poly (ADP-ribose) polymerase inhibitor, AG014699, in combination with temozolomide in patients with advanced solid tumors. Clin. Cancer Res. 14 (23)：7917-7923.

63. Plummer, R., Lorigan, P., Steven, N. et al. (2013). A phase II study of the potent PARP inhibitor, Rucaparib (PF-01367338, AG014699), with temozolomide in patients with metastatic melanoma demonstrating evidence of chemopotentiation. Cancer Chemother. Pharmacol. 71 (5)：1191-1199.

64. Drew, Y., Ledermann, J., Hall, G. et al. (2016). Phase 2 multicentre trial investigating intermittent and continuous dosing schedules of the poly (ADP-ribose) polymerase inhibitor rucaparib in germline BRCA mutation carriers with advanced ovarian and breast cancer. Br. J. Cancer 114 (7)：723-730.

65. Jones, P., Wilcoxen, K., Rowley, M., and Toniatti, C. (2015). Niraparib：a poly (ADP-ribose) polymerase (PARP) inhibitor for the treatment of tumors with defective homologous recombination. J. Med. Chem. 58 (8)：3302-3314.

66. Donawho, C.K., Luo, Y., Luo, Y.P. et al. (2007). ABT-888, an orally active poly (ADP-ribose) polymerase inhibitor that potentiates DNA-damaging agents in preclinical tumor models. Clin. Cancer Res. 13 (9)：2728-2737.

67. Menear, K.A., Adcock, C., Boulter, R. et al. (2008). 4- [3- (4-cyclopropanecarbonylpiperazine-1-carbonyl)-4-fluorobenzyl]-2 Hphthalazin-1-one：a novel bioavailable inhibitor of poly (ADP-ribose) polymerase-1. J. Med. Chem. 51 (20)：6581-6591.

68. Anscombe, E., Meschini, E., Mora-Vidal, R. et al. (2015). Identification and characterization of an irreversible inhibitor of CDK2. Chem. Biol. 22 (9)：1159-1164.

69. Thorsell, A.G., Ekblad, T., Karlberg, T. et al. (2017). Structural basis for potency and promiscuity in poly (ADP-ribose) polymerase (PARP) and tankyrase inhibitors. J. Med. Chem. 60 (4)：1262-1271.

70. Curtin, N. (2014). PARP inhibitors for anticancer therapy. Biochem. Soc. Trans. 42 (1)：82-88.

71. Berger, N.A., Besson, V.C., Boulares, A.H. et al. (2018). Opportunities for the repurposing of PARP inhibitors for the therapy of non-oncological diseases. Br. J. Pharmacol. 175 (2)：192-222.

第12章

维奈托克——一种BCL-2选择性拮抗剂的研发

12.1 引言

凋亡（apoptosis），又称程序性细胞死亡（programmed cell death），是一种从健康的多细胞生物中去除老化和受损细胞的生理过程。细胞凋亡拮抗被认为是癌症的重要标志[1, 2]。肿瘤细胞处于持续的应激状态，需要依赖于异常的凋亡信号，以维持存活[3]。因此，通过药物诱导细胞凋亡途径的恢复是一种可行的癌症治疗策略。

B细胞淋巴瘤因子-2（B cell lymphoma 2，BCL-2）蛋白家族是线粒体固有凋亡途径的关键调节因子[4-6]。BCL-2蛋白家族成员可分为三类，包括促凋亡蛋白、抗凋亡蛋白、以及四个BCL-2同源性（BCL-2 homology，BH）基序[7]。抗凋亡家族成员具有BH1～BH4四个BH基序，成员包括BCL-2、BCL-XL（BCL-2L1）、BCL-W（BCL-2L2）、髓细胞白血病1蛋白（myeloid cell leukemia 1，MCL-1）和A-1（BFL-1，BCL-2A1）。促凋亡蛋白可进一步细分为多种多域蛋白，包括具有4个BH基序的BCL-2相关X因子（BCL-2-associated X，BAX）、纯BH3基序的BCL-2-拮抗剂促凋亡因子（BCL-2-antagonist killer，BAK）、BCL-2相关细胞凋亡激动剂因子（BCL-2-associated agonist of cell death，BAD）、BH3相互作用域促凋亡激动剂因子（BH3 interacting-domain death agonist，BID）、BCL-2相互作用促凋亡因子（BCL-2-interacting killer，BIK）、BCL-2相互作用促凋亡介导因子（BCL-2-interacting mediator of cell death，BIM）、BCL-2修正因子（BCL-2-modifying factor，BMF）、harakiri（HRK）蛋白、NOXA蛋白，以及仅具有BH3基序的P53上调凋亡因子（p53-upregulated modulator of apoptosis，PUMA）。BCL-2的促凋亡和抗凋亡家族成员之间的相互作用控制着细胞的凋亡。具体而言，当细胞受到应激激活时，BH3蛋白将其BH3基序（一个两亲性α-螺旋）插入其抗凋亡对应物表面上的浅疏水凹槽中，进而发挥抑制抗凋亡家族蛋白成员的作用。这些蛋白之间的相互作用引发促凋亡蛋白BAX和BAK的活化和寡聚化，从而导致线粒体外膜通透性的增加，最终造成细胞的死亡。肿瘤细胞可以通过调节、改变促凋亡与抗凋亡蛋白之间的功能平衡来逃避凋亡，而BCL-2的过表达就是淋巴恶性肿瘤发病机制的主要因素。实际上，BCL-2最初被认为与滤泡性淋巴瘤和弥漫性大B细胞淋巴瘤（diffuse large B cell lymphoma，DLBCL）患者t（14；18）染色体的易位有关，这些染色体易位的肿瘤会过表达BCL-2蛋白[8, 9]。肿瘤细胞中高表达的抗凋亡蛋白可以通过"隔离"凋亡蛋白来阻止细胞的凋亡，这被称为"预凋亡（primed for death）"状态[10-12]，此时癌细胞的凋亡与否取决于抗凋亡蛋白。因此，BCL-2家族中的抗凋亡蛋白被认为是治疗和干预癌症的有效靶点。

目前，针对BCL-2靶点已开展了一系列的新药研究，如直接与BH3基序竞争性结合的小分子化合物[3, 13]。这些小分子化合物模拟BH3蛋白，并与BH3基序结合位点结合，进而阻断了BH3蛋白的功能，因此属于BCL-2蛋白的拮抗剂，也被称为BH3模拟物。虽然BH3拮抗作用的发挥需要破坏大表面积的蛋白-蛋白相互作用，但借助于磁共振构效关系（structure-activity relationship by nuclear magnetic resonance，SAR-by-NMR）碎片筛选，并结合基于结构的药物设计和药物化学原理，已研究发现了一些有效的小分子BCL-2拮抗剂[14-16]。

第一个真正意义上的BCL-2拮抗剂是ABT-737（图12.1），可高亲和力地结合于BCL-2、BCL-X_L和BCL-W（$K_i \leq 1$ nmol/L），但与MCL-1和A1（$K_i > 1$ μmol/L）的亲和力相对较弱[17]。无论是单独使用还是联合用药，ABT-737在各种临床前实验模型[17-26]，以及人源原发性淋巴瘤和慢性淋巴细胞白血病（chronic lymphocytic leukemia，CLL）实验中均表现出了良好的疗效[12, 17]。然而，ABT-737的水溶性很差，导致其口服生物利用度极低。因此，这些类药性方面的缺陷为给药途径带来了极大的挑战，很难将其进一步开发为药物。纳维托克（navitoclax，Venclexta®，ABT-263）作为第二代BCL-2拮抗剂（BH3蛋白模拟物），解决了ABT-737的不足。纳维托克既保留了与ABT-737相似的药理活性，同时又具有口服生物利用度（图12.1）[27, 28]。在体外实验中，纳维托克可以选择性地杀死BCL-2/BCL-X_L依赖性肿瘤细胞。单独使用时，可在小细胞肺癌（small cell lung carcinoma，SCLC）和急性淋巴细胞白血病（acute lymphocytic leukemia，ALL）异种移植模型中抑制肿瘤的生长[27, 29]。当与化疗药物联合应用时，可在实体和血液肿瘤异种移植模型中抑制肿瘤的生长[27, 30, 31]。在早期的临床研究中，纳维托克显示出对复发性/难治性（relapsed or refractory，R/R）慢性淋巴细胞白血病的抑制活性[32]。当纳维托克单独应用[33]或者与利妥昔单抗（rituximab）联合用药时[34, 35]，均显示出对B细胞恶性肿瘤的活性。不幸的是，纳维托克对BCL-X_L的强效抑制导致了剂量限制性血小板减少症的副作用，严重影响了血液循环系统中血小板的活性，因此限制了纳维托克的临床应用[36-38]。虽然纳维托克存在一定的局限性，但其展现出的临床疗效提供了重要的概念证明，即选择性BCL-2拮抗剂可用于治疗某些依赖特定抗凋亡蛋白存活的肿瘤。但是，还需要进一步评估纳维托克与各种靶向药物联合应用的抗肿瘤疗效[39-44]。既然BCL-X_L的抑制会导致血小板的减少，那么可以提出这样的假设，即BCL-2选择性拮抗剂（只对BCL-X_L适度抑制，BCL-X_L-sparing）不仅可以对BCL-2依赖性淋巴恶性肿瘤（如CLL[12]）

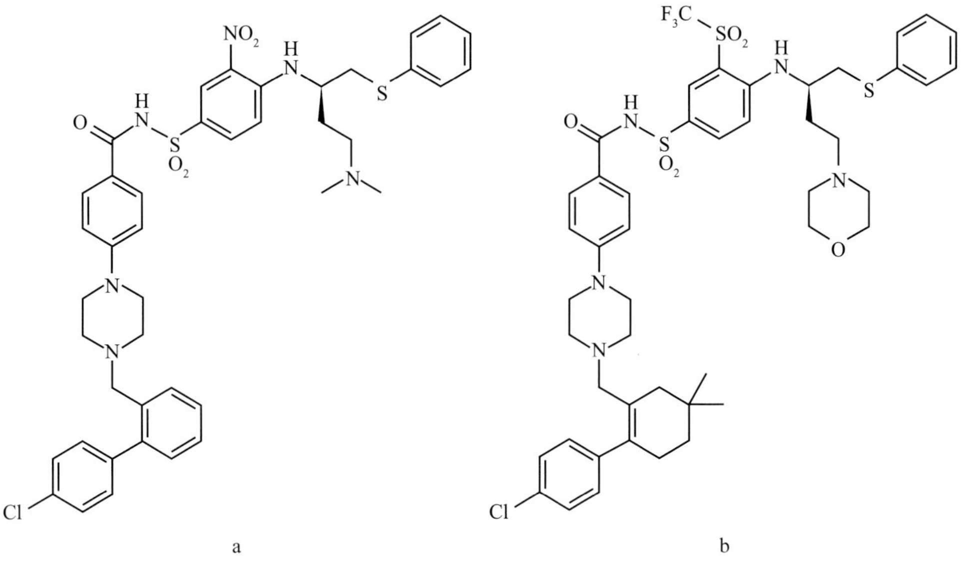

图12.1　ABT-737（a）和纳维托克（b）的化学结构

发挥很好的疗效，同时又可以减轻BCL-2/BCL-X_L双重抑制作用所引起的剂量限制性血小板减少症。若如此，不但可以提高治疗指数，还将改善临床疗效。

12.2　维奈托克的发现——基于结构的药物设计

发现BCL-2选择性拮抗剂的主要挑战是BCL-2和BCL-X_L的BH3结合位点高度相似，在疏水口袋内都有四个两亲性α-螺旋（图12.2）。在纳维托克的结合口袋内，BCL-2与BCL-X_L的结合位点只有三个氨基酸是不同的（图12.2），这也解释了为什么没有天然存在的BCL-2选择性BH3蛋白[45]。

最初研发BCL-2选择性小分子拮抗剂的第一步包括高通量筛选、基于片段的结构筛选，以及对ABT-737和纳维托克等化合物中的酰基磺酰胺药效团的详细SAR研究。ABT-737及其相关类似物与BCL-X_L形成的晶体复合物的结构[28, 46]，以及纳维托克与BCL-2形成的晶体复合物的结构［图12.2（a）］，揭示了BCL-X_L与两个疏水口袋（P2和P4）的相互作用。通过丙氨酸扫描，这些结合位点此前已被确定为BCL-X_L的BH3蛋白的结合"热点"[47]。特别的是，ABT-737和纳维托克共有的硫代苯基结构与芳基磺酰胺结构形成分子内的π-堆积相互作用，并以这种"向后弯曲"的构型与P4热点结合（图12.2）。这种相互作用之前被认为是与BCL-X_L结合的关键[14]，BCL-X_L也是小分子抑制剂的最初蛋白靶标。这些早期的研究推动了如ABT-737这样高效的BCL-X_L/BCL-2双靶点拮抗剂的发现，也证明了"弯曲"的构型在P4结合口袋中的关键相互作用。同时，ABT-737和纳维托克分子另一端的氯苯基深深嵌入 P2 口袋并与之紧密结合（图 12.2），类似于 BH3 蛋白结合的构象，所以能够顺利打开这个结合口袋[16, 46]。这种相互作用对于化合物能否与 BCL-2 发生高亲和力的结合非常重要[16]。

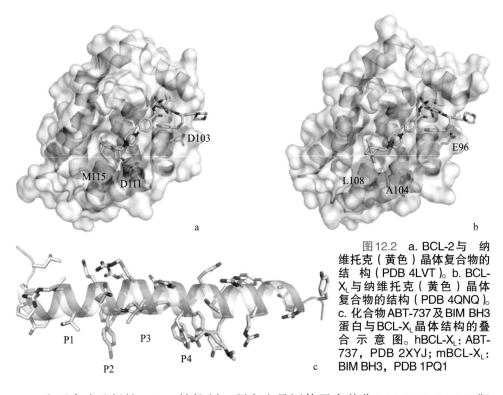

图 12.2 a. BCL-2 与 纳维托克（黄色）晶体复合物的结构（PDB 4LVT）。b. BCL-X_L 与纳维托克（黄色）晶体复合物的结构（PDB 4QNQ）。c. 化合物 ABT-737 及 BIM BH3 蛋白与 BCL-X_L 晶体结构的叠合示意图。hBCL-X_L：ABT-737，PDB 2XYJ；mBCL-X_L：BIM BH3，PDB 1PQ1

为了合成选择性 BCL-2 拮抗剂，研究人员评估了多种非 BCL-X_L/BCL-2 双靶点药效团与两种蛋白的结合能力。化合物对目标蛋白的拮抗活性如表 12.1 所示。这项试验的初步结果显示，如果缺少 P4 结合所必需的"向后弯曲"构型，即结构中不含硫代苯基结构，那么相关化合物与 BCL-X_L 和 BCL-2 的亲和力会急剧下降（例如，将化合物 3～6 与 ABT-737、化合物 1 和 2 进行比较）。这种变化对 BCL-X_L 亲和力带来了较大的不利影响。为了改善这些拮抗剂对 BCL-X_L 的选择性，研究人员在药物化学方面开展了大量的尝试和努力。但是，这些尝试并不是全都奏效。同时，研究人员也进行了多次尝试，以获得这些化合物与 BCL-2 的晶体复合物结构，从而确定哪些方法可以改善目标化合物对 BCL-X_L 的亲和力和选择性。这些尝试面临的首要困难是化合物的水溶性不高。因此，研发人员合成了一小批能与 P2 或 P4 结合的含氧类似物，期望在保证亲和力的同时提高化合物的溶解度。就 BCL-2 的亲和力而言，含氧化合物 7（图 12.3，BCL-2 的 K_i = 59 nmol/L，BCL-X_L 的 K_i = 5.54 μmol/L）的亲和力是母体化合物 6 的 1/3。最终，成功制备了化合物 7 与 BCL-2 的晶体复合物。

表12.1 缺少P4结合"向后弯曲"构型的酰基磺酰胺化合物具有中等的BCL-2选择性

化合物	R	BCL-2的K_i(μmol/L)	BCL-X$_L$的K_i(μmol/L)	$\dfrac{BCL\text{-}X_L的K_i}{BCL\text{-}2的K_i}$
ABT-737		< 0.001	< 0.001	—
1		< 0.001	< 0.001	—
2		< 0.001	0.001	—
3		0.034	0.335	10
4	HN—CH₃	0.088	2.12	24
5	H	0.170	3.54	21
6		0.019	0.496	27

注:K_i值通过荧光偏振竞争结合测定法测定[48]。

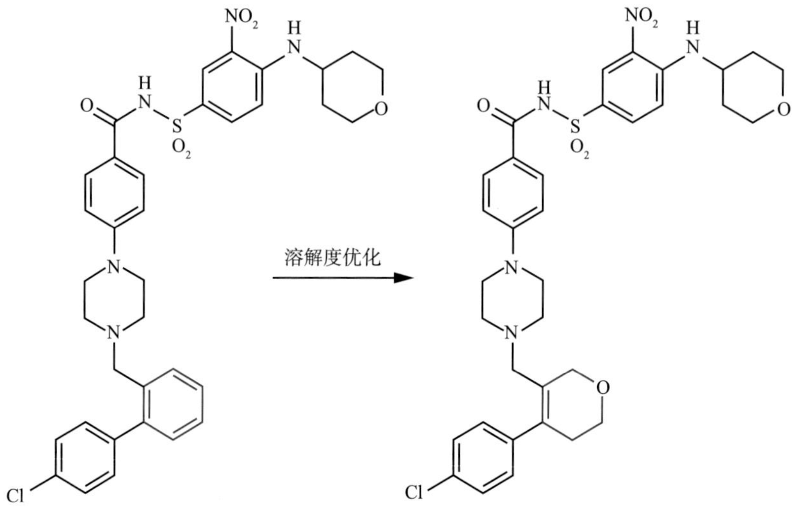

图12.3　对P2结合部分进行结构修饰，得到化合物7

如图12.4a所示，P2结合单元和化合物7药效团的相互作用与在BCL-2与纳维托克晶体复合物中观察到的互作用是相同的。在纳维托克结构中，硫代苯基的"弯曲"部分与芳基磺酰胺之间的分子内π-堆积的缺乏，导致P4结合口袋中产生了多余的空间。但是，化合物7中的四氢吡喃结构占据了Tyr202附近的P4口袋上部。这种纳维托克及其类似物所表现出的相互作用特点也反映在与BCL-2和BCL-XL亲和力较低的化合物7上。进一步对晶体复合物结构的研究发现，该复合物结晶为不对称二聚体，第二个BCL-2蛋白与BCL-2和化合物7的复合物发生结合。具体而言，色氨酸侧链（Trp30）插入P4结合口袋，从而与化合物7的硝基芳基部分形成分子间π-堆积相互作用（图12.4b）。这一结果进一步表明P4口袋中疏水相互作用的重要性，也表明通过引入可进入这一口袋的药效团能够提高化合物对BCL-2的亲和力。此外，吲哚中的NH基团可与BCL-2的Asp103形成氢键。这是一个显著的特征，因为Asp103对应于BCL-XL的Glu96，是两种蛋白酰基磺酰胺结合区中三个差异氨基酸之一（图12.2）。尽管这个位置的氨基酸残基只在氨基酸侧链中相差一个亚甲基，但BCL-2中吲哚和天冬氨酸残基之间的氢键距离表明BCL-XL无法同之前一样适应这种相互作用。

为了利用这一结构特点，研究人员在酰基磺酰胺药效团的中心部位引入了具有P4结合作用的吲哚药效团，同时对P4结合部分进行增强亲和力的结构修饰，最终得到了化合物8（图12.4c）。随后研究了BCL-2与化合物8复合物的晶体结构，并根据BCL-2与化合物7复合物的结构假设，观察到化合物8中束缚的吲哚占据了P4结合口袋的下部，且吲哚中的NH基团可与Asp103形成靶向氢键（图12.4c）。这些新的结合作用提高了化合物8对BCL-2的亲和力，并增强了其对

BCL-X$_L$的选择性（表12.2）。此外，化合物8作为第一个BCL-2选择性拮抗剂，在BCL-2依赖的细胞系中显示出强效的细胞杀伤作用，而对BCL-X$_L$依赖的细胞系却作用极弱（表12.2）。对BCL-2与化合物8复合物结构的进一步的研究表明，吲哚母核与BCL-2螺旋2中精氨酸残基（Arg107）的碱性侧链之间的距离很接近。这提出了一种假设，即吲哚基团中合适的氢键受体可以捕获第二个连续的静电相互作用。因此，研究人员进一步以氮杂吲哚取代吲哚，并对化合物8的P2结合部分开展了额外的修饰，以进一步提高药效并改善其类药性。总而言之，这些修饰最终促成了维奈托克（ABT-199）的发现（图12.4d）。

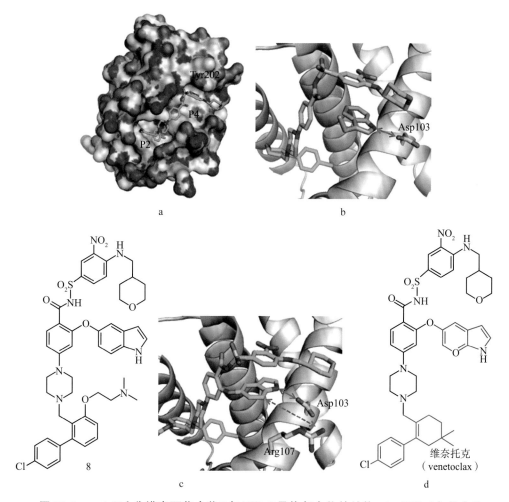

图12.4　a. 1.90Å分辨率下化合物7与BCL-2晶体复合物的结构。b. BCL-2与化合物7结合的带状图示。洋红色箭头表示BCL-2的Asp103与相邻的BCL-2中Trp30的吲哚结构之间形成的氢键。c. 化合物7的吲哚类似物（化合物8）与BCL-2结合的带状示意图。洋红色实线箭头表示BCL-2中Asp103与化合物7中吲哚结构之间形成的氢键。洋红色虚线箭头表示BCL-2中Arg107与化合物7之间潜在的氢键作用。d. 维奈托克的化学结构

虽然上文着重介绍了药物化学方面的一些有意义的发现，但要研发出有史以来第一个拮抗BCL-2的选择性候选药物，需要一个庞大的研究团队历时几年的共同努力，以及数千个化合物分子的设计和筛选。获得能与内源性配体相竞争的、高选择性的、强亲和力的（低至pmol/L级）BCL-2拮抗剂是一项十分艰巨的任务。此外，口服药物还必须具有良好的便于口服给药的理化性质，这使得药物化学家的任务更具挑战性。毫无疑问的是，拮抗BCL-2家族蛋白-蛋白相互作用所需的疏水性高分子量化合物并不符合利平斯基提出的成药5规则[49]。尽管如此，维奈托克在啮齿动物和犬模型试验中都表现出了良好的生物利用度，并且在BCL-2依赖的异种移植模型中显示出强效的抗肿瘤功效[50]，下文将详细讨论。

12.3 临床前研究

12.3.1 药物的作用机制研究

维奈托克能够高亲和力和高选择性地与BCL-2结合，有效地诱导BAX-BAK依赖性肿瘤细胞的凋亡。实际上，如表12.2所示，与纳维托克（$K_i = 0.044$ nmol/L）相比，维奈托克与BCL-2的亲和力更高［在时间分辨荧光共振能量转移（TR-FRET）结合试验中，$K_i < 0.01$ nmol/L］[50]。在增强对BCL-2亲和力的同时，相对于纳维托克，维奈托克对BCL-X_L（ > 4800倍）、BCL-W（ > 24 500倍）和MCL-1（ > 44 400倍）的选择性更强[50]。从机制上而言，在哺乳动物双杂交蛋白结合实验中，维奈托克以剂量依赖的方式抑制BCL-2-BIM复合物的生成，但不会拮抗BCL-X_L与BCL-X_S，以及MCL-1与NOXA的结合。维奈托克在完整细胞中的活性最初是利用"RS4; 11 ALL"细胞株证实的，该肿瘤细胞系在体外和体内的生长都高度依赖于BCL-2。维奈托克可有效降低RS4; 11细胞的活力，其平均EC_{50}仅为8 nmol/L，大大低于纳维托克（平均EC_{50}为112 nmol/L）。这也证明了，与纳维托克相比，维奈托克对BCL-2的亲和力更强（表12.2）。重要的是，对于依赖BCL-XL存活的H146 SCLC细胞系，与纳维托克（$EC_{50} = 75$ nmol/L）相比，其对维奈托克（$EC_{50} = 4.3$ μmol/L）的敏感性大大降低，这也说明了维奈托克对BCL-X_L和BCL-2功能的选择性（表12.2）。体外活性实验使用了大量的细胞系，包括人DLBCL、滤泡性淋巴瘤、套细胞淋巴瘤（mantle cell lymphoma，MCL）、急性髓性白血病（acute myelogenous leukemia，AML）和ALL等细胞系（$n = 42$），以及离体原代CLL患者的细胞样本，从而进一步验证了维奈托克的有效性。RS4; 11细胞经维奈托克作用后会产生多种凋亡症状[50]。例如，和纳维托克相比，维奈托克能在更低的浓度下，以剂量依赖的方式快速增加胞质细胞色素c和半胱天冬酶-3/7（caspase-3/7）的活性。而随着维奈托克浓度的增加，能够观察到细胞凋亡的其他特征，如膜联蛋白 V（Annexin V）染色和亚 G_0 细胞（sub-G0 cell）的聚集，而这些凋亡现象在泛半胱氨酸蛋白酶（pan-caspase）抑制剂 Z-VAD 的存在下会被阻断。此外，维奈托克对 $BAK^{-/-}BAX^{-/-}$ 双基因敲除小鼠胚胎成纤维细胞没有影响[50]，表明其杀伤肿瘤细胞的活性不大可能是由脱靶所致。综上，维奈托克在体外能有效且选择性地拮抗 BCL-2，并迅速诱导 BCL-2 依赖性细胞的凋亡。

表 12.2　蛋白结合选择性及其功能选择性

化合物	K_i（nmol/L）		EC_{50}（nmol/L）	
	BCL-2	BCL-X_L	RS4; 11（BCL-2）	H146（BCL-X_L）
纳维托克	0.044	0.055	112	75
8	< 0.100	> 660	1180	> 5000
维奈托克	< 0.010	48	8	4260

注：K_i 值通过时间分辨荧光共振能量转移（TR-FRET）竞争性结合实验测定[27]。人肿瘤细胞系的 EC_{50} 值是在 10% 人血清存在下测定的。

12.3.2　维奈托克敏感的预测性生物标志物

肿瘤细胞对维奈托克的敏感程度在很大程度上取决于其 BCL-2 蛋白的表达水平。例如，对于非霍奇金淋巴瘤（non-Hodgkin lymphoma，NHL）细胞系，在发生如 t(14; 18)*Ig-BCL2* 易位或 18 号染色体上 BCL2 基因座扩增等遗传损伤（突变）时，会引起 BCL-2 的过表达。因此，发生这类遗传损伤的肿瘤细胞株对维奈托克的敏感性远超过没有发生损伤的细胞[50]。此外，BCL-2 蛋白水平可以在转录后进行调节，在 CLL 患者样本，以及 miR-15a 和 miR-16 表达水平降低的细胞系中，都能观察到这两种 microRNA 对 BCL-2 表达的抑制[51]。事实上，CLL 细胞在离体或在患者体内均对维奈托克高度敏感，这也证实了 CLL 肿瘤细胞对 BCL-2 的高度依赖性。

除 BCL-2 外，其他抗凋亡蛋白（如 BCL-X_L、MCL-1）和促凋亡蛋白（主要是 BIM）的共同表达也会影响肿瘤细胞对维奈托克的敏感性[52]。的确，当在肿瘤细胞中观察到可变表达时，BCL-2 水平与这些抗凋亡及促凋亡蛋白水平的比值可用于更好地预测肿瘤细胞对维奈托克的敏感性。MCL-1 是公认的纳维托克和维奈托克的抵抗因子，因此在肿瘤细胞群中，BCL-2 mRNA 蛋白表达水平与 MCL-1 mRNA 蛋白表达水平的比值越高，则预示着其对维奈托克的敏感性越高。这一现象已经在包括 NHL、AML 和多发性骨髓瘤（multiple myeloma，MM）等多种代表性的肿瘤模型中得到证实。除 MCL-1 外，BCL-X_L 也可作为维奈托克的抵抗因子。BCL-2/BCL-X$_L$的比率是体外和离体MM细胞（培养的细胞及来源于患者的细胞）对维奈托克敏感性响应的最有效预测方式[53]。

如前所述，在肿瘤细胞中，高表达的抗凋亡蛋白可以隔离其各自的促凋亡配体，这被认为是"预凋亡"阶段。促凋亡配体的取代移位导致效应分子BAX和BAK的激活，从而诱导了细胞死亡。此外，促凋亡蛋白的增加可能是从头合成的，也可能是由药物（如化疗药物）产生的"凋亡信号"所诱导的。鉴于BIM可非选择性地与所有抗凋亡蛋白结合，所以高水平的BIM与BCL-2的结合是一个高效预测维奈托克敏感性的指标。事实上，CLL细胞中通常含有高表达的BCL-2和BIM[12]，故其对维奈托克非常敏感。虽然BCL-2的高表达是确定维奈托克治疗敏感性的必要条件，但其他的蛋白家族成员，如BCL-X$_L$、MCL-1和BIM也会对响应产生影响，并可能在确定预测性生物标记物时提供错误的信息。

12.3.3　维奈托克单药及联合靶向药物或化疗药物的疗效

无论是作为单一药物，还是与其他小分子或生物疗法联用，维奈托克的口服体内疗效已经在多种肿瘤异种移植模型中得到了验证。例如，在携带t（14；18）染色体易位的弥漫性大B细胞淋巴瘤和BCL-2依赖的ALL（RS4；11）异种移植模型中，体内注射维奈托克后，可有效且剂量依赖性地抑制肿瘤[50]。这些模型均含有高表达的BCL-2或高表达的BCL-2：BIM复合物，也凸显了这些生物标志物作为疗效预测的潜在用途。在小鼠骨髓中原发性植入的系统性RS4；11肿瘤模型中，维奈托克通过在体内诱导细胞凋亡而有效地抑制肿瘤[54]。在NHL和MCL的异种移植模型中，维奈托克单药的活性并不高；然而，当与标准疗法中应用的苯达莫司汀（bendamustine）和利妥昔单抗（rituximab）（BR）联用，或与利妥昔单抗结合环磷酰胺（cyclophosphamide）、羟基柔红霉素（hydroxydaunomycin），以及长春新碱（vincristine）或泼尼松龙（prednisolone）联用时（R-CHOP），均可提高维奈托克的疗效[50]。此外，将维奈托克与第二代抗CD20抗体奥滨尤妥珠单抗（obinutuzumab，又译阿托珠单抗，已被批准用于未经治疗的CLL）联合使用时，会使CLL患者离体样本中的细胞凋亡增加；在NHL异种移植模型中，肿瘤持续消退[55]。值得注意的是，在NHL异种移植模型中将维奈托克与奥滨尤妥珠单抗联合用药时，抗肿瘤疗效优于维奈托克与利妥昔单抗联用的效果，这可能是由于第二代抗CD20抗体的效力强于第一代抗体。

在上述NHL模型中，单药活性不高可能是由BCL-X$_L$或MCL-1等蛋白的共表达或BIM的低表达引起的，从而产生了对维奈托克的抗药性[52]。因此，如何选择合适的药物联用（无论是小分子药物还是生物药）在很大程度上取决于药物调节蛋白表达的能力。通过上调BH3同源纯配体（如PUMA或NOXA）或诱导高度不稳定的MCL-1的降解来拮抗BCL-X$_L$或MCL-1的功能，可能间接导致这种情况。例如，依达努林（idasanutlin）已被证明可以抑制蛋白酶体介导的p53降解，引起促凋亡蛋白PUMA和NOXA的表达增加，因此在体外和离体实验中，均能在共表达BCL-2/BCL-X$_L$或BCL-2/MCL-1的AML模型中增强维奈托克的活性[56, 57]。同样地，MEK1/2抑制剂考比替尼（cobimetinib）也可以下调MCL-1的水平，因此在体外、体内及离体样本中，也可以提高维奈托克在BCL-2/MCL-1共表达AML细胞系中的疗效[58]。蛋白酶抑制剂硼替佐米（bortezomib）可抵消MM细胞中MCL-1的功能，部分原因是由于NOXA的上调并与MCL-1结合以拮抗其生理功能[59]。此外，在一些对硼替佐米高敏感的MM细胞系中，MCL-1会被半胱天冬酶-3降解。因此，在同时表达BCL-2和MCL-1且对维奈托克单一疗法有耐药性的MM模型中，硼替佐米和维奈托克的联用可以提高疗效并促进细胞的凋亡[53]。最后，在HER2阴性/ER阳性乳腺癌异种移植模型中，抗雌激素药物他莫昔芬（tamoxifen）已被证明可以增加BIM蛋白的水平。他莫昔芬和维奈托克的联合应用比单独使用这两种药物的体内疗效更好[60]。如上所述，高水平的BCL-2：BIM复合物启动了细胞凋亡，从而降低了药物治疗后细胞凋亡的阈值。尽管这是一个通过调节BIM蛋白水平而靶向BCL-2的有力例子，但它也证明了将维奈托克从治疗血液恶性肿瘤扩展到实体肿瘤的潜力。

总而言之，在血液恶性肿瘤模型中，如果BCL-2过表达导致肿瘤对BCL-2高度依赖，或者高水平的BCL-2：BIM复合物导致了预凋亡，那么维奈托克均能表现出强效的活性。然而，当其他抗凋亡蛋白，如MCL-1或BCL-X$_L$过表达或与BCL-2共表达时，肿瘤细胞能否存活则会受到这些蛋白的影响，继而导致肿瘤细胞对维奈托克耐药性的产生。通过调节这些抗凋亡蛋白或它们同源BH3促凋亡配体的水平来间接靶向这些抗凋亡蛋白，是确定可否与维奈托克联合应用药物的主要方法[61]。

12.4 临床研究

根据维奈托克在RS4；11异种移植模型中的药代动力学和药效，以及临床前的安全性数据，确定了其单独给药用于复发性/难治性CLL患者治疗的起始剂量为100～200 mg。值得注意的是，第一批患有淋巴细胞增多症的两名患者在首次服用维奈托克8 h后，体循环中的肿瘤细胞迅速减少（超过95%）[50]。患者还表现出了明显的肿瘤溶解综合征（tumor lysis syndrome，TLS）的迹象，也能检测到血清中磷酸和乳酸脱氢酶（lactate dehydrogenase，LDH）的水平升高，这都说明大量的肿瘤细胞发生了凋亡，以至于细胞碎片不能被及时清除。

发生的TLS现象证明了维奈托克的药理活性，但也带来了严重的安全性问题，因为钾、磷和核酸的迅速升高可能导致心律失常、急性肾衰竭，甚至死亡。

事实上，在维奈托克的临床研究中，发生了3例临床TLS，导致2名患者死亡。随后对维奈托克的给药方案进行了调整，确定了为期5周的保守剂量递增的治疗方案。在最初的一周，维奈托克的剂量为20 mg/d，随后三周的剂量分别为50 mg/d、100 mg/d和200 mg/d，逐步增加到第5周的400 mg/d的最终剂量。根据TLS风险评估系统细则[62]，服药期间将对患者实施密切的监测和预防措施，包括口服或静脉补液，以及使用别嘌醇（allopurinol）或拉布立酶（rasburicase）等尿酸还原剂。

在实施上述措施后，随后的60名患者再未观察到任何的临床TLS[63]。研究人员在临床I期试验中共招募了116名患者，并开展了良好的安全性评估。最常见的不良反应包括恶心（47%）、轻度腹泻（52%）和上呼吸道感染（48%）。中性粒细胞减少是最常见的3/4级不良反应，共有48例患者发生该不良反应（41%）。根据国际慢性淋巴细胞白血病研讨会（International Workshop on Chronic Lymphocytic Leukemia，iwCLL）的标准，患者的总缓解率（overall response rate，ORR）为79%，20%的患者达到完全缓解（complete response，CR）。此外，采用多色流式细胞术评估骨髓样本时发现5%的患者为微小残留病（minimal residual disease，MRD）阴性（定义为每10 000个细胞检测中有一个或更少的癌细胞）。值得注意的是，在高危CLL患者中也观察到了类似的应答，包括那些由17p染色体缺失而导致肿瘤功能缺乏性p53的患者（ORR：71%，CR：16%）。基于这些数据，启动了独立的临床II期研究，以探索维奈托克在更多复发性/难治性 17p-del CLL患者中的疗效。独立审查委员会评估了107名患者，其中ORR为79.4%，CR为8%[64]。最常见的3/4级不良事件同样是中性粒细胞减少（40%）。FDA于2015年5月批准了维奈托克的突破性疗法认定（breakthrough therapy designation，BTD），后来又对其进行了加速审批。维奈托克最终于2016年9月获得FDA的批准，用于17p缺失的CLL的治疗。在此之后，EMA对维奈托克的临床应用也有所限制：维奈托克适用于17p缺失或p53突变的成年CLL患者，并且患者不适合使用B细胞受体（B-cell receptor，BCR）抑制剂或对此疗效不佳；以及虽没有17p缺失或p53突变，但对化疗免疫治疗和BCR抑制剂疗效均不佳的患者。

基于维奈托克在CLL患者单一疗法中的显著活性，维奈托克正与利妥昔单抗（rituximab）和奥滨尤妥珠单抗等抗CD20抗体，或布鲁顿酪氨酸激酶（Bruton's tyrosine kinase，BTK）抑制剂依鲁替尼（ibrutinib）等进行非化疗组合试验。在复发性/难治性CLL试验中，维奈托克与利妥昔单抗联合用药在单臂I b期试验中表现出了强效的活性（ORR：86%，CR：51%，骨髓MRD阴性：57%；$n=49$）[65]，这也促使FDA第二次批准其突破性疗法认定。最近报道了维奈托克的随机III期MURANO研究数据[66]，该研究在复发性/难治性 CLL患者中将维奈托克-利妥昔单抗联合用药与利妥昔单抗单独使用的药效进行了比较。试验中维奈托克-利妥昔单抗治疗组的ORR为93.3%，完全缓解伴随骨髓不完全恢复（complete response with incomplete bone marrow recovery，CRi）的应答率为26.8%（独立审核委员会认定ORR：92.3%；CR/CRi：8.2%）。在接受维奈托克-利妥昔单抗联合治疗的患者中，当中位随访时间为24.8个月时，中位无进展生存期（median progression-free survival，mPFS）仍未达标（$n = 194$）；而BR臂组的中位无进展生存期为17个月（$n = 195$；风险率：0.17；95%置信区间为0.11 ~ 0.25；$P = 0.0001$）。独立审查委员会报告了类似的评估，维纳妥拉-利妥昔单抗组的mPFS未达标，而接受BR治疗患者的mPFS为18.1个月（风险率：0.19；95%置信区间为0.13 ~ 0.28，$P = 0.0001$）。此外，在CLARITY研究中，复发性/难治性 CLL患者接受维奈托克-依鲁替尼联合治疗至少6个月，结果如下，ORR：100%；CR/CRi：49%；$n = 37$；骨髓MRD阴性：30%，$n = 40$。据报道，一名3级TLS患者在静脉滴注维奈托克的剂量从100 mg上升至200 mg后，出现了不良反应，但很快消失，未发现临床后遗症，所以静脉滴注维奈托克的剂量可以进一步上升至400 mg。

CLL患者中初次接受联合治疗的早期研究结果也很有希望。一项探索维奈托克与下一代抗CD20抗体奥滨尤妥珠单抗联合用药的Ⅰb期研究显示，ORR为100%，CR/CRi率为72%（$n = 32$）[67]。同样地，中性粒细胞减少仍然是最常见的3/4级不良反应（53%）。另一项对维奈托克-奥滨尤妥珠单抗联合用药的研究报道了CLL14 Ⅲ期临床试验的数据，ORR：100%，CR：58%；外周血MRD阴性：92%；$n = 12$[68]。也有研究报道，正在对初次治疗的CLL患者进行BTK抑制剂依鲁替尼-维奈托克联用的Ⅱ期临床研究，其ORR为100%；而对于那些仍在接受研究的患者而言，CR/CRi的比率和骨髓MRD阴性比例正随着时间的推移而增加（联合治疗3个月，CR/CRi：61%，MRD阴性：21%，$n = 33$；联合治疗6个月，CR/CRi：75%，MRD阴性：45%，$n = 20$；联合治疗9个月，CR/CRi：80%，MRD阴性：80%，$n = 10$）[69]。

维奈托克在其他各类血液恶性肿瘤中的潜在用途也在探索之中，包括滤泡性淋巴瘤、弥漫性大B细胞淋巴瘤、MCL、瓦氏巨球蛋白血症、MM和AML。在这些疾病中，当维奈托克作为单药治疗或与标准治疗药物联合用药时，均表现出一定的抗肿瘤活性[61]。骨髓增生异常综合征和儿童肿瘤（包括ALL、AML和神经母细胞瘤）的研究也在进行之中。基于上述的临床前研究，另一项维奈托克-他莫昔芬联用治疗转移性HER2阴性/ER阳性乳腺癌的临床试验也在进行之中，这是第一个评估维奈托克对实体肿瘤敏感性的试验。

药理学上曾经认为BCL-2家族的抗凋亡蛋白无法成为药物靶点。虽然与传统的靶点相比，这些蛋白作为靶点更为困难，但该领域最近已经取得了突破性的研究进展。BCL-2选择性拮抗剂纳维托克已经在几种类型的癌症中显示出良好的活性，并将继续与其他靶向药物联用，开展进一步的抗肿瘤临床试验。另外，创新性的双重BCL-2/BCL-XL拮抗剂APG-1252已在临床中用于小细胞肺癌的治疗[70]。此外，多种MCL-1选择性抑制剂目前正在开展靶向血液性癌症的 I 期临床试验[71-73]。相关进展得益于有关BCL-2蛋白家族的生物学、药物设计和药物化学的大量研究。基于这些蛋白拮抗剂的癌症耐受性和有效性的临床评估还将不断产生新的见解，这无疑将会对以BCL-2家族为靶点的疾病治疗创造出更多选择。

（白仁仁　谢媛媛　钟智超）

原作者简介

韦恩·J.费尔布罗德（Wayne J. Fairbrother），基因泰克公司早期发现生物化学部主任和高级科学家。他获得了英国牛津大学（University of Oxford）化学博士学位，并于斯克里普斯研究所（Scripps Research Institute）完成了博士后研究工作。他于1992年加入基因泰克公司，并建立了蛋白NMR研究团队。他的研究聚焦于通过基于结构的药物设计方法来发现靶向于蛋白-蛋白相互作用的小分子拮抗剂，特别是可作为抗癌靶点的IAP蛋白家族和Bcl-2蛋白家族。

乔尔·D.莱弗森（Joel D. Leverson），艾伯维公司（AbbVie）肿瘤临床开发部科学总监。他于美国西北大学（Northwestern University）获得了细胞与分子生物学博士学位，并于索尔克研究所（Salk Institute）完成了博士后研究工作。他在癌症领域进行了近25年的研究工作，包括基础研究、药物发现、转化生物学和临床开发等领域。

迪帕克·桑帕斯（Deepak Sampath），基因泰克公司转化肿瘤学部首席科学家。在加入基因泰克公司之前，他担任惠氏制药公司肿瘤部的首席科学家，专注于新型、可口服的紫杉烷类抗肿瘤化合物的发现和临床前药理学研究。在过去的11年里，他的研究主要专注于针对癌症中PI3K/Akt和BCL-2信号通路的小分子抑制剂，并对其开展药代动力学、药效学和作用机制方面的研究。他在转化医学方面的研究推进了维奈托克的临床开发。

安德鲁·J.索尔斯（Andrew J. Souers），艾伯维公司
肿瘤部高级研究员及项目主任。他于加州大学伯克利分校
（University of California at Berkeley，美国）获得有机化学博
士学位，曾在乔纳森·埃尔曼（Jonathan Ellman）教授实验
室学习。自加入艾伯维公司肿瘤部以来，他的研究方向主要
是小分子药物的发现和开发，以及用于癌症治疗的生物制
剂，尤其着重于BCL-2家族蛋白拮抗剂。

<h2 style="text-align:center">参 考 文 献</h2>

1. Hanahan, D. and Weinberg, R.A.Hallmarks of cancer: the next generation. Cell. 2011, 144, 646-674.
2. Hanahan, D. and Weinberg, R.A.The hallmarks of cancer. Cell. 2000, 100, 57-70.
3. Fesik, S.W.Promoting apoptosis as a strategy for cancer drug discovery. Nat. Rev. Cancer. 2005, 5, 876-885.
4. Chipuk, J.E., Moldoveanu, T., Llambi, F. et al. The BCL-2 family reunion. Mol. Cell. 2010, 37, 299-310.
5. Czabotar, P.E., Lessene, G., Strasser, A., and Adams, J.M.Control of apoptosis by the BCL-2 protein family: implications for physiology and therapy. Nat. Rev. Mol. Cell Biol. 2014, 15, 49-63.
6. Adams, J.M. and Cory, S.The Bcl-2 apoptotic switch in cancer development and therapy. Oncogene. 2007, 26, 1324-1337.
7. Cory, S. and Adams, J.M.The Bcl-2 family: regulators of the cellular life-or-death switch. Nat. Rev. Cancer. 2002, 2, 647-656.
8. Tsujimoto, Y., Yunis, J., Onorato-Showe, L. et al. Molecular cloning of the chromosomal breakpoint of B-cell lymphomas and leukemias with the t (11; 14) chromosome translocation. Science. 1984, 224, 1403-1406.
9. Tsujimoto, Y., Finger, L.R., Yunis, J. et al. Cloning of the chromosome breakpoint of neoplastic B cells with the t (14; 18) chromosome translocation. Science. 1984, 226, 1097-1099.
10. Letai, A., Sorcinelli, M.D., Beard, C., and Korsmeyer, S.J.Antiapoptotic BCL-2 is required for maintenance of a model leukemia. Cancer Cell. 2004, 6, 241-249.
11. Certo, M., Del Gaizo Moore, V., Nishino, M. et al. Mitochondria primed by death signals determine cellular addiction to antiapoptotic BCL-2 family members. Cancer Cell. 2006, 9, 351-365.
12. Del Gaizo Moore, V., Brown, J.R., Certo, M. et al. Chronic lymphocytic leukemia requires BCL2 to sequester prodeath BIM, explaining sensitivity to BCL2 antagonist ABT-737. J. Clin. Invest. 2007, 117, 112-121.
13. Lessene, G., Czabotar, P.E., and Colman, P.M.BCL-2 family antagonists for cancer therapy. Nat. Rev. Drug Discov. 2008, 7, 989-1000.

14. Petros, A.M., Dinges, J., Augeri, D.J. et al. Discovery of a potent inhibitor of the antiapoptotic protein Bcl-xL from NMR and parallel synthesis. J. Med. Chem. 2006, 49, 656-663.

15. Park, C.M., Oie, T., Petros, A.M. et al. Design, synthesis, and computational studies of inhibitors of Bcl-XL.J. Am. Chem. Soc. 2006, 128, 16206-16212.

16. Bruncko, M., Oost, T.K., Belli, B.A. et al. Studies leading to potent, dual inhibitors of Bcl-2 and Bcl-xL.J. Med. Chem. 2007, 50, 641-662.

17. Oltersdorf, T., Elmore, S.W., Shoemaker, A.R. et al. An inhibitor of Bcl-2 family proteins induces regression of solid tumours. Nature. 2005, 435, 677-681.

18. Chen, S., Dai, Y., Harada, H. et al. Mcl-1 down-regulation potentiates ABT-737 lethality by cooperatively inducing Bak activation and Bax translocation. Cancer Res. 2007, 67, 782-791.

19. Kuroda, J., Kimura, S., Strasser, A. et al. Apoptosis-based dual molecular targeting by INNO-406, a second-generation Bcr-Abl inhibitor, and ABT-737, an inhibitor of antiapoptotic Bcl-2 proteins, against Bcr-Abl-positive leukemia. Cell Death Differ. 2007, 14, 1667-1677.

20. Kohl, T.M., Hellinger, C., Ahmed, F. et al. BH3 mimetic ABT-737 neutralizes resistance to FLT3 inhibitor treatment mediated by FLT3-independent expression of BCL2 in primary AML blasts. Leukemia. 2007, 21, 1763-1772.

21. Kang, M.H., Kang, Y.H., Szymanska, B. et al. Activity of vincristine, L-ASP, and dexamethasone against acute lymphoblastic leukemia is enhanced by the BH3-mimetic ABT-737 in vitro and in vivo. Blood. 2007, 110, 2057-2066.

22. Tahir, S.K., Yang, X., Anderson, M.G. et al. Influence of Bcl-2 family members on the cellular response of small-cell lung cancer cell lines to ABT-737. Cancer Res. 2007, 67, 1176-1183.

23. Konopleva, M., Contractor, R., Tsao, T. et al. Mechanisms of apoptosis sensitivity and resistance to the BH3 mimetic ABT-737 in acute myeloid leukemia. Cancer Cell. 2006, 10, 375-388.

24. van Delft, M.F., Wei, A.H., Mason, K.D. et al. The BH3 mimetic ABT-737 targets selective Bcl-2 proteins and efficiently induces apoptosis via Bak/Bax if Mcl-1 is neutralized. Cancer Cell. 2006, 10, 389-399.

25. Trudel, S., Stewart, A.K., Li, Z. et al. The Bcl-2 family protein inhibitor, ABT-737, has substantial antimyeloma activity and shows synergistic effect with dexamethasone and melphalan. Clin. Cancer Res. 2007, 13, 621-629.

26. Kline, M.P., Rajkumar, S.V., Timm, M.M. et al. ABT-737, an inhibitor of Bcl-2 family proteins, is a potent inducer of apoptosis in multiple myeloma cells. Leukemia. 2007, 21, 1549-1560.

27. Tse, C., Shoemaker, A.R., Adickes, J. et al. ABT-263: a potent and orally bioavailable Bcl-2 family inhibitor. Cancer Res. 2008, 68, 3421-3428.

28. Wendt, M.D.Discovery of ABT-263, a Bcl-family protein inhibitor: observations on targeting a large protein-protein interaction. Expert Opin. Drug Discovery. 2008, 3, 1123-1143.

29. Shoemaker, A.R., Mitten, M.J., Adickes, J. et al. Activity of the Bcl-2 family inhibitor

ABT-263 in a panel of small cell lung cancer xenograft models. Clin. Cancer Res. 2008, 14, 3268-3277.

30. Ackler, S., Mitten, M.J., Foster, K. et al. The Bcl-2 inhibitor ABT-263 enhances the response of multiple chemotherapeutic regimens in hematologic tumors in vivo. Cancer Chemother. Pharmacol. 2010, 66, 869-880.

31. Chen, J., Jin, S., Abraham, V. et al. The Bcl-2/Bcl-X（L）/Bcl-w inhibitor, navitoclax, enhances the activity of chemotherapeutic agents in vitro and in vivo. Mol. Cancer Ther. 2011, 10, 2340-2349.

32. Wilson, W.H., O'Connor, O.A., Czuczman, M.S. et al. Navitoclax, a targeted high-affinity inhibitor of BCL-2, in lymphoid malignancies: a phase 1 dose-escalation study of safety, pharmacokinetics, pharmacodynamics, and antitumour activity. Lancet Oncol. 2010, 11, 1149-1159.

33. Roberts, A.W., Seymour, J.F., Brown, J.R. et al. Substantial susceptibility of chronic lymphocytic leukemia to BCL2 inhibition: results of a phase I study of navitoclax in patients with relapsed or refractory disease. J. Clin. Oncol. 2012, 30, 488-496.

34. Kipps, T.J., Wierda, W.G., Jones, J.A. et al. Navitoclax（ABT-263）plus fludarabine/cyclophosphamide/rituximab（FCR）or bendamustine/rituximab（BR）: a phase 1 study In patients with relapsed/refractory chronic lymphocytic leukemia（CLL）. Blood. 2010, 116, 2455.

35. Kipps, T.J., Eradat, H., Grosicki, S. et al. A phase 2 study of the BH3 mimetic BCL2 inhibitor navitoclax（ABT-263）with or without rituximab, in previously untreated B-cell chronic lymphocytic leukemia. Leuk. Lymphoma. 2015, 56, 2826-2833.

36. Mason, K.D., Carpinelli, M.R., Fletcher, J.I. et al. Programmed anuclear cell death delimits platelet life span. Cell. 2007, 128, 1173-1186.

37. Zhang, H., Nimmer, P.M., Tahir, S.K. et al. Bcl-2 family proteins are essential for platelet survival. Cell Death Differ. 2007, 14, 943-951.

38. Lee, E.F., Grabow, S., Chappaz, S. et al. Physiological restraint of Bak by Bcl-xL is essential for cell survival. Genes Dev. 2016, 30, 1240-1250.

39. AbbVie. A study evaluating tolerability and efficacy of navitoclax in combination with ruxolitinib in subjects with myelofibrosis, 2017. https: //clinicaltrials. gov/ct2/show/NCT03222609（accessed 1 May 2018）.

40. National Cancer Institute. Navitoclax and sorafenib tosylate in treating patients with relapsed or refractory solid tumors, 2017. https: //clinicaltrials. gov/ct2/show/NCT02143401（accessed 1 May 2018）.

41. National Cancer Institute. Osimertinib and navitoclax in treating patients with EGFR-positive previously treated advanced or metastatic non-small cell lung cancer, 2017. https: //clinicaltrials. gov/ct2/show/NCT02520778（accessed 1 May 2018）.

42. National Cancer Institute. Navitoclax and vistusertib in treating patients with relapsed small cell lung cancer and other solid tumors, 2017. https: //clinicaltrials. gov/ct2/show/NCT03366103（accessed 1 May 2018）.

43. National Cancer Institute. Trametinib and navitoclax in treating patients with advanced or metastatic solid tumors, 2017. https: //clinicaltrials. gov/ct2/show/NCT02079740（accessed

1 May 2018).

44. National Cancer Institute. Dabrafenib, trametinib, and navitoclax in treating patients with BRAF mutant melanoma or solid tumors that are metastatic or cannot be removed by surgery, 2017. https: //clinicaltrials. gov/ct2/show/NCT01989585 (accessed 1 May 2018).

45. Chen, L., Willis, S.N., Wei, A. et al. Differential targeting of prosurvival Bcl-2 proteins by their BH3-only ligands allows complementary apoptotic function. Mol. Cell. 2005, 17, 393-403.

46. Lee, E.F., Czabotar, P.E., Smith, B.J. et al. Crystal structure of ABT-737 complexed with Bcl-xL: implications for selectivity of antagonists of the Bcl-2 family. Cell Death Differ. 2007, 14, 1711-1713.

47. Sattler, M., Liang, H., Nettesheim, D. et al. Structure of Bcl-xL-Bak peptide complex: recognition between regulators of apoptosis. Science. 1997, 275, 983-986.

48. Zhang, H., Nimmer, P., Rosenberg, S.H. et al. Development of a high-throughput fluorescence polarization assay for Bcl-x (L). Anal. Biochem. 2002, 307, 70-75.

49. Lipinski, C.A. Lead-and drug-like compounds: the rule-of-five revolution. Drug Discov. Today Technol. 2004, 1, 337-341.

50. Souers, A.J., Leverson, J.D., Boghaert, E.R. et al. ABT-199, a potent and selective BCL-2 inhibitor, achieves antitumor activity while sparing platelets. Nat. Med. 2013, 19, 202-208.

51. Cimmino, A., Calin, G.A., Fabbri, M. et al. miR-15 and miR-16 induce apoptosis by targeting BCL2. Proc. Natl. Acad. Sci. U.S.A. 2005, 102, 13944-13949.

52. Tahir, S.K., Smith, M.L., Hessler, P. et al. Potential mechanisms of resistance to venetoclax and strategies to circumvent it. BMC Cancer. 2017, 17, 399.

53. Punnoose, E.A., Leverson, J.D., Peale, F. et al. Expression profile of BCL-2, BCL-XL, and MCL-1 predicts pharmacological response to the BCL-2 selective antagonist venetoclax in multiple myeloma models. Mol. Cancer Ther. 2016, 15, 1132-1144.

54. Ackler, S., Oleksijew, A., Chen, J. et al. Clearance of systemic hematologic tumors by venetoclax (ABT-199) and navitoclax. Pharmacol. Res. Perspect. 2015, 3, e00178.

55. Sampath, D., Herter, S., Ingalla, E. et al. Combination of the glycoengineered type II CD20 antibody obinutuzumab with the novel BCL-2 selective inhibitor venetoclax induces robust cell death in NHL models and CLL patient samples. 21st Congress of the European Hematology Association, Copenhagen, Denmark. 2016.

56. Lehmann, C., Friess, T., Birzele, F. et al. Superior anti-tumor activity of the MDM2 antagonist idasanutlin and the Bcl-2 inhibitor venetoclax in p53 wild-type acute myeloid leukemia models. J. Hematol. Oncol. 2016, 9, 50.

57. Pan, R., Ruvolo, V., Mu, H. et al. Synthetic lethality of combined Bcl-2 inhibition and p53 activation in AML: mechanisms and superior antileukemic efficacy. Cancer Cell. 2017, 32, 748-760. e6.

58. Han, L., Zhang, Q., Shi, C. et al. Targeting MAPK signaling pathway with cobimetinib (GDC-0973) enhances anti-leukemia efficacy of venetoclax (ABT-199/GDC-0199) in acute myeloid leukemia models. Blood. 2016, 128, 97.

59. Gomez-Bougie, P., Wuilleme-Toumi, S., Menoret, E. et al. Noxa up-regulation and Mcl-

1 cleavage are associated to apoptosis induction by bortezomib in multiple myeloma. Cancer Res. 2007, 67, 5418-5424.

60. Vaillant, F., Merino, D., Lee, L. et al. Targeting BCL-2 with the BH3 mimetic ABT-199 in estrogen receptor-positive breast cancer. Cancer Cell. 2013, 24, 120-129.

61. Leverson, J.D., Sampath, D., Souers, A.J. et al. Found in translation: how preclinical research is guiding the clinical development of the BCL2-selective inhibitor venetoclax. Cancer Discov. 2017, 7, 1376-1393.

62. Cheson, B.D., Heitner Enschede, S., Cerri, E. et al. Tumor lysis syndrome in chronic lymphocytic leukemia with novel targeted agents. Oncologist. 2017, 22, 1283-1291.

63. Roberts, A.W., Davids, M.S., Pagel, J.M. et al. Targeting BCL2 with venetoclax in relapsed chronic lymphocytic leukemia. N. Engl. J. Med. 2016, 374, 311-322.

64. Stilgenbauer, S., Eichhorst, B., Schetelig, J. et al. Venetoclax in relapsed or refractory chronic lymphocytic leukaemia with 17p deletion: a multicentre, open-label, phase 2 study. Lancet Oncol. 2016, 17, 768-778.

65. Seymour, J.F., Ma, S., Brander, D.M. et al. Venetoclax plus rituximab in relapsed or refractory chronic lymphocytic leukaemia: a phase 1b study. Lancet Oncol. 2017, 18, 230-240.

66. Seymour, J.H., Kipps, T.J., Eichhorst, B.F. et al. Venetoclax plus rituximab is superior to bendamustine plus rituximab in patients with relapsed/refractory chronic lymphocytic leukemia-results from pre-planned interim analysis of the randomized phase 3 Murano study. ASH 59th Annual Meeting & Exposition, Atlanta, GA.2017.

67. Flinn, I.W., Gribben, J., Dyer, M.J.S. et al. Safety, efficacy and MRD negativity of a combination of venetoclax and obinutuzumab in patients with previously untreated chronic lymphocytic leukemia: results from a phase Ib study (GP28331). ASH 59th Annual Meeting & Exposition, Atlanta, GA.2017.

68. Fischer, K., Al-Sawaf, O., Fink, A.M. et al. Venetoclax and obinutuzumab in chronic lymphocytic leukemia. Blood. 2017, 129, 2702-2705.

69. Jain, N., Thompson, P., Ferrajoli, A. et al. Combined venetoclax and ibrutinib for patients with previously untreated high-risk CLL, and relapsed/refractory CLL: a phase II trial. ASH 59th Annual Meeting & Exposition, Atlanta, GA.2017.

70. Ascentage Pharma Group Inc. A study of APG-1252 in patients with SCLC or other solid tumors, 2017. https://clinicaltrials. gov/ct2/show/NCT03080311 (accessed 1 May 2018).

71. Amgen. AMG 176 first in human trial in subjects with relapsed or refractory multiple myeloma and subjects with relapsed or refractory acute myeloid leukemia, 2017. https://clinicaltrials. gov/ct2/show/NCT02675452 (accessed 1 May 2018).

72. AstraZeneca. Study of AZD5991 in relapsed or refractory haematologic malignancies, 2017. https://clinicaltrials. gov/ct2/show/NCT03218683 (accessed 1 May 2018).

73. Institut de Recherches Internationales Servier. Phase I study of S64315 administred intravenously in patients with acute myeloid leukaemia or myelodysplastic syndrome, 2017. https://clinicaltrials. gov/ct2/show/NCT02979366 (accessed 1 May 2018).

首创药物FXR激动剂奥贝胆酸的研发

13.1 引言

奥贝胆酸［obeticholic acid，OCA，Ocaliva™，拦截制药（Intercept Pharmaceuticals），化合物1］在美国和欧洲的成功上市源于罗伯托·佩利奇亚里（Roberto Pellicciari）及其研究团队于1982年在佩鲁贾大学（University of Perugia）发起的一项研究（图13.1）。奥贝胆酸是一种高效的选择性法尼酯X受体（farnesoid X receptor，FXR）胆汁酸（bile acid，BA）激动剂，于2002年首次在《药物化学杂志》（*Journal of Medicinal Chemistry*）上进行了报道[1]。奥贝胆酸的开发共耗时14年，最终于2016年5月27日获得FDA的批准，用以治疗成人对熊去氧胆酸（ursodeoxy cholic acid，UDCA）不耐受或疗效不佳的原发性胆汁性胆管炎（primary biliary cholangitis，PBC）。目前正在进行奥贝胆酸的其他临床试验，主要针对非酒精性脂肪性肝炎（nonalcoholic steatohepatitis，NASH）（ClinicalTrials.gov编号：NCT01265498）、原发性硬化性胆管炎（primary sclerosing cholangitis，PSC）（ClinicalTrials.gov编号：NCT02177136）和其他适应证。

本章主要介绍奥贝胆酸的发现过程和相关的基本原理。首先概述胆汁酸的结构、理化性质、生理作用及其在治疗中的应用，随后着重阐述从20世纪80年代初到奥贝胆酸获批期间在药物化学方面的研究内容。

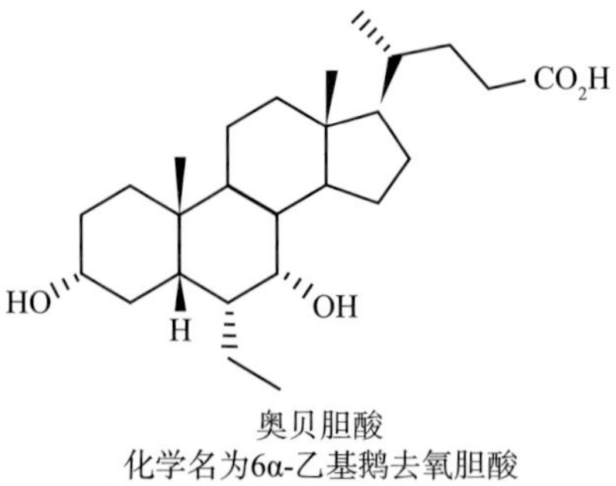

奥贝胆酸
化学名为6α-乙基鹅去氧胆酸
（6α-ethyl-chenodeoxycholic acid,
6-ECDCA, INT-747）

图13.1 奥贝胆酸的结构

13.2　胆汁酸

13.2.1　天然胆汁酸的结构和性质

胆汁酸是一类特殊的酸性、两亲性类固醇，由胆固醇经过27种不同酶的催化作用，最终在肝脏中合成[2]。胆汁酸的结构特征主要是含有一个环戊基多氢菲结构母核，且在C-10、C-13位带有甲基，其侧链长度（8个或5个碳单元）可随末端羧基的变化而变化（图13.2a）。其他常见的结构变化是C-3α位的羟基取代，以及B/C和C/D环之间的反式连接（如胆固醇）（图13.2b）。在高等脊椎动物中，环A/B以顺式稠合，从而决定了其为经典的"L"形；而在低等脊椎动物中，该稠合与同分异构的5α-胆汁酸一样均为反式。

哺乳动物产生的胆汁酸主要为C24胆汁酸，包括肝脏中由胆固醇生成的初级胆汁酸，以及初级胆汁酸经肠道菌群作用而生成的次级胆汁酸（表13.1）[2]。次

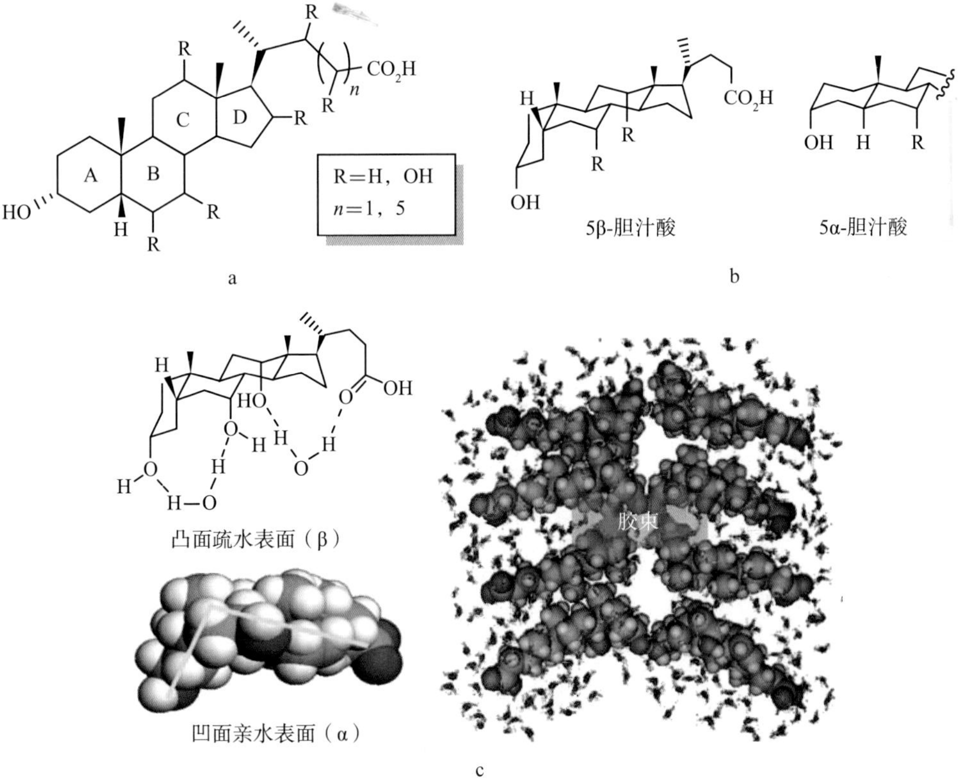

a

b

5β-胆汁酸

5α-胆汁酸

R=H, OH
n=1, 5

凸面疏水表面（β）

凹面亲水表面（α）

胶束

c

图13.2　a. C24和C27胆汁酸的一般结构；b.胆汁酸顺式和反式A/B连接的立体构象；c.胆汁酸亲水区中氢键及胶束疏水/亲水面的形成

级胆汁酸也可进一步代谢为三级胆汁酸，如UDCA（化合物3）。初级、次级、三级胆汁酸的区别在于羟基的数量和构型，而羟基又是决定其理化性质的主要结构特征，尤其是与理化性质直接相关的参数，如临界胶束浓度（critical micellar concentration，CMC）和水油平衡。实际上，胆汁酸聚集形成的胶束主要是由β非极性核的疏水缔合，以及极性部分介导的进一步氢键相互作用引起的。因此，在甾烷环两侧含有羟基的胆汁酸（α和β取向）通常比相同数量的α取向羟基的胆汁酸具有更高的亲水性，并且聚集能力降低（CMC更高）（表13.1）。连续疏水区在胆汁酸聚集中的重要性已通过对内源胆汁酸［如鹅脱氧胆酸（chenodeoxycholic acid，CDCA，化合物2）和UDCA］的CMC值得到证明（表13.1）。侧链结构也会影响胆汁酸的聚集，例如，取代基类型和长度均会改变胶束中自缔合的倾向。

胆汁酸的羟基决定了亲脂性指数，这不仅影响理化性质和CMC，还会影响几种药代动力学和药效学特性，如胆汁酸单体、胶束或囊泡的理化状态[6, 7]，脂膜增溶[8]，生物膜渗透能力[9]，胶束胆固醇增溶能力[10]，与疏水生物分子（磷脂、白蛋白、离子通道、受体）的结合能力[11]，被动肠道吸收[12]，肝吸收[13]，以及膜毒性和膜溶解作用等[14]。脂水分配系数（octanol/water partition coefficient，log P）是最广泛使用的亲脂性相关参数（表13.1），用于预测和评估复杂生物环境中胆汁酸的活性和毒性[5]。

表13.1　人胆汁酸的结构和理化性质

胆汁酸	R^1	R^2	类型[a]	$CMC^{[b]}$ (mmol/L)	溶解度 (μmol/L)	$\log P_A^{[c]}$	$\log P_{HA}^{[c]}$
鹅去氧胆酸（chenodeoxycholic acid, CDCA, 2）	α-OH	—H	P	9	27	2.25	3.28
熊去氧胆酸（ursodeoxycholic acid, UDCA, 3）	β-OH	—H	T	19	8	2.21	3.00
胆酸（cholic acid, CA, 4）	α-OH	α-OH	P	12	273	1.10	2.02
脱氧胆酸（deoxycholic acid, DCA, 5）	—H	α-OH	S	10	28	2.65	3.50
石胆酸（lithocholic acid, LCA, 6）	—H	—H	S	0.25[d]	0.05	n.a.	n.a.
熊胆酸（ursocholic acid, UCA, 7）	β-OH	α-OH	T	62	2560	0.10	0.92

n.a.：未知。
a）P, primary, 初级；S, secondary, 次级；T, tertiary, 三级。
b）CMC值通过电导法测定[3, 4]。
c）log P值通过放射化学和酶法测定[5]。
d）CMC值由表面张力和染色增溶方法测得[6]。

在人体中，胆汁酸的生理途径可分为三个阶段，并发生在不同的器官内（图 13.3）[15]：第一阶段（胆汁酸的合成）发生在肝脏的薄壁组织细胞（肝细胞）内部；第二阶段（胆汁酸的结合/去结合）发生在肝和肠中；第三阶段（胆汁酸的运输）涉及肝、肾和肠。在人体肝细胞中新合成的胆汁酸并不是以羧酸的形式从肝细胞中分泌出来，而是在从肝脏分泌到胆汁之前，羧基被活化（以硫酯或辅酶 A 酯的形式），然后与甘氨酸和牛磺酸（约 98%）结合。胆汁酸结合物具有较高的亲水性，因此，当它们通过胆道系统或小肠时，不会发生被动吸收，仅在末端回肠中会被主动吸收。换言之，胆汁酸结合使其能够保持在胆管和肠腔中，直到到达具有运输系统的细胞和组织中才会被吸收。

胆汁酸其他的结合形式是在 C-3 和 C-24 位发生的硫酸化和葡糖醛酸化（图 13.3）。此类转化是解毒和消除胆汁酸的重要代谢途径，也被认为是维持胆汁酸动态平衡的有效机制。实际上，胆汁酸硫酸盐和葡萄糖醛酸盐的水溶性更高，因此也就更容易通过粪便和尿液排泄。

13.2.2　胆汁酸的生理作用

体内胆固醇代谢的主要途径是在肝脏中通过生物合成转化为胆汁酸。人体中每天约有 500 mg 的胆固醇被转化为胆汁酸，从而有助于消除多余的胆固醇。重要的是，由遗传缺陷引起的初级胆汁酸合成障碍将导致进行性胆汁淤积性肝病，约占儿童胆汁淤积性疾病的 12%。编码非胆汁酸合成关键酶的基因突变会导致非典型肝毒性胆盐的积累，从而使疾病加剧[16-18]。如果不加以诊断或治疗，许多受胆汁酸生物合成先天缺陷影响的患者将发展为晚期肝病，不得不进行肝移植。

胆汁酸合成及酰胺化后，会分泌到胆汁中。胆汁是一种复杂的液体，含有水、电解质和有机溶质，其中有机溶质又包括胆汁酸、胆固醇、磷脂和胆红素。摄入食物后，大多数胆汁盐通过胆管和胆囊释放进入肠腔，而肠腔是脂质开始降解的场所。特别是在毫摩尔浓度下，胆汁酸形成混合胶束并起到"清洁剂"的作用（即胆汁酸的"胶束作用"），促使胰腺脂肪酶将脂肪消化成甘油单酸酯和脂肪酸，然后与可溶性维生素一起被近端小肠吸收[19]。除此功能外，胆汁对于消除环境毒素、致癌物、药物及其代谢产物（即外源性物质），以及排泄内源性化合物和代谢产物（即内源性物质，如激素、胆红素和胆固醇）也是必不可少的[20]。

通过近端小肠中钠依赖性被动吸收和回肠远端中钠依赖性主动吸收，可以有效地从小肠中重新吸收除石胆酸（lithocholic acid，LCA，化合物 6）以外的胆汁酸。随后，被吸收的胆汁酸通过门静脉循环（portal circulation）返回肝脏，并被重新分泌到胆汁中（图 13.3）。胆汁酸从肝脏进入肠道，再回到肝脏，然后再进入肠道，这种周期性循环被称为肠肝循环（enterohepatic circulation）[21, 22]。肠肝循环使得成年人每天分泌的胆汁酸总量（3～4 g）中仅有约 0.5 g 通过粪便排泄。

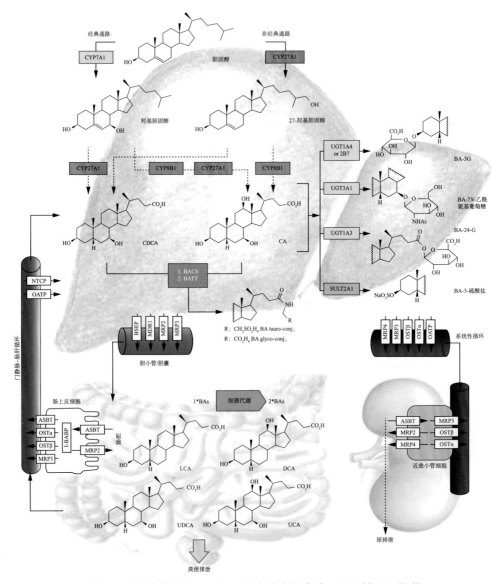

图13.3　胆汁酸（bile acid，BA）的生物合成、肠肝循环和代谢

　　胆汁酸还可以调节胰腺酶的分泌和胆囊收缩素的释放[23]。此外，胆汁酸还是有效的抗菌剂，可防止小肠内细菌的过度生长[24]。在某些情况下，胆汁酸还可以促进结肠的活动[25]。在人体中，胆汁酸在粪便中的排泄与结肠的活动相关。然而，在健康个体中，胆汁酸分泌活动在结肠生理功能中的重要作用仍然易被忽略。

　　在过去的十年中，胆汁酸作为参与多种旁分泌和内分泌功能的重要激素被发现，这进一步加深了人们对其调节不同生理功能的认识（表 13.2）。胆汁酸的调节和激素作用由特定的胆汁酸响应受体（BA-responsive receptor）介导，包括核受体超家族成员法尼酯X受体（FXR，NR1H4）、孕烷X受体（pregnane X receptor，PXR，NR1I2）、维生素D受体（vitamin D receptor，VDR，NR1I1）、本构雄甾烷受体（constitutive androstane receptor，CAR；NR1I3）和肝X受体（liver X receptor，LXR；NR1H3）[26]。这些受体不仅在肠肝循环内的组织中表达，也在肝和肠之外介导胆汁酸系统功能的组织中表达。许多有关胆汁酸生理作用的认知都来自对FXR和TGR5的研究。其中，除了维持自身的稳态，胆汁酸受体信号通路还与胆汁淤积适应性反应，以及对肝、肠的其他损伤有关，同时也会参与调节与能量有关的代谢过程，如肝葡萄糖的代谢[26]。

表13.2　胆汁酸受体及其作用靶标

受体	相关通路/过程	靶组织	相关疾病
FXR（NR1H4）	BA合成（-）	肝	胆汁淤积
	BA输出（+）	肠	NASH
	Ⅰ/Ⅱ相代谢（+）	肾	动脉粥样硬化
	脂肪生成（-）		2型糖尿病
	糖异生（±）		IBD
	细胞增殖（±）		癌症
	炎症（-）		
	肠屏障功能		
TGR5	葡萄糖稳态	肝	2型糖尿病
	能量消耗（+）	肠	NASH
	胆囊放松	胆囊	
	炎症（-）	肌肉	
		脑	
PXR（NR1I2）	BA合成（-）	肝	胆汁淤积
	Ⅰ/Ⅱ相代谢（+）	肠	瘙痒
	Ⅲ相外排（+）		IBD
	脂肪生成（+）		
	糖异生（+）		
	炎症（-）		
VDR（NR1I1）	BA合成（-）	肠	骨质疏松
	Ⅰ相代谢（+）	肾	
	Ca^{2+}，磷酸盐稳态	骨	
	骨矿化		
	抗菌防御		
CAR（NR1I3）	Ⅰ相代谢（+）	肝	胆汁淤积
	Ⅲ相外排（+）		瘙痒
	脂肪生成（-）		
	糖异生（-）		

注：+，上调；-，下调。

13.2.3　胆汁酸的治疗应用

胆汁酸及其衍生物在临床上主要用于治疗胆汁酸信号通路相关的组织器官病变，如肝脏、胆囊和肠道[27-29]。近期研究表明，胆汁酸的神经保护性质表明胆汁酸信号通路还可能作为神经退行性病变的潜在治疗靶点[30]。胆汁酸的常见治疗应用包括由于胆汁酸缺乏、胆固醇性胆结石溶解、PBC 和妊娠胆汁淤积引起的各种疾病[28, 29]。一些研究还揭示了胆汁酸及其酯类的抗病毒和抗真菌活性[31]，以及其作为潜在的肝特异性药物、吸收促进剂和胆固醇降低剂的应用[32, 33]。

奥贝胆酸是第一个上市的胆汁酸类似物，在其获得 FDA 批准之前的 30 年间，内源性胆汁酸 CDCA（Chenodiol™）、UDCA（Ursodiol™）、CA（Cholbam™，化合物 4）和 DCA（Kybella™，化合物 5）已经被批准用于治疗各种相关适应证。例如，CA 最近被批准用于治疗胆汁酸生物合成的先天性缺陷，以及过氧化物酶体异常的辅助治疗，如泽尔韦格（Zellweger）谱系疾病（主要表现为肝脏疾病、脂肪泻或脂溶性维生素 A、维生素 D、维生素 E 和维生素 K 吸收减少引起的并发症）。据称，口服 CA 对改善生化异常及组织学和临床指标极为有效，可使患者维持正常的生活，但需接受终生治疗[16-18, 34]。

UDCA 是研究最为广泛的胆汁酸。在 20 世纪 50 年代，UDCA 以肝脏滋补品的形式在日本市场销售，许多亚洲国家对熊胆的传统医学用途也正是基于此。研究发现，UDCA 可适度刺激胆汁流动（胆汁分泌），有着自身胆汁分泌、诱导胆汁碳酸氢盐分泌，以及可使转运蛋白插入微管膜的优点[35-37]。与 CDCA 会引起血浆氨基转移酶水平的剂量相关性升高不同，UDCA 在批准的治疗剂量下没有肝毒性，并且能够促进胆固醇性胆结石的溶解。UDCA 还具有增加胆汁酸生物合成和分泌、致石胆汁的去饱和及减少导管周围炎症等作用，但其完整的作用机制非常复杂，到目前为止还未被完全阐明[32, 38]。试验证明，UDCA 在疼痛或消化不良中也表现出一定的疗效，包括与胆汁定性/定量改变或十二指肠胃反流现象有关的胆道疾病。这些功效可能是通过 UDCA 的促胆汁分泌及促使胆汁质量正常化的作用（去饱和及流化作用）而实现的。此外，UDCA 还可以减少由胆汁酸细胞毒性引起的线粒体损伤，并防止胆汁淤积性胆汁酸（如牛磺-CDCA）引起的胆汁淤积。UDCA 的摄入改善了 PBC 患者的生化指标，减缓了疾病进展[39]，且对妊娠胆汁淤积症有效[40]。以 13 ～ 15 mg/（kg·d）的剂量长期施用 UDCA 可以改善肝脏的生化指标，减慢疾病组织学进程，并可延长未进行肝移植者的总体生存期[41-46]。此前，UDCA 也被认为是 NASH 的一种潜在疗法，但相关临床获益的结果尚存争议[47]。部分试验显示，在 UDCA 治疗的 NASH 患者中，碱性磷酸酶（alkaline phosphatase，ALP）、丙氨酸转氨酶（alanine aminotransferase）、γ-谷氨酰转肽酶（γ-glutamyl transpeptidase）和肝脂肪变性指标均有明显的改善[48]，但也有大量研究表明UDCA治疗并无临床获益[49，50]。

13.3　佩鲁贾大学进行的胆汁酸早期药物化学研究

在20世纪80年代末和90年代初，UDCA的胆固醇性胆结石溶解作用及其在胆汁淤积性肝病中的应用促进了胆汁酸药效机制的研究。从药物化学的角度而言，需要关注UDCA化学结构中可能直接影响胆汁分泌和代谢的基团，并了解接合酶（conjugating enzyme，CoA衍生物）对肝脏摄取和胆汁分泌的作用，以开发全新的、更有效的UDCA类似物。关注UDCA化学结构的另一个原因是其肠道吸收不完全，仅部分积聚在胆汁中[51，52]。因此，通过对类固醇骨架进行修饰，能够阻断UDCA的某些代谢途径，从而增加其生物利用度并延长半衰期。因此，佩鲁贾大学的研究团队设计并合成了全新的UDCA衍生物8～13（图13.4）[53-56]。

在UDCA中引入取代基是为了改善其理化性质，因为不同的取代基都具有特定的分子大小、亲脂性和电子效应等参数值。进行化学修饰的主要目的是为了防止7-去羟基化代谢，即在肠道菌群暴露中使UDCA稳定存在，避免形成LCA（化合物6）等细胞毒性代谢物（图13.4）。此外，调节酰胺化和去结合过程也是一种调节胆汁分泌的策略。

为实现上述目标，研究人员首先尝试在UDCA的C-6位引入官能团，以阻碍7-去羟基化，同时促进化合物在肠肝循环中的积累。理论上，此类衍生物在保留其理化性质的同时，应比母体分子活性更好。结果发现，在UDCA的C-6位引入甲基或氟原子（图13.4）后，由于增加了空间位阻，可有效阻止7-脱羟基化[57，58]。此外，这两个取代基各自具有独特的性质，能够影响相应化合物8和9的理化性质，进而影响其体内活性。

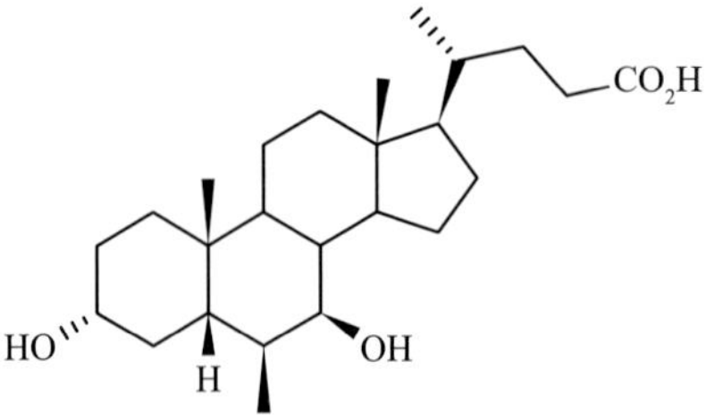

6-MUDCA（8）

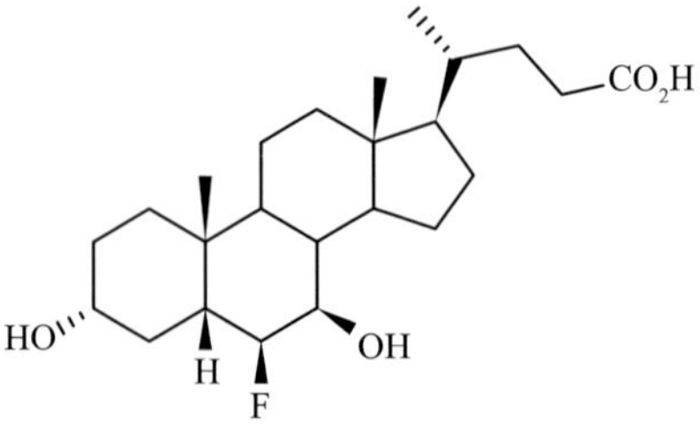

6-FUDCA（9）

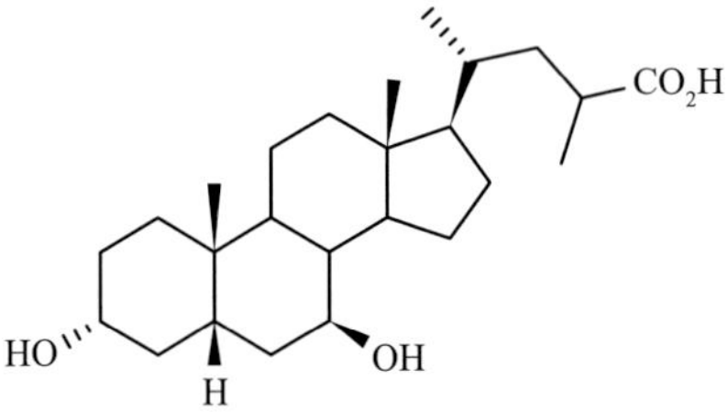

23-MUDCA（10）

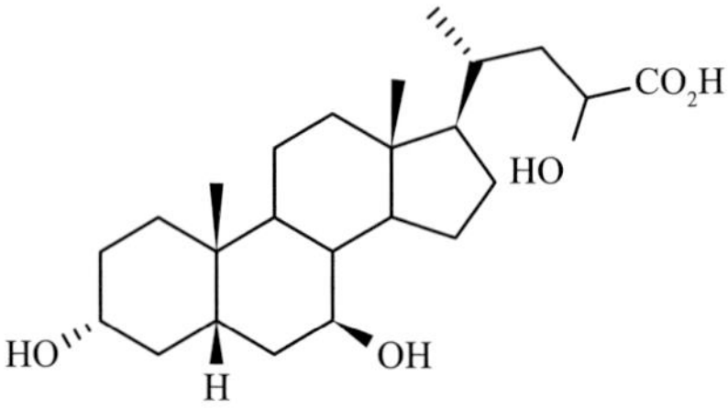

23-OH-UDCA（11）

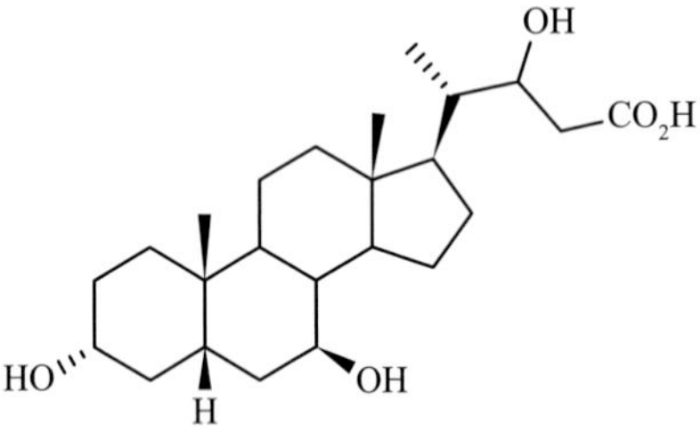

22-OH-UDCA（12）

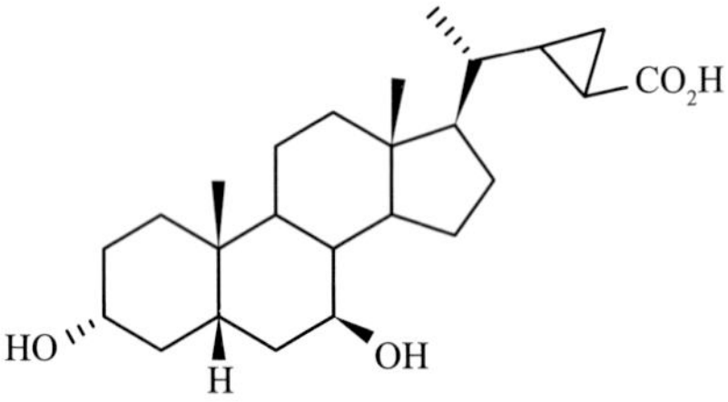

22, 23-环丙基-UDCA（13a～d）

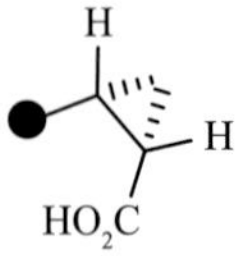

13a

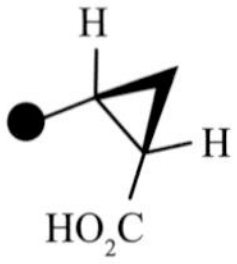

13b

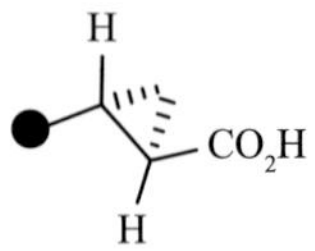

13c

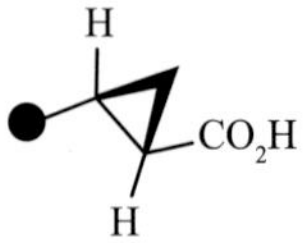

13d

图13.4　母核和侧链修饰的UDCA衍生物

　　尤其是6α-甲基熊去氧胆酸（6α-methyl-ursodeoxycholic acid，6-MUDCA，化合物8），其在体外实验中对溶解胆固醇性胆结石的活性比UDCA更为有效，但并不能避免在大鼠中TCDCA诱导的肝毒性[57, 58]。6-MUDCA对胆固醇一水合物具有快速的体外溶解速率，作为胆结石溶解剂也具有明显的优势。6-MUDCA可被肝脏吸收并作为结合物分泌到胆汁中，总胆汁酸的最大分泌率低于UDCA（图13.5）。

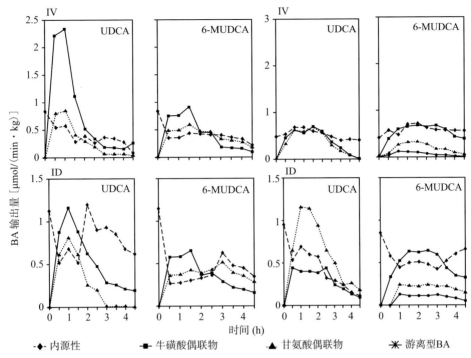

图13.5　静脉注射（Ⅳ）和十二指肠内给药（ID）后，6-MUDCA及其肝代谢物在胆汁瘘仓鼠中的胆汁分泌率。给药剂量：10 μmol/（min·kg）（转载自J. Lipid Res. 1994，35，2268[57]）

在UDCA的C-6位引入氟原子可使6α-氟熊去氧胆酸类似物（6α-fluoro-ursodeoxycholic acid，6-FUDCA，化合物9）在暴露于肠道细菌或肝酶时更加稳定，同时具有可在胆汁中大量累积的理想理化性质[57，58]。实验发现，正如6-FUDCA的CMC表面张力所体现的那样，引入氟原子并没有改变UDCA的去垢能力，且其亲水性增加[57，58]。十二指肠内给药后，6-FUDCA在胆汁中的恢复效率高于UDCA，这说明其仍存在被动转运过程。研究还证明仓鼠慢性饲喂6-FUDCA时，其可在胆汁中迅速积累，积累量超过UDCA和6-MUDCA，且在预防胆汁酸肝毒性方面非常有效[57，58]。6-FUDCA主要以氨基磺酸和甘氨酸的形式在胆汁中代谢，未发现其他代谢物。综上所述，6-FUDCA是第一个可在胆汁中有效积累且相对亲水性的胆汁酸类似物，可取代内源性胆汁酸，如CDCA、CA和DCA（图13.6）。

与此同时，研究人员还对UDCA的侧链开展了一系列的结构修饰，获得了23-甲基（化合物10）[12，56]、22-和23-羟基（化合物11，12）[59]，以及22，23-环丙基类似物（化合物13a～d）[53，54，60，61]（图13.4）。这些类似物在大鼠实验中表现出的共同特点是，未结合（或已结合并脱氨化）的类似物很少发生侧链

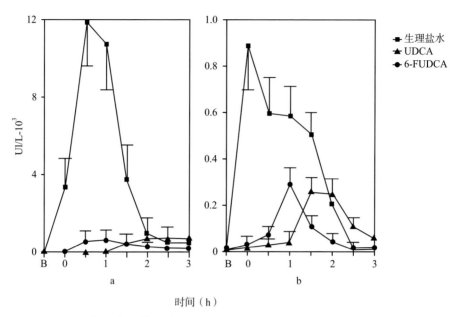

图13.6 十二指肠内给药受试化合物［8 μmol/（min·kg）］及静脉注射等量TCDCA
后胆汁瘘大鼠的胆汁中乳酸脱氢酶（a）和碱性磷酸酶（b）的量（转载自Gastroenterolo-
gy.1995，108，1204[58]）

酰胺化，且可有效阻止肠道菌群的7-去羟基化。23-甲基衍生物10和22，23-环丙
基类似物13a～d的主要缺点是胆汁分泌不足，这是由于23位甲基和环丙烷环的
存在阻碍了酰胺键的形成[53, 55, 60]。研究还表明，22，23-环丙基类似物13a～d
并不是直接分泌到胆汁中，而是通过葡糖醛酸化或硫酸化等结合途径代谢为极性
化合物，然后从肠肝循环中排泄。相反，这些分子相应的牛磺酸-氨基化形式则
与天然结合的胆汁酸相似，因此可以有效地分泌到胆汁中。对22，23-环丙基类
似物13a～d的四个非对映异构体的研究发现它们的表现有所不同（图13.7），这
表明除侧链修饰的影响外，其构象也发挥了重要作用，尤其是在肝酰胺化和肠道
主动运输方面体现得更加明显。

　　此外，研究人员还制备了C-23和C-22羟基化的UDCA衍生物（化合物11、
12，图 13.4）。与UDCA相比，其更加亲水，去垢活性更弱，但即使在较高剂
量下毒性仍很小。口服C-23羟基化衍生物时，其不需要通过结合即能释放到
胆汁中，因此，并不像UDCA需要长期服用才能改善内源性甘氨酸缺乏。对于
C-23-甲基和C-22，C-23环丙烷类似物，侧链羟基化可以使其有效地分泌到胆汁
中。7α类似物是一种在海洋哺乳动物和涉水鸟类体内的主要胆汁酸，其也具有同
样的效果[62]。在该研究领域比较活跃的其他团队也报道了其他有关胆汁酸的修
饰和代谢，包括6-和7-甲基化类似物[63-65]及磺酸盐衍生物等[66, 67]。

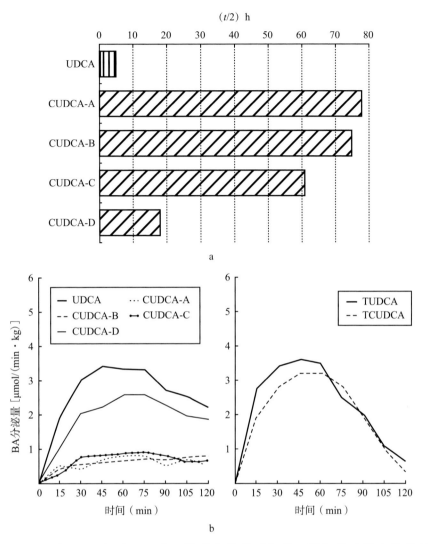

图13.7 a.与UDCA相比，四种环丙基异构体对细菌7-脱羟基酶的底物特异性。b. CUDCA四个异构体的胆汁排泄动力学。与UDCA相比，左图是未结合的形式，右图则是胆汁酸与牛磺酸结合的形式（转载自 J. Lipid Res. 1987，28，1384.）

　　总之，这些研究结果对于发现药代动力学性质良好的UDCA类似物非常重要，而且可以更深入地了解胆汁酸的结构、理化性质、代谢、胆汁分泌与肠肝循环之间的关系。因此，开发高效转运和不易代谢的胆汁酸衍生物是提高其生物利用度的理想策略。此外，增加胆汁酸分子极性或离子化的取代基能有效促进其在胆汁中的分泌。但如果分子过于亲水，则其在回肠运输系统中的分子特异性较差，就不能被肠道被动或主动吸收，导致其在肠肝循环中发生损失。因此，在肠内摄取和运输中，胆汁酸分子结构也具有一定的保守性。

13.4 突破性进展（1999年）：胆汁酸是法尼酯X受体的内源性配体

1995年，麻省总医院（Massachusetts General Hospital）和索尔克生物研究所（Salk Institute for Biological Studies）的两个独立研究团队发现了一种新的核受体，这种受体可被甲羟戊酸途径（mevalonate pathway）的中间体法尼醇（farnesol）微弱激活（图13.8）[68, 69]，因此被命名为法尼酯X受体（farnesoid X receptor，FXR）。随后的研究发现，FXR主要在胆汁酸作用的组织中表达，如肝脏和肠道。这使得研究人员证明初级胆汁酸CDCA是FXR真正的内源性配体，从而开启了胆汁酸作为一种"信号激素"的新时代[70-72]。次级胆汁酸LCA和DCA对FXR的激活效果较差，而UDCA、CA和氧甾醇对FXR无激活作用（图13.8）。

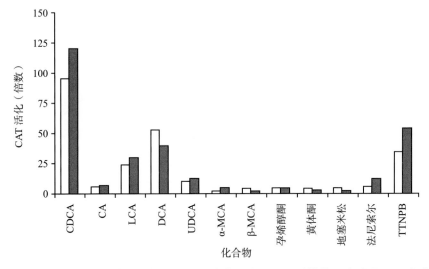

图13.8　天然的胆固醇代谢产物对FXR的激活作用。通过转染了人或鼠FXR表达质粒的CV-1细胞提取的全长人（实心柱）和全长鼠（空心柱）FXR。细胞以100μmol/L的胆汁酸或法尼酯，或10μmol/L的TTNPB处理

实验还发现CDCA、LCA和DCA的牛磺酸和甘氨酸结合物也可激活FXR，但CA结合物的激活能力较弱（表13.3）[71]。以上结果表明，人胆汁中占98%的共轭胆汁酸可能是FXR的内源性配体，而在不表达胆汁酸蛋白的组织中，游离胆汁酸也可能作为配体而发挥作用。随后，为了测试配体-FXR复合物招募辅激活蛋白（coactivator proteins）的能力，葛兰素史克的研究人员建立了一种基于荧光共振能量转移（fluorescence resonance energy transfer，FRET）的无细

胞配体传感实验，以检测类固醇受体辅激活物-1（steroid receptor coactivator-1，SRC-1）与受体复合物的结合。量效分析表明，CDCA及其配合物可增加SRC-1肽的水平，该肽结合于结合域（LBD）-FXR，EC_{50}值在4.5 ～ 10 μmol/L范围内（表13.3）[71]。

表13.3 天然胆汁酸与FXR的结合能力[a]　　　　　　　单位（μmol/L）

胆汁酸	游离酸	甘氨酸结合物	牛磺酸结合物
CDCA（2）	4.5	10	10
CA（4）	>100	>100	>100
LCA（6）	3.8	4.7	3.8
DCA（5）	100	>100	>100
UDCA（3）	>100	>100	>100

a）CDCA及其结合物与FXR的结合能力以EC_{50}值表示。其他胆汁酸及其结合物则是以半数最大抑制浓度（IC_{50}）值表示。EC_{50}和IC_{50}均由量效分析得出[71]。

胆汁酸对FXR的激活促进了它与DNA响应元件（主要是IR-1）的结合，可与视黄醇X受体α（retinoid X receptor α，RXRα）形成异源二聚体，从而调节其靶基因的表达（表13.4）。诸如CDCA之类可激活FXR的内源性胆汁酸的发现，表明FXR在胆汁酸稳态调节中发挥着重要作用[74]，还可以通过纤维母细胞生长因子19（fibroblast growth factor 19，FGF19）触发FGFR4通路，发挥与受体相关的生理作用[75]。

表13.4 由FXR或FXR-SHP转录调控的基因[73]

基因功能	上调	下调
胆汁酸稳态调节	BAAT，BACS，BSEP，CYP3A4，FGF15/19，IBABP，MDR2，MDR3，MRP2，OATP8，OST-α，and-β，SHP，SULT2A1，UGT2B4 AKR1B7，*GLUT4*，GSK3，*PEPCK*	ASBT，CYP7A1，CYP8B1，LRH-1，NTCP，OAT2，UTG2B7 FBP-1，G6Pase，PEPCK
脂代谢调节	ApoC-I，ApoC-II，ApoC-IV，ApoE，C3，FAS，Insig-2，PLTP，PDK4，PPAR-α，SRB-1，Syndecan-1，*VLDLR*	ANGPTL3，ApoA-I，ApoC-III，HL，HNF4A，MTP，Paraoxonase 1，SREPB-1c

基因功能	上调	下调
炎症反应抑制		NF-kB
凝血调节血管重塑	Fibrogen α、β、γ，kininogen DDAH-1，eNOS，ICAM-1，VCAM-1	Endothelin-1
抗菌活性	CAMP，CAR12，IL-18，*iNOS*	

注：AKR1B7, aldo-keto reductase 1B7, 醛酮还原酶1B7；ANGPTL3, angiopoietin-like protein 3, 血管生成素样蛋白3；Apo, apolipoprotein, 载脂蛋白；ASBT, apical sodium-dependent bile acid transporter, 顶端钠依赖性胆汁酸转运蛋白；BAAT, bile acid CoA: amino acid *N*-acetyltransferase, 胆汁酸CoA：氨基酸*N*-乙酰转移酶；BACS, bile acid CoA synthase, 胆汁酸CoA合酶；BSEP, bile salt export pump, 胆盐输出泵；C3, complement component 3, 补体成分3；CAMP, cathelicidin antimicrobial peptide, cathelicidin抗菌肽；CAR12, carbonic anhydrase 12, 碳酸酐酶12；DDAH1, dimethylarginine dimethylaminohydrolase-1, 二甲基精氨酸二甲基氨基水解酶-1；eNOS, endothelial nitric oxide synthase, 内皮型一氧化氮合酶；FAS, fatty acid synthase, 脂肪酸合酶；FBP-1, fructose-1, 6-bisphosphatase 1, 果糖-1,6-双磷酸酶1；FGF15/19, fibroblast growth factor 15/19, 成纤维细胞生长因子15/19；GLUT4, insulin-responsive glucose transporter 4, 胰岛素反应性葡萄糖转运蛋白4；GSK3, glycogen synthase kinase 3, 糖原合酶激酶3；G6Pase, glucose-6-phosphatase, 葡萄糖6磷酸酶；HL, hepatic lipase, 肝脂肪酶；HNF4A, hepatocyte nuclear factor 4a, 肝细胞核因子4a；IBABP, ileal bile acid binding protein, 回肠胆汁酸结合蛋白；ICAM-1, intracellular adhesion molecule-1, 细胞内黏附分子-1；IL-18, interleukin 18, 白介素-18；iNOS, inducible nitric oxide synthase, 诱导型一氧化氮合酶；LRH-1, liver receptor homologue 1, 肝受体同源物1；MDR, multidrug resistance, 多药耐药性；MRP, multidrug related protein, 多药相关蛋白；MTP, microsomal triglyceride transfer protein, 微粒体三酰甘油转移蛋白；NF-κB, nuclear factor κB, 核因子κB；NTCP, Na⁺-taurocholate cotransporter, Na⁺-牛磺胆酸盐共转运蛋白；OAT2, organic anion transporter 2, 有机阴离子转运蛋白2；OST-A, B, organic solute transporter a, b, 有机溶质转运蛋白a, b；PEPCK, phosphoenoyl pyruvate carboxykinase, 磷酸烯醇丙酮酸羧激酶；PDK4, pyruvate dehydrogenase kinase isozyme 4, 丙酮酸脱氢酶激酶同工酶4；PPAR, peroxisome-proliferator activator receptor, 过氧化物酶体增殖物激活剂受体；PLPT, phospholipids transfer protein, 磷脂转移蛋白；PXR, pregnane X receptor, 孕烷X受体；SHP, small heterodimer partner, 异源二聚体伴侣；SRB-1, scavenger receptor class B, member 1, B类清道夫受体，成员1；SREBP1-c, sterol regulatory element binding protein-1c, 固醇调节元件结合蛋白-1c；SULT2A1, sulfotransferase family cytosolic 2A dehydroepiandrosterone（DHEA）-preferring member 1, 磺基转移酶家族胞质2A脱氢表雄酮（DHEA）-优先成员1；UGT2B4, UDP glucuronosyltransferase 2 family, polypeptide B4, UDP葡萄糖醛酸转移酶2家族，多肽B4；VCAM-1, vascular cell adhesion molecule 1, 血管细胞黏附分子1；VLDLR, very low-density lipoprotein receptor, 极低密度脂蛋白受体。

　　FXR介导的胆汁酸信号通路与特定靶基因表达之间相互关系的阐明迅速推动了FXR的靶点确证，并证实了FXR是一种对胆汁酸合成和转运发挥重要作用的多效核受体（图13.9a）[76-79]。事实上，FXR的激活可导致三方面的结果：①细胞色素P450甾醇7α-羟化酶（CYP7A1）的转录抑制[70]，而CYP7A1是在肝经典胆汁酸生物合成途径中的限速酶；②小异源二聚体伴侣受体（small heterodimer partner，SHP）基因表达的上调，SHP是一种孤核受体，位于几个核激素受体转录（抑制）活性的交界点[80]；③激活编码关键胆汁酸转运蛋白的基因，如肠胆汁酸结合蛋白（intestinal bile acid binding protein，IBABP）[81]、钠–牛胆酸协同转运多肽（sodium-taurocholate cotransporting polypeptide，NTCP）[82]、胆盐输出泵（bile salt export pump，BSEP）等[83]。也有研究表明，FXR的激活在控制能量和葡萄糖稳态及脂质代谢方面起着重要作用（图13.9b～d）[84-86]。近年来还发现，FXR具有抗炎、抗纤维化和代谢相关的作用[87, 88]，在肠道屏障功能、抑制肠道细菌繁殖和预防肝癌等方面也具有重要作用[89]。总体而言，这些发现使FXR成为引人注目的药物靶点，促进了PBC、NASH、PSC等肝脏疾病，以及肝再生、肝细胞癌、炎性肠病（inflammatory bowel disease，IBD）等肠道疾病的新药开发。

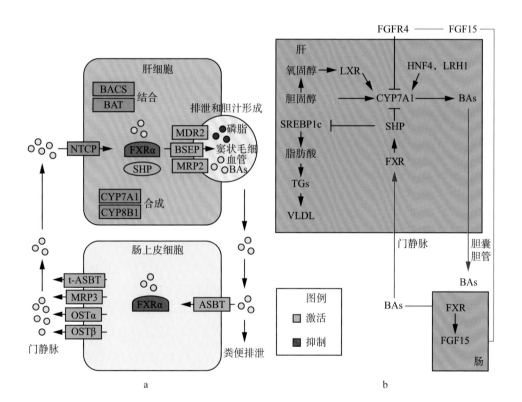

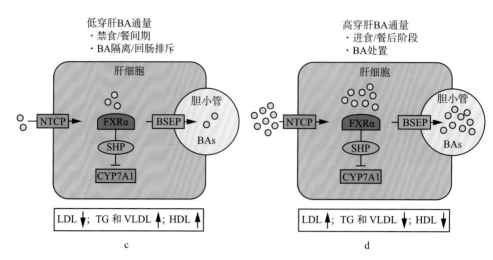

图 13.9　FXR介导的胆汁酸基因组作用。a. FXR激活可调节胆汁酸的肠肝循环和解毒作用。紫色表示由胆汁和FXR直接诱导的基因表达；黄色表示被胆汁酸抑制。b. 胆汁酸调节脂质和胆汁酸稳态的机制。一方面，SREBP1-c和CYP7A1的表达随氧固醇诱导的LXR活化而升高，从而增加了三酰甘油和胆汁酸的生物合成。另一方面，通过干扰LXR的活性诱导SREBP1-c和CYP7A1，从而抑制脂肪生成和胆汁酸合成。此外，FXR介导的肠道小鼠FGF15诱导是从肠道到肝脏的另一种SHP独立信号，以抑制胆汁酸的生物合成。c. 胆汁酸的穿肝通量。在禁食、进食间期或由于胆汁酸池调控（如胆汁酸螯合剂或回肠排斥）而观察到较低的穿肝膜通量。低胆汁酸通量与血清低密度脂蛋白（low-density lipoprotein，LDL）水平降低，以及富含三酰甘油的脂蛋白（极低密度脂蛋白，very low-density lipoprotein，VLDL）和高密度脂蛋白（high-density lipoprotein，HDL）水平升高相关。d. 高穿肝胆汁酸通量会激活FXR，这与血清LDL水平升高及VLDL和HDL的降低有关

13.5　奥贝胆酸的发现

　　寻找高效和选择性的FXR配体是鉴定受FXR调节的靶基因（表13.4）及阐明受体生理功能与治疗相关性的必要步骤。同时进一步确定FXR及其激动剂调节内源性遗传网络的可能性，并表征各种配体对FXR目标基因的差异作用。在过去的15年里，学术界和制药公司的研究人员开发了不同种类的FXR激动剂[90, 91]。具体而言，这些化合物可以分为胆汁酸衍生物、天然产物和其他合成化合物（图13.10）。这些研究发现了不同的化学结构类型的FXR激动剂，它们不仅具有独特的结合特性，而且能够促进和诱导不同的基因表达模式。

　　为了了解受体调节下游信号和转录的过程，并验证受体作为药物开发靶标的可行性，这些有活性的配体被用作化学工具，以阐明FXR的生物学和药理学机制。尽管FXR激动剂具有巨大的治疗潜力，而且学术团体和制药公司都付出了许

— 天然来源的FXR配体 —

胆汁酸衍生物

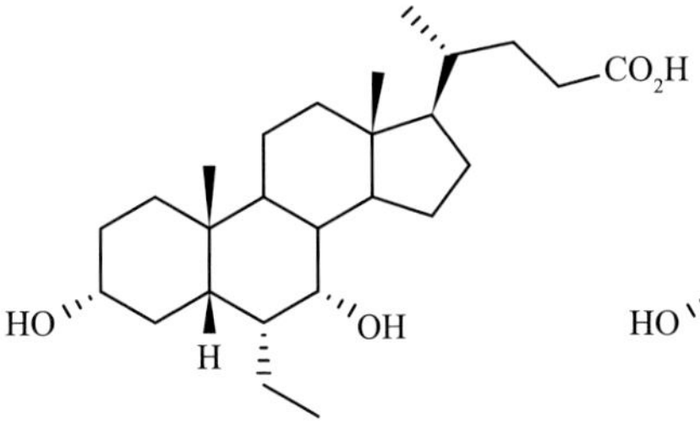

奥贝胆酸
（OCA，6-ECDCA，INT-747）

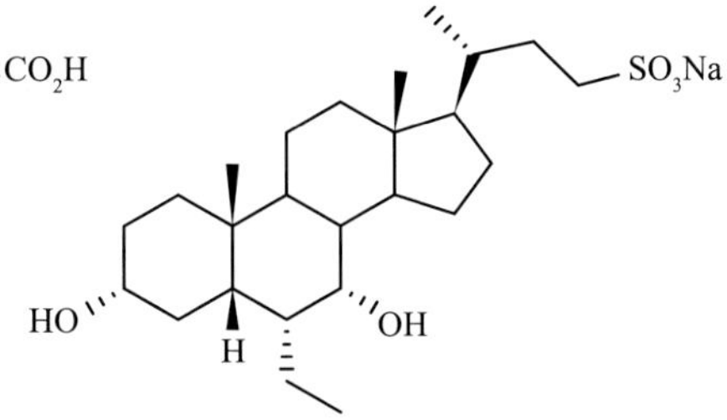

INT-767

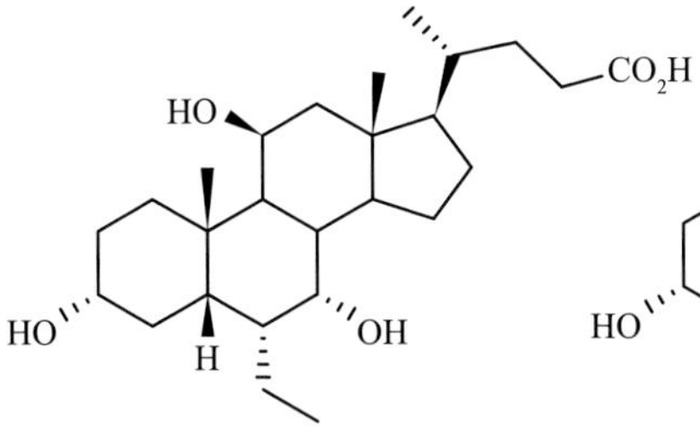

TC-100
（INT-767）

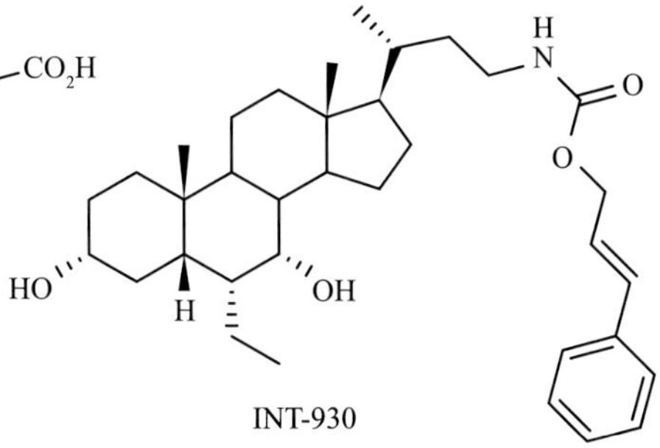

INT-930

天然化合物

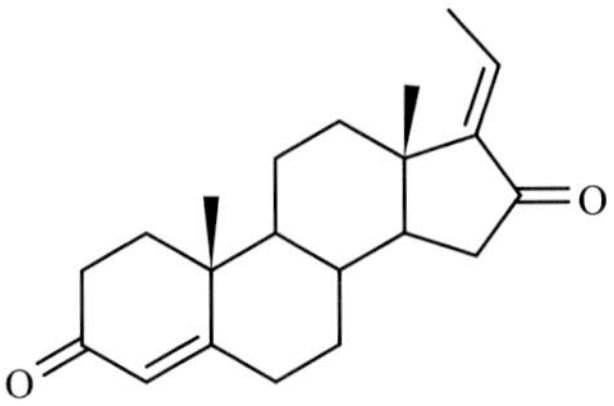

孕二烯二酮
（guggulsterone）

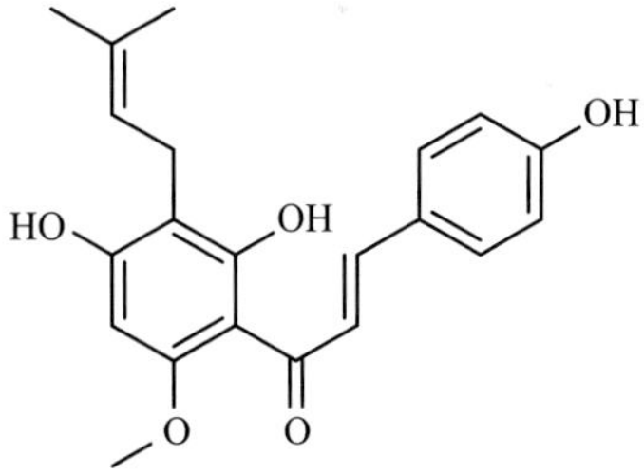

黄腐酚
（xanthohumol）

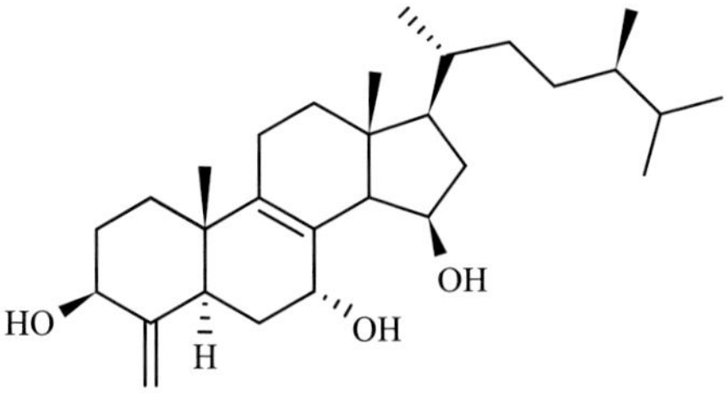

康那甾醇E
（conicasterol E）

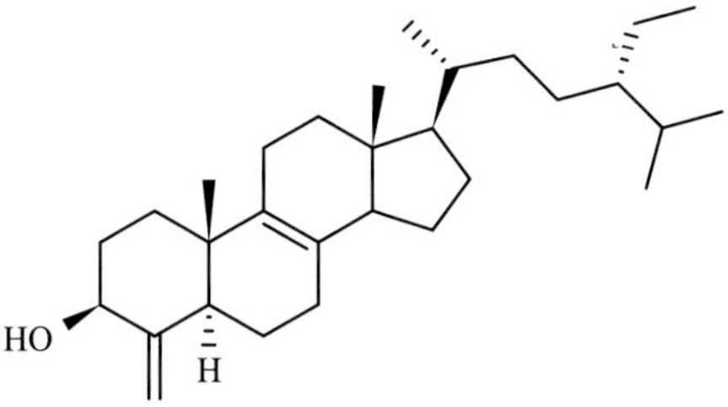

茶甾醇
（theonellasterol）

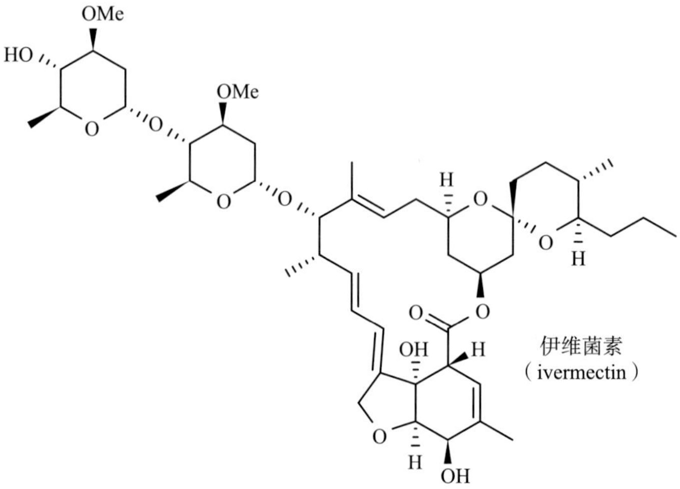

伊维菌素
（ivermectin）

化学合成的FXR配体

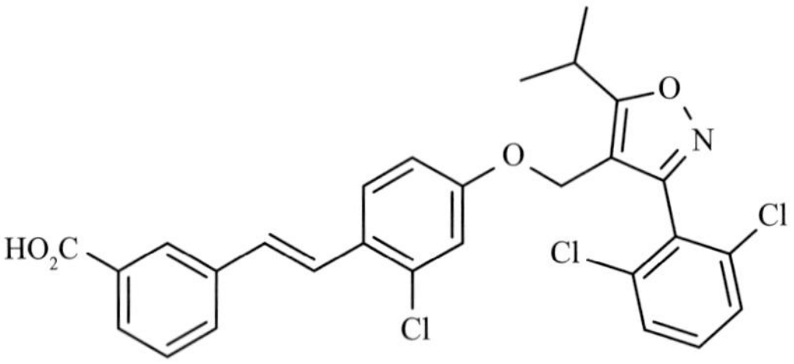

GW4064

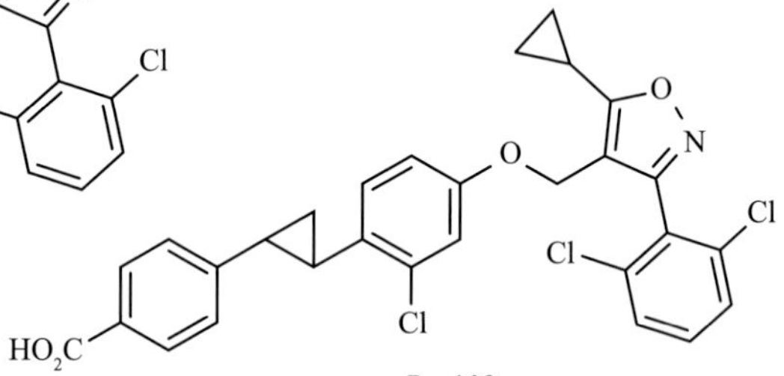

Px-102

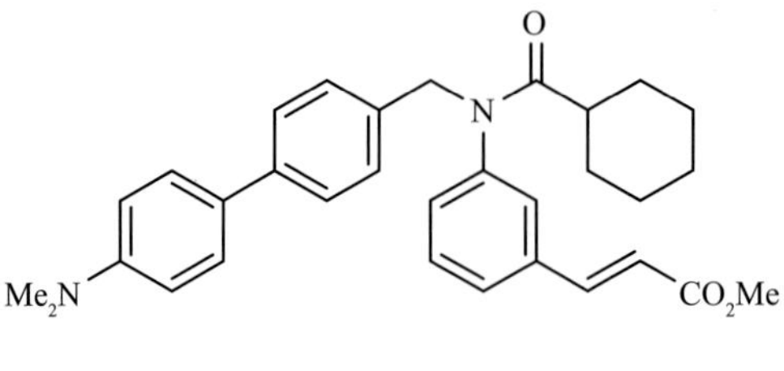

非那明（fexaramine）

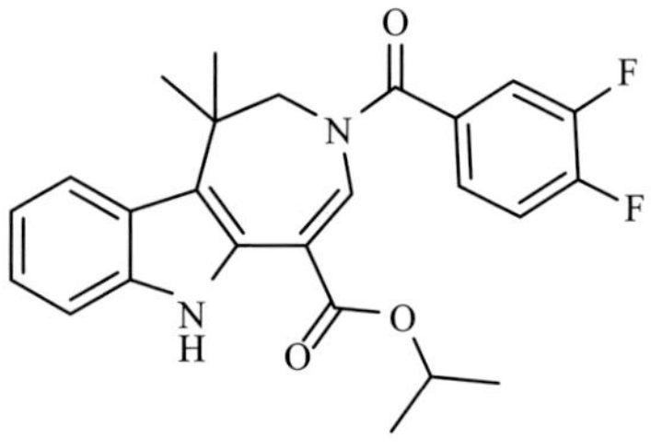

FXR-450

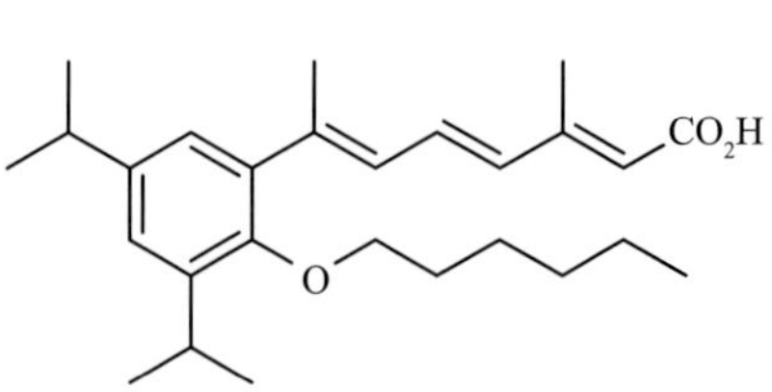

AGN34

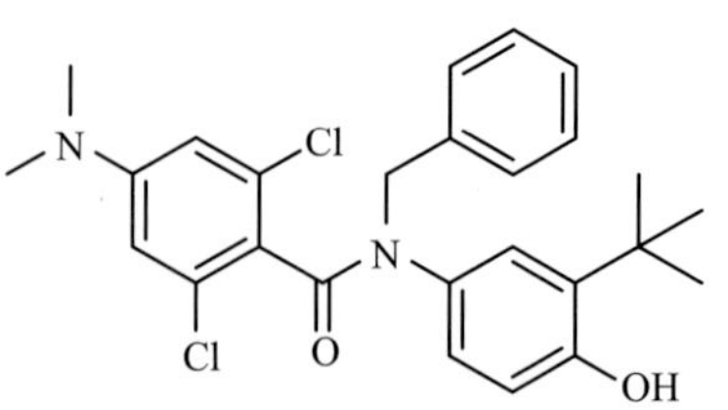

NDB

图13.10　FXR的代表性配体，如胆汁酸衍生物、天然和化学合成化合物

多努力，但只有少数激动剂进入了临床试验（表13.5），其他激动剂大多由于毒性或药代动力学问题而在临床前和临床试验中失败[92-96]。

表13.5 处于临床试验阶段的FXR配体

化合物结构	公司	主要适应证	开发阶段
OCA（1） 	拦截制药（Intercept Pharmaceuticals）	PBC NASH PSC 胆道闭锁	批准上市 Ⅲ期临床 Ⅱ期临床 Ⅰ期临床
LNJ-452　未知	诺华（Novartis）	PBC NASH	Ⅱ期临床 Ⅱ期临床
GS-9674 （Px-104） 	菲尼克斯（Phenex）	PBC PSC NASH	Ⅱ期临床 Ⅱ期临床 Ⅱ期临床
EDP-305　胆汁化合物	Enanta	NASH	Ⅰ期临床

13.5.1 C-6修饰的CDCA衍生物的设计、合成及构效关系研究

尽管组合化学为发现结构新颖的化学实体提供了机会，但研究人员认为对胆汁酸骨架进行结构改造更具有优势。事实上，经化学修饰的胆汁酸通常具有良好且明确的药代动力学性质，可在正常生理条件下经特定载体特异性地进入肠肝循环，并在一定程度上可视为适合于体内功能评价的候选药物。然而，胆汁酸信号的复杂性要求胆汁酸衍生物具有高度的特异性和良好的药代动力学性质。此外，在临床前和临床研究中，禁食和进食过程中胆汁酸释放的循环过程，也是影响胆汁酸衍生物疗效和安全性的关键因素。

寻找新型FXR配体的第一步主要是对胆汁酸结构母核和侧链进行修饰，建立胆汁酸类似物的化合物库，以确定其对FXR的亲和力。研究人员与GSK位于美国北卡罗来纳州的团队合作开展FRET测试。研究发现，6α-甲基-鹅去氧胆酸（6α-methyl-chenodeoxycholic acid，6-MeCDCA，化合物14）比CDCA具有更强的

FXR受体激动活性，其活性为亚微摩尔级别（$EC_{50}=0.75\ \mu mol/L$，表13.6）。在C-6α位引入甲基可使其亲和力增加10倍，提示可在该甾核的同一位置进行进一步的化学探索。研究人员随后评估了包括乙基、烯丙基、丙基和丙炔基在内的各种烷基取代基，以及羟基、2-羟乙基、氟和甲氧基等更多亲水性基团对活性的影响（表13.6）[1, 97]。最终发现，乙基取代化合物6α-乙基-鹅去氧胆酸（6α-ethyl-chenodeoxycholic acid，6-ECDCA，INT-747），即奥贝胆酸（obeticholic acid），是最有效的FXR激动剂，其EC_{50}仅为98 nmol/L。对C-6α-取代的CDCA衍生物1和化合物14～21的SAR分析发现，LBD中可能存在与甾体C-6α位相关的小疏水口袋，能够容纳较小的疏水基团。

表13.6　C-6α修饰的胆汁酸衍生物及其FXR结合活性[a]

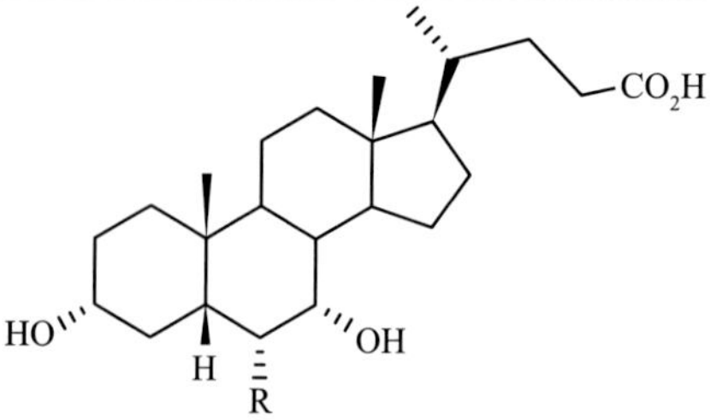

化合物	R	EC_{50}（μmol/L）	效能（%）
14	''''''	0.75	148
1	 ''''''\	0.098	144
15	 ''''''=	0.48	170
16	 ''''''	1.11	156
17	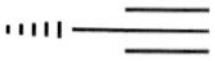 ''''''≡	0.54	105
18	''''''OH	＞30	9
19	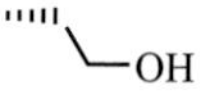 ''''''—OH	61.15	68
20	''''F	15.11	99
21	''''OMe	14.73	113

a）通过FRET将SRC1肽以配体依赖性方式募集至FXR。

第一个鼠源FXR（rFXR）与胆汁酸晶体复合物的完整构象证实了上述推测[98]。在奥贝胆酸和含有GRIP-1辅激活物LXXLL序列肽（4～5 mg/mL）的存在下，获得了rFXR-LBD（240～468氨基酸残基）晶体，并以0.25 nm（2.5 Å）的分辨率解析了二聚体的结构（链A和链B，PDB ID：1OSV）。奥贝胆酸晶体结构中的LBD、配体和辅激活肽如图13.11所示。

　　通过对这两种结晶单体的分析及随后的建模计算研究，研究人员首次发现了胆汁酸和FXR之间的结合特点及具体的相互作用，如下所述。

　　● 胆汁酸的A环朝向C端H12，即受体的激活功能区2（activation function，AF-2）。这种结合模式在同源分子建模研究中得到了准确的预测[99]，与之前报道的活性甾体（如孕激素、雌激素、睾酮和糖皮质激素）相反，它们的D环都是朝向相反的方向并与各自受体的H12结合[100-104]。胆汁酸结合时H12直接与螺旋3、4和10相对。这种受体的构象代表了激活状态，H12通过这种状态稳定了辅激活肽的结合。天然胆汁酸的相对亲和性（表13.3）由其在C-7和C-12位上羟基的特定构象所决定。7α-羟基可与Tyr366、Ser329两个残基形成氢键，而LCA中没有羟基会导致其与FXR的亲和力很低。因为活性口袋内没有任何极性侧链来容纳12α-OH，因此DCA和CA的结合相对于CDCA更弱（表13.3，图13.11）。此外，UDCA的7β-羟基无法与螺旋7中的Tyr366残基形成氢键，这也解释了UDCA即使在高浓度下也不能激活FXR的原因。7β-羟基位于LBD的β-疏水端，由于没有合适的氢键供体/受体残基，使得化合物非常不利于结合。

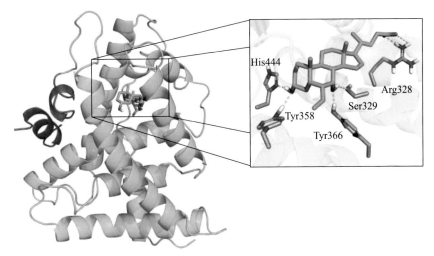

图13.11　奥贝胆酸和rFXR（链A）晶体复合物的整体视图。H12显示为紫色，GRIP-1肽显示为红色，奥贝胆酸显示为绿色

　　● 在LBD的入口处，胆汁酸C-24-羧基中的氧可与Arg328侧链的胍基形成氢键（图13.11）。与牛磺酸和甘氨酸的酰胺化仍然保留了该氢键，所以胆汁酸结合物的亲和性也基本保持不变。

　　● H12或AF-2在经典的活性构象中被胆汁酸激动剂限制。活性构象的稳定是通过一个酪氨酸-组氨酸-色氨酸的三联物实现的，该三联物通过与甾体骨架A环的疏水相互作用而保持稳定（图13.12）[98]。缺失这些相互作用将使H12在其活性位点不能发生结合。通过生化测定和X射线晶体学研究可确定3-脱氧-CDCA中3α-羟基相对于环A在受体活化中的贡献。分析发现3-去氧–CDCA能够募集GRIP-1上区域3的LXXLL基序，其活性略优于CDCA（3-去氧–CDCA EC_{50} = 3 μmol/L；CDCA EC_{50} = 16 μmol/L），表明单独的C-3-羟基不是导致FXR激活的关键基团。事实上，3-去氧–CDCA与FXR-LBD结合的晶体结构（PDB ID：1OT7）显示A环仍然与His444和Trp466残基具有相互作用力，且同His444氮侧链形成氢键，与C-3-羟基没有相互作用，而是与侧链Tyr358中的羟基相互作用。因此，H12具有与奥贝胆酸相同的活性构象，A环的正确位置才是胆汁酸激动剂有效性的主要决定因素（图13.12）[98]。

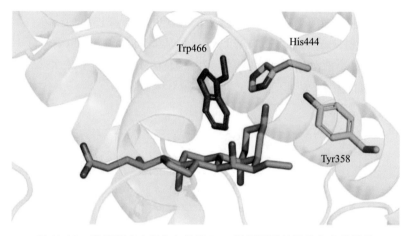

图13.12　奥贝胆酸（绿色）伸出FXR激活开关的晶体复合物结构

- 通过观察晶体结构（PDB ID：1OSV和1OT7）可知，所有结晶单体都表明肽结合发生在原活性口袋内；而B链是与原辅激活肽相邻结合肽的第二拷贝。结果表明，通过两个LXXLL表面的相互作用，p160辅激活剂与FXR-LBD之间具有高亲和力的相互作用（图13.13），这支持了FXR能够与占据主要辅激活因子位点的LXXLL基序，以及沿着H3排列的第二基序以反平行方式相互作用的设想，该反平行方式需要受体的激动剂构象，并进一步增强了辅激活因子的结合亲和力[98]。

- 奥贝胆酸对FXR亲和力的提高与Tyr358、Ile359、Phe363和Tyr366侧链形成的小疏水口袋（7Å）有关，该口袋适当地容纳了6α-乙基部分（图13.14）。

- 胆汁酸具有两亲性及类似表面活性剂的性质，其α面和β面的结构和理化性质对于FXR-LBD的分子识别至关重要。α面为凹面，在C-3或C-12位置含有羟基，在C-24处含有羧基，而疏水的β凸面由具有两个轴向甲基（C-18和C-19）的

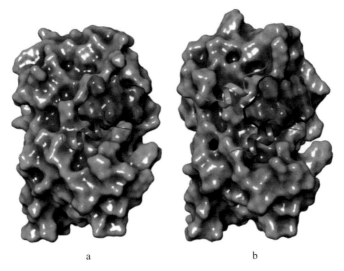

图13.13　奥贝胆酸与结构不对称单元中链a和b的复合物比较。H12表面显示为紫色，主要共激活槽中的肽以红色显示，链B复合物（1OSV和1OT7）中的第二个肽以绿色显示

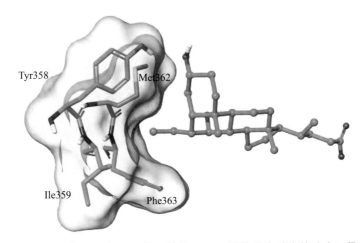

图13.14　奥贝胆酸C-6α位乙基位于FXR配体结合域中的疏水口袋

连续氢骨架组成（图13.15）。因此，FXR的一部分几乎完全是亲水性残基，并通过范德瓦耳斯互作用很好地与胆汁酸的β凸面结合。相反，FXR-LBD的相对表面被亲水和疏水残基包围，并通过与极性羟基形成特定的氢键而与胆汁酸α面结合（图13.15）。

　　在过去的几年中，研究人员拓展了对FXR结合特性和激活机制的认知，并报道了关于BA结构的热点问题，如揭示了化学修饰如何显著影响受体激动剂的活性、选择性、理化性质、药代动力学和药效学特征，从而确定了其临床开发的潜力。

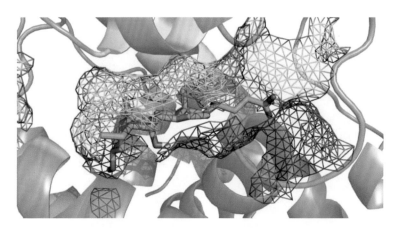

图 13.15 **胆汁酸结构母核与FXR结合域在结构和物理化学上的互补性**（转载自Curr. Top. Med. Chem.，2014，14，2159.）

13.5.2 奥贝胆酸的放大合成

随着新型高效FXR激动剂奥贝胆酸的发现，需要大量的奥贝胆酸进行FXR生理学和药理学相关的各种体外和体内测试，以评价化合物的潜在疗效。这使大规模高效制备高质量奥贝胆酸变得尤为重要。但是，首次报道的合成路线总收率仅为5％（反应式13.1A）[1]。为了提高收率，设计了全新的合成路线，旨在克服6α-烷基化这一限制产率的步骤，该步骤通过碱（LDA）催化溴乙烷与3-保护基-7-酮-石胆酸（化合物23）进行烷基化反应，以较低的产率（12％）得到所需的6α-乙基衍生物（化合物24）。

在C-6α位置插入乙基的其他策略包括三个步骤：预先形成的稳定烯醇化合物和乙醛之间的羟醛缩合反应、酸催化的脱水反应，以及将6-亚乙基立体选择性还原为相应的6α-乙基（反应式13.1B）。因此，在-78℃条件下，向7-酮-石胆酸甲酯的THF溶液中加入LDA，然后将烯醇化物与三甲基氯硅烷反应得到相应的甲硅烷基烯醇醚（化合物26），收率接近定量。随后，在BF_3-OEt_2的存在下，中间体26与乙醛在CH_2Cl_2中反应（-60℃），以85％的收率得到3α-羟基-6-亚乙基-7-酮-5β-胆碱-24-酸酯（化合物27），且主要以Z式存在。采用Pd/C在MeOH中对化合物27进行氢解，再经碱水解（10％ NaOH的甲醇溶液）后，以高收率选择性地得到了6α-乙基衍生物28。

A.奥贝胆酸的首次合成路线

7-酮-LCA（22）   23

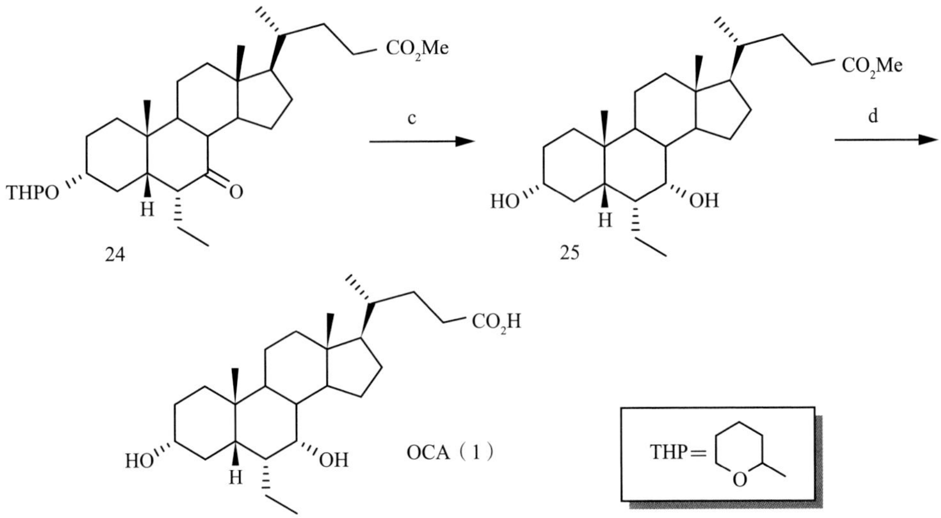

B.奥贝胆酸的优化合成路线

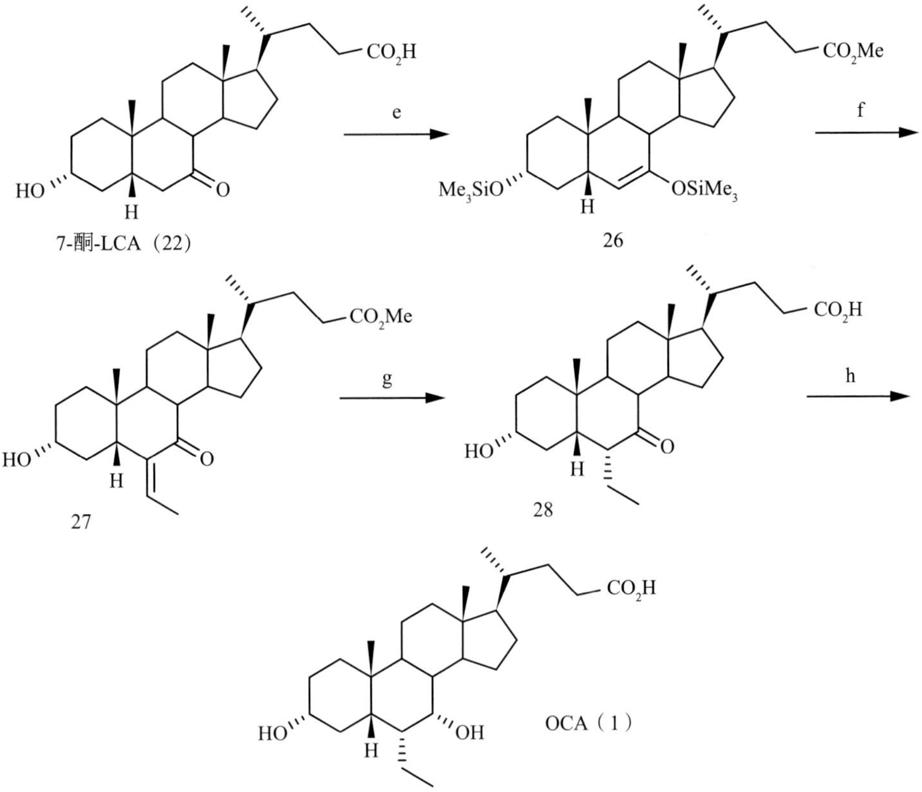

反应式13.1 奥贝胆酸的放大合成

A中首次合成所用的试剂和条件: a. pTSA,3,4-二氢-2H-吡喃，二氧六环，r.t.; b. i. LDA，EtBr，THF，−78 ℃; ii. HCl，MeOH，r.t.; c. NaBH₄，MeOH; d. NaOH，MeOH，r.t.（B）优化后路线所用的试剂和条件: e. LDA，TMSCl，Et₃N，THF，−78 ℃; f. MeCHO，BF₃-Et₂O，−60 ℃; g. i. H₂，Pd，MeOH; ii. KOH，MeOH; h. NaBH₄，THF/MeOH

室温下，在THF/H₂O混合溶剂中通过NaBH₄选择性还原C-7-酮即可以近乎定量的收率生成奥贝胆酸。进一步优化此路线后，拦截制药将优化后的实验工艺用于奥贝胆酸的生产[105]。

13.6 奥贝胆酸的性质及临床前研究

13.6.1 奥贝胆酸的理化性质、药代动力学和代谢

如前所述，研究人员对大量天然和半合成的UDCA类似物进行了研究，以阐明胆汁酸的结构、理化性质、药代动力学和代谢之间的关系。该结果对于确定胆汁酸关键结构的相关性质至关重要，也有助于预测相关化合物的药代动力学、代谢和生物分布。同时，研究人员对奥贝胆酸与天然胆汁酸的理化特性也进行了对比，并通过肠道细菌体外实验考察了其代谢情况，再通过对胆瘘大鼠静脉和十二指肠给药确定了相关化合物的药代动力学性质和代谢水平[106]。

研究人员将奥贝胆酸、天然初级胆汁酸CDCA和CA的理化行为进行了比较（表13.7）。三种化合物在水溶性、解离常数、去垢能力和亲脂性方面都存在很大差异。而奥贝胆酸的热力学pK_a为5，与CDCA和CA相近。当在pH小于pK_a2个单位的溶液中发生质子化时，奥贝胆酸的溶解度较弱（表13.7），而在pH高于其pK_a2个单位时，其变得极易溶解，形成相应的离子化合物（钠盐）[106]。根据奥贝胆酸的理化性质，其在胃液酸性环境中不溶，当释放至十二指肠时则迅速完全溶解，形成相应的离子化合物。在这种给药方式下，固态形式没有发挥主要作用，因为其溶解过程非常快，溶解速率快于肠运输速率。奥贝胆酸CMC的表面张力值相对较低，表明其去垢能力仍在天然胆汁酸的能力范围内，与具有较低CMC和较高去垢力的传统阴离子表面活性剂存在很大区别[106]。表13.7中总结了离子化物质的脂水分配系数$logP$，因为存在乙基结构，奥贝胆酸的亲脂性

表13.7　奥贝胆酸（OCA）、CDCA和CA水溶液的理化性质

BAs	W_s （μmol/L）	CMC （mmol/L）	$10^5 ST_{CMC}$ （N/cm）	$logP_{(A-)}$	pK_a	白蛋白结合率 （%）
OCA	9	2.9	48.8	2.5	5	96
CDCA	32	3.2	45.5	2.2	5	96
CA	273	9.0	49	1.1	5	88

注：CMC，critical micellar concentration，临界胶束浓度；$logP_{(A-)}$，octanol/water partition coefficient，辛醇/水分配系数；pK_a，acid dissociation constant，酸解离常数；STCMC，surface tension at CMC，CMC处的表面张力；W_s，water solubility，水溶性。

高于CDCA[106]。从理化角度来看，奥贝胆酸与CDCA相似，去垢能力低于普通表面活性剂，对生物膜没有直接毒性。作为质子酸，奥贝胆酸的溶解性差，但在pH≥7时，它会转化为可完全溶解的阴离子。因此，口服给药后，十二指肠中的奥贝胆酸迅速溶解，在达肠道吸收位点时像天然胆汁酸一样被动吸收。

在人粪便厌氧培养物中孵育24 h后，发现奥贝胆酸仍高度稳定，并没有发生7-脱羟基化或代谢反应，而CDCA和CA则很容易发生7-脱羟基化，分别形成LCA和DCA[106]。实际上，乙基对7α-脱羟基酶的空间作用阻止了7α-羟基的酶促裂解。如前所述，在6-MUDCA中的甲基（化合物8）[57]增加了代谢的稳定性，并阻止了潜在毒性化合物6α-乙基-LCA的生成。

采用胆囊瘘大鼠模型分析评估静脉及十二指肠内给药奥贝胆酸后胆汁的分泌情况及其代谢产物，并获得了奥贝胆酸的肝首过清除率、肠吸收率和药代动力学的相关信息[106]。实验中测试了化合物及其代谢产物在胆汁、胆汁流、血浆和肝脏中的浓度和回收率，有助于根据所评估的理化性质预测其生物分布的预期途径（表13.7）。研究发现，奥贝胆酸具有与CDCA相似的药代动力学和代谢性质，其在十二指肠内给药后在胆汁中的最大分泌率较高，表现出有效的肠道吸收，且静脉注射时肝吸收较快。与CDCA相似，奥贝胆酸几乎完全以牛磺酸结合物的形式分泌到胆汁中（图13.16）。与其他内源性胆汁酸一样，这一情况与其亲脂性有关。奥贝胆酸还能与甘氨酸结合（涉及仓鼠和人体的实验数据尚未公开）并以这种形式分泌。小鼠长期饲喂奥贝胆酸后（未发表的数据），牛磺酸-奥贝胆酸是肠肝循环中的主要代谢产物。静脉和十二指肠内给药后，牛磺酸结合物几乎可以在胆汁中完全恢复，证实奥贝胆酸具有与CDCA相似的药代动力学性质。经过长期饲喂（未发表的数据），与牛磺酸-CDCA类似的牛磺酸-奥贝胆酸会在回肠载体的介导下发生高效的转运。奥贝胆酸可在肝肠胆汁循环中积累，因此有可能成为靶向肝和肠的最佳FXR激动剂[107, 108]。值得注意的是，在体内积累的牛磺酸和甘氨酸结合物的代谢产物仍然具有FXR激动活性。

静脉注射或十二指肠内给药奥贝胆酸后，通过检测不同时间间隔的胆汁分泌量，并与未给药的胆瘘大鼠相比，可评估其对胆汁流量的影响[106]。该模型可对胆汁流量进行适当的量化，这是排除胆汁淤积造成的细胞毒性作用并评估可能的胆汁淤积作用的重要参数。当在十二指肠内给药时，血浆中的奥贝胆酸的出现相对较快，并且大多数是未被代谢的奥贝胆酸，而牛磺酸结合物的含量较小。在肝脏中，奥贝胆酸主要是牛磺酸的结合物。奥贝胆酸优先以牛磺酸结合物的形式在胆汁中分泌，在肝脏和全身循环中的浓度相对较低。肝脏首过清除后，它完全与牛磺酸结合并以这种形式不断积累。奥贝胆酸在肠肝循环中的生物分布及对FXR的强效激动剂作用，使奥贝胆酸成为治疗胆汁淤积性肝病、NASH和其他肝病的高价值候选化合物。

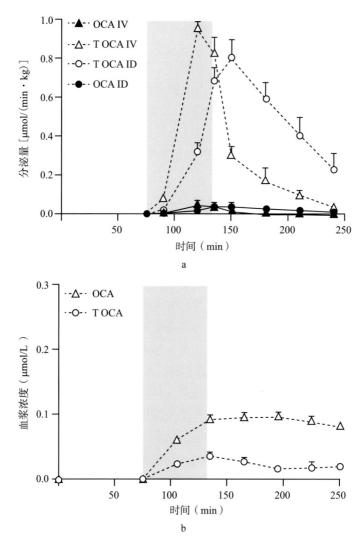

图13.16　a. 静脉注射（IV，△）和十二指肠内（ID，○）给药后，奥贝胆酸及其代谢产物的胆汁分泌和药代动力学。b. 十二指肠内给药后奥贝胆酸及其代谢产物的血浆浓度（图转载自 J. Pharmacol. Exp. Ther. 2014，350，56[106]）

13.6.2　奥贝胆酸在临床前肝脏疾病模型中的研究

一项早期研究表明，奥贝胆酸可以抵抗雌激素引起的胆汁淤积。试验中向大鼠单独注射 13.5 μmol/（min·kg）的雌激素 $E_2 17\alpha$，并注射额外剂量的奥贝胆酸 [1～5 μmol/（min·kg）] 或 CDCA [5 μmol/（min·kg）][109]，以 15 min 的间隔收集胆汁 120 min，并测量胆汁流量。结果表明，体内注射奥贝胆酸可剂量依赖地改善雌激素 $E_2 17\alpha$ 引起的胆汁淤积。在 10 mg/（kg·d）剂量下，奥贝胆酸完全逆转了由E₂17α诱导的胆汁淤积（图13.17），而10 mg/（kg·d）剂量的CDCA则未观察到这一保护作用。

　　LCA诱导的胆汁淤积模型是另一种肝内胆汁淤积模型，采用该模型进一步对奥贝胆酸进行了测试[1]。在该模型中，LCA给药会减少胆汁流量，并引起肝细胞弥漫性坏死。实验中奥贝胆酸完全逆转了胆汁流的损害，并可暂时性保护肝脏免受损伤（图13.18）。随着时间的延长，药效逐渐消失，当停止注射奥贝胆酸时，胆汁流量再次开始下降。相比之下，CDCA未能发挥保护作用，这与其较低的FXR亲和力相一致。

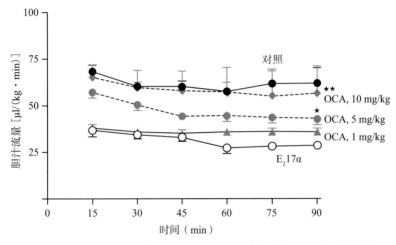

图13.17　奥贝胆酸给药5天可防止E₂17α引起的基础胆汁流量变化

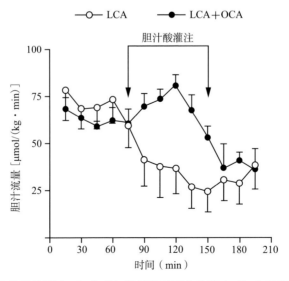

图13.18　LCA单独给药（—○—）或与奥贝胆酸联合给药（—●—）对胆汁流量的影响

也有报道称，奥贝胆酸能够增加胰岛素敏感性，调节葡萄糖和脂质稳态，并具有与抗纤维化相关的抗炎活性。在代谢综合征的兔模型中，以高脂饮食（high-fat diet，HFD）饲喂兔子12周会导致内脏脂肪急剧增加、空腹血糖升高和葡萄糖耐受不良[110]。而奥贝胆酸的治疗可使腹腔内脏脂肪、葡萄糖水平和不耐受性正常化，并改善了HFD诱导的血脂和血压水平异常。在高脂、高胆固醇饮食诱导的肥胖症模型中，奥贝胆酸还可减轻糖尿病肾病[111]，也可以减轻链脲佐菌素（streptozotocin）诱导的糖尿病小鼠的糖尿病肾病[112]。在这两种情况下，奥贝胆酸均可降低总低密度脂蛋白（LDL）和高密度脂蛋白（HDL）水平，并通过减少蛋白尿、肾小球硬化和肾小管间质纤维化、巨噬细胞浸润、SREBPs表达、纤维化生长因子和氧化应激酶水平来改善肾损伤。在缺乏载脂蛋白E的小鼠中，连续12周每天给药奥贝胆酸（10 mg/kg）可有效抑制主动脉斑块的形成，甚至使斑块消失[113]。尽管动脉粥样硬化的病情没有改善，但奥贝胆酸对治疗慢性肾脏疾病引起的小鼠血管钙化也有较好的效果[114]。

此外，在NAFLD模型Zucker fa/fa大鼠中证实了奥贝胆酸对胰岛素抵抗和肝脂肪变性并发症的疗效。特别是奥贝胆酸可有效防止体重增加及脂肪在肝脏和肌肉中的沉积，这与肝脏中脂肪酸合成、脂肪生成和糖异生的基因表达减少，以及肌肉中游离脂肪酸合成的减少有关[115]。奥贝胆酸给药后的Zucker大鼠显示出胰岛素抵抗的逆转，并有效降低了血浆葡萄糖、游离脂肪酸、HDL、肝三酰甘油、游离脂肪酸、胆固醇和糖原的含量。以上发现和其他研究[116]表明，奥贝胆酸可通过增加外周葡萄糖摄取、增强葡萄糖诱导的胰岛素分泌、抑制肝脂质合成并降低其含量，以及刺激脂肪细胞摄取脂质来有效改善血糖水平。

奥贝胆酸在体外和体内试验中也显示出明显的免疫调节和抗炎活性。特别是其可抑制核因子κB（nuclear factor κB，NF-κB）介导的肝和血管平滑肌细胞炎症，并通过FXR和SHP抑制IL-1b诱导的NF-κB激活和iNOS表达，显示出在癌症治疗、稳定血管炎症、内皮细胞重塑，以及维持动脉粥样硬化血小板稳定性等方面的应用潜力[87, 117]。

奥贝胆酸的治疗潜力得到了日益广泛的认可，在非胆汁淤积性肝病动物模型中，发现其具有逆转FXR激活导致的瘢痕或纤维化的疗效，并对肝硬化及所有肝病领域的肝衰竭具有治疗作用[118-120]。这为奥贝胆酸在NASH治疗中的应用创造了可能性（图13.19）。预计到2020年，肝移植将成为NASH的主要治疗手段，目前尚无获批的治疗药物[121, 122]。

奥贝胆酸在肝病动物模型中的治疗潜力被报道的十年后，NIDDK（NIH）主办的一项有关奥贝胆酸针对NASH的大型Ⅱ期临床研究也已完成。这是FXR配体奥贝胆酸首次用于NASH的治疗（FLINT，ClinicalTrials.gov编号：NCT01265498），也是迄今为止完成的最大规模的NASH研究。FLINT在首次相对较短的18个月奥贝胆酸

肝

↓ 胆汁酸和胆固醇合成
↓ 三酰甘油和脂肪酸合成
↑ 脂解和脂肪酸氧化
↓ TG和VLDL
↓ NF-κB和细胞因子的产生

肠

↑ 胆汁酸重吸收
↑ FGF15/19生成
↑ 葡萄糖耐量

胰腺

↑ 胰岛素分泌
↑ B细胞保存

脂肪细胞

↑ 胰岛素敏感性
↑ 葡萄糖摄取
↑ 脂肪形成和脂质存储
↑ 生热作用

骨骼肌

↑ 胰岛素敏感性
↑ 葡萄糖摄取
↑ 生热作用

图13.19 奥贝胆酸通过激活FXR调节肝脏中的糖异生和糖原分解、调节横纹肌和脂肪组织中的外周胰岛素敏感性、增加脂肪细胞中的脂质存储，以及上调FGF15/19的水平，从而在NASH中发挥有益作用

治疗后，相当一部分活动性肝病患者的肝纤维化得到逆转[123]。纤维化是肝衰竭和全因死亡率的关键驱动因素，因此不能低估这一临床概念所显示的治疗意义。研究发现，奥贝胆酸治疗还可以显著改善NASH相关的关键肝组织病理学特征，包括脂肪变性、炎症和肝细胞膨胀[123]。基于这些结果，FDA已将奥贝胆酸指定为NASH纤维化患者的突破性治疗药物。在拦截制药的赞助下，目前正在开展一项名为REGENERATE的Ⅲ期临床试验，以对奥贝胆酸进行进一步的评估，并在18个月的中期分析中对两个主要临床终点进行了评估：①纤维化的改善，且NASH未发生恶化；②NASH的缓解，且纤维化未发生恶化。为了完全确认临床获益，将继续在双盲基础上对患者进行随访。

13.7 奥贝胆酸治疗原发性胆道胆管炎的Ⅰ~Ⅲ期临床研究

原发性胆道胆管炎（primary biliary cholangitis，PBC）是一种以自身免疫为基础的慢性、进行性胆汁淤积性肝病，其特征是肝小胆管被破坏。PBC的恶化可能引起肝纤维化、肝硬化，最终导致肝衰竭，不得不进行肝移植[124, 125]。PBC多发于女性，尤其是中年女性，发病率高于男性，比例为10∶1。40岁以上的女性中每1000人中就有1人患有PBC。PBC患者一般无明显症状，疲劳和瘙痒为最常见的症状。当存在以下三种标记物中的至少两种时，则高度疑似患有PBC：血清ALP升高、存在抗线粒体抗体（anti-mitochondrial antibody，AMA），以及与PBC相一致的肝脏组织学表现。ALP是疾病进展和临床结果的生物标志物，通常用于评估PBC患者对治疗的反应。目前UDCA还是唯一被批准用于治疗PBC的药

物[126]。然而，UDCA对多达40%的PBC患者疗效不佳，少数患者不能耐受UDCA，这促使研究人员致力于为进展性PBC高危患者寻找新的有效药物。

研究人员在两项Ⅱ期临床试验和一项关键性Ⅲ期临床研究中对奥贝胆酸的安全性和有效性进行了评估（表13.1）[127]。在一项国际性、Ⅱ期、双盲、安慰剂对照的临床试验中，试验对象为165例对UDCA反应不充分且血清ALP水平持续升高的PBC患者，以及至少接受6个月稳定剂量UDCA治疗的患者[128]。患者被随机分配到3个奥贝胆酸剂量组（10mg、25mg或50 mg）或安慰剂组，每天口服给药1次，持续12周，同时按入组前剂量继续服用UDCA。与安慰剂组相比，3个奥贝胆酸治疗组的ALP水平均显著降低了21%～25%，血清GGT（另一种胆汁淤积的肝酶标志物）降低了48%～63%。同样，给药组中丙氨酸转氨酶（alanine transaminase，ALT）降低了21%，而安慰剂组则没有变化。瘙痒是唯一值得注意的副作用，所有患者的发生率超过一半，但大约一半的安慰剂患者也伴有瘙痒的报告。虽然瘙痒在PBC中普遍存在，但患者的严重程度和停药率均与奥贝胆酸的剂量有关，这表明25 mg和50 mg奥贝胆酸的起始剂量对胆汁淤积症患者并不合适。

在另一项Ⅱ期临床研究中，将奥贝胆酸作为单一疗法进行研究[129]。59名未服用UDCA至少3个月的PBC患者被随机分为奥贝胆酸给药组和安慰剂组，剂量为10 mg或50 mg，每天1次，持续12周。与接受安慰剂的患者相比，两种剂量的奥贝胆酸均使ALP水平显著下降，其中奥贝胆酸 10 mg治疗组的ALP水平下降幅度最大[129]。其他肝酶水平也有显著改善，两种奥贝胆酸剂量组的GGT水平较给药前降低了约67%。瘙痒是随剂量增加而增加的最常见不良反应。此外，在两项PBC研究中发现，炎症和免疫的血清标志物也得到了改善，表明奥贝胆酸可能在PBC中发挥缓解疾病的作用，且对其他涉及慢性炎症的肝脏疾病也具有潜在益处[130]。

这些成功的Ⅱ期临床研究促使研究者们于2012年1月开始了一项为期12个月的Ⅲ期、双盲、安慰剂对照临床研究，该研究被称为PBC奥贝胆酸国际疗效研究（POISE，NCT01473524），其中还包括5年的长期安全性扩展研究[131, 132]。POISE招募了217名对UDCA治疗反应不足或无法耐受的PBC患者。根据临床反应，将患者随机分为安慰剂组或奥贝胆酸治疗组，接受每日1次 10 mg或5 mg逐渐增加至10 mg（剂量滴定）的奥贝胆酸治疗，持续6个月。在试验期间，大多数患者（93%）继续接受稳定剂量的UDCA治疗。该研究的主要临床终点是血清ALP降低至正常范围上限的1.67倍以下，与基线相比降低至少15%，且总胆红素水平维持正常。5～10 mg（46%）和10 mg奥贝胆酸（47%）给药组在达到主要终点方面均在统计学上优于安慰剂组（10%）。除ALP水平降低外，与安慰剂组相比，两种剂量的奥贝胆酸给药组中患者的总胆红素水平也显著降低，表明肝功能可能有所改善。此外，两个奥贝胆酸治疗组均达到了预定的次要临床生物标志物终点，包括GGT、ALT、AST和炎症标志物。瘙痒是该试验中最常见的不良事件，奥贝胆酸5～10

mg（56%）和10 mg（68%）治疗组的瘙痒发生率均高于安慰剂组（38%）。但是，与起始剂量更高的10 mg剂量组（7名患者，10%）相比，5～10 mg奥贝胆酸治疗组的剂量滴定策略既降低了瘙痒的发生率，又使因瘙痒引起的停药率大大降低（仅一名患者，1%）。5～10 mg滴定剂量组的严重不良反应发生率为16%，10 mg组为11%，安慰剂组为4%。在试验期间观察到的其他不良事件包括疲劳、腹痛、腹部不适、皮疹、口咽痛、头晕、便秘、关节痛、甲状腺功能异常和湿疹。

POISE实验获得的有效结果是近期FDA加速批准和EMA有条件批准奥贝胆酸用于PBC治疗的基础，FDA和EMA都认识到ALP水平是预测长期无肝移植生存的合适替代指标。奥贝胆酸适用于对UDCA反应不足的成人，可与UDCA联用治疗PBC，或作为成人不耐受UDCA的单一疗法。尽管POISE具有严格的注册标准和对反应不足的定义，但FDA的批准允许医生在临床诊断中确定单个患者对UDCA的反应是否足够。在完成双盲研究的患者中，超过95%的患者选择继续进行揭盲后的长期安全性研究。另一项名为COBALT的IV期临床研究（ClinicalTrials.gov编号：NCT02308111）目前正在招募PBC患者，以确认奥贝胆酸对肝脏相关作用的临床收益。该疾病的进展相对缓慢、罕见，而且在批准使用奥贝胆酸的国家中进行安慰剂对照试验存在潜在伦理问题，因此完成这项长期疗效研究将需要数年时间[127]。总之，UDCA被批准的20年来，奥贝胆酸是首个用于PBC治疗的新药，并有望减缓PBC患者的疾病进展。

13.8 总结和展望

自20世纪90年代中期以来，胆汁酸受体已成为药物研发中越来越重要的靶点，可用于治疗多种肝脏和其他潜在疾病。不得不说，这一领域实际上一直处于相对休眠的状态，直到1999年5月，三个研究小组才独立报道了胆汁酸是FXR的内源性配体。当时胆汁酸、结合型衍生物和受体靶点被赋予的生物功能远远超出它们在胆固醇体内稳态及脂肪和脂溶性维生素消化中的传统作用范围，从而为胆汁酸及其潜在治疗应用的研究带来了重要契机。

研究人员对这一发现兴趣浓厚，并以揭示FXR的药理和治疗相关性为目标，着手研发新型胆汁酸衍生物。通过仔细的药物化学分析，设计、合成和测试一系列C6修饰的CDCA衍生物，并确定了靶点的关键结合区域，最终发现了6α-乙基-鹅去氧胆酸，也就是如今众所周知的奥贝胆酸。奥贝胆酸是首创的胆汁酸类似物及强效FXR激动剂，并且将胆汁酸的治疗提升到了新高度。奥贝胆酸的发现已经将近15年，经过长期的行业学术合作，目前已经成功地进入临床开发阶段，并获得了监管机构的批准，最终惠及患者。奥贝胆酸研究团队在佩鲁贾大学的持续研究，以及世界各地其他学术研究中心的不断努力，加上拦截制药的辛勤努力和巨大资本投入，最终使奥贝胆酸成功上市。在近二十年里，奥贝胆酸成为PBC治疗的首创药物，可有效减缓甚至阻止PBC的疾病进展。

当然，这还不是奥贝胆酸研究故事的结尾。

目前，还在评估奥贝胆酸对其他肝脏疾病（如NASH）的治疗潜力，其成功研发也为新一代半合成胆汁酸药物的发现打下坚实的基础（图13.18）[106, 133-136]。在过去的十年中，研究人员已阐明了胆汁酸衍生物作为双重FXR/TGR5配体的构效关系，并开发了多个先导化合物，针对各种疾病的临床前和临床研究也正在稳步、快速的推进过程中（图13.20）。

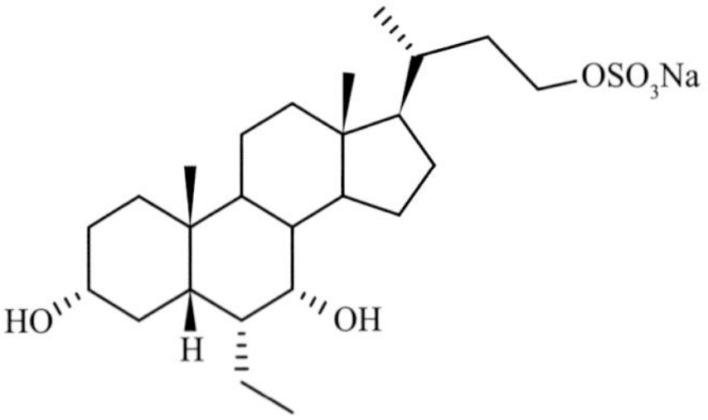

INT-767 (29)
FXR/TGR5双靶点激动剂
Ⅰ/Ⅱ期临床试验

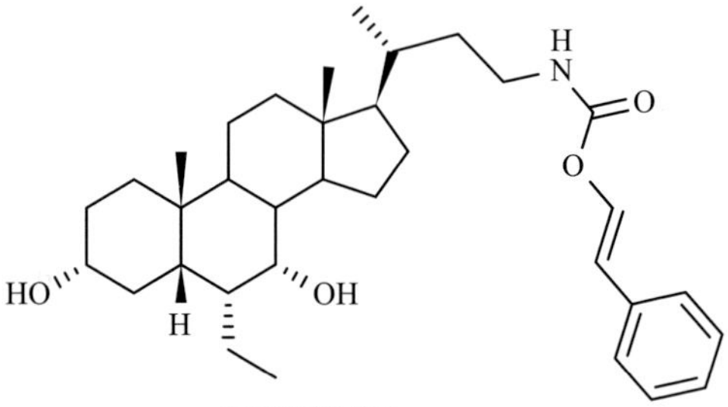

UPF-930 (30)
纳摩尔级选择性FXR激动剂
临床前阶段

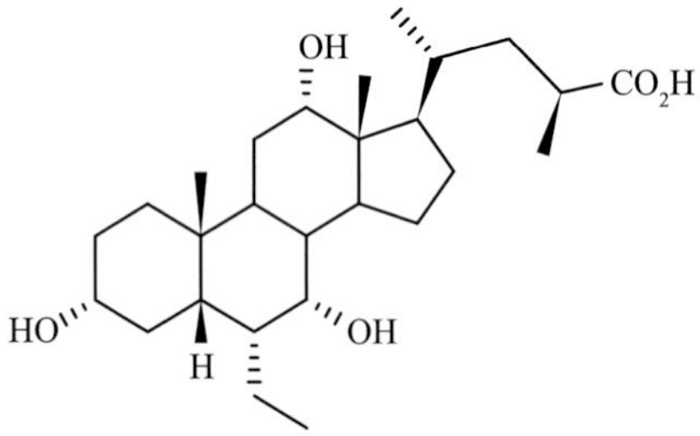

S-EMCA (INT-777，31)
选择性TGR5激动剂
临床前阶段

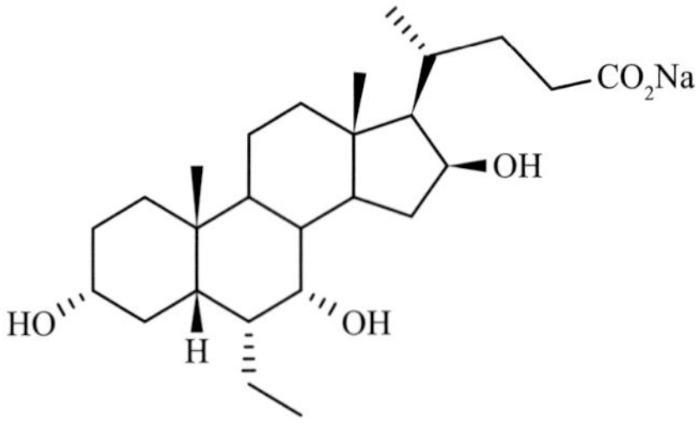

INT-1212 (32)
TGR5/FXR双靶点激动剂
临床前阶段

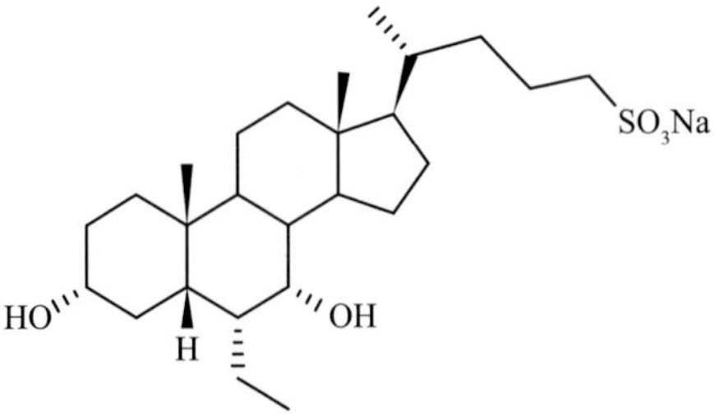

UPF-930 (33)
FXR/TGR5双靶点激动剂
临床前阶段

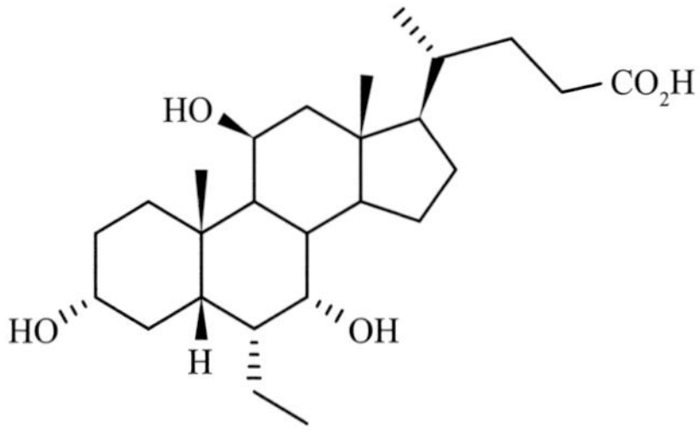

TC-100 (INT-767，34)
选择性FXR激动剂
临床前阶段

图13.20　基于胆汁酸的强活性、高选择性，FXR和TGR5激动剂的发现

（张智敏　白仁仁）

原作者简介

罗伯托·佩利恰里（Roberto Pellicciari），现任意大利佩鲁贾TES Pharma公司总裁兼首席执行官，同时担任美国马里兰大学（University of Maryland）兼职教授。在此之前，他曾是佩鲁贾大学（University of Perugia）药物化学专业教授。1964～1968年，他于罗马高级卫生研究所进行博士后研究工作；1968～1970年，担任委内瑞拉卡拉布博大学（Universidad de Carabobo）客座教授；1970～1973年，担任

美国印第安纳州化学系研究员；1981年，担任加州大学圣地亚哥分校（University of California at San Diego，UCSD）化学系客座教授。1993～1998年，担任意大利化学会药物化学学院主任；2001～2003年，担任意大利药物化学学部主席；2006～2008年，担任欧洲药物化学联合会主席。他曾获得多个奖项，包括多梅尼科·马洛塔（Domenico Marotta）国家科学奖（1999年）、法国化学会曼策奖（Mentzer Prize，2001年）、法国化学会农业部贾科梅洛奖章（Giacomello Medal，2006年）、意大利化学会阿莫迪奥·阿沃加德罗勋章（Amedeo Avogadro Medal，2009年）和药物化学学部普拉泰西奖章（Pratesi Medal，2011年）。他的主要研究方向是新合成方法开发、天然产物化学、中枢神经系统活性分子的设计合成，以及针对代谢和肝脏疾病的药物发现。他成功发现了奥贝胆酸，一种用于治疗PBC的首创药物，并于2016年5月获得FDA批准。

马克·普鲁赞斯基（Mark Pruzanski），拦截制药（Intercept Pharmaceuticals）的联合创始人、首席执行官兼总裁。他在位于魁北克蒙特利尔的麦吉尔大学（McGill University in Montreal）获得学士学位；于约翰斯·霍普金斯大学（Johns Hopkins University）高级国际研究学院获得国际事务硕士学位；并于安大略省麦克马斯特大学（McMaster University）获得医学博士学位。他拥有超过15

年的生命科学公司管理、风险投资和战略咨询方面的经验。他于1999年共同参与创立了生命科学风险投资公司——苹果树（Apple Tree Partners）。他还在生物技术工业协会的新兴公司分部和民主政治防御基金会任职，并担任华盛顿特区智囊团的董事会成员。普鲁赞斯基博士还是拦截制药公司候选药物及其他科研成果专利的发明人。

安蒂莫·乔埃洛（Antimo Gioiello），意大利佩鲁贾大学药物科学系合成与药物化学专业副教授。在佩鲁贾大学学习有机化学后，他在罗伯托·佩利恰里（Roberto Pellicciari）教授的指导下获得了药物化学博士学位。他曾担任维也纳大学（University of Vienna）和葛兰素史克公司的客座科学家，并负责了多项学术和产业合作。他还是 TES Pharma 公司的共同创始人。他的工作经历涉及肝脏和代谢性疾病早期药物发现的各个阶段。他的主要研究兴趣包括生物活性化合物（类固醇类）的设计和合成、非成熟生物靶标化学探针的开发、流动化学的新技术开发，以及化合物库优化和大规模化合物制备新方法的研究。

参 考 文 献

1. Pellicciari, R., Fiorucci, S., Camaioni, E., Clerici, C., Costantino, G., Maloney, P.R., Morelli, A., Parks, D.J., and Willson, T.M.（2002）6alpha-ethyl-chenodeoxycholic acid（6-ECDCA）, a potent and selective FXRagonist endowed with anticholestatic activity. J. Med. Chem., 45, 3569-3572.

2. Hofmann, A.F., Hagey, L.R., and Krasowski, M.D.（2010）Bile salts ofvertebrates: structural variation and possible evolutionary significance. J. Lipid Res., 51, 226-246.

3. Natalini, B., Sardella, R., Camaioni, E., Gioiello, A., and Pellicciari, R.（2007）Correlation between CMC and chromatographic index: simple and effectiveevaluation of the hydrophobic/hydrophilic balance of bile acids. Anal. Bioanal. Chem., 388, 1681-1688.

4. Natalini, B., Sardella, R., Camaioni, E., Macchiarulo, A., Gioiello, A., Carbone, G., and Pellicciari, R.（2009）Derived chromatographic indicesas effective tools to study the self-aggregation process of bile acids. J. Pharm. Biomed. Anal., 50, 613-621.

5. Roda, A., Minutello, A., Angelotti, M.A., and Fini, A.（1990）Bile acidstructure-activity relationship: evaluation of bile acid lipophilicity using1-octanol/water partition coefficient and reverse phase HPLC.J. Lipid Res., 31, 1433-1443.

6. Hofmann, A.F. and Roda, A.（1984）Physicochemical properties of bile acidsand their relationship to biological properties: an overview of the problem. J. Lipid Res., 25, 1477-1489.

7. Posa, M.（2012）Hydrophobicity and self-association of bile acids with a specialemphasis on oxo derivatives of 5-β cholanic acid. Curr. Org. Chem., 16, 1876-1904.

8. Lindenbaum, S. and Rajagopalan, N.（1984）Kinetics and thermodynamics ofdissolution of lecithin by bile salts. Hepatology, 4, 124S.

9. Schömerich, J., Becher, M.S., Schmidt, K., Schubert, R., Kremer, B., Feldhaus, S., and Gerok, W.（1984）Influence of hydroxylation and conjugation of bile salts on their membrane-damaging properties-studies onisolated hepatocytes and lipid membrane vesicles. Hepatology, 4, 661-666.

10. Armstrong, M.J. and Carey, M.C. (1982) The hydrophobic-hydrophilicbalance of bile salts. Inverse correlation between reverse-phasehigh performance liquid chromatographic mobilities and micellarcholesterol-solubilizing capacities. J. Lipid Res., 23, 70-80.

11. Roda, A., Cappelleri, G., Aldini, R., Roda, E., and Barbara, L. (1982) Quantitativeaspects of the interaction of bile acids with human serum albumin. J. Lipid Res., 23, 490-495.

12. Aldini, R., Roda, A., Montagnani, M., Cerrè, C., Pellicciari, R., and Roda, E. (1996) Relationship between structure and intestinal absorption of bile acidswith a steroid or side-chain modification. Steroids, 61, 590-597.

13. Aldini, R., Roda, A., Simoni, P., Lenzi, P., and Roda, E. (1989) Uptake ofbile acids by perfused rat liver: evidence of a structure-activity relationship. Hepatology, 10, 840-845.

14. Sharma, R., Majer, F., Peta, V.K., Wang, J., Keaveney, R., Kelleher, D., Long, A., and Gilmer, J.F. (2010) Bile acid toxicity structure-activity relationships: correlations between cell viability and lipophilicity in a panel of new andknown bile acids using an oesophageal cell line (HET-1A). Bioorg. Med. Chem., 18, 6886-6895.

15. Chiang, J.Y.L. (2013) Bile acid metabolism and signaling. Compr. Physiol., 3, 1191-1212.

16. Setchell, K.D.R., Kenneth, D.R., and Heubi, J.E. (2006) Defects in bile acidbiosynthesis-diagnosis and treatment. J. Pediatr. Gastroenterol. Nutr., 43, S17-S22.

17. Setchell, K.D.R. et al. (2009) Disorders of bile acid synthesis, in PediatricGastrointestinal Disease, 5th edn, vol. 1 (eds W.A.Walker, O.Goulet, R.E.Kleinman, P.M.Sherman, B.L.Shneider, and I.R.Sanderson), B.C.DeckerInc, Hamilton, Ontario, Canada, pp. 1069-1094.

18. Setchell, K.D.R. (2013) Disorders of bile acid synthesis and metabolism-a metabolic basis for liver disease, in Liver Disease in Children, vol. 4 (eds F.G.Suchy and W.F.Balistreri), Lippincott Williams & Wilkins, pp. 736-766.

19. Hofmann, A.F. (2007) Biliary secretion and excretion in health and disease: current concepts. Ann. Hepatol., 6, 15-27.

20. Vlahcevic, Z.R., Miller, J.R., Farrar, J.T., and Swell, L. (1971) Kinetics andpool size of primary bile acids in man. Gastroenterology, 61, 85-90.

21. Hofmann, A.F.(1977)The enterohepatic circulation of bile acids in man. Clin. Gastroenterol.,6, 3-24.

22. Bachrach, W.H. and Hofmann, A.F. (1982) Ursodeoxycholic acid in the treatmentof cholesterol cholelithiasis part Ⅱ. Dig. Dis. Sci., 217, 833-856.

23. Koop, I., Schindler, M., Bosshammer, A., Scheibner, J., Stange, E., and Koop, H. (1996) Physiological control of cholecystokinin release and pancreaticenzyme secretion by intraduodenal bile acids. Gut, 36, 661-667.

24. Begley, M., Gahan, C.G., and Hill, C. (2005) The interaction between bacteriaand bile. FEMS Microbiol. Rev., 29, 625-651.

25. Kirwan, W.O., Smith, A.N., Mitchell, W.D., Falconer, J.D., and Eastwood, M.A. (1975) Bile acids and colonic motility in the rabbit and the human. Gut, 16, 894-902.

26. (a) Schaap, F.G. (2014) Nature Rev. Gastroenterol. Hepatol., 11, 55; (b) Schaap, F.G.,

Trauner, M., and Jansen, P.L. (2014) Bile acid receptors as targets for drug development. Nature Rev. Gastroenterol. Hepatol, 11, 55-67.

27. Camilleri, M. and Gores, G.J. (2015) Therapeutic targeting of bile acids. Am. J. Physiol. Gastrointest. Liver Physiol., 309, G209-G215.

28. Hofmann, A.F. (1999) The continuing importance of bile acids in liver and intestinal disease. Arch. Intern. Med., 159, 2647-2658.

29. Hofmann, A.F. and Hagey, L.R. (2014) Key discoveries in bile acid chemistry and biology and their clinical applications: history of the last eight decades. J. Lipid Res., 55, 1553-1595.

30. Ackerman, H.D. and Gerhard, G.S. (2016) Bile acids in neurodegenerative disorders. Front. Aging Neurosci., 8, 1-13.

31. Berlati, F., Ceschel, G., Clerici, C., Pellicciari, R., Roda, A., and Ronchi, C. (1994) The use of bile acids as antiviral agents, WO 1994000126 A1.

32. Roda, E., Bazzoli, F., Morselli Labate, A.M., Mazzella, G., Roda, A., Sama, C., Festi, D., Aldini, R., Taroni, F., and Barbara, L. (1982) Ursodeoxycholic acid vs. chenodeoxycholic acid as cholesterol gallstone-dissolving agents: a comparative randomized study. Hepatology, 2, 804-810.

33. Leuschner, U., Leuschner, M., and Hübner, K. (1981) Gallstone dissolution in patients with chronic active hepatitis. Gastroenterology, 80, 1834 (abstract).

34. Gonzales, E., Gerhardt, M.F., Fabre, M., Setchell, K.D., Davit-Spraul, A., Vincent, I., Heubi, J.E., Bernard, O., and Jacquemin, E. (2009) Oral cholic acid for hereditary defects of primary bile acid synthesis: a safe and effective long-term therapy. Gastroenterology, 137, 1310-1320.

35. Beuers, U., Bilzer, M., Chittattu, A., Kullak-Ublick, G.A., Keppler, D., Paumgartner, G., and Dombrowski, F. (2001) Tauroursodeoxycholic acid inserts the apical conjugate export pump, Mrp2, into canalicular membranes and stimulates organic anion secretion by protein kinase C-dependent mechanisms in cholestatic rat liver. Hepatology, 33, 1206-1216.

36. Garcia-Marin, J.J., Dumont, M., Corbic, M., De Couet, G., and Erlinger, S. (1985) Effect of acid-base balance and acetazolamide on ursodeoxycholate-induced biliary bicarbonate secretion. Am. J. Physiol., 248, G20-G27.

37. Kurz, A.K., Graf, D., Schmitt, M., Vom Dahl, S., and Hässinger, D. (2001) Tauroursodesoxycholate-induced choleresis involves p38 (MAPK) activation and translocation of the bile salt export pump in rats. Gastroenterology, 121, 407-419.

38. Hofmann, A.F. (1995) Bile acids as drugs: principles, mechanisms of action and formulations. Ital. J. Gastroenterol., 27, 106-113.

39. Poupon, R., Poupon, R.E., Calmus, Y., Chrétien, Y., Ballet, F., and Darnis, F. (1987) Is ursodeoxycholic acid an effective treatment for primary biliary cirrhosis? Lancet, 329, 834-836.

40. Palma, J., Reyes, H., Ribalta, J., Hernández, I., Sandoval, L., Almuna, R., Liepins, J., Lira, F., Sedano, M., Silva, O., Tohá, D., and Silva, J.J. (1997) Ursodeoxycholic acid in the treatment of cholestasis of pregnancy: a randomized double-blind study controlled with placebo. J. Hepatol., 27, 1022-1028.

41. Angulo, P., Batts, K.P., Therneau, T.M., Jorgensen, R.A., Dickson, E.R., and Lindor, K.D. (1999) Long-term ursodeoxycholic acid delays histological progression in primary biliary cirrhosis. Hepatology, 29, 644-647.

42. Corpechot, C., Carrat, F., Bonnand, A.M., Poupon, R.E., and Poupon, R. (2000) The effect of ursodeoxycholic acid therapy on liver fibrosis progression in primary biliary cirrhosis. Hepatology, 32, 1196-1199.

43. Lindor, K.D., Therneau, T.M., Jorgensen, R.A., Malinchoc, M., and Dickson, E.R. (1996) Effects of ursodeoxycholic acid on survival in patients with primary biliary cirrhosis. Gastroenterology, 110, 1515-1518.

44. Poupon, R.E., Balkau, B., Eschwège, E., and Poupon, R. (1991) A multicenter, controlled trial of ursodiol for the treatment of primary biliary cirrhosis. UDCA-PBC Study Group. N. Engl. J. Med., 324, 1548-1554.

45. Poupon, R.E., Lindor, K.D., Cauch-Dudek, K., Dickson, E.R., Poupon, R., and Heathcote, E.J. (1997) Combined analysis of randomized controlled trials of ursodeoxycholic acid in primary biliary cirrhosis. Gastroenterology, 113, 884-890.

46. Poupon,R.E.,Lindor,K.D.,Parés,A.,Chazouillères,O.,Poupon,R.,and Heathcote,E.J.(2003) Combined analysis of the effect of treatment with ursodeoxycholic acid on histologic progression in primary biliary cirrhosis. J. Hepatol., 39, 12-16.

47. Fuchs, C.D., Traussnigg, S.A., and Trauner, M. (2016) Nuclear receptor modulation for the treatment of nonalcoholic fatty liver disease. Semin. Liver Dis., 36, 69-86.

48. Laurin, J., Lindor, K.D., Crippin, J.S., Gossard, A., Gores, G.J., Ludwig, J., Rakela, J., and McGill, D.B. (1996) Ursodeoxycholic acid or clofibrate in the treatment of non-alcohol-induced steatohepatitis: a pilot study. Hepatology, 23, 1464-1467.

49. Lindor, K.D., Kowdley, K.V., Heathcote, E.J., Harrison, M.E., Jorgensen, R., Angulo, P., Lymp, J.F., Burgart, L., and Colin, P. (2004) Ursodeoxycholic acid for treatment of nonalcoholic steatohepatitis: results of a randomized trial. Hepatology, 39, 770-778.

50. Leuschner, U.F., Lindenthal, B., Herrmann, G., Arnold, J.C., Rösle, M., Cordes, H.J., Zeuzem, S., Hein, J., Berg, T., and NASH Study Group (2010) High-dose ursodeoxycholic acid therapy for nonalcoholic steatohepatitis: a double-blind, randomized, placebo-controlled trial. Hepatology, 52, 472-479.

51. Parquet,M.,Metman,E.H.,Raizman,A.,Rambaud,J.C.,Berthaux,N.,and Infante,R. (1985) Bioavailability, gastrointestinal transit, solubilization and faecal excretion of ursodeoxycholic acid in man. Eur.J. Clin. Invest., 15, 171-178.

52. Stiehl, A., Raedsch, R., and Rudolph, G. (1990) Acute effects of ursodeoxycholic and chenodeoxycholic acid on the small intestinal absorption of bile acids. Gastroenterology, 98, 424-428.

53. Pellicciari, R., Cecchetti, S., Natalini, B., Roda, A., Grigolo, B., and Fini, A. (1985) Bile acids with cyclopropane-containing side chain. 2. Synthesis and properties of 3 alpha, 7 beta-dihydroxy-22, 23-methylene-5 beta-cholan-24-oic acid (2-sulfoethyl) amide. J. Med. Chem., 28, 239-242.

54. Roda, A., Grigolo, B., Aldini, R., Simoni, P., Pellicciari, R., Natalini, B., and Balducci, R. (1987) Bile acids with a cyclopropyl-containing side chain. IV.Physicochemical

and biological properties of the four diastereoisomers of 3 alpha, 7 beta-dihydroxy-22, 23-methylene-5 beta-cholan-24-oic acid. J. Lipid Res., 28, 1384-1397.

55. Roda, A., Aldini, R., Grigolo, B., Simoni, P., Roda, E., Pellicciari, R., Lenzi, P.L., and Natalini, B. (1988) 23-Methyl-3 alpha, 7 beta-dihydroxy-5 beta-cholan-24-oic acid: dose-response study of biliary secretion in rat. Hepatology, 8, 1571-1576.

56. Roda, A., Grigolo, B., Roda, E., Simoni, P., Pellicciari, R., Natalini, B., Fini, A., and Labate, A.M. (1988) Quantitative relationship between bile acid structure and biliary lipid secretion in rats. J. Pharm. Sci., 77, 596-605.

57. Roda, A., Pellicciari, R., Cerrè, C., Polimeni, C., Sadeghpour, B., Marinozzi, M., Forti, G.C., and Sapigni, E. (1994) New 6-substituted bile acids: physico-chemical and biological properties of 6 alpha-methyl ursodeoxycholic acid and 6 alpha-methyl-7-epicholic acid. J. Lipid Res., 35, 2268-2279.

58. Roda, A., Pellicciari, R., Polimeni, C., Cerrè, C., Forti, G.C., Sadeghpour, B., Sapigni, E., Gioacchini, A.M., and Natalini, B. (1995) Metabolism, pharmacokinetics, and activity of a new 6-fluoro analogue of ursodeoxycholic acid in rats and hamsters. Gastroenterology, 108, 1204-1214.

59. Roda, A., Grigolo, B., Minutello, A., Pellicciari, R., and Natalini, B. (1990) Physicochemical and biological properties of natural and synthetic C-22 and C-23 hydroxylated bile acids. J. Lipid Res., 31, 289-298.

60. Pellicciari, R., Cecchetti, S., Natalini, B., Roda, A., Grigiolo, B., and Fini, A. (1984) Bile acids with a cyclopropyl-containing side chain. 1. Preparation and properties of 3 alpha, 7 beta-dihydroxy-22, 23-methylene-5 beta-cholan-24-oic acid. J. Med. Chem., 27, 746-749.

61. Pellicciari, R., Natalini, B., Cecchetti, S., Porter, B., Roda, A., Grigolo, B., and Balducci, R. (1988) Bile acids with a cyclopropyl-containing side chain. 3. Separation, identification, and properties of all four stereoisomers of 3 alpha, 7 beta-dihydroxy-22, 23-methylene-5 beta-cholan-24-oic acid. J. Med. Chem., 31, 730-736.

62. Merrill, J.R., Schteingart, C.D., Hagey, L.R., Peng, Y., Ton-Nu, H.T., Frick, E., Jirsa, M., and Hofmann, A.F. (1996) Hepatic biotransformation in rodents and physicochemical properties of 23 (R)-hydroxychenodeoxycholic acid, a natural alpha-hydroxy bile acid. J. Lipid Res., 37, 98-112.

63. Kuroki, S., Une, M., and Mosbach, E.H. (1985) Synthesis of potential cholelitholytic agents: 3 alpha, 7 alpha, 12 alpha-trihydroxy-7 beta-methyl-5 beta-cholanoic acid, 3 alpha, 7 beta, 12 alpha-trihydroxy-7 alpha-methyl-5 beta-cholanoic acid, and 3 alpha, 12 alpha-dihydroxy-7 xi-methyl-5 beta-cholanoic acid. J. Lipid Res., 26, 1205-1211.

64. Matoba, N., Mosbach, E.H., Cohen, B.I., Une, M., and McSherry, C.K. (1989) Synthesis of new bile acid analogues and their metabolism in the hamster: 3 alpha, 6 alpha-dihydroxy-6 beta-methyl-5 beta-cholanoic acid and 3 alpha, 6 beta-dihydroxy-6 alpha-methyl-5 beta-cholanoic acid. J. Lipid Res., 30, 1005-1014.

65. Yoshii, M., Mosbach, E.H., Schteingart, C.D., Hagey, L.R., Hofmann, A.F., Cohen, B.I., and McSherry, C.K. (1991) Chemical synthesis and hepatic biotransformation of 3 alpha, 7 alpha-dihydroxy-7 beta-methyl-24-nor-5-beta-cholan-23-oic acid, a 7-methyl derivative of

norchenodeoxycholic acid: studies in the hamster. J. Lipid Res., 32, 1729-1740.

66. Miki, S., Mosbach, E.H., Cohen, B.I., Yoshii, M., Ayyad, N., and McSherry, C.K. (1992) Sulfonate analogues of chenodeoxycholic acid: metabolism of sodium 3 alpha, 7 alpha-dihydroxy-25-homo-5 beta-cholane-25-sulfonate and sodium 3 alpha, 7 alpha-dihydroxy-24-nor-5 beta-cholane-23-sulfonate in the hamster. J. Lipid Res., 33, 1629-1637.

67. Coleman, J.P., Kirby, L.C., and Klein, R.A. (1995) Synthesis and characterization of novel analogs of conjugated bile acids containing reversed amide bonds. J. Lipid Res., 36, 901-910.

68. Seol, W., Choi, H.S., and Moore, D.D. (1995) Isolation of proteins that interact specifically with the retinoid X receptor: two novel orphan receptors. Mol. Endocrinol., 9, 72-85.

69. Forman, B.M., Goode, E., Chen, J., Oro, A.E., Bradley, D.J., Perlmann, T., Noonan, D.J., Burka, L.T., McMorris, T., Lamph, W.W., Evans, R.M., and Weinberger, C. (1995) Identification of a nuclear receptor that is activated by farnesol metabolites. Cell, 81, 687-693.

70. Makishima, M., Okamoto, A.Y., Repa, J.J., Tu, H., Learned, R.M., Luk, A., Hull, M.V., Lustig, K.D., Mangelsdorf, D.J., and Shan, B. (1999) Identification of a nuclear receptor for bile acids. Science, 284, 1362-1365.

71. Parks, D.J., Blanchard, S.G., Bledsoe, R.K., Chandra, G., Consler, T.G., Kliewer, S.A., Stimmel, J.B., Willson, T.M., Zavacki, A.M., Moore, D.D., and Lehmann, J.M. (1999) Bile acids: natural ligands for an orphan nuclear receptor. Science, 284, 1365-1368.

72. Wang, H., Chen, J., Hollister, K., Sowers, L.C., and Forman, B.M. (1999) Endogenous bile acids are ligands for the nuclear receptor FXR/BAR.Mol. Cell, 3, 543-553.

73. Adorini, L., Pruzanski, M., and Shapiro, D. (2012) Farnesoid X receptor targeting to treat nonalcoholic steatohepatitis. Drug Discov. Today, 17, 988-997.

74. Sinal, C.J., Tohkin, M., Miyata, M., Ward, J.M., Lambert, G., and Gonzalez, F.J. (2000) Targeted disruption of the nuclear receptor FXR/BAR impairs bile acid and lipid homeostasis. Cell, 102, 731-744.

75. Inagaki, T., Choi, M., Moschetta, A., Peng, L., Cummins, C.L., McDonald, J.G., Luo, G., Jones, S.A., Goodwin, B., Richardson, J.A., Gerard, R.D., Repa, J.J., Mangelsdorf, D.J., and Kliewer, S.A. (2005) Fibroblast growth factor 15 functions as an enterohepatic signal to regulate bile acid homeostasis. Cell Metab., 2, 217-225.

76. Ma, K., Saha, P.K., Chan, L., and Moore, D.D.J. (2006) Farnesoid X receptor is essential for normal glucose homeostasis. Clin. Invest., 116, 1102-1109.

77. Watanabe, M., Houten, S.M., Wang, L., Moschetta, A., Mangelsdorf, D.J., Heyman, R.A., Moore, D.D., and Auwerx, J. (2004) Bile acids lower triglyceride levels via a pathway involving FXR, SHP, and SREBP-1c. J. Clin. Invest., 113, 1408-1418.

78. Zhang, Y., Lee, F.Y., Barrera, G., Lee, H., Vales, C., Gonzalez, F.J., Willson, T.M., and Edwards, P.A. (2006) Activation of the nuclear receptor FXR improves hyperglycemia and hyperlipidemia in diabetic mice. Proc. Natl. Acad. Sci. U.S.A., 103, 1006-1011.

79. Cariou, B., van Harmelen, K., Duran-Sandoval, D., van Dijk, T.H., Grefhorst, A., Abdelkarim, M., Caron, S., Torpier, G., Fruchart, J.C., Gonzalez, F.J., Kuipers, F.,

and Staels, B. (2006) The farnesoid X receptor modulates adiposity and peripheral insulin sensitivity in mice. J. Biol. Chem., 281, 11039-11049.

80. Lu, T.T., Makishima, M., Repa, J.J., Schoonjans, K., Kerr, T.A., Auwerx, J., and Mangelsdorf, D.J. (2000) Molecular basis for feedback regulation of bile acid synthesis by nuclear receptors. Mol. Cell, 6, 507-515.

81. (a) Grober, J. et al. (1999) J. Biol. Chem., 274, 29749; (b) Grober, J., Zaghini, I., Fujii, H., Jones, S.A., Kliewer, S.A., Willson, T.M., Ono, T., and Besnard, P. (1999) Identification of a bile acid-responsive element in the human ileal bile acid-binding protein gene. Involvement of the farnesoid X receptor/9-cis-retinoic acid receptor heterodimer. J. Biol. Chem., 274, 29749-29754.

82. Denson, L.A., Sturm, E., Echevarria, W., Zimmerman, T.L., Makishima, M., Mangelsdorf, D.J., and Karpen, S.J. (2001) The orphan nuclear receptor, shp, mediates bile acid-induced inhibition of the rat bile acid transporter, ntcp. Gastroenterology, 121, 140-147.

83. Ananthanarayanan, M., Balasubramanian, N., Makishima, M., Mangelsdorf, D.J., and Suchy, F.J. (2001) Human bile salt export pump promoter is transactivated by the farnesoid X receptor/bile acid receptor. J. Biol. Chem., 276, 28857-28865.

84. Zhu, Y., Li, F., and Guo, G.L. (2011) Tissue-specific function of farnesoid X receptor in liver and intestine. Pharmacol. Res., 63, 259-265.

85. Matsubara, T., Li, F., and Gonzalez, F.J. (2013) FXR signaling in the enterohepatic system. Mol. Cell. Endocrinol., 368, 17-29.

86. Gadaleta, R.M., van Erpecum, K.J., Oldenburg, B., Willemsen, E.C., Renooij, W., Murzilli, S., Klomp, L.W., Siersema, P.D., Schipper, M.E., Danese, S., Penna, G., Laverny, G., Adorini, L., Moschetta, A., and van Mil, S.W. (2011) Farnesoid X receptor activation inhibits inflammation and preserves the intestinal barrier in inflammatory bowel disease. Gut, 60, 463-472.

87. Wang, Y.D., Chen, W.D., Wang, M., Yu, D., Forman, B.M., and Huang, W. (2008) Farnesoid X receptor antagonizes nuclear factor kappaB in hepatic inflammatory response. Hepatology, 48, 1632-1643.

88. Li, J., Wilson, A., Kuruba, R., Zhang, Q., Gao, X., He, F., Zhang, L.M., Pitt, B.R., Xie, W., and Li, S. (2008) FXR-mediated regulation of eNOS expression in vascular endothelial cells. Cardiovasc. Res., 77, 169-177.

89. Stojancevic, M., Stankov, K., and Mikov, M. (2012) The impact of farnesoid X receptor activation on intestinal permeability in inflammatory bowel disease. Can. J. Gastroenterol., 26, 631-637.

90. Gioiello, A., Cerra, B., Mostarda, S., Guercini, C., Pellicciari, R., and Macchiarulo, A. (2014) Bile acid derivatives as ligands of the farnesoid X receptor: molecular determinants for bile acid binding and receptor modulation. Curr. Top. Med. Chem., 14, 2159-2174.

91. Carotti, A., Marinozzi, M., Custodi, C., Cerra, B., Pellicciari, R., Gioiello, A., and Macchiarulo, A. (2014) Beyond bile acids: targeting farnesoid X receptor (FXR) with natural and synthetic ligands. Curr. Top. Med. Chem., 14, 2129-2142.

92. . (a) Akwabi-Ameyaw, A. et al. (2011) Bioorg. Med. Chem. Lett., 21, 6154; (b)

第13章 首创药物FXR激动剂奥贝胆酸的研发 355

Akwabi-Ameyaw, A., Caravella, J.A., Chen, L., Creech, K.L., Deaton, D.N., Madauss, K.P., Marr, H.B., Miller, A.B., Navas, F. III, Parks, D.J., Spearing, P.K., Todd, D., Williams, S.P., and Wisely, G.B. (2011) Conformationally constrained farnesoid X receptor (FXR) agonists: alternative replacements of the stilbene. Bioorg. Med. Chem. Lett., 21, 6154-6160.

93. Flatt, B., Martin, R., Wang, T.L., Mahaney, P., Murphy, B., Gu, X.H., Foster, P., Li, J., Pircher, P., Petrowski, M., Schulman, I., Westin, S., Wrobel, J., Yan, G., Bischoff, E., Daige, C., and Mohan, R. (2009) Discovery of XL335 (WAY-362450), a highly potent, selective, and orally active agonist of the farnesoid X receptor (FXR). J. Med. Chem., 52, 904-907.

94. Merk, D., Steinhilber, D., and Schubert-Zsilavecz, M. (2012) Medicinal chemistry of farnesoid X receptor ligands: from agonists and antagonists to modulators. Future Med. Chem., 4, 1015-1036.

95. Howarth, D.L., Law, S.H., Law, J.M., Mondon, J.A., Kullman, S.W., and Hinton, D.E. (2010) Exposure to the synthetic FXR agonist GW4064 causes alterations in gene expression and sublethal hepatotoxicity in eleutheroembryo medaka (Oryzias latipes). Toxicol. Appl. Pharmacol., 243, 111-121.

96. Chiang, P.C., Thompson, D.C., Ghosh, S., and Heitmeier, M.R. (2011) A formulation-enabled preclinical efficacy assessment of a farnesoid X receptor agonist, GW4064, in hamsters and cynomolgus monkeys. J. Pharm. Sci., 100, 4722-4733.

97. Pellicciari, R., Costantino, G., Camaioni, E., Sadeghpour, B.M., Entrena, A., Willson, T.M., Fiorucci, S., Clerici, C., and Gioiello, A. (2004) Bile acid derivatives as ligands of the farnesoid X receptor. Synthesis, evaluation, and structure-activity relationship of a series of body and side chain modified analogues of chenodeoxycholic acid. J. Med. Chem., 47, 4559-4569.

98. Mi, L.Z., Devarakonda, S., Harp, J.M., Han, Q., Pellicciari, R., Willson, T.M., Khorasanizadeh, S., and Rastinejad, F. (2003) Structural basis for bile acid binding and activation of the nuclear receptor FXR.Mol. Cell, 11, 1093-1100.

99. Costantino, G., Macchiarulo, A., Entrena-Guadix, A., Camaioni, E., and Pellicciari, R. (2003) Binding mode of 6ECDCA, a potent bile acid agonist of the farnesoid X receptor (FXR). Bioorg. Med. Chem. Lett., 13, 1865-1868.

100. Bledsoe, R.K., Montana, V.G., Stanley, T.B., Delves, C.J., Apolito, C.J., McKee, D.D., Consler, T.G., Parks, D.J., Stewart, E.L., Willson, T.M., Lambert, M.H., Moore, J.T., Pearce, K.H., and Xu, H.E. (2002) Crystal structure of the glucocorticoid receptor ligand binding domain reveals a novel mode of receptor dimerization and coactivator recognition. Cell, 110, 93-105.

101. Brzozowski, A.M., Pike, A.C., Dauter, Z., Hubbard, R.E., Bonn, T., Engström, O., Ohman, L., Greene, G.L., Gustafsson, J.A., and Carlquist, M. (1997) Molecular basis of agonism and antagonism in the oestrogen receptor. Nature, 389, 753-758.

102. Sack, J.S., Kish, K.F., Wang, C., Attar, R.M., Kiefer, S.E., An, Y., Wu, G.Y., Scheffler, J.E., Salvati, M.E., Krystek, S.R.Jr., Weinmann, R., and Einspahr, H.M. (2001) Crystallographic structures of the ligand-binding domains of the androgen receptor and its T877A mutant complexed with the natural agonist dihydrotestosterone. Proc. Natl. Acad.

Sci. U.S.A., 98, 4904-4909.

103. Shiau, A.K., Barstad, D., Loria, P.M., Cheng, L., Kushner, P.J., Agard, D.A., and Greene, G.L. (1998) The structural basis of estrogen receptor/coactivator recognition and the antagonism of this interaction by tamoxifen. Cell, 95, 927-937.

104. Williams, S.P. and Sigler, P.B. (1998) Atomic structure of progesterone complexed with its receptor. Nature, 393, 392-396.

105. Steiner, A., Waenerlund, P.H., Jolibois, E., Rewolinski, M., Gross, R., Sharp, E., Dubas-Fisher, F. and Eberlin, A. (2013) Preparation, uses and solid forms of obeticholic acid, WO2013192097 A1.

106. Roda, A., Pellicciari, R., Gioiello, A., Neri, F., Camborata, C., Passeri, D., De Franco, F., Spinozzi, S., Colliva, C., Adorini, L., Montagnani, M., and Aldini, R. (2014) Semisynthetic bile acid FXR and TGR5 agonists: physicochemical properties, pharmacokinetics, and metabolism in the rat. J. Pharmacol. Exp. Ther., 350, 56-68.

107. Inagaki, T., Moschetta, A., Lee, Y.K., Peng, L., Zhao, G., Downes, M., Yu, R.T., Shelton, J.M., Richardson, J.A., Repa, J.J., Mangelsdorf, D.J., and Kliewer, S.A. (2006) Regulation of antibacterial defense in the small intestine by the nuclear bile acid receptor. Proc. Natl. Acad. Sci. U.S.A., 103, 3920-3925.

108. Stroeve, J.H., Brufau, G., Stellaard, F., Gonzalez, F.J., Staels, B., and Kuipers, F. (2010) Intestinal FXR-mediated FGF15 production contributes to diurnal control of hepatic bile acid synthesis in mice. Lab. Invest., 90, 1457-1467.

109. Fiorucci, S., Clerici, C., Antonelli, E., Orlandi, S., Goodwin, B., Sadeghpour, B.M., Sabatino, G., Russo, G., Castellani, D., Willson, T.M., Pruzanski, M., Pellicciari, R., and Morelli, A. (2005) Protective effects of 6-ethyl chenodeoxycholic acid, a farnesoid X receptor ligand, in estrogen-induced cholestasis. J. Pharmacol. Exp. Ther., 313, 604-612.

110. Vignozzi, L., Morelli, A., Filippi, S., Comeglio, P., Chavalmane, A.K., Marchetta, M., Toce, M., Yehiely-Cohen, R., Vannelli, G.B., Adorini, L., and Maggi, M. (2011) Farnesoid X receptor activation improves erectile function in animal models of metabolic syndrome and diabetes. J. Sex. Med., 8, 57-77.

111. Wang, X.X., Jiang, T., Shen, Y., Adorini, L., Pruzanski, M., Gonzalez, F.J., Scherzer, P., Lewis, L., Miyazaki-Anzai, S., and Levi, M. (2009) The farnesoid X receptor modulates renal lipid metabolism and diet-induced renal inflammation, fibrosis, and proteinuria. Am. J. Physiol. Renal Physiol., 297, 1587-1596.

112. Wang, X.X., Jiang, T., Shen, Y., Caldas, Y., Miyazaki-Anzai, S., Santamaria, H., Urbanek, C., Solis, N., Scherzer, P., Lewis, L., Gonzalez, F.J., Adorini, L., Pruzanski, M., Kopp, J.B., Verlander, J.W., and Levi, M. (2010) Diabetic nephropathy is accelerated by farnesoid X receptor deficiency and inhibited by farnesoid X receptor activation in a type 1 diabetes model. Diabetes, 59, 2916-2927.

113. Mencarelli, A., Renga, B., Distrutti, E., and Fiorucci, S. (2009) Antiatherosclerotic effect of farnesoid X receptor. Am. J. Physiol. Heart Circ. Physiol., 296, H272-E281.

114. Miyazaki-Anzai, S., Levi, M., Kratzer, A., Ting, T.C., Lewis, L.B., and Miyazaki, M. (2010) Farnesoid X receptor activation prevents the development of vascular calcification in ApoE-/-mice with chronic kidney disease. Circ. Res., 106, 1807-1817.

115. Cipriani, S., Mencarelli, A., Palladino, G., and Fiorucci, S. (2010) FXR activation reverses insulin resistance and lipid abnormalities and protects against liver steatosis in Zucker (fa/fa) obese rats. J. Lipid Res., 51, 771-784.

116. Renga, B., Mencarelli, A., Vavassori, P., Brancaleone, V., and Fiorucci, S. (2010) The bile acid sensor FXR regulates insulin transcription and secretion. Biochim. Biophys. Acta, 1802, 363-372.

117. Li, Y.T., Swales, K.E., Thomas, G.J., Warner, T.D., and Bishop-Bailey, D. (2007) Farnesoid X receptor ligands inhibit vascular smooth muscle cell inflammation and migration. Arterioscler. Thromb. Vasc. Biol., 27, 2606-2611.

118. Fiorucci, S., Antonelli, E., Rizzo, G., Renga, B., Mencarelli, A., Riccardi, L., Orlandi, S., Pellicciari, R., and Morelli, A. (2004) The nuclear receptor SHP mediates inhibition of hepatic stellate cells by FXR and protects against liver fibrosis. Gastroenterology, 127, 1497-1512.

119. Albanis, E., Alvarez, C.E., Pruzansky, M., Friedman, S.L., and Fiorucci, S. (2005) Anti-fibrotic activity of INT-747, a novel FXR activator, in vitro and in experimental liver fibrosis and cirrhosis. Hepatology, 42, 1040A.

120. Vairappan, B., Sharma, V., Winstanley, A., Davies, N., Shah, N., Jalan, R., and Mookerjee, R.P. (2009) Modulation of the DDAH-ADMA pathway with the Farnesoid receptor (FXR) agonist INT-747 restores hepatic eNOS activity and lowers portal pressure in cirrhotic rats. Hepatology, 50, 336A-337A.

121. Zezos, P. and Renner, E.L. (2014) Liver transplantation and non-alcoholic fatty liver disease. World J. Gastroenterol., 20, 15532-15538.

122. (a) Wong, R.J. et al. (2015) Gastroenterology, 148, 547; (b) Wong, R.J., Aguilar, M., Cheung, R., Perumpail, R.B., Harrison, S.A., Younossi, Z.M., and Ahmed, A. (2015) Nonalcoholic steatohepatitis is the second leading etiology of liver disease among adults awaiting liver transplantation in the United States. Gastroenterology, 148, 547-555.

123. (a) Neuschwander-Tetri, B.A. et al. (2015) Lancet, 385, 956; (b) Neuschwander-Tetri, B.A., Loomba, R., Sanyal, A.J., Lavine, J.E., Van Natta, M.L., Abdelmalek, M.F., Chalasani, N., Dasarathy, S., Diehl, A.M., Hameed, B., Kowdley, K.V., McCullough, A., Terrault, N., Clark, J.M., Tonascia, J., Brunt, E.M., Kleiner, D.E., Doo, E., and NASH Clinical Research Network (2015) Farnesoid X nuclear receptor ligand obeticholic acid fornon-cirrhotic, non-alcoholic steatohepatitis (FLINT): a multicentre, randomised, placebo-controlled trial. Lancet, 385, 956-965.

124. Talwalkar, J.A. and Lindor, K.D. (2003) Primary biliary cirrhosis. Lancet, 362, 53-61.

125. Momah, N. and Lindor, K.D. (2014) Primary biliary cirrhosis in adults. Expert Rev. Gastroenterol. Hepatol., 8, 427-433.

126. Lindor, K.D., Gershwin, M.E., Poupon, R., Kaplan, M., Bergasa, N.V., Heathcote, E.J., and American Association for Study of Liver Diseases (2009) Primary biliary cirrhosis. Hepatology, 50, 291-308.

127. Bowlus, C.L. (2016) Obeticholic acid for the treatment of primary biliary cholangitis in adult patients: clinical utility and patient selection. Hepatic Med. Evid. Res., 8, 89-95.

128. Mason, A., Luketic, V., Lindor, K., Hirschfield, G., Gordon, S., Mayo, M., Kowdley, K., Parés, A., Trauner, M., Castelloe, E., Sciacca, C., Jones, T.B., Böhm, O., and Shapiro, D. (2010) 2 Farnesoid-X receptor agonists: a new class of drugs for the treatment of PBC? An international study evaluating the addition of INT-747 to ursodeoxycholic acid. J. Hepatol., 52, S1-S2.

129. Kowdley, K.V., Jones, D., Luketic, V., Chapman, R., Burroughs, A., Hirschfield, G., Poupon, R., Schramm, C., Vincent, C., Rust, C., Pares, A., Mason, A., Sciacca, C., Beecher-Jones, T., Bohm, O., Castelloe, E., Pruzanski, M., Shapiro, D., and The OCA PBC Study Group (2011) 28 an international study evaluating the farnesoid X receptor agonist obeticholic acid as monotherapy in PBC.J. Hepatol., 54, S13 (Abstract).

130. Invernizzi, P., Selmi, C., and Gershwin, M.E. (2010) Update on primary biliary cirrhosis. Dig. Liver Dis., 42, 401-408.

131. Nevens, F., Andreone, P., Mazzella, G., Strasser, S.I., Bowlus, C., Invernizzi, P., Drenth, J.P., Pockros, P.J., Regula, J., Beuers, U., Trauner, M., Jones, D.E., Floreani, A., Hohenester, S., Luketic, V., Shiffman, M., van Erpecum, K.J., Vargas, V., Vincent, C., Hirschfield, G.M., Shah, H., Hansen, B., Lindor, K.D., Marschall, H.U., Kowdley, K.V., Hooshmand-Rad, R., Marmon, T., Sheeron, S., Pencek, R., MacConell, L., Pruzanski, M., Shapiro, D., and POISE Study Group (2016) A placebo-controlled trial of obeticholic acid in primary biliary cholangitis. N. Engl. J. Med., 375, 631-643.

132. Nevens, F., Andreone, P., Mazzella, G., Strasser, S., Bowlus, C., Invernizzi, P., Drenth, J., Pockros, P., Regula, J., Hansen, B., Hooshmand-Rad, R., Sheeron, S., and Shapiro, D. (2014) O168 the first primary biliary cirrhosis (PBC) phase 3 trial in two decades-an international study of the FXR agonist obeticholic acid in PBC patients. J. Hepatol., 60, S525-S526.

133. Pellicciari, R., Gioiello, A., Macchiarulo, A., Thomas, C., Rosatelli, E., Natalini, B., Sardella, R., Pruzanski, M., Roda, A., Pastorini, E., Schoonjans, K., and Auwerx, J. (2009) Discovery of 6alpha-ethyl-23 (S) -methylcholic acid (S-EMCA, INT-777) as a potent and selective agonist for the TGR5 receptor, a novel target for diabesity. J. Med. Chem., 52, 7958-7961.

134. Gioiello, A., Macchiarulo, A., Carotti, A., Filipponi, P., Costantino, G., Rizzo, G., Adorini, L., and Pellicciari, R. (2011) Extending SAR of bile acids as FXR ligands: discovery of 23-N- (carbocinnamyloxy) -3α, 7α-dihydroxy-6α-ethyl-24-nor-5β-cholan-23-amine. Bioorg. Med. Chem., 19, 2650-2658.

135. Pellicciari, R., Gioiello, A., Sabbatini, P., Venturoni, F., Nuti, R., Colliva, C., Rizzo, G., Adorini, L., Pruzanski, M., Roda, A., and Macchiarulo, A. (2012) Avicholic acid: a lead compound from birds on the route to potent TGR5 modulators. ACS Med. Chem. Lett., 3, 273-277.

136. Pellicciari, R., Passeri, D., De Franco, F., Mostarda, S., Filipponi, P., Colliva, C., Gadaleta, R.M., Franco, P., Carotti, A., Macchiarulo, A., Roda, A., Moschetta, A., and Gioiello, A. (2016) Discovery of 3α, 7α, 11β-Trihydroxy-6α-ethyl-5β-cholan-24-oic acid (TC-100), a novel bile acid as potent and highly selective FXR agonist for enterohepatic disorders. J. Med. Chem., 59, 9101-9214.